建筑工程质量问题控制方法及应用

编　著　张新兵　王兴忠
林建明　孙国平

东南大学出版社
SOUTHEAST UNIVERSITY PRESS
南京

图书在版编目(CIP)数据

建筑工程质量问题控制方法及应用 / 张新兵等编著.
—南京:东南大学出版社,2016.12
ISBN 978-7-5641-6889-6

Ⅰ.①建… Ⅱ.①张… Ⅲ.①建筑工程-工程质量-质量控制 Ⅳ.①TU712

中国版本图书馆 CIP 数据核字(2016)第 296849 号

建筑工程质量问题控制方法及应用

编　　著 张新兵　王兴忠　林建明　孙国平
责任编辑 宋华莉
编辑邮箱 52145104@qq.com

出版发行 东南大学出版社
出 版 人 江建中
社　　址 南京市四牌楼 2 号(邮编:210096)
网　　址 http://www.seupress.com
电子邮箱 press@seupress.com

印　　刷 南通印刷总厂有限公司
开　　本 787 mm×1 092 mm　1/16
印　　张 29.5
字　　数 628 千字
版　　次 2016 年 12 月第 1 版　2016 年 12 月第 1 次印刷
书　　号 ISBN 978-7-5641-6889-6
定　　价 78.00 元

经　　销 全国各地新华书店
发行热线 025-83790519　83791830

序

在国家深化改革的宏观背景下，建筑行业工程质量总体水平有了较大的提高，为人们生活居住环境的改善和社会进步做出了巨大的贡献。质量是行业科技水平和文明程度的体现，也是一个企业核心竞争力的体现，在当前，更是实现行业创新驱动发展、企业经济转型升级的关键。

现代工程规模大、建设周期长、技术难度大、人员难管理，难免会出现工程质量问题。建筑工程质量问题是指建筑工程中经常发生的、普遍存在的一些工程质量问题，由于其量大面广，因此对建筑工程质量危害很大，是进一步提高工程质量的主要障碍。张新兵、王兴忠、林建明、孙国平等所著的《建筑工程质量问题控制方法及应用》一书，以工程质量治理为纲，以住房和城乡建设部开展的“工程质量治理两年行动方案”为指导，以建筑工程全过程管理中施工阶段的施工质量为对象，融理论与实践于一体，主要阐述了建筑工程质量控制理论、混凝土结构质量问题及控制、钢结构质量问题及控制、设备安装质量问题及控制，并通过一些典型案例，向读者介绍和分析了在遇到各项施工质量问题时应采取的预防措施及解决办法，内容翔实、数据真实。

值得一提的是，以张新兵、王兴忠、林建明、孙国平等为代表的南通四建集团有限公司核心现场管理团队成员，均已从事建筑业施工指导近30年，先后参与了上百个建筑工程项目的实施与竣工验收，具有丰富的工程施工指导经验。同时，他们也是很早从事施工现场指导，挖掘、总结工程质量创新研究的杰出代表，经验丰富、成果丰硕。该书凝聚了作者们深厚的理论知识和宝贵的实践经验，它的出版对建筑工程领域的质量控制具有一定的参考意义，对建筑施工过程中质量问题的控制、提高建筑功能具有一定的指导作用和参考价值，值得一读。

中国安装协会副会长兼秘书长 杨存成

前　言

百年大计，质量为本。随着技术的进步与施工精细化管理的实施，工程质量总体水平有较大的提高，传统建筑与“高、大、新、奇”建筑不断升级与涌现，为人们生活居住环境的改善和社会进步做出了巨大的贡献。建筑工程质量控制的意义与作用更加突出，工程质量的好坏决定建筑功能是否完美，建筑工程出现的质量问题是困扰工程品质的要因，其解决方法与效果大相径庭。本书融理论和实践于一体，主要阐述建筑工程质量控制方法、混凝土结构质量问题及控制、钢结构质量问题及控制、设备安装质量问题及控制、BIM技术应用、典型案例及做法等，内容翔实、紧贴实际，数据真实，做法具体，对工程建筑领域的质量控制及创优具有参考意义，并与《现代综合体工程项目管理创新实践》《绿色施工综合技术及应用》共同构成创优夺杯优秀项目经理必备系列丛书。

本书主要面向施工现场的管理人员，特别是项目部质量与技术管理团队，同时也可作为土木工程专业和工程管理专业的专科生、本科生甚至是研究生学习掌握施工过程的质量控制技术及精细化的实施要点的参考资料。编者结合自身多年参与各类房建工程项目(包括BIM技术的成功应用案例)，完成本书的编写工作。本书经过综合各种因素深度整合后的组成如下:第1章 建筑工程质量策划与控制方法 ；第2章 混凝土结构工程的质量控制；第3章 钢结构工程质量控制；第4章 建筑机电安装工程质量控制；第5章 建筑工程质量控制中的BIM技术综合与虚拟建造；第6章 常熟商业银行工程质量创优与示范；第7章 苏州鼎立星湖街工程项目质量控制与示范 ；第8章 上海协和氨基酸有限公司青浦工厂机电安装质量控制与示范。本文理论简明完整，技巧性和实用性强，主要突出建筑工程施工过程中质量控制所采用的关键技术及全过程的精细化实施。

本书由南通四建集团有限公司的四位同志所编写，他们分别是王兴忠、张新兵、孙国平、林建明(排名不分先后)。其中王兴忠编写第1章、第4章(4.1节)和第7章；张新兵编写第2章和第6章；孙国平编写第3章和第7章；林建明编写第4章(4.2节～4.4节)和第8章。

本书的编写得到了中国施工企业管理协会、中国建筑业协会和中国安装协会的大力支持和帮助，同时还得到了南通四建集团有限公司各级领导的直接关怀和及时帮助。特别感谢中国安装协会副会长兼秘书长杨存成为本书作序。同时，也要感谢南通四建集团有限公司张灿华、张圣华、易杰清、沈笑非、吴旭、陈兆建、邢卫东、曹志霞等；南通新华建筑集团有限公司陆总兵、陈铁锋；江苏通州一建建设工程有限公司朱永标；浙江万达建设集团有限公司周伯成、黄月祥；江苏江中集团有限公司高子兵、马华、李小兵；华东送变电工程公司鱼飞、余俊；温州市圣达智能数码工程有限公司温念国等同志提出的宝贵意见。

由于本书的编写时间较短，题材较新，涉及范围较广，加之笔者水平有限，难免存在不足和不妥之处，热忱地希望各位读者和同行专家批评和指正，联系邮箱：zhangch@126.com。

编著者

2016年10月于江苏南通

目　　录

第 1 章　建筑工程质量策划与控制方法

1.1　建筑工程质量创优策划

1.1.1　策划概念与理念

策划是运用智慧与策略的创新活动与理性行为，是为改变现状而借助科学方法和创新思维，分析研究、创意设计并制定行动方案的理性思维活动。“工欲善其事，必先利其器”，策划是具有前瞻性的活动，要求对未来一段时间内将要发生的事情做出预测，并就未来一段时间内应该达到的目标而做出策略和行动安排。策划是事先决定做什么、如何做、何时做、由谁来做的系统方案。

1.1.2　工程质量创优策划内涵

工程质量创优是以实现既定的质量目标为主线而进行的策划、组织、实施、检查、分析、改进等系统的管理工作，其实施效果与工程项目的技术工作、施工组织、资源供给密切相关，特别强调事先策划、领导重视、全员参与和过程控制。通过编制工程创优策划，对整个工程创优工作进行整体部署，为整体工程创优起到积极的促进作用以确保创优目标的实现。

工程创优策划可大体分为：总体策划、施工阶段性策划、细部策划及申报与工程复查策划，通常由项目经理亲自主持，项目总工程师全面组织实施，质量保证体系全员参与。优质工程是精心策划、严格过程控制再加上科学管理而创建的。创优是指三个不同层次的质量预控措施：(1) 总体控制措施，即施工组织设计，它是实现施工管理目标、指导施工全过程的大纲，同时也是监理、业主在工程施工前了解施工单位实力、掌握工程质量情况的必要途径之一；(2) 各分部(分项)工程、工程重点部位、技术复杂及采用新技术的关键工序的质量预控措施，也就是施工方案，这是保证工程质量、实现施工组织设计中质量创优的关键环节；(3) 对作业层的质量预控措施，即技术交底。目前，劳务作业层流动量很大，必须通过技术交底，加强过程管控来实现，因此，施工组织设计、施工方案和技术交底三个不同层次的施工管理文件在施工过程中缺一不可。

1.1.3　工程质量创优的总体策划

总体策划是指导工程创优各项工作的纲领性文件，是对整个工程创优工作的系统策划和全面部署，决定着工程创优的成败。总体策划确定施工管理目标、保证措施和主要技术管理程序，同时制定分部分项工程的质量标准，为施工质量控制提供依据。总体策划包括：工程概况，工程施工特点、难点及重点，管理目标，组织机构与职责，单位工程深化设计，施工工艺，技术标准，管线布置，材料选用，细部做法，工程质量特色及亮点，工程技术资料管理及保障措施等，通过策划可保证各个分部分项工程的协调性、统一性。

1）工程概况要求

主要内容包括：工程的名称、工程地点、建筑面积、层数（地上、地下室）、结构形式、工程性质、工程类别、机电安装工程及建设各方（建设单位、设计单位、监理单位、施工单位）等。

2）工程施工特点、难点及重点要求

通过分析建筑工程施工特点、难点及重点的要求：特点要明显，难点要找准，重点要突出，并针对施工特点、难点及重点制定相应的对策和措施，为工程创优奠定基础。

3）管理目标设置要求

管理目标应该具备以下五个特征：(1) 具体性，即目标要有具体的度量标准，要具体化，可体现为目标明确、目标分解、目标细化；(2) 可衡量性，即任何一个目标都应有可以用来衡量目标完成情况的标准；(3) 可达到性，使目标具有挑战性，而且要使实施者具有成就感；(4) 相关性，目标的设定应考虑和自己的生活、工作有一定的相关性；(5) 基于时间性，任何一个目标的设定都应该考虑时间的限定，在目标明确的前提下要有完成目标的具体时间。此外，针对工程项目的合同要求和企业要求，制定相关的管理目标，包括：工期目标、质量目标、安全及文明施工目标、科技目标、环境保护目标、绿色施工目标及成本管理目标等。制定管理目标切合实际，要有一定的竞争性，并考虑通过努力可以实现。

4）创优管理组织机构与职责要求

创优工程是一个综合性的系统工程，除了施工总承包单位外，还需要得到工程相关方的支持和配合，包括：建设单位、设计单位、监理单位、质量监督单位及专业分包单位等，创优管理组织机构非常重要，也是创优管理的组织保障，因此，必须建立创优管理组织机构，以加强对创优工作的组织指挥、协调管理及实施，可设置如图 1－1 所示的通用创优组织机构体系。

施工总承包单位是工程施工质量控制的责任主体之一，对创优工作负总责且是创优成功的关键，其体现为：(1) 企业法人层面要高度重视，创优工作需要企业和项目联动，企业领导要对项目创优给予大力支持，在人、财、物等方面提供保障和重点倾斜是创优工作的根本前提；(2) 项目经理部要有极强的创优意识、高的质量目标及严格的质量标准作为创优工作的基础，在总承包项目部的统一领导下，建立创优实施领导小组，由项目经理担任组长，总工程师担任副组长，成员由各专业技术人员和质量管理人员等组成。

项目部是整个工程创优活动的执行机构，在领导小组的指导、监督下进行工程的施

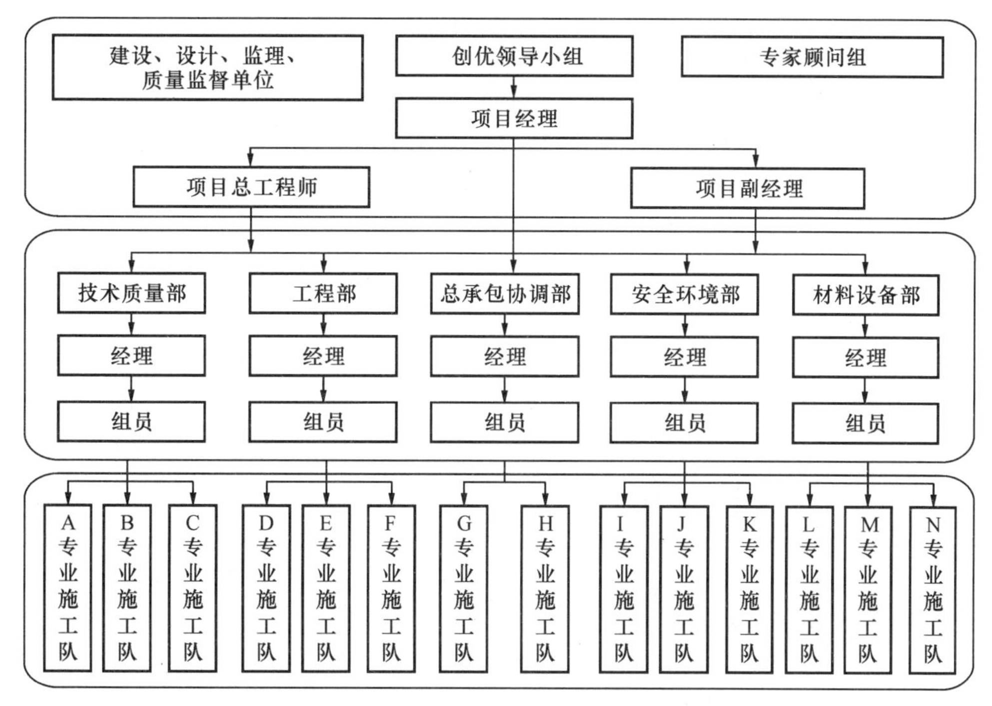

图1－1　建筑工程通用创优组织机构体系

工和管理，组织项目自检小组，由项目经理任组长，项目总工程师、项目副经理（质量经理）任副组长，各部门负责人为组员，对工程质量进行检查，并将检查、整改结果向领导小组汇报；主动接受、配合企业和上级管理部门组织的检查、指导，虚心接受各级检查小组提出的意见，并及时按要求进行整改，并将结果向领导小组汇报；对检查组提出的问题及时进行原因分析，并对有关人员进行培训、教育，预防质量问题的再发生；在各施工班组中组织质量创优竞赛，保证创优活动的顺利进行。

项目经理是工程项目施工的直接组织和领导者，是整个工程创优工作的第一责任人，积极开展创优工程活动，组织制定具体的创优工程措施，确保创优目标实现；将工程创优目标层层分解，建立各级人员的质量责任制，具体落实到每个责任人；组织制定奖惩制度和考核措施，并定期进行考核。积极推行全面质量管理活动，组织建立 QC 小组，并积极开展攻关活动；定期组织工程质量大检查，负责主持质量分析会，随时掌握工程质量情况，在整个项目部内部形成良好的创优氛围，发现有不利于创优的因素及时纠正并采取相应的纠正措施。组织对工程质量事故的调查处理工作，提出改进和预防措施。参与工程质量回访，解决回访质量上存在的问题。

项目副经理是整个创优工作的直接责任人，有效合理地调配资源，保证各项计划的实现；组织创优竞赛，定期组织对各作业班组施工的检验分批、分项工程进行检查、评比，并将结果张榜公布，同时报项目经理进行奖惩；负责填写施工日志，按施工不同阶段对质量有特色的部分进行拍照和摄像，并将有关素材交资料员妥善保存。

项目技术负责人是整个创优工作的重要责任人，组织制定施工组织设计、质量通病预防措施，编制工程创优的详细质量保证措施和安全保证措施，根据工程特点划分单位工程、分部(子分部)工程、分项(子分项)工程和检验批，并将各检验批、分项、分部(子分部)、单位(子单位)工程的质量要求进行详细交底；组织成立QC小组，对工程施工中的难点、关键点实施攻关，解决问题，保证创优；组织全体工程技术人员在工程中积极推广使用“新材料、新技术、新工艺、新设备”，提高工程的科技含量，用科技来提高工程质量；定期组织对已形成的工程资料进行检查、分析、讲评，发现不符合要求的及时进行纠正。

技术质量部经理是创优工作的具体实施牵头部门责任人，组织对施工班组进行技术交底，严格按设计图纸和标准、规范进行施工，并在施工过程中进行检查督促；及时做好工程的隐蔽验收记录、工程技术复核记录、图纸变更记录，并及时将完成的资料交资料员保存。负责做好检验批、分项工程的专检工作。在日常的巡检过程中，做好重点、关键工序的质量控制，并对质量通病的预防实施监督；在班组自检、互检合格的基础上，负责会同有关人员对检验批、分项、分部(子分部)工程进行质量验收，收集质量抽检、送检及验收文件资料。

建设单位是整个项目建设的核心，是最能全面协调项目各参与方的龙头，也是工程施工质量控制的责任主体之一。建设单位对创优的积极性和支持度非常重要，创优不仅是施工单位的事，对建设单位同样具有重要的影响，具有经济效益和社会效益。获得优质工程是对建设单位开发建设工作成果的肯定，从而可以动员和调动建设单位参加创优的主动性和积极性。建设单位对创优工作的支持主要包括：(1) 按照合同要求及时足额拨付工程款，确保工程顺利进行；(2) 设计变更及深化设计的工作要满足施工工序及工期的要求，尽量减少变更；(3) 材料设备选择应满足施工单位提出的创优指标的要求；(4) 搞好综合协调工作，协调政府部门、设计、监理、设备材料供应商及业主指定分包商等；(5) 整个工程应纳入施工总承包统一的质量管理体系中，特别是业主指定分包商应按照创优策划，统一目标、统一标准；(6) 特殊要求如防火分区、避难层及功能性要求不得随意更改；(7) 提供创优工程申报中的合法性等相关资料；(8) 参加工程创优的申报及现场复查工作。

设计单位在整个项目建设中起着重要的作用，是工程建设质量责任主体之一，创优工作与设计和使用功能密切相关，设计先行，优秀的设计是创优申报的必备条件。设计单位对创优工作的支持包括：(1) 建设单位和监理单位组织设计单位向所有的施工单位进行详细的设计交底，设计交底的主要目的是充分理解设计意图，了解设计内容和技术要求，明确质量控制的重点与难点，避免出现重大设计变更及返工损失；(2) 参加关键部位的工程验收和竣工验收，保证施工与设计的符合性，确保设计图纸在满足使用和工艺要求的前提下，融入更多的绿色、节能、环保、健康、经济、人性化、美感、艺术化等设计理念；(3) 及时提供设计图纸并保证工程连续施工；(4) 做好工程优秀设计的申报工作；(5) 参加工程创优的申报及现场复查工作。

监理单位在项目施工质量监督控制过程中起着关键的作用，也是工程施工质量控制的责任主体之一。监理单位对创优工作的支持主要包括：(1) 按照监理大纲实施全过程质量监督；(2) 保证监理资料的真实、完整、规范；(3) 客观评价工程质量；(4) 协调整个项目的质量控制工作，对施工单位的创优工作给予支持；(5) 参加工程创优的申报及现场复查工作。

工程质量监督单位是建设行政主管部门或其委托的工程质量监督机构，对责任主体和有关机构履行质量责任的行为以及工程实体质量进行监督检查、维护公众利益的行政执法行为。在创优过程中支持的主要工作有：(1) 提供相关的帮助和支持；(2) 参加工程创优的现场复查工作。

5) 单位工程深化设计

在单位工程施工组织设计的框架下，加强工程设计阶段、设备采购与制造阶段、工程施工与试验调试阶段、生产运行阶段工程质量的全过程控制，在工程建设过程中落实提高施工工艺、治理质量通病的各项技术措施和管理措施，倡导提前策划和一次成优，减少创优成本，树立全方位、全面、全员参与质量管理理念，做到工程的观感及工艺水平与工程投运后的安全可靠运行水平并重；工程的实体质量水平与建设管理水平并重；工程的质量目标与安全、进度与投资控制等其他工程建设目标并重。避免片面强调工程的观感而忽视工程内在质量、片面追求提高质量标准而忽视工程投资控制等现象；就建筑安装工程而言，一是要在建筑施工总承包单位工程创优策划的统一部署下，制定土建、装饰及安装的配合方案，土建施工阶段做好各阶段的预留预埋及机电安装的支吊架、风管及管道的预制，在装饰阶段及时穿插安装，在机电安装阶段全面开始机电安装；二是做好设备及管线的综合布置；三是制定各分部工程的重点部位及关键工序的质量控制措施；四是加强安装过程的质量监控。

创优项目如果是工业项目或群体项目，就要对各单位工程按照其功能的不同进行策划，单位工程的施工要按照分部分项工程进行质量控制，设计、施工、监理分别制定创优实施细则，并确保实施细则的针对性、可执行性和有效性；定期、不定期按相应级别的频次检查创优实施过程中创优措施的落实情况和实施效果，及时纠偏。尤其注意施工图会审环节，注意检查设计创优措施、强制性条文和防止质量通病措施的执行情况。监理、施工单位在按图施工的同时积极创新施工工艺。单位工程质量优良是创优工作的基础，是创优工作的重中之重，相关单位和部门要采取切实的措施，确保施工单位三级自检制度执行到位和隐蔽工程监理旁站到位、签证制度执行到位，严把进场材料、物资、设备质量关，不合格的坚决杜绝进场。施工工艺的各项技术指标全部要求按优良级标准进行控制，保证单位工程质量优良，从而确保工程项目创优目标的实现。

深化设计在工程创优中是一个非常重要的工作，其目的是使工程建设在满足施工设计的规定要求下管线布置更加合理，技术参数更加符合现场实际需求，系统性能更加优化，更加方便操作运行维护等，不仅要达到设计的要求，同时还能满足对工程的最终目标及过程控制的需求。土建工程的深化设计需要审核和原设计单位批准后才能投入施工，而深化设计工作流程和要求一般如下：成立深化设计小组→明确设计思路→设计参数的收集→提出深化设计大纲→各专业互相提供设计参数并提出配合条件→绘制各专业深化设计图纸→各专业深化图纸送业主和顾问审批→审批通过后绘制深化图→经过校核无误后送业主和顾问审核→原设计单位批准→审批通过后打印施工图并分发各专业施工班组→对现场施工人员进行设计和施工交底→配合施工及在施工过程中发现的问题及时反馈和修改图纸→绘制竣工图。

根据工程特点、专业内容确定深化设计的人员，组成深化设计小组，会同项目总工程师、施工经理共同制定深化设计、施工工作计划，确保设计、施工的连续性。充分做好深化设计的准备工作，对影响深化设计工作的前提条件进行分析、寻求建设单位的协助，主动积极地促使建设单位、精装单位提供最新的建筑图纸、精装图纸，并要求建设单位及时对功能区进行划分和确认，充分了解业主(顾问、咨询)的技术要求，明确及统一各专业的绘图标准和图层、颜色及深化程度，由深化设计小组的专业人员对各专业的深化设计图纸进行会审，协调各专业综合布局。深化设计综合图纸经过业主审核再经原设计单位批准后可以作为施工图纸现场施工，出图的比例和份数应该符合施工的需求。施工前做好深化图纸的设计交底工作，将深化设计的意图、原理、施工时的注意事项等传达给施工员和作业班组长。施工过程中出现问题应及时反馈给深化设计小组，深化设计小组应对出现的问题进行相应调整，施工结束后深化图纸即为竣工图纸的主要组成部分。

6）工程质量特色及亮点设置策划

工程创优是一个系统工程，必须对工程进行全局策划、统筹安排，明确目标、统一标准。一个亮点工程项目涉及多部门、多专业、多工种共同实施，在实施的过程中由工程创优领导小组负责组织协调，各参建单位全力配合，严格按照策划的细部做法执行，必要时组织专家咨询。对工程的难点与特点进行策划，也就是要找出工程的难点和特点。这项工作要从设计着眼，深刻理解设计意图和设计要求，从中进行提炼；针对难点、特点策划，努力使这些难点和特点变成工程质量的亮点；对工程的各分部、分项工程的施工工艺标准、质量标准、技术档案进行策划；对工程的细部、节点进行策划；工程质量特色及亮点包括质量工艺、工程管理、先进技术指标、施工技术创新、节能减排等亮点，工程亮点不能自发产生，必须通过慎重选择、周密策划、精心施工、过程监控、持续改进、总结提高等多个环节的过程管理。各参建单位应根据实际情况制定具体详细的工程亮点实施计划；对工程质量通病的防治进行策划；不得有违反强制性条文的不符合项。

7）工程技术资料的策划

工程技术资料应真实、有效、准确、完整，具有可追溯性。工程技术资料作为施工过程的真实记录和重新再现。工程资料的编制整理的质量好坏，直接影响到创优工程复查的最终效果。工程技术资料的形成牵扯到多个部门和专业，要求人员配备齐全，界面分工明确，责任落实到位。项目要指定资料员，负责工程技术资料的收集、整理工作。相关的参与人员要经过统一培训，交底，任务划分清楚，工作目标明确，工作流程清晰。因此工程资料应齐全完整、编目清楚、内容翔实、数据准确，各项试验、检测报告完全合格，隐蔽工程验收签证齐全等。在工程开工前要明确资料编制标准和依据(地方标准、企业标准、国家标准)，以保证资料形成的统一性、系统性；资料多级目录(总目录、分卷目录、子目录)清楚，便于检查和查找；资料内容齐全、真实、可靠、及时，填写规范，签名盖章完整；资料纸张规格统一，装订整齐、封面美观，有统一的资料盒。资料管理小组要定期组织召开专题会，对工程资料进行检查、审核，以保证工程资料管理的各项工作与要求同步。

为实现工程创优目标，在平时施工中创造出更多的亮点，为工程多留下一些精彩的瞬间，配合文字说明对本工程创优工作进行宣传、推广，制造声势，在工程资料的收集过程中加强对影像资料的收集整理工作。工程影像资料具有比文字说明更形象、更直接、表现力更强、说服力强和容易给观者造成视觉冲击等优点，对创精品工程宣传工作能起到非常好的声势营造作用，在评优阶段还能为评优专题片的制作，提供更多优秀素材。加强平时施工时的影像收集工作，拍出更多的优秀照片和录像片段是工程创优工作不可缺少的一部分。

工程录像原始素材的积累通常由工程施工过程中大量的原始素材精选编辑而成，在日常施工中要注意基本素材的收集、积累工作，即：(1) 首先要明确拍摄的内容，主要包括重点部位、关键工序的施工；重要节点、隐蔽工程的施工；细部处理及经典做法；"四新"技术应用；质量亮点展示；主要公共功能区的整体效果等；(2) 根据工程特点，结合相关要求，编制音像资料拍摄计划。计划要根据工程不同的施工阶段（基础施工、主体结构施工、装饰工程施工、安装预埋、设备安装、工程竣工等）、不同的施工工艺和工程不同的功能区间进行编制，要注明拍摄内容（主题）、拍摄时间和图片（画面）要达到的具体效果以防止拍摄内容漏项。

工程竣工验收资料包括：竣工报告、竣工验收记录、竣工验收会议纪要、工程备案表等。(1) 档案验收：城建档案馆对工程资料是否齐全、是否符合档案管理要求的验收；(2) 消防验收：公安消防部门对工程是否满足消防要求的验收，主要包括对设计审查的意见书、工程验收意见书，消防技术检测部门的检测报告，施工单位的消防施工许可证等；(3) 人防工程验收：人防办公室对人防工程是否满足设计和人防要求的验收；(4) 规划验收：由工程建设规划部门对工程竣工后其规模（主要指建筑面积）是否符合立项报建审批的相关要求进行的验收；(5) 环保验收：由国家环保部门对工程投入生产、运营后所产生的污染源（废气、废水、噪声等）是否采取治理措施，是否满足工程立项时对环境造成污染的评估要求的验收；(6) 绿化验收：由国家绿化管理部门对工程竣工后其绿化覆盖率是否符合国家有关规定要求的验收；(7) 室内环境检测：由国家法定检测机构对工程竣工后室内环境污染物（氡、苯、氨、游离甲醛等）浓度进行检测，其各项指标是否符合《民用建筑工程室内环境污染控制规范》(GB 50325—2010)（2013版）的有关规定；(8) 卫生监督管理部门的验收：主要对工程生活用水水质的检测验收；(9) 防雷装置验收：地方防雷办等单位的检测验收等；(10) 节能验收：节能专项验收等。

8）工程创优保障措施的策划

组建具有创优经验的高素质项目班子，选择好专业分包单位；建立高效的项目质量管理体系，推行GB/T 19000－ISO 9000质量标准，强化质量管理职能，建立以项目经理领导，总工程师的中间控制，各职能部门监督管理，各专业施工队具体操作的项目质量管理保证体系，形成横到边、纵到底的质量管理控制网络；制定项目质量管理制度、奖罚制度和质量岗位责任制，质量目标层层分解，明确分工职责，落实质量控制责任，各负其责以合同为质量管理制约手段，将质量目标纳入分包合同管理指标考核，将工程质量与经济效益挂钩，对施工质量实行奖罚措施。

在技术措施方面，项目部对《单位工程施工组织设计》进行优化并编制《创优作业指导书》、专项施工方案等，强化对落实《质量创优策划》和《施工组织设计》的要求；用技术交底把专项方案中具体的技术要求和对应的准确数据传达给操作工人；坚持“质量第一，预防为主”的质量控制方针和“计划、执行、检查、处理”PDCA 的质量控制循环工作方法，不断改进过程质量控制，重点抓好执行（施工）和监督（检查）两大质量控制线；做好“人、机、材、方、环”（4M1E）五大控制，推行质量样板引路制，每个分项工程先做样板，符合创优要求后再大面积推广；严格质量检查验收制度，每道工序必须按作业班组自检、互检、交接检。项目质检员检查，监理工程师对检查的程序进行质量验收，验收不合格，不能进入下道工序施工，加强过程质量控制，将质量问题消灭在过程中；建立各级 QC 小组，实行全面质量管理，从施工准备到工程竣工，从材料采购到半成品与成品保护，从工程质量的检查与验收到工程回访与保修，对工程实施全过程的质量监督与控制；制订培训计划，联系技术质量专家在分部工程策划阶段对项目进行创优培训；组织对获奖的项目进行观摩，同时进行各专业培训，针对创优和各专业施工协调情况进行总结和分析，进一步细化节点做法，以保证过程精品。

9）绿色施工策划

绿色施工是指工程建设中，在保证质量、安全等基本要求的前提下，通过科学管理和技术进步，最大限度地节约资源与减少对环境负面影响的施工活动，实现节能、节地、节水、节材和环境保护。实施绿色施工，应依据因地制宜的原则，贯彻执行国家、行业和地方相关的技术政策，符合国家的法律、法规及相关的标准规范，实现经济效益、社会效益和环境效益的统一。施工企业应运用 ISO 14000 环境管理体系和 OHSAS 18000 职业健康与安全管理体系，将绿色施工有关内容分解到管理体系目标中去，使绿色施工规范化、标准化，并最终实现“四节一环保”。

制定先进合理的绿色施工方案，要结合先进的技术水平和环境效应来优选，对于同一施工过程有若干备选方案的情况，尽量选取环境污染小、资源消耗少的方案；积极借鉴工业化的生产模式，把原本在现场进行的施工作业全部或部分转移到加工厂进行，现场只有简单的拼装，这是减少对周围环境干扰的最有效的做法，同时也能节约大量的材料资源；吸收精益生产的理念，对施工过程和施工现场进行合理的优化设计，通过计划和控制来合理地安排建设程序以达到节约和绿色的目的。

在节材与材料资源利用方面要求：(1) 图纸会审时应审核节材与材料资源利用的相关内容，达到材料损耗率比定额损耗率降低 30%。(2) 根据施工进度、库存情况等合理安排材料的采购、进场时间和批次以减少库存。(3) 现场材料堆放有序，储存环境适宜且措施得当，保管制度健全，责任落实。(4) 材料运输工具适宜，装卸方法得当可防止损坏或遗洒，根据现场平面布置情况就近卸载，避免和减少二次搬运。(5) 优化安装工程的预留、预埋、管线路径等方案。(6) 优化配料、下料和安装方案，大型钢结构宜采用工厂制作和现场拼装，宜采用分段吊装、整体提升、滑移、顶升等安装方法，减少方案的措施用材量；现场办公和生活用房采用周转式活动房；现场围挡应最大限度地利用已有围墙，或采用装配式可重复使用围挡封闭；力争工地临房、临时围挡材料的可重复使用率达到70%。(7) 项目场地上若有需拆除的旧建筑物，设计时应考虑对拆除材料的利用。

在节水与水资源利用方面要求：(1) 施工中采用先进的节水施工工艺。(2) 施工现场喷洒路面、绿化浇灌不宜使用市政自来水。现场搅拌用水、养护用水应采取有效的节水措施，严禁无措施浇水养护混凝土。(3) 施工现场供水管网应根据用水量设计布置，管径合理、管路简捷，采取有效措施减少管网和用水器具的漏损。(4) 现场机具、设备、车辆冲洗用水必须设立循环用水装置，施工现场办公区、生活区的生活用水采用节水系统和节水器具，提高节水器具配置比率；项目临时用水应使用节水型产品，安装计量装置，采取有针对性的节水措施。(5) 施工现场建立可再利用水的收集处理系统，使水资源得到梯级循环利用。(6) 施工现场分别对生活用水与工程用水确定用水定额指标，并分别计量管理。(7) 大型工程的不同单项工程、不同标段、不同分包生活区，凡具备条件的应分别计量用水量。

在节能与能源利用方面要求：(1) 制定合理的施工能耗指标和提高施工能源利用率。(2) 优先使用国家、行业推荐的节能、高效、环保的施工设备和机具，如选用变频技术的节能施工设备等。(3) 施工现场分别设定生产、生活、办公和施工设备的用电控制指标，定期进行计量、核算、对比分析，并应有预防与纠正措施。(4) 在施工组织设计中，合理安排施工顺序、工作面，以减少作业区域的机具数量，相邻作业区充分利用共有的机具资源。安排施工工艺时，应优先考虑耗用电能或其他能耗较少的施工工艺，避免设备额定功率远大于使用功率或超负荷使用设备的现象。(5) 根据当地气候和自然资源条件，充分利用太阳能、地热等可再生能源。(6) 利用场地自然条件，合理设计生产、生活及办公临时设施的体形、朝向、间距和窗墙面积比，使其获得良好的日照、通风和采光。南方地区可根据需要在其外墙窗上方设遮阳设施。(7) 临时设施宜采用节能材料，墙体、屋面使用隔热性能好的材料，减少夏天空调、冬天取暖设备的使用时间及耗能量。(8) 合理配置采暖、空调、风扇数量，规定使用时间，实行分段分时使用和节约用电。(9) 临时用电优先选用节能电线和节能灯具，临电线路合理设计、布置，临电设备宜采用自动控制装置，尽量采用声控、光控等节能照明灯具，照明设计以满足最低照度为原则，照度不应超过最低照度的20%。

在节地与施工用地保护技术方面要求：(1) 对深基坑施工方案进行优化，减少土方开挖和回填量，最大限度地减少对土地的扰动，保护周边自然生态环境。(2) 红线外临时占地应尽量使用荒地、废地，少占用农田和耕地，工程完工后及时对红线外占地恢复原地形、地貌，使施工活动对周边环境的影响降至最低。(3) 利用和保护施工用地范围内原有绿色植被，对于施工周期较长的现场，可按建筑永久绿化的要求，安排场地新建绿化。(4) 施工总平面布置应做到科学、合理，充分利用原有建筑物、构筑物、道路、管线为施工服务。(5) 施工现场搅拌站、仓库、加工厂、作业棚、材料堆场等布置应尽量靠近已有交通线路或即将修建的正式或临时交通线路，缩短运输距离。(6) 临时办公和生活用房应采用经济、美观、占地面积小、对周边地貌环境影响较小，且适合于施工平面布置动态调整的多层轻钢活动板房、钢骨架水泥活动板房等标准化装配式结构。(7) 生活区与生产区应分开布置,并设置标准的分隔设施。(8) 施工现场围墙可采用连续封闭的轻钢结构预制装配式活动围挡,减少建筑垃圾和保护土地。(9) 施工现场道路按照永久道路和临时道路相结合的原则布置,施工现场内形成环形通路,减少道路占用土地。(10) 临时设施布置应注意远近结合并努力减少和避免大量临时建筑拆迁和场地搬迁。

扬尘控制的要求:结构施工、安装、装饰装修阶段,作业区目测扬尘高度小于 0.5 m;避免使用吹风器等易产生扬尘的设备;机械剔凿作业时可用局部遮挡、掩盖、水淋等防护措施。噪声与振动控制:现场噪声排放不得超过国家标准《建筑施工场界环境噪声排放标准》(GB 12523—2011)的规定;在施工场界对噪声进行实时监测与控制,监测方法也执行国家标准 GB 12523—2011;使用低噪声、低振动的机具,采取隔声与隔振措施,避免或减少施工噪声和振动。光污染控制:尽量避免或减少施工过程中的光污染;夜间室外照明灯加设灯罩,透光方向集中在施工范围;电焊作业采取遮挡措施,避免电焊弧光外泄。水污染控制:施工现场污水排放应达到国家标准《污水综合排放标准》(GB 8978—2015)的要求;在施工现场应针对不同的污水,设置相应的处理设施,如沉淀池、隔油池、化粪池等;污水排放应委托有资质的单位进行废水水质检测,提供相应的污水检测报告;保护地下水环境需要采用隔水性能好的边坡支护技术,在缺水地区或地下水位持续下降的地区,基坑降水尽可能少地抽取地下水;当基坑开挖抽水量大于 50 万 m^3 时,应进行地下水回灌,并避免地下水被污染;对于化学品等有毒材料、油料的储存地,应有严格的隔水层设计,做好渗漏液的收集和处理。土壤保护要求:保护地表环境并防止土壤侵蚀、流失,因施工造成的裸土需及时覆盖砂石或种植速生草种,以减少土壤侵蚀;因施工造成容易发生地表径流土壤流失的情况,应采取设置地表排水系统、稳定斜坡、植被覆盖等措施,减少土壤流失;沉淀池、隔油池、化粪池等不发生堵塞、渗漏、溢出等现象。及时清掏各类池内沉淀物,并委托有资质的单位清运;对于有毒有害废弃物如电池、墨盒、油漆、涂料等应回收后交有资质的单位处理,不能作为建筑垃圾外运,避免污染土壤和地下水;施工后应恢复施工活动破坏的植被,与当地园林、环保部门或当地植物研究机构进行合作,在先前开发地区种植当地或其他合适的植物,以恢复剩余空地地貌或科学绿化,补救施工活动中人为破坏植被和地貌造成的土壤侵蚀。建筑垃圾控制要求:制定建筑垃圾减量化计划;加强建筑垃圾的回收再利用,力争建筑垃圾的再利用和回收率达到 30%;施工现场生活区设置封闭式垃圾容器,施工场地生活垃圾实行袋装化并及时清运;对建筑垃圾进行分类,并收集到现场封闭式垃圾站集中运出。地下设施、文物和资源保护要求:施工前应调查清楚地下各种设施,做好保护计划,保证施工场地周边的各类管道、管线、建筑物、构筑物的安全运行;施工过程中一旦发现文物,立即停止施工,保护现场并通报文物部门协助做好工作;避让和保护施工场区及周边的古树名木。

1.1.4 科技创新推广及应用

科技创新是指创造和应用新知识、新技术、新工艺,采用新的生产方式和经营管理模式,开发新产品,提高产品质量,提供新服务的过程。在工程施工中应积极采用新技术,通过科学技术提高工程的科技含量,提升工程整体质量水平,达到增加经济效益的目的。

积极推广应用建筑业10项新技术（10个大项108个子项），积极采用新技术、新工艺、新材料、新设备并在关键技术和工艺上有所创新的技术，科技成果的表现可以是标准规范、工法、专利（发明专利、实用新型专利）、科技进步奖、软件著作权、科技示范工程、新技术应用示范工程等，此外，科技成果的申报必须在规定的时间内完成，否则，科技目标可能会影响工程创优的申报。

科技创新及新技术推广应用要求：编制项目科技策划书，明确组织机构与职责分工；明确科技目标，包括质量、安全、进度、环境指标、经济效益指标、科技进步效益以及科技成果的数量等，明确重点任务结合工程实际开展关键技术研究，经过技术鉴定可作为自主创新技术加以推广。

1.2　质量创优的质量控制机制与实施

1.2.1　质量管理小组活动的组建

质量管理小组的组建工作一般应遵循“自愿参加，上下结合”与“实事求是，灵活多样”这一基本原则。“自愿参加”，是指人们对质量管理小组活动的宗旨有了一定的理解和共识，并产生了自觉参与质量管理的愿望，自由组合成立质量管理小组，自主地开展活动。小组成员不需要行政命令，而是自己挤时间、创造条件进行自我学习，共同研究，相互启发，协力解决共同关心的问题。但是，强调自愿参加，并不意味着质量管理小组只能自发地产生，更不是说企业的管理者就可以放弃指导与领导的职责。“上下结合”，就是组建企业质量管理小组要把来自上层管理者的组织、引导、启发与职工群众的自觉自愿相结合，组建成符合本企业施工实际需要的具有本企业文化特色的质量管理小组。没有广大职工群众的积极参与和企业领导的支持，质量管理小组活动不可能得到健康发展。

由于各个建筑企业的特点不同，乃至于同一个企业内各分公司、各工程、各部门的特点也不同，在组建质量管理小组时，形式可以灵活多样。从解决实际问题的需要出发，组成各种形式的质量管理小组，以方便活动，易出成果，不要搞一种模式、一刀切。在公司、分公司可组织一些解决技术问题或管理问题的质量管理小组；在工程项目部、工地可组织一些解决现场施工问题、建筑质量通病的质量管理小组；在物业管理或售后服务部门，可建立与顾客沟通、提高服务满意度的质量管理小组。

1.2.2　质量管理小组的组建程序

企业质量管理小组一般以自愿结合的形式组建。可以在工程项目部、企业管理部门组建，也可以跨项目部、公司管理部门组建。工程管理项目部可因地制宜，选择课题类型，开展活动，组织由施工管理人员、工程技术人员和施工现场一线工人参加的三结合科技开发型的质量管理小组。由于各企业、各工程的情况以及选择的活动课题等不同，所以组建质量管理小组的程序可以分为以下三种情况：

(1) 自下而上的组建程序要求用质量管理方法解决工作或施工过程中产生的问题时，可召集同一工程项目或管理部门的几位同事，商定成立质量管理小组，推举组长人选、确定课题等。基本取得共识后，由经确认的质量管理小组组长向所在单位(或部门)申请注册登记，经主管部门审查认为具备建组条件，即可发放小组注册登记表和课题注册登记表。组长按要求填好注册登记表，并交主管部门注册登记，该质量管理小组组建工作即告完成。这种组建程序通常适用于那些由同一工程项目、同一班组(或同一科室)内部成员组成的现场型、服务型，包括一些管理型的质量管理小组。他们所选的课题一般都是自己身边的、力所能及的问题。这种方式组建的质量管理小组，成员活动的积极性、主动性很高，企业主管部门应给予支持和指导，包括对小组骨干成员进行必要的培训，使质量管理小组活动持续有效地发展。

(2) 自上而下的组建程序要求先由企业主管质量管理小组活动的部门根据企业实际情况，提出全企业开展质量管理小组活动的设想方案，然后与分公司(或部门)、工程项目部的领导协商，达成共识后，初拟课题内容，计划应建立的质量管理小组项目，并提出组长人选，每个质量管理小组所需的成员由企业主管部门会同工程项目部(或部门)领导发给质量管理小组注册登记。组长按要求填表(即小组课题注册登记表)，经企业主管部门审核同意，并编写注册号，小组组建工作即告完成。

这种组建程序较普遍地被“三结合”技术攻克型质量管理小组所采用。这类质量管理小组所选择的课题往往是企业或工地(部门)急需解决的、有较大的技术难度、牵涉面较广的工程技术、机械设备、施工方法问题，需要企业或分公司、项目负责人为质量管理小组活动提供一定的施工技术、资金条件，因此，难以自下而上组建。还有一些管理型质量管理小组，由于其活动课题也是自上而下确定的，因此，通常也采取这种程序组建。这样组建的质量管理小组，一方面，容易紧密结合企业的方针目标，抓住关键课题，会给企业和质量管理小组成员带来直接的经济效益，同时，由于有领导与技术人员参与，活动易得到人力、物力、财力和时间的保证，利于取得成效;但另一方面，这种方式组建的小组成员易产生“完成任务”的被动感觉，从而影响其对活动的主动性和积极性。

(3) 上下结合的组建程序通常是由上级推荐课题范围，下级讨论认可，上下协商来组建。这主要涉及组长和组员人选的确定、课题内容的初步选择等问题，其他程序与前两种相同。这样组建的活动小组，可取前两种所长，避其所短，应积极倡导。

质量管理小组组建的最后一项工作是注册登记，企业质量管理小组活动主管部门负责注册登记表的登记编号和统一保管，并将其纳入企业年度质量管理小组活动管理计划，便于日后开展小组活动时得到各级领导和有关部门的支持和服务，以及参加各级优秀质量管理小组的评选。为检查和督促质量管理小组活动的情况，质量管理小组注册后每年要进行一次重新登记，以便确认该质量管理小组是否还存在，或有什么变动。对停止活动持续半年的质量管理小组予以注销。在质量管理小组注册登记的同时，还要进行其活动课题的注册登记，即在每选定一项活动课题开展活动之前，都要进行一次课题的注册登记。应根据所选课题涉及的范围、难度等因素确定质量管理小组成员人数。通常情况下，小组成员人数宜少不宜多，一般以 3～10 人为宜，使每个小组成员都能在小组活动中充分发挥作用。当课题变化或小组成员岗位有所变动时，小组成员数可做相应调整。组建质量管理小组时要为小组命名，取名一般以简明为原则，避免选择字数过多、累赘冗长的小组名称。

1.2.3　质量管理小组活动的管理

企业要在激烈的建筑市场竞争中取胜，需要依靠全员的共同努力，而质量管理小组是实现全员参与质量改进的有效形式。企业要把开展群众性的质量管理小组活动纳入质量管理和质量保证体系，建立相关管理制度，质量管理部门、技术部门、工会和共青团齐抓共管，发动全体员工参与质量管理小组活动，并做好指导、帮助、推进工作；要把开展质量管理小组活动与企业或工程项目的目标管理、技术革新以及推广应用新技术、新产品、新材料、新工艺和开展无质量通病等活动结合起来；同时将质量管理小组活动与提高职工思想和技术业务素质、企业文化、施工班组建设、技术创新、合理化建议、职工年度绩效评定、经济奖励等活动紧密结合起来。

企业的质量管理或技术主管部门负责质量管理小组活动的日常推进工作。小组成立并确定活动课题后，应向所在企业登记注册，企业主管部门将每年质量管理小组活动情况报送所在地区协会，做好服务推进工作。各级建设行业协会负责推进本行业或地区施工企业质量管理小组活动，建立相关管理制度，具体内容包括：优秀质量管理小组成果的申报与评审、表彰和激励等；做好培训教育、组织宣传和推进工作，为开展活动提供必要的条件，为企业搭建互相交流学习的良好平台，创造良好的活动环境氛围，积极热情为企业提供服务。为加强各企业、各地区、各行业之间的横向交流，树立典型，明确导向，肯定成绩，表彰先进，各级建设行业协会应定期召开行业或地区质量管理小组活动成果发表会，组织和开展质量管理小组联谊会、学术研究和经验交流等活动。

质量管理小组取得成果并向企业主管部门申报后，组织熟悉质量管理小组活动的有关人员组成评审组，深入小组活动现场进行现场评审（查看活动的相关记录）；企业主管部门组织年度企业质量管理小组活动成果发表会，根据质量管理小组成果发表评审和现场评审的总成绩，评选企业优秀成果，推荐其参加上级主管单位或各地区建设行业协会的质量管理成果发表选拔赛。行业或地区建设行业协会定期组织召开年度质量管理小组活动成果发表会，在企业选派的优秀质量管理小组中，通过评审，选出本地区、本行业的优秀质量管理小组和推荐参加更高一级优秀质量管理小组评选的小组。发表层次可分为基层发表（分公司、企业）、行业或地区建设行业代表会发表、全国工程建设行业代表会发表。通过各级建设行业协会评选，质量管理成果可获得市级、省级、部级和国家级等优秀质量管理小组活动奖项。

1.2.4　质量管理小组活动的推进

企业质量管理小组活动的主管部门，根据上一年度质量管理小组活动情况进行总结分析，结合本年度现状和经营方针、目标要求，制定本年度推动方针和计划，以明确本年度质量管理小组活动推进的力度、重点和步骤，质量管理小组数量的发展，质量管理小组成员的质量教育，质量管理小组活动的指导，企业内质量管理小组成果发表与经验交流以及外出参加学习、交流等计划安排，循序渐进地推进企业质量管理小组活动更广泛深入、健康持久地发展。培养一批懂质量管理理论、能指导开展质量管理小组活动、会评价质量管理小组活动成果的质量管理小组骨干，更好地推动企业开展质量管理小组活动，主管质量管理小组的部门要善于在工作中及时发现那些质量意识较强、热衷于不断改进质量的积极分子，有意识地对他们进行培养教育，使他们比别人先学一步。培训教育的考核成绩存入职工技术档案，可作为技术考核的依据。企业根据实际需要，对从事质量管理小组活动的管理者、小组成员以及职工进行有计划、分层次的培训。每年教育培训时间由企业安排。对暂不具备培训条件的企业可组织其参加上级的培训班学习，以不断扩大质量管理队伍，丰富和更新相关理论知识，推进企业质量管理小组活动。

创造开展活动的环境条件，各级政府建立了质量管理小组的领导组织并进行宏观指导与推进；企业各级领导要为质量管理小组开展活动提供必要的条件，创造良好的环境，鼓励质量管理小组积极开展多种形式的活动。领导对质量管理小组活动在思想上重视，在行动上支持。促进质量管理小组活动广泛、健康持续发展，是企业领导与有关管理部门的职责，各级领导要高度重视，热情支持，积极引导，并把它作为企业取得成功的关键要素来抓。比如，把质量管理小组纳入企业质量工作计划，制定并坚持鼓励开展质量管理小组活动的政策，在企业中设专职或兼职人员负责管理质量管理小组活动；在质量工作会议上积极宣传质量管理小组活动的意义，积极参加质量管理小组活动成果发表会，鼓励开展质量管理小组活动，等等，在企业内部形成推动开展质量管理小组活动的气氛。全员树立质量管理小组活动意识，只有当广大职工群众对开展质量管理小组活动的意义有了认识，并产生了参加质量管理小组活动的愿望和要求时，质量管理小组活动才能成为广大职工的一种自觉主动的行为。为此，应认真开展质量管理教育，提高广大职工的质量意识、问题意识、改进意识和参与意识，为企业的质量管理小组活动培养和建立较广泛的群众基础，建立健全质量管理小组活动规章制度。为使企业质量管理小组活动持续、健康地发展，企业应将质量管理小组活动作为质量体系的一项重要组成要素，对质量管理小组组建、注册登记、活动、管理、培训、成果发表、评选和奖励等制定相应的规章制度，具体可参照国家经贸委、财政部、中国科协、全国总工会、共青团中央、中国质量协会联合颁发的《关于推进企业质量管理小组活动意见》的相关规定，以更好地指导企业质量管理小组活动。对质量管理小组活动给予具体指导，企业领导、技术和质量管理部门应给予质量管理小组具体的指导，特别在组建阶段，帮助小组选好课题。要注重对小组活动现场活动程序、方法等管理技术，各种调查数据的收集、保存，以及活动记录等方面的指导，关注活动课题、现状分析、对策措施、实施情况、数据处理及出席人员等内容，确保其活动的真实性、有效性、多样性和灵活性。要关注质量管理小组活动与岗位业务、与工程项目管理、与建筑业技术创新与应用相结合，企业行政组织应充分发挥协调作用，使质量管理小组活动融于企业各项活动之中。

1.2.5　质量管理小组的激励

企业管理是以人为中心的管理，管理的主体是人，根据人的需求进行生产，依靠人开展生产经营活动。因此，企业管理的基本对象依然是人，实现企业方针、目标要依靠全体员工的积极性和创造性。积极性有其自身形成和变化规律，激励就是按照积极性的运动规律对人施加一定影响，使其积极性形成，并按预定方向发展，人的积极性产生于自身的需要，人的积极性还受到主观认识的调节和客观环境的影响。在主观认识方面，人的认识水平影响其需要的满足程度，对积极性的发挥有重要的调节作用。如把平凡工作岗位看成是自己为社会做出贡献或将自己工作看成是没出息，前者工作积极主动，发挥出自己的潜能，就会感到很大的满足；而后者在工作中常处于被动状态，总是提不起劲来，就不会产生满足感。另一方面，客观环境会影响人的积极性。如社会管理机制、经济杠杆、企业管理制度等，都会对企业员工的工作积极性形成制约。员工是由自身需要产生动机，动机产生行为，为达到其需要的目标去奋斗，当其行为的结果未能满足所期望的需要时，也会影响到积极性的发挥。只有正确认识人的需要，正确处理需要、环境和行为效果反馈的关系，才能产生最好的激励效果，从而充分地调动人的积极性，并转化为物质力量。

对于取得成果的质量管理小组，如何使其积极性得以保持，并再次选择课题持续地活动下去，同时吸引更多的职工参加质量管理小组活动，这就必须采取有效的激励手段。激励机制是持续开展质量管理小组活动的动力源泉，具体分为以下五种形式：

（1）目标激励，即人的目标通常源于对理想的追求，包括社会理想和个人理想目标。前者如推动企业或社会进步，改变祖国落后面貌；后者如自己干一番事业、攀登科学技术高峰，希望成为企业家、科学家等。这些理想目标对员工的工作和学习积极性将会产生持久的作用。因此，企业应当把理想与目标教育当做激励的重要手段，使员工树立社会理想，并把个人理想与社会理想结合起来。应该让员工认识到，职工和企业的关系十分密切，企业的兴衰将直接影响到职工的收入乃至前途；职工工作效果的好坏、工作积极性的程度不同，除会导致得到不同的报酬外，也将影响到企业的效益。所以，应把企业的方针目标、发展规划告知员工；将民主管理交给员工，以激发广大员工积极投身质量改进活动、参加质量管理小组的自觉性，真正为企业的发展做出贡献。与此同时，员工通过参加活动也可提升自身素质和工作能力。大多数人都有成就需要，希望不断获得成功。人有目标，才有奔头，才能产生动力。成功的标志就是达到预定的目标。因此，目标是一个重要的激励因素。

（2）物质激励，即包括劳动报酬、资金、各种物质和公共福利，是激励形式中最基本的激励手段，因为货币、衣食住行等决定着人们基本需要的满足，同时，员工的收入及居住条件也影响其社会地位、社会交往，影响其学习、文化娱乐等精神满足。所以，当质量管理小组取得成果并创造了效益后，企业应根据按劳分配的原则给予小组成员物质奖励。奖励是发挥员工潜能的重要手段，适当的奖励是激发员工积极性的重要方法。要完善奖励机制，落实奖励政策，把质量管理小组活动成果与员工的政治荣誉、物质利益挂钩。把质量管理小组成果作为小组达标评选优秀小组的条件，把质量管理成果与评定职称挂钩。通过总结经验和利用各种形式宣传和表彰先进，提高员工参加质量管理小组活动的积极性，促进员工素质的提高，向质量和管理要效益。

（3）领导关怀与支持激励，企业领导重视、关心和支持质量管理小组活动是最有力度的激励。领导从资金、物质、场所、时间等方面对质量管理小组活动给予支持，必将激发起员工参与质量管理小组活动的积极性，从而把质量管理小组搞得更加出色。不少企业领导十分重视质量管理小组活动，他们将开展质量管理小组活动作为提高企业整体素质、培养年轻骨干队伍的重要手段，对质量管理小组活动的开展不惜投入资金和时间，解决一些横向协调问题。他们坚持参加企业每年召开的质量管理小组成果发表会，给优秀质量管理小组颁奖，与发表人合影留念，对企业开展活动的情况亲自总结经验，提出改进意见，鼓励员工积极投入质量管理小组活动。

（4）组织与荣誉激励，组织激励就是运用组织责任及权利对员工进行激励，大多数人是愿意得到提拔和承担更大责任的。通过提拔工作出色的员工或将其调到更重要的岗位，以调动他们的积极性，同时也是对全体员工的一种鞭策。据管理心理学家研究，我国企业在激发员工动机方面存在着极大的潜力，员工积极性尚有50%～60%未能发挥出来。如果能够深入了解员工的心理和情绪，把注意力放在调动员工的积极性上，将会收到意想不到的效果。建立健全质量管理小组活动激励机制，可以充分调动员工的创造性，它是提高员工质量意识的基本手段。事实证明，不少质量管理小组通过开展活动，掌握了PDCA循环和科学方法，提高了思想水平、技术水平和解决问题的能力，从而被提拔为业务骨干，或走上领导岗位。荣誉激励就是企业和各级协会对取得优异成绩的质量管理小组给予表彰，授予荣誉称号，颁发荣誉证书等。荣誉奖励能够使员工充分认识到自身的价值，是对员工做出贡献的公开承认，可以满足人的自尊的需要，从而达到激励目的。小组每个成员都将为获得这一荣誉而感到自豪，同时也会为维护这一荣誉而努力。

（5）教育培养激励，即对员工进行如何开展质量管理小组活动、如何当好质量管理小组活动诊断师等知识的培训。选派质量管理小组骨干到上级举办的质量管理小组骨干培训班进行系统的培训，使他们掌握组织开展质量管理小组活动的知识和能力；或通过派出优秀质量管理小组代表参加各级质量管理小组活动成果发表会，作为教育培养的方法之一，通过发表交流，了解学习不同企业、不同行业质量管理小组的好方法，从而受到更多的启迪，以此激发员工参加质量管理小组活动的积极性。教育培养激励的作用是多方面的，不仅可以满足员工特别是青年员工对学习的求知欲望，还可以提高员工达到目标的能力，以胜任更艰巨的工作。

第 2 章　混凝土结构工程的质量控制

2.1　混凝土材料配合比的质量控制

2.1.1　混凝土特性缺陷

混凝土工程是建(构)筑物的重要组成部分，也往往是建(构)筑物承受荷载的主要部位，其质量好坏，直接关系到整个建(构)筑物的安危和寿命，因此，对混凝土工程的施工质量必须特别重视，保证不出现任何足以影响混凝土结构性能的缺陷。施工时应根据工程特点、设计要求、材料供应情况以及施工部门的技术素质和管理水平，制定有效的保证混凝土质量的技术措施，按设计和施工验收规范要求认真施工，消除施工中常见的质量通病和缺陷，以确保工程质量。

1）配合比不良

(1) 现象

混凝土拌和物松散，保水性差，易于泌水、离析，难以振捣密实，浇筑后达不到要求的强度。

(2) 原因分析

① 混凝土配合比未经认真设计计算和试配，材料用量比例不当，水胶比大，砂浆少，石子多。

② 使用原材料不符合施工配合比设计要求，水泥用量不够或受潮结块，活性降低；骨料级配差，含杂质多；水被污染，或砂石含水率未扣除。

③ 材料未采用称量，用体积比代替重量比，用手推车量度，或虽用磅秤计量，计量工具未经校验，误差大，材料用量不符合配合比要求。

④ 外加剂掺量未严格称量，加料顺序错误，混凝土未搅拌均匀，造成混凝土匀质性很差，性能达不到要求。

⑤ 质量管理不善，拌制时，随意增减混凝土组成材料用量，使混凝土配合比不准。

(3) 防治措施

① 混凝土配合比应经认真设计和试配，使符合设计强度和性能要求及施工和易性的要求，不得随意套用经验配合比。

每盘混凝土试配的最小搅拌量应符合表 2－1 的规定，并应小于搅拌机公称容量的1/4，且不应大于搅拌机公称容量。

表 2-1 混凝土试配的最小搅拌量

粗骨料最大公称粒径(mm)	最小搅拌的拌和物量(L)
≤31.5	20
40.0	25

② 确保混凝土原材料质量,材料应经严格检验,水泥等胶凝材料应有质量证明文件,并妥加保管,袋装水泥应抽查其重量,砂石粒径、级配、含泥量应符合要求,堆场应经清理,防止杂草、木屑、石灰、黏土等杂物混入。

③ 严格控制混凝土配合比,保证计量准确,材料均应按重量比称量,计量工具应经常维修、校核,每班应复验 1～2 次。现场混凝土原材料配合比计量偏差,不得超过下列数值(按重量计):胶凝材料为±2%;粗、细骨料为±3%;拌和用水和外加剂为±1%。

④ 混凝土配合比应经试验室通过试验提出,并严格按配合比配料,不得随意加水。使用外加剂应先试验,严格控制掺用量,并按规程使用。

⑤ 混凝土拌制应根据粗、细骨料实际含水量情况调整加水量,使水胶比和坍落度符合要求。混凝土施工和易性及保水性不能满足要求时,应通过试验调整,不得在已拌好的拌和物中随意添加材料。

⑥ 混凝土运输应采用不易使混凝土离析、漏浆或水分散失的运输工具。

2) 和易性差

(1) 现象

拌和物松散不易黏结,或黏聚力大、成团,不易浇筑;或拌和物中水泥砂浆填不满石子间的孔隙;在运输、浇筑过程中出现分层离析,不易将混凝土振捣密实。

(2) 原因分析

① 水胶比与设计等级不匹配,水胶比过大,浆体包裹性差,容易离析;水胶比过小,浆体黏聚力过大、成团,不易浇筑。

② 粗、细骨料级配质量差,空隙率大,配合比的砂率过小,难以将混凝土振捣密实。

③ 水胶比和混凝土坍落度过大,在运输时砂浆和石子离析,浇筑过程中不易控制其均匀性。

④ 计量工具未检验,误差较大,计量制度不严或采用了不正确的计量方法,造成配合比不准,和易性差。

⑤ 混凝土搅拌时间不够,没有搅拌均匀。

⑥ 配合比设计不符合施工工艺对和易性的要求。

⑦ 搅拌设备选择不当。

⑧ 运输设备的型号及外观选择不当。

(3) 预防措施

① 混凝土配合比设计、计算和试验方法,应符合有关技术规定,混凝土在不同环境条件下的最大水胶比和胶凝材料最小用量等参数应符合表 2-2～表 2-4 的要求。

表 2－2　混凝土结构的环境类别

环境类别	条件
一类	室内干燥环境； 无侵蚀性静水浸没环境
二类 a	室内潮湿环境； 非严寒和非寒冷地区的露天环境； 非严寒和非寒冷地区与无侵蚀性的水或土壤直接接触的环境； 严寒和寒冷地区的冰冻线以下与无侵蚀性的水或土壤直接接触的环境
二类 b	干湿交替环境； 水位频繁变动环境； 严寒和寒冷地区的露天环境； 严寒和寒冷地区的冰冻线以上与无侵蚀性的水或土壤直接接触的环境
三类 a	严寒和寒冷地区冬季水位变动区环境； 受除冰盐影响环境； 海风环境
三类 b	盐渍土环境； 受除冰盐作用环境； 海岸环境
四类	海水环境
五类	受人为或自然的侵蚀性物质影响的环境

注：1. 室内潮湿环境是指构件表面经常处于结露或湿润状态的环境。
2. 严寒和寒冷地区的划分应符合现行国家标准《民用建筑热工设计规范》(GB 50176—2016)的有关规定。
3. 海岸环境和海风环境宜根据当地情况，考虑主导风向及结构所处迎风、背风部位等因素的影响，由调查研究和工程经验确定。
4. 受除冰盐影响环境是指受除冰盐盐雾影响的环境；受除冰盐作用环境是指被除冰盐溶液溅射的环境以及使用除冰盐地区的洗车房、停车楼等建筑。
5. 暴露的环境是指混凝土结构表面所处的环境。

表 2－3　结构混凝土材料的耐久性基本要求

环境等级	最大水胶比	最低强度等级	最大氯离子含量(%)	最大碱含量 (kg/m³)
一类	0.60	C20	0.30	不限制
二类 a	0.55	C25	0.20	3.0
二类 b	0.50(0.55)	C30(C25)	0.15	
三类 a	0.45(0.50)	C35(C30)	0.15	
三类 b	0.40	C40	0.10	

注：1. 氯离子含量系指其占胶凝材料总量的百分比。
2. 预应力构件混凝土中的最大氯离子含量为 0.06%，其最低混凝土强度等级宜按表中的规定提高两个等级。
3. 素混凝土构件的水胶比及最低强度等级的要求可适当放松。
4. 有可靠工程经验时，二类环境中的最低混凝土强度等级可降低一个等级。
5. 处于严寒和寒冷地区二类 b、三类 a 环境中的混凝土应使用引气剂，并可采用括号中的有关参数。
6. 当使用非碱活性骨料时，对混凝土中的碱含量可不作限制。

表 2－4　混凝土中胶凝材料的最小用量

最大水胶比	胶凝材料最小用量(kg/m³)		
	素混凝土	钢筋混凝土	预应力混凝土
0.60	250	280	300
0.55	280	300	300
0.50	320		
≤0.45	330		

注：C15 及 C15 以下的混凝土，其胶凝材料最小用量可不受本表限制。

② 泵送混凝土配合比应符合标准要求，同时根据泵的种类、泵送距离、输送管径、浇筑方法、气候条件等确定，并应符合下列规定：

a. 泵送混凝土输送管道的最小内径应符合表 2－5 的要求；粗骨料最大粒径与输送管径之比宜符合表 2－6 的要求。

表 2－5　泵送混凝土输送管道的最小内径

粗骨料最大公称粒径(mm)	输送管道最小内径(mm)
25	125
40	150

表 2－6　粗骨料最大粒径与输送管径之比

粗骨料品种	泵送高度(m)	粗骨料最大粒径与输送管径之比
碎石	<50	≤1∶3.0
	50～100	≤1∶4.0
	>100	≤1∶5.0
卵石	<50	≤1∶2.5
	50～100	≤1∶3.0
	>100	≤1∶4.0

b. 细骨料宜采用通过 0.315 mm 筛孔的砂不应少于 15%，砂率宜控制在 35%～45%。

c. 水胶比不宜大于 0.6。

d. 胶凝材料总量不宜小于 300 kg/m³。

e. 混凝土掺加的外加剂的品种和掺量宜由试验确定，不得随意使用；混凝土的坍落度为 100～180 mm。

f. 掺加引气剂型外加剂的泵送混凝土的含气量不宜大于 4%。

g. 泵送轻骨料混凝土选用原材料及配合比，应通过试验确定。

h. 泵送坍落度损失不宜大于 30 mm/h。

i. 入泵坍落度不宜小于 100 mm，对于各种入泵坍落度不同的混凝土，其泵送高度不宜超过表 2－7 的规定。

③ 应合理选用水泥及矿物掺和料，以改善混凝土拌和物的和易性。

④ 原材料计量宜采用电子计量设备，应具有法定计量部门签发的有效鉴定证书，并

应定期校验。

表 2-7　混凝土入泵坍落度与泵送高度关系表

最大泵送高度(m)	50	100	200	400	400 以上
入泵坍落度(mm)	100～140	150～180	190～220	230～260	—
入泵扩展度(mm)	—	—	—	450～590	600～740

⑤ 在混凝土拌制和浇筑过程中，应按规定检查混凝土的坍落度或扩展度，每一工作班应不少于 2 次。混凝土浇筑时的坍落度按工程要求及需要采用。

⑥ 在一个工作班内，如混凝土配合比受外界因素影响而有变动时，应及时检查、调整。

⑦ 混凝土搅拌宜采用强制式搅拌机。

⑧ 随时检查混凝土搅拌时间，混凝土延续搅拌最短时间按表 2-8 采用。

⑨ 混凝土运输应采用混凝土搅拌运输车，外观宜采用白色，装料前将罐内积水排尽，装载混凝土后，拌筒应保持 3～6 r/min 的慢速转动，当混凝土需使用外加剂调整时，应快速搅拌罐体不少于 120 s，运输过程中严禁加水。

⑩ 施工温度超过 35 ℃，宜有隔热降温措施。

表 2-8　混凝土搅拌的最短时间

混凝土坍落度(mm)	搅拌机机型	搅拌机出料量		
		<250 m^3	250～500 m^3	>500 m^3
≤40	强制式	60 s	90 s	120 s
40～100	强制式	60 s	60 s	90 s
≥100	强制式	60 s		

注：混凝土搅拌的最短时间系指自全部材料装入搅拌筒中起到开始卸料止的时间。

(4) 治理方法

因和易性不好而影响浇筑质量的混凝土拌和物，只能用于次要构件(如沟盖板等)，或通过试验调整配合比，适当掺加水泥砂浆量，增加砂率，二次搅拌后使用。

3) 外加剂使用不当

(1) 现象

新拌混凝土泌水、分层、离析，工作性差，坍落度损失大，混凝土浇筑后，局部或大部分长时间不凝结硬化，硬化混凝土强度下降，收缩增大，短期内混凝土开裂，或已浇筑完的混凝土结构物表面起鼓包(俗称表面“开花”)等。

(2) 原因分析

① 外加剂与水泥适应性不良。

② 外加剂的产品质量不达标(如碱含量超标等)。

③ 以干粉状掺入混凝土中的外加剂(如硫酸钠早强剂)细度不符合要求，含有大量未碾细的颗粒，遇水膨胀，造成混凝土表面“开花”。

④ 掺外加剂的混凝土拌和物运输停放时间过长，造成坍落度、稠度损失过大。

⑤ 根据混凝土的功能，所选用的外加剂类型不当。

⑥ 外加剂的储存存在问题，导致外加剂浓度变化或发生化学反应。

(3) 预防措施

① 施工前应详细了解外加剂的品种和特性，比对外加剂与胶凝材料的适应性，正确合理选用外加剂品种，其掺加量应通过试验确定。

② 混凝土中掺用的外加剂应按有关标准鉴定合格，并经试验符合施工要求才可使用。

③ 运到现场的不同品种、不同用途的外加剂应分别存放，妥善保管，防止混淆或变质。

④ 粉状外加剂要保持干燥状态，防止受潮结块。已经结块的粉状外加剂，应烘干碾细，过 0.6 mm 孔筛后使用。

⑤ 掺有外加剂的混凝土必须搅拌均匀，搅拌时间应适当延长。

⑥ 尽量缩短掺外加剂混凝土的运输和停放时间，减小坍落度损失。

⑦ 外加剂储存应确保装外加剂的罐体与外加剂无化学反应发生，确保各种环境下外加剂不沉积或结晶。

(4) 治理方法

① 宜使用液态匀质外加剂。

② 因缓凝型减水剂掺入量过多而造成混凝土长时间不凝结硬化，可延长其养护时间，延缓拆模时间，后期混凝土强度经检定不受影响，可不处理，否则需采取加固或拆除重建等措施。

③ 混凝土表面鼓包，应剔除鼓包部分，用 1∶2 或 1∶2.5 砂浆修补。

2.1.2 混凝土配合比经验公式及应用

对于技术经验不够丰富的技术人员而言，为了在满足混凝土性能要求的前提下尽量降低混凝土成本，结合系统的验证试验结果和有关专家的技术经验，给出了不同水胶比下混凝土的用水量(混凝土中已掺加减水剂，该用水量为混凝土实际单位用水量，已扣除外加剂中的水分)和矿物掺和料掺量建议值(表 2－9)，供参考。对于高强混凝土，按照标准，如果用户无法确定适宜的技术参数，可参照表 2－10 进行选择。

表 2－9 混凝土用水量和矿物掺和料掺量值

水胶比	实际用水量(kg/m^3)	矿物掺和料掺量(占胶材总量的重量百分比)	
		单掺粉煤灰	粉煤灰＋矿渣粉
0.6～0.7	185～195	25%～30%	20%～25%＋20%
0.5～0.6	175～185	25%～30%	20%～25%＋20%
0.4～0.5	165～175	25%～30%	15%～25%＋15%～25%
0.33～0.4	155～165	25%～35%	15%～25%＋15%～25%

注：混凝土类型为普通泵送钢筋混凝土，环境类别为一类环境，采用 P·O 42.5 水泥，Ⅱ级 F 类粉煤灰和 S95 级矿渣粉。

表 2－10　高强混凝土配合比参数值

强度等级	水胶比	胶材总量(kg)	砂率
C60	0.32	490	0.38
C70	0.30	520	0.38
C80	0.28	550	0.38
C90	0.26	580	0.37
C100	0.24	600	0.36

注：水泥选择 P·O 52.5 水泥，外加剂选择聚羧酸系高效减水剂，砂选择细度模数 2.5～2.8 的中砂。

2.2　混凝土结构的表面质量及控制

2.2.1　表面缺陷

1）麻面

(1) 现象

混凝土表面出现缺浆和许多小凹坑与麻点，形成粗糙面，影响外表美观但无钢筋外露现象。

(2) 原因分析

① 模板表面粗糙或粘附有水泥浆渣等杂物未清理干净，或清理不彻底，拆模时混凝土表面被粘坏。

② 木模板未浇水湿润或湿润不够，混凝土构件表面的水分被吸去，使混凝土失水过多而出现麻面。

③ 模板拼缝不严，局部露浆，使混凝土表面沿模板缝位置出现麻面。

④ 模板隔离剂涂刷不匀，或局部漏刷或隔离剂变质失效，拆模时混凝土表面与模板黏结，造成麻面。

⑤ 混凝土未振捣密实或振捣过度，造成气泡停留在模板表面形成麻面。

⑥ 拆模过早，使混凝土表面的水泥浆粘在模板上，也会产生麻面。

(3) 预防措施

① 模板表面应清理干净，不得粘有干硬水泥砂浆等杂物。

② 浇筑混凝土前，模板应浇水充分湿润，并清扫干净。

③ 模板拼缝应严密，如有缝隙，应用海绵条、塑料条、纤维板或密封条堵严。

④ 模板隔离剂应选用长效的，涂刷要均匀，并防止漏刷。

⑤ 混凝土应分层均匀振捣密实，严防漏振，每层混凝土均应振捣至排出气泡为止。

⑥ 拆模不应过早。

(4) 治理方法

① 表面尚需作装饰抹灰的，可不作处理。

② 表面不再作装饰的，应在麻面部分浇水充分湿润后，用原混凝土配合比（去石子）砂浆，将麻面抹平压光，使颜色一致。修补完后，应用草帘或草袋进行保湿养护。

2）露筋

（1）现象

钢筋混凝土结构内部的主筋、副筋或箍筋等裸露在表面，没有被混凝土包裹。

（2）原因分析

① 浇筑混凝土时，钢筋保护层垫块位移，或垫块太少甚至漏放，致使钢筋下坠或外移紧贴模板面而外露。

② 结构、构件截面小，钢筋过密，石子卡在钢筋上，使水泥砂浆不能充满钢筋周围，造成露筋。

③ 混凝土配合比不当，产生离析，靠模板部位缺浆或模板严重露浆。

④ 混凝土保护层太小或保护层处混凝土漏振，或振捣棒撞击钢筋或踩踏钢筋，使钢筋位移，造成露筋。

⑤ 模板清理不净造成黏结或脱模过早，拆模时造成缺棱、掉角，导致露筋。

（3）预防措施

① 浇筑混凝土前应加强检查，应保证钢筋位置和保护层厚度正确，发现偏差，及时纠正。钢筋保护层的最小厚度如设计图中未注明时，可参照表 2－11 的要求执行。

表 2－11　钢筋保护层的最小厚度

环境与条件	构件名称	保护层厚度(mm)
室内干燥环境	板、墙	15
	梁、柱	20
非严寒和非寒冷地区露天或室内潮湿环境	板、墙	20
	梁、柱	25
严寒和寒冷地区露天环境	板、墙	25
	梁、柱	35
严寒和寒冷地区冬季环境	板、墙	30
	梁、柱	40

注：1. 表中混凝土保护层厚度指最外层钢筋外边缘至混凝土表面的距离，适用于设计使用年限为 50 年的混凝土结构。
2. 构件中受力钢筋的保护层厚度不应小于钢筋的公称直径。
3. 混凝土强度等级不大于 C25 时，表中保护层厚度数值应增加 5 mm。
4. 基础底面钢筋的保护层厚度，有混凝土垫层时应从垫层顶面算起，且不应小于 40 mm。
5. 轻骨料混凝土的钢筋保护层厚度应符合国家现行标准《轻骨料混凝土结构技术规程》(JGJ 12—2006)的规定。

② 钢筋密集时，应选用适当粒径的石子。石子最大颗粒尺寸不得超过结构截面最小尺寸的 1/4，同时不得大于钢筋净距的 3/4。截面较小钢筋较密的部位，宜用细石混凝土浇筑。

③ 混凝土应保证配合比准确和具有良好的和易性。

④ 浇筑高度超过 3 m，应加长软管或设溜槽、串筒下料，以防止离析。

⑤ 模板应充分湿润并认真堵好缝隙。

⑥ 混凝土振捣时，严禁撞击钢筋，在钢筋密集处，可采用直径较小或带刀片的振动棒进行振捣；保护层处混凝土要仔细振捣密实，避免踩踏钢筋，如有踩踏或脱扣等应及时调直纠正。

⑦ 拆模时间要根据同条件试块试压结果正确掌握，防止过早拆模，损坏棱角。

(4) 治理方法

① 对表面露筋，刷洗干净后，用 1∶2 或 1∶2.5 水泥砂浆将露筋部位抹压平整，并认真养护。

② 如露筋较深，应将薄弱混凝土和突出的颗粒凿去，洗刷干净后，用比原来高一强度等级的细石混凝土填塞压实，并认真养护。

3) 蜂窝

(1) 现象

混凝土结构局部酥松，砂浆少、石子多，石子之间出现类似蜂窝状的大量空隙、窟窿，使结构受力截面受到削弱，强度和耐久性降低。

(2) 原因分析

① 混凝土配合比不当，或砂、石子、水泥材料计量错误，加水量不准确，造成砂浆少、石子多。

② 混凝土搅拌时间不足，未拌均匀，和易性差，振捣不密实。

③ 混凝土下料不当，一次下料过多或过高，未设加长软管，使石子集中，造成石子与砂浆离析。

④ 混凝土未分段分层下料，振捣不实或靠近模板处漏振，或使用硬性混凝土，振捣时间不够；或下料与振捣未很好配合，未及时振捣就下料，因漏振而造成蜂窝。

⑤ 模板缝隙未堵严，振捣时水泥浆大量流失；或模板未支牢，振捣混凝土时模板松动或位移，或振捣过度造成严重漏浆。

(3) 预防措施

① 认真设计并严格控制混凝土配合比，加强检查，保证材料计量准确。

② 混凝土应拌和均匀，其搅拌延续时间应符合表 2－8 的要求，坍落度应适宜。

③ 混凝土下料高度如超过 3 m，应设加长软管或设溜槽。

④ 浇筑应分层下料，分层捣固，分层浇筑的最大厚度见表 2－12，并防止漏振。

表 2－12　混凝土分层浇筑层的最大厚度

振捣方法	混凝土分层振捣最大厚度
振动棒	振捣棒作用部分长度的 1.25 倍
平板振捣器	200 mm
附着振捣器	根据设置方式，通过试验确定

⑤ 混凝土浇筑宜采用带浆下料法或赶浆捣固法。捣实混凝土拌和物时，插入式振捣

器移动间距不应大于其作用半径的1.5倍；振捣器至模板的距离不应大于振捣器有效作用半径的1/2。为保证上下层混凝土良好结合，振捣棒应插入下层混凝土50 mm；平板振捣器在相邻两段之间应搭接振捣30～50 mm。

⑥ 混凝土每点的振捣时间，根据混凝土的坍落度和振捣有效作用半径，可参考表2－13采用。合适的振捣时间一般是：当振捣到混凝土不再显著下沉出现气泡和混凝土表面出浆呈水平状态，并将模板边角填满密实即可。

表2－13　混凝土振捣时间与混凝土坍落度、振捣有效作用半径的关系

坍落度(mm)	0～30	40～70	80～120	130～170	180～200	200以上
振捣时间(s)	22～28	17～22	13～17	10～13	7～10	5～7
振捣有效作用半径(cm)	25	25～30	25～30	30～35	35～40	35～40

⑦ 模板缝应堵塞严密。浇筑混凝土过程中，要经常检查模板、支架、拼缝等情况，发现模板变形、走动或漏浆，应及时修复。

(4) 治理方法

① 对小蜂窝，用水洗刷干净后，用1∶2或1∶2.5水泥砂浆压实抹平。

② 对较大蜂窝，先凿去蜂窝处薄弱松散的混凝土和突出的颗粒，刷洗干净后支模，用高一强度等级的细石混凝土堵塞捣实，并认真养护。

③ 较深蜂窝如清除困难，可埋压浆管和排气管，表面抹砂浆或支模灌混凝土封闭后，进行水泥压浆处理。

4) 孔洞

(1) 现象

混凝土结构内部有尺寸较大的窟窿，局部或全部没有混凝土；或蜂窝空隙特别大，钢筋局部或全部裸露；孔穴深度和长度均超过保护层厚度。

(2) 原因分析

① 在钢筋较密的部位或预留孔洞和埋设件处，混凝土下料被搁住，未振捣就继续浇筑上层混凝土，而在下部形成孔洞。

② 混凝土离析，砂浆分离，石子成堆，严重跑浆，又未进行振捣，从而形成特大的蜂窝。

③ 混凝土一次下料过多、过厚或过高，振捣器振动不到，形成松散孔洞。

④ 混凝土内掉入工具、木块、泥块等杂物，混凝土被卡住。

(3) 预防措施

① 在钢筋密集处及复杂部位，采用细石混凝土浇筑，使混凝土易于充满模板，并仔细捣实，必要时，辅以人工捣实。

② 预留孔洞、预埋铁件处应在两侧同时下料，下部浇筑应在侧面加开浇灌口下料；振捣密实后再封好模板，继续往上浇筑，防止出现孔洞。

③ 采用正确的振捣方法，防止漏振。插入式振捣器应采用垂直振捣方法，即振捣棒与混凝土表面垂直或成40°～45°角斜向振捣。插点应均匀排列，可采用行列式或交错式

顺序移动，不应混用，以免漏振。每次移动距离不应大于振捣棒作用半径的 1.5 倍。一般振捣棒的作用半径为 300～400 mm。振捣器操作时应快插慢拔。

④ 控制好下料，混凝土自由倾落高度不应大于 3 m，大于 3 m 时应采用加长软管或设溜槽、串筒的方法下料，以保证混凝土浇筑时不产生离析。

⑤ 砂石中混有黏土块、模板、工具等杂物掉入混凝土内，应及时清除干净。

⑥ 加强施工技术管理和质量控制工作。

(4) 治理方法

① 对混凝土孔洞的处理，应经有关单位共同研究，制定修补或补强方案，经批准后方可处理。

② 一般孔洞处理方法是：将孔洞周围的松散混凝土和软弱浆膜凿除，用压力水冲洗，支设带托盒的模板，洒水充分湿润后，用比结构高一强度等级的半干硬性细石混凝土仔细分层浇筑，强力捣实，并养护。突出结构面的混凝土，须待达到 50%强度后再凿去，表面用 1∶2 水泥砂浆抹光。

③ 对面积大而深进的孔洞，按②项清理后，在内部埋压浆管、排气管，填清洁的碎石(粒径 10～20mm)，表面抹砂浆或浇筑薄层混凝土，然后用水泥压力灌浆方法进行处理，使之密实。

5) 烂根

(1) 现象

基础、柱、墙混凝土浇筑后，与基础、柱、台阶或柱、墙、底板交接处出现蜂窝状空隙，台阶或底板混凝土被挤隆起。

(2) 原因分析

基础、柱或墙根部混凝土浇筑后，接着往上浇筑，由于此时台阶或底板部分混凝土尚未沉实凝固，在重力作用下被挤隆起，而根部混凝土向下脱落形成蜂窝和空隙(俗称"烂脖子"或"吊脚")。由于根部不平整、清理不干净，竖向构件模板不严密，振捣不及时、不到位而形成根部松散夹层或空隙。

(3) 预防措施

① 基础、柱、墙根部应在下部台阶(板或底板)混凝土浇筑完间歇 1.0～1.5 h，沉实后，再浇上部混凝土，以阻止根部混凝土向下滑动。

② 基础台阶或柱、墙底板浇筑完后，在浇筑上部基础、台阶或柱、墙前，应先沿上部基础台阶或柱、墙模板底圈做成内外坡度，待上部混凝土浇筑完毕，再将下部台阶或底板混凝土铲平、拍实、拍平。

③ 接槎前先要将根部清理干净，去掉松散混凝土，并密封好竖向模板根部的缝隙，确保不漏浆，浇筑时根据构件情况先浇筑一层 50～100 mm 厚与浇筑混凝土同配合比的减石子砂浆。

(4) 治理方法

将"烂脖子"处松散混凝土和软弱颗粒凿去，洗刷干净后，支模，用比原混凝土高一强度等级的细石混凝土填补，并捣实。

6）酥松脱落

（1）现象

混凝土结构构件浇筑脱模后，表面出现酥松、脱落等现象，表面强度比内部要低很多。

（2）原因分析

① 木模板未浇水湿透，或湿润不够，混凝土表层水泥水化的水分被吸去，造成混凝土脱水酥松、脱落。

② 炎热刮风天浇筑混凝土，脱模后未适当浇水养护造成混凝土表层快速脱水产生酥松。

③ 冬期低温浇筑混凝土，浇灌温度低，未采取保温措施，结构混凝土表面受冻，造成酥松、脱落。

（3）预防措施

① 模板要清理干净，充分润湿。

② 脱模后要及时护盖养护，尤其在炎热、大风天气，必要时可覆盖一层塑料薄膜保湿养护。

③ 冬期施工应注意模板保温，以及脱模后的保温保湿。

（4）治理方法

① 表面较浅的酥松脱落，可将酥松部分凿去，洗刷干净充分湿润后，用 1∶2 或 1∶2.5 水泥砂浆抹平压实。

② 较深的酥松脱落，可将酥松和突出颗粒凿去，刷洗干净、充分湿润后支模，用比结构高一强度等级的细石混凝土浇筑，强力捣实，并加强养护。

7）缝隙、夹层

（1）现象

混凝土内部存在水平或垂直的松散混凝土或夹杂物，使结构的整体性受到破坏。

（2）原因分析

① 施工缝或后浇缝带，未经接缝处理，未将表面水泥浆膜和松动石子清除掉，或未将软弱混凝土层及杂物清除、湿润，就继续浇筑混凝土。

② 大体积混凝土分层浇筑，在施工间歇时，施工缝处掉入锯屑、泥土、木块、砖块等杂物，未认真检查清理或未清除干净，就浇筑混凝土，使施工缝处有层夹杂物。

③ 混凝土浇筑高度过大，未设加长软管、溜槽下料，造成底层混凝土离析。

④ 底层交接处未灌接缝砂浆层，接缝处混凝土未很好振捣密实；或浇筑混凝土接缝时，留槎或接槎时振捣不足。

⑤ 柱头浇筑混凝土时，间歇时间很长，常掉进杂物，未认真处理就浇筑上层柱混凝土，造成施工缝处形成夹层。

（3）预防措施

① 认真按施工验收规范要求处理施工缝及后浇缝表面；接缝处的锯屑、木块、泥土、

砖块等杂物必须彻底清除干净，并将接缝表面洗净。

② 混凝土浇筑高度大于 3 m 时，应设加长软管或设溜槽下料。

③ 在施工缝或后浇缝处继续浇筑混凝土时，应注意以下几点：

a. 浇筑柱、梁、楼板、墙、基础等，应连续进行，如间歇时间超过表 2－12 的规定，则按施工缝处强度不低于 1.2 MPa 时，才允许继续浇筑。

b. 大体积混凝土浇筑，如接缝时间超过表 2－14 规定的时间，可采取对混凝土进行二次振捣，以提高接缝的强度和密实度。方法是对先浇筑的混凝土终凝前后(4～6 h)再振捣一次，然后再浇筑上一层混凝土。

表 2－14　混凝土从搅拌机卸出到浇筑完毕的延续时间(min)

项次	混凝土生产地点	气温	
		≤25℃	>25℃
1	预拌混凝土	150	120
2	施工现场	120	90
3	混凝土制品厂	90	60

注：当混凝土中掺有促凝或缓凝型外加剂时，其允许时间应根据试验结果确定。

c. 在已硬化的混凝土表面上，继续浇筑混凝土前，应清除水泥薄膜和松动石子以及软弱混凝土层，并加以充分湿润并冲洗干净，且不得积水。

d. 接缝处浇筑混凝土前应铺一层水泥浆或浇 50～100 mm 厚与混凝土内成分相同的水泥砂浆，或 100～150 mm 厚减半石子混凝土，以利良好结合，并加强接缝处混凝土振捣使之密实。混凝土施工缝处理方法与抗拉强度关系如表 2－15 所列。

表 2－15　施工缝处理方法与抗拉强度的关系参考表(无接缝的混凝土抗拉强度为 100 MPa)

名称	处理方法	抗拉强度百分率(%)
水平缝	不除去旧混凝土上的水泥薄膜(浮浆)	45
	铲去约 1 mm 浮浆，直接浇筑新混凝土	77
	铲去约 1 mm 浮浆，施工缝上铺水泥浆	93
	铲去约 1 mm 浮浆，施工缝上铺水泥砂浆	96
	铲去约 1 mm 浮浆，施工缝上铺水泥浆，约 3 h 后再振一次	100
垂直缝	用水冲洗接槎	60
	接槎面浇水泥砂浆或素水泥浆	80
	铲去约 1 mm 浮浆，浇素水泥浆或砂浆	85
	铲平接槎凹凸处，浇素水泥浆或砂浆	90
	接槎面浇水泥砂浆或素水泥浆，在混凝土塑性状态最晚期(约 3～6 h)再振捣	100

e. 在模板上沿施工缝位置通条开口，以便于清理杂物和冲洗。全部清理干净后，再将通条开口封板，并抹水泥浆或减石子混凝土砂浆，再浇筑混凝土。

④ 承受动力作用的设备基础，施工缝要进行下列处理：

a. 标高不同的两个水平施工缝，其高低结合处应留成台阶形，台阶的高宽比不得大于1.0。

b. 垂直施工缝处应加插钢筋,其直径为12～16 mm,长度为500～600 mm,间距为500 mm,在台阶式施工缝的垂直面也应补插钢筋。

c. 施工缝的混凝土表面应凿毛,在继续浇筑混凝土前,应用水冲洗干净,湿润后在表面上抹10～15 mm厚与混凝土内成分相同的一层水泥砂浆。

(4) 治理方法

① 缝隙夹层不深时,可将松散混凝土凿去,洗刷干净后,用1:2或1:2.5水泥砂浆强力填嵌密实。

② 缝隙夹层较深时,应清除松散部分和内部夹杂物,用压力水冲洗干净后支模,强力灌细石混凝土捣实,或将表面封闭后进行压浆处理。

8) 缺棱掉角

(1) 现象

结构构件边角处或洞口直角边处,混凝土局部脱落,造成截面不规则,棱角缺损。

(2) 原因分析

① 木模板在浇筑混凝土前未充分浇水湿润;混凝土浇筑后养护不好,棱角处混凝土的水分被模板大量吸收,造成混凝土脱水,强度降低,或模板吸水膨胀将边角拉裂,拆模时棱角被粘掉。

② 冬期低温下施工,过早拆除侧面非承重模板,或混凝土边角受冻,造成拆模时掉角。

③ 拆模时,边角受外力或重物撞击,或保护不好,棱角被碰掉。

④ 模板未涂刷隔离剂,或涂刷不均。

⑤ 模板清理不干净,遗留砂浆块等。

⑥ 施工中穿行的手推车以及拆模过程中的人为疏忽而导致棱角被破坏。

(3) 预防措施

① 木模板在浇筑混凝土前应充分湿润,混凝土浇筑后应认真浇水养护。

② 拆除侧面非承重模板时,混凝土应具有1.2 MPa以上强度。

③ 拆模时注意保护棱角,避免用力过猛、过急;吊运模板时,防止撞击棱角;运料时,通道处的混凝土阳角,用角钢、草袋等保护好,以免碰损。

④ 冬期混凝土浇筑完毕,应做好覆盖保温工作,防止受冻。

⑤ 拆模后应及时对易碰撞部位进行有效防护。

(4) 治理方法

① 较小缺棱掉角,可将该处松散颗粒凿除,用钢丝刷干净,清水冲洗并充分湿润后,用1:2或1:2.5的水泥砂浆抹补齐整。

② 对较大的缺棱掉角,可将不实的混凝土和突出的颗粒凿除,用水冲刷干净湿透,然后支模,用比原混凝土高一强度等级的细石混凝土填灌捣实,并认真养护。

9）松顶

（1）现象

混凝土柱、墙、基础浇筑后，在距顶面 50～100 mm 高度内出现粗糙、松散，有明显的颜色变化，内部呈多孔性，基本上是砂浆，无石子分布其中，强度较下部低，影响结构的受力性能和耐久性，经不起外力冲击和磨损。

（2）原因分析

① 混凝土配合比不当，砂率不合适，水灰比过大，混凝土浇筑后石子下沉，造成上部松顶。

② 振捣时间过长，造成离析，并使气体浮于顶部。

③ 混凝土的泌水没有排除，使顶部形成一层含水量大的砂浆层。

（3）预防措施

① 设计的混凝土配合比、水灰比不要过大，以减少泌水性，同时应使混凝土拌和物有良好的保水性。

② 在混凝土中掺加加气剂或减水剂，减少用水量，提高和易性。

③ 混凝土振捣时间不宜过长，应控制在 20 s 以内，不使其产生离析。混凝土浇至顶层时应排出泌水，并进行二次振捣和二次抹面。

④ 连续浇筑高度较大的混凝土结构时，随着浇筑高度的上升，分层减水。

⑤ 采用真空吸水工艺，将多余游离水分吸去，提高顶部混凝土的密实性。

（4）治理方法

将松顶部分砂浆层凿去，洗刷干净充分湿润后，用较高强度等级的细石混凝土填筑密实，并认真养护。

2.2.2　外形尺寸偏差

1）表面不平整

（1）现象

混凝土表面凹凸不平，或板厚薄不一，表面不平，甚至出现凹坑脚印。

（2）原因分析

① 混凝土浇筑后，表面仅用铁锹拍平，未使用大杠、抹子找平压光，造成表面粗糙不平。

② 模板未支撑在坚硬土层上，或支撑面不足，或支撑松动，土层浸水，致使新浇筑混凝土早期养护时发生不均匀下沉。

③ 混凝土未达到一定强度时，上人操作或运料，使表面出现凹陷不平或印痕。

（3）预防措施

表面局部黏土或用 1∶2 水泥砂浆修补。

2）位移、倾斜

（1）现象

基础、柱、梁、墙以及预埋件中心线对定位轴线，产生一个方向或两个方向的偏移（称位移），或柱、墙垂直产生一定的偏斜（称倾斜），其位移或倾斜值均超过允许偏差值。

（2）原因分析

① 模板支设不牢固或斜撑支顶在松软地基上使混凝土振捣时产生位移或倾斜。如杯形基础杯口采用悬挂吊模法，底部、上口如固定不牢，常产生较大的位移或倾斜。

② 门洞口模板及预埋件固定不牢靠，混凝土浇筑、振捣方法不当，造成门洞口和预埋件产生较大的位移。

③ 放线出现较大误差，没有认真检查和校正，或没有及时发现和纠正，造成轴线累积误差过大，或模板就位时没有认真吊线找直，致使结构发生歪斜。

（3）预防措施

① 模板应固定牢靠；对独立基础杯口部分如采用吊模时，要采取措施将吊模固定好，不得松动，以保持模板在混凝土浇筑时不致产生较大的水平位移。

② 模板应拼缝严密，并支顶在坚实的地基上，无松动；螺栓应紧固可靠，标高、尺寸应符合要求，并应检查核对以防止施工过程中发生位移或倾斜。

③ 门洞口模板及各种预埋件应支设牢固，保证位置和标高准确，检查合格后，才能浇筑混凝土。

④ 现浇框架柱群模板应左右均拉线以保持稳定；现浇柱预制梁结构，柱模板四周应支设斜撑或斜拉杆，用法兰螺栓调节，以保证其垂直度。

⑤ 测量放线位置线要弹准确，认真吊线找直，及时调整误差，以消除误差累积，并仔细检查、核对，保证施工误差不超过允许偏差值。

⑥ 浇筑混凝土时防止冲击门口模板和预埋件，坚持门洞口两侧混凝土对称均匀进行浇筑和振捣。柱浇筑混凝土时，每排柱子底由外向内对称顺序进行，不得由一端向另一端推进，以防止柱模板发生倾斜。独立柱混凝土初凝前，应对其垂直度进行一次校核，如有偏差应及时调整。

⑦ 振捣混凝土时，不得冲击振动钢筋、模板及预埋件，以防止模板产生变形或预埋件位移或脱落。

（4）治理方法

① 凡位移、倾斜不影响结构质量时，可不进行处理；如只需进行少量局部剔凿和修补处理时，应适当修整。一般可用 1:2 或 1:2.5 水泥砂浆或比原混凝土高一强度等级的细石混凝土进行修补。

② 当位移、倾斜影响结构受力性能时，可根据具体情况，采取结构加固或局部返工处理。

3）凹凸、鼓胀

（1）现象

柱、墙、梁等混凝土表面出现凹凸和鼓胀，偏差超过允许值。

（2）原因分析

① 模板支架支承在松软地基上，不牢固或刚度不够，混凝土浇筑后局部产生较大的侧向变形，造成凹凸或鼓胀。

② 模板支撑不够或穿墙螺栓未锁紧，致使结构膨胀。

③ 混凝土浇筑未按操作规程分层进行，二次下料过多或用吊斗直接往模板内倾倒混凝土，或振捣混凝土时长时间振动钢筋、模板，造成跑模或较大变形。

④ 组合柱浇筑混凝土时利用半砖外墙作模板，由于该处砖墙较薄，侧向刚度差，使组合柱容易发生鼓胀，同时影响外墙平整。

（3）预防措施

① 模板支架及墙模板斜撑必须安装在坚实的地基上，并应有足够的支承面积，以保证结构不发生下沉。如为湿陷性黄土地基，应有防水措施，防止浸水面造成模板下沉变形。

② 柱模板应设置足够数量的柱箍，底部混凝土水平侧压力较大，柱箍还应适当加密。

③ 混凝土浇筑前应仔细检查模板位置是否正确，支撑是否牢固，穿墙螺栓是否锁紧，发现松动，应及时处理。

④ 墙浇筑混凝土应分层进行，第一层混凝土浇筑厚度为 50 cm，然后均匀振捣；上部墙体混凝土分层浇筑；每层厚度不得大于 1.0 m，防止混凝土一次下料过多。

⑤ 为防止构造柱浇筑混凝土时发生鼓胀，应在外墙每隔 1 m 设两根拉条，与构造柱模板或内墙拉结。

（4）治理方法

① 凡凹凸、鼓胀不影响结构质量时，可不进行处理；如只需要进行局部剔凿和修补处理时，应适当修整。一般可用 1∶2 或 1∶2.5 水泥砂浆或比原混凝土高一强度等级的细石混凝土进行修补。

② 凡凹凸、鼓胀影响结构受力性能时，应会同有关部门研究处理方案后，再进行处理。

2.2.3　混凝土结构外观质量标准、尺寸偏差及检验方法

1）一般规定

（1）混凝土结构的外观质量缺陷，应由监理（建设）单位、施工单位等各方根据其对结构性能和使用功能影响的严重程度，按表 2－16 确定。

表 2 - 16　混凝土结构外观质量缺陷

名称	现象	严重缺陷	一般缺陷
露筋	构件内钢筋未被混凝土包裹而外露	纵向受力钢筋有露筋	其他钢筋有少量露筋
蜂窝	混凝土表面缺少水泥砂浆而形成石子外露	构件主要受力部位有蜂窝	其他部位有少量蜂窝
孔洞	混凝土中孔穴深度和长度均超过保护层厚度	构件主要受力部位有孔洞	其他部位有少量孔洞
夹渣	混凝土中夹有杂物且深度超过保护层厚度	构件主要受力部位有夹渣	其他部位有少量夹渣
疏松	混凝土中局部不密实	构件主要受力部位有疏松	其他部位有少量疏松
裂缝	缝隙从混凝土表面延伸至混凝土内部	构件主要受力部位有影响结构性能或使用功能的裂缝	其他部位有少量不影响结构性能或使用功能的裂缝
连接部位缺陷	构件连接处混凝土缺陷及连接钢筋、连接件松动	连接部位有影响结构传力性能的缺陷	连接部位有基本不影响结构传力性能的缺陷
外形缺陷	缺棱掉角、棱角不直、翘曲不平、飞边凸肋等	清水混凝土构件有影响使用功能或装饰效果的外形缺陷	其他混凝土构件有不影响使用功能的外形缺陷
外表缺陷	构件表面麻面、掉皮、起砂、沾污等	具有重要装饰效果的清水混凝土构件有外表缺陷	其他混凝土构件有不影响使用功能的外表缺陷

(2) 混凝土结构拆模后，应由监理(建设)单位、施工单位对外观质量和尺寸偏差进行检查，作出记录，并应及时按施工技术方案对缺陷进行处理。

2) 外观质量

(1) 主控项目。混凝土结构的外观质量不应有严重缺陷。对已经出现的严重缺陷，应由施工单位提出技术处理方案，并经监理(建设)单位认可后进行处理。对经处理的部位，应重新检查验收。

检验方法：观察，检查技术处理方案。

(2) 一般项目。混凝土结构的外观质量不宜有一般缺陷。对已经出现的一般缺陷，应由施工单位按技术处理方案进行处理，并重新检查验收。

检查数量：全数检查。

检验方法：观察，检查技术处理方案。

3）尺寸偏差

（1）主控项目。混凝土结构不应有影响结构性能和使用功能的尺寸偏差。混凝土设备基础不应有影响结构性能和设备安装的尺寸偏差。

对超过尺寸允许偏差且影响结构性能和安装、使用功能的部位，应由施工单位提出技术处理方案，并经监理（建设）单位认可后进行处理。对经处理的部位，应重新检查验收。

检验方法：量测，检查技术处理方案。

（2）一般项目。混凝土结构拆模后的尺寸偏差应符合表 2－17 的规定。

表 2－17　混凝土结构尺寸允许偏差和检验方法

项目			允许偏差(mm)	检验方法
轴线位置	基础		15	钢尺检查
	独立基础		10	
	墙、柱、梁		8	
	剪力墙		5	
垂直度	层高	≤6 m	10	经纬仪或吊线、钢尺检查
		＞6 m	12	经纬仪或吊线、钢尺检查
	全高(H)	H≤300 m	H/30 000 且≤20	经纬仪、钢尺检查
		H＞300 m	H/30 000 且≤80	
	层高		±10	水准仪或拉线、钢尺检查
	全高		±30	
截面尺寸			＋8，－5	钢尺检查
电梯井	井筒长、宽对定位中心线		＋25，0	钢尺检查
	井筒全高(H)垂直度		H/30 000 且≤30	经纬仪、钢尺检查
表面平整度			8	2 m 靠尺和塞尺检查
预埋设施中心线位置	预埋件		10	钢尺检查
	预埋螺栓		5	
	预埋管		5	
预留洞中心线位置			15	钢尺检查

注：检查轴线、中心线位置时，应沿纵、横两个方向量测，并取其中的较大值。

检查数量：按楼层、结构缝或施工段划分检验批。在同一检验批内，对梁、柱和独立基础，应抽查构件数量的 10%，且不少于 3 件；对墙和板，应按有代表性的自然间抽查 10%，且不少于 3 间；对大空间结构，墙可按相邻轴线间高度 5 m 左右划分检查面，板可按纵、横轴线划分检查面，抽查 10%，且均不少于 3 面；对电梯井，应全数检查；对设备基础，应全数检查。

2.3 混凝土结构的内部质量问题及控制

2.3.1 内部疵病

1）匀质性差，强度达不到要求

（1）现象

同批混凝土试块抗压强度平均值低于设计强度等级标准值的85%，或同批混凝土中个别试件强度值过高或过低，出现异常。

（2）原因分析

① 水泥过期或受潮，活性降低；砂石骨料级配不好，空隙率大，含泥量和杂质超过规定或有冻块混入；外加剂使用不当，掺量不准确。

② 混凝土配合比不当，计量不准，袋装水泥重量不足，计量器具失灵，施工中随意加水，或没有扣除砂石的含水量，使水灰比和坍落度增大。

③ 混凝土加料顺序颠倒，搅拌时间不够，拌和不匀。

④ 冬期低温施工，未采取保温措施，拆模过早，混凝土早期受冻。

⑤ 混凝土试块没有代表性，试模保管不善，混凝土试块制作未振捣密实，养护管理不当，或养护条件不符合要求；在同条件养护时，早期脱水、受冻或受外力损伤。

⑥ 混凝土拌和物搅拌至浇筑完毕的延续时间过长，振捣过度，养护差，使混凝土强度受到损失。

（3）预防措施

① 水泥应有出厂合格证，并应加强水泥保存和管理工作，要求新鲜无结块。水泥使用过程中，当对质量产生怀疑或超过使用期时，应进行复验，并按复验结果使用。

② 砂与石子粒径、级配、含泥量应符合要求。

③ 严格控制混凝土配合比，保证计量准确，及时测量砂、石含水量并扣除用水量。

④ 混凝土应按顺序加料、拌制，保证搅拌时间，拌和均匀。

⑤ 冬期施工应根据环境大气温度情况，保持一定的浇筑温度，认真做好混凝土结构的保温和测温工作，防止混凝土早期受冻。混凝土的受冻临界强度应符合下列规定：

a. 采用蓄热法、暖棚法、加热法施工的混凝土，不得小于混凝土设计强度标准值的40%。

b. 采用综合蓄热法、负温养护法施工的混凝土，当室外最低气温不低于−10 ℃时，不得小于3.5 MPa；当室外最低温度低于−10 ℃但不低于−15 ℃时，不得小于4.0 MPa；当室外最低温度低于−15 ℃但不低于−30℃时，不得小于5.0 MPa。

c. 强度等级不低于C60以及有抗冻融、抗渗要求的混凝土，其受冻临界强度应经试验确定。

⑥ 按施工验收规范要求认真制作混凝土试块，并加强对试块的管理和养护。

(4) 治理方法

① 当试块试压结果与要求相差悬殊，或试块合格而对混凝土结构实际强度有怀疑，或出现试块丢失、编号错乱、未做试块等情况时，可采用非破损方法(如回弹法、超声法)来测定结构的实际强度，如强度仍不能满足要求经有关人员研究查明原因，采取必要措施进行处理。

② 当混凝土强度偏低，不能满足要求时，可按实际强度校核结构的安全度，研究处理方案，采取相应的加固或补强措施。

③ 混凝土结构工程冬期施工养护可采取蓄热法、综合蓄热法、负温养护法进行养护，若以上方法不能满足施工要求时，可采用暖棚法、蒸汽套法、热模法、内部通汽法、电极加热法、电热毯法、工频涡流法、线圈感应法等方法加热养护。

2) 保护性能不良

(1) 现象

钢筋混凝土结构的混凝土保护层遭受破坏，或混凝土的保护性能不良，钢筋发生锈蚀，铁锈膨胀引起混凝土开裂。

(2) 原因分析

① 施工时造成的混凝土表面缺陷，如缺棱掉角、露筋、蜂窝、孔洞和裂缝等没有处理或处理不良，在外界不良环境条件作用下，使钢筋锈蚀、膨胀剥落。

② 钢筋混凝土内掺入过量的氯盐外加剂或在不允许使用氯盐的环境中，使用了含有氯盐成分的外加剂，造成钢筋锈蚀，混凝土沿钢筋产生裂缝、剥落。

③ 冬期施工混凝土结构构件未保温，混凝土早期遭受冻结，使表层出现裂缝、剥落、钢筋锈蚀。

(3) 预防措施

① 混凝土施工形成的表面缺陷应及时仔细进行修补，并应确保修补质量。

② 钢筋混凝土中氯离子含量不得超过胶凝材料总量的 0.1%(对于《混凝土结构设计规范》规定的三类 b 环境)～0.3%(对于《混凝土结构设计规范》规定的一类环境)。

③ 结构在冬期施工配制混凝土应采用普通水泥、低水灰比，掺加适量早强抗冻剂以提高早期强度，防止受冻。

(4) 治理方法

① 一般混凝土裂缝可用结构胶泥封闭；对较宽较深的裂缝，用聚合物砂浆补缝或再加贴玻璃布处理。

② 对于已锈蚀的钢筋，应彻底清除铁锈，凿除与钢筋结合不牢固的混凝土和松散颗粒，用清水冲洗充分湿润后，再用比原混凝土高一个强度等级的细石混凝土填补密实，并认真养护。

③ 大面积钢筋锈蚀膨胀引起的裂缝，应会同设计等单位研究制定处理方案，经批准后再进行处理。

3）预埋件空鼓

（1）现象

混凝土结构预埋件钢板与混凝土之间存在空隙，用小锤轻轻敲击时，发出空鼓回声，影响预埋件的受力、使用功能和耐久性。

（2）原因分析

① 混凝土浇筑时在预埋件和混凝土之间没有很好捣实，或没有辅以人工捣实。

② 混凝土水灰比和坍落度过大，混凝土干缩后在预埋件与混凝土之间形成空隙。

③ 浇筑方法不当，使预埋件背面的混凝土气泡和泌水无法排出，形成空鼓。

（3）预防措施

① 预埋件背面的混凝土应仔细振捣并辅以人工捣实。水平预埋件下面的混凝土应采用赶浆法浇筑，由一侧下料振捣，另一侧挤出，并辅以人工横向插捣，使其达到密实、无气泡为止。

② 预埋件背面的混凝土应采用干硬性混凝土浇筑，以减少干缩。

③ 水平预埋件应在钢板上钻1～2个排气孔，以利气泡和泌水排出。

（4）治理方法

① 如在浇筑时发现空鼓，应立即将未凝结的混凝土挖出，重新填充混凝土并插捣。

② 如在混凝土硬化后发现空鼓，可在钢板外侧凿2～3个小孔，用二次压浆法压灌饱满。

4）混凝土质量标准及检验方法

混凝土所用的水泥、水、骨料、外加剂等必须符合施工规范和有关的规定，并应有出厂合格证及试验报告。

混凝土的配合比、原材料计量、搅拌、养护和施工缝处理必须符合施工规范的规定。

评定混凝土强度的试块，必须按《混凝土强度检验评定标准》(GB 50107—2010)的规定取样、制作、养护和试验，其强度必须符合下列规定。

（1）统计方法评定

采用统计方法评定时，应按下列规定进行：

① 当连续生产的混凝土，生产条件在较长时间内保持一致，且同一品种、同一强度等级混凝土的强度变异性保持稳定时，应按《混凝土强度检验评定标准》(GB 50107—2010)第5.1.2条的规定进行评定。

② 其他情况应按《混凝土强度检验评定标准》第5.1.3条的规定进行评定。

③ 一个检验批的样本容量应为连续的3组试件，其强度应同时符合下列规定：

$$m_{f_{cu}} \geqslant f_{cu,k} + 0.7\sigma_0 \tag{2.1}$$

$$f_{cu,min} \geqslant f_{cu,k} - 0.7\sigma_0 \tag{2.2}$$

检验批混凝土立方体抗压强度的标准差应按式(2.3)计算：

$$\sigma_0 = \sqrt{\frac{\sum_{i=1}^{n} f_{cu,i}^2 - n \cdot m_{f_{cu}}^2}{n-1}} \tag{2.3}$$

当混凝土强度等级不高于 C20 时，其强度的最小值尚应满足式(2.4)要求：

$$f_{cu,min} \geqslant 0.85 f_{cu,k} \tag{2.4}$$

当混凝土强度等级高于 C20 时，其强度的最小值尚应满足式(2.5)要求：

$$f_{cu,min} \geqslant 0.90 f_{cu,k} \tag{2.5}$$

式中：$m_{f_{cu}}$——同一检验批混凝土立方体抗压强度的平均值(N/mm²)，精确到 0.1 N/mm²；

$f_{cu,k}$——混凝土立方体抗压强度标准值(N/mm²)，精确到 0.1 N/mm²；

σ_0——检验批混凝土立方体抗压强度的标准差(N/mm²)，精确到 0.01 N/mm²；当检验批混凝土强度标准差 σ_0 计算值小于 2.5 N/mm² 时，应取 2.5 N/mm²；

$f_{cu,i}$——前一个检验期内同一品种、同一强度等级的第 i 组混凝土试件的立方体抗压强度代表值(N/mm²)，精确到 0.1 N/mm²；该检验期不应少于 60 d，也不得大于 90 d；

n——前一检验期内的样本容量，在该期间内样本容量不应少于 45；

$f_{cu,min}$——同一检验批混凝土立方体抗压强度的最小值(N/mm²)，精确到 0.1 N/mm²。

④ 当样本容量不少于 10 组时，其强度应同时满足下列要求：

$$m_{f_{cu}} \geqslant f_{cu,k} + \lambda_1 \cdot S_{fcu} \tag{2.6}$$

$$f_{cu,min} \geqslant \lambda_2 \cdot f_{cu,k} \tag{2.7}$$

同一检验批混凝土立方体抗压强度的标准差应按式(2.8)计算：

$$S_{f_{cu}} = \sqrt{\frac{\sum_{i=1}^{n} f_{cu,i}^2 - n \cdot m_{f_{cu}}^2}{n-1}} \tag{2.8}$$

式中：$S_{f_{cu}}$——同一检验批混凝土立方体抗压强度的标准差(N/mm²)，精确到 0.01 N/mm²；当检验批混凝土强度标准差 $S_{f_{cu}}$ 计算值小于 2.5 N/mm² 时，应取 2.5 N/mm²；

λ_1，λ_2——合格评定系数，按表 2-18 取用；

n——本检验期内的样本容量。

表 2-18　混凝土强度的合格评定系数

试件组数	10～14	15～19	≥20
λ_1	1.15	1.05	0.95
λ_2	0.90	0.85	

⑤ 非统计方法评定

当用于评定的样本容量小于 10 组时，应采用非统计方法评定混凝土强度。按非统计方法评定混凝土强度时，其强度应同时符合下列规定：

$$m_{f_{cu}} \geqslant \lambda_3 \cdot f_{cu,k} \tag{2.9}$$

$$f_{cu,min} \geqslant \lambda_4 \cdot f_{cu,k} \tag{2.10}$$

式中：λ_3，λ_4——合格评定系数，应按表 2-19 取用。

表 2－19　混凝土强度的非统计法合格评定系数

混凝土强度等级	<C60	≥C60
λ_3	1.15	1.10
λ_4	0.95	

(2) 混凝土强度的合格性评定

① 当检验结果满足《混凝土强度检验评定标准》(GB 50107—2010)第 5.1.2 条或第 5.1.3 条或第 5.2.2 条的规定时，则该批混凝土强度应评定为合格；当不能满足上述规定时，该批混凝土强度应评定为不合格。

② 对评定为不合格批的混凝土，可按国家现行的有关标准进行处理。

2.4　混凝土结构裂缝及裂缝控制

裂缝是现浇混凝土工程中常遇的一种质量通病。裂缝的类型很多，按产生的原因有：外荷载(包括施工和使用阶段的静荷载、动荷载)引起的裂缝；物理因素(包括温度湿度变化、不均匀沉降、冻胀等)引起的裂缝；化学因素(包括钢筋锈蚀、化学反应膨胀等)引起的裂缝；施工操作(如脱模撞击、养护等)引起的裂缝。按裂缝的方向、形状有：水平裂缝、垂直裂缝、纵向裂缝、横向裂缝、斜向裂缝等；按裂缝深浅有：表面裂缝、深进裂缝和贯穿性裂缝等。

裂缝存在是混凝土工程的隐患，例如表面细微裂缝，极易吸收侵蚀性气体或水分。当气温低于－3 ℃时，水分结冰体积膨胀，会进一步扩大裂缝宽度和深度。如此循环扩大，将影响整个工程的安全；深进较宽的裂缝，受水分和气体侵入，会直接锈蚀钢筋，锈点膨胀体积比原体积胀大 7 倍，会加速裂缝的发展，将引起保护层的剥落，使钢筋不能有效地发挥作用；深进的裂缝会使结构整体受到破坏。由此可知，裂缝的存在会明显地降低结构构件的承载力、持久强度和耐久性，有可能使结构在未达到设计要求的荷载前就造成破坏。

裂缝产生的原因比较复杂，往往由多种综合因素所构成，除承受荷载或外力冲击形成的裂缝外，在施工过程中形成的裂缝一般有下列几种。

2.4.1　塑性收缩裂缝

1) 现象

塑性收缩裂缝简称塑性裂缝，多在新浇筑的基础、墙、梁、板暴露于空气中的上表面出现，形状接近直线，长短不一，互不连贯，裂缝较浅产生的泥浆面。大多在混凝土初凝后(一般在浇筑后 4 h 左右)，当外界气温高、风速大、气候很干燥的情况下出现。

2) 原因分析

(1) 混凝土浇筑后，表面没有及时覆盖，受风吹日晒，表面游离水分蒸发过快，产生剧烈的体积收缩，而此时混凝土早期强度低，不能抵抗这种收缩应力而导致开裂。

(2) 使用收缩较大的水泥;水泥含量过多,或使用过量的粉砂,或混凝土水灰比过大。

(3) 混凝土流动度过大,模板、垫层过于干燥,吸水大。

(4) 浇筑在斜坡上的混凝土,由于重力作用有向下流动的倾向,也是导致这类裂缝出现的因素。

3) 预防措施

(1) 配制混凝土时,应严格控制水灰比和水泥用量,选择级配良好的石子,减小空隙率和砂率;同时,要振捣密实,以减小收缩量,提高混凝土早期的抗裂强度。

(2) 浇筑混凝土前,将基层和模板浇水湿透,避免吸收混凝土中的水分。

(3) 混凝土浇筑后,对裸露表面应及时用潮湿材料覆盖,认真养护、防止强风吹袭和烈日暴晒。

(4) 在气温高、湿度低或风速大的天气施工时,混凝土浇筑后,应及早进行喷水养护,使其保持湿润;分段浇筑混凝土宜浇完一段,养护一段。在炎热季节,要加强表面的抹压和养护。

(5) 在混凝土表面喷养护剂,或覆盖塑料薄膜或湿草袋,使水分不易蒸发。

(6) 加设挡风设施,以降低作用于混凝土表面的风速。

4) 治理方法

(1) 如混凝土仍保持塑性,可及时压抹一遍或重新振捣的方法来消除裂缝,再加强覆盖养护。

(2) 如混凝土已硬化,可向裂缝内装入干水泥粉,然后加水润湿,或在表面抹薄层水泥砂浆进行处理。

2.4.2　沉降收缩裂缝

1) 现象

沉降收缩裂缝简称沉降裂缝,多沿基础、墙、梁、板上表面钢筋通长方向或箍筋上或靠近模板处断续出现,或在预埋件的附近周围出现。裂缝呈梭形,宽度 0.3～0.4 mm,深度不大,一般到钢筋上表面为止,在钢筋的底部形成空隙。多在混凝土浇筑后发生,混凝土硬化后即停止。

2) 原因分析

(1) 混凝土浇筑振捣后,粗骨料沉落,挤出水分、空气,表面呈现泌水,而形成竖向体积缩小沉落,这种沉落受到钢筋、预埋件、模板、大的粗骨料以及先期凝固混凝土的局部阻碍或约束,或混凝土本身各部相互沉降量相差过大而造成裂缝。

(2) 混凝土保护层不足,混凝土沉降受到钢筋的阻碍,常在箍筋方向产生一道道的横向沉降裂缝。

3) 预防措施

(1) 加强混凝土配制和施工操作控制,不使水灰比、砂率、坍落度过大;振捣要充分,但避免过度。

(2) 对于截面相差较大的混凝土构筑物,可先浇筑较深部位,静停 2～3 h,待沉降稳定后,再与上部截面混凝土同时浇筑,以避免沉降过大导致裂缝。

(3) 在混凝土初凝、终凝前分别进行抹面处理,每次抹面可采用铁板压光磨平两遍或用木抹子抹平搓毛两遍。

(4) 适当增加混凝土保护层的厚度。

4) 治理方法

可参见 2.4.1“塑性收缩裂缝”的治理方法。

2.4.3 干燥收缩裂缝

1) 现象

干燥收缩裂缝简称干缩裂缝,它的特征为表面性的,宽度较细(多在 0.05～0.2 mm 之间),走向纵横交错,没有规律性,裂缝分布不均。但对基础、墙、较薄的梁板类结构,多沿短方向分布;整体性变截面结构多发生在结构变截面处,大体积混凝土在平面部位较为多见,侧面也时有出现。这类裂缝一般在混凝土露天养护完毕经一段时间后,在上表面或侧面出现,并随湿度的变化而变化,表面强烈收缩可使裂缝由表及里、由小到大逐步向深部发展。

2) 原因分析

(1) 混凝土结构成型后,没有覆盖养护,受到风吹日晒,表面水分散失快,体积收缩大,而内部湿度变化很小,收缩也小。因而表面收缩变形受到内部混凝土的约束,出现拉应力,引起混凝土表面开裂。

(2) 混凝土结构长期裸露在露天,未及时回填土或封闭,处于时干时湿状态,使表面湿度经常发生剧烈变化。

(3) 采用含泥量大的粉砂配制混凝土,收缩大,抗拉强度低。

(4) 混凝土过度振捣会导致收缩量增大。

3) 预防措施

(1) 混凝土水泥用量、水灰比和砂率不能过大;提高粗骨料含量,以降低干缩量。

(2) 严格控制砂石含泥量,避免使用过量粉砂。

(3) 混凝土应振捣密实,但避免过度振捣;在混凝土初凝前和终凝前,均进行抹面处理,以提高混凝土的抗拉强度,减少收缩量。

(4) 加强混凝土早期养护,并适当延长养护时间。暴露在露天的混凝土应及早回填或封闭,避免发生过大的湿度变化。

(5) 参见 2.4.1“塑性收缩裂缝”的预防措施(2)～(5)。

4) 治理方法

参见 2.4.1“塑性收缩裂缝”的治理方法(2)。

2.4.4　温度裂缝

1）现象

温度裂缝又称温差裂缝，表面温度裂缝走向无一定规律性，长度尺寸较大的基础、墙、梁、板类结构，裂缝多平行于短边；大体积混凝土结构的裂缝常纵横交错。深进的和贯穿的温度裂缝，一般与短边方向平行或接近于平行，裂缝沿全长分段出现，中间较密。裂缝宽度大小不一，一般在 0.5 mm 以下，沿全长没有多大变化。表面温度裂缝多发生在施工期间，深进的或贯穿的多发生在浇筑后 2～3 个月或更长时间，缝宽受温度变化影响较明显，冬季较宽，夏季较细。沿截面高度，裂缝大多呈上宽下窄状，但个别也有下宽上窄的情况，遇顶部或底板配筋较多的结构，有时也出现中间宽两端窄的梭形裂缝。

2）原因分析

（1）表面温度裂缝，多由温差较大引起。混凝土结构构件，特别是大体积混凝土基础浇筑后，在硬化期间水泥放出大量水化热，内部温度不断上升，使混凝土表面和内部温差较大。当温度产生非均匀性降温时（如施工中注意不够而过早拆除模板；冬期施工过早除掉保温层，或受到寒潮袭击），将导致混凝土表面急剧的温度变化而发生较大的温降收缩，此时表面受到内部混凝土的约束，将产生很大的拉应力（内部温降慢，受自身约束而产生压应力），而混凝土早期抗拉强度很低，因而出现裂缝。但这种温差仅在表面处较大，离开表面就很快减弱，因此，裂缝只在接近表面较浅的范围内出现，表面层以下的结构仍保持完整。

（2）深进的和贯穿的温度裂缝多是由结构温差较大，受到外界的约束而引起的。当大体积混凝土基础、墙体浇筑在坚硬地基（特别是岩石地基）或厚大的旧混凝土垫层上时，没有采取隔离层等放松约束的措施，如果混凝土浇筑时温度很高，加上水泥水化热的温升很大，使混凝土的温度很高，当混凝土降温收缩，全部或部分受到地基、混凝土垫层或其他外部结构的约束，将会在混凝土内部出现很大的拉应力，产生降温收缩裂缝。这类裂缝较深，有时是贯穿性的，将破坏结构的整体性。基础工程长期不回填，受风吹日晒或寒潮袭击作用；框架结构的梁、墙板、基础梁，由于受到刚度较大的柱、基础的约束，降温时也常出现这类裂缝。

（3）采用蒸汽养护的结构构件，混凝土降温制度控制不严，降温过速，使混凝土表面急剧降温，而受到内部的约束，常导致结构表面出现裂缝。

3）预防措施

（1）一般结构预防措施

① 合理选择原材料和配合比，采用级配良好的石子；砂、石含泥量控制在规定范围内；在混凝土中掺加减水剂，降低水灰比；严格施工，分层浇筑振捣密实，以提高混凝土的抗拉强度。

② 细长结构构件，采用分段间隔浇筑，或适当设置施工缝或后浇缝，以减小约束应力。

③ 在结构薄弱部位及孔洞四角、多孔板板面，适当配置必要的细直径温度筋，使其对称均匀分布，以提高极限拉伸值。

④ 蒸汽养护结构构件时，控制升温速度不大于 15 ℃/h，降温速度不大于 10 ℃/h，避免急热急冷，引起过大的温度应力。

⑤ 加强混凝土的养护和保温，控制结构与外界温度梯度在 25 ℃范围以内。混凝土浇筑后，裸露表面及时喷水养护，夏季应适当延长养护时间，以提高抗裂能力。冬季应适当延长保温和脱模时间，使缓慢降温，以防温度骤变，温差过大引起裂缝。基础部分及早回填，保湿保温，减少温度收缩裂缝。

(2) 大体积结构预防措施

① 大体积混凝土配合比设计应符合下列规定：

a. 在保证混凝土强度及坍落度要求的前提下，应采用提高掺和料及骨料的含量等措施降低水泥用量，并宜采用低水化热水泥；

b. 最大胶凝材料用量不宜超过 450 kg/m^3；

c. 温控要求较高的大体积混凝土，其胶凝材料用量、品种等宜通过水化热和绝热温升试验确定；

d. 宜采用聚羧酸系减水剂。

② 宜采用混凝土后期强度，以减少水泥用量。基础大体积混凝土宜采用龄期为 56 d、60 d、90 d 的强度等级；当柱、墙采用不小于 C80 强度等级的大体积混凝土时，混凝土可采用龄期为 56 d 的强度等级；混凝土后期强度等级可作为配合比、强度评定及验收的依据；利用后期强度配制混凝土应征得设计方同意。

③ 大体积混凝土结构浇筑应符合下列规定：

a. 用多台输送泵接硬管输送浇筑时，输送管布料点间距不宜大于 12 m，并宜由远而近浇筑；

b. 用汽车布料杆输送浇筑时，应根据布料杆工作半径确定布料点数量，各布料点浇筑速度应保持均衡；

c. 混凝土分层浇筑应利用自然流淌形成斜坡，并应沿高度均匀上升，分层厚度不应大于 500 mm；

d. 分层浇筑间隔时间应缩短，混凝土浇筑后应及时浇筑另一层混凝土；

e. 混凝土浇筑后，在混凝土初凝、终凝前宜分别进行抹面处理，抹面次数宜适当增加。

④ 大体积混凝土施工温度控制应符合下列规定：

a. 入模温度宜控制在 30 ℃以下，应控制在 5 ℃以上；

b. 绝热温升不宜小于 45 ℃，不应大于 55 ℃；

c. 混凝土表面温度与大气温度的差值不宜大于 20 ℃；

d. 混凝土内部温度与表面温度的差值不宜超过 25 ℃；

e. 混凝土降温速率不宜大于 2 ℃/d。

⑤ 大体积混凝土裸露表面应及时进行蓄热养护，蓄热养护覆盖层层数应根据施工方

案确定，养护时间应根据测温数据确定。大体积混凝土内部温度与环境温度的差值小于 30 ℃时，可以结束蓄热养护。蓄热养护结束后宜采用浇水养护方式继续养护，蓄热养护和浇水养护时间应不得少于 14 d。

⑥ 加强养护过程中的测温工作，发现温差过大，及时覆盖保温，使混凝土缓慢降温，缓慢收缩，以有效地发挥混凝土的徐变特征，降低约束应力，提高结构抗拉能力。

4）治理方法

(1) 温度裂缝对钢筋锈蚀、碳化、抗冻融（有抗冻要求的构件）、抗疲劳（对承受动荷载的结构）等方面有影响，故应采取措施治理。

(2) 对表面裂缝，可以采取涂两遍结构胶泥或贴玻璃布，以及抹、喷水泥砂浆等方法进行表面封闭处理。

(3) 对有整体性防水、防渗要求的结构，缝宽大于 0.1 mm 的深进或贯穿性裂缝，应根据裂缝可灌程度，采用灌水泥浆或裂缝修补胶的方法进行修补，或者灌浆与表面封闭同时采用。

(4) 宽度不大于 0.1 mm 的裂缝，由于后期水泥生成氢氧化钙、硫酸铝钙等类物质，碳化作用能使裂缝自行愈合，可不处理或只进行表面处理即可。

2.4.5　撞击裂缝

1）现象

裂缝有水平的、垂直的、斜向的；裂缝的部位和走向随受到撞击荷载的作用点、大小和方向而异；裂缝宽度、深度和长度不一，无一定规律性。

2）原因分析

(1) 拆模时由于工具或模板的外力撞击而使结构出现裂缝，如拆除墙板的门窗模板时，常引起斜向裂缝；用吊机拆除内外墙的大模板时，稍一偏移，就撞击承载力还很低的混凝土墙，引起水平或垂直的裂缝。

(2) 拆模过早，混凝土强度尚低，常导致出现沿钢筋的纵向或横向裂缝。

(3) 拆模方法不当，只起模板一角，或用猛烈振动的方法脱模，使结构受力不匀或受到剧烈的振动。

(4) 梁、板混凝土尚未达到脱模强度，在其上运输、堆放材料，使梁、板受到振动或超过比设计大的施工荷载作用而造成裂缝。

3）预防措施

(1) 现浇结构成型或拆模，应防止受到各种施工荷载的撞击和振动。模板拆除过程中应检查混凝土表面是否有损伤，如有损伤立即修补或采取其他有效措施。

(2) 结构脱模时必须达到规范要求的拆模强度，并使结构受力均匀。

(3) 拆模应按规定的程序进行，后支的先拆，先支的后拆，先拆除非承重部分，后拆除承重部分，使结构不受到损伤。

(4) 在梁、板混凝土未达到设计强度前，避免在其上运输和堆放大量工程和施工用料，防止梁、板受到振动和将梁板压裂。

4）治理方法

（1）对一般裂缝可用结构胶泥封闭；对较宽较深裂缝，应先沿缝凿成八字形凹槽，再用结构胶泥、聚合物砂浆或水泥砂浆补缝或再加贴玻璃布处理。

（2）对较严重的贯穿性裂缝，应采用裂缝修补胶灌浆处理，或进行结构加固处理，并应编制施工方案并严格落实。

2.4.6 沉陷裂缝

1）现象

裂缝多在基础、墙等结构上出现，大多属深进或贯穿性裂缝，其走向与沉陷情况有关，有的在上部，有的在下部，一般与地面垂直或呈 30°～45°角方向发展。较大的贯穿性沉降裂缝，往往上下或左右有一定的错距，裂缝宽度受温度变化影响小，因荷载大小而异，且与不均匀沉降值成正比。

2）原因分析

（1）结构构件下面的地基软硬不均，或局部存在松软土，未经夯实和必要的加固处理，混凝土浇筑后，地基局部产生不均匀沉降而引起裂缝。

（2）结构各部分荷载悬殊，未作必要的加强处理，混凝土浇筑后因地基受力不均，产生不均匀沉降，造成结构应力集中而导致出现裂缝。

（3）模板刚度不足，模板支撑不牢，支撑间距过大或支撑在松软土上；以及过早拆模，也常常导致不均匀沉陷裂缝的出现。

（4）冬期施工，模板支架支承在冻土层上，上部结构未达到规定强度时地层化冻下沉，使结构下垂或产生裂缝。

3）防治措施

（1）对软硬地基、松软土、填土地基应进行必要的夯（压）实和加固。

（2）模板应支撑牢固，保证整个支撑系统有足够的承载力和刚度，并使地基受力均匀，拆模时间不能过早，应按规定执行。

（3）结构各部分荷载悬殊的结构，应适当增设构造钢筋，以避免不均匀沉降，造成应力集中而出现裂缝。

（4）施工场地周围应做好排水措施，并注意防止水管漏水或养护水浸泡地基。

（5）模板支架一般不应支承在冻胀性土层上，如确实不可避免，则应加垫板，做好排水，覆盖好保温材料。

2.4.7 化学反应裂缝

1）现象

（1）在梁、柱结构或构件表面出现与钢筋平行的纵向裂缝；板式构件在板底面沿钢筋位置出现裂缝，缝隙中夹有锈迹。

(2) 混凝土表面呈现块状崩裂，裂缝无规律性。

(3) 混凝土出现不规则的崩裂，裂缝呈大网络状，中心突起，向四周扩散，在浇筑完半年或更长的时间内发生。

(4) 混凝土表面出现大小不等的圆形或类圆形崩裂、剥落，类似“出豆子”，内有白黄色颗粒，多在浇筑后两个月左右出现。

2) 原因分析

(1) 混凝土内掺有氯化物外加剂，或以海砂作骨料，或用海水拌制混凝土，使钢筋产生电化学腐蚀，铁锈膨胀而把混凝土胀裂(即通常所谓钢筋锈蚀膨胀裂缝)。有的保护层过薄，碳化深度超过保护层，在水的作用下，亦会使钢筋锈蚀膨胀造成这类裂缝。

(2) 混凝土中铝酸三钙受硫酸盐或镁盐的侵蚀，产生难溶而体积增大的反应物，使混凝土体积膨胀而出现裂缝(即通常所谓水泥杆菌腐蚀)。

(3) 混凝土骨料含有蛋白石、硅质岩或镁质岩等活性氧化硅，与高碱水泥中的碱反应生成碱硅酸凝胶，吸水后体积膨胀而使混凝土崩裂(即通常所谓“碱骨料反应”)。

(4) 水泥中含游离氧化钙过多(多呈颗粒)，在混凝土硬化后，继续水化，发生固相体积增大，体积膨胀，使混凝土出现豆子似的崩裂，多发生在土法生产的水泥中。

3) 预防措施

(1) 冬期施工混凝土时应使用经试验确定适宜的防冻剂；采用海砂作细骨料时，应符合《海砂混凝土应用技术规范》(JGJ 206—2010)的相关规定；在钢筋混凝土结构中不得用海水拌制混凝土；适当增厚混凝土或对钢筋涂防腐蚀涂料，对混凝土加密封外罩；混凝土采用级配良好的石子，使用低水灰比，加强振捣，以降低渗透率，阻止电腐蚀作用。

(2) 采用含铝酸三钙少的水泥，或掺加火山灰掺料，以减轻硫酸盐或镁盐对水泥的作用；或对混凝土表面进行防腐，以阻止对混凝土的侵蚀；避免采用含硫酸盐或镁盐的水拌制混凝土。

(3) 防止采用含活性氧化硅的骨料配制混凝土，或采用低碱性水泥和掺火山灰的水泥配制混凝土，降低碱化物质和活性硅的比例，以控制化学反应的产生。

(4) 加强水泥的检验，防止使用含游离氧化钙多的水泥配制混凝土，或经处理后使用。

4) 治理方法

钢筋锈蚀膨胀裂缝，应把主筋周围含盐混凝土凿除，铁锈以喷砂法清除，然后用喷浆或加围套方法修补。

2.4.8　冻胀裂缝

1) 现象

结构构件表面沿主筋、箍筋方向出现宽窄不一的裂缝，深度一般到主筋，周围混凝土疏松、剥落。

2）原因分析

冬期施工混凝土结构构件未保温，混凝土早期遭受冻结，将表层混凝土冻胀，解冻后钢筋部位变形仍不能恢复，而出现裂缝、剥落。

3）预防措施

（1）结构构件在冬期施工，配制混凝土应采用普通水泥，低水灰比，并掺加适量早强抗冻剂，以提高早期强度。

（2）对混凝土进行蓄热保温或加热养护，直至达到40%的设计强度。

4）治理方法

对一般裂缝可用结构胶泥封闭；对较宽较深裂缝，用聚合物砂浆补缝或再加贴玻璃布处理；对较严重的裂缝，应将剥落疏松部分凿去，加焊钢丝网后，重新浇筑一层细石混凝土，并加强养护。

2.5 混凝土裂缝治理方法及技术

混凝土结构或构件出现裂缝，有的破坏结构整体性，降低刚度，使变形增大，不同程度地影响结构承载力、耐久性；有的虽对承载力无多大影响，但会引起钢筋锈蚀，降低耐久性，或发生渗漏，影响使用。因此，应根据裂缝发生原因、性质、特征、大小、部位，结构受力情况和使用要求，并综合考虑不同的结构特点、材料性能及技术经济指标，合理选择治理方法。

2.5.1 验算开裂结构构件承载力注意事项

（1）结构构件验算采用的结构分析方法，应符合国家现行标准有关设计要求的规定。

（2）结构构件验算使用的抗力 R 和作用效应 S 计算模型，应符合其实际受力和构造状况。

（3）结构构件作用效应 S 的确定，应符合下列要求：

① 作用的组合和组合值系数以及作用的分项系数，应按现行国家标准《建筑结构荷载规范》(GB 50009—2012)的规定执行；

② 当结构受到温度、变形等作用时，且对其承载力有显著影响时，应计入由此产生的附加内力。

（4）当材料种类和性能符合原设计要求时，材料强度应按原设计值取用；当材料的种类和性能与原设计不符时，材料强度应采用实测试验数据。材料强度的标准值应按国家现行有关结构设计标准的规定确定。

（5）进行承载力验算应根据国家现行标准中有关结构设计的要求选择安全等级，并确定结构重要性系数 γ_0。

2.5.2 荷载裂缝处理

(1) 混凝土结构构件的荷载裂缝可按现行国家标准《混凝土结构加固设计规范》(GB 50367—2013)的要求进行处理。

(2) 当混凝土结构构件的荷载裂缝宽度小于现行国家标准《混凝土结构设计规范》(GB 50010—2010)的规定时，构件可不做承载力验算。

2.5.3 非荷载裂缝处理

(1) 混凝土结构构件的非荷载裂缝应按裂缝宽度限值，并按表 2-20 的要求进行裂缝修补处理。

(2) 混凝土结构的非荷载裂缝修补可采用表面封闭法、注射法、压力注浆法、填充密封等方法。

(3) 混凝土结构构件的非荷载裂缝修补方法，可按下列情况分别选用：

① 钢筋混凝土构件沿受力主筋处的弯曲、轴心受拉和大偏心受压应修补的非荷载裂缝，其宽度在 0.4～0.5 mm时可使用注射法进行处理，宽度大于或等于 0.5 mm 时可使用压力注浆法进行处理。

② 对于宜修补的钢筋混凝土构件沿受力主筋处的弯曲、轴心受拉和大偏心受压，宜修补的非荷载裂缝，其宽度在 0.2～0.5 mm 时可使用填充密封法进行处理，宽度在 0.5～0.6 mm 时可使用压力注浆法进行处理。

表 2-20　混凝土结构构件裂缝修补处理的宽度限值(mm)

区分	构件类别		环境类别和环境作用等级			防水、防气、放射线要求
			Ⅰ-C(干湿交替环境)	Ⅰ-B(非干湿交替的室内潮湿环境及露天环境、长期湿润环境)	Ⅰ-A(室内干燥环境、永久的静水浸没环境)	
(A)应修补的弯曲、轴心受拉和大偏心受压荷载裂缝及非荷载裂缝的宽度	钢筋混凝土构件	主要构件	>0.4	>0.4	>0.4	>0.2
		一般构件	>0.4	>0.4	>0.5	>0.2
	预应力混凝土构件	主要构件	>0.1(0.2)	>0.1(0.2)	>0.2(0.3)	>0.2
		一般构件	>0.1(0.2)	>0.1(0.2)	>0.35(0.5)	>0.2
(B)宜修补的弯曲、轴心受拉和大偏心受压荷载裂缝及非荷载裂缝的宽度	钢筋混凝土构件	主要构件	0.2～0.4	0.3～0.4	0.35～0.5	0.05～0.2
		一般构件	0.3～0.4	0.3～0.5	0.4～0.6	0.05～0.2
	预应力混凝土构件	主要构件	0.05～0.1 (0.02～0.2)	0.05～0.1 (0.02～0.2)	0.1～0.2 (0.05～0.3)	0.05～0.2
		一般构件	0.05～0.1 (0.02～0.2)	0.05～0.1 (0.02～0.2)	0.3～0.35 (0.1～0.5)	0.05～0.2

续表 2 - 20

区分	构件类别		环境类别和环境作用等级			防水、防气、放射线要求
			Ⅰ-C(干湿交替环境)	Ⅰ-B(非干湿交替的室内潮湿环境及露天环境、长期湿润环境)	Ⅰ-A(室内干燥环境、永久的静水浸没环境)	
(C)不需要修补的弯曲、轴心受拉和大偏心受压荷载裂缝及非荷载裂缝的宽度	钢筋混凝土构件	主要构件	<0.2	<0.3	<0.35	<0.05
		一般构件	<0.3	<0.3	<0.4	<0.05
	预应力混凝土构件	主要构件	<0.05(0.02)	<0.05(0.02)	<0.1(0.05)	<0.05
		一般构件	<0.05(0.02)	<0.05(0.02)	<0.3(0.1)	<0.05
(D)需修补的受剪(斜拉、剪压、斜压)、轴心受压、小偏心受压、局部受压、受冲切、受扭裂缝	钢筋混凝土构件或预应力混凝土构件	任何构件	出现裂缝			

注:1. Ⅰ-C、Ⅰ-B、Ⅰ-A 级环境类别和环境作用等级按现行国家标准《混凝土结构耐久性设计规范》(GB/T 50476—2008)的标准确定。

2. 配筋混凝土墙、板构件的一侧表面接触室内干燥空气,另一侧表面接触水或湿润土体时,接触空气一侧的环境作用等级宜按干湿交替环境确定。

3. 表中的规定适用于采用热轧钢筋的钢筋混凝土构件和采用预应力钢丝、钢绞线及热处理钢筋的预应力混凝土构件;当采用其他类别的钢丝或钢筋时,其裂缝控制要求可按专门标准确定。

4. 表中括号内的限值适用于冷拉Ⅰ、Ⅱ、Ⅲ、Ⅳ级钢筋的预应力混凝土构件。

5. 对于烟囱、筒仓和处于液体压力下的结构构件,其裂缝控制要求应符合专门标准的有关规定。

6. 对于钢筋混凝土构件室内正常环境的屋架、托架、托梁、主梁、吊车梁裂缝宽度大于 0.5 mm 的必须处理,而在高湿度环境中构件裂缝宽度大于 0.4 mm 的必须处理。

③ 有防水、防气、防射线要求的钢筋混凝土构件或预应力混凝土构件的非荷载裂缝,其宽度在 0.05~0.2 mm 时,可使用注射法并结合表面封闭法进行处理;其宽度大于 0.2 mm时,可使用填充密封法进行处理。

④ 钢筋混凝土构件或预应力混凝土构件受剪(斜拉、剪压、斜压)、轴心受压、小偏心受压、局部受压、受冲切、受扭产生的非荷载裂缝,可使用注射法进行处理。

⑤ 裂缝修补应根据混凝土结构裂缝深度 h 与构件厚度 H 的关系选择处理方法。h 不大于 $0.1H$ 的表面裂缝,应按表面封闭法进行处理;h 在 0.1~$0.5H$ 时的浅层裂缝,应按填充密封法进行处理;h 不小于 $0.5H$ 的深进裂缝以及 h 等于 H 的贯穿裂缝,应按压力注浆法进行处理,并保证注浆处理后界面的抗拉强度不小于混凝土抗拉强度。

⑥ 有美观、防渗漏和耐久性要求的裂缝修补,应结合表面封闭法进行处理。

2.5.4 施工和检验

1）一般规定

(1) 裂缝处理应符合国家现行标准《建筑结构加固工程施工质量验收规范》(GB 50550—2010)、《房屋裂缝检测与处理技术规程》(CECS 293—2011)的规定。

(2) 在对结构构件进行裂缝处理时，施工单位应针对裂缝修补和加固方案制定施工技术措施。

(3) 裂缝处理所用材料的性能，应满足设计要求。

(4) 原结构构件表面，应按下列要求进行界面处理：

① 原构件表面的界面处理，应沿裂缝走向及两侧各 100 mm 的范围内，打磨平整，清除油垢直至露出坚实的基材新面，用压缩空气或吸尘器清理干净。

② 当设计要求沿裂缝走向骑缝凿槽时，应按施工图规定的剖面形式和尺寸开凿、修整并清理干净。

③ 裂缝内的黏合面处理，应按黏合剂产品说明书的规定进行。

(5) 胶体材料的调制和使用应按产品说明书的规定进行。

(6) 裂缝表面封闭完成后，应根据结构使用环境和设计要求做好保护层。

(7) 裂缝处理施工的全过程，应有可靠的安全措施，并应符合下列要求：

① 在裂缝处理过程中，当发现裂缝扩展、增多等异常情况时，应立即停止施工，并进行重新评估处理。

② 存在对施工人员健康及周边环境有影响的有害物质时，应采取有效的防护措施；当使用化学浆液时，尚应保持施工现场通风良好。

③ 化学材料及其产品应存放在远离火源的储藏室内，并应密封存放。

④ 工作现场严禁烟火，并必须配备消防器材。

2）施工方法和检验

(1) 采用注射法施工时，应按下列要求进行处理及检验：

① 在裂缝两侧的结构构件表面应每隔一定距离黏结注射筒的底座，并沿裂缝的全长进行封缝。

② 封缝胶固化后方可进行注胶操作。

③ 灌缝胶液可用注射器注入裂缝腔内，并应保证低压、稳压。

④ 注入裂缝的胶液固化后，可撤除注射筒及底座，并用砂轮磨平构件表面。

⑤ 采用注射法的现场环境温度和构件温度不宜低于 12 ℃。

⑥ 封缝胶固化后进行压气试验，检查密封效果；观察注浆嘴压入压缩空气值等于注浆压力值时是否有漏气的气泡出现。若有漏气，应用封缝胶修补，直至无气泡出现。

(2) 采用压力注浆法施工时，应按下列要求进行处理及检验：

① 进行压力注浆前应斜向钻孔至裂缝深处埋设注浆管，注浆嘴应埋设在裂缝端部、交叉处和较宽处，间隔为 300～500 mm，对贯穿性深裂缝应每隔 1～2 m 加设 1 个注

浆管；

② 封缝应使用专业的封缝胶，胶层应均匀无气泡、砂眼，厚度应大于 2 mm，并与注浆嘴连接密封；

③ 封缝胶固化后，应使用洁净无油的压缩空气试压，确认注浆通道通畅、密封、无泄漏；

④ 注浆应按由宽到细、由一端到另一端、由低到高的顺序依次进行；

⑤ 缝隙全部注满后应继续稳定压力一定时间，待吸浆率小于 50 mL 后停止注浆，关闭注浆嘴。

(3) 采用填充密封法施工时，应按下列要求进行处理及检验：

① 进行填充密封前应沿裂缝走向骑缝开凿 V 形槽或 U 形槽，并仔细检查凿槽质量。

② 当有钢筋锈胀裂缝时，凿出全部锈蚀部分，并进行除锈和防锈处理。

③ 当设置隔离层时，U 形槽底应为光滑的平底，槽底铺设隔离层，隔离层应紧贴槽底，且不应吸潮膨胀，填充材料不应与基材相互反应。

④ 向槽内灌注液态密封材料应灌注至微溢并抹平。

⑤ 静止的裂缝和锈蚀裂缝可采用封口胶或修补胶等进行填充，并用纤维织物或弹性涂料封护；活动裂缝可采用弹性和延性良好的密封材料进行填充封护。

(4) 采用表面封闭法进行施工时，应按下列要求进行处理及检验：

① 进行表面封闭前应先清洗结构构件表面的水分，干燥后再进行裂缝的封闭；

② 涂刷底胶应使胶液在结构构件表面充分渗透，微裂缝内应含胶饱满，在必要时可沿裂缝多道涂刷；

③ 粘贴时应排出气泡，使布面平整，含胶饱满均匀；

④ 织物沿裂缝走向骑缝粘贴，当使用单向纤维织物时，纤维方向应与裂缝走向相垂直；

⑤ 多层粘贴时，应重复上述步骤，纤维织物表面所涂的胶液达到初干状态时应粘贴下一层。

(5) 采用化学材料浇注法施工时，应按下列要求进行处理及检验：

① 进行化学材料浇注前，结构构件应做临时支撑；

② 浇筑槽应分段开凿，每段不得超过 1 m，开凿宽度可沿裂缝两侧各 50 mm，剔除槽内疏松部分并清除杂物，漏浆液的洞、缝可用结构胶泥封堵；

③ 材料制备应按产品说明书的要求进行，并保持适当的温度。

(6) 采用密实法施工时，应按下列要求进行处理及检验：

① 裂缝两侧 10～20 mm 范围内应清理干净，并用水冲洗，保持湿润；

② 采用结构胶泥修补裂缝应涂抹严实，并清理表面。

(7) 胶液固化 7 d 后可采用下列方法进行灌浆质量检验：

① 采用超声法，并应符合现行标准《超声法检测混凝土缺陷技术规程》(CECS 21—2000)的规定。

② 采用取芯法随机钻取直径为 50～80 mm 的芯样进行检验。取芯位置应避开钢筋

且选择裂缝中部，芯样取出后检查裂缝是否填充饱满、密实。有补强要求的，还应对芯样做劈裂强度试验或抗压强度试验，试件不应首先在裂缝修补处破坏；钻芯留下的孔洞应采用强度等级不低于 C30 且高于原构件混凝土一个强度等级的微膨胀细石混凝土或掺有石英砂的植筋胶填塞密实。

③ 采用承水法可适用于现浇楼板或围堰类构筑物，承水 24 h 不渗漏为合格。

2.5.5　裂缝治理方法

1）表面修补法

适用于对承载力无影响的表面及深进的裂缝，以及大面积细裂缝防渗漏水的处理。

(1) 表面涂抹砂浆法。适用于稳定的表面及深进裂缝的处理。处理时将裂缝附近的混凝土表面凿毛，或沿裂缝（深进的）凿成深 15～20 mm、宽 100～150 mm 的凹槽，扫净并洒水湿润，先刷水泥净浆一遍，然后用 1∶(1～2) 水泥砂浆分 2～3 层涂抹，总厚度为 10～20 mm，并压光。有渗水时，应用水泥净浆（厚 2 mm）和 1∶2 水泥砂浆（厚 4～5 mm）交错抹压 4～5 层，涂抹 3～4 h 后，应进行覆盖洒水养护。

(2) 表面涂抹结构胶泥（或粘贴玻璃布）法。适用于稳定的、干燥的表面及深进裂缝的处理。涂抹结构胶泥前，将裂缝附近表面灰尘、浮渣清除、洗净并干燥。油污应用有机溶剂或丙酮擦洗干净。如表面潮湿，应用喷灯烘烤干燥、预热，以保证胶泥与基层良好的黏结。较宽裂缝先用刮刀堵塞结构胶泥，涂刷时用硬毛刷或刮板蘸取胶泥，均匀涂刮在裂缝表面，宽 80～100 mm，一般涂刷两遍。粘贴玻璃布时，一般贴 1～2 层，第二层布的周边应比下面一层宽 10～15 mm，以便压边。结构胶泥由结构胶掺加适量水泥等粉料制备，其中结构胶的性能应符合《混凝土结构加固设计规范》(GB 50367—2013) 的相应规定。

(3) 表面凿槽嵌补法。适用于独立的裂缝宽度较大的死裂缝和活裂缝的处理。沿混凝土裂缝凿一条宽 5～6 mm 的 V 形、U 形槽，槽内嵌入刚性材料，如水泥砂浆或结构胶泥；或填灌柔性密实材料，如聚氯乙烯胶泥、沥青油膏、聚氨酯以及合成橡胶等密封。表面做砂浆保护层或不做保护层，槽内混凝土面应修理平整并清洗干净，不平处用水泥砂浆填补。嵌填时槽内表面涂刷嵌填材料稀释涂料。对修补活裂缝仅在两侧涂刷，槽底铺一层塑料薄膜缓冲层，以防填料与槽底混凝土黏合，在裂缝上造成应力集中，将填料撕裂。然后用抹子或刮刀将砂浆（或结构胶泥）嵌入槽内使饱满压实，最后用 1∶2.5 水泥砂浆抹平压光（对活裂缝不做砂浆保护层）。

2）内部修补法

适用于对结构整体性有影响，或有防水、防渗要求的裂缝修补。

(1) 注射法。当裂缝宽度小于 0.5 mm 时，可用注射器压入裂缝补强修补用胶。注射时，应在裂缝干燥或用热烘烤时缝内不存在湿气的条件下进行，注射次序从裂缝较低一端开始，针头尽量插进缝内，缓慢注入，使裂缝补强修补用胶在缝内向另一端流动填充，便于缝内空气排出。注射完毕在缝表面涂刷结构胶泥两遍或再加贴一层玻璃布条盖缝。

(2) 化学灌浆法。化学灌浆具有黏度低、可灌性好、收缩小以及有较高的黏结强度和一定的弹性等优点,恢复结构整体性的效果好,适用于各种情况下的裂缝修补,以及堵漏、防渗处理。

灌浆材料应根据裂缝的性质、缝宽和干燥情况选用。灌浆材料应符合《混凝土结构加固设计规范》(GB 50367—2013)中裂缝补强修补用胶的要求。灌浆一般采用骑缝直接施灌,表面处理同结构胶泥表面涂抹。灌浆嘴为带有细丝扣的活接头,用结构胶泥固定在裂缝上,间距 400~500 mm,贯通缝应在两面交叉设置。裂缝表面用结构胶泥(或腻子)封闭。硬化后,先试气了解缝面通顺情况,气压保持 0.2~0.3 MPa,垂直缝从下往上,水平缝从一端向另一端,如漏气,可用石膏快硬腻子封闭。灌浆时,将配好的浆液注入压浆罐内,先将活接头接在第一个灌浆嘴上,开动空压机送气(气压一般为 0.3~0.5 MPa),即将裂缝修补胶压入裂缝中,待胶液从邻近灌浆嘴喷出后,即用小木塞将第一个灌浆孔封闭,以便保持孔内压力,然后同法依次灌注其他灌浆孔,直至全部灌注完毕。裂缝修补胶一般在 20~25 ℃下经 16~24 h 即可硬化,可将灌浆嘴取下重复使用。在缺乏灌浆设备时,较宽的平、立面裂缝也可用手压泵进行。

3) 结构加固法

适用于对结构整体性、承载能力有较大影响的,表面损坏严重的,表面、深进及贯穿性裂缝的加固处理,一般方法有以下几种。

(1) 围套加固法。当周围空间尺寸允许时,在结构外部一侧或三侧外包钢筋混凝土围套以增强钢筋和截面,提高其承载能力。对构件裂缝严重,尚未破碎裂透或一侧破碎的,将裂缝部位钢筋保护层凿去,外包钢丝网一层。如钢筋扭曲已达到流限,则加焊受力短钢筋及箍筋(或钢丝网),重新浇筑一层 35 mm 厚细石混凝土加固。大型设备基础一般采取增设围套或钢板带套箍,增加环向抗拉强度的方法处理。对于基础表面的裂缝,一般在设备安装的灌浆层内放入钢筋网及套箍进行加固。加固时,原混凝土表面应凿毛洗净,或将主筋凿出;如钢筋锈蚀严重,应凿去保护层,喷砂除锈。增配的钢筋应根据裂缝程度计算确定。浇筑围套混凝土前,模板与原结构均应充分浇水湿润。模板顶部设八字口,使浇筑面有一个自重压实的高度。采用高一强度等级的细石混凝土,控制水灰比,加适量减水剂,注意捣实,每段一次浇筑完毕,并加强养护。

(2) 钢箍加固法。在结构裂缝部位四周用 U 形螺栓或型钢套箍将构件箍紧,以防止裂缝扩大,提高结构的刚度和承载力。加固时,应使钢套箍与混凝土表面紧密接触,以保证共同工作。

(3) 预应力加固法。在梁、桁架下部增设新的支点和预应力拉杆,以减小裂缝宽度(甚至闭合),提高结构承载能力,拉杆一般采用电热法建立预应力。也可用钻机在结构或构件上垂直于裂缝方向钻孔,然后穿入钢筋施加预应力使裂缝闭合。钢材表面应涂刷防锈漆两遍。

(4) 粘钢加固法。将 3~5 mm 厚钢板用结构胶粘剂粘贴到结构构件混凝土表面,使钢板与混凝土结合成整体共同工作。这类胶粘剂有良好的黏结性能,黏结抗拉强度:钢与钢≥33 MPa;钢与混凝土,混凝土破坏;黏结抗剪强度:钢与钢≥18 MPa;钢与混凝土,混凝土破坏；胶粘剂的抗压强度≥60 MPa，抗拉强度≥30 MPa。加固时将裂缝部位凿毛刷洗干净，将钢板按要求尺寸剪切好，在粘贴一面除锈，用砂轮打毛（或喷砂处理），在混凝土和钢板粘贴面两面涂覆。胶层厚 0.8～1.0 mm，然后将钢板粘贴在裂缝部位表面，0.5 h 后在四周用钢丝缠绕数圈，并用木楔楔紧，将钢板固定。胶粘剂为常温固化，一般 24 h 可达到胶粘剂强度的 90％以上，72 h 固化完成，卸去夹紧用的钢丝、木楔。加固后，表面刷与混凝土颜色相近的灰色防锈漆。

（5）喷浆加固法。适用于混凝土因钢筋锈蚀、化学反应、腐蚀、冻胀等原因造成的大面积裂缝补强加固。先将裂缝损坏的混凝土全部铲除，清除钢筋锈蚀，严重的采用喷砂法除锈，然后以压缩空气或高压水将表面冲洗干净并保持湿润，在外表面加一层钢筋网与原有钢筋用电焊固定，接着在混凝土表面涂一层水泥净浆，以增强黏结。凝固前，用混凝土喷射机喷射混凝土，一般用干法，它是将按一定比例配合搅拌均匀的水泥、砂、石子（比例为：52.5 级普通硅酸盐水泥：中粗砂：粒径 3～7 mm 的石子＝1∶2∶1.5～2）干拌料送入喷射机内，利用压缩空气（风压为 0.14～0.18 MPa）将拌和料经软管压送到喷枪嘴，在喷嘴后部与通入的压力水（水压 0.3 MPa）混合，高速度喷射于补缝结构表面，形成一层密实整体外套。混凝土水灰比控制在 0.4～0.5，混凝土厚度为 30～75 mm，混凝土抗压强度为 30～35 MPa，抗拉强度为 2 MPa，黏结强度为 1.1～1.3 MPa。

第3章 钢结构工程质量控制

本章所述钢结构工程系指工业与民用建筑及构筑物钢结构工程，它包括了高层及超高层建筑钢结构，大跨度结构有平面桁架钢结构、空间钢结构（钢网格结构、悬索及各种衍生结构等）、预应力钢结构、组合钢结构、轻钢结构（门式刚架和薄壁型钢结构）、高耸构筑物钢结构及各种特殊钢结构等。由于钢结构优点很多，设计施工技术日新月异，奇形怪异结构名目繁多，节点复杂，难度很大，在施工中采用的计算机手段，先进设备，先进工艺，以及跟踪检测与健康监测已取得了很好的成绩，因此得到了飞跃的发展。但在实践中也出现了一些问题，为确保工程质量，本章拟从材料、半成品、制作、安装、测量、焊接、高强度螺栓连接、涂装等工序的源头下手，叙述钢结构工程在施工过程中出现的一些质量通病及其防治措施，把质量问题消灭在萌芽状态。

3.1 钢结构材料特性及质量验收

3.1.1 钢材表面有麻坑

1）现象

钢材表面有局部麻点状或长条状损伤。

2）原因分析

钢材锈蚀；调运过程中划伤，出现划坑。

3）防治措施

（1）核对损伤缺陷深度，不超过该钢材负公差1/2者，宜继续使用。

（2）当损伤深度大于该钢板负公差1/2时，应与有关方协商，可进行焊补探伤后，酌情使用。

3.1.2 钢材局部夹渣、分层

1）现象

钢板剖开后，中间出现夹渣或分层现象。

2）原因分析

（1）钢材生产轧制过程中夹杂有非金属物质。

（2）钢锭缩口未全部切除。

3）防治措施

(1) 认真执行《钢结构工程施工规范》(GB 50775—2012)中 5.2.3～5.2.6 条的规定。

(2) 对出现缺陷的同批钢材，应进行扩大抽检或批次全检，主要是进行超声波无损探伤检验。

(3) 对于成批或扩大抽检后缺陷出现频率较高的，应成批作废。

(4) 检测后仅为偶发缺陷的，对分层缺陷，应在探伤基础上将缺陷周边 200～300 mm 范围切除后使用；对夹渣缺陷，也可扩大切除或协商焊补，检测合格后使用。

3.1.3　板面出现波浪形

1）现象

钢板表面出现波浪形。

2）原因分析

钢板校平设备压力不够；设备压平辊轴级数不够。

3）防治措施

(1) 对于热轧卷板开平宜用多辊平直机校平，可进行反复调平。

(2) 对于厚板应根据调平能力，选择合适的设备，不应超负荷工作。

3.1.4　焊接材料不符合设计或质量要求

1）现象

由于焊接材料不合格，导致焊接接头的某项或某些技术指标达不到设计或质量要求。

2）原因分析

(1) 焊接材料选择错误。

(2) 未按相关标准、规范要求进行检验、验收。

(3) 材料储存、使用不当。

3）预防措施

(1) 钢结构工程中焊接材料的选择要综合考虑强度、韧性、塑性、工艺性能及经济性等因素，不可偏废，否则会产生不良后果。例如，过分关注强度会导致韧性和塑性降低，过度强调工艺性能则易导致综合力学性能和抗裂性能的损失。

焊接材料的选择在满足设计要求的同时，应符合现行国家标准《钢结构焊接规范》(GB 50661—2011)第 4 章和第 7 章中的相关要求：

① 焊条应符合《碳钢焊条》(GB/T 5117)、《低合金钢焊条》(GB/T 5118)的规定；

② 焊丝应符合《熔化焊用钢丝》(GB/T 14957)、《气体保护电弧焊用碳钢、低合金钢焊丝》(GB/T 8110)、《碳钢药芯焊丝》(GB/T 10045)及《低合金钢药芯焊丝》(GB/T 17493)的规定；

③ 气体保护焊使用的氩气应符合现行国家标准《氩气》(GB/T 4842)的规定，其纯度

不应低于 99.95%；

④ 气体保护焊使用的二氧化碳应符合国家标准《焊接用二氧化碳》(HG/T 2537)的规定，焊接难度为C、D级和特殊钢结构工程中主要构件的重要焊接节点，采用的二氧化碳质量应符合该标准中优等品的要求，难度等级的划分见表 3-1；

⑤ 埋弧焊用焊丝和焊剂应符合现行国家标准《埋弧焊用碳钢焊丝和焊剂》(GB/T 5293)和《埋弧焊用低合金钢焊丝和焊剂》(GB/T 12470)的规定；

⑥ 栓钉焊使用的栓钉及焊接瓷环应符合现行国家标准《电弧螺柱焊用圆柱头焊钉》(GB/T 10433)的有关规定。

(2) 对按设计要求采购的焊接材料应严格按照现行国家标准《钢结构工程施工质量验收规范》(GB 50205—2001)第 4 章第 4.3 节的要求进行检验验收。对一般钢结构采用的焊接材料只需进行软件核查，主要检查质量合格证明文件及检验报告等。而对于重要的钢结构工程，例如其难度等级符合C、D级规定(表 3-1)的，则应对所选用的焊接材料按批次进行抽样复验，其复验方法和结果应符合相关标准或规范的规定。

表 3-1　钢结构工程焊接难度等级

焊接难度等级	焊接难度影响因素			
	板厚 t(mm)	钢材分类	受力状态	钢材碳当量 C_{eq}(%)
A(易)	$t \leq 30$	Ⅰ	一般静载拉、压	$C_{eq} \leq 0.38$
B(一般)	$30 < t \leq 60$	Ⅱ	静载且板厚方向受拉或间接动载	$0.38 < C_{eq} \leq 0.45$
C(较难)	$60 < t \leq 100$	Ⅲ	直接动载、抗震设防烈度等于 7 度	$0.45 < C_{eq} \leq 0.50$
D(难)	$t > 100$	Ⅳ	直接动载、抗震设防烈度大于等于 8 度	$C_{eq} > 0.50$

注：1. 根据表中影响因素所处最难等级确定整体焊接难度。

2. 钢材分类应符合《钢结构焊接规范》(GB 50661—2011)中表 4.0.5 的规定(表 3-2)。

表 3-2　常用国内钢材分类

类别号	标称屈服强度	钢材牌号举例	对应标准号
Ⅰ	≤295MPa	Q195、Q215、Q235、Q275	GB/T 1591
		Q295	GB/T 700
		20、25、15Mn、20Mn、25Mn	GB/T 699
		Q235q	GB/T 714
		Q235GJ	GB/T 19879
		Q235GNH	GB/T 4171
		Q235NH、Q295NH	GB/T 4172
		ZG 200-400H、ZG 230-450H、ZG 275-485H	GB/T 7659
		ZGD 270-480、ZGD 290-510	GB/T 14408
Ⅱ	>295MPa 且≤370MPa	Q345	GB/T 1591
		Q345q、Q370q	GB/T 714
		Q345GJ	GB/T 19879
		Q355GNH	GB/T 4171
		Q355NH	GB/T 4172
		ZGD 345-570	GB/T 14408

续表 3-2

类别号	标称屈服强度	钢材牌号举例	对应标准号
Ⅲ	>370MPa 且≤420MPa	Q390、Q420	GB/T 1591
		Q390GJ、Q420GJ	GB/T 198
		Q420q	GB/T 714
		Q415NH	GB/T 4171
		ZGD 410-620	GB/T 14408
Ⅳ	>420MPa	Q460、Q500、Q550、Q620、Q690	GB/T 1591
		Q460GJ	GB/T 19879
		Q460NH、Q500NH、Q550NH	GB/T 4172

注：国内新钢材和国外钢材按其屈服强度级别归入相应类别。

(3) 焊接材料的保存与使用应严格按照产品说明书及现行国家标准《钢结构焊接规范》(GB 50661—2011)第 7 章第 7.2 节的规定执行。由于储存或使用不当，不仅造成资源浪费，严重的会引发重大工程事故。以目前建筑钢结构焊接施工中的通病，不按要求对焊接材料进行烘干为例，其直接后果是导致焊缝金属中氢含量过高，增大延迟裂纹产生的概率。

4) 治理方法

(1) 力学或化学成分方面的问题，可将原有焊缝全部清除重焊或按设计要求进行局部加固。

(2) 对于因储存或使用不当造成焊接材料含氢量过高，则可采用焊后进行去氢处理的方法，具体做法是在焊后立即将焊缝加热到 350 ℃左右，并保温 2 h 以上，然后缓慢冷却。

3.1.5　特大空心球不圆度、壁厚减薄量超过标准

1) 现象

空心球焊接成型后出现壁厚减薄量及不圆度超过标准的现象。

2) 原因分析

模具误差大；原材厚度偏差；半球成型温度过高或过低；焊接工艺不合理。

3) 防治措施

(1) 模具制作应严格控制精度，尤其是冲压的同心度。

(2) 如采购的钢板有负差，在制作直径大于 600 mm 的焊接空心球体时，宜将钢板的厚度加厚 2 mm 或更多。

(3) 半球冲压成型的温度应控制在 800～1 050 ℃之间。

(4) 焊接时应制定合理的焊接工艺，焊缝偏差为－0.5～0 mm，高于母材的焊缝要打磨掉，焊接时应考虑焊接收缩量，宜采用转胎焊。

3.1.6 高强度螺栓成型时螺母根部发生断裂

1）现象

大六角高强度螺栓在施加扭矩时螺母根部发生断裂。

2）原因分析

在制作时，螺母与螺杆之间没有倒角成直角状态，施加扭矩时该部位应力集中造成螺栓断裂。

3）防治措施

（1）螺栓验收时，应进行外观检查，尤其是对螺栓与螺母之间的倒角工艺。

（2）如螺栓与螺母之间无倒角工艺，可做超拧节点试验，超拧值取规范允许最大值的10%，放置 7 d，看有无断裂情况，如无法判定，宜批量退换。

3.1.7 螺栓球表面褶皱、裂纹

1）现象

螺栓球表面有裂纹及褶皱。

2）原因分析

（1）工艺措施不当，根据《空间网格结构技术规程》（JGJ 7—2010）和《钢网架螺栓球节点》（JG/T 10—2009）的规定，螺栓球宜采用 45 号钢通过热锻造工艺加工生产。由于 45 号钢碳含量较高，从而导致其硬度较高，塑韧性相对较低，对加工工艺要求较严格。生产过程中如对加热温度、保温时间及冷却速度控制不严，易产生裂纹等缺陷。

（2）未严格按照《钢结构工程施工质量验收规范》（GB 50205—2001）的相关要求进行表面质量检验。

3）预防措施

（1）制定严格、合理的生产工艺，并确保其被认真执行，特别是对直径较大的球体，严格控制其加热温度和保温时间，以确保球体整体温度均匀，避免由于“外热内冷”产生的不均匀变形而引发锻造裂纹的产生。

（2）应严格按照现行国家标准《钢结构工程施工质量验收规范》（GB 50205—2001）第 7.5.1 条的规定，对螺栓球的表面质量进行抽查，抽查比例为 10%，检验方法建议采用磁粉探伤方法，若发现裂纹类缺陷，则应对该批次球体进行全数检验。

4）治理方法

对于发现裂纹类缺陷的球体，首先应采用砂轮打磨的方法将缺陷清除干净，再视其严重程度进行修复处理或更换：

（1）若缺陷深度小于 2 mm，则应在保证缺陷被清除干净的前提下，将打磨部位修复成坡度小于 1∶2.5 的形状即可。

(2) 若缺陷深度超过 2 mm，则应在保证缺陷被清除干净的前提下，将打磨部位修复成坡口形状，并将球体预热到 250～350 ℃后用焊接方法将其填满。

(3) 对于缺陷深度超过 2 mm 的球体，可采用置换新球的方法。

3.1.8　防腐涂料混合比不当

1) 现象

分组涂料未按生产厂家规定的配合比组成一次性混合；稀释剂的型号和性能未按照生产厂家所推荐的品种配套使用。

2) 原因分析

(1) 未了解该涂料混合比的要求和搅拌操作顺序，擅自按自己的经验操作，造成搅拌顺序错误和配合比不符合产品标准要求。

(2) 未使用计量器具，采用估计方法计量，造成配合比不当。

(3) 不了解配套稀释剂的特性、类型，擅自选用不当的稀释剂。

3) 防治措施

(1) 按产品说明书进行组分料的配合比和先后顺序，进行搅拌，且应一次性混合，彻底搅拌，并按产品要求的喷涂时间在桶内搅拌。

(2) 对一桶组分涂料分次使用时，宜采用计量器具进行配合比计量。

(3) 应根据涂料品种、型号选用相对应的稀释剂，并按作业气温等条件选用合适比例的稀释剂。

3.1.9　防腐涂料超过混合使用寿命

1) 现象

非单组分涂料混合搅拌后，在产品超过混合使用寿命时仍在使用。

2) 原因分析

(1) 不清楚非单组分涂料在指定温度下混合后，有一个必须用完的期限。

(2) 不了解不同类型、品牌、生产厂家的非单组分涂料混合后的使用时间是有变化的，特别是在不同温度条件下施工是有不同的使用期限的。

(3) 涂料混合后虽过了时限但仍呈液态，错误地认为仍可继续使用。

3) 防治措施

(1) 严格按照产品说明书上混合使用寿命的时限进行涂装作业。

(2) 在非单组分涂料混合搅拌前，应了解施工环境的气温，以确定涂料混合搅拌量。

(3) 对超过产品使用说明书规定的混合使用时限的混合涂料，应停止使用。

3.1.10 防火涂料不合格

1）现象

(1) 防火涂料的耐火时间与设计要求不吻合。

(2) 防火涂料的型号(品种)改变或超过有效期。

(3) 防火涂料的产品检测报告不符合规定要求。

2）原因分析

(1) 不了解钢结构防火涂料的产品生产许可证应注明防火涂料的品种和技术性能，并由专业资质的检测机构检测并出具检测报告，而是简单地采用斜率直接推算出防火涂料的耐火时间。

(2) 不了解改变防火涂料的型号(品种)利用薄涂型替代厚涂型，即是用膨胀型替代了非膨胀型，而膨胀型防火涂料多为有机材料组成，我国尚未对其使用年限做出明确规定。

(3) 防火涂料施工中未注意有效期，堆放不妥，引起过期或结块等质量问题。

3）防治措施

(1) 钢结构防火涂料生产厂家应有防火涂料产品生产许可证，应注明品种和技术性能，并由专业资质的检测机构出具质量证明文件。

(2) 钢结构防火涂料不能简单地用斜率直接推算防火涂料的耐火时间。

(3) 根据实际要求，选用合适的防火涂料型号。

(4) 室内防火涂料因耐候性、耐水性较差，因此不能替代室外钢构件防火涂料。

(5) 防火涂料应妥善保管，按批使用；对超过有效期或开桶(开包)后存在结块、凝胶、结皮等现象的，应停止使用。

3.2 钢结构制作及质量控制

3.2.1 加工制作时工艺文件缺失

1）现象

加工制作工艺文件没有或不全，就进行构件下料和加工制作。

2）原因分析

(1) 认为操作工人技术高超，没有工艺文件按图也可施工。

(2) 认为过去有类似的构件加工制作经验，无需再有该构件的加工制作工艺。

3）防治措施

(1) 工艺文件是加工制作构件时的指南和标准，没有工艺文件或工艺文件简单、不全，很可能导致加工制作时盲目施工，造成返工或报废。

(2) 工艺文件一般应由有经验的技术人员按照设计总说明、施工图、施工详图，结合本公司的实际情况(施工技术水平、相应的设备等)按国家、行业或本公司的标准、规范的要求，制定出结合实际的施工工艺文件、施工指导书、工艺交底书，其内容包括如何施工、施工程序、各道工序及其检验要求，特别是构件的最后检验要求。

(3) 对刚进厂的工艺技术人员，可在有经验的本行业工艺技术人员、有经验技师的帮助下编写工艺文件，然后经有经验的技术人员、老技师的审查修改后，方可用于指导生产，以免引起不必要的损失。

3.2.2　放样下料未到位

1) 现象

放样下料未做好，影响下道切割、加工工序。

2) 原因分析

(1) 放样下料人员不知放样下料应做哪些工作，或不知道应做到什么深度。

(2) 工艺技术人员未向放样下料人员进行交底，或交底不够详细。

(3) 没有看清施工详图和工艺文件，就凭自己过去的"老经验"放样下料，从而出现不必要的失误。

3) 防治措施

(1) 要求工艺技术人员在放样下料前制定有针对性的工艺文件，并对放样下料人员做较透彻的书面和口头交底。没有工艺文件，放样下料人员有权拒绝施工，且应立即向负责的生产技术领导反映，要求有相应的工艺文件和进行详细交底。

(2) 放样下料人员应加强学习(实习)，尽快提高自己的技术水平和素质；操作前应仔细阅读、分析工艺文件和施工详图，有问题应与相关工艺技术人员仔细研究，共同解决。

(3) 放样下料人员在放样前应熟悉、掌握下列技术文件：

① 熟悉构件施工详图；

② 掌握构件施工工艺文件的焊接收缩余量和切割、端铣及现场施工所需要的余量；

③ 掌握构件加工成型后二次切割的余量；

④ 掌握构件的加工流程和加工工艺；

⑤ 掌握构件材质与使用钢板的规格。

(4) 放样下料人员应完成下列工作：

① 根据构件的施工详图进行 1∶1 放样；

② 核对构件所在位置与编号；

③ 核对节点部位的外形尺寸以及标高与相邻构件接合面是否一致；

④ 核对构件的断面尺寸及材质；

⑤ 核对构件的零件数量；

⑥ 绘制零件配套表和放样下料图；

⑦ 绘制加工检验样板的图纸。

(5)“下料”工作应将放样下料图上所示零件的外形尺寸、坡口的形式与尺寸、各种加工符号、质量检验线、工艺基准线等绘制在相应的型材或钢板上。

3.2.3 放样下料时用错材料

1) 现象

放样下料时用错材料。

2) 原因分析

(1) 粗心大意,看错图或写错钢号或尺寸,因而未按封口正确领料。

(2) 仓库管理人员粗心,发料错误。

3) 防治措施

(1) 仓库管理人员应有正确的材料台账,并根据领料人的要求严格发料,加强责任心。

(2) 放样下料人员领料时,应根据施工详图和工艺文件,严格按要求领取满足图纸、工艺的材质、厚度、长度和宽度要求的材料;若有 Z 向要求的钢板,应查阅超声波探伤合格的检查资料,并与仓库管理发料员核对是否正确,签字认可。

(3) 放样下料人员应按工艺规定的方向(构件主要受力方向和加工状况)进行下料。

(4) 若材料代用,应向工艺技术人员反映,然后由工艺技术人员向深化设计人员,再向原设计人员申请材料代用洽商,经原设计人员同意后,方可代用。

3.2.4 放样下料尺寸错误

1) 现象

手工下料时尺寸(长度、宽度)下错。

2) 原因分析

(1) 下料时粗心,未看清图纸和工艺文件的要求。

(2) 所用的量尺是未经检验合格的,因此当检验员用经验收合格的钢卷尺量取时,两者误差较大。

(3) 量取尺寸时,若因量尺端部不好用,为了准确量取时,扣掉了一定数量(一般为100 mm),而在读取尺寸时,忘记了已扣去部分要加上去。

3) 防治措施

(1) 加强责任心,严格按图纸和工艺文件的要求下料。

(2) 所用的量尺应经过检验合格,与计量合格的标准尺进行比对,在合格范围内的量尺方可允许使用;量取尺寸时,量尺应该拉紧。

(3) 量取尺寸时,若因卷尺端头部分量取不方便而扣掉时,应将此扣掉部分在读取尺寸时补上,以免出错。

3.2.5 放样下料时坡口方向画错

1）现象

放样下料时坡口方向画错。

2）原因分析

粗心大意，未看清图纸和工艺文件要求，下料时出错。

3）防治措施

(1) 看清施工详图和工艺文件后再下料，注意坡口的方向、角度、留根等，以防画错。

(2) 提高放样下料人员的责任心和素质。

3.2.6 切割有误

1）现象

切割后发现尺寸不对，坡口有误。

2）原因分析

切割人员未看清或不熟悉各种下料符号，即进行手控或手工切割(包括未留割刀缝宽度余量)而引起尺寸割错、形状割错或坡口割错(一般是坡口割反了方向，或角度太大或太小，或留根太多或太少)。

3）防治措施

(1) 切割人员应加强责任心，仔细看清各种下料符号后方可切割。

(2) 切割人员若不熟悉符号或有疑义，应虚心学习和请教，提高自己的技术水平。

(3) 切割时应讲究切割次序，以减少不必要的移位和换向，尽量采取相应措施，减少切割变形，从而也可减少矫正工作量和保证工期。

3.2.7 坡口切割不合格

1）现象

(1) 焊根大小相差甚远。

(2) 切割后边缘不成直线，对接时间隙有大有小。

2）原因分析

自动切割割嘴与钢板之间距离不等，切割风线里外不等，边缘成曲线。

3）防治措施

(1) 切割前钢板必须平整。

(2) 切割机轨道必须平直，发现不平整轨道必须更换，使用时轨道必须保管好。

(3) 小车直接在钢板上行走，切割小车必须有沿板边的导轮。

3.2.8 切割面不符合要求

1）现象

切割面平直度、线形度、光洁度等不符合要求。

2）原因分析

(1) 切割前，切割区域未清理或未清理干净。

(2) 切割时未根据钢材的厚度、切割设备、切割气体等要求和具体情况，选定合适的切割工艺参数。

(3) 切割工操作技术差。

3）防治措施

(1) 提高每个参与切割人员的技术水平，端正工作态度。

(2) 切割前，一定要将切割区域清理干净，使下料符号清晰地显露出来。

(3) 根据钢板的厚度，切割设备的性能、要求，以及切割用气体等来选择合适的工艺参数，如割嘴型号、气体压力、切割速度等。

(4) 当零件板厚较大，且强度等级较高时，可先进行火焰切割试验，以确认和选择合理的切割工艺参数和程序(如切割前先预热等)。

(5) 切割起始端，尽量利用钢板边缘，当从钢板中间部位热切割时，先热切割打孔，再从打孔处开始切割，并注意打孔部位离钢板边缘应有足够的距离。

(6) 应尽量采用自动或半自动切割机进行切割。

(7) 宽翼缘型钢和板厚 $t \leqslant 12$ mm 的零件，可采用机械切割，钢管及其相贯线和壁厚 $t \leqslant 12$ mm 的零件，可优先采用等离子切割，切割表面质量应达到规定要求。

3.2.9 机械切割不符合要求

1）现象

机械切割、剪切、锯切、边缘加工不符合要求，造成无法进行加工，甚至机械损坏。

2）原因分析

(1) 未看清剪切、冲孔机械设备的性能和使用须知，盲目施工。

(2) 一般机械剪切，厚度不宜大于 12 mm，超过 12 mm 会崩坏剪刀板，甚至毁坏剪床。

(3) 钢材在环境温度过低时进行剪切、冲孔会影响钢材性能，造成成型不好和裂缝。

3）防治措施

(1) 加强责任心，工作前应熟悉机械性能，钢材厚度超过 12 mm 不能使用剪床进行剪切。

(2) 碳素结构钢在环境温度低于零下 12 ℃时，低合金钢在环境温度低于零下 15 ℃时，不得进行剪切、冲孔。

(3) 钢板下料前,应送到七辊、九辊矫平机上矫平,要求每一平方米范围内不平度小于1 mm,以确保下料尺寸的精确度。

(4) 零件切割下料后,应打磨切割处,去除各种切割缺陷,然后将零件送去滚压矫平,这对消除切割时对钢板内应力的影响,提高整个组装工作精确度,减少内应力,有很大的作用。

3.2.10　孔壁毛刺未除尽,抗滑移系数不合格

1) 现象

孔壁毛刺未除尽,抗滑移系数不合格。

2) 原因分析

没有做到钻孔后必须清除毛刺,成品修理时漏掉此工序。

3) 防治措施

坚持工序质量控制,前工序(钻孔、铣刨等)必须在本工序清除完毛刺后交付下道工序。

3.2.11　孔壁附近失去粗糙度

1) 现象

孔壁附近在抛丸以后补磨毛刺,失去粗糙度。

2) 原因分析

抛丸前没有清除干净毛刺,在抛丸后补磨毛刺,磨去了粗糙度。

3) 防治措施

构件必须在清理完毛刺后才能进行抛丸,如发现磨光了摩擦面,必须再抛丸。

3.2.12　零部件表面打磨后仍不成平面

1) 现象

零部件打磨后仍不成平面。

2) 原因分析

手工切割边缘,再打磨仍不能成为平面。

3) 防治措施

坚决取消手工切割,除了角部机器不能够达到的地方外,全部采用自动机械切割。

3.2.13　矫正、冷加工质量差

1) 现象

冷矫正、冷成型时,在未知极限环境温度的情况下施工,引起钢材变形、变脆和开裂

等现象。

2）原因分析

机械矫正，即俗称的冷矫正，是在常温环境下，利用机械对零部件或构件施加外力进行的矫正。冷成型（即冷加工）是利用机械在常温环境下进行的零件加工成型。碳素结构钢环境温度低于−16 ℃，低合金结构钢环境温度低于−12 ℃时，仍然强行进行冷矫正、冷加工成型，就会出现钢材变脆、开裂等现象，完全达不到矫正和加工的要求。

3）防治措施

当环境温度低于−16 ℃（对碳素结构钢）或低于−12 ℃（对低合金结构钢）时，禁止对钢材进行冷矫正或冷加工。

3.2.14 热矫正、热加工达不到效果

1）现象

热矫正、热加工时，在未知可加热至何种温度或冷却至何种温度以下时仍继续施工，导致达不到矫正和加工的目的，甚至报废。

2）原因分析

用火焰加热矫正或火焰加热和机械联合矫正，俗称为热矫正，若加热温度过高，或当温度降低到某一值时，仍继续进行施工，不但达不到矫正的效果，反而会使钢材零部件受损甚至报废。

3）防治措施

(1) 当用火焰加热进行热矫正时，加热温度一般为 700～800 ℃，不应超过 900 ℃。冷却时，对于碳素结构钢，允许浇水使其快速冷却，可达到加快矫正速度的效果，但对厚度 $t>30$ mm 的厚板不宜浇水冷却；对低合金结构钢，绝不能浇水冷却（并需防止雨淋），应让构件在环境中自然冷却。

(2) 构件同一区域加温不宜超过两次。

(3) 当零件采用热加工成型时，应根据材料的含碳量选择不同的加热温度，一般控制在 900～1 100 ℃（根据需要，也可加热至 1 100～1 300 ℃），当温度下降，碳素结构钢在降到 700 ℃时，低合金结构钢在降到 800 ℃时，应结束加工。低于 200～400 ℃时，严禁锤打、弯曲或成型。

(4) 对弯曲加工应按冷热加工时的环境温度、加工温度和加工机械的性能特性等要求进行施工，以免引起不必要的误差和问题。

3.2.15 制孔质量差

1）现象

制孔时未按要求执行，导致孔本身的精度达不到要求，孔距与图纸不符。

2）原因分析

构件上的高强度螺栓、普通螺栓、钢筋穿孔、铆钉孔等的加工，可用钻孔、铣孔、铰孔、冲孔、火焰切割等方法。对不同的加工方法，均应掌握其制孔的要求和方法的特征。另外，钻孔时要根据合理的基准线（面）进行，否则就会使加工的孔达不到要求。

3）防治措施

(1) 加工方法：

① 优先选用高精度数控钻床制孔；

② 孔很少时，个别孔或孔群可采用画线钻孔；

③ 同类孔群较多的构件或零件可采用制孔模板加工；

④ 长圆孔可采用钻孔加火焰切割法或铣孔法加工，其切割面需经打磨至符合要求；

⑤ 当孔径大于 50 mm，且无配合要求时，可采用火焰切割，切割面的粗糙度 R_0 不应大于 100 μm，孔径误差不大于±2 mm；

⑥ 对 Q235 及以下的钢材，且厚度 $t\leqslant 12$ mm 时，允许用冲孔法加工，但需制定详尽的施工文件，并保证冲孔后，孔壁边缘材质不会引起脆性变化。

(2) 当用制孔模板加工时，应达到以下要求：

① 模板的孔精度应高于构件上孔样的精度要求；

② 制孔模板上要有精确的定位基准线；

③ 制孔时模板与构件应有精确定位和牢靠的锁定连接措施；

④ 模板上孔洞内壁应具备足够的硬度（可用精致的套筒配合套入），要求定期检查其磨损状况，并及时修正。

(3) 构件制孔时，要确定好合理的基准线（面）。

(4) 制孔后还需进行组装焊接的构件，应考虑焊缝收缩变形对孔群位置的影响。

(5) 严格按制孔要求，对孔精度、孔壁表面粗糙度、孔径偏差等进行加工和检查验收。

3.2.16　组装出错

1）现象

零部件错装，或零件组装出错。

2）原因分析

(1) 对图纸和工艺文件的要求未看清即盲目操作。

(2) 对构件的零部件未经检验或检验不彻底，漏检，零部件有问题，却仍然组装。

(3) 装配画线时位置出错，或方向画错（如首尾或左右倒置）。

(4) 装配组装时位置出错，或方向装错（如首尾或左右倒置）。

(5) 采用地样法胎架，地面上的线画得不对，胎架刚性不够，构件压上去后变形过大，模板高低不对，位置吊错。

(6) 装焊时，由于结构复杂，位置限制，无法一次组装成功，特别是结构内部的加强劲板和相应零部件，有时需装配 1 块，焊接 1 块，检查合格后再装焊第 2 块，这种“逐步倒退装焊法”必须严格按顺序进行，否则后续的零部件将无法装焊。

3）防治措施

（1）在构件组装前，应熟悉施工详图和工艺文件的要求。

（2）用于组装工作的零部件，必须完成焊接、矫正结束并经检验合格。

（3）构件组装应在基础牢固且自身牢固，并经检验合格的胎架或专用工装设备上进行。

（4）用于构件组装的胎架基准面，或专用工装设备上，应标有明显的该构件的中心线（轴心线）、端面位置线和其他基准线、标高位置等。

（5）构件的隐蔽部位应在焊接、涂装前检查合格，方可封闭。

（6）定位焊应由持相应合格焊接证件的人员进行。

（7）构件或部件的端面加工前，应焊接完成并矫正结束，经专职检查员检查合格后方可进行端铣，以确保施工工艺要求的长度、宽度或高度。

（8）为了确保构件的加工精度，首先必须确保零部件的加工精度，最后才能确保整个工程的质量。

3.2.17 焊接 H 型钢构件组装质量差

1）现象

上、下翼缘板角变形；H 型钢弯曲，不平直，扭曲。

2）原因分析

（1）上、下翼缘板与腹板焊接引起翼缘板角变形。

（2）腹板装配时不平直，板面弯曲，与上、下翼缘板角连接处边缘不平直。

（3）焊接工艺程序不正确。

3）防治措施

（1）钢板下料前应先送到七辊、九辊矫平机去整平，达到在每一平方米范围内不平度小于 1 mm。

（2）零件下料应采用精密切割；切割好后也应送去做二次矫平，然后再组装。

（3）上、下翼缘板与腹板均应采用数控直条切割机切割，切割时注意留焊接收缩余量、加工余量、切割余量等；切割后，对切割边缘均应修磨干净至合格。

（4）腹板下料后，对腹板上、下两个端侧面（与翼缘交接处）进行刨切加工，包括坡口，以保证平直度（与翼缘板可紧贴）和 H 型钢的高度。

（5）上、下翼缘板，按施工工艺根据不同板厚、不同焊接方法，用油压机焊接反变形，并用精确的铁皮样板检验其反变形角度。

（6）在 H 型钢组立机上进行组立，定位焊，为防止角变形，在后矫正的一边可设置斜撑。

（7）在船形胎架上用埋孤自动焊机进行焊接，其焊接顺序可根据其作用而有所不同，并辅以适当翻身焊接，以减少变形。焊后超声波检测，对于超过一定厚度的板焊接时，应按工艺要求进行预热(温度由板厚定),一般可用远红外加热器贴在翼缘板外进行预热。

(8) 在H型钢矫正机上进行上、下翼缘板的角变形矫正以及弯曲、挠度及腹板平直度矫正,并可用局部火工矫正。

(9) 以上面一端为标准,画H型钢腹板两侧的加劲板、连接板的位置线并进行装焊;注意在同一横截面两侧加劲板的中心线应对好位,误差应在范围之内;焊接时可对称施焊,以减少变形;焊后进行火工局部矫正。

(10) 以上面标准为基准,画出另一端长度余量线及相应螺栓孔位置,切割去余量,并在数控钻床上钻孔。

(11) 检查验收合格后,按要求进行喷砂、油漆并检测。

3.2.18 焊接箱形构件组装质量差

1) 现象

箱形构件弯曲,不平直,扭曲;装焊程序不当,其内隔板可能无法装焊。

2) 原因分析

(1) 零件板(上、下翼缘板,两侧板等)下料前后未矫平,装配时不平直,出现弯曲。

(2) 焊接工艺程序及焊接参数不当。

3) 防治措施

(1) 钢板下料前,应先送至七辊、九辊矫平机去整平,达到在每一平方米范围内不平度小于1 mm,零件下料切割好后,先要送去做二次矫平后才能组装。

(2) 零件下料应采用精密切割,规则直条零件,如上、下翼缘板和两侧腹板,应采用数控直条机进行切割下料;非规则零件用数控切割机切割下料(包括用数控等离子切割机)。

(3) 材料下料时,均应考虑零件将来参与组装时的各种预留余量(如焊接收缩余量、加工余量、切割余量、火工矫正余量和安装余量等);下料后,对切割边缘应修磨干净至合格。

(4) 两侧腹板切割下料后,宜刨切上、下两个端侧面(与翼缘交接处),包括坡口,以保证其平直度。然后在上、下两个端侧面坡口处装焊好焊接衬垫板,衬垫板应先矫平直,装配时应保证此两块衬垫板至腹板高度中心线的距离相等,且等于箱形构件高度H和上、下翼缘厚度t之和的一半,以确保箱形构件的总高,且保证能贴紧上、下翼缘板以及两侧焊缝坡口间隙相等。

(5) 对内隔板及箱体两端的工艺隔板宜按工艺要求进行切割、开坡口(精密切割或机械加工),对隔板电渣焊处的夹板垫板,应由机械加工而成,然后在专用隔板组装平台上用工夹具按要求装焊好,以控制箱体两端截面和保证电渣焊操作。

(6) 在箱形构件组立机上组装:

① 吊底板→底板上画线→吊装内隔板(包括箱体两端的工艺隔板),定位→吊装两侧板,定位,成“U形箱体”。

② 将组装好的U形箱体吊至焊接平台上，进行横隔板、工艺隔板与腹板和下翼缘板间的焊接，对工艺隔板只需进行三面角焊缝围焊即可；对于横隔板与2块腹板的焊透角焊缝，采用CO_2气保焊进行对称焊接，板厚≥36 mm时，还应先进行预热；横隔板焊接时，若用衬垫板，则单面焊透，若开双面坡口，一面焊后，另一面还应进行清根处理，焊后局部火工矫正，并进行100%UT探伤检查。

③ 然后将U形箱体吊回组立机上，吊装上盖板，用组立机上的液压油泵将盖板与两侧板、内隔板相互紧贴，并将两侧板与盖板定位、矫正。

④ 焊接上、下翼缘板和两侧腹板的4条纵缝，可用CO_2自动焊打底焊(焊高不超过焊缝深度的1/3)，采用埋弧自动焊盖面；采用对称施焊法，可控制焊接引起的变形(包括扭曲变形)，焊后再进行局部火工矫正。

⑤ 进行横隔板与盖板间的电渣焊，先画位置线，再钻孔，然后进行电渣焊，焊后将焊缝收口处修磨平整。

⑥ 检查并对箱体变形处(如直线度、局部平整度、侧弯等)进行局部火工矫正。

(7) 采用端面铣床对箱体上、下端面进行机加工，使端面与箱体中心线垂直，以保证箱体的长度尺寸，并给钻孔提供精确的基准面，可有效地保证钻孔精度。

(8) 箱体中心线及托座安装定位线，然后在专用组装平台上装焊托座；采用CO_2半自动焊进行对称焊接，严格控制托座的相对位置和垂直度(角度)以及高强度螺栓孔群与箱体中心线的距离。

(9) 检查、涂装、标识和存放待运。

3.2.19 日字形钢构件组装质量缺陷

1) 现象

典型日字形钢构件，弯曲，不平直，扭曲；装焊程序不当，引起箱体内某些零部件无法装焊。

2) 原因分析

(1) 零件板(上、下翼缘板及3块腹板)下料前后未矫平，装配时不平直，出现弯曲。

(2) 焊接工艺程序及焊接参数(规范)不当。

3) 防治措施

(1) 钢板下料前宜先送到七辊、九辊轧辊机上去轧平整，特厚板可采用油压机(如2 000 t油压机)压平整，零件下料后也要进行二次矫平。

(2) 零件下料宜采用精密切割，规则直条板应用数控直条机进行切割下料，非规则零件板用数控切割机进行切割下料。

(3) 零件下料时，应按施工工艺施放各种预留余量；下料后，对切割边缘应修磨干净至合格。

(4) 侧板切割下料后，宜刨切上、下两个端侧面(与翼缘板角接处)，包括坡口，以保证平直度和箱体高度。

(5) 对内隔板及工艺隔板，按工艺要求进行精密切割，开坡口，并在专用隔板组装平台上，用工夹具将电渣焊用的夹板垫板定位装焊好并验收。

(6) 在组立机上进行组装：

① 将中间腹板与上、下翼缘板组装成H形，定位焊好(由于翼缘板较宽，为防止焊接时产生过大的角变形，应适当设置局部斜支撑)，然后进行预热，在龙门埋弧焊机下进行焊接成H形，并进行矫正，特别是翼缘板的平直度。

② 装焊中间腹板两旁的内隔板(采用CO_2气保焊进行三面围焊)焊后局部矫正。

③ 将两侧腹板先定位装好坡口处衬垫板，要求平直并严格控制此两块衬垫板与腹板中心线的半宽距，以确保"日字形"的高度及与翼板两板焊缝间隙宽度一致，然后将此两块外侧腹板定位焊于上、下翼缘板之间。

④ 进行箱体外4条纵缝的焊接；CO_2打底焊，埋弧自动焊盖面，采用对称施焊，以控制焊接变形。

⑤ 隔板电渣焊，然后修磨平整。

⑥ 对箱体的直线度、平整度及旁弯等进行火焰矫正。

(7) 端铣箱体两端面。

(8) 画线并装焊托座，检验合格，涂装、标识和存放待运。

3.2.20　目字形构件组装质量缺陷

1) 现象

典型目字形构件弯曲，不平直，扭曲；装焊程序不当，引起箱体内某些零部件无法装焊。

2) 原因分析

(1) 零件板(上、下翼缘板及4块腹板)下料前后未矫平，装配时不平直，产生弯曲。

(2) 焊接工艺程序及焊接参数(规范)不当。

3) 防治措施

(1) 钢板下料前宜先送到七辊、九辊轧辊机上去轧平整，特厚板可用压机(如2 000 t油压机)压平整，零件下料后也要进行二次矫平。

(2) 零件下料宜采用精密切割，规则直条板应用数控直条机切割下料，非规则零件板用数控切割机切割下料。

(3) 零件下料时，应按工艺要求施放各种预留余量；零件切割下料后，应对切割边缘进行打磨修补。

(4) 4块侧板的上、下端侧面，在切割下料后，宜进行刨切(包括坡口)，以保证平直度和箱体构件的高度。

(5) 对内隔板及工艺隔板也应按工艺要求进行精密切割，开坡口，并在专用隔板组装平台上，用工夹具将电渣焊用的夹板衬垫板定位装焊好，并进行验收。

(6) 在组立机上进行组装：

① 吊装两块中间腹板之间的内隔板，并与先定位的下翼缘板定位焊好；

② 吊装中间两块腹板；

③ 进行中间内隔板的三面围焊，焊后局部矫正；

④ 吊装上翼缘板，要求此上盖板应与两中间腹板贴紧定位焊好；并要求上盖板(已开好与中间内隔板第四面的塞焊孔)与中间内隔板贴紧，再进行上盖板与内隔板间的塞焊，检查并修磨；

⑤ 焊接上、下翼缘板与中间两块腹板的 4 条纵缝，用 CO_2 气体焊或埋弧自动焊施焊，焊后局部矫正；

⑥ 再定位焊好两侧的内横隔板，并进行与上、下翼缘板及中间腹板处的三面围焊，焊后局部矫正；

⑦ 吊装两侧外腹板，注意外腹板上、下两端坡口处的平直度、焊缝衬垫板的平直度和到腹板中心线的半宽值，以确保目字形构件箱体的高度；

⑧ 进行外侧的 4 条纵缝的焊接；CO_2 焊打底，埋弧自动焊盖面，进行对称施焊，以控制焊接变形；

⑨ 外侧内隔板电渣焊，并修磨平整；

⑩ 对箱体的直线度、平整度及旁弯进行火焰矫正。

(7) 端铣箱体两端面。

(8) 画线并装焊托座，检验合格，涂装、标识和存放待运。

3.2.21 圆管形构件组装质量缺陷

1) 现象

圆管形构件弯曲、不圆度超差；对接口错边、接口不平顺；用压机压圆成型，造成钢板表面压痕严重，且压制应力过大，不能压整圆(成型圆度不对)。

2) 原因分析

零件下料切割未达到要求；压机压圆成型不好。

3) 防治措施

(1) 零件下料切割应采用精密切割，以确保外形尺寸。

(2) 筒体板两端用压机(压模)进行压头，并用内圆样板检验其成型圆度，然后割除余量开好纵缝坡口。

(3) 送卷圆机轧卷全圆成形。

(4) 筒体装配要保证纵缝接口平顺。

(5) 内外纵缝均可用埋弧自动焊接，一般应先内焊，然后外侧清根后进行外焊接。

(6) 送卷圆机回轧矫正圆度。

(7) 组装内部隔板，可在滚轮胎架上施焊，若无滚轮胎架，可将筒体置于胎架上，用 CO_2 气体保护焊焊好一部分后，旋转筒体，再进行另一部分焊接，直至焊完。

(8) 筒体段节间对接，焊接环缝。

(9) 筒体上、下端面进行端铣。

(10) 画线并装焊托座，以确保与筒体的垂直度或相对位置。

3.2.22　特殊巨型柱组装质量缺陷

1) 现象

特殊巨型柱弯曲，不平直。

2) 原因分析

(1) 零件板下料前、后未矫平，装配时不平直，出现弯曲。

(2) 焊接工艺程序不当，造成内部有零件无法装焊；焊接参数(规范)不当，造成焊缝质量差、内应力过大、变形大等问题。

3) 防治措施

(1) 钢板下料前，应送到七辊、九辊矫平机上去进行轧平，达到每一平方米范围内小于1 mm的不平度，若钢板过厚，可用油压机进行压平(例如2 000 t油压机压平)。

(2) 零件下料，应用精密切割，切割后对切割边缘打磨干净。

(3) 先按H型钢成型、焊接、矫正和验收待用。

(4) 将截面分成两部分，分别进行装焊、矫正和验收，在胎架上预组装在一起，送去端铣，然后再在胎架上合龙，画线装焊托座、栓钉，分段间连接板安装、检测，分放编号，拆开，抛丸发运。

(5) 由于构件过大、过重，无法整体装焊后发运，因此要分成两部分，在场内制作时，可将此两部分先拼装在一起，待装好托座后再拆开，相当于应在场内进行预拼装，否则运到现场吊装时误差过大，甚至无法吊装。

(6) 在每个流程后，均需进行检查及火工矫正。

3.2.23　焊接H型钢翼缘板边缘不规则

1) 现象

焊接H型钢翼缘板边缘不规则。

2) 原因分析

采购的扁钢，轧制时没有立辊。

3) 防治措施

应注意采购边缘有立辊的轧机轧制的扁钢，四角的 r 应小于等于2.0 mm。

3.2.24　焊接H型钢腹板不对中和弯曲

1) 现象

焊接H型钢腹板不对中，且出现弯曲。

2）原因分析

组装前腹板弯曲未曾矫平。

3）防治措施

组装前腹板以及其他零件都应矫平校直。

3.2.25 焊后腹板起凸

1）现象

焊后腹板起凸严重。

2）原因分析

原来零件状态时腹板不平；焊接时约束度大，腹板受压，应力无法释放。

3）防治措施

(1) 如腹板是开平板，则必须经平板机整平后方可投入使用。

(2) 采用减少焊缝收缩应力的措施，如使用 CO_2 气体自动焊，快速焊接等。

(3) 如已经发生腹板不平，只能在每一格内压平，同时用火焰矫正。

3.2.26 端板凹陷

1）现象

端板凹陷。

2）原因分析

组装前 H 型钢端面不平，腹板与端板焊缝大。

3）防治措施

(1) 组装前，H 型钢端部应平齐，应用机械切割，达到同一平面，组装时间隙不大于 1 mm。

(2) 腹板与端板的焊脚应为腹板厚度的 0.7。

(3) 已经变形的，用火焰矫正，在端板上施焊时应外侧烤红，使端板达到四边用平尺都能达到的 1 mm 平度内。

3.2.27 端板压弯

1）现象

端板压弯。

2）原因分析

端板单面焊接，焊缝收缩。

3）防治措施

在端板外平面上施焊时应用火焰校正，或适当加外力。

3.2.28　大梁下挠或起拱不足

1）现象

大梁下挠或起拱不足。

2）原因分析

上翼缘焊缝较大且多；焊接次序不正确；未采用起拱措施，或起拱度太小。

3）防治措施

（1）在组装前，腹板起拱应视构件情况及挠度大小，可以多点起拱或中央起拱。

（2）采用先焊下翼缘后焊上翼缘的焊接顺序。

（3）如 H 型钢断面较低时，可以校正，如冷校正困难时，可以加外力同时热校正。

3.2.29　表面漆膜损伤

1）现象

表面漆膜损伤，没有一个构件是保持完整的。

2）原因分析

（1）涂布过程中反复翻身，造成破坏。

（2）吊运过程中被夹具或钢丝绳勒坏。

（3）堆放过程中没有用软垫，直接堆放或与地面等接触。

3）防治措施

（1）构件涂布时，必须架空 1 m 以上，在喷涂中不得翻动上下喷涂，待完全干燥后用尼龙带吊下，放置在木板上，构件间不得直接接触。

（2）补漆过程必须用砂子打磨，露出金属表面，然后按正式涂布程序，从底漆、中间漆、面漆，逐层干燥后涂布，达到同样的漆膜厚度。

3.2.30　钢桁架焊后收缩

1）现象

钢桁架焊后收缩，负差超标。

2）原因分析

工艺没有规定组装时的预加收缩量；装配后未按工艺预放尺寸检查合格。

3）防治措施

（1）编制工艺时必须规定组装时应留出焊接收缩余量。

(2) 放胎、组装都应按工艺规定放出余量。

(3) 装配工序是必检工序,未经检查合格,不得施焊。

(4) 预放的余量,因工件断面、焊缝大小及焊接规范不同,要根据经验确定,如不能确定,还需做工艺试验。

3.2.31 檩托变形

1) 现象

檩托变形。

2) 原因分析

T字形的檩托很小,数量很多,工艺上没有规定则先小装焊,校平以后再大装,在大装以后一次焊接造成变形,很难校正。

3) 防治措施

必须小装焊,校正以后不能装到上弦翼缘。

3.2.32 箱形断面构件焊接后断面尺寸负差超差、扭转

1) 现象

箱形断面构件,焊接后发现断面尺寸负差超差,扭转呈菱形。

2) 原因分析

腹板下料及加劲板尺寸不正确;加劲板间距太大;焊接或组装平台不平。

3) 防治措施

(1) 严格控制腹板、翼板下料宽度。

(2) 腹板切割坡口时必须两侧对称切割,防止形成平面内弯曲。

(3) 隔板必须加工、组装精确,不得有负差或菱形出现。

(4) 隔板之间每1～1.5 m应有抗扭加劲的工艺板。

(5) 组装和焊接的平台,必须找平不得扭曲。

(6) 主缝焊接必须两侧同时进行,且同向焊接。

3.2.33 漆膜附着不好或脱落

1) 现象

漆膜附着不好或脱落。

2) 原因分析

基底有水、油污、尘土、返锈;涂布时温度过低;所采用涂料之间不相匹配。

3) 防治措施

(1) 喷涂现场必须在温度+5 ℃以上,温度露点差3 ℃以上,周围相对湿度低于85%

时方可涂布。

(2) 除锈后必须在 6 h 内喷涂底漆，以保证不返锈。

(3) 喷涂现场应清洁，不得在构件表面存留污物或油污，有油污处必须用稀料或汽油清洗干净。

(4) 所用各层涂料，必须配制合适，必要时应进行工艺试验。

(5) 在露天喷涂时，刮风扬沙天气应停止作业。

3.2.34　构件表面磕碰损伤

1) 现象

构件表面磕碰损伤。

2) 原因分析

吊运、翻身时互相碰撞；工作胎架老旧，表面有焊疤，工件放置或翻身时造成伤痕。

3) 防治措施

(1) 文明施工，防止碰撞。

(2) 工作凳子表面要及时清理，不应有焊疤等不平整现象。

(3) 伤痕深度不超过 1 mm 时打磨，超过 1 mm 时，补焊磨平。

3.2.35　孔位偏差超标

1) 现象

孔位偏差超差。

2) 原因分析

画线误差，钻孔偏差；钻模未夹紧，钻孔时松动；定位基准未找准；数据输入错误。

3) 防治措施

(1) 加强钻孔前的检查，如人工画线应打上样冲，明辨画线和钻孔工序的责任等。

(2) 批量生产时，应强调首件检查。

(3) 工艺中应对有具体要求的零件注明对准的基准边。

(4) 数据机床的输入程序，应经审查无误后方可投入使用。

(5) 当孔位偏差小于 2 mm 时，可以把该组孔眼扩大 2 mm；当孔位偏差大于 2 mm 时，必须堵焊、磨平，重新钻孔。堵焊时必须焊透，不得塞垫钢筋等物体，必要时进行超声波检查。

3.2.36　梁支座端高度超差

1) 现象

梁支座端高度超差。

2）原因分析

支座板下端未刨光；组装时未控制高度尺寸。

3）防治措施

（1）支座端部应按图纸加工刨平。

（2）组装时控制高度尺寸。

3.3 钢结构精确测量及质量控制

3.3.1 控制网闭合差超过允许值

1）现象

地面控制网中测距超过 1/250 000，测角中误差大于 2″，竖向传递点与地面控制网点不重合。

2）原因分析

按结构平面选择测量方法；平面轴线控制点的竖向传递方法有误。

3）防治措施

（1）控制网定位方法应根据结构平面而定：

① 矩形建筑物定位，宜选用直角坐标法；任意形状建筑物定位，宜选用极坐标法。

② 平面控制点距离测点较长，量距困难或不便量距时，宜选用角度（方向）交汇法。

③ 平面控制点距测点距离不超过所用钢尺的全长，且场地量距条件较好时，宜选用距离交汇法。

④ 使用光电测距仪、全站仪定位时，宜选极坐标法。

⑤ 当超高层钢结构大于或等于 400 m 高度时，附加 GPS 做复核。

（2）根据结构平面特点及经验选择控制网点。有地下室的建筑物，开始可用外控法，即在槽边±0.00 处建立控制网点，当地下室达到±0.00 后，可将外围点引到内部，即内控法。

（3）无论内控法或外控法，必须将测量结果进行严密平差，计算点位坐标，按设计坐标进行修正，以达到控制网测距相对中误差小于 1/250 000，测角中误差小于 2″。

（4）基准点处预埋 100 mm×100 mm 钢板，必须用钢针划十字线定点，线宽 0.2 mm，并在交点上打样冲点，钢板以外的混凝土面上放出十字延长线。

（5）竖向传递必须与地面控制网点重合，做法如下：

① 控制点竖向传递，采用内控法，投点仪器选用全站仪、激光铅垂仪、光学铅垂仪等。

② 根据仪器的精度情况，可定出一次测得高度，如用全站仪、激光铅垂仪、光学铅垂仪，在 100 m 范围内竖向投测黏度较高，当高层采用附着塔吊、附着外爬塔吊、内爬塔吊时，其竖向传递点宜在 80 m 以内。

③ 定出基准点控制网，其全楼层面的投点，必须从基准控制点引投到所需楼层上，严禁使用下一楼层的定位轴线。

(6) 经复测发现地面控制网中测距超过1/250 000，测角中误差大于2″，竖向传递点与地面控制网点不重合时，必须经测量专业人员找出原因，重新放线定出基准控制网点。

3.3.2　楼层轴线误差

1) 现象

楼层纵横轴线超过允许值。

2) 原因分析

(1) 现场环境、楼层高度与测设方法不相适应。

(2) 激光仪或弯管镜头经纬仪操作有误，或受外力振动等，造成标准点发生偏移。

(3) 受雾天、阴天、阳光照射等天气影响。

(4) 放线太粗心，钢尺、激光仪、经纬仪、全站仪等未进行周期检测。

(5) 钢结构本身受外力振动，标准点发生偏移。

3) 防治措施

(1) 高层和超高层钢结构测设，根据现场情况可采用外控法和内控法；外控法适用于现场较宽大，高度在100 m以内；内控法适用于现场宽大，高度超过100 m。

(2) 利用激光仪发射的激光点标准点，应每次转动90°，并在目标上测4个激光点，其相交点即为正确点；除标准点外的其他各点，可用方格网法或极坐标法进行复核。

(3) 测放工作应考虑塔吊、作业环境与气候的影响。

(4) 对与结构自振周期一起的结构振动，可以取其平均值。

(5) 钢尺要统一，使用前要进行温度、拉力、挠度校正，宜采用全站仪。

(6) 在钢结构上放线应采用钢划针，线宽一般为0.2 mm。

3.4　钢结构焊接及质量控制

3.4.1　焊接变形、收缩

1) 现象

钢结构构件在制造安装焊接过程中会产生纵、横向收缩，角变形及弯扭等现象。

2) 原因分析

(1) 焊接时构件受到不均匀的局部加热和冷却是产生焊接变形和应力的主要原因。

(2) 焊缝金属在焊接热循环作用下会产生相变，而相变组织的改变导致焊缝金属的体积变动，从而引起应力、应变。

(3) 不同的焊接接头形式，使熔池内熔化金属的散热条件有所差别，从而导致焊缝中处于不同位置的熔化金属随熔池冷却所产生的收缩量不同，最终导致应力、应变的产生。

(4) 构件的刚性及构件焊前所经历的冷加工工艺等对焊接应力、应变的产生和其量值的大小有较大的影响。

3) 预防措施

(1) 合理安排焊缝布局和接头形式，如尽量使焊缝对称分布，减少焊缝尺寸和数量。

(2) 优先选用焊接能量密度高的焊接工艺方法，如埋弧焊或气体保护焊等。

(3) 采用反变形或刚性固定方式进行组装。

(4) 采用合理的焊接工艺参数，减少热输入量。

(5) 采用合理的焊接顺序，尽可能采用对称位置焊接，对长焊缝可采用分段退焊、跳焊等工艺。

(6) 在焊接过程中，可采用强迫冷却以限制和缩小焊接受热面积，或采用锤击方法减少产生变形的应力。

(7) 对于厚板大跨度或多层钢结构，为消除由于收缩变形所产生的累积误差，可根据试验结果或经验，采用补偿方法进行修正。表 3－3 中给出了不同板厚和构造形式钢结构构件的焊接收缩量值。

表 3－3　钢构件焊接收缩量

<table>
<tr><th>结构类型</th><th colspan="2">焊接特征和板厚</th><th>焊接收缩量</th></tr>
<tr><td>钢板对接</td><td colspan="2">各种板厚</td><td>长度方向：0.7 mm/m；宽度方向：1.0 mm/每个接口</td></tr>
<tr><td rowspan="3">实腹结构及焊接 H 型钢</td><td colspan="2">断面高≤1 000 mm
板厚≤25 mm</td><td>4 条纵向焊缝 0.6 mm/m，焊透梁高收缩 1.0 mm，每对加劲焊缝，梁的长度收缩 0.3 mm</td></tr>
<tr><td colspan="2">断面高≤1 000 mm
板厚>25 mm</td><td>4 条纵向焊缝 1.4 mm/m，焊透梁高收缩 1.0 mm，每对加劲焊缝，梁的长度收缩 0.7 mm</td></tr>
<tr><td colspan="2">断面高>1 000 mm 的
各种板厚</td><td>4 条纵向焊缝 0.2 mm/m，焊透梁高收缩 1.0 mm，每对加劲焊缝，梁的长度收缩 0.5 mm</td></tr>
<tr><td rowspan="2">格构式结构</td><td colspan="2">屋架、托架、支架
等轻型桁架</td><td>接头焊缝每个对接口 1.0 mm，搭接贴角焊缝 0.5 mm/m</td></tr>
<tr><td colspan="2">实腹柱及重型桁架</td><td>搭接贴角焊缝 0.25 mm/m</td></tr>
<tr><td rowspan="2">圆筒形结构</td><td colspan="2">板厚≤16 mm</td><td>直焊缝每个接口周长 1.0 mm；环焊缝每个接口周长 1.0 mm</td></tr>
<tr><td colspan="2">板厚>16 mm</td><td>直焊缝每个接口周长 2.0 mm；环焊缝每个接口周长 2.0 mm</td></tr>
<tr><td rowspan="2">焊接球节点钢网格结构</td><td rowspan="2">钢管厚度</td><td>≤6 mm</td><td>每端焊缝放 1～1.5 mm(参考值)</td></tr>
<tr><td>≥8 mm</td><td>每端焊缝放 1～2.0 mm(参考值)</td></tr>
</table>

4) 治理方法

对于因工艺和措施不当，已造成变形的构件可采用机械或加热方法对变形部位进行矫正。

(1) 机械方法

① 静力加压法:对构件变形部位施以与其变形方向相反的作用力,使之产生塑性变形,以达到矫正目的。

② 薄板焊缝滚压法:对产生变形的焊缝采用窄滚轮滚压焊缝及附近区域,使之产生沿焊缝长度方向的塑性变形,以降低或消除焊接变形。

③ 锤击法:采用机械或电磁锤击法使材料产生塑性延伸,补偿焊接所造成的收缩变形;与机械锤击法相比,电磁脉冲矫正法对构件施加的矫正力相对均匀,对其表面所造成的伤害较小,适用于导电系数较高的材料,如铝、铜等。

(2) 加热法

① 整体加热法:预先将变形部位用刚性夹具复原到设计形状后,对整体构件进行均匀加热,达到消除焊接变形的目的;

② 局部加热法:多采用火焰对构件局部加热,在高温下材料的热膨胀受到构件自身的刚性约束,产生局部的压缩变形,冷却后收缩,抵消焊后在该部位的伸长变形,达到矫正目的。

当采用加热方法进行构件变形矫正时,应注意加热温度,一般低碳钢或低合金钢的加热温度应为 600～800 ℃,不能过高,以防因金属过烧而氧化,导致物理性能发生变化。

3.4.2 焊接裂纹

1) 现象

由于工艺或选材不当在焊缝或热影响区附近产生裂纹。

2) 原因分析

按裂纹产生的机理划分可分为五大类:既热裂纹、再热裂纹、冷裂纹、层状撕裂及应力腐蚀裂纹,但在一般钢结构焊接工程中常见的裂纹种类有:热裂纹,也叫结晶裂纹;冷裂纹,也叫延迟裂纹及层状撕裂。

(1) 热裂纹

热裂纹的基本特征是在焊缝的冷却过程中产生,温度较高,通常在固相线附近。沿晶开裂,裂纹断口有氧化色彩,多位于焊缝中沿纵轴方向分布,少量在热影响区。其产生的主要原因是钢材或焊材中的硫、磷杂质与钢形成多种脆、硬的低熔点共晶物,在焊缝的冷却过程中,最后凝固的低熔点共晶物处于受拉状态,极易开裂。

(2) 冷裂纹

对于钢结构工程中常用的低碳钢和低、中合金钢,由焊接而产生的冷裂纹又称延迟裂纹。这种裂纹通常在 200 ℃至室温范围内产生,有延迟特征,焊后几分钟至几天出现,往往沿晶启裂,穿晶扩展。大多数出现在焊缝热影响区焊趾、焊根、焊道下,少量发生于大厚度多层焊焊缝的上部。其产生的主要原因与钢材的选择、结构的设计、焊接材料的储存与应用及焊接工艺有密切的关系。

其主要特征为当焊接温度冷却到 400 ℃以下时,在一些板材厚度比较大,杂质含量较高，特别是硫含量较高，且具有较强沿板材轧制平行方向偏析的低合金高强钢，当其在焊接过程中受到垂直于厚度方向的作用力时，会产生沿轧制方向呈阶梯状的裂纹。裂纹断口有明显的木纹特征，断口平台上分布有夹杂物，多发生于热影响区附近或板材厚度方向的中间位置。

3）预防措施

（1）热裂纹

① 对于一般钢结构工程常用的低碳钢或低合金钢，以及与之相匹配的焊接材料，要严格控制硫、磷含量，特别是对那些为了提高低温冲击韧性，而在其中加入镍元素的钢材或焊材，对于硫、磷有害元素的控制应更加严格，以避免低熔点共晶物的形成。

② 充分预热；控制线能量；控制焊缝的成型系数；减少熔合比，即减少母材对焊接金属的稀释率；降低拘束度。线能量的控制应以采用较小的焊接电流和焊接速度来实现，而不能采用提高焊接速度的方法；焊缝的成型系数是指焊缝的熔宽与熔深之比，在实际工程中应尽量避免形成熔宽较窄而熔深较大即成型系数过小的焊缝。

（2）冷裂纹

① 控制组织的硬化倾向：在设计选材时，应在保证材料综合性能的前提下，尽量选择碳当量较低的母材。当母材已经确定无法变更时，为限制组织的硬化程度，唯一的途径就是通过调整焊接工艺条件，最终达到控制淬硬组织和热脆组织的目的。其方法主要有两种，首先是选择合适的线能量，以获取最佳的 $8t/5$ 和 $100t$，以避免由于冷却速度过快产生马氏体组织或冷却速度过慢而产生晶粒粗大的热脆组织。但在某些条件下，例如当母材的碳当量较高或母材的厚度较大时，仅靠调整线能量不足以解决所有问题，则应通过增加预热措施达到降低焊接接头冷倾向的目的。表 3-4 是现行国家标准《钢结构焊接规范》(GB 50661—2011)中给出的钢结构常用钢材预热温度推荐值。当遇到新材料，或为追求更加准确、经济、有效的预热温度时，也可依据现行国家标准《斜 Y 型坡口焊接裂纹试验方法》(GB 4675.1)，通过试验获取。

表 3-4　常用结构钢材最低预热温度要求

常用钢材牌号	接头最厚部件的板厚 t(mm)				
	$t<20$	$20\leqslant t\leqslant 40$	$40<t\leqslant 60$	$60<t\leqslant 80$	$t>80$
Q235、Q295	/	/	40	50	80
Q345	/	40	60	80	100
Q390、Q420	20	60	80	100	120
Q460	20	80	100	120	150

注：1. “/”表示可不进行预热；
2. 当采用非低氢焊接材料或焊接方法焊接时，预热温度应比该表现定的温度提高 20 ℃；
3. 当母材施焊处温度低于 0 ℃时，应将表中母材预热温度增加 20 ℃，且应在焊接过程中保持这一最低道间温度；
4. 中等热输入指焊接热输入约 15～25 kJ/cm，热输入每增大 5 kJ/cm，预热温度可降低 20 ℃；
5. 焊接接头板厚不同时，应按接头中较厚板的板厚选择最低预热温度和道间温度；
6. 焊接接头材质不同时，应按接头中较高强度、较高碳当量的钢材选择最低预热温度；
7. 本表各值不适用于供货状态为调质处理的钢材；控轧控冷（热机械轧制）钢材最低预热温度可下降的数值由试验确定

② 减少拘束度:所谓减少拘束度主要是指减少造成焊接节点处于受拉状态的拘束。一般认为产生压应力的拘束,如某些弯曲拘束,反而可以抵消部分拉应力,提高焊缝抗冷裂纹的能力。因此,从设计和焊接工艺制定阶段就应尽量减小构件刚度和拘束度,并避免由于焊工操作不当造成的各种缺陷,如咬边、焊缝成型不良、错边过大、未熔合、未焊透、坡外随意引弧和安装临时卡具等形成所谓的"缺口"效应,而导致冷裂纹的产生。

③ 降低扩散氢含量:为了限制焊缝中氢的含量,要从焊材材料、工艺方法及参数和焊后热处理等方面入手。首先要尽可能选择低氢或超低氢的焊接材料,并应注意保管,防止受潮。对于焊条、焊剂类材料,使用前应严格按照产品说明书进行烘干,且其保存、使用及在空气中允许外露的时间和重复烘干次数应按照《钢结构焊接规范》(GB 50661—2011)第7章第7.2节的相关要求执行。如有可能,宜选用奥氏体或低强度匹配焊条,奥氏体对氢有较高的溶解度,而低强度焊接材料具有相对较高的韧塑性。在焊接工艺参数确定方面,应在满足其他条件的基础上,适当增加线能量,以利于氢的逸出。同时,应根据实际情况适当增加预热及后热措施,以降低冷裂纹产生的可能性。

(3) 层状撕裂

① 接头设计:改变焊接节点的接头形式,可有效降低应力应变,防止层状撕裂的发生。另外,减少坡口及角焊缝的尺寸,可有效减少应力应变,降低层状撕裂产生的几率。

② 选材:根据现行国家标准《钢结构工程施工质量验收规范》(GB 50205—2001)第4章第4.2.2条的规定,当板材厚度大于等于40 mm,且设计有Z向性能要求的厚板时,应进行抽样复验,复验的项目主要包括三方面内容:一是化学成分;二是无损检测;三是力学性能。首先要严格控制化学成分,防止硫化物或氧化物等低熔点共物沿轧制方向形成夹层;其次可采取超声波方法对钢材进行检测,以确保沿轧制方向形成的夹杂物分层的分布情况在标准允许的范围内。另外,可采用力学方法测试板材的Z向性能,常用的手段是进行板厚方向的拉伸试验,其质量等级指标划分见表3-5。

表3-5 钢板厚度方向性能级别及其含硫量与断面收缩率值

级别	含硫量(%)不大于	断面收缩率 ψ_z(%)	
		3个试样平均值不小于	单个试样值不小于
Z15	0.01	15	10
Z25	0.007	25	15
Z35	0.005	35	20

③ 工艺控制:首先应选择低氢焊接方法,如实芯焊丝的气体保护焊或埋弧焊;其次要适当预热,采用较小的热输入量,控制焊缝尺寸,尽可能采用多层多道;必要时可采用低强度的焊材焊接过渡层,使应力集中于焊缝,减少热影响区的应变。

4) 治理方法

对于已发生裂纹的构件,可按照现行国家标准《钢结构焊接规范》(GB 50661—2011)的相关规定进行返修。

3.4.3 未熔合及未焊透

1）现象

未熔合主要是指母材与焊缝之间、焊缝与焊缝之间出现的未熔化现象；而未焊透则表现为单面或双面焊缝根部母材有未熔化的现象。

2）原因分析

两者产生原因基本相同，主要是工艺参数、措施及坡口尺寸不当，坡口及焊道表面不够清洁或有氧化皮及焊渣等杂物，焊工技术较差等。

3）预防措施

(1) 按照相关标准和规范，结合具体工况条件正确选择坡口尺寸，避免坡口角度和根部间隙过小及钝边过火，并按要求在焊前及焊接过程中对坡口和焊缝表面进行清理。

(2) 选择适当的焊接工艺参数，特别是电流不能太小。

(3) 重视对焊接电弧的长度、焊条及焊丝的角度及焊炬的运行速度进行控制，以保证母材与焊缝及焊缝与焊缝之间的良好熔合。

4）治理方法

对于已发现未熔合及未焊透的构件，可按照《钢结构焊接规范》(GB 50661—2011)第7章第7.12节的规定进行返修。

3.4.4 气孔

1）现象

焊缝金属中存在具有孔洞状的缺陷。

2）原因分析

气孔按其产生形式可分为两类，即析出型气孔和反应型气孔。析出型气孔主要为氢气孔和氮气孔，反应型气孔在钢材(即非有色金属)的焊接中则以CO气孔为主。析出型气孔的主要特征是多为表面气孔，而氢气孔与氮气孔的主要区别在于氢气孔以单一气孔为主，而氮气孔则多为密集型气孔，多数为内部气孔。焊缝中气孔产生的主要原因与焊材的选择、保存与使用，焊接工艺参数的选择，坡口母材的清洁程度及熔池的保护程度等有很大关系。

3）预防措施

(1) 氢气孔

① 消除气体来源：首先是严格执行相关标准规范的规定，对坡口及焊丝表面进行检查，发现有氧化膜、铁锈及油污等有害物质时，应采用烘干、烘烤或砂轮打磨等方法去除干净。

② 焊接材料的保存与使用:应严格按照产品说明书及现行国家标准《钢结构焊接规范》(GB 50661—2011)第 7 章第 7.2 节的规定执行。

③ 焊接材料的选择:低氢型或碱性焊条的抗锈能力比酸性的要差,而采用高碱度焊剂的埋弧焊,则不同于碱性焊条具有较低铁锈敏感性。在气体保护焊的保护气体中选用纯 CO_2,或 CO_2 与 Ar 混合的保护气体,比纯 Ar 气保护具有更高的抗锈能力,可降低氢气孔发生概率。

(2) 氮气孔:氮气孔的主要来源是空气中的氮,因此加强熔池的保护是防止氮气孔产生的主要手段。如采用手工焊条电弧焊接方法,应注意电弧长度不宜过长。若采用气体保护焊,则应关注气体流量与所处位置的风速匹配关系。一般情况下,手工焊条电弧焊适用于风速小于 8 m/s 的工作环境,而气体保护焊当其保护气体流量不大于 25 L/min 时,其抗风能力为 2 m/s。

(3) CO 气孔:CO 气孔属于反应型的焊缝内部气孔,其产生的主要原因是焊接熔池的冶金反应过程中产生的 CO 气体在熔池冶金凝固前未能及时析出所致。因此,控制熔池中氧含量及减慢焊缝冷却速度是减少 CO 气孔产生的有效措施。要达到上述目的,首先应减少母材及焊接材料的碳、氧含量,并清除坡口及附近的氧化物;其次应适当增加线能量,降低熔池的冷却速度,以利于 CO 气体的析出。另外,对于所有类型的气孔,采用直流电源比采用交流电源有利于减小气孔的生成几率,且直流反接比直流正接更有效。

4) 治理方法

对于已发现存在气孔的焊缝金属,可按照《钢结构焊接规范》(GB 50661—2011)第 7 章第 7.12 节的规定进行返修。

3.4.5　夹渣

1) 现象

焊缝金属中由非金属夹杂物形成的缺陷。

2) 原因分析

非金属夹杂物的种类、形态和分布主要与焊接方法、焊条和焊剂及焊缝金属的化学成分有关。常见的非金属夹杂物主要有三种:氧化物、硫化物和氮化物。前两项主要来自焊接材料,而氮化物则只能来自空气。

3) 预防措施

(1) 严格控制母材和焊材有害元素的含量,如硫和氧的含量。

(2) 选择合理的焊接工艺参数,保证夹杂物能浮出。

(3) 多层多道焊应注意清除前道焊接留下的夹杂物。

(4) 焊条或药芯焊丝气体保护焊时,应注意焊条或焊丝的摆动角度及幅度,以利于夹杂物的浮出。

(5) 焊接过程中,要使熔池始终处于受保护状态,以防空气侵入液态金属。

4）治理方法

对于已发现未熔合及未焊透的构件，可按照《钢结构焊接规范》(GB 50661—2011)第7章第7.12节的规定进行返修。

3.4.6　低温环境下焊接质量差

1）现象

不考虑实际情况及相关标准规范的要求，在低温环境下盲目操作，导致焊接质量下降。

2）原因分析

过低的环境温度会导致熔池的冷却速度加快，特别是对于高强度钢易形成脆硬的马氏体组织，导致冷裂纹的产生。另外，若无特殊的局部保温措施，过低的环境温度会严重影响焊工技术水平的发挥。

3）预防措施

(1) 应根据设计要求和工程类型选择与之相符的技术标准及规范，熟悉并掌握其对制造及施工环境条件的要求，并与实际情况相结合。目前国内外相关焊接技术标准与规范中，对按常规条件施焊所允许的最低环境温度要求存在较大的差异，施焊前要充分了解制造及施工环境是否满足所用标准规范的相关技术要求，如有差异，应提前进行相关的低温焊接工艺评定试验，并根据试验结果编制专用的工艺技术方案。

(2) 在技术工艺方案可行的前提条件下，还应充分考虑其可操作性，尤其是焊工操作的灵活性，如有阻碍，则考虑局部保温措施，以保证焊接质量不受影响。

4）治理方法

根据具体情况按照现行国家标准《钢结构焊接规范》(GB 50661—2011)第7章第7.12节及第9章第9.0.10条的规定进行返修。

3.4.7　焊条电弧焊常见缺陷

焊条电弧焊中常见的缺陷主要有：焊缝尺寸不符合要求、咬边、焊瘤、弧坑、根部未焊透、未熔合、气孔、夹渣及裂纹等。

3.4.8　熔化极气体保护电弧焊常见缺陷

1）现象

熔化极气体保护电弧焊中常见的缺陷主要有：焊缝尺寸不符合要求、咬边、焊瘤、飞溅、根部未焊透、未熔合、气孔、夹渣及裂纹等。

2）原因分析

(1) 焊缝尺寸不符合要求：其形状与焊条电弧焊基本相同。其产生的主要原因除坡口角度不当、装配间隙不均匀、工艺参数选择不合理及焊接技能较低外，还有焊丝外伸过长、焊丝校正机构调整不良和导丝嘴磨损严重等原因。

(2) 咬边：焊接电流、电压或速度过大，停留时间不足，焊枪角度不正确是其产生的主要原因。

(3) 焊瘤和熔透过度：焊瘤产生的原因与焊条电弧焊基本相同，主要是焊接电流、焊接速度匹配不当，焊接操作技能较差所致；而熔透过度则主要是因为热输入过大及坡口加工不合适。

(4) 飞溅：其产生的主要原因是电弧电压过低或过高，焊丝与工件清理不良，焊丝粗细不均及导丝嘴磨损严重。

3) 预防措施

(1) 焊缝尺寸不符合要求：在提高接头装配质量，选择合理的工艺参数，并保证焊工的操作技能达到相关考核标准要求的同时，对焊丝伸出长度和送丝速度进行调整，并应关注导丝嘴的磨损情况，磨损严重时应及时更换。

(2) 咬边：在降低焊接电压或焊接速度的同时，还可通过调整送丝速度来控制电流，避免电流过大，且应适当增加焊丝在熔池边缘的停留时间，并控制焊枪角度。

(3) 焊瘤和熔透过度：为避免焊瘤的产生，要根据不同的焊接位置选择焊接工艺参数，电流不能过大，焊速适中，严格控制熔池尺寸。对于熔透过度，除采取上述措施外，还应注意坡口的组对，适当减小根部间隙，增大钝边尺寸。

(4) 飞溅：焊前应仔细清理焊丝和坡口表面，去除各种污物；并应检查压丝轮、送丝管及导丝嘴，如有损坏应及时更换。同时应根据焊接工艺文件及实际施焊情况，仔细调整电流和电压参数，使之达到理想的匹配状态。

4) 治理方法

对熔化极气体保护电弧焊中产生的焊缝尺寸不符合要求、咬边、焊瘤及飞溅等缺陷，可采用砂轮打磨及补焊方法进行处理。

3.4.9　埋弧焊常见质量缺陷

埋弧焊中常见的主要缺陷有：裂纹、未熔合、未焊透、夹渣、气孔、咬边、焊瘤、余高不符合要求、焊道过宽、焊道表面不光滑及表面压坑等。

3.4.10　电渣焊常见质量缺陷

1) 现象

电渣焊中常见的主要缺陷有热裂纹、冷裂纹、未焊透、未熔合、气孔和夹渣。

2) 原因分析

各种缺陷产生原因见《钢结构焊接规范》(GB 50661—2011)相关内容。

3) 预防措施

(1) 热裂纹：除应采取《钢结构焊接规范》(GB 50661—2011)相关内容的措施外，还应注意降低焊丝送进速度；焊接冒口应远离焊件表面，焊接结束前应逐步降低焊丝送进速度。

(2) 冷裂纹：除应采取《钢结构焊接规范》(GB 50661—2011)中规定的相关措施外，还应注意避免焊接过程中断。对于焊缝，特别是停焊处的缺陷要在焊缝未冷却前及时修补。当室温低于0 ℃时，要注意焊后保温缓冷。

(3) 未焊透：除应采取《钢结构焊接规范》(GB 50661—2011)中规定的相关措施外，还应注意保持稳定的电渣过程，调整焊丝或熔嘴，使其距水冷成型滑块距离及在焊缝中位置符合工艺要求。

(4) 未熔合：除应采取《钢结构焊接规范》(GB 50661—2011)中规定的相关措施外，还应注意保持稳定的电渣焊过程；选择适当的熔剂，避免熔剂熔点过高。

(5) 气孔：除应采取《钢结构焊接规范》(GB 50661—2011)中规定的相关措施外，还应注意焊前仔细检查水冷成型滑块，以防漏水。

(6) 夹渣：除应采取《钢结构焊接规范》(GB 50661—2011)中规定的相关措施外，还应注意保持稳定的电渣焊过程，选择适当的熔剂，避免熔剂熔点过高；当采用玻璃丝棉进行绝缘时，应防止过多的玻璃丝棉熔入熔池。

4) 治理方法

对于已发现的各类缺陷，可根据具体情况按照现行国家标准《钢结构焊接规范》(GB 50661—2011)的相关规定进行返修。

3.4.11 碳弧气刨常见质量缺陷

1) 现象

气刨操作中常见质量缺陷主要有焊缝夹碳、粘渣、铜斑、刨槽尺寸和形状不规则及裂纹。

2) 原因分析

(1) 操作人员未经过专业培训，操作技能较差。

(2) 工艺参数选择不当，且未按相关工艺要求进行后处理。

(3) 碳棒质量不合格。

3) 预防措施

(1) 建立健全相关从业人员的岗前培训考核制度，提高从业人员的操作技能。

(2) 严格控制工艺参数：

① 电源极性一般应采用直流反接；

② 电流与碳棒直径的匹配关系见表3-6；

表 3-6　碳棒规格及适用电流

断面形状	规格(mm)	适用电流(A)	断面形状	规格(mm)	适用电流(A)
圆形	3×355	150～180	扇形	3×12×355	200～300
	4×355	150～200		4×8×355	180～270
	5×355	150～250		4×12×355	200～40
	6×355	180～300		5×10×355	300～400
	7×355	200～350		5×12×355	350～450
	8×355	250～400		5×15×355	400～500
	9×355	350～450		5×18×355	450～550
	10×355	350～500		5×20×355	500～600

③ 刨削速度一般应控制在 0.5～1.2 m/min 之间；

④ 压缩空气压力应为 0.4～0.6 MPa；

⑤ 碳棒伸出长度应为 20～100 mm；

⑥ 碳棒与工件的夹角一般为 45°。

(3) 夹碳缺陷产生的主要原因是刨削速度和碳棒送进速度不匹配，为防止该缺陷的产生应适时对其进行调整。

(4) 在操作过程中应经常注意压缩空气压力的变化，以防止由于压缩空气压力过低而导致吹出的氧化铁和碳化铁等化合物形成的熔渣粘连在刨槽两侧。

(5) 在操作过程中若发现有碳棒铜皮脱落的现象，应及时进行更换。若碳棒质量没有问题而刨槽中仍有夹铜现象发生，则应考虑适当减小电流，以避免由于刨槽夹铜而在后继焊接过程中产生热裂纹。

4) 治理方法

在操作过程中已形成的夹碳、夹渣及夹铜等缺陷，应采用砂轮、风铲或重新气刨等方法将其去除，以避免冷、热裂纹的产生。

3.4.12　焊接球节点球管焊缝根部未焊透

1) 现象

焊接球节点球管焊缝根部未焊透。

2) 原因分析

(1) 考虑安装方便和保证球节点的空中定位精度，球管钢网格结构经常采用的节点形式为单V形坡口，根部不留间隙；而承受动载荷的球管钢网格结构，为提高结构的疲劳寿命也只能采用上述节点形式，从而导致焊缝根部不易焊透。

(2) 焊工技能较差。

(3) 坡口角度、焊接工艺参数、焊接工艺方法及焊条直径选择不当。

3) 预防措施

(1) 对于承受静荷载结构，建议采用单V坡口加衬管且根部预留间隙的节点形式。

此种方法虽在一定程度上增加了组装工作量，但对焊工的技术水平要求相对较低，可以有效避免根部未焊透缺陷的产生，提高焊缝的一次合格率。

(2) 对于承受动荷载的结构，由于衬管与结构受力管件在节点处形成几何突变，造成应力集中，其对疲劳寿命的影响远大于根部局部未焊透的程度，因此，应采用单 V 形坡口且根部不留间隙的节点形式。为克服由此产生焊缝一次合格率偏低的现象，建议采取如下措施：

① 当管壁厚度小于 10 mm 时，应采用单 V 坡口；当管壁厚度大于 10 mm 时，建议采用变截面形坡口，坡口加工宜采用机械方法，既可提高安装的定位精度，又可提高工作效率。

② 建议采用手工电弧焊或脉冲式富氩气体保护焊接方法进行打底焊道的焊接。

③ 应尽可能保证角焊缝表面与管材表面的夹角不大于 350°，以减少焊趾处的应力集中，提高抗疲劳寿命。

(3) 对从事承受动荷载结构球管节点焊缝焊接工作的焊工，必须进行岗前模拟培训，使之熟悉工艺参数和操作要领，以提高产品的一次合格率。

4) 治理方法

对于已产生根部未焊透缺陷的焊缝，应首先采用超声波检测方法对缺陷进行精确定位，然后应严格按《钢结构焊接规范》(GB 50661—2011)第 7 章第 7.12 节的规定进行返修。

3.4.13 栓钉焊接质量缺陷

1) 现象

目前栓钉焊接的质量问题比较突出，主要表现为现场抽样检验不能满足现行国家标准《钢结构工程施工质量验收规范》(GB 50205—2001)第 5 章第 5.3 节及行业标准《栓钉焊接技术规程》(CECS 226—2007)第 7 章第 7.2 节的质量要求。

(1) 外观质量检验符合标准。

(2) 现场弯曲试验应采用锤击方法，在焊缝不完整或焊缝尺寸较小的方向将其从原轴线弯曲 30°，视其焊接部位无裂纹为合格。

2) 原因分析

(1) 栓钉焊接操作人员未经过专业培训。

(2) 栓钉及瓷环材质和型号不符合要求。

(3) 工艺参数及措施不当。

3) 预防措施

(1) 栓钉焊接操作人员应严格按照行业标准《栓钉焊接技术规程》(CECS 226—2007)第 8 章的要求进行培训考核，取得证书后方可上岗。实际操作时应严格遵守证书的限定范围，不得超限。

(2) 栓钉及瓷环材质及型号选择应符合现行国家标准《电弧螺柱焊用圆柱头焊钉》

(GB/T 10433)和行业标准《栓钉焊接技术规程》(CECS 226—2007)中的有关规定，特别需要注意瓷环型号，应注意区分穿透型和非穿透型，不可混用，否则会严重影响焊接质量。

(3) 采取非穿透焊的焊接工艺参数。

(4) 栓钉焊接的设备及工艺应参照现行行业标准《栓钉焊接技术规程》(CECS 226—2007)第 4 章及第 6 章的相关规定执行。

4) 治理方法

对于已发现缺陷的栓钉应按现行行业标准《栓钉焊接技术规程》(CECS 226—2007)第 6 章第 6.3 节的相关规定执行。

3.4.14　管-管相贯节点焊接质量缺陷

1) 现象

局部根部未焊透，且焊角尺寸达不到设计要求。

2) 原因分析

(1) 对熔透焊缝的理解有误，一般情况下人们常将熔透焊缝理解成在焊接接头处至少有一块被焊板材在焊接过程中被全部熔透的焊缝，但事实并非如此，在焊接专业术语里将所谓的熔透焊缝定义为，从接头的一面焊接所完全熔透的焊缝。一般指单面焊双面成型焊缝。由于概念上的误差或对标准的理解不够，经常导致在管相贯节点的组装过程中忽略了对节点跟部或过渡区根部间隙的控制，从而将熔透焊缝变成局部熔透或角焊缝。

(2) 焊角尺寸达不到设计要求：目前国内的实际情况是从设计到制造、安装的技术人员缺乏对《钢结构焊接规范》(GB 50661—2011)第 5 章第 5.3.6 条的理解，没有完全掌握管相贯节点过渡区和跟部熔透、局部熔透和角焊缝焊缝尺寸的计算方法，从而导致焊缝尺寸达不到设计要求。

(3) 目前国内外均缺少对管相贯节点过渡区和跟部焊缝熔敷情况及焊缝质量有效而简便的检测方法。

3) 预防措施

(1) 应加强对设计、制造、安装的技术人员及焊工的培训与标准宣贯，使其充分了解熔透与局部熔透及角焊缝之间的区别，掌握焊缝尺寸的计算方法。

(2) 加强管相贯焊接节点的过程控制，特别是对节点组对过程的控制，以保证相贯节点的不同部位的尺寸达到设计和规范的要求。

(3) 加强焊工岗前模拟培训与考核，提高焊工的操作水平。

4) 治理方法

(1) 由焊接缺陷导致的质量不合格可按照《钢结构焊接规范》(GB 50661—2011)第 7 章第 7.12 节及第 9 章第 9.0.10 条的规定进行返修。

(2) 对于焊缝尺寸偏差导致焊缝强度不够，则应严格按照现行国家标准《钢结构焊接规范》(GB 50661—2011)第5章第5.3.6条的要求重新计算并进行补强。

3.5 钢结构的高强螺栓连接及质量控制

3.5.1 高强度螺栓孔超过偏差

1) 现象

高强度螺栓孔孔径、间距、垂直度、圆度超差，高强度螺栓无法自由穿入。

2) 原因分析

制孔设备精度差；制孔工艺工序不合理；操作不熟练。

3) 防治措施

(1) 制孔应采用钻孔工艺，钻孔时，须保证钻头与工件的垂直度，工件须固定。

(2) 成批的孔眼宜采用套模制孔，可采用划针制作模板，孔心应打样冲眼。多层板叠加时，须确保板之间相对固定。成孔后，应清除孔眼周边毛刺。

(3) 操作人员应事先培训。

3.5.2 框架结构、梁柱接头承受荷载后接头滑移

1) 现象

在正常使用荷载下，框架结构、梁柱接头承受荷载后接头发生滑移。

2) 原因分析

(1) 使用的不是大六角头高强度螺栓，而是错误地使用了标准六角头螺栓，并按普通六角头螺栓施工，无紧固扭矩要求。

(2) 梁-柱接头、栓-焊连接、腹板用螺栓连接，翼缘未进行焊接。

3) 防治措施

(1) 对采购员技术交底应清楚，强调设计采用的10.9级，是大六角头高强度螺栓，需要保证扭矩系数，对紧固扭矩有要求；不能采购标准六角头高强度螺栓，这种螺栓对紧固扭矩没有要求，按普通螺栓施工。

(2) 对制作施工人员应交底清楚，对栓-焊混合接头，腹板栓接翼缘必须焊接。

3.5.3 连接接头螺栓孔错位及扩孔不当

1) 现象

节点螺栓安装完后，能明显看到有错位的螺栓孔。

2）原因分析

（1）螺栓孔采用画线成型方法，孔及孔距的误差过大，造成节点板通用性差。

（2）安装时因螺栓不能自由穿孔，随意拿气割扩孔，造成螺栓孔过大，垫圈盖不住。

3）防治措施

（1）当板厚大于 12 mm 时，冲孔会使孔边产生裂纹和使钢板表面局部不平整。因此高强度螺栓孔制孔，必须按规范要求采用钻孔成型工艺。

（2）对栓孔较多的节点板，应用数控钻床或套模制孔，确保节点板的互换性。

（3）安装高强度螺栓时，螺栓应能自由穿入螺栓孔。安装或制作公差造成孔错位时，不得采用气割扩孔，应该采用铰刀扩孔，且按《钢结构工程施工质量验收规范》(GB 50205—2001)的要求，扩孔后的孔径不得超过 1.2d(d 为高强度螺栓直径)。

3.5.4　高强度螺栓施工不符合规范要求

1）现象

（1）高强度螺栓在工地户外贴地堆放，随意拿苫布一盖，且未盖严，螺栓生锈严重。

（2）螺母、垫圈均有装反。

2）原因分析

（1）螺栓储存不符合《钢结构高强度螺栓连接技术规程》(JGJ 82—2011)的要求，高强度螺栓应按规格分类存放于室内，防止生锈和沾染脏物。

（2）安装工地随处可见一箱箱被打开的高强度螺栓连接副，而规程规定，应按当天安装需要的数量从库房领取，当天安装剩余的连接副必须妥善保管，不得乱扔。

3）防治措施

（1）工地应有严格的管理制度，严格执行规程的各项规定，用多少领多少，不能图方便将整箱放置于作业面上。

（2）对工人进行技术交底时，应强调高强度螺栓连接副的特点，它不同于一般螺栓，有紧固扭矩要求，只有保持高强度螺栓连接副的出厂状态，即螺栓、螺母均是干净、无脏物沾染，且有一定的润滑状态。否则将会增大扭矩系数，紧固后螺栓的轴力达不到设计值，直接导致降低连接节点强度。

（3）执行正确的安装方法，螺母带垫圈的一面朝向垫圈带倒角的一面。垫圈的加工成型工艺使垫圈支承面带有微小的弧度，从制造工艺上保证和提高扭矩系数的稳定与均匀，因此安装时切不可装反。

3.5.5　高强度螺栓连接节点安装质量缺陷

1）现象

终拧时垫圈跟着转；终拧后连接节点螺栓外露丝扣过多。

2）原因分析

(1) 将高强度螺栓作安装螺栓用，螺栓的部分螺纹损伤、滑牙，导致终拧时垫圈跟着转，拧不紧。

(2) 螺栓订货长度计算不当，或计算后为了减少规格、品种而进行合并，使部分螺栓选用过长。

3）防治措施

(1) 螺栓长度应按《钢结构高强度螺栓连接技术规程》(JGJ 82—2011)的要求计算，不能因图方便而随意加长。标准规定，对各类螺栓直径，相应的螺纹长度是一定值，由螺母的公称厚度、垫圈厚度以及螺栓制造长度公差等因素组成。同一直径规格的螺栓长度变化只是螺栓光杆部分，螺纹部分是固定的，因此，过长的螺栓紧固时，有一部分螺栓看似拧紧(扳手转不动)，实际是拧至无螺纹的部分。

(2)《钢结构高强度螺栓连接技术规程》(JGJ 82—2011)规定：高强度螺栓连接安装时，每个节点应使用临时螺栓和冲钉。冲钉便于对齐节点板的孔位，但在施工安装时，往往为图方便和省事，不用冲钉和临时螺栓，直接用高强度螺栓取代，导致高强度螺栓的螺纹碰坏，加大了扭矩系数，甚至拧不紧，达到了扭矩值，但螺栓实际并未拧紧。

(3) 高强度螺栓穿入节点后，应该按照规程要求及时紧固。高强度螺栓穿入节点后，如果随手一拧，过一段时间后再终拧，由于垫圈和螺母支承面间无润滑，或已生锈，终拧时扭矩系数加大，按原扭矩终拧后螺栓轴力达不到设计要求。

3.5.6 高强度螺栓摩擦面的抗滑移系数不符合设计要求

1）现象

高强度螺栓摩擦面的抗滑移系数检验的平均值等于或略大于设计规定值。

2）原因分析

对规程及验收规范理解有误，抗滑移系数检验的最小值必须大于或等于设计规定值，而不是平均值。

3）防治措施

根据《钢结构高强度螺栓连接技术规程》(JGJ 82—2011)的规定，抗滑移系数检验的最小值必须大于或等于设计规定值，当不符合上述规定时，构件摩擦面应重新处理。

抗滑移系数试件是模拟试件，《钢结构工程施工质量验收规程》(GB 50205—2001)附录B中规定，试件与所代表的钢结构构件为同一材质、同批制作、采用同一摩擦面处理工艺和具有相同的表面状态。实际上是检验工厂采用的摩擦面处理工艺，粗糙度可能达不到设计要求，所以必须是最小值达到设计要求，如果是平均值达到设计要求，即意味着有一部分节点抗滑移系数小于设计要求，节点抗剪能力小于设计值。

3.5.7　摩擦面外观质量不合格

1）现象

构件安装时，摩擦面上有泥土、浮锈、胶粘物等杂物，外观质量不合格。

2）原因分析

(1) 构件堆放不规范，直接贴地堆放，泥土、积雪、雨水、脏物污染连接节点，安装前不作任何处理，直接安装。

(2) 摩擦面上无任何防护措施，构件制作完成到工地间隔时间较长，摩擦面上浮锈严重。

(3) 工厂对摩擦面采取的防护措施是用膜保护摩擦面，但是保护膜选择不当，工地安装前揭膜后，摩擦面上沾染过多的胶粘物。

(4) 摩擦面孔边有毛刺、焊接飞溅物、焊疤等，或误涂油漆。

3）防治措施

(1) 对沾有泥土、雨水、积雪、油漆等污物的摩擦面进行清理、干燥，使摩擦面的粗糙度达到要求。

(2) 在构件安装前，高强度螺栓连接节点摩擦面应进行清理，保持摩擦面的干燥、整洁，孔边不允许有飞边、毛刺、铁屑、油污和浮锈等，并用钢丝刷沿受力方向除去浮锈。

(3) 在构件安装前，应对摩擦面孔边的毛刺、焊接飞溅物、焊疤、氧化铁皮等，使用扁铲铲除。

3.6　钢结构防腐及质量控制

3.6.1　构件涂层表面返锈、脱落

1）现象

构件涂层表面逐步出现锈迹，局部涂层脱落。

2）原因分析

(1) 除锈不彻底，未达到设计和涂料产品标准的除锈等级要求。

(2) 涂装前构件表面存在残余的氧化皮及毛孔，还有残余的且分布均匀的毛孔锈蚀。

(3) 除锈后未及时涂装，钢材表面受潮返黄。

(4) 表面污染未及时清除。

3）防治措施

(1) 涂装前应严格按涂料产品除锈标准和设计要求以及国家标准规定进行除锈。

(2) 对残留的氧化皮应返工，重新做表面处理。

(3) 严格控制除锈时的环境湿度条件。

(4) 除锈后应及时清除污染物。

3.6.2 构件表面误涂、漏涂

1) 现象

构件表面不该涂装的面涂上涂料，构件表面(涂层之间)没有全覆盖或未涂。

2) 原因分析

(1) 不了解构件表面涂装的要求。

(2) 施工时不需涂装的表面的覆盖材料破损或散落。

(3) 操作不当，误涂或漏涂涂料。

3) 防治措施

(1) 加强操作责任心。

(2) 涂装开始前，对不要涂装和涂装有特殊要求的面进行隐蔽覆盖或妥善处理。

(3) 涂装时发现隐蔽覆盖材料破损或散落，应及时修整处理。

(4) 对漏涂的应进行补涂涂料。

3.6.3 涂装厚度不达标

1) 现象

(1) 构件表面涂装的遍数少于设计要求。

(2) 涂层厚度未达到设计要求。

2) 原因分析

(1) 未了解该构件涂装的设计要求，错误选用了不同型号的涂料。

(2) 操作技能欠佳或涂装位置欠佳，引起涂层厚度不均。

(3) 涂层厚度的检验方法不正确，或干漆膜测厚仪未校核计量，读数有误。

3) 防治措施

(1) 正确掌握构件被涂装的设计要求，选用合适类型的涂料，并根据施工现场环境条件加入适量的稀释剂。

(2) 被涂装构件的涂装面应尽可能平卧，保持水平。

(3) 正确掌握涂装操作技能，对易产生涂层厚度不足的边缘处，先做涂装处理。

(4) 涂装厚度检测应在漆膜实干后进行，检验方法按规范规定检查。

(5) 对超过膜厚度允许偏差的涂层应补涂修整。

3.7　钢结构防火技术及质量控制

3.7.1　防火涂料基层处理不当

1）现象

（1）防火涂料涂装基层存在油污、灰尘、泥沙等污垢。

（2）防火涂料涂装前钢材表面除锈和防锈底漆施工不符合要求。

（3）防火涂料涂装时环境温度和相对湿度不符合产品说明书要求。

2）原因分析

（1）对涂装基层存在污垢、表面除锈和除锈底漆处理不佳等，会引起防火涂料涂后产生空鼓、粉化松散、浮浆和返锈等缺陷的认识不足。

（2）温度过低或湿度过大，易出现结露，影响防火涂层干燥成膜。

（3）温度过高，易产生防火涂料涂层表面裂纹，增大表面裂纹宽度。

（4）防火涂料涂层未干前遭雨淋、水冲等，将使涂层发白或脱落。

（5）机械撞击将直接损伤涂层，甚至脱落。

3）防治措施

（1）清洗涂装基层存在的油污、灰尘、泥沙等污垢后方能进行防火涂料的涂装。

（2）防火涂料涂装前，应对钢材表面除锈及防锈底漆涂装质量进行隐蔽工程验收，办理隐蔽工程交接手续。

（3）应按防火涂料产品说明书的要求，在施工中控制环境温度和相对湿度，构件表面有结露时不应施工。

（4）注意天气影响，露天作业要有防雨淋措施。

（5）避免其他构件在吊运中对已涂装的防火涂料的撞击。

3.7.2　防火涂料厚度不够

1）现象

防火涂料涂层厚度未达到耐火极限的设计要求。

2）原因分析

（1）没有认识到防火保护层的厚度是钢结构防火保护设计和施工时的重要参数，直接影响钢结构的防火性能。

（2）测量方法和抽查数量不正确。

（3）对防火涂层厚度的施工允许偏差不了解。

3）防治措施

（1）加强中间质量控制，加强自检和抽检。

(2) 按同类构件数抽查 10%,且均不应少于 3 件。

(3) 对防火涂料涂层厚度不够的区域应在涂层表面清洁处理后补涂,达到验收合格标准。

3.7.3 防火涂层表面裂纹

1) 现象

防火涂料涂层干燥后表面出现裂纹。

2) 原因分析

(1) 涂层过厚,表面已经干燥固结,内部却还在继续固化。

(2) 厚涂层未干燥到可以涂装后道涂层时,就涂装新的一层防火涂料。

(3) 防火涂料施工环境温度过高,引起表面迅速固化而开裂。

3) 防治措施

(1) 应按防火涂料产品说明书的要求配套混合,按施工工艺规定厚度多道涂装。

(2) 在厚涂层上覆盖新涂层,应在厚涂层最小涂装间隔时间后进行。

(3) 夏天高温下,涂装施工应避免暴晒,并注意保养。

(4) 对表面局部裂纹宽度大于验收规范要求的涂层,应进行返修。

(5) 处理涂层裂纹方法,可用风动工具或手工工具将裂纹与周边区域涂层铲除,再分层多遍进行修补涂装。

3.7.4 涂层外观缺陷

1) 现象

(1) 涂层干燥后出现脱层或轻敲时发现空鼓。

(2) 涂层表面出现明显凹陷。

(3) 涂层外观或用手掰,出现粉化松散和浮浆。

(4) 涂层表面外观不平整。

2) 原因分析

(1) 一次涂层涂装太厚,由于内外干燥快慢不同,易产生开裂、空鼓与脱落(脱层)。

(2) 涂层在底层(或基层)存在油污、灰尘、泥沙等污垢或结露等情况下进行涂装,或没按产品要求挂钢丝网,涂刷界面剂,引起涂层空鼓与脱落(脱层)。

(3) 高温烈日下施工,未注意基层处理和涂层养护,引起涂层空鼓与脱落(涂层)。

(4) 在高温或寒冷环境条件下未采取措施就进行涂装施工,使涂料施工时就粉化或结冻,施工后涂层干燥固化不好,存在黏结不牢、粉化松散和浮浆等缺陷。

(5) 施工不规范,未做找平罩面,出现乳突也未做铲除处理。

3) 防治措施

(1) 防火涂料涂刷前应清除油污、灰尘和泥沙等污垢。

(2) 应按防火涂料施工技术要求，做好挂钢丝网、涂刷界面剂等增加附着力措施。

(3) 防火涂料的施工环境温度宜在 5～38 ℃之间，相对湿度不应大于 85%，构件表面不应有结露。

(4) 钢构件表面连接处的缝隙应用防火涂料或其他防火涂料填补堵平后，方可进行大面积涂装。

(5) 防火涂料的底涂层宜采用喷枪喷涂。

(6) 薄型防火涂料喷涂时，每遍厚度不宜超过 2.5 mm，应在前涂层干燥后，再喷涂后一遍涂层，喷涂应确保涂层完全闭合，涂层应平整、颜色均匀。

(7) 厚型防火涂料在喷涂或抹涂时，每遍厚度为 5～8 mm，施工层间间隔时间应符合产品说明书的要求。涂层应平整，无明显凹陷。

3.8　预应力钢结构拉索施工及质量控制

3.8.1　拉索长度偏差大

1) 现象

拉索下料成品长度误差超过规范或者设计要求。

2) 原因分析

(1) 钢结构厂家没有按照应力下料，给索厂提供的加工索长没有考虑张拉和结构变形对索长的影响。

(2) 索厂没有按照拉索生产工艺进行生产。

3) 防治措施

在设计方没有给定拉索长度误差标准具体要求的情况下，一般参照《斜拉桥热挤聚乙烯高强钢丝拉索技术条件》(GB/T 18365—2001)的规定，当索长小于 100 m 时，拉索长度误差小于等于 20 mm；当索长大于 100 m 时，长度误差小于或等于 l/5 000 索长。因此是比较精确的，需要两方面控制。

(1) 钢结构厂家对拉索进行下料时，不能按照钢结构下料习惯。拉索下料时除应在三维模型中直接测量出拉索长度作为下料长度外，还要考虑拉索后续张拉能引起拉索伸长和钢结构变形，这两方面对拉索长度影响很大，因此拉索的下料单中，既要有拉索长度，也要有应力状态下的索长。

(2) 按照钢结构厂家提供的应力下料图纸下料，在拉索的长度控制方面要考虑温度影响以及两端锚具浇铸体回缩对索长的影响，采用标定过的测量设备进行测量。同时下料前需对钢索进行预张拉，以消除索的非弹性变形，保证在使用时的弹性工作，预张拉在工厂内进行，一般选取钢丝极限强度的 45%～60%为预张力，持荷时间为 0.5～2.0 h。

3.8.2　钢结构安装误差造成拉索不能安装

1）现象

钢结构安装误差过大，造成不带调节端拉索不能安装上，或者安装完成后拉索松弛，带调节端拉索调节端调节长度不够。

2）原因分析

钢结构安装时对结构安装尺寸控制较差；预应力钢结构在拉索张扣时会使钢结构产生变形，在钢结构安装时没有考虑。

3）防治措施

（1）要充分认识预应力钢结构与常规钢结构的不同，需要严格控制安装尺寸，确保满足拉索的安装要求。

（2）有些钢结构在拉索张拉前和张拉后变形很大，需要在钢结构安装时进行考虑，调整钢结构的安装尺寸。

（3）如果工期安排得当，可以在钢结构安装完成后进行钢结构实际安装尺寸测量，根据测量结果进行拉索索长的下料。

3.8.3　拉索锚具生锈

1）现象

拉索锚具镀锌层脱落，拉索锚具在安装前或安装后生锈。

2）原因分析

拉索存储方法不当，受雨雪水浸泡；拉索安装时造成镀锌层脱落。

3）防治措施

（1）拉索及配件在铺放使用前，应妥善保存放在干燥平整的地方，下边要有垫木，上面采取防雨措施，以避免材料锈蚀。

（2）拉索安装时，要尽量避免尖锐工具直接接触拉索锚具，拉索锚具往钢结构上安装时，要尽量按照轴线方向安装锚具，避免锚具与钢结构间过渡挤压，造成镀锌层脱落。

3.8.4　拉索安装张拉完成后不顺直

1）现象

拉索在张拉完成后出现竖向和水平弯曲。

2）原因分析

（1）拉索设计时选用规格过大或者拉索锚固点间距离过大，造成张拉应力很小，不能使长拉索顺直。

（2）拉索出厂和运输时造成索体局部弯折过大。

(3) 拉索放索及安装时索体局部受横向力过大，造成拉索索体局部弯曲。

3) 防治措施

(1) 在设计时拉索张拉完成后最小应力一般要大于 50 MPa，否则容易造成张拉完成后拉索不直；对于长度较大且水平放置的拉索在设计张拉力下的挠度，如果过大，应采取一定的措施加以消除。

(2) 拉索在索厂盘卷成盘时要注意均匀盘卷，避免拉索局部横向受力，同时盘卷直径不宜过小，一般取大于索体外径的 20 倍，盘卷直径过小容易造成防护膜破损，或者拉索局部弯曲过大。拉索盘卷成盘要进行充分的捆绑固定，防止运输吊装过程中拉索散开造成不均匀变形。拉索在运输过程中要将索盘平放，防止受力不均引起索体局部变形。

(3) 拉索到现场安装时要使用放索盘进行放索，放索时随着拉索展开转动放索盘；将拉索均匀放开，如果不使用放索盘放索会造成拉索扭转，在牵引或者安装后极易造成拉索不顺直，或者形成不可恢复的索体弯折。拉索在吊装过程中注意拉索吊点之间的距离不宜过大，根据拉索的规格合理布置吊点位置，必要时加装辅助“铁扁担”。

3.8.5　索体防护层破损

1) 现象

拉索表面的 PE(聚乙烯)防护层破损或者非 PE 防护而采用高钒镀层防护的高钒拉索表面高钒镀层被磨损掉。

2) 原因分析

拉索在运输、吊装、安装过程中坚硬物体接触防护层，造成防护层损伤。

3) 防治措施

(1) 运输过程中拉索要采用柔软的绳索固定。

(2) 到现场后拉索卸车时必须采用柔软的吊装带进行拉索卸货，严禁采用钢丝绳作为拉索卸货的吊具。

(3) 放索时，应在索下方垫滚轴以避免 PE 和尖锐物体发生剐蹭。

(4) 安装过程中注意防止拉索与钢结构或支撑胎架尖锐部位发生碰撞。

(5) PE 拉索如果轻微破损，可以联系厂家提供与拉索同样颜色的 PE，用热风枪熔化后进行修补，对于轻微的拉索高钒镀层损伤可以采用锌铝漆修补，对于损伤严重的 PE 和高钒镀层需要联系厂家进行修补。

3.8.6　索体锚具与 PE 索体间热缩管破损

1) 现象

拉索金属锚具与 PE 索体间用于防腐防护的热缩管破损。

2) 原因分析

由于热缩管是柔性拉索与刚性锚具间的连接部分，安装和张拉时都容易碰到这个部位，同时热缩管比较薄，比较容易破损。

3）防治措施

安装和张拉时一定要注意保护该部位，可以采用软毛毡保护该部位，如果意外造成损伤，可以购买对应型号的热缩管，沿径向剖开，包裹到原部位后，用胶将热缩管黏结到一起后，再用热风枪将热缩管固定到防护部位。

3.8.7 撑杆偏移

1）现象

拉索的撑杆在张拉完成后竖向垂直度误差超过设计要求。

2）原因分析

结构安装偏差和撑杆下端索夹安装位置偏差造成撑杆偏移；张拉时如果两边不对称，也会造成撑杆偏移。

3）防治措施

（1）拉索在工厂制作时一定要严格按照设计要求，在拉索上做好撑杆安装的标记点。

（2）到达现场安装前，要先测量钢结构的安装尺寸，如果偏差较大，应调整拉索与撑杆下节点索夹的安装标记位置。

（3）拉索安装时严格按照标记位置进行安装。

（4）张拉时除控制索力外，还应控制两端锚具处螺纹的拧紧长度要对称，防止两端拧紧的长度差值过大，造成撑杆发生偏斜。

3.8.8 固定索夹节点滑移

1）现象

撑杆下端的固定索夹节点在张拉过程中和张拉完成后，在安装屋面时及以后运营过程中发生滑移。

2）原因分析

设计时没有考虑到撑杆两端拉索不平衡力过大，设计的螺栓拧紧力不够；或张拉前和张拉后螺栓没有拧紧。

3）防治措施

（1）设计时要考虑固定索夹节点两端拉索的不平衡力有多大，根据拉索与索夹节点间的滑移系数，设计选用螺栓和拧紧力。

（2）张拉前要拧紧拉索索夹节点，由于拉索在张拉过程中直径要变细，因此在张拉完成后要再次拧紧螺栓。

（3）如果后续结构恒载较大，在屋面、吊挂等恒载安装完成后，需要再一次拧紧螺栓。

3.8.9　钢拉杆螺纹锚固长度不够

1）现象

钢拉杆杆体与锚具或调节套筒间的螺纹锚固长度没有满足受力要求。

2）原因分析

由于钢拉杆杆体螺纹较短，且一个钢拉杆有多个连接部位，在安装和张拉时需要反复旋转调节螺纹长度，因此容易造成个别螺纹锚固长度不够。

3）防治措施

(1) 钢拉杆安装时首先要在杆体螺纹上用记号笔标记出拉杆的最小锚固长度位置，安装张拉完成后进行检查，如果标记没有露出，就表示能保证最小锚固长度。

(2) 在安装前，拉杆两端的螺纹露出长度一定要调整到相同，以确保不会出现为了调整拉杆长度，而造成个别螺纹锚固长度不够。

3.8.10　张拉完成后结构变形与索力偏差大

1）现象

张拉完成后结构变形与索力及仿真计算值偏差超过要求。

2）原因分析

(1) 支座摩擦与设计不相符，在相同张拉力下，摩擦力过大则结构变形偏小。

(2) 结构屋面荷载与设计不相符，荷载大则变形小，荷载小则变形大。

(3) 檩条及桁架与主梁的连接是固结还是铰接，对索力和变形也会产生影响。

3）防治措施

张拉前要仔细检查结构受力状态是否与仿真计算相符。检查的主要内容包括：

(1) 支座是否与设计相符，支座上的临时固定装置是否都已经拆除；

(2) 屋面荷载包括檩条、檩托等安装情况是否与计算相符；

(3) 相邻主梁间的檩托或者次梁与主梁的连接方式是刚接还是铰接；

(4) 支撑胎架是否有限制结构变形的措施；

(5) 张拉次序是否与原计算相符。

如果上述结构受力情况与仿真计算不符，需要重新调整仿真计算，确定张拉力和变形结果。

3.8.11　张拉完成后支座破坏

1）现象

张拉完成后结构支座开裂或者变形。

2）原因分析

张拉时支座的状态与设计不相符，或者张拉时支座为固定支座，张拉力大部分传递到支座上，造成支座变形或者开裂。

3）防治措施

(1) 在张拉前要仔细检查支座状态，张拉前应把固定支座的临时措施全部拆除。

(2) 检查支座安装后滑动方向是否与设计一致。

(3) 张拉前一般支座被设计成可滑动状态，如果设计最终为固定支座，施工时应通过支座构造设计确保在张拉时支座可滑移，在屋面全部荷载施加完成后，最终使支座变成固定铰接支座。

第 4 章　建筑机电安装工程质量控制

4.1　设备安装工程施工技术及质量控制

设备安装工程是一个系统的工程，从基础施工、设备就位、安装、调试到设备运行，每一个环节都是紧密相关的，工程的安装质量关系到设备能否正常运行和设备的使用寿命。设备安装工程的质量是依靠安装施工人员在每一道工序中认真施工，依据设计图纸和规范标准来进行相应工序的安装来完成的。

由于施工环境、施工人员、操作工艺、设备材料、工期等因素的影响，在施工过程中会产生一些质量问题。本章针对设备安装工程中常见的一些质量通病进行了原因分析，提出了预防措施和治理方法，希望在施工中避免出现类似的质量问题，以确保工程的质量达到设计和规范的要求。

施工中除设计或专业设备要求执行的行业专业标准外，一般设备安装工程应执行现行国家标准《机械设备安装工程施工及验收通用规范》(GB 50231—2009)的有关规定。

4.1.1　设备基础施工

1) 设备基础中心线偏差大

(1) 现象：设备基础中心线超过允许误差。

(2) 原因分析：在基础放线时，基准坐标找错；或施工中尺寸误差过大。

(3) 预防措施：在基础放线时要严格按施工图平面位置施工，对基准坐标要反复核对，发现误差立即纠正。机械设备安装前，要对其基础、地坪和相关建筑结构进行全面检查，应符合规范和工艺要求，设备基础的允许误差参见表 4-1。

表 4-1　机械设备基础位置和尺寸的允许误差

项　目		允许误差(mm)
坐标位置		20
不同平面的标高		0，−20
平面外形尺寸		±20
凸台上平面外形尺寸		0，−20
凹穴尺寸		+20，0
平面的水平度	每米	5
	全长	10

续表 4-1

项目		允许误差(mm)
垂直度	每米	5
	全高	10
预埋地脚	标高	+20,0
	中心距	±2
	中心线位置	10
预埋地脚螺栓孔	深度	+20,0
	孔壁垂直度	10
	标高	+20,0
预埋活动地脚螺栓锚板	中心线位置	5
	带槽锚板的水平度	5
	带螺纹孔锚板的水平度	2

注:1. 检查坐标、中心线位置时,应沿纵、横两个方向测量,并取其中的最大值;
2. 预埋地脚螺栓的标高,应在其顶部测量;
3. 预埋地脚螺栓的中心距,应在根部和顶部测量。

(4) 治理方法:对基础中心偏移较小的,在不影响基础质量的前提下,可采取适当扩大预留的方法加以解决。对于误差较大的要重新制作。

2) 设备基础标高不准

(1) 现象:机械设备混凝土基础标高过高或过低,给机械设备安装带来一定的影响。

(2) 原因分析:设计施工图纸与设备尺寸不一致;施工时混凝土基础尺寸误差过大;施工作业不细心。

(3) 预防措施:认真核对设计图纸与设备的尺寸,发现图纸尺寸与设备尺寸不符时,要及时与设计人员沟通,按照设备实际尺寸进行调整。施工时要认真核对模板尺寸,避免模板支撑完成后出现误差,造成拆模后与设计尺寸有较大的误差,影响设备基础的标高。

(4) 治理方法

① 当混凝土基础过高时,要铲掉超高的部分(不影响整体性能时,可采用此方法),铲除后要对表面进行找平处理。如超高过多,应与设计人员或有关部门协商,或拆除整个基础,重新进行混凝土基础施工;或制定合理的铲除方案,按照方案进行施工。

② 混凝土基础过低时,需要加高基础,先要对原基础表面进行处理,保证设备基础的整体性。也可使用金属型钢进行加高,但要确保金属型钢与混凝土基础固定牢固。设备定位基准允许误差一般应符合表 4-2 的规定。

表 4-2 机械设备定位基准的面、线或点与安装基准线的平面位置和标高的允许偏差

项目	允许误差(mm)	
	平面位置	标高
与其他机械设备无机械联系的	±10	±20,−10
与其他机械设备有机械联系的	±2	±1

3）坐浆施工不规范

（1）现象：坐浆工艺不规范，捣浆方法不正确。

（2）原因分析：没有按照工艺要求施工。

（3）防治措施：要严格执行规范规定，坐浆坑的长度、宽度应比垫铁大60～80 mm，深度不小于30 mm，浆墩的厚度不小于50 mm。坐浆坑用空气或用水吹洗净，不得有油污或杂物，清水浸润坑约30 min，坐浆前先刷一薄层水泥浆，捣浆时要分层，每层厚度宜为40～50 mm，连续捣至浆浮于表层，混凝土表面形状应呈中间高四周低的弧状，混凝土表面应低于垫铁面2～5 mm。坐浆混凝土配置见《机械设备安装工程施工及验收通用规范》（GB 50231—2009）附录B。

4）中心标板及基准点埋设不规范

（1）现象：中心标板及基准点埋设不规范，永久基准点未加设保护装置。

（2）原因分析：没有按照工艺要求施工，永久基准点没有加设保护措施。

（3）防治措施：中心标板及基准点可采用铜材、不锈钢材，在采用普通钢材时应有防腐措施，要按图纸设计的位置安放牢固并予以保护，可采用防护罩、围栏、醒目的标记等。

5）设备坐浆顶面垫板低于坐浆墩

（1）现象：坐浆完成后，顶面垫板低于坐浆墩。

（2）原因分析：坐浆料配合比不标准，没有按照规范标准施工。

（3）预防措施：坐浆料要经过选择，并要严格配合比计量。使用合格的计量器具，并严格执行规范，材料的配合比及称量应准确，用水量应根据施工季节和砂石含水率调整控制，按照工艺标准施工。

（4）治理方法：发现垫板低于坐浆墩时，要修整或铲掉重做。

6）二次灌浆层脆裂与设备底座分离

（1）现象：二次灌浆层混凝土表面裂纹，产生麻面、泛砂，与机械设备底座、垫铁剥离。

（2）原因分析：现场未配备或未使用计量工具，混凝土配合比误差过大；混凝土搅拌不均匀，拌和时间过短，未设内外模板，混凝土填捣不密实。

（3）防治措施：施工现场应配备检验合格的计量器具，二次灌浆用的混凝土的强度等级应比基础混凝土高一级。使用合格的水泥、砂子应过筛，石子应洗净，拌和应均匀充分。灌浆前，灌浆处应清洗洁净。灌浆时，应捣固密实，但要注意不得使地脚螺栓歪斜而影响设备的安装精度。灌浆层的厚度不应小于25 mm，只起固定垫铁或防止油水进入等作用且灌浆有困难时，可小于25 mm。为使垫铁、设备底座底面与灌浆层的接触良好，宜采用压浆法垫铁施工。压浆施工法见《机械设备安装工程施工及验收通用规范》（GB 50231—2009）附录C。

4.1.2　地脚螺栓施工

1）地脚螺栓长短不一

（1）现象：地脚螺栓伸出设备底孔的螺纹长短不一。

（2）原因分析：地脚螺栓长度尺寸不标准，基础螺栓预留孔深度不符合要求，地脚螺栓在预留孔内安装高度不正确。

（3）防治措施

① 安装前要检查设备地脚螺栓是否符合设计要求，如有问题应及时更换。

② 地脚螺栓在预留孔内的置放高度要适宜，螺栓头不要贴靠孔的底面，上部丝扣和伸出设备螺栓孔的长度须符合规范要求，一般地脚螺栓上紧螺母后丝扣外露长度为1.5～5倍螺距。

③ 对于同基础混凝土一起浇灌的螺栓，丝扣外露过长可锯掉一部分长度，再套丝；如过短偏差较小时，可将螺栓用气焊烤红后稍稍拉长，拉长部分用冬钢板沿螺杆周边加固；如偏差过大，用拉长办法不能解决时，可将地脚螺栓周围的混凝土挖到一定深度，将地脚螺栓割断，另外焊上一个新加工的螺杆，用钢板、圆钢加固，长度应为螺栓直径的4～5倍。

2）地脚螺栓螺纹受损及沾上污垢

（1）现象：地脚螺栓螺纹段螺线破断或沾上水泥、灰浆等污垢。

（2）原因分析：施工中安装专业与土建配合不当；机械设备上位过早且未采取相应的防护措施。

（3）防治措施：加强安装专业与土建施工的配合，合理安排施工程序。机械设备就位二次灌浆时，地脚螺栓上部螺纹段可用厚纸包紧或用塑料套管等方法保护螺纹，避免损坏螺纹或粘上灰浆。

3）地脚螺栓螺母未上紧

（1）现象：地脚螺栓螺母拧紧力不够，达不到设备稳定性的要求。

（2）原因分析：施工作业不认真，手工操作时螺母拧紧力掌握不准确，达不到紧固要求。

（3）防治措施：螺母紧固要认真操作，按照紧固顺序进行。紧固时要使用力矩扳手按照地脚螺栓的直径大小施加相应的扭力矩。一般地脚螺栓拧紧力矩可参照表4-3。

表4-3　地脚螺栓紧固力矩(部分)

螺栓直径(mm)	拧紧力矩(N·m)	螺栓直径(mm)	拧紧力矩(N·m)
10	11	22	130
12	19	24	160
14	30	27	240
16	48	30	320
18	66	36	580

4）地脚螺栓倾斜

（1）现象：地脚螺栓埋设时形成倾斜，与设备基础面不垂直。

（2）原因分析：地脚螺栓固定时不垂直；二次灌浆时地脚螺栓未放正和固定好；浇筑

混凝土时碰歪。

(3) 预防措施:安装地脚螺栓时应保证螺栓垂直,必要时要加以固定,二次灌浆时要有专人看护,防止浇筑混凝土时将地脚螺栓碰歪,混凝土养护期间要认真检查和巡视。

(4) 治理方法:对于一般设备地脚螺栓歪斜不严重时,可采用斜垫圈补偿调整。歪斜严重的要铲除重新制作。

5) 紧固地脚螺栓程序不当

(1) 现象:地脚螺栓紧固螺母时不按拧紧顺序进行作业。

(2) 原因分析:施工作业时没有严格按照拧紧螺母的顺序进行操作。

(3) 防治措施:要对施工人员进行业务培训,使他们掌握各种形状设备的螺母紧固顺序,紧固中应使用标准长度的扳手拧紧螺母,最好使用力矩扳手,按照螺母紧固顺序紧固。拧紧地脚螺栓时,应使每个地脚螺栓均匀受力。对于多组地脚螺栓固定的大设备底座,应从设备由里向外分 3～4 次均匀、对称顺序拧紧。

4.1.3　垫铁配置

1) 设备垫板外露尺寸不一致

(1) 现象:设备垫板外露长短不一致或有被锤击打的痕迹。

(2) 原因分析:垫板安装时没按规定尺寸露出设备底座,或设备的尺寸和实际的有误差,造成外露尺寸不一致。垫板安装调整时用锤子击打,在表面留有击打痕迹。

(3) 预防措施:首先要确定设备的尺寸和设备基础。安装时要仔细核对垫铁的尺寸和固定位置,调整时要采取防护措施,不能用锤子直接击打垫板,防止锤击变形或留有痕迹。

(4) 治理方法:垫板不合格的要进行修理和调整,尺寸不合适的要更换。

2) 垫铁尺寸不标准

(1) 现象:形状不标准,有的过长,有的过短。

(2) 原因分析:没有按照施工规范和验收标准制作加工垫铁。

(3) 预防措施:按照施工规范和验收标准施工。垫铁过长不仅浪费材料,而且露出底座过长也不美观;垫铁过短不便于调整。垫铁的尺寸要能达到承受设备负荷的要求。安放垫铁时,要求一般平垫铁露出底座 10～30 mm,斜垫铁露出底座 10～50 mm。垫铁组伸入设备底座底面的长度应超过设备地脚螺栓的中心。垫铁的制作要求见《机械设备安装工程施工及验收通用规范》(GB 50231　2009)附录 A。

(4) 治理方法:将不合格的垫铁拆除,用加工标准的、合格的垫铁重新按照规范要求安装。

3) 垫铁数量过多

(1) 现象:垫铁数量过多,设备运转时振动慢慢增大,轴承温度升高。

(2) 原因分析:设备垫铁过多,垫铁没有点焊成整体,造成设备运转时振动,使垫铁产生滑移而造成振动增大,轴承温度升高,电机电流增大。

(3) 预防措施:设备安装固定时,垫铁每组不得超过5块,放置垫铁时最厚的放在下面,最薄的放在中间(垫铁的厚度不宜小于2 mm),并在设备找平、找正后马上用电焊点牢(铸铁垫铁可不点焊),以防止滑移。垫铁的使用要求见《机械设备安装工程施工及验收通用规范》(GB 50231—2009)第4.2.3条的规定。

(4) 治理方法:将垫铁拆除,按照规范规定重新安装垫铁,固定牢固后再进行设备安装。

4) 垫铁处基础破损

(1) 现象:设备基础在使用中垫铁处的混凝土出现裂纹。

(2) 原因分析:设备使用的垫铁的面积小于计算面积,安放位置不合理,因而,垫铁处混凝土基础承受的载荷超过了它的抗压强度,以致基础被破坏。

(3) 防治措施

① 设备垫铁的安装要根据现场实际情况确定,垫铁安放方式一般有两种:一是垫铁安放方式,采用这种垫铁安放方式时,基础表面与设备底座之间的距离为50 mm左右,最低不得低于30 mm,最高不得高于100 mm;二是砂墩垫铁安放方式,采用这种垫铁安放方式时,基础表面与设备底座之间的距离为100~150 mm左右。一般尽量采用砂墩垫铁,以保证设备安装质量。

② 在设备基础的检测验收中,要注意基础表面的标高与工艺设计标高的偏差情况,然后根据实际标高来计算垫铁的总厚度及各个垫铁的厚度组合,以达到每组垫铁数量不超过5块的规范要求。

③ 垫铁的尺寸,要能达到承受设备负荷的要求,在安放垫铁时,要计算垫铁的面积,如果所安装垫铁厚度不足,就要多加几组辅助垫铁;另外,成对的斜垫铁安放时,一定要保证斜垫铁与设备底座之间的接触面积。

④ 垫铁安放方法、垫铁组的安放要求应符合《机械设备安装工程施工及验收通用规范》(GB 50231—2009)第4.2.2条的规定。

5) 大型、精密设备垫铁承垫不合理

(1) 现象:大型、精密设备的垫铁面积和摆放位置没经过严格计算。

(2) 原因分析:施工马虎,不能严格按照施工工艺和规范规定施工。

(3) 防治措施:对于大型、精密的机械设备一定要按照设备的要求合理摆放垫铁,垫铁面积要满足设备负荷和受力的要求,施工时认真按照工艺和规范要求进行。精密设备应按照要求对垫铁进行计算,计算方法应符合《机械设备安装工程施工及验收通用规范》(GB 50231—2009)第4.2.2条的规定。

6) 设备拆卸、清洗后与原来精度相差过大

(1) 现象:设备机件拆卸清洗装配后精度降低,不能恢复到原来的精度。

(2) 原因分析:对被拆卸零部件的结构和装配要求不熟悉;拆卸装配方法不对,造成零部件损伤或丢换件;拆卸的零件安装不正确,造成零件的划伤和变形;对被拆下零件未经检查清洗就进行装配;对设备清洗检查的重要性认识不足,或不具备清洗基础知识;对

不准拆卸的设备进行拆卸。

(3) 防治措施

① 进行拆卸、清洗的工作地点必须清洁，禁止在灰尘多的地点或露天进行，如必须在露天进行时，应采取防尘措施。

② 拆卸前必须对机器部件的结构、用途、构造、工作原理及有关技术要求等了解清楚，熟悉并掌握机械装配工作中各项技术规范，在拆卸修理再装配时才能准确无误。

③ 通常拆卸与装配顺序相反，拆卸时使用的工具，必须保证对合格零件不会造成损伤，在零件装配前必须彻底清洗一次，任何脏物或灰尘均会引起严重磨损。

④ 拆卸时，零件回松的方向、厚薄端、大小头必须辨别清楚，拆下的部件和零件必须有次序、有规则地安放，避免杂乱和堆积，对精密部件和零件更应小心安放。

⑤ 零部件在装配前应检查其在搬运和堆放时有无变形、碰伤。零件表面不应有缺陷，装配时严格按技术规范要求进行。

⑥ 对可以不拆卸或拆卸后可能降低连接质量的零部件，应尽量不拆卸，对有些设备或零部件标明有不准拆卸的标记时，则严禁拆卸。

⑦ 需加热后拆卸的机件，其加热温度应按设计或设备说明书的规定执行。

⑧ 清洗机件一般均用煤油，但精密机件或滚动轴承，用煤油清洗后必须再用汽油清洗一次。

⑨ 所有油孔油路内的泥沙或污油等杂物，清除干净后用木塞堵住，不得使用棉纱布头代替木塞。

⑩ 设备部件装配时，应先检查零部件与装配有关的外面形状和尺寸精度，确认符合要求后，方可进行装配。

7) 金属表面除锈方法

金属表面的除锈方法见表 4-4。

表 4-4　金属表面的除锈方法

金属表面粗糙度(μm)	防锈方法
>50	用砂轮、钢丝刷、刮具、砂布、喷砂、喷丸抛丸、酸洗除锈、高压水喷射
50～6.3	用非金属刮具、油石或粒度 150 号的砂布沾机械油擦拭或进行酸洗除锈
3.2～1.6	用细油石或粒度 150～180 号的砂布沾机械油擦拭或进行酸洗除锈
0.8～0.2	先用粒度 180 号或 240 号的砂布沾机械油擦拭，然后用干净的绒布沾机械油和细研磨膏的混合剂进行磨光

注：表面粗糙度值为轮廓算术平均偏差。

4.1.4 联轴节装配

1) 联轴节的不同轴度超差

(1) 现象:机械设备两传动轴的不同轴度径向、轴度超过标准的要求。

(2) 原因分析:测量工具不合格或精度等级不够;测量误差大;施工不认真。

(3) 防治措施:施工安装时,应使用经过计量合格的器具进行测量;要严格按照施工及验收规范的要求进行测量和检验不同轴度。

2) 联轴节端面间隙值超差

(1) 现象:两半联轴节端面间隙过大或过小,不符合标准。

(2) 原因分析:整体设备出厂检验不严格;不按标准规定进行找正;施工不认真。

(3) 预防措施:对于进场的设备要加强检查,达不到规范要求的不能安装。联轴节端面间隙要按照规范的要求和技术文件的规定进行调整。

(4) 治理方法:对于中、小型有共用底座的整体安装的设备,两半联轴器端面间隙过小时,要按照验收标准加大间隙;两半联轴器端面间隙过大时,可采用扩长电机底角定位槽来解决。

3) 联轴节装配两轴心径向位移和两轴线倾斜的测量与计算

见《机械设备安装工程施工及验收通用规范》(GB 50231—2009)附录 H。

4.1.5 轴承装配

1) 滑动轴承轴瓦的接触角不符合要求

(1) 现象:轴瓦与轴颈间的接触角达不到标准要求。

(2) 原因分析:不能严格按照操作要点进行刮瓦;施工马虎,工艺基本功差。

(3) 防治措施

① 加强责任心,提高工艺基本功的训练。

② 轴瓦与轴颈间的接触角大小要适宜,高速轻载轴承接触角可取 60°,低速重载轴承接触角可取 90°。轴瓦的刮研要在设备精平以后进行,刮研的范围包括轴瓦背面(瓦背)与轴承体接触面的刮研和轴瓦与轴颈接触面的刮研两部分。瓦背与轴承体的刮研的具体要求是:下瓦背与轴承座之间的接触面积不得小于整个面积的 50%,上瓦背与轴承盖间的接触面积不得少于 40%。瓦背与轴承座和轴承盖之间的接触点应为 1～2 点/mm^2。如果接触面积过小或接触点数过少,将会使轴瓦所承受的单位面积压力增加,从而加速轴瓦的磨损。

③ 刮研轴瓦时,应将轴上的零件全部装上。刮瓦一般先刮下瓦,后刮上瓦。研瓦时,可在轴颈上涂一层薄薄的红铅油,将轴颈轻轻地放入瓦内,然后转动轴,使轴在轴瓦内正、反各转一周,轴瓦与轴颈相互摩擦,再将轴吊起,根据研瓦的情况,判定其接触角和接触点是否符合要求,如不符合要求,应使用刮刀刮削。刮研时,在 60°～90°接触角范围内,

接触点应该中间密两侧逐渐变疏，不应该使接触面与非接触面间有明显的界线。上瓦的刮研方法与下瓦相同。在瓦上着色时，要装好上瓦，撤去瓦口上的垫片，将轴承盖用螺丝紧固好，保证上瓦能够与轴颈良好地接触。

2）轴颈与轴瓦接触点过少

（1）现象：轴瓦与轴颈间的接触点不符合施工及验收规范的规定。

（2）原因分析：刮瓦的程序和方法不妥当，操作不细致。

（3）防治措施：操作应该认真细致，刮瓦时按照工艺程序进行，轴颈在轴瓦内反正转一圈后，对呈现出的黑斑点用刮刀均匀刮去，每刮一次变换一次方向，使刮痕成 60°～90° 的交错角，同时在接触部分与非接触部分不应有明显的界限，当用手触摸轴瓦表面时，应该感到非常光滑。轴瓦接触点标准可参照表 4－5 的标准。

表 4－5　上、下轴瓦内孔与轴颈的接触点数

轴承直径（mm）	机床或精密机械主轴轴承			锻压设备、通用机械和动力机械的轴承		冶金设备和建筑工程机械的轴承	
	高精度	精密	普通	重要	一般	重要	一般
	每 25 mm×25 mm 内的接触点数						
≤120	20	16	12	12	8	8	5
＞120	16	12	10	8	6	5～6	2～3

3）轴承间隙过大或过小

（1）现象：滚动轴承装配后间隙过大或过小。

（2）原因分析：测量工具或操作误差过大，对轴承间隙测量不仔细；当采用螺钉调整时，未拧紧锁紧螺母；用止推环调整时，止动片未固定牢固。

（3）防治措施：使用检验合格的测量工具，测量时要认真、仔细。按照规定要求调整轴承的间隙。安装时需要调整的一般都是径向止推滚锥式轴承。调整时，通过轴承外套进行，根据轴承部件的不同，主要有下面三种调整方法：垫片调整法；螺钉调整法；止推环调整法。

4）轴发热

（1）现象：传动轴在运转中温度升高。

（2）原因分析：轴上的挡油毡垫或胶皮圈太紧，在传动中由于摩擦发热；轴承盖与轴的四周间隙大小不一，导致有磨轴的现象发生，使轴发热。

（3）预防措施：安装时检查挡油毡垫或胶皮圈的松紧度，轴承盖与轴的四周间隙要按照设备技术文件的要求调整。

（4）治理方法：由于挡油毡垫或胶皮圈太紧造成轴发热，要调整挡油毡垫或胶皮圈的松紧度，将胶皮圈内的弹簧换松。由于轴承盖与轴的四周间隙造成的轴发热，要按照工艺标准重新调整间隙，使其达到要求，确保设备正常运行。

5）轴承漏油

（1）现象：设备运转中轴承压盖处润滑油泄漏。

(2) 原因分析:润滑系统供油过多,压力油管油压高,超过规定标准;轴承回油孔或回油管尺寸太小,油封数量不够或油封装配不良,油封槽与其他部位穿通从轴承盖不严密处漏出。

(3) 预防措施:安装时检查轴承回油孔和回油管的尺寸是否符合装配要求,油封的数量要符合工艺要求,装配时应认真仔细。试车时检查和调整润滑系统的油压和供油量,使其达到正常工作状态。

(4) 治理方法:调整润滑系统的供油量;油量要适宜;增大回油管的直径;油封数量不够的要增加油封,重新安装和调整;修理好油封槽,紧固轴承盖。

6) 轴承发热

(1) 现象:在设备运转中轴承温度逐渐增高超过规定的温度。

(2) 原因分析:轴弯曲,轴承压盖间隙未控制好;负荷过大;轴承内的润滑油过多或过少,甚至无油;润滑油不洁净,也会使轴承发热;轴承装配不良(位置不正、歪斜,以及无间隙等)。

(3) 预防措施:首先要清洗好润滑系统,然后按照设计要求的牌号、用量的多少添加符合要求的润滑油,调整好轴弯曲、轴承压盖之间的间隙,控制设备的负荷,防止超负荷运转。

(4) 治理方法:由于超负荷造成的轴承发热,要控制负荷使其在规定的范围内工作。由于润滑油不洁净造成的轴承发热,要更换符合要求的润滑油,并防止过多或过少。轴承装配不良造成的发热,要重新进行调整,达到设计和规范的要求。当设备受到非正常外力的作用,或受到意外损伤时,还应考虑主轴及箱体轴承孔的变形情况,主轴是否弯曲,前后轴承孔是否同轴,发现问题必须进行处理。

4.1.6 皮带和链传动

1) 传动轮在轴上装配不牢

(1) 现象:传动轮在轴上未装配牢固,有松动,径向和轴向端面跳动量超标。

(2) 原因分析:传动轮孔与轴的配合精度不符合要求,紧固件未起到稳固作用,轴孔与轴之间有相对运动。

(3) 预防措施:传动轮安装到轴上,一般应采用 2～3 级精度的过渡配合,装配前必须加上润滑油,以免发生咬口现象。装配时,可采用锤击法或压入法,并用紧固键或紧固螺钉予以固定,检查传动轮装配是否正确,通常采用划针盘或百分表来检查轮的径向和端面的跳动量。

(4) 治理方法:发生以上问题时要重新进行装配,装配时检查传动轮孔与轴的配合精度,装配后将紧固件固定牢固,并检查和测量轮的径向和端面的跳动量,符合规定要求后方可使用。

2) 两轮端面不平行

(1) 现象:两轮中心线不在同一平面上(两轮平行时)。

(2) 原因分析：纵横向中心位置未找准，或两轮厚度不一致。

(3) 预防措施：传动轮装配后，必须检查和调整两个传动轮之间相互安装位置的正确性，首先应固定好从动轮，以它为基准找好纵横中心线和两轴平行度，如有偏移或倾斜时，应进行调整，偏移量的标准为：三角皮带轮(链轮)不应超过 1 mm；平皮带轮不应超过 1.5 mm。

(4) 治理方法：发现两轮不平行时，要按照以上方法进行调整。

3) 传动带(链)受力不一致

(1) 现象：三角带(链)张紧程度不一致。

(2) 原因分析：装带(链)时，两传动轴不平行；或使用的带(链)规格不一，长度不同。

(3) 预防措施：在安装带(链)过程中，应仔细调整好两传动轮的轮距和平行度，使用相同规格的带(链)。两轮的距离通过定期调节或采用自动压紧的张紧轮装置予以改善。三角带的拉紧程度，一般以大拇指能把带压下约 15 mm 左右为宜(两轮的中心距约 500～600 mm)。链传动的拉紧程度可通过弛垂度值予以检验。如果链传动是水平的，或是稍微倾斜的(在 45°以内)，可取弛垂度 f 等于 $2\%L$(L 为两传动链轮的轴心距离)；倾斜度增大时，就要减少弛垂度[$f=(1\%\sim1.5\%)L$]；在垂直传动中减少等于 $0.2\%L$。

(4) 治理方法：由于两传动轴不平行造成的张紧程度不一致，应重新调整传动轮的平行度和轮距，使其达到要求。由于带(链)规格不一致造成的，应更换同一规格的、长度一致的带(链)。

4) 传动链产生跳动

(1) 现象：齿轮运转中，链节与轮齿接触不顺，产生跳动。

(2) 原因分析：齿轮的链齿数与链条的链节数不匹配，链节与齿轮不能循环接触。

(3) 预防措施：链传动机构装配时，一般齿轮齿数采用奇数，而链条的链节都是偶数。如果齿轮的链齿数是偶数，则链条链节必须是奇数。这样在传动时，能使链节和轮齿循环接触良好，保持磨损均匀，传动平稳。

(4) 治理方法：检查齿轮数，如果链条与齿轮数不符，要更换链条，更换原则是：如果齿轮的链齿数是奇数，则链条的链节必须是偶数；如果齿轮的链齿数是偶数，则链条的链节必须是奇数。链条更换完成后，还要检查链条的拉紧程度使其符合工艺要求。

5) 三角带单边工作

(1) 现象：在传动过程中，三角带单边与皮带槽接触，磨损严重，降低三角带的使用寿命。

(2) 原因分析：安装三角带轮时，两对轮槽未在一个平面内，造成三角带单边工作。

(3) 预防措施：安装三角带时，三角带在轮槽中的位置应使胶带两侧面与轮槽内缘平齐或稍高一点，太高或太深时不能达到有效的传动效果。因此，在调节两轮的安装位置时，应使两轮的轮槽(各条带的轮槽)处在同一平面内。

(4) 治理方法：发生三角带单边工作现象时，要首先检查两对轮槽是否在一个平面内，如果是由于两对轮槽不在一个平面内造成三角带单边工作，就要调整两轮的位置，使其保证在一个平面内。

4.1.7 齿轮传动

1）圆柱齿轮轴孔松动

（1）现象：齿轮与齿轮轴配合不紧密。

（2）原因分析：齿轮内孔加工不正确。

（3）预防措施：安装时检查齿轮的轴孔，轴孔与轴的配合精度要符合装配要求。

（4）治理方法：应重新进行齿轮内孔加工，必要时，更换齿轮。

2）齿轮偏摆

（1）现象：齿轮中心线与轴中心线不重合。

（2）原因分析：装配尺寸误差大。

（3）预防措施：齿轮传动系统要正确装配，并进行仔细检查和认真调整，特别要注意轴与齿轮间的定位键的对位和松紧适度，以保证齿轮中心线与轴中心线重合。

（4）治理方法：齿轮偏摆是由于装配原因造成的，要进行重新调整，如调整不过来的，就要更换有关部件。

3）齿轮歪斜

（1）现象：齿轮在轴上产生歪斜。

（2）原因分析：装配时粗糙、马虎、不认真；零部件加工尺寸误差偏大。

（3）预防措施：装配时要认真按照工艺要求进行零部件的加工精度检查，发现加工尺寸误差大的要更换。

（4）治理方法：重新进行齿轮装配和调整，由于齿轮轴孔加工过大造成的要进行更换。

4）齿轮副啮合不良

（1）现象

① 齿轮装配时未贴靠到轴肩位置。

② 两齿轮啮合接触面积偏向齿顶，未正确地啮合接触部位。

③ 两齿轮在装配时中心距过小；或是齿轮加工厚度偏大。

④ 两齿轮中心线偏移。

⑤ 两齿轮中心线发生扭斜，装配不当。

（2）原因分析

① 传动轴轴头过长；齿轮加工时宽度不够；齿轮装配不正确。

② 两齿轮在装配时中心距过大；或是齿轮加工厚度不够。

③ 两齿轮中心线发生扭斜，装配不当。

④ 两齿轮中心线偏移所造成。

（3）预防措施

① 齿轮在轴上的位置要严格按照标准要求进行装配，装配时检查齿轮的宽度，不符

合要求的一定要更换。

② 齿轮装配时要测量两齿轮的中心距离，确保齿轮啮合接触位置正确。安装调整过程中，可调整两啮合齿轮轴的位置。测量齿轮的厚度，以保证齿轮啮合良好，接触面积、部位正确，确保两齿轮在装配后在同一轴线上，中心线不扭斜。

(4) 治理方法

① 检查齿轮及传动轴，对部件存在的问题（如肩圆角太大等）要修整，齿轮宽度不够的要更换，重新进行齿轮装配。

② 由于两齿轮中心距过大或过小造成的啮合不良，可采取调整两啮合齿轮轴位置，用刮研轴瓦的方法进行调整。齿轮加工厚度偏大或不够的，要对齿轮的齿形重新进行加工或更换齿轮。

③ 中心线扭斜时，应对其中心位置进行调整，也可通过研瓦、修刮齿形等方法解决。

5) 圆锥齿轮啮合不良

(1) 现象

① 小齿轮接触面太高或太低，大齿轮接触面太低或太高。

② 小齿轮接触区高或低，大齿轮接触区低或高。

③ 在同一齿的一侧接触区高，而在另一侧接触区低。

④ 两齿轮的齿轮两侧同在小端或大端接触。

⑤ 直齿锥齿轮及螺旋锥齿轮，大小齿轮在齿的一侧接触于大端，另一侧接触于小端。

⑥ 小齿轮齿凹侧接触于小端，凸侧接触于大端（零度螺旋锥齿轮）。

⑦ 小齿轮齿凹侧接触于大端，凸侧接触于小端。

(2) 原因分析

① 小齿轮轴向定位有误差，但误差方向与小齿轮接触面太高，大齿轮接触面太低的误差恰好相反。

② 小齿轮定位及间隙不正常，或齿加工不正确；两齿轮交角太小。

③ 小齿轮凸侧略偏于小端或大端，凹侧略偏于大端或小端；而在大齿轮上凸侧略偏于大端或小端，凹侧略偏于小端或大端，这主要是由于小齿轮定向有误差。

④ 两齿轮轴向定位不正确，或轴线产生位移，或轴线偏离太大。

(3) 预防措施

① 首先检查小齿轮的加工是否符合装配要求，符合要求后才可进行齿轮装配。

② 小齿轮装配时，要先调整好齿轮的位置，再进行轴向定位，检查齿轮的接触面，确保定位正确，间隙正常。

③ 齿轮装配时要测量轴线，测量两齿轮的交角，确保轴线不发生偏离，符合装配要求。

④ 齿轮装配前要测量和检查两齿轮加工的偏差和轴向定位。装配时要认真仔细，装配后测量两齿轮的定位和轴线，确保装配后轴向定位正确，没有偏移，符合装配要求。

(4) 治理方法

① 可将小齿轮沿轴向移出，使小齿轮重新定位。如间隙过大或过小，可将大齿轮沿

轴向移进。

② 由于齿轮加工造成的啮合不良，要更换合格的小齿轮。由小齿轮装配造成的啮合不良，要重新进行装配，并调整好间隙，使小齿轮的装配定位及间隙正常。

③ 仔细检查测量齿轮的加工偏差是否符合要求，偏差太大的要更换齿轮。

④ 重新进行齿轮定位，调整轴线，可将小齿轮轴沿轴向移出。必要时，可用修刮轴瓦来改变两齿轮接触交角的方法调整。

6）蜗轮、蜗杆接触偏斜

(1) 现象：蜗轮接触面向左或向右偏移。

(2) 原因分析：蜗轮与蜗杆中心线扭斜或中心距偏差过大。

(3) 预防措施：装配时检查和测量准确蜗轮与蜗杆中心线，避免出现装配后中心线扭斜或中心距偏大的现象。

(4) 治理方法：可移动蜗轮中间平面位置来改变蜗轮与蜗杆啮合接触位置，或刮研蜗轮的轴瓦以矫正中心线扭斜和中心距偏差。

7）齿轮传动不正常

(1) 现象：齿轮传动不正常及启动困难。

(2) 原因分析：齿轮固定键松动；齿轮齿形不标准或有破损；齿轮装配误差过大；油量过多。

(3) 防治措施：齿轮键松动时，应重新固定好。齿形超标过多或破损，应进行修整或更换合格的齿轮。齿轮装配不当的，要加以调整或重新进行齿轮装配。油量过多时，应调整油量，按规定加以限量。

8）检查传动齿轮啮合的接触斑点的百分率

见《机械设备安装工程施工及验收通用规范》(GB 50231—2009)第 5.7.10 条的方法和规定。

4.1.8 液压与润滑系统

1）液压冲击

(1) 现象：液压油在流动过程中，发生冲碰和撞击。

(2) 原因分析：由一个稳定工作状态到另一个稳定工作状态时，油液压力突然变化，这是由于液体本身特性(惯性力)而产生的。如油液正在流动，突然使其停止，从而压力突然剧增；反之，静止的液体，突然使其流动，这时也会由于惯性力的作用，使压力降低。

(3) 防治措施：操作时动作要减慢，或限制油液流动的变化，在管路上可安装小惯性安全阀或缓冲器。

2）系统漏油

(1) 现象：系统中液油流失。

(2) 原因分析：系统中供油过多，防油毡垫质量差，甚至损坏；部分螺钉未拧紧，减速机本身没有通气孔；系统内热量增高，将油挤出。

(3) 预防措施：要按设备说明书的要求添加润滑油，检查防油毡垫的质量，不合格的要更换。检查紧固螺钉，要确保全部紧固牢固。

(4) 治理方法：由于添加润滑油过多引起的系统漏油，要将多余的润滑油放出，按照设备说明书的要求保证系统中的润滑油量，不可过多或过少。将不合格的防油毡垫全部更换。检查所有螺钉，重新进行紧固。减速机没有通气孔的要增加通气孔，确保系统能正常工作。

3) 润滑系统失效

(1) 现象：运转时设备摩擦表面进油少。

(2) 原因分析：润滑系统中油管、油沟有堵塞，造成油路不畅通；油沟敷设太浅，油温过低，甚至有凝固现象；润滑系统零部件损坏；油系统进水，排污不及时。

(3) 防治措施：清理疏通油管、油沟，并刮深油沟，提高润滑油的油温，保证油路畅通。检查整个润滑系统，更换损坏的零部件，确保润滑系统的正常工作。

4) 齿轮泵困油

(1) 现象：齿轮泵困油，造成不能运转。

(2) 原因分析：齿轮泵的两齿轮在啮合过程中，同时啮合的齿轮对数应多于一对，齿轮泵才能进行工作。当转动的一对齿开始啮合，而前面一对齿轮的啮合点尚未脱离啮合时，会在两对啮合的齿轮之间形成一个封闭的容积，使两对啮合齿之间的油，困在一个封闭的容积内，并最终形成困油现象。

(3) 防治措施：可在齿轮两侧前后端盖的平面上铣两条沟槽(即卸荷槽)。当油受挤压或形成空穴时，可与油腔连通而得到缓解。

5) 齿轮泵欠压

(1) 现象：齿轮泵油量不足，压力不高。

(2) 原因分析：轴向和径向间隙过大。

(3) 防治措施：应正确调整齿轮泵的轴向和径向间隙，一般轴向间隙控制在0.04～0.06 mm，径向间隙以不擦壳(即齿轮与泵体不接触)为准。

6) 齿轮泵密封故障

(1) 现象：泵密封塞崩出来。

(2) 原因分析：泵中回油孔堵塞所致。

(3) 防治措施：检查和疏通回油孔，如果是由于液压油中的杂物将回油孔堵住，就要清除液压油中的杂物或重新换油，在压入轴端密封塞时，不要将回油孔堵住。

7) 齿轮泵运转卡阻

(1) 现象：油泵咬死。

(2) 原因分析：液压系统的油液不干净。

(3) 防治措施：清除油液中的杂物或更换液压油；如不能修复，就要修理或更换油泵。

8）齿轮泵轴转速不均

(1) 现象:泵运转时快时慢。

(2) 原因分析:由于泵的端盖与轴不垂直,或螺钉孔位置不正,以及齿轮有毛刺等造成。

(3) 防治措施:对泵要重新进行调整和装配,保证泵的端盖与轴要垂直,螺钉孔位置不正的要重新打眼,去除齿轮上的毛刺,使齿轮光滑。

9）齿轮泵腔欠油

(1) 现象:泵不吸油或油量不足。

(2) 原因分析:油泵转向不对;过滤器、管道堵塞;连接接头未拧紧,吸入空气。

(3) 防治措施:检查泵的转向,如果反转,要调整过来,使泵转向正确。检查和清除过滤器和连接管道内的杂物,保证系统畅通。接头未拧紧造成的泵腔欠油,要仔细检查接头并拧紧。

10）油泵油管漏气

(1) 现象:油泵油管漏气。

(2) 原因分析:系统中连接部件(法兰和丝扣)处不严密,密封填料不符合标准要求。

(3) 防治措施:检查系统中的连接部件,确保连接处连接紧密、牢固,更换符合标准的密封填料,密封应符合设备运转要求。

11）叶片泵不转动

(1) 现象:油泵咬死。

(2) 原因分析:泵与电机不同心,或油不洁净。

(3) 防治措施:调整泵与电机的同心度,清除系统中油内杂物,或更换合格的液压、润滑油。

12）叶片泵油压不稳

(1) 现象:油量不足,压力不够,表针摆动快。

(2) 原因分析:液压、润滑系统管路漏气;滤油器堵塞;个别叶片动作不灵活;轴向间隙过大;溢流阀失灵或系统漏油。

(3) 防治措施:找出漏气处,仔细将漏气处修复,消除系统中的管路漏气。清洗过滤器,修整叶片,使之转动灵活。调整轴向间隙(一般为 0.005 mm);修复或更换溢流阀,检查系统漏油处并修复。配油盘内孔磨损的要修复或更换。

13）叶片泵运转噪声

(1) 现象:泵运转时噪声异常。

(2) 原因分析:叶片高度不一,倾角太小,转子与叶片松紧不一致,配油盘产生困油现象。

(3) 防治措施:调整好叶片的高度和倾角,一般高度差不超过 0.01 mm;检查叶片在转子槽内的灵活性,松紧程度要适宜。修整好配油盘节流开口处相邻的叶片。

14）叶片泵不上油

(1) 现象:叶片泵吸不上油。

(2) 原因分析：采用的油液黏度过大；油的温度过低；油泵的叶片与转子槽配合过紧；电机转向不对。

(3) 防治措施：调换黏度小的油液，适当提高油温，修整叶片，调整叶片与转子间的配合间隙，矫正电动机的转向。

15) 油缸运行状态失稳

(1) 现象：油缸爬行和局部速度不均。

(2) 原因分析：油缸内进入空气；两端盖板的油封圈装得松紧不一，并有泄漏现象；拉杆和活塞不同心，拉杆全长或局部弯曲；油缸安装位置偏移或孔径不直以及油缸内壁腐蚀和拉毛；拉杆和床身台面固定得太紧，使同心度超差。

(3) 防治措施：在油缸的上部装排气阀，排出空气。调整密封油圈，使其松紧适宜，处理好泄漏现象。校正拉杆与活塞的同心度(一般控制在 0.04 mm 以内)，拉杆修整后弯曲不超过0.2 mm，如拉杆调整后还达不到要求，就要更换拉杆。调整油缸位置，油缸与导轨平行度控制在 0.1 mm 范围内，修整活塞按油缸间隙选配，除掉油缸壁上的腐蚀和毛刺，适当放松螺母，保证拉杆与支架接触。

16) 活塞杆冲击

(1) 现象：活塞杆往返过程中产生冲击现象。

(2) 原因分析：活塞与油缸间隙大，节流阀失去调节作用，单向阀失灵，不起缓冲作用；纸垫破损，造成泄漏。

(3) 防治措施：应严格按照工艺标准调节活塞与油缸之间的间隙，调整或更换单向阀，更换合格的纸垫。

17) 缓冲时间过长

(1) 现象：活塞杆在往返冲程过程中缓冲时间过长。

(2) 原因分析：操作机构纸垫破损，回油不畅通；油缸及活塞杆变形；缸与活塞之间的间隙过小；活塞上节流阀过短，使缓冲时间加长。

(3) 防治措施：更换合格的纸垫，调大回油接头，使其回油畅通。调整或更换变形的油缸和活塞杆，按照工艺标准调整缸与活塞之间的间隙。开长节流槽，缩短缓冲时间。

18) 活塞杆推力不足

(1) 现象：活塞杆在往返冲程过程中推力弱，影响机构正常操作。

(2) 原因分析：缸与活塞配合间隙过大，泄漏量过多；拉杆弯曲；封油圈过紧；缸体局部有腰鼓形缺陷等。

(3) 防治措施：调整油缸与活塞间隙，应保持在 0.04～0.08 mm 以内，消除泄漏处(更换纸垫和封油圈)；校正拉杆的弯曲部位，保持与活塞的同心度；放松压接螺钉，使封油圈封住泄漏处。

19) 溢流阀性能失控

(1) 现象：溢流阀压力不稳定。

(2) 原因分析：溢流阀中的弹簧弯曲、弹性不足；阀芯与阀座接触不良；滑阀拉毛、变形弯曲;油液不洁,堵塞阻尼孔。

(3) 防治措施:安装前应仔细检查溢流阀是否正确,当出现溢流阀压力不稳定时,应更换弹簧,修整阀座,研磨清洗滑阀。

20) 溢流阀产生振动

(1) 现象:阀运行过程中产生振动。

(2) 原因分析:阀中螺母松动,弹簧变形;滑阀配合过紧等。

(3) 防治措施:要及时拧紧螺母,更换合格的弹簧,并修理研磨滑阀。

21) 溢流阀节流失灵

(1) 现象:调节阀调节失灵,流量无法控制。

(2) 原因分析:阀与孔的间隙过大造成泄漏;节流孔堵塞,阀芯卡住。

(3) 防治措施:调整阀与孔的间隙,更换损坏的零件。净化油或更换油,修整阀芯,使其滑动灵活。

22) 溢流阀失稳

(1) 现象:执行机构运行速度不稳定。

(2) 原因分析:系统内的压力油不洁净,使节流面积减小,速度减慢,节流阀使用性能差;节流阀泄漏,使动作不稳定;油温过高,使速度加快;阻尼堵塞空气侵入。

(3) 防治措施:净化或更换压力油;清洗滑阀,增加过滤器;增加节流装置;更换失灵部件;各连接处要严加密封;开车一段时间后,调整节流阀并增加散热装置;要清洗好零件保证阻尼畅通;在系统中装设排气阀。

23) 换向阀不换向

(1) 现象:滑阀不动作、不换向。

(2) 原因分析:电磁铁损坏或吸力不够;弹簧折断或弹力超过电磁铁吸力;滑阀拉毛或卡住。

(3) 防治措施:更换损坏的电磁铁和弹簧,并对滑阀进行拆洗和研磨,确保零部件完整。

24) 换向阀动作失灵

(1) 现象:电磁铁上的绕组发热或烧坏。

(2) 原因分析:电磁铁绕组绝缘不良;电磁铁芯吸附不牢;电磁线圈接通电压不符合要求;电磁焊接质量差。

(3) 防治措施:采用符合要求的电磁铁和弹簧,调整系统中的电压,使其与电磁线圈要求的电压相符,重新焊接电极。

25) 换向阀运行噪声

(1) 现象:交流电磁铁发出噪声。

(2) 原因分析:电磁铁衔接接触不良。

(3) 防治措施:拆开电磁铁,清除杂物,修整接触面,保证电磁铁接触良好。如调整不好时，就要更换电磁铁。

26）管道清洗后的清洁度等级

管道清洗后的清洁度等级应符合设计或随机技术文件的规定。

4.1.9　起重吊装设备

1）吊车轨道安装偏差

(1) 现象：吊车轨道的跨距大小不一。吊车轨道未留设伸缩缝。

(2) 原因分析

① 施工中使用的钢盘尺误差过大。测量轨距时，以手拉的操作法，尺过松过紧或力量大小悬殊，也是造成测值误差过大的原因。

② 未严格按照设计图纸和轨道安装标准图进行施工安装，在安装排放轨道时，采用了从梁的一头向另一头铺设钢轨的方法。

(3) 防治措施

① 在施工中使用经过计量合格的钢盘尺，然后用同一弹簧秤，两人进行操作。作业时，两人在同一直线上，弹簧秤的拉力在每个测点上应相同，保证吊车轨道的轨距符合规范要求。

② 严格按照设计图纸和轨道安装标准图进行。在安装轨道时，应从伸缩缝向两端铺设。

③ 对未留伸缩缝的，可采取锯断的方法，并相应增加压板的数量；伸缩缝的允许误差，不应超过±1 mm。

2）两轮中心面不在同一平面上

(1) 现象：吊车两轮的中心面不在同一平面上，造成行车不平稳。

(2) 原因分析：纵横向中心位置未找准，或两轮厚度不一致。

(3) 防治措施：传动轮装配后，必须检查和调整两个传动轮之间相互安装位置的正确性。首先应固定好从动轮，以它为基准找好纵横中心线和两轴平行度，检查如有偏移或倾斜时，应进行调整。检查两个轮的厚度，不一致时要调整或更换。

3）车轮啃轨

(1) 现象：桥式起重机大车车轮在运行过程中，由于某种原因，使车轮与轨道产生横向滑动，导致车轮轮缘与轨道挤紧，引起运行阻力增大，造成车轮轮缘与钢轨的磨损。起重机在运行过程中是否发生啃轨现象，可根据下列迹象来判断：

① 钢轨侧面有明亮的痕迹，严重的痕迹上带有毛刺；车轮轮缘的内侧有亮斑。

② 钢轨顶面有亮斑。

③ 起重机在运行过程中，在很短的一段距离内，车轮轮缘与钢轨侧面之间的间隙发生明显的改变。

④ 起重机在启动或制动时，车体走斜、扭摆。

(2) 原因分析

① 车轮的安装位置不准确引起的啃轨。车轮的水平偏差过大,或车轮的垂直偏差过大。车轮轮距、对角线不等,同一轨道上两车轮直线精度不良,也会造成起重机车轮啃轨。这些情况下啃轨的特点是车轮轮缘与钢轨的两侧都有磨损。

② 车轮加工误差造成车轮的直径不等,如果是两主动车轮的直径不等,在使用时会使左右两侧车轮的运行速度不一样,行驶一段距离后,造成车体走斜,发生横向移动,产生啃轨现象。

③ 轨道安装质量差,造成两条轨道相对标高和水平直线度偏差过大,同一侧两根相邻的钢轨顶面不在同一水平面内,或钢轨顶面上有油、水、冰霜等。起重机在运行过程中,必然引起啃轨,这种情况下啃轨的特点是在某些地段产生啃轨现象。

④ 桥架变形,必将引起车轮歪斜和起重机跨度的变化,使端梁水平弯曲,造成车轮水平偏差、垂直偏差超差,引起车轮啃轨。

⑤ 传动系统制造误差过大或者在使用过程中磨损较严重;传动系统的齿轮间隙不等或轴键松动等;两套驱动机构的制动器调整的松紧程度不同;电动机的转速差过大都会造成大车两主动车轮运行速度不等,导致车体走斜引起啃轨。

(3) 防治措施

对于集中驱动和分别驱动的运行机构,防止和改善起重机车轮啃轨的方法应有所不同。可通过仔细检查,认真调整,纠正车轮和钢轨的不准确安装,特别要注意分别驱动运行机构两侧电动机、制动器和减速器存在的不同步问题。

① 限制桥架跨度 L 和轮距 K 的比值。L/K 值小于 5 时较为有利。

② 集中驱动的运行机构如车轮总数为 4 个,其中 2 个为主动车轮,主动车轮踏面可采用圆锥形踏面(锥度为 1:10),并将锥面的大端向内安装,采用凸顶钢轨,起重机在运行过程中经过几次摆动,会自动调整运行方向,减少车轮与钢轨间的摩擦。

③ 集中驱动的运行机构,两侧主动车轮直径不同的要车削或更换。

④ 采用润滑车轮轮缘和钢轨侧面的方法,减轻运行摩擦阻力,以减少车轮和钢轨的磨损。

⑤ 经常检查桥架是否变形,并及时矫正,使其符合技术要求,从根本上解决啃轨问题。在检查中若发现车轮对角线、垂直度及水平度超差,应及时进行调整。

⑥ 对于分别驱动的驱动机构,若两侧驱动电动机的转速不一致,应更换为同一厂家生产的同一型号的电动机;两侧制动器动作不协调或者松紧程度不同的要调整制动器。

⑦ 传动系统间隙大的要检修或更换联轴器、变速箱等部件。

⑧ 轨道有问题的,要按照轨道安装的技术要求进行检修调整;轨道上的杂物要及时清理。

4) 吊车制动故障

(1) 现象:吊车电机制动器(抱闸)过松、过紧,制动失灵,影响动作平稳性。

(2) 原因分析:抱闸内有污物和锈蚀未清除干净;衬料与闸瓦固定不牢,铆钉突出;闸轮与衬料接触面积达不到规定的标准;弹簧节距和直径的误差过大;长冲程气缸不清洁,气孔未调节好。

(3) 防治措施

① 检查和清洁所有小轴、闸轮上的所有污物、锈迹，保证小轴转动灵活，两端要有开口销，闸轮表面要确保无油漆；衬料与闸瓦应固定牢固，铆钉应埋入衬料厚度的1/4；闸轮与衬料接触面积，应不小于衬料总面积的75%；弹簧节距和直径的误差，不许超过1 mm；弹簧总长度误差，不准超过误差总和之半；长冲程抱闸磁铁下的气缸，应清洗干净，试运转时，应检查气缸的工作状况，并调整好气孔。

② 运行机构的制动器应能制动大车和小车，但不宜调得太紧，防止车轮打滑和引起振动冲击；起升机构的制动器必须能制止额定负荷的1.25倍，没有下滑和冲击现象。

5) 吊车大梁与端梁连接不牢

(1) 现象：大梁与端梁连接部位的钢板端部不平，连接螺栓孔未充分对正吻合。

(2) 原因分析：组装时，未将车体大梁放到水平及合适轨距的临时轨道上进行组对，而是就地组装，在车体大梁及端梁变形情况下，将连接螺栓穿孔拧紧。

(3) 防治措施：组装时，应将车体大梁放到水平及轨距符合要求的临时轨道上进行组对，将大梁与端梁连接处的钢板端部调平，并检查连接螺栓孔是否吻合，如孔有错位，应仔细查明原因，不准任意修整螺栓孔，也不得随意更换连接螺栓或将螺杆的方台磨掉。螺栓孔对正后，穿上并拧紧螺栓，测量大车的对角线是否相等，两对角线相比长度差不应超过5 mm。此外，还要测量大小车相对两轮中心距以及大车上的小车轨距。端梁接头的焊缝应牢固，表面不应有裂纹、夹渣、气孔和弧坑，加强板的高度和宽度应均匀。

6) 起重机跨度检测

起重机跨度检测应符合《起重设备安装工程施工及验收规范》(GB 50278—2010)附录A的规定。

4.1.10 压缩机

1) 活塞式压缩机气缸响声不正常

(1) 现象：气缸内发生敲击和异响。

(2) 原因分析

① 在安装压缩机时，没留出气缸余隙，因此，在运转过程中，活塞碰到气缸端面，发出沉闷的金属声。当气缸余隙过小时，压缩机运转后，连杆、活塞杆受热膨胀而伸长，也会使活塞与气缸相碰，发出碰击声。另一方面是活塞螺母松动，由于螺母未拧紧，当压缩机活塞向气缸方向运动时，发出强烈的敲打声，同时，冲击力逐渐加大。

② 气缸水套破裂将导致水进入气缸；水冷却系统泄漏，出现液体碰撞声；油水分离器失灵，使气体带水进入气缸，造成冲击；当压缩机冷却水中断后，气缸温度上升，这时突然供给冷却水，也会使气缸断裂，水进入气缸；在冬季压缩机停止运行后，不及时放出气缸内的水，会冻坏气缸。

③ 在压缩机刚启动时，突然发出金属卡碰声，这表明某种工具或零件落入气缸内，如

果活塞在行程的一个方向发出一种碎块似的敲打声，则可能是某个阀片破碎脱落，掉入气缸。

④ 气缸润滑油过多，多余的油液聚集在缸内，活塞往复运动时，击溅油液，发出双向的、不明显的液体冲击声。

⑤ 铸造时内部型砂和型砂骨沫没有清理干净，当活塞动作时，发出沙沙响声。

⑥ 活塞与气缸中心不一致，压缩机运行时，活塞组件擦碰气缸内壁，使气缸发热，并产生冲击碰撞声。

(3) 防治措施

① 按照设备技术文件的要求，调整好气缸与活塞的余隙；对活塞螺母松动的应及时拧紧，特别要在压缩机运行前做好此项工作。

② 气缸水套和冷却水系统，应在安装前进行认真的外观检查，并用 1.5 倍工作压力进行压力试验，合格后才能运转使用；对油、水分离器应及时进行清洗，吹出聚集在底部的油、水分，保持其效能；对温度高的气缸，待降温后，才能通入冷却水；冬季运转停止后，应及时放掉气缸水套中的水，防止发生断裂事故。

③ 当发生异常响声时，应立即停车，打开阀座口，清除杂物，重新装阀，并仔细检查后，封闭气缸，再行开车。

④ 使用符合要求的润滑油，并定量供油，当压缩机启动前，开动油泵时间不要太长。

⑤ 将活塞上螺母堵头旋开，彻底清理型砂和杂物，洁净后拧紧堵头，并加上自动防松装置，拧紧堵头时，不能高出活塞端面。

⑥ 按照设备技术文件和规范要求找正活塞与气缸中心。

2) 传动部件异响

(1) 现象：机体内发生敲击和异响。

(2) 原因分析

① 主轴颈与瓦出现响声：轴瓦间隙过大，瓦间隙不适合，不便于轴转动和形成轴膜，这将会引起发热，跳动冲击；主轴装配不当，主轴加工几何尺寸超过偏差，当水平度达不到要求时，也会出现发热、振动等情况；斜铁贴合不良。

② 曲轴销与连杆大头发出异响：当连杆大头瓦径向间隙过大时，将引起敲击、振动和烧瓦；轴向间隙过大时，容易使连杆横向窜动、歪偏，产生敲击冲动；间隙过小，曲轴热伸长推移连杆，使其歪斜，曲轴工作失常或卡死、烧瓦、抱轴等，破坏合金层，造成钢瓦背直接磨轴颈。

③ 十字头发出不正常的响声

a. 压缩机转向不对，十字头侧向力向相反方向作用，这时听到的是十字头上滑块的敲击声，使上滑道加速磨损，这种情况多出现于卧式压缩机。

b. 十字头跑偏或横移。一般情况下，十字头在机身滑道内的位置应居中，并与机身滑道中心线重合，相反，在滑道内歪斜、跑偏或横向跑偏，都将引起敲击和发热。

c. 滑道间隙过大，容易产生十字头跳动、敲击的异响声。

d. 十字头零件紧固不够，出现松动，发生异响。

e. 连杆小头与十字头销的装配间隙不合适。当径向间隙过大时，运转中十字头发出敲击声，径向间隙过小也会发热、烧瓦和抱轴；当轴向间隙过大时，也容易引起敲击和冲击，轴向间隙过小，膨胀时，容易咬住，也会产生发热和烧瓦。

f. 曲轴中心与滑道气缸中心不垂直，容易发热产生异响。

(3) 防治措施

① 重新调整主轴与瓦的径向和轴向间隙，使其达到规范要求；主轴安装前要认真检查几何尺寸是否符合要求；超差时，应及时处理和更换；对主轴水平度要按要求找平、找正；对轴瓦和斜铁的贴合接触面要求达到75%以上。

② 要正常调整曲柄与连杆大头瓦的径向和轴向间隙，一直达到设备技术文件和施工验收规范的规定。

③ 要保证压缩机转向正确。

④ 要正确装配十字头，对机身、中体和气缸，应以钢丝线找正定心，特别是长系列压缩机尤为重要，必须使其中心线重合，用内径千分尺检查十字头在滑道内位置是否正确，然后，将活塞杆慢慢插入十字头体内，并检查其水平度后，慢慢盘车，看其转动是否灵活。

⑤ 滑道间隙过大，可利用十字头体与滑板之间的垫片进行调整。对十字头螺栓要逐渐均匀对称拧紧，并加上制动防松垫圈。

⑥ 安装时，要严格控制连杆小头和十字头销的径向间隙使其达到标准的要求，并调整好曲轴对中。

3) 阀件异响

(1) 现象：吸、排气阀产生敲击声，严重时损坏气缸。

(2) 原因分析

① 阀片折断一方面是由于材料和制造质量不符合要求造成的，另一方面是阀簧弹力不均匀，使阀片开关不一致，产生歪斜与升降导向块相互卡阻，阀片冲击升程限制器，阀片产生异响，应力集中极易损坏。

② 阀座装入阀室时，没有放正或阀室上压紧螺栓未拧紧，阀座不正或螺栓不紧，当气流通过时，易产生漏气和阀座跳动，并发出沉重的响声。

(3) 防治措施

① 安装前，对阀片的材质和加工质量应进行仔细检查，发现问题及时采取措施。对阀簧弹力不均者，应进行调整，并对每个阀簧至少要压缩3次，使圈与圈接触，要检查阀簧在压缩前后的自由高度，允许误差为0.5%。

② 安装时，要仔细检查配气阀，特别是阀杆螺栓装入阀座或阀盖孔以后，要检查螺栓中心线是否与阀座平面垂直，螺栓与孔配合应符合规范规定。

4) 机组异常振动

(1) 现象：压缩机组和基础异常振动。

(2) 原因分析

① 设计不合理。表现在工作时,产生不平衡的惯性力和惯性力矩大小和方向是周期性变化的,由于压缩机组结构设计不合理或基础设计有问题,使振动增大和剧烈。

② 卧式压缩机安装不当。曲轴本身安装不当或与气缸连杆等中心线不垂直;或十字头、活塞与气缸中心线不同心等,都是产生振动的因素。另一方面,地脚螺栓未拧紧,机座窜动,垫铁面积太小,不平整、过高,位置摆设不合理,以及压缩机同轴度超差过大等,都将引起振动。

③ 电机安装不当。使转子铁芯与定子摩擦,导致振动。

④ 皮带轮不同心。用三角形皮带传动时,两轮中心偏差过大。

(3) 防治措施

① 属于机组本身不平衡,惯性力过大引起的振动,可以在安装时,增大设备基础来补偿。

② 安装偏差过大者,应进行调整,达到标准规定时为止。

③ 安装前,对零件应仔细检查,不符合标准的应加以修整或更换。

5) 系统管路振动

(1) 现象:压缩机运转时,压缩系统管路产生异常振动。

(2) 原因分析:由压缩机组本身不平衡的惯性力引起,气流脉动性所致。惯性力不平衡引起机组和基础振动,可由管路将土体传到远方,而气流脉动引起的振动,只限于它产生的部位。当产生的振动频率恰和自然振动频率相同时,就会产生共振,使振动剧烈。

(3) 防治措施:一般采取短管路支承长度,以提高自振频率,消除共振现象;在工作中,当发现管路振动大时,应把与压缩机连接的管路用管卡紧固,同时对大、中型压缩机的排气管要有水泥墩座,把排气管固定在水泥墩座上,可减小振动。

6) 运行过热

(1) 现象

① 压缩机曲轴的主轴颈和主轴瓦的运转温度超过标准要求。

② 气缸过热或排气温度过高。

③ 活塞杆与密封器过热。

(2) 原因分析

① 主轴瓦间隙不合适。当径向间隙过小或不均匀时,将会破坏润滑油膜,产生偏摩擦、发热、烧瓦、抱轴等。而轴向间隙过小,轴受热膨胀,也容易出现卡住、烧瓦、过热等不正常现象。

② 主轴瓦润滑不良。油质不佳;供油量不足或中断供油造成部件磨损;油压不够,形不成一定油膜,使温度升高;油质污染,不经过滤,杂质多容易研瓦;油分配不均,润滑油应合理分布,形成油楔,产生油压平衡载荷等,当分布不均,将造成油瓦温度升高,直至烧毁轴瓦。

③ 曲轴装配偏差过大,包括曲轴的水平度、曲轴与气缸中心线垂直度、主轴颈与主轴

瓦间隙等；由于偏差过大，将会使轴承发热，超过规定的要求。

④ 冷却水供应不足将造成冷却效果不佳，一般回水温度高于 35～40 ℃时，即表明冷却水供量不足。

⑤ 密封器与活塞杆安装不当。两者不同心，当压缩机运转时，产生严重的摩擦，造成异常发热和漏气。密封圈弹簧安装歪斜，压力不均匀发生过热现象。密封器内有杂物，引起磨损发热。新安装的压缩机活塞杆与密封器未经“磨合”，产生配合密封不够。润滑油孔道（冷却水通路）受到阻塞，使润滑油（冷却水）不能进入密封器内部，造成活塞杆与密封器过热。

(3) 防治措施

① 应按设备技术文件的规定，正确调整主轴瓦的径向和轴向间隙。

② 油质应符合要求，通常用 40 号和 50 号机械油。应定量供油，不能任意中断供油，油箱上一般有油位标示，以保证有足够的油量。要保持一定的油压，一般情况下油泵出口油压用回油阀调节，调到 0.2～0.4 MPa 的范围内。保持润滑油的清洁，对有杂质的油应经过滤后使用，当油中含水量超过 2.5%时，应予更换。润滑油分布要合理均匀，以保证正常的油压。

③ 要正确装配曲轴，使其达到设备技术文件规定的偏差，以保证运转的顺利进行。

④ 供水量充足时，正常的排气温度不应高于 140～160 ℃，冷却水供给量要确保系统正常运行，定期除垢。

⑤ 安装密封器时，必须仔细清洗干净，防止杂物落入，应用压缩空气吹洗润滑油孔道（冷却水通路），以确保畅通。装气缸孔内时，不要放歪斜，特别是当密封器底部有垫片时，更要均匀、对称地拧紧螺栓，避免产生歪斜现象。压紧角安装时要仔细检查，不要装错。安装密封圈弹簧时，可涂沾一些黄干油，以免歪斜。

⑥ 压缩机在无负荷试运转时，对密封器的“磨合”时间要求：当气缸压力（表压）$<$ 15 MPa时，不小于 4 h；当气缸压力（表压）范围在 15～200 MPa 时，不小于 8 h。

7) 气阀漏气

(1) 现象：气阀漏气。

(2) 原因分析

① 气阀不严密：阀片与阀座接触不好；阀座螺栓不严密；阀组件与气缸阀座口处不严密；阀片翘曲变形，形成气阀关闭不严；气阀装配不当，使阀片关闭不严，造成过热。

② 阀片开闭时间和开启高度不对，引起漏气。

(3) 防治措施

① 阀片与阀座接触不好应进行研磨，直到密封不漏气为止。

② 阀座螺栓配合要严密，防止气体倒泄。

③ 阀组件与气缸阀座口处不严密时，首先应将密封垫圈的接口处修磨平整，对阀组件密封垫圈的拧紧程序不能搞错：第一，将阀组件套上密封圈，对准气缸上的阀孔座口平整地放入；第二，装入阀组件的压筒；第三，将阀盖密封圈正确地放入，并将阀组件压筒的顶丝松开，扣上阀盖；第四，对角匀称地把紧阀盖螺栓的螺母，然后再把紧压筒顶丝；第

五,阀组压筒顶丝的螺母下应放入密封垫圈,以防气体漏出。

④ 安装阀片时,应认真检查,对变形要妥善处理,必要时进行更换。

⑤ 调整阀的装配偏差。对气阀的阀簧要认真检查和装配,阀片升程高度不符合要求经检查后,应进行调整;对没有调节装置的气阀,可加工阀片的升高限制器;对有调节装置的,可调节气阀内垫圈的厚度。

8) 安全阀漏气

(1) 现象:安全阀漏气。

(2) 原因分析

① 安全阀阀簧支承面与弹簧中心线不垂直,阀簧受压时,就产生偏斜,造成安全阀的阀瓣受力不均,发生翘曲,引起漏气、振荡,甚至安全阀失灵。

② 安全阀与阀座间接触面不严密,有杂质和污物,产生发热、漏气等。

③ 安全阀阀簧未压紧,连接螺纹及密封表面损坏等,引起安全阀漏气。

(3) 防治措施:调整安全阀阀簧支承面与弹簧中心线垂直度,保持其相互垂直;对安全阀与阀座间的杂质、污物要清理干净,必要时,重新研磨,确保接触面严密;安全阀阀簧要压紧,螺纹和密封表面要保护好,有损坏处应修刮和研磨。

9) 曲轴损坏

(1) 现象:曲轴产生裂纹或折断。

(2) 原因分析

① 安装不正确,曲轴与轴瓦间隙过小或接触不均,都会引起曲轴异常发热、振动和冲击,产生弯曲变形,甚至断裂;当联轴器同心度偏差过大,也会造成曲轴异常发热、跳动、变形、折断等。

② 制造工艺不当,曲轴有砂眼和裂纹存在,运转时造成断裂。

③ 曲轴承受意外剧烈冲击,引起曲轴变形、裂纹或折断。

(3) 防治措施

① 要认真检查曲轴与瓦间隙的接触情况,必须达到技术标准的要求。联轴器同心度要用百分表反复测试,一直到符合标准要求为止。

② 安装前,对部件进行认真检查,对有怀疑的重要零部件,要组织有关人员进行鉴定,对不符合要求的产品,不能进行安装,以确保施工质量。

③ 严格按操作规程正确地进行操作,防止意外冲击荷载的出现。对设备基础情况,可经常进行观测,发现问题及时处理。

10) 连杆螺栓折断

(1) 现象:连杆螺栓折断。

(2) 原因分析

① 安装质量差,连杆螺栓与螺母拧得过松、过紧或操作方法不对,造成受力不均而折断。

② 由于连杆轴承过热,活塞被卡阻或压缩机进行超负荷运行,连杆螺栓承受过大荷

载而折断。连杆螺栓材质不符合设备技术文件的要求，也会出现折断现象。长时间运行，零部件产生疲劳过度，而导致连杆螺栓损坏。

(3) 防治措施

① 安装连杆螺栓时，松紧要适宜，要使用测力扳手，或用卡规等工具检测预紧力。正确的操作方法，可通过涂色法检查连杆螺母端面与连杆体上的接触面是否密封配合，必要时应进行刮研。

② 连杆螺栓材质一定要符合标准要求，不合格者，坚决更换。

③ 要加强设备运行中的维护工作，严格按技术操作规程进行作业，发现问题要及时处理。

11) 连杆损坏

(1) 现象：连杆折断、弯曲。

(2) 原因分析：由于连杆螺栓松动，折断脱扣，活塞冲击气缸，使连杆突然承受过大的应力而弯曲或折断。另一方面锁紧十字头销的卡环脱扣或开口销折断，十字头销窜出，致使连杆撞弯。

(3) 防治措施：安装连杆螺栓和十字头销卡环时要仔细拧紧，反复检查，防止发生事故。

12) 气缸损坏

(1) 现象：气缸或气缸盖破裂；气缸镜面被拉伤，活塞被卡住。

(2) 原因分析

① 冬期施工时，冷却水未放出，形成结冰膨胀，使气缸破裂。

② 压缩机运转中突然停水，使气缸温升过高，同时又突然放入冷却水，因而由于热胀冷缩的原因，使气缸破裂。

③ 活塞与气缸盖相撞，把气缸盖撞裂；活塞杆与十字头连接不牢，活塞杆脱开十字头；活塞与活塞杆上的防松螺母松动；气缸内掉入金属物或流入一定数量的液体；气缸的前后余隙太小。

④ 滤清器失灵。当滤清器失灵时，不洁物被吸入气缸、润滑油不干净等，使气缸镜面拉伤。

⑤ 气缸润滑油中断。当润滑油中断后，活塞与气缸之间形成摩擦，阻力增大，使活塞卡住或拉伤气缸镜面。

⑥ 气缸活塞装配间隙过小或不均匀。当曲轴、连杆、十字头等运动机构偏斜，都将导致活塞与气缸发生偏摩擦，因而划破气缸镜面。

(3) 防治措施

① 压缩机停止工作后，应及时排出气缸中的冷却水。

② 当冷却水停止，气缸温度过高时，应在气缸适当降温后，再通入冷却水。

③ 安装时，要严格检查活塞与活塞杆、活塞杆与十字头的连接及防松垫片的翻边情况，仔细核对前后气缸的余隙。安装完毕后，用盘车装置盘动活塞，再次检查有无杂物落

入气缸和有无异常响声。

④ 对滤清器应经常进行清洗，防止异物进入气缸。

⑤ 按规定供给合格的润滑油，并经常检查供油情况是否正常，发现问题，及时加以解决。

13）离心式压缩机压力、流量低于设计规定

（1）现象：过滤网阻塞，形成吸入负压增大。

（2）原因分析

① 季节性风尘造成吸入空气含尘量超过过滤器过滤功能。

② 过滤网运行不正常，使灰尘积厚，影响空气流量。

③ 气温降低，油黏度增大，造成阻塞和冻结。

（3）防治措施：调整过滤网的过滤功能，并经常清洗，保持空气的正常流量。当气温降低时，应采取升温措施，保持油的正常运行。

14）离心式压缩机冷却失效

（1）现象：各段冷却器效率降低。

（2）原因分析：供水量不足，供水温度高，以及冷却器水垢堵塞，影响换热效率。

（3）防治措施：检查各段冷却器，增大供水量和降低水温。

15）滑动轴承故障

（1）现象：轴承出现故障；止推轴承出现故障。

（2）原因分析

① 润滑油不足或中断，引起轴承升温，严重时将瓦烧坏。

② 润滑油不清洁，赃物带入轴瓦内，破坏了油膜。

③ 轴承振动大，引起合金脱落或裂纹。

④ 冷却器冷却水供应不足或中断，油温度过高，油精度下降，形不成良好的油膜。

⑤ 润滑油中有水分。轴端、轴封间隙过大，漏气窜入轴承内，流经冷却器中冷却水压力大于油压，当油管泄漏时，水漏入油中。

⑥ 轴承外壳过度热变形，使轴颈与轴瓦接触面受力不均，引起合金摩擦和轴承发热。

a. 轴向推力增加，使止推轴承超负荷运行，致使止推块的巴氏合金熔化。

b. 润滑油系统不畅通。油内有杂质，油质差，进油口孔板及管路堵塞，油冷却器失灵等。

c. 巴氏合金质量差。

（3）防治措施

① 检查修理润滑系统，并增加供油量；清洗过滤润滑油，保证其清洁干净；调整好轴承装配间隙；增加供水量并消除管路系统中存在的问题；调整轴端、轴封间隙，使其达到规定的标准；调整轴颈与瓦的受力情况，保持受力分配均匀。

② 调整轴向推力，减小轴向负荷，保持合金层，使其正常运行；使用符合要求的润滑油，并经常检查润滑系统的工作情况，疏通油路，修整冷却器等；要正确地浇铸巴氏合金。

16）机组振动超常

（1）现象：机组运转过程中，振频及振幅均超过标准。

（2）原因分析

① 转子不平衡，转数越高，偏心距越小，如转子的偏心距大于规定数值，转子转动时产生的离心力，会引起过大的振动。

② 安装调整不符合要求，如基础与易振构件相连，地脚螺栓松动，轴承间隙过大，机组找平、找正不精确，以及热膨胀等。

③ 当转子在某一转数下旋转时，如产生的离心力频率与轴的固有频率相一致时，轴即产生共振。产生强烈振动结果使转子以及整个机械遭到损坏。

（3）防治措施

① 在专用设备上进行转子平衡试验，并采用相适应的措施，必要时，更换部件。

② 安装前要做好各项准备工作；安装过程中要保证每道工序、每个部件的装配正确，严格按设计和规范施工。

③ 当压缩机启动时，不要在临界转数附近停留，使转子尽快跨越临界转数。

17）压缩机振动检测及限值

压缩机振动检测及限值见《风机、压缩机、泵安装工程施工及验收规范》（GB 50275—2010）中附录 A 的规定。

18）压缩机清洁度检测及限值

压缩机清洁度检测及限值见《风机、压缩机、泵安装工程施工及验收规范》（GB 50275—2010）中附录 B 的规定。

4.1.11 风机及水泵

1）风机弹簧减振器受力不均

（1）现象：弹簧压缩高度不一致，风机安装后倾斜，运转时左右摆动。

（2）原因分析

① 同规格的弹簧自由高度不相等。

② 弹簧两端，半圈平面不平行、不同心；中心线与水平面不垂直。

③ 每支弹簧在同一压缩高度时，受力不相等。

（3）防治措施

① 挑选自由高度相等的弹簧组合成一组。

② 换用合格的产品。

③ 在弹簧盒内底部加斜垫，调整弹簧中心轴线的垂直度。

④ 分别做压力试验，将在允许误差范围内受力相等的弹簧配合使用。

2）离心式通风机底部存水

（1）现象：离心式通风机底部存水，风机外壳容易锈蚀，送风含湿量大。

（2）原因分析

① 由于挡水板过水量过大，水滴随空气带入通风机。

② 经空调器处理的空气进入通风机时，由于某种原因，空气状态参数发生变化，有水分由空气中析出，使通风机底部存水。

（3）防治措施

① 调整挡水板安装水量，使过水量控制在允许范围内。

② 在通风机底部最低点安装泄水管，并用截止阀门控制，定期放水。

3）风机产生与转速相符的振动

（1）现象：风机运转中，产生的振动与风机转速相符。

（2）原因分析：叶轮重量可能不对称；叶片上有附着物；双进通风机两侧进气量不相等。

（3）防治措施

① 叶轮重量不对称的要调整、更换，使其重量对称。

② 检查叶片，将叶片上的附着物清除干净。

③ 双进通风机应检查两侧进气量是否相等。如不等，可调节挡板，使两侧进气口负压相等。

4）风机运转擦碰

（1）现象：机壳与叶轮圆周间隙不均。

（2）原因分析：风机出厂时装配不当；在运输、安装过程中发生碰撞。

（3）防治措施：按技术文件的要求，调整机壳和叶轮之间的间隙，保证运转正常。一般轴向间隙应为叶轮外径的 1/100，径向间隙应均匀分布，其数值应为叶轮外径的 1.5/1 000～3/1 000。

5）风机润滑、冷却系统泄漏

（1）现象：风机的润滑和冷却系统未进行压力试验，产生泄漏。

（2）原因分析：不严格按标准施工，任意减少施工工艺程序。

（3）防治措施：应按设计或规范要求进行强度试验，试验压力当用水做介质时，为工作压力的 1.25～1.5 倍；当用气做介质时，为工作压力的 1.05 倍。

6）风机运转振动异常

（1）现象：风机转子振动大，响声异常。

（2）原因分析：风机叶轮制造和安装不符合要求，或叶轮损坏，破坏转子体平衡而引起振动。

（3）防治措施：如叶轮本身有缺陷，应进行修整，必要时予以更换；如系安装精度不高，应重新进行调整，达到要求后，再投入正常运转。

7）风压不足

（1）现象：风压降低，电流减小。

（2）原因分析：风机叶轮被棉纱或其他杂物缠住，送不出风。

(3) 防治措施:要认真彻底清理叶轮上的棉纱或其他杂物,保持风机叶轮的正常运转。

8) 机轴承振幅过大

(1) 现象:风机运转中轴承径向振幅超过要求。

(2) 原因分析:设备部件制造质量差,或安装精度达不到要求。

(3) 防治措施:应仔细调整轴承的安装精度,使其达到规范规定的要求。

9) 管道和阀门重量加在泵体上

(1) 现象:水泵进出口处的配管和阀门不设固定支架。

(2) 原因分析:不严格按规定架设管道或设计不合理。

(3) 防治措施:水泵配管或阀门处应设独立的固定支架,同时应保证水泵进出口连接柔性短管在管道与泵接口两个中心的连线上。按照规范要求和验收标准在管道和阀门的连接件上增设支撑;解除加到泵体上的荷载。

10) 水泵不出水或出水量过少

(1) 现象:水泵出水量过少,甚至不出水。

(2) 原因分析

① 水泵转动方向不对或水泵转速过低。

② 水泵未灌满水,泵壳内有空气或吸水管及填料漏气。

③ 水泵安装高度过大或水泵扬程过低。

④ 吸水口淹没深度不够,空气被带入水泵。

⑤ 压力管阀门未打开或发生故障。

⑥ 叶轮进水口被杂物堵塞。

(3) 防治措施

① 检查吸水管及填料是否漏气,如漏气应加以修复。

② 降低水泵安装高度或改换水泵;清除水泵进出口杂物。

③ 检查吸水口的淹没深度,应保持一定的深度,以确保水泵工作时不会因降低水位而将空气吸入系统。

④ 认真检查电路,测试电压和频率是否符合电机要求。如水泵反转,要调整水泵电机的转向。

⑤ 检查压水管阀门,若有故障应及时排除。

11) 水泵发热或电机过载

(1) 现象:水泵启动后,轴承或填料发热,电机负荷过大。

(2) 原因分析

① 轴承安装不良、缺油或油质不好,滑动轴承的甩油环损坏。

② 电机转速过高或泵流量过大,或水泵内混入杂物。

③ 填料压得太紧或填料的位置不对。

④ 泵轴弯曲、磨损或联轴器间隙太小。

(3) 防治措施

① 轴承安装前,认真进行检查,安装应正确,使用的润滑油应合格,注油不可少也不可过多。甩油环应放正位置,更换损坏的甩油环。

② 检查电机的转速,将转速控制在额定范围内,用阀门控制水泵流量,清理泵内的杂物。吸水口应设过滤网,压水管上的阀门开启程度应适当。

③ 水泵叶轮与泵壳之间的间隙,填料函、泵轴、轴承安装应符合技术要求。

④ 安装前应检查校核泵轴,如有弯曲现象应加以校直,联轴器间隙不应过小。

12) 水泵振动噪声过大

(1) 现象:水泵运转时,振动剧烈或噪声过大,影响水泵的正常运转。

(2) 原因分析

① 水泵安装垂直度或平整度误差较大。

② 水泵与电机两轴不同心度过大,或联轴器间隙过大或过小。

③ 吸水高度高,吸水管水头损失过大。

④ 管内存有空气。

⑤ 基础地脚螺栓松动。

⑥ 压水管与吸水管同水泵连接未设防振装置。

(3) 防治措施

① 利用已知水准基点的高程,用水准仪进行测量,控制安装标高的误差在允许范围内。

② 用角尺贴在两联轴器的轮缘上,检直上下左右点的表面是否与尺线贴平。若有差异,则可调整电机底脚垫片或移动电机位置,使其贴平;也可用塞尺塞两联轴器之间测量上下左右的端面间隙,并调整到允许范围以内。

③ 降低吸水高度或减少吸水管水头损失。

④ 压水管安装应有一定的坡度,并且顺直以消除管中存有的空气。

⑤ 拧紧地脚螺栓并加防松装置,防止松动。

⑥ 水泵与基础之间应设减振垫或采用减振基础。

13) 减速机密封不良

(1) 现象:减速机漏油。

(2) 原因分析:在密封的减速机内,由于齿轮摩擦发热,使减速机箱内温度增高,油压力也随着增大,因而使减速机内润滑油飞溅到内壁各处,在密封比较差的地方,油很快渗漏出来,特别是轴头部分,在运转中从轴隙处,容易向外渗漏。

(3) 预防措施:减速机本身应装设通风罩,以实现箱内均压;同时,要使箱内润滑油畅流,回收四壁飞溅的油料。减速机结合面处要密封良好。

(4) 治理方法:更换损坏的密封垫。

14) 减速机运行噪声大

(1) 现象:齿轮啮合不标准,振动大。

(2) 原因分析:减速机内传动齿轮啮合接触面和间隙不符合要求,多数是由于在场内制造时,检查不严格,加工粗糙所致;并且装配时两轴中心线不符合设计要求,距离过大或过小。

(3) 预防措施:安装前,对可拆卸的减速机进行开盖检查,看齿轮组的啮合间隙和接触面是否符合要求,必要时,应进行刮研处理。

(4) 治理方法:当两齿轮中心距误差过大或过小无法调整时,应及时更换部件,保证其正常运转。

15) 风机、压缩机和泵振动的检测及限值

风机、压缩机和泵振动的检测及限值应符合《风机、压缩机、泵安装工程施工及验收规范》(GB 50275—2010)中附录 A 的规定。

4.1.12　锅炉

1) 锅炉钢架安装超差过大

(1) 现象

① 各立柱的平面位置超差,上下水平对角线超差。

② 立柱不垂直或弯曲,各立柱相互间高低不一,两立柱在铅垂面内对角线超差。

③ 水平梁不水平或弯曲。

④ 锅炉大架焊接质量有问题(如漏焊、裂纹、未焊透)。

(2) 原因分析

① 基础放线不准,柱、横梁等构件的相对位置未经校正验收便焊接固定。

② 梁、柱等构件在安装前未校正调直。

③ 焊接质量存在问题。

(3) 防治措施

① 应使用经过检验计量合格的工具和测量仪器,测量时要仔细,测量后要认真复核,确认无误并经验收合格后方可进行下步工作。

② 钢架组装前必须对构件进行检验校对,对超差的构件进行校正处理,校正合格后方可进行组装,经过校正不能达到标准的要更换。

③ 注意基础纵横中心线及标高线测量放线方法,一般可依据锅筒定位中心线,确定锅炉的纵横向安装基准线。并在钢架安装前,预先在各立柱上设置永久的 1 m 标高线和纵向的中心线,1 m 标高线应从柱顶向下量。

④ 各立柱与主要横梁焊接固定前,应对各立柱的垂直度、主要横梁的水平度、水平面对角线、垂直面对角线、立柱标高等尺寸进行纠正验收,合格后方可焊接固定。

⑤ 焊接时注意施焊顺序,防止焊接变形。焊接过程中,要对焊接质量进行检查,防止焊接质量问题的产生。

⑥ 钢架安装允许偏差及其检测位置,应符合《锅炉安装工程施工及验收规范》(GB 50273—2009)中第 3.0.3 条的规定。

2）锅炉底部漏风

(1) 现象：锅炉运行中底部出现漏风。

(2) 原因分析：锅炉就位后，锅炉与基础处理不当，接缝处没有堵严，造成漏风。

(3) 预防措施：锅炉就位找正后，应将底部缝隙认真填充，可首先填充石棉水泥砂浆，然后用普通水泥砂浆抹平。

(4) 治理方法：发现锅炉底部漏风后，要找到漏风处，将缝隙处内的杂物清理干净，填充石棉水泥砂浆后，用水泥砂浆抹平即可。

3）锅筒与集箱安装超差过大

(1) 现象

① 锅筒标高、纵横水平度轴线中心位置、纵向中心线超差。

② 锅筒内的零部件漏装或固定不牢。

③ 汽包吊环与汽包外圆接触间隙太大。

(2) 原因分析

① 锅筒和集箱放线时，没有找到纵、横坐标和标高基准线，锅筒、集箱两端水平和垂直中心线不准，使用的测量仪器和量具误差大；二者位置找到后，没有固定牢固而发生位移。

② 安装锅筒内部装置时，操作人员不认真，检验人员检查不认真。

③ 安装固定时没有认真核对和检查接触间隙的大小。

(3) 防治措施

① 锅筒和集箱放线时，先找好纵横中心和标高的基准位置；当锅筒和集箱找好后，应由质量检验人员进行校核，发现偏差后要予以调整，合格后要及时固定。对使用的仪器和工具要经过检验，合格后方能使用。

② 进行锅筒内的零部件安装时要按照施工图纸进行。安装完成后，由检验人员进入锅筒内认真检查，发现问题及时处理。

③ 汽包安装时要认真核对接触间隙，接触面符合要求后进行固定，固定后要再进行核对，以保证安装符合规范规定。

④ 锅筒和集箱就位找正时，应根据纵向和横向安装基准线以及标高基准线对锅筒、集箱中心线进行检测。

4）过热器、省煤器安装偏差大

(1) 现象：管排平整度偏差大，管子对口错口、折口，以及设备内部不清洁等。

(2) 原因分析

① 设备本身存在缺陷，其中包括管排平整度差、防磨罩脱落、设备运输过程中碰伤、管子鼓包、管子凹坑等。

② 施工中没有对管排进行及时调整和固定。

③ 设备带缺陷安装。

④ 卡扣制造质量差。

⑤ 在风力较大的情况下进行设备吊装时，会对设备的固定、找正工作带来影响，造成误差较大。

(3) 防治措施

① 对设备进行仔细检查，发现缺陷及时上报处理，吊装前逐件对组件进行检查，确保不将缺陷带到锅炉上。

② 设备在地面全部进行通球，在组合进行后进行第2次通球，并安排专人进行旁站，确保设备内部清洁。

③ 搭建防风、防雨棚，减少由于环境因素对构件质量的影响。

④ 立式管排吊装过程中及时对管排进行调整并紧固，确保下一步设备的安装。

⑤ 使用合格的、质量好的卡扣，安装中管子对口平整，不出现对口错口和折口，确保安装质量。

5) 炉顶密封漏烟、漏灰

(1) 现象：锅炉运行时，顶部有烟和灰尘飘出。

(2) 原因分析

① 未按图纸说明或技术规范的要求施工。

② 密封焊接质量不好，出现漏焊、气孔等。

③ 密封材料选择不当，质量检验把关不严。

(3) 预防措施

① 密封施工前，仔细熟悉施工图纸和有关规范，严格按照规范要求施工。

② 密封件施工前要检验合格后方可点焊到位，焊接按顺序进行。密封焊缝侧的油污、铁锈等杂物必须清除干净。密封件搭接间隙要压紧，其公差要在规范要求范围内，密封件的安装严禁强力对接。

③ 焊缝停歇处的接头，应彻底清除药皮才能继续焊接。焊缝应严格按设计图纸的厚度和位置进行，不得漏焊和错焊。炉顶保温浇灌前应吹扫清理干净积灰及焊渣药皮。

④ 浇灌前应逐个捣固严密，所有夹缝和间隙处都应灌浆，防止有空隙和孔洞，并按规范要求妥善养护。

⑤ 填塞材料材质按照设计要求使用。

(4) 治理方法

① 密封材料使用不符合设计和规范要求的要全部更换。

② 由于漏焊和气孔造成的要进行补焊，补焊合格后按照规范要求进行填塞材料的密封。

6) 炉排安装偏差过大

(1) 现象

① 炉排跑偏。

② 运转中有间断的咔嚓声，严重时炉排断裂。

③ 炉排外侧与护墙板碰撞。

(2) 原因分析

① 炉排前后轴不平行或水平度差，链条长短不一。

② 炉排片制造误差大，翻转不灵活，链条制造误差大。

③ 炉排外侧与护墙板间隙过小，护墙板凹凸或个别钢砖松动。

(3) 防治措施

① 炉排前后轴安装时要测量平行度和水平度，以确保前后轴的安装精度符合规范规定。

② 炉排安装前应对炉排逐节检验，并对齿轮进行检查修磨。安装后在空运时应仔细予以调整。

③ 护墙板用拉线的方法予以检查，调整炉排与护墙板的间隙，并对个别凸出的砖墙予以修平。

④ 链条炉排、鳞片式炉排、链带式炉排、横梁式炉排、往复炉排、型钢构件及其链轮安装前应复检。

7) 炉膛火焰偏烧

(1) 现象：锅炉运行中，炉内火焰偏向一侧。

(2) 原因分析：布风不均，布煤不均，烟道调节门偏移或烟风道不畅通。

(3) 防治措施：调节烟闸门使其灵活、左右对称，保证出煤均匀、厚度一致。检查调风装置，要牢固可靠，操作灵活，防止风门脱落。检查并调整炉膛侧密封块与炉膛的间隙，使其符合生产厂家的规定和要求。烟风通道要清理干净，无杂物，无漏风。

8) 胀管失误

(1) 现象：锅炉胀管率过大或过小，胀管管口有偏胀处。

(2) 原因分析：管孔和管束外径偏差过大；管孔大小尺寸与管束外径尺寸不对号；胀管操作时，用力不均，胀紧程度未控制好；锅筒和集箱位置不正等。

(3) 防治措施：锅炉受热面安装前，要仔细检查锅筒、集箱和管束，各部分尺寸不能超过标准，对不合格品要剔除，不能用在受热面安装中。胀接前，要做好放大样；排管工作，要认真做到“对号入座”，要由熟练的工人操作，并采取控制胀管率的方法，防止出现过胀或欠胀等情况，胀管器要灵活可靠；对锅筒和集箱位置一定要找正并固定牢固。胀管的具体要求和规定见《锅炉安装工程施工及验收规范》(GB 50273—2009)中 4.2.7 的要求。

4.1.13 焊接工程

1) 焊缝成形不良

现象、原因分析、预防措施和治理方法参见《钢结构焊接规范》(GB 50661—2011)“钢筋焊接与机械连接”的相关条目。

2) 咬边

现象、原因分析、预防措施和治理方法参见《钢结构焊接规范》(GB 50661—2011)“钢筋焊接与机械连接”的相关条目。

3）烧伤

现象、原因分析、预防措施和治理方法参见《钢结构焊接规范》(GB 50661—2011)“钢筋焊接与机械连接”的相关条目。

4）未熔合

现象、原因分析、预防措施和治理方法参见《钢结构焊接规范》(GB 50661—2011)“钢筋焊接与机械连接”的相关条目。

5）弯曲

(1) 现象:由于焊缝的横向收缩或安装对口偏差而造成的垂直于焊缝的两侧母材不在同一平面上,形成一定的夹角。

(2) 原因分析

① 安装对口不合适,本身形成一定夹角。

② 焊缝熔敷金属在凝固过程中本身横向收缩。

③ 焊接过程不对称施焊。

(3) 预防措施

① 保证安装对口质量。

② 对于大件不对称焊缝,预留反变形余量。

③ 对称点固、对称施焊。

④ 采取合理的焊接顺序。

(4) 治理方法

① 对于可以使用火焰校正的焊件,采取火焰校正措施。

② 对于不对称焊缝,合理计算并采取预留反变形余量等措施。

③ 采取合理焊接顺序,尽量减少焊缝横向收缩,采取对称施焊措施。

④ 对于弯折超标的焊接接头,无法采取补救措施时,进行割除,重新对口焊接。

6）未焊透

现象、原因分析、预防措施和治理方法参见《钢结构焊接规范》(GB 50661—2011)“钢筋焊接与机械连接”的相关条目。

7）焊瘤

现象、原因分析、预防措施和治理方法参见《钢结构焊接规范》(GB 50661—2011)“钢筋焊接与机械连接”的相关条目。

8）弧坑

现象、原因分析、预防措施和治理方法参见《钢结构焊接规范》(GB 50661—2011)“钢筋焊接与机械连接”的相关条目。

9）表面气孔

现象、原因分析、预防措施和治理方法参见《钢结构焊接规范》(GB 50661—2011)“钢筋焊接与机械连接”的相关条目。

10）弧疤

（1）现象：焊件表面有电弧击伤痕迹。

（2）原因分析：多为偶然不慎使焊条、焊把、电焊电缆线破损处与焊接工件接触，或地线与工件接触不良，短暂时引起电弧。焊接时不在坡口内引弧而随意在工件上引弧、试电流。

（3）预防措施：经常检查焊接电缆线及地线的绝缘情况，发现破损处，立即用绝缘布包扎好，装设接地线要牢固可靠。焊接时，不在坡口以外的工件上引弧试电流，停焊时，将焊钳放置好，以免电弧擦伤工件。

（4）治理方法：电弧擦伤处用砂轮打磨光滑。

11）表面裂纹

（1）现象：在焊接接头的焊缝、熔合线、热影响区出现表面开裂缺陷。

（2）原因分析：这是焊缝中危害最大的一种缺陷，任何焊缝都不允许有裂纹及裂缝出现，一经发现必须马上清除返修。按裂纹产生的原因不同，有热裂纹、冷裂纹及再热裂纹之分。热裂纹一般是在焊缝金属结晶过程中形成的，是应力对焊缝金属结晶过程作用的结果。冷裂纹是在焊缝冷却过程中出现的，它可在焊接后立即出现，也可在焊后较长时间后出现，它的产生与氢有关，所以又称氢致延迟裂纹，由于其具有延迟特性，所以它的出现相当于埋下了一颗定时炸弹，危害更大。再热裂纹一般产生于热影响区，大多发生在应力集中部位，一般在焊缝区域再次受热时形成。

（3）预防措施

① 防治热裂纹的措施：a. 采用熔深较浅的焊缝，改善散热条件，使低熔点物质上浮在焊缝表面而不存在于焊缝中；b. 合理选用焊接规范，并采用预热和后热，减小冷却速度；c. 采用合理的装配次序，减小焊接应力；d. 降低焊缝中的杂质含量，改善焊缝金属组织；e. 焊接接头的固定要正确，避免不必要的外力作用于接头部位；f. 选择刚性小的焊接接头形式来改善接头的拘束条件。

② 防治冷裂纹的措施：a. 采用低氢型碱性焊条，严格烘干，在100～150 ℃下保存，随取随用；b. 提高预热温度，采用后热措施，并保证层间温度不小于预热温度；c. 选用合理的焊接顺序，减少焊接变形和焊接应力；d. 仔细清理焊丝和焊件，去油除锈改善焊接接头，减少应力集中，对接头部位必须先清除油污、水分和锈蚀；e. 采取及时焊后热处理，以改善接头组织或消除焊接残余应力。

③ 防治再热裂纹的措施：a. 合理预热或采用后热，增加焊前预热、焊后缓冷措施，以减小残余应力和应力集中，控制冷却速度；b. 改进接头形式，减少接头的刚性；c. 回火处理时尽量避开再热裂纹的敏感温度区，或缩短在此温度区内的停留时间；d. 焊后将焊缝打磨平滑；e. 利用氩弧焊对焊缝表面进行一次重熔，以减小焊接残余应力。

（4）治理方法

① 针对每种产生裂纹的具体原因采取相应的对策。

② 对已经产生裂纹的焊接接头，采取挖补措施处理。

12）表面夹渣

现象、原因分析、预防措施和治理方法参见《钢结构焊接规范》(GB 50661—2011)“钢筋焊接与机械连接”的相关条目。

13）错口

(1) 现象：焊缝两侧外壁母材不在同一平面上，错口量大于 10%母材厚度或超过 4 mm。

(2) 原因分析：焊接对口不符合要求，焊工在对口不合适的情况下点固和焊接。

(3) 预防措施：对口工程中使用必要的测量工具，对口不合格的不得点固和焊接。

(4) 治理方法：错口要采取割除、重新对口和焊接，在标准内的错口要进行板材两侧补焊过渡。

4.1.14　防腐、保温施工

1）埋地管道防腐缺陷

(1) 现象

① 底层与管子表面黏结不牢。

② 卷材与管道或各层之间粘贴不牢。

③ 表面不平整，有空鼓、封口不严、搭接尺寸过小等缺陷。

(2) 原因分析

① 管子表面上的污垢、灰尘和铁锈清理不干净，甚至有水分，使冷底子油不能很好地与管型黏结，冷底子油配制比例不符合要求。

② 沥青温度不合适，操作不当。

③ 卷材缠得不紧密。

(3) 预防措施

① 管子在涂冷底子油之前必须将管子表面清理干净，冷底子油按重量比，沥青∶汽油为 1∶2.5～1∶2.25。

② 操作须正确，涂冷底子油要均匀，接着涂热沥青玛蹄脂(沥青加热到 160～180 ℃加入高岭土)，仔细涂抹均匀，并注意安全操作。防水油毡按螺旋状包缠在管壁上，搭接宽度为 60～80 mm，并用热沥青封口。缠绕应紧密平整，防止起鼓。

(4) 治理方法：如果卷材松动，说明黏结不牢或缠绕不紧，必须拆下重做。

2）涂装完成的管道保护不好

(1) 现象：涂装完成的管道安装时涂层有脱落、划痕。

(2) 原因分析：涂装后的管道有碰撞，油漆未干燥时就移动，吊装时保护不好。

(3) 预防措施：涂装后的管道用枕木垫起，严禁碰撞，待油漆干燥后再移动。吊装时做好管道保护工作。

(4) 治理方法：脱落的地方要按规定补刷。

3）保温隔热层保温性能不良

（1）现象：保冷结构夏季外表面有结露返潮现象，热管道冬季表面过热。

（2）原因分析

① 保温材料密度太大，含过多较大颗粒或过多粉末。

② 松散材料含水分过多；或由于保温层防潮层破坏，雨水或潮气浸入。

③ 保温结构薄厚不均，甚至小于规定厚度。

④ 保温材料填充不实，存在空洞；拼接型板状或块状材料接口不严。

⑤ 防潮层有损坏或接口不严。

（3）预防措施

① 松散保温材料应严格按标准选用、保管，并抽样检查，合格者才能使用。

② 使用的散装保温材料，使用前必须晒干或烘干，除去水分。

③ 施工时必须严格按设计或规定的厚度进行施工。

④ 松散材料应填充密实，块状材料应预制成扇形块并捆扎牢固。

⑤ 油毡或其他材料的防潮层应缠紧并应搭接，搭接宽度为30～50 mm，缝口朝下，并用热沥青封口。

（4）治理方法：凡已施工不能保证保温效果的，应拆掉重做。

4）保温结构不牢、薄厚不均

（1）现象：保温结构外管凹凸不平，薄厚不均，用手扭动表层，保温结构活动。

（2）原因分析

① 当采用矿棉等松散材料保温时，有时不加支撑环或支撑环拧得不紧，造成包捆的铁丝网转动或不能很好地掌握保温层厚度。

② 采用瓦块式结构时，绑扎铁丝拧得不紧或与管子表面黏结不牢。

③ 缠包式结构铁丝拧得不紧，缠得不牢，造成结构松脱。

④ 抹壳不合格，造成保温层表面薄厚不均，不美观。

（3）预防措施

① 采用松散保温材料时，特别是立管保温，必须按规定预先在管壁上焊上或卡上支撑环，环的距离要合适，焊得要牢，拧得要紧。这样一方面容易控制保温层厚度，另一方面使主保温结构牢固。

② 当采用预制瓦块结构保温时，需用胶粘剂粘牢，瓦块厚度要均匀一致。

③ 采用缠包式保温结构时，应把棉毡剪成适用的条块，再将这些条块缠包在已涂好防锈漆的管子上，缠包时应将棉毡压紧。

（4）治理方法：如果保温层厚度超过规定允许偏差时，应拆下重做。绝热结构固定件和支承件的安装要求见《工业设备及管道绝热工程施工质量验收规范》（GB 50185—2010）及《工业设备及管道绝热工程施工规范》（GB 50126—2008）中相关规定；绝热层安装厚度、安装密度及伸缩缝宽度的质量标准参见《工业设备及管道绝热工程施工质量验收规范》（GB 50185—2010）中 6.2.19 的规定。

5）护壳凹凸不平、表面粗糙

（1）现象：石棉水泥护壳抹得不光滑，厚度不一致。棉布或玻璃丝布缠得不紧，搭接长度不够，用铝板、镀锌铁皮板包缠的护壳，接口不直。

（2）原因分析：保温层护壳不仅起保护主保温材料的作用，还有美观的作用。所以，在进行保温结构施工时，要保证设计要求的厚度，并做到牢固均匀。在进行护壳施工时，要特别注意施工程序和规范要求。由于忽视以上方面的要求，往往造成护壳不合格或不美观。

（3）预防措施

① 石棉水泥保护壳使用最广，一般做法是把包好的铁丝网完全覆盖，面层应抹平整、圆滑，端部棱角齐整，无明显裂纹。石棉水泥护壳应在管子转弯处预留20～30 mm伸缩缝，缝内填石棉绳。

② 玻璃布保护层一般先在绝热层外粘一层防潮油毡，油毡外贴铁丝网。缠玻璃布时，先剪成条状，环向、纵向都要搭接，搭接尺寸不小于50 mm。缠绕时应裹紧，不得有松脱、翻边、褶皱和鼓包，起点和终点必须用铁丝扎牢。

③ 用铝板或镀锌铁皮做保护壳时，首先根据保温层外圆加搭接长度下料、滚圆，一般采用单平咬口和单角咬口。纵缝边可采用半咬口加自攻螺钉的混合连接，但纵缝搭口必须朝下。

（4）治理方法：石棉水泥保护壳不合格，只有砸掉重抹。玻璃布和铁皮护壳可进行修整。

6）保温材料脱落

（1）现象：管道、设备上的保温材料开裂、脱落。

（2）原因分析

① 外覆铝箔的保温棉保温，外用铝箔胶带固定。当铝箔胶带受潮老化失效时，保温材料脱落。

② 捆绑保温材料的镀锌铁丝的缠绕方法不正确。

③ 保温立管长度较长时未设置托盘。

（3）预防措施

① 正确选定保温方式，在潮湿和高温的地方不宜采用铝箔胶带固定方法。

② 镀锌铁丝必须单圈捆绑，不可沿管道方向缠绕。

③ 在较长立管保温时，应用镀锌铁皮或铁丝制作支撑托盘，焊固在钢管上，以支撑保温材料的重量。

（4）治理方法：将开裂、脱落的保温部分拆下重新进行安装，立管处加支撑，选用适合潮湿、高温处的保温固定方法。

7）设备保温留有缝隙

（1）现象：保温层材料搭接处有缝隙。

（2）原因分析：进行保温工作时，保温材料的接缝处没有对齐、对平，保温材料接头处切割不整齐、不平整。

(3) 预防措施:保温层敷设时材料切割必须整齐,保温层紧贴金属壁面拼接严密,同层应错缝,多层应压缝,方形设备四角保温应错接,缝隙用软质高温保温材料充填,绑扎固定牢固。多层次保温时,一层施工完毕进行检查验收合格后,方可进行下一道工序的施工。

(4) 治理方法:不符合标准的要拆除重新进行保温。

4.2 建筑给排水施工技术及质量控制

4.2.1 室内给水管道安装

室内给水管道的传统管材是钢管和给水铸铁管。给水铸铁管一般采用承插连接和法兰连接,钢管采用丝接、焊接和法兰连接。由于钢管和铸铁管自重较大,且钢管易生锈,铸铁管管壁粗糙,再加之生产钢管和铸铁管的能耗较大,所以"以塑代钢"已成必然趋势。取代钢管和铸铁管作为生活给水管的将是聚丁烯管、聚丙烯管、铝塑复合管、钢塑复合管、给水 PVC-U 管和铜管等新型管材。给水塑料管根据材质的不同,其连接方法有卡套式连接、热熔焊与钢管和给水配件连接。

1) 地下埋设管道漏水或断裂

(1) 现象:管道通水后,地面或墙角处局部返潮、渗水甚至从孔缝处冒水,严重影响使用。

(2) 原因分析

① 管道安装后,没有认真进行水压试验,管道裂缝、零件上的砂眼以及接口处渗漏,没有及时发现并解决。

② 管道支墩位置不合适,受力不均匀,造成丝头断裂。

③ 北方地区管道试水后,没有及时把水泄净,在冬季造成管道或零件冻裂漏水。

④ 管道埋土夯实方法不当,造成管道接口处受力过大,丝头断裂。

(3) 预防措施

① 严格按照施工规范进行管道水压试验,认真检查管道有无裂缝,零件和管丝头是否完好。管道接口应严格按标准工艺施工。

② 管道严禁铺设在冻土或未经处理的松土上,管道支墩间距要合适,支垫要牢靠,接口要严密,变径不得使用管补心,应该用异径管箍。

③ 冬期施工前或管道试压后,应将管道内积水认真排泄干净,防止结冰冻裂管道或零件。

④ 管道周围埋土要分层夯实,避免管道局部受力过大,丝头损坏。

(4) 治理方法:查看竣工图,弄清管道走向,判定管道漏水位置,挖开地面进行修理,并认真进行管道水压试验。

2) 塑料给水管漏水

(1) 现象:管道通水后管件处或管道自身漏水。

(2) 原因分析

① 安装程序不对，安装方法不当，造成管道损坏，接头松动。

② 试压不合格。

(3) 预防措施

① 塑料给水管多为暗装，应采用以下安装方法：预埋套管；预留墙槽、板槽，尽量把安装工期延后，以减小因工种交叉而损坏管道的概率。

② 做好成品保护，与土建工种搞好协调配合。

③ 对于铝制管件，应精心安装，一次成功，切忌反复拆卸。

④ 采用分段试压，即对暗装管道安装一段，试压一段。试压必须达到规范和生产厂家的要求。全部安装完成后，再整体试压一次。

(4) 治理方法：更换损坏的管道和管件。

3) 管道立管甩口不准

(1) 现象：立管甩口不准，不能满足管道继续安装对坐标和标高的要求。

(2) 原因分析

① 管道安装后，固定得不牢，在其他工种施工(例如回填土)时受碰撞或挤压而移位。

② 设计或施工中，对管道的整体安排考虑不周，造成预留甩口位置不当。

③ 建筑结构和墙面装修施工误差过大，造成管道预留甩口位置不合适。

(3) 预防措施

① 管道甩口标高和坐标经核对准确后，及时将管道固定牢靠。

② 施工前结合编制施工方案，认真审查图纸，全面安排管道的安装位置。关键部位的管道甩口尺寸应经过详细计算确定。

③ 管道安装前注意土建施工中有关尺寸的变动情况，发现问题，及时解决。

(4) 治理方法：挖开立管甩口周围的地面，使用零件或用披弯方法修正立管甩口的尺寸。

4) 镀锌钢管焊接连接，配用非镀锌管件

(1) 现象：镀锌钢管焊接连接，配用非镀锌管件，造成管道镀锌层损坏，降低管道使用年限，影响供水的质量。

(2) 原因分析

① 镀锌钢管的零件供应不配套。

② 不按操作规程施工。

(3) 预防措施

① 及时做出镀锌钢管零件的供应计划，保证安装使用的需要。

② 认真学习和执行操作规程。

(4) 治理方法：拆除焊接部分的管道，采用丝扣连接的方法，非镀锌管件换成镀锌管件重新安装管道。

5) 管道结露

(1) 现象：管道通水后，夏季出现管道周围积结露水并往下滴水。

(2) 原因分析

① 管道没有防结露保温措施。

② 保温材料种类和规格选择不合适。

③ 保温材料的保护层不严密。

(3) 预防措施

① 设计应选用满足防结露要求的保温材料。

② 认真检查防结露保温质量,保证保护层的严密性。

(4) 治理方法:重新修整保护层,保证其严密封闭。

6) 给水管出水变质

(1) 现象:打开水阀或水嘴后,流出的自来水发黄,有沉淀物甚至有异味。

(2) 原因分析

① 给水钢管生锈。

② 给水系统交付使用前,未认真进行冲洗。

③ 屋顶水箱为普通钢板水箱,水箱的漆层脱落,钢板生锈。

④ 消防水与生活水共用屋顶水箱,但未采取相应的技术措施,致使水箱的水存放过久而变质。

(3) 防治措施

① 用塑料给水管等新型管材代替钢管作为生活给水管。若采用钢管作为给水管,应尽量采用质量合格的热浸镀锌钢管。

② 水管交付使用前,应先用含氯的水在管中置留 24 h 以上,进行消毒,再用饮用水冲洗,至水质洁白透明,方可使用。

③ 钢板水箱做玻璃钢内衬或其他符合卫生标准的水箱,代替普通钢板水箱。

④ 与消防水共用的屋顶水箱将生活出水管配管方式改为设置专用止回阀的配管方式,以防水存放过久而变质。

7) 水泵不能吸水或不能达到应有的扬程

(1) 现象

① 水泵空转,不能吸水。

② 水泵出力不够,不能达到应有扬程。

(2) 原因分析

① 水泵底阀漏水或堵塞。

② 吸水管有裂缝或砂眼,吸水管道连接不紧密。

③ 盘根(填料涵)严重漏气。

④ 水泵安装过高,吸水管过长。

⑤ 吸水管坡度方向不对。

⑥ 吸水管大小头制作、安装错误。

(3) 防治措施

① 若条件许可,尽量采用自灌式给水,这样既可节省安装底阀,减少故障,又可实现水泵自动控制。

② 吸水管应精心安装,吸水管的管材须严格把关,仔细检查,不能把有裂纹和砂眼的次品管作为吸水管。

③ 吸水管若为丝接,丝口应有锥度,填料饱满,连接紧密;吸水管若为法兰连接,紧固法兰螺栓应对角交替进行,以保证接头严密。

④ 压紧或更换盘根。

⑤ 水泵的吸水高度应视当地的海拔高度而定。

8) 给水阀门选择错误

(1) 现象:屋顶水箱进出水共用管的阀门选择错误,致使水流过小,甚至无水可供。

(2) 原因分析:某楼房给水的下面几层利用自来水管网压力直接供水,立管中部装有单流阀,当自来水压力不够时,上面几层的用户就依靠屋顶水箱供水。

(3) 预防措施

① 管道安装前,应认真看图领会设计意图。

② 严格按照图纸和规范选择阀门,在双向流动的管段上,应选择闸阀或蝶阀。

(4) 治理方法:立管顶层的截止阀为闸阀或蝶阀。

9) 室内消火栓箱安装及配管不当

(1) 现象:室内消火栓箱安装及配管不规范,消火栓阀门中心标高不符合规范要求,接口处油麻不干净;箱内水龙带摆设不整齐;消火栓箱保护不善,污染严重,门开、关困难,影响观感,妨碍使用。

(2) 原因分析

① 暗装消火栓箱的支管斜砌入墙内,影响观感。

② 安装在楼梯侧的消火栓箱,其安装高度不合适,消火栓栓口距楼梯转角平台 1.2 m,安装过低,影响使用。

③ 土建留洞口位置不准,安装消火栓箱时未认真核对标高;安装完栓口阀门后未认真清理;未按规范规定将水龙带折挂或卷在盘上;消火栓箱在运输、贮存中乱堆乱放,保护层脱落,门被碰撞变形,造成污染和开关困难。

(3) 防治措施

① 明装管道应横平竖直,与建筑线条相协调,进入暗装消火栓箱的支管应按照施工图设置。

② 消火栓栓口中心距地面高度应为距栓口中心垂直向下所在楼梯踏步 1.2 m 或 1.1 m(由设计图纸确定),这样才不会妨碍消火栓箱的正常使用。

③ 安装消火栓箱时,对标高要认真核对无误后方可安装;安装后应随手将接口处多余的油麻清理干净;严格执行规范,将水龙带折挂在挂钉上或卷在卷盘上,加强对消防设施的保护和管理,对有碍使用的应及时维护与修理。

10）管道支架制作安装不合格

（1）现象：支架制作粗糙，切口不平整，有毛刺；制作支架的型材过小，与所固定的管道不相称；支架抱箍过细与支架本体不匹配；支架固定不牢固。

（2）原因分析

① 支架制作下料时，用电气、焊切割，且毛刺未经打磨。

② 支架不按标准图制作或片面追求省料。

③ 支架埋深不够或墙洞未用水浸润。

④ 支架固定于不能载重的轻质墙上。

（3）防治措施

① 制作支架下料应采用锯割，尽量不采用电、气焊切割，并用砂轮或锉刀打去毛刺。

② 支架应严格按照标准图制作，不同管径的管道应选用相应规格的型材，管箍也应与支架配套。

③ 埋设支架前，应用水充分湿润墙洞。支架的埋深根据支架的种类而定（一般为100～220 mm），埋设支架时，墙洞须用水泥砂浆或细石混凝土捣实。

④ 轻质墙上的支架应视轻质墙的材质加工特殊支架，如对夹式支架等。

11）立管距墙过远或半明半暗

（1）现象：立管距墙过远，占据有效空间；立管嵌于抹灰层中，半明半暗，影响美观，不便检修。

（2）原因分析

① 由于设计原因，多层建筑同一位置的各层墙体不在同一轴线上。

② 施工中技术变更，墙体移位。

③ 施工放线不准确或施工误差，使多层建筑的同一位置的各层墙体不在同一轴线上。

④ 管道安装未吊通线，管道偏斜。

（3）预防措施

① 图纸会审前，应认真核对土建图纸，发现问题及时解决。

② 土建的施工变更应及时通知安装方面。

③ 土建砌筑墙体时须精确放线，发现墙体轴线压预留管洞或距管洞过远时，应与安装方面联系，找出原因，寻求解决办法。

④ 安装管道时需吊通线。

（4）治理方法：距墙过远的管道采用煨弯或用管件调节距墙距离。

12）室内给水系统冲洗不认真

（1）现象

① 以系统水压试验后的泄水代替管路系统的冲洗试验。

② 不认真填写冲洗试验表，无据可查。

（2）原因分析

① 工作不认真，图省事。

② 规章制度不严。

(3) 防治措施

① 严格执行规范，在系统水压试验后或交付使用前，必须单独进行管路系统的冲洗试验，达到检验规定。

② 按冲洗试验表内规定如实填写，归档备查。

13) 管道交叉敷设

(1) 现象：给水管道与其他管道平行和交叉敷设时其平行和交叉的净距不符合要求，或出现严重无净距现象。

(2) 原因分析

① 工作不认真，图省事。

② 规章制度不严。

(3) 防治措施

① 给水引入管与排水排出管的水平净距不得小于 1 m；室内给水与排水管道平行敷设时，两管间的最小水平净距为 500 mm；交叉敷设时，其垂直净距为 150 mm，而且给水管应敷在排水管上面，如果给水管必须敷在排水管下面时，则应加套管，套管长度不应小于排水管径的 3 倍。

② 煤气管道引入管与给水管道及供热管道的水平距离不应小于 1 m，与排水管道的水平距离不应小于 1.5 m。

14) 室内水表接口滴漏

(1) 现象：湿阴暗处，阀门、配件生锈，不便维修和读数；表壳紧贴墙面安装，表盖不好开启，受污受损，接口滴漏。

(2) 原因分析：安装水表缺乏经验；安装水表时，未考虑外壳尺寸和使用维修方便；给水立管距墙面过近或过远；支管上安装水表时未用乙字弯调整；水表接口不平直，踩踏或碰撞后，接口松动。

(3) 防治措施

① 安装在潮湿阴暗处或易冻裂、暴晒处的水表，应拆除改装在便于维修和读数，以及不易冻裂、暴晒的干燥部位。

② 给水立管距墙面过近或过远时，应在水表前的水平管上加设两个 45 弯头，使水表外壳与墙面保持 10～30 mm 净距，距地面 0.6～1.2 m 高度。

③ 水表接口不平直、有松动，应拆开重装，使水表接口平直，垫好橡胶圈，用锁紧螺母锁紧接口，表盖清理干净；严禁踩蹬和碰撞。

15) 配水管安装不平正

(1) 现象：配水管、配水支管安装通水试验后，有拱起、塌腰、弯曲等现象。

(2) 原因分析：管道在运输、堆放和装卸中产生弯曲变形；管件偏心，壁厚不一，丝扣偏斜；支吊架间距过大，管道与吊支架接触不紧密，受力不均。

(3) 防治措施

① 管道在装卸、搬运中应轻拿轻放，不得野蛮装卸或受重物挤压，在仓库应按材质、

型号、规格、用途，分门别类地挂牌，堆放整齐。

② 喷淋消防管道必须按设计挑选优质管材、管件、直管安装，不得用偏心、偏扣、壁厚不均的管件施工；如出现拱起、塌腰或弯曲现象，应拆除，更换直管和管件，重新安装。

③ 配水管支、吊架设置和排列，应根据管道标高、坡高弹好线，确定支架间距，埋设安装牢固，接触紧密，外形美观整齐，若支架间距偏大，接触不紧密时，需拆除重新调整安装。

④ 管子直径大于或等于 50 mm 时，每段配水管设置防晃支架应不少于 1 个，在管道起端、末端及拐弯改变方向处，均应增设防晃支架。

⑤ 配水横管应有 3‰～5‰的坡度坡向排水管或泄水阀，不得倒坡。

4.2.2　室内给水系统安装质量标准及检验方法

1）一般规定

(1) 给水管道必须采用与管材相适应的管件。生活给水系统所涉及的材料必须达到饮用水卫生标准。

(2) 管径小于或等于 100 mm 的镀锌钢管应采用螺纹连接，套丝扣时破坏的镀锌层表面及外露螺纹部分应做防腐处理；管径大于 100 mm 的镀锌钢管应采用法兰或卡套式专用管件连接，镀锌钢管与法兰的焊接处应二次镀锌。

(3) 给水塑料管和复合管可以采用橡胶圈接口、黏结接口、热熔连接、专用管件连接及法兰连接等形式。塑料管和复合管与金属管件、阀门等的连接应使用专用管件连接，不得在塑料管上套丝。

(4) 给水铸铁管管道应采用水泥捻口或橡胶圈接口方式进行连接。

(5) 铜管连接可采用专用接头或焊接，当管径小于 22 mm 时宜采用承插或套管焊接，承口应迎介质流向安装；当管径大于或等于 22 mm 时，宜采用对口焊接。

(6) 给水立管和装有 3 个或 3 个以上配水点的支管始端，均应安装可拆卸的连接件。

(7) 冷、热水管道同时安装时应符合下列规定：

① 上、下平行安装时热水管应在冷水管上方。

② 垂直平行安装时热水管应在冷水管左侧。

2）给水管道及配件安装

(1) 主控项目

① 室内给水管道的水压试验必须符合设计要求。当设计未注明时，各种材质的给水管道系统试验压力均为工作压力的 1.5 倍，但不得小于 0.6 MPa。

检验方法：金属及复合管给水管道系统在试验压力下观测 10 min，压力降不应大于 0.02 MPa，然后降到工作压力进行检查，应不渗不漏；塑料管给水系统应在试验压力下稳压 1 h，压力降不得超过 0.05 MPa，然后在工作压力的 1.15 倍状态下稳压 2 h，压力降不得超过 0.03 MPa，同时检查各连接处不得渗漏。

② 给水系统交付使用前必须进行通水试验并做好记录。

检验方法：观察和开启阀门、水嘴等放水。

③ 生产给水系统管道在交付使用前必须冲洗和消毒，并经有关部门取样检验，符合

国家《生活饮用水卫生标准》(GB 5749—2006)方可使用。

检验方法:检查有关部门提供的检测报告。

④ 室内直埋给水管道(塑料管道和复合管道除外)应做防腐处理。埋地管道防腐层材质和结构应符合设计要求。

检验方法:观察或局部解剖检查。

(2) 一般项目

① 给水引入管与排水排出管的水平净距不得小于 1 m。室内给水与排水管道平行敷设时,两管间的最小水平净距不得小于0.5 m,交叉铺设时,垂直净距不得小于0.15 m。给水管应铺在排水管上面,若给水管必须铺在排水管的下面时,给水管应加套管,其长度不得小于排水管管径的 3 倍。

检验方法:尺量检查。

② 管道及管件焊接的焊缝表面质量应符合下列要求:

a. 焊缝外形尺寸应符合图纸和工艺文件的规定,焊缝高度不得低于母材表面,焊缝与母材应圆滑过渡。

b. 焊缝及热影响区表面应无裂纹、未熔合、未焊透、夹渣、弧坑和气孔等缺陷。

检验方法:观察检查。

③ 给水管道应有 2‰～5‰的坡度坡向泄水装置。

检验方法:水平尺和尺量检查。

④ 给水管道和阀门安装的允许偏差应符合表 4-6 的规定。

表 4-6　管道和阀门安装的允许偏差和检验方法

项次	项　目			允许偏差(mm)	检验方法
1	水平管道纵横方向弯曲	钢管	每米	1	用水平尺、直尺、拉线和尺量检查
			全长 25 m 以上	≯25	
		塑料管 复合管	每米	1.5	
			全长 25 m 以上	≯25	
		铸铁管	每米	2	
			全长 25 m 以上	≯25	
2	立管垂直度	钢管	每米	3	吊线和尺量检查
			5 m 以上	≯8	
		塑料管 复合管	每米	2	
			5 m 以上	≯8	
		铸铁管	每米	3	
			5 m 以上	≯10	
3	成排管段和成排阀门		在同一平面上间距	3	尺量检查

⑤ 管道的支、吊架安装应平整牢固,其间距应符合《建筑给水排水及采暖工程施工质量验收规范》(GB 50242—2002)的有关规定。

检验方法：观察、尺量及手扳检查。

⑥ 水表应安装在便于检修、不受暴晒、污染和冻结的地方。安装螺翼式水表，表前与阀门应有不小于8倍水表接口直径的直线管段。表外壳距墙表净距为10～30 mm；水表进水口中心标高按设计要求，允许偏差为±10 mm。

检验方法：观察和尺量检查。

3）室内消火栓系统安装

（1）主控项目

室内消火栓系统安装完成后应取屋顶层（或水箱间内）试验消火栓和首层取两处消火栓做试射试验，达到设计要求为合格。

检验方法：实地试射检查。

（2）一般项目

① 安装消火栓水龙带，水龙带与水枪和快速接头绑扎好后，应根据箱内构造将水龙带挂放在箱内的托盘或支架上。

检验方法：观察检查。

② 箱式消火栓的安装应符合下列规定：

a. 栓口应朝外，且不应安装在门轴侧。

b. 栓口中心距地面为1.1 m，允许偏差±20 mm。

c. 阀门中心距箱侧面为140 mm，距箱后内表面为100 mm，允许偏差±5 mm。

d. 消火栓箱体安装的垂直度允许偏差为3 mm。

检验方法：观察和尺量检查。

4）给水设备安装

（1）主控项目

① 水泵就位前的基础混凝土强度、坐标、标高、尺寸和螺栓孔位置必须符合设计规定。

检验方法：对照图纸用仪器和尺量检查。

② 水泵试运转的轴承温升必须符合设备说明书的规定。

检验方法：温度计实测检查。

③ 敞口水箱的满水试验和密闭水箱（罐）的水压试验必须符合设计与《建筑给水排水及采暖工程施工质量验收规范》（GB 50242—2002）的规定。

检验方法：满水试验静置24 h观察，不渗不漏；水压试验在试验压力下10 min压力不降，不渗不漏。

（2）一般项目

① 水箱支架或底座安装，其尺寸及位置应符合设计规定，埋设平整牢固。

检验方法：对照图纸，尺量检查。

② 水箱溢流管和泄放管应设置在排水地点附近，但不得与排水管直接连接。

检验方法：观察检查。

③ 立式水泵的减振装置不应采用弹簧减振器。

检验方法：观察检查。

④ 室内给水设备安装的允许偏差应符合表 4－7 的规定。

表 4－7　室内给水设备安装的允许偏差和检验方法

项次	项目			允许偏差(mm)	检验方法
1	静置设备	坐标		15	经纬仪或拉线尺量
		标高		±5	用水准仪、拉线和尺量检查
		垂直度(每米)		5	吊线和尺量检查
2	离心式水泵	立式泵体垂直度(每米)		0.1	水平尺和塞尺检查
		卧式泵体垂直度(每米)		0.1	水平尺和塞尺检查
		联轴器同心度	轴向倾斜(每米)	0.8	在联轴器互相垂直的四个位置上用水准仪、百分表或测微螺钉和塞尺检查
			径向位移	0.1	

⑤ 管道及设备保温层的厚度和平整度的允许偏差应符合表 4－8 的规定。

表 4－8　管道及设备保温的允许偏差和检验方法

项次	项 目		允许偏差(mm)	检验方法
1	厚度		+0.1δ −0.05δ	用钢针刺入
2	表面平整度	卷材	5	用 2 m 靠尺和楔形塞尺检查
		涂抹	10	

注：δ 为保温层厚度。

4.2.3　室内排水管道安装

除了高层建筑外，传统的排水铸铁管因笨重、管壁不光滑、外形不美观而逐渐被管壁光滑、外形美观的硬聚氯乙烯排水管(PVC－U 管)所取代。PVC－U 管的连接方法有两种：承插黏结和胶圈连接。

1) 地下埋设管道漏水

(1) 现象：排水管道渗漏处的地面、墙角缝隙部位返潮，埋设在地下室顶板与 1 层地面内的排水管道渗漏处附近(地下室顶板下部)还会看到渗水现象。

(2) 原因分析

① 施工程序不对，窨井或管沟的管段埋设过早，土建施工时损坏该管段。

② 管道支墩位置不合适，在回填土夯实时，管道因局部受力过大而破坏，或接口处活动而产生缝隙。

③ 预制铸铁管段时，接口养护不认真，搬动过早，致使接口活动，产生缝隙。

④ PVC－U 管下部有尖硬物或浅层覆土后即用机械夯打，造成管道损坏。

⑤ 冬期施工时，铸铁管道接口保温养护不好，管道水泥接口受冻损坏。

⑥ 冬期施工时，没有认真排出管道内的积水，造成管道或管件冻裂。

⑦ 管道安装完成后未认真进行闭水试验，未能及时发现管道和管件的裂缝和砂眼以

及接口处的渗漏。

(3) 预防措施

① 埋地管段宜分段施工,第一段先做正负零以下室内部分,至伸出外墙为止;待土建施工结束后,再铺设第二段,即把伸出外墙处的管段接入窨井或管沟。

② 管道支墩要牢靠,位置要合适,支墩基础过深时应分层回填土,回填时严防直接撞压管道。

③ 铸铁管段预制时,要认真做好接口养护,防止水泥接口活动。

④ PVC-U管下部的管沟底面应平整,无突出的尖硬物,并应做10~15 cm的细砂或细土垫层。管道上部10 cm应用细砂或细土覆盖,然后分层回填,人工夯实。

⑤ 冬期施工前应注意排出管道内的积水,防止管道内结冰。

⑥ 严格按照施工规范进行管道闭水试验,认真检查是否有渗漏现象。如果发现问题,应及时处理。

(4) 治理方法:查看竣工图,弄清管道走向和管道连接方式,判定管道渗漏位置,挖开地面进行修理,并认真进行灌水试验。

2) PVC-U管穿板处漏水

(1) 现象:易产生积水的房间,积水通过PVC-U管穿板处渗漏。

(2) 原因分析

① 房间未设置地漏,使积水不能排走。

② 地坪找坡时未坡向地漏,使积水不能排走。

③ 因PVC-U管管壁光滑,补管洞时未按程序,又未采取相应的技术措施,使管外壁与楼板结合不紧密,形成渗漏。

(3) 防治措施

① 易产生积水的房间,如厨房、厕所等,应设置地漏。

② 地坪应严格找坡,坡向地漏,坡度以1%为宜。

③ PVC-U管穿板处的固定,应在管外壁黏结与管道同材质的止水环,补洞浇筑细石混凝土分两次进行,细心捣实。与细石混凝土接触的管外壁可刷胶粘剂再涂抹细砂。PVC-U管穿板处如不固定,应设置钢套管,套管底部与板底平,上端高出板面2 cm,管周围用油麻嵌实,套管上口用沥青油膏嵌缝。

3) 排水管道堵塞

(1) 现象:管道通水后,卫生器具排水不通畅。

(2) 原因分析

① 管道甩口封堵不及时或方法不当,造成水泥砂浆等杂物掉入管道中。

② 卫生器具安装前没有认真清理掉入管道内的杂物。

③ 管道安装时,没有认真清除管膛杂物。

④ 管道安装坡度不均匀,甚至局部倒坡。

⑤ 管道接口零件使用不当,造成管道局部阻力过大。

(3) 预防措施

① 及时堵死封严管道的甩口，防止杂物掉进管膛。

② 卫生器具安装前认真检查原甩口，并掏出管内杂物。

③ 管道安装时认真疏通管膛，除去杂物。

④ 保持管道安装坡度均匀，不得有倒坡。

⑤ 生活排水管道标准坡度应符合规范规定。无设计规定时，管道坡度应不小于 1%。

⑥ 合理使用零件。地下埋设铸铁管道应使用 TY 和 Y 形三通，不宜使用 T 形三通；水平横管避免使用四通；排水出墙管及平面清扫口需用两个 45°弯头连接，以便流水通畅。

⑦ 最低排水横支管与立管连接处至排出管管底的垂直距离不宜小于表 4－9 的规定。

表 4－9　最低排水横支管与立管连接处至排出管管底的垂直距离

项次	立管连接卫生器具的层数(层)	垂直距离(m)	项次	立管连接卫生器具的层数(层)	垂直距离(m)
1	≤4	0.45	4	13～19	3.00
2	5～6	0.75	5	≥20	6.00
3	7～12	1.2			

注：当与排出管连接的立管底部放大 1 号管径或横干管比与之连接的立管大 1 号管时，可将表中垂直距离缩小一档。

⑧ 交工前，排水管道应做通球试验，卫生器具应做通水检查。

⑨ 立管检查口和平面清扫口的安装位置应便于维修操作。

⑩ 施工期间，卫生器具的存水弯丝堵最好缓装，以减少杂物进入管道内。

(4) 治理方法：查看竣工图，打开地坪清扫口破坏管道拐弯处，用更换零件方法解决管道严重堵塞问题。

4) 排水管道甩口不准

(1) 现象：在继续安装立管时，发现原管道甩口不准。

(2) 原因分析

① 管道层或地下埋设管道的甩口未固定好。

② 施工时对管道的整体安排不当，或者对卫生器具的安装尺寸了解不够。

③ 墙体与地面施工偏差过大，造成管道甩口不准。

(3) 预防措施

① 管道安装后要垫实，甩口应及时固定牢靠。

② 在编制施工方案时，要全面安排管道的安装位置，及时了解卫生器具的规格尺寸，关键部位应做样板交底。

③ 与土建密切配合，随时掌握施工进度，管道安装前要注意隔墙位置和基准线的变化情况，发现问题及时解决。

(4) 治理方法：挖开管道甩口周围地面，对钢管排水管道可采用改换零件或煨弯的方法；对铸铁排水管道可采用重新捻口方法，修改甩口位置尺寸。

5) PVC－U 管变形、脱落

(1) 现象：温差变化较大处，PVC－U 管安装完成一段时间后，发生直管弯曲、变形甚

至脱落。

(2) 原因分析:管的线膨胀系数较大,约为钢管的 5～7 倍。采用承插黏结的 PVC－U 管,如果未按规范要求安装伸缩器,或伸缩器安装不符合规定,在温差变化较大时,PVC－U 管的热胀冷缩得不到补偿,就会发生弯曲变形甚至脱落。

(3) 防治措施

① 在温差变化较大处,选用胶圈连接的 PVC－U 管。

② 使用承插黏结的 PVC－U 管以立管每层或每 4 m 安装一个伸缩器,横管直管段超过 2 m 时应设伸缩器。

③ 安装伸缩器时,管段插入伸缩器处应预留间隙。夏季安装间隙为 5～15 mm;冬季安装间隙为 10～20 mm。

6) 承插式排水铸铁管接口漏水

(1) 现象:承插式排水铸铁管水泥或石棉水泥接口不按程序操作,打灰前不加麻,水泥或石棉水泥掉入管中,形成堵管隐患。或立管和支管接口抹稀灰,或根本忘记对该处接口进行处理,通水时才发现漏水严重。

(2) 原因分析

① 承包人对工程质量不负责,以普通工代替技工,又不对其进行必要的安全技术教育和技术培训,操作工人素质低下,不懂施工验收规范和技术操作规程。

② 片面追求进度,赶工期,违背了操作规程,又缺乏有效的质量监督。

③ 北方冬期施工捻口时,没有采取防冻措施,捻口的石棉水泥冻裂。

(3) 预防措施

① 操作工人应有上岗证,不能以普通工代替技工。

② 加强自检、互检,建立必要的质量奖惩制度。

③ 必须严格按照操作程序进行操作,排水铸铁管的水泥或石棉水泥承插接口应先填麻,再打水泥或石棉水泥。水泥或石棉水泥的作用是压紧麻,同时也有一定的防渗透能力。用麻錾填入,头两层为油麻,最后一层为白麻(因白麻和水泥的亲和性较好),填麻时用麻錾、手锤打实,打实后的麻层深度为承口环形间隙深度的 1/4 到 1/3 为宜。填麻完成后再分层填入水泥或石棉水泥,用麻錾和手锤层层打实。捻口须密实、饱满,环缝间隙均匀,填料凹入承口边缘不大于 5 mm,最后用湿草绳或草袋对其进行养护,养护时间的长短根据季节而定。

④ 冬期施工时应认真采取保温防冻措施。

(4) 治理方法:按操作程序处理不合格的管道接口,或拆除接口不合格的管道重新安装。

7) 灌水试验不认真,质量不合格

(1) 现象:灌水不及时,灌水人员、检查人员不全,灌水试验记录填写不及时、不准确、不完整;胶囊卡住;胶囊封堵不严,放水时胶囊被冲走。

(2) 原因分析:未按施工程序进行,未等灌水就匆忙隐蔽;在有关人员未到齐的情况

下匆忙进行灌水试验；当时不记录，事后追忆补记或未由专业人员填写记录；用于封堵的胶囊保管不善，存放时间过长，且未涂擦滑石粉；发现胶囊封堵不严也未及时放气、调整；胶管与胶囊接口未扎紧。

(3) 防治措施：应严格按施工程序进行，坚持不灌水不得隐蔽，严禁进入下一道工序；在灌水试验时，应参加检查的有关人员不能参加时，不得进行灌水试验；灌水试验记录表应由专人填写，技术部门对有关资料应定期检查；封堵用胶囊保存时应涂擦滑石粉；胶囊在管内避开接口处，发现封堵不严时可放气，待调整好位置后再充气；胶囊与胶管接口处应绑扎紧密。

8) 楼道、水表井内及下沉式卫生间沉箱底部积水

(1) 现象：楼道里、水表井内积水，下沉式卫生间沉箱底部积水。

(2) 原因分析：设计有缺陷，水表井内空间不够。

(3) 防治措施

① 图纸会审前须熟悉图纸，及时提出问题。

② 地漏标高应正确，严禁抬高地漏标高。

③ 卫生间施工必须先做样板间，验收合格后，才能大面积施工。

9) 生活污水管内污物、臭气不能正常排放

(1) 现象：生活污水立管、透气管内污物(水)、臭气排放受阻。

(2) 原因分析

① 排水铸铁管安装前管内砂粒、毛刺未除尽。

② 立管与横管、排出管连接用正三(四)通和直角90°弯头，局部阻力大；排水立管和通气管管径偏小；检查口或清扫口设置数量不够，安装位置不当。

③ 多层排水立管接入的排水支管上卫生器具多，未设辅助透气管或未用排气管，立管内形成水塞流，存水弯遭破坏；高层建筑污水立管与通气管之间未设联通管或环状通气管，立管气压不正常，换气不平衡，管内臭气不能顺利排入大气。

(3) 防治措施：如发生以上问题，可剔开接口，更换不符合要求的管件，增设辅助透气管或联通管，使排污、排气正常。在施工中还应注意以下几点：

① 卫生器具排水管应采用90°斜三通；横管与横管(立管)的连接，应采用45°或90°斜三(四)通，不得用正三(四)通，立管与排出管连接，应采用两个45°弯头或弯曲半径不小于4倍管径的90°弯头。

② 排水横管应直线连接，少拐弯，排水立管应设在靠近杂物最多及排水量最大的排水点。

③ 排水管和透气管尽量采用硬聚氯乙烯管及管件安装，用排水铸铁管时应将管内砂粒、毛刺、杂物除尽。

④ 排污立管应每隔两层设一检查口，并在最低层、最高层和乙字弯上部设检查口，其中心距地面为1 m，朝向要便于清通维修；在连接两个或两个以上大便器或三个卫生器具以上的污水横管，应设置清扫口，当污水管在楼板下悬吊敷设时，清扫口应设在上层楼面

上。污水管起点的清扫口，与墙面距离不小于400 mm。

⑤ 存水弯内壁要光滑，水封深度50～100 mm为宜。

⑥ 通气管必须伸出屋顶0.3 m以上，并不小于最大积雪厚度，如为上人屋面，应伸出屋顶1.2 m以上。

⑦ 高层、超高层建筑的排水、排气、排污系统设计比较复杂，必须由熟悉设计和施工规范的技术负责人进行技术交底，认真组织施工，保证施工质量。

4.2.4 室内排水系统安装质量标准及检验方法

1）一般规定

(1) 生活污水管道应使用塑料管、铸铁管或混凝土管。

(2) 雨水管道宜使用塑料管、铸铁管、镀锌钢管或混凝土管等。

(3) 悬吊式雨水管道宜使用钢管、铸铁管或塑料管。易受振动的雨水管道(如锻造车间等)应使用钢管。

2）排水管道及配件安装

(1) 主控项目

① 隐蔽或埋地的排水管道在隐蔽前必须做灌水试验，其灌水高度应不低于底层卫生器具的上边缘或底层地面高度。

检验方法：满水15 min水面下降后，再灌满观察5 min，液面不降，管道及接口无渗漏为合格。

生活污水铸铁管道的坡度必须符合设计或表4-10的规定。

表4-10 生活污水铸铁管道的坡度

项次	管径(mm)	标准坡度(‰)	最小坡度(‰)	项次	管径(mm)	标准坡度(‰)	最小坡度(‰)
1	50	35	25	4	125	15	10
2	75	25	15	5	150	10	7
3	100	20	12	6	200	8	5

检验方法：水平尺、拉线尺量检查。

② 生活污水塑料管道的坡度必须符合设计或附表4-11的规定。

表4-11 生活污水塑料管道的坡度

项次	管径(mm)	标准坡度(‰)	最小坡度(‰)	项次	管径(mm)	标准坡度(‰)	最小坡度(‰)
1	50	25	12	4	125	10	5
2	75	15	8	5	160	7	4
3	110	12	6				

检验方法：水平尺、拉线尺量检查。

③ 排水塑料管必须按设计要求及位置装设伸缩节。如设计无要求时，伸缩节间距不得大于4 m。高层建筑中明设排水塑料管道应按设计要求设置阻火圈或防火套管。

检验方法：观察检查。

④ 排水主立管及水平干管管道均应做通球试验，通球球径不小于 2/3，通球率必须达到 100%。

检查方法：通球检查。

(2) 一般项目

① 在生活污水管道上设置的检查口或清扫口，当设计无要求时，应符合下列规定。

a. 在立管上应每隔一层设置一个检查口，但在最底层和有卫生器具的最高层必须设置。如为两层建筑时，可仅在底层设置立管检查口；如有乙字弯管时，则在该层乙字弯管的上部设置检查口。检查口中心高度距操作地面一般为 1 m，允许偏差±20 mm；检查口的朝向应便于检修。暗装立管，在检查口处应安装检修门。

b. 在连接 2 个及 2 个以上大便器或 3 个及 3 个以上卫生器具的污水横管上应设置清扫口。当污水管在楼板下悬吊敷设时，可将清扫口设在上一层楼地面上，污水管起点的清扫口与管道相垂直的墙面距离不得小于 200 mm；若污水管起点设置堵头代替清扫口时，与墙面距离不得小于 400 mm。

c. 在转角小于 135°的污水横管上，应设置检查口或清扫口。

d. 污水横管的直线管段，应按设计要求的距离设置检查口或清扫口。

检验方法：观察和尺量检查。

② 埋在地下或地板下的排水管道的检查口，应设在检查井内。井底表面标高与检查口的法兰相平，井底表面应有 5%坡度的坡向检查口。

检验方法：尺量检查。

③ 金属排水管道上的吊钩或卡箍应固定在承重结构上。固定件间距：横管不大于 2 m；立管不大于 3 m。楼层高度小于或等于 4 m，立管可安装 1 个固定件。立管底部的弯管处应设支墩或采取固定措施。

检验方法：观察和尺量检查。

④ 排水塑料管道支、吊架间距应符合表 4-12 的规定。

表 4-12　排水塑料管道支、吊架最大间距(m)

管径(mm)	50	75	110	125	160
立 管	1.2	1.5	2.0	2.0	2.0
横 管	0.5	0.75	1.10	1.30	1.6

检验方法：尺量检查。

⑤ 排水通气管不得与风道或烟道连接，且应符合下列规定：

a. 通气管应高出屋面 300 mm，但必须大于最大积雪厚度。

b. 在通气管出口 4 m 以内有门、窗时，通气管应高出门、窗顶 600 mm 或引向无门、窗一侧。

c. 在经常有人停留的平屋顶上，通气管应高出屋面 2 m，并应根据防雷要求设置防雷装置。

d. 屋顶有隔热层从隔热层板面算起。

检验方法：观察和尺量检查。

⑥ 安装未经消毒处理的医院含菌污水管道，不得与其他排水管道直接连接。

检验方法：观察检查。

⑦ 饮食业工艺设备引出的排水管及饮用水水箱的溢流管，不得与污水管道直接连接，并应留出不小于 100 mm 的隔断空间。

检验方法：观察和尺量检查。

⑧ 通向室外的排水检查井的排水管，穿过墙壁或基础必须下返时，应采用 45°三通和 45°弯头连接，并应在垂直管段顶部设置清扫口。

检验方法：观察和尺量检查。

⑨ 由室内通向室外排水检查井的排水管，井内引入管应高于排出管或两管顶相平，并有不小于 90°的水流转角，如跌落差大于 300 mm，可不受角度限制。

检验方法：观察和尺量检查。

⑩ 用于室内排水的室内管道、水平管道与立管的连接，应采用 45°三通或 45°四通和 90°斜三通或 90°斜四通。立管与排出管端部的连接，应采用两个 45°弯头或曲率半径不小于 4 倍管径的 90°弯头。

检验方法：观察和尺量检查。

⑪ 室内排水管道安装的允许偏差应符合表 4－13 的相关规定。

表 4－13　室内排水管道安装的允许偏差和检验方法

<table>
<tr><th>项次</th><th colspan="4">项　目</th><th>允许偏差(mm)</th><th>检验方法</th></tr>
<tr><td>1</td><td colspan="4">坐标</td><td>15</td><td rowspan="12">用水准仪（水平尺）、直尺、拉线和尺量检查</td></tr>
<tr><td>2</td><td colspan="4">标高</td><td>±15</td></tr>
<tr><td rowspan="10">3</td><td rowspan="10">横管从横方向弯曲</td><td rowspan="2">铸铁管</td><td colspan="2">每 1 米</td><td>≯1</td></tr>
<tr><td colspan="2">长(25 m 以上)</td><td>≯25</td></tr>
<tr><td rowspan="4">钢铁管</td><td rowspan="2">每 1 米</td><td>管径小于或等于 100 mm</td><td>1</td></tr>
<tr><td>管径大于 100 mm</td><td>1.5</td></tr>
<tr><td rowspan="2">全长(25 m 以上)</td><td>管径小于或等于 100 mm</td><td>≯25</td></tr>
<tr><td>管径大于 100 mm</td><td>≯38</td></tr>
<tr><td rowspan="2">塑料管</td><td colspan="2">每 1 米</td><td>1.5</td></tr>
<tr><td colspan="2">全长(25 m 以上)</td><td>≯38</td></tr>
<tr><td rowspan="2">钢筋混凝土管、混凝土管</td><td colspan="2">每 1 米</td><td>3</td></tr>
<tr><td colspan="2">全长(25 m 以上)</td><td>≯75</td></tr>
<tr><td rowspan="6">4</td><td rowspan="6">立管垂直度</td><td rowspan="2">铸铁管</td><td colspan="2">每 1 米</td><td>3</td><td rowspan="6">吊线和尺量检查</td></tr>
<tr><td colspan="2">全长(5 m 以上)</td><td>≯15</td></tr>
<tr><td rowspan="2">钢管</td><td colspan="2">每 1 米</td><td>3</td></tr>
<tr><td colspan="2">全长(5 m 以上)</td><td>≯10</td></tr>
<tr><td rowspan="2">塑料管</td><td colspan="2">每 1 米</td><td>3</td></tr>
<tr><td colspan="2">全长(5 m 以上)</td><td>≯15</td></tr>
</table>

4.2.5 室内卫生器具安装

室内卫生器具安装的基本要求是牢固美观，给排水支管的预留接口尺寸准确，与卫生器具连接紧密。这就要求在施工中与土建密切配合，按选定的卫生器具做好预留、预埋，杜绝因管道甩口不准等原因造成二次打洞，影响安装以至整个建筑工程的质量。

1）大便器与排水管连接处漏水

(1) 现象：大便器使用后，地面积水，墙壁潮湿，甚至在下层顶板和墙壁也出现潮湿滴水现象。

(2) 原因分析

① 排水管甩口高度不够，大便器出口插入排水管的深度不够。

② 蹲坑出口与排水管连接处没有认真填抹严实。

③ 排水管甩口位置不对，大便器出口安装时错位。

④ 大便器出口处裂纹没有检查出来，充当合格产品安装。

⑤ 厕所地面防水处理不好，使上层渗漏水顺管道四周和墙缝流到下层房间。

⑥ 底层管口脱落。

(3) 防治措施

① 安装大便器排水管时，甩口高度必须合适，坐标应准确并高出地面 10 mm。

② 安装蹲坑时，排水管甩口要选择内径较大、内口平整的承口或套袖，以保证蹲坑出口插入足够的深度，并认真做好接口处理，经检查合格后方能填埋隐蔽。

③ 大便器排出口中心应对正水封存水弯承口中心，蹲坑出口与排水管连接处的缝隙，要用油灰或用 1∶5 石灰水泥混合灰填实抹平，以防止污水外漏。

④ 大便器安装应稳固、牢靠，严禁出现松动或位移现象。

⑤ 做好厕所地面防水，保证油毡完好无破裂；油毡搭接处和与管道相交处都要浇灌热沥青，周围空隙必须用细石混凝土浇筑严实。

⑥ 安装前认真检查大便器是否完好，底层安装时，必须注意土层夯实，如不能夯实，则应有防止土层沉陷造成管口脱落的措施。

2）蹲坑上水进口处漏水

(1) 现象：蹲坑使用后地面积水，墙壁潮湿，下层顶板和墙壁也往往大面积潮湿和滴水。

(2) 原因分析

① 蹲坑上水进口连接胶皮碗或蹲坑上水连接处破裂，安装时没有发现。

② 绑扎蹲坑上水连接胶皮碗使用铁丝，容易锈蚀断裂，使胶皮碗松动。

③ 绑扎蹲坑上水胶皮碗的方法不当，绑得不紧。

④ 施工过程中，蹲坑上水接口处被砸坏。

(3) 预防措施

① 绑扎胶皮碗前,应检查胶皮碗和蹲坑上水连接处是否完好。

② 选用合格的胶皮碗,冲洗管应对正便器进水口,蹲坑胶皮碗应使用两道 14 号铜丝错开绑扎拧紧,冲洗管插入胶皮碗角度应合适,偏转角度不应大于 5°。

③ 蹲坑上水连接口应经试水无渗漏后再做水泥抹面。

④ 蹲坑上水接口处应填干砂或装活盖,以便维修。

(4) 治理方法:轻轻剔开大便器上水进口处地面,检查连接胶皮碗是否完好,损坏者必须更换。如原先使用铁丝绑扎,须换成铜丝两道错开绑紧。

3) 卫生器具安装不牢固

(1) 现象:卫生器具使用时松动不稳,甚至引起管道连接零件损坏或漏水,影响正常使用。

(2) 原因分析

① 土建墙体施工时,没有预埋木砖。

② 安装卫生器具所使用的稳固螺栓规格不合适,或终拧不牢固。

③ 卫生器具与墙面接触不够严实。

(3) 预防措施

① 安装卫生器具宜尽量采取终拧合适的机螺钉。

② 安装洗脸盆可采用管式支架或圆钢支架。

(4) 治理方法:凡固定卫生器具的托架和螺钉不牢固者应重新安装。卫生器具与墙面间的较大缝隙要用水泥砂浆填补饱满。

4) 地漏汇集水效果不好

(1) 现象:地漏汇集水效果不好,地面上经常积水。

(2) 原因分析

① 地漏安装高度偏差较大,地面施工无法弥补。

② 地面施工时地漏四周的坡度重视不够,造成地面局部倒坡。

(3) 预防措施

① 地漏的安装高度偏差不得超过允许偏差。

② 地面要严格遵照基准线施工,地漏周围要有合理的坡度。

(4) 治理方法:将地漏周围地面返工重做。

5) 水泥池槽的排水栓或地漏周围漏水

(1) 现象:水泥池槽使用时,附近地面经常存水,致使墙壁潮湿,下层顶板渗漏水。

(2) 原因分析

① 排水管或地漏周围混凝土浇筑不实,有缝隙。

② 安装排水栓或地漏时扩大了池槽底部的孔洞,使池槽底部产生裂缝而又没有及时妥善修补。

(3) 预防措施

① 安装水泥池槽的排水栓或地漏时,其周围缝隙要用混凝土填实,在填灌混凝土前要支好托板,先刷水泥灰浆。

② 在池槽中安装地漏,地漏周围的孔洞最好用沥青油麻塞实再浇筑混凝土,并做水泥抹面。

(4) 治理方法:剔开下水口周围的水泥砂浆,重新支模,用水泥砂浆填实。

6) 卫生器具返水

(1) 现象:底层蹲式大便器、地漏等卫生器具返水,污水横溢,严重时甚至波及楼层。

(2) 原因分析

① 埋地管道堵塞。

② 埋地管道转弯过多,管线过长,引起排水不畅。

③ 最低排水横支管与立管连接处至排出管管底的距离过小。

④ 通气管堵塞或未设通气管,排水时产生虹吸作用,引起楼层卫生器具存水弯积水,造成水力波动,增加了底部排水管的负担。

(3) 预防措施

① 埋地排水管道应尽量走直线,窨井或其他排水点布置不能远离排水立管。

② 排水立管仅设伸顶通气立管时,最低排水横支管与立管连接处至排出管管底的垂直距离不能小于规范所规定的数值。

④ 排水立管应按规定设置通气管。

(4) 治理方法

① 疏通堵塞的管道。

② 拆除埋地管道重新安装。

③ 增设通气管。

7) 蹲式大便器排水出口流水不畅或堵塞

(1) 现象:蹲式大便器排水出口流水不畅或堵塞,污水从大便器向上返水。

(2) 原因分析

① 大便器排水管堵塞。

② 大便器排水管未及时清理。

(3) 预防措施

① 大便器排水管甩口施工后,应及时封堵,存水弯、丝堵应后安装。

② 排水管承口内抹油灰不宜过多,不得将油灰丢入排水管内,溢出接口外的油灰应随即清理干净。

③ 防止土建施工厕所或冲洗时将砂浆、灰浆流入,落入大便器排水管内。

④ 大便器安装后,随即将出水口堵好,把大便器覆盖保护好。

(4) 治理方法:用胶皮碗反复抽吸大便器出水口;或打开蹲式大便器存水弯、丝堵或检查孔,把杂物取出;也可打开排水管检查口或清扫口,敲打堵塞部位,用竹片或疏通器、钢丝疏通。

8）浴盆安装质量缺陷

（1）现象：浴盆排水管、溢水管接口渗漏，浴盆排水管与室内排水管连接处漏水；浴盆排水受阻，并从排水栓向盆内冒水；浴盆放水排不尽，盆底有积水。

（2）原因分析：浴盆安装后，未做盛水和灌水试验；溢水管和排水管连接不严，密封垫未放平，锁母未锁紧；浴盆排水出口与室内排水管未对正，接口间隙小，填料不密实，盆底排水坡度小，中部有凹陷；排水甩口、浴盆排水栓口未及时封堵；浴盆使用后，浴布等杂物流入栓内堵塞管道。

（3）预防措施

① 浴盆溢水、排水连接位置和尺寸应根据浴盆或样品确定，量好各部尺寸再下料。

② 浴盆及配管应按样板卫生间的浴盆质量和尺寸进行安装。

③ 浴盆排水栓及溢水管、排水管接头要用橡皮垫、锁母拧紧，浴盆排水管接至存水弯或多用排水器短管内应有足够的深度，并用油灰将接口打紧抹平。

④ 浴盆挡墙砌筑前，灌水试验必须符合要求。

⑤ 浴盆安装后，排水栓应临时封堵，并覆盖浴盆，防止杂物进入。

（4）治理方法：溢水管、排水管或排水栓等接口漏水，应打开浴盆检查门或排水栓接口，修理漏点；若堵塞，应从排水管存水弯检查口（孔）或排水栓口清通；盆底积水，应将浴盆底部抬高，加大浴盆排水坡度，用砂子把凹陷部位填平，排尽盆底积水。

9）地漏安装质量缺陷

（1）现象：地漏偏高，地面积水不能排除；地漏周围渗漏。

（2）原因分析：安装地漏时，对地坪标高掌握不准，地漏高出地面；地漏安装后，周围空隙未用细石混凝土灌实严密；土建未根据地漏找坡，出现倒坡。

（3）防治措施

① 找准地面标高，降低地漏高度，重新找坡，使地漏略低于周围地面；并做好防水层。

② 剔开地漏周围漏水的地面，支好托板，用水冲洗孔隙，再用细石混凝土灌入地漏周围孔隙中，并仔细捣实。

③ 根据墙体地面红线，确定地面竣工标高，再按地面设计坡高，计算出距地漏最远的地面边沿至地漏中心的坡降，使地漏顶面标高低于地漏周围地面 5 mm。

④ 地面找坡时，严格按基准线和地面设计坡度施工，使地面泛水坡向地漏，严禁倒坡。

⑤ 地漏安装后，用水平尺找平地漏上沿，临时稳固好地漏，在地漏和楼板下支设托板，并用细石混凝土均匀灌入周围孔隙并捣实，再做好地面防水层。

4.2.6 室内卫生器具安装质量标准及检验方法

1）一般规定

（1）卫生器具的安装应采用预埋螺栓或膨胀螺栓安装固定。

（2）卫生器具安装高度如设计无要求时，应符合表 4－14 的规定。

表 4－14　卫生器具安装高度

项次	卫生器具名称			卫生器具安装高度（mm）		备注
				居住和公共建筑	幼儿园	
1	污水盆（池）	架空式		800	800	
		落地式		500	500	
2	洗涤盆（池）			800	800	自地面至器具上边缘
3	洗脸盆、洗手盆（有塞、无塞）			800	500	自地面至器具上边缘
4	盥洗槽			800	500	自地面至器具上边缘
5	浴盆			≯520		自地面至器具上边缘
6	蹲式大便器	高水箱		1 800	1 800	自台阶面至高水箱底
		低水箱		900	900	自台阶面至低水箱底
7	坐式大便器	高水箱		1 800	1 800	自地面至高水箱底
		低水箱	外露排水管式	510	370	自地面至低水箱底
			虹吸喷射式	470		
8	小便器	挂式		600	450	自地面至下边缘
9	小便槽			200	150	自地面至台阶面
10	大便槽冲洗水箱			≮2 000	—	自台阶面至水箱底
11	妇女卫生盆			360	—	自地面至器具上边缘
12	化验盆			800	—	自地面至器具上边缘

（3）卫生器具给水配件的安装高度，如设计无要求时，应符合表 4－15 的规定。

表 4－15　卫生器具给水配件的安装高度

项次	给水配件名称		配件中心距地面高度（mm）	冷热水龙头距离（mm）
1	架空式污水盆（池）水龙头		1 000	—
2	落地式污水盆（池）水龙头		800	—
3	洗涤盆（池）水龙头		1 000	150
4	住宅集中给水龙头		1 000	—
5	洗手盆水龙头		1 000	—
6	洗脸盆	水龙头（上配水）	1 000	150
		水龙头（下配水）	800	150
		角阀（下配水）	450	—
7	盥洗槽	水龙头	1 000	150
		冷热水管其中热水龙头上下并行	1 100	150
8	浴盆	水龙头（上配水）	670	150

续表 4 - 15

项次	给水配件名称		配件中心距地面高度(mm)	冷热水龙头距离(mm)
9	淋浴器	截止阀	1 150	95
		混合阀	1 150	—
		淋浴喷头下沿	2 100	—
10	蹲式大便器(从台阶面算起)	高水箱角阀及截止阀	2 040	—
		低水箱角阀	250	—
		手动式自闭冲洗阀	600	—
		脚踏式自闭冲洗阀	150	—
		拉管式冲洗阀(从地面算起)	1 600	—
		带防污助冲器阀门(从地面算起)	900	—
11	坐式大便器	高水箱角阀及截止阀	2 040	—
		低水箱角阀	150	—
12	大便槽冲洗水箱截止阀(从台阶面算起)		≮2 400	—
13	立式小便器角阀		1 130	—
14	挂式小便器角阀及截止阀		1 050	—
15	小便槽多孔冲洗管		1 100	—
16	实验室化验水龙头		1 000	—
17	妇女卫生盆混合阀		360	—

注:装设在幼儿园的洗手盆、洗脸盆和盥洗槽水嘴中心离地面安装高度应为 700 mm,其他卫生器具给水配件的安装高度,应按卫生器具实际尺寸相应减少。

2) 卫生器具安装

(1) 主控项目

① 排水栓和地漏的安装应平正、牢固,低于排水表面,周边无渗漏。地漏水封高度不得小于 50 mm。

检验方法:试水观察检查。

② 卫生器具交工前应做满水和通水试验。

检验方法:满水后各连接件不渗不漏;通水试验给、排水畅通。

(2) 一般项目

① 卫生器具安装的允许偏差应符合表 4 - 16 的规定。

表 4 - 16 卫生器具安装的允许偏差和检验方法

项目	项目		允许偏差(mm)	检验方法
1	坐标	单独器具	10	拉线、吊线和尺量检查
		成排器具	5	
2	标高	单独器具	±15	
		成排器具	±10	
3	器具水平度		2	水平尺和尺量检查
4	器具垂直度		3	吊线和尺量检查

② 有饰面的浴盆，应留有通向浴盆排水口的检修门。

检验方法：观察检查。

③ 小便槽冲洗管，应采用镀锌钢管或硬质塑料管。冲洗孔应斜向下方安装，冲洗水流同墙面成 45°角。镀锌钢管钻孔后应进行二次镀锌。

检验方法：观察检查。

④ 卫生器具的支、托架必须防腐良好，安装平整、牢固，与器具接触紧密、平稳。

检验方法：观察和手扳检查。

3）卫生器具给水配件安装

（1）主控项目

卫生器具给水配件应完好无损伤，接口严密，启闭部分灵活。

检验方法：观察及手扳检查。

（2）一般项目

① 卫生器具给水配件安装标高的允许偏差应符合表 4－17 的规定。

表 4－17　卫生器具给水配件安装标高的允许偏差和检验方法

项次	项目	允许偏差(mm)	检验方法
1	大便器高、低水箱角阀及截止阀	±10	尺量检查
2	水嘴	±10	
3	淋浴器喷头下沿	±15	
4	浴盆软管淋浴器挂钩	±20	

② 浴盆软管淋浴器挂钩的高度，如设计无要求，应距地面 1.8 m。

检验方法：尺量检查。

4）卫生器具排水管道安装

（1）主控项目

① 与排水横管连接的各卫生器具的受水口和立管均应采取妥善可靠的固定措施；管道与楼板的接合部位应采取牢固可靠的防渗、防漏措施。

检验方法：观察和手扳检查。

② 连接卫生器具的排水管道接口应紧密不漏，其固定支架、管卡等支撑位置应正确、牢固，与管道的接触应平整。

检验方法：观察及通水检验。

（2）一般项目

① 卫生器具排水管道安装的允许偏差应符合表 4－18 的规定。

表 4-18　卫生器具排水管道安装的允许偏差及检验方法

项次	检查项目		允许偏差(mm)	检验方法
1	横管弯曲度	每 1 m 长	2	用水平尺量检查
		横管长度≤10 m,全长	<8	
		横管长度>10 m,全长	10	
2	卫生器具的排水管口及横支管的纵横坐标	单独器具	10	用尺量检查
		成排器具	5	
3	卫生器具的接口标高	单独器具	±10	用水平尺和尺量检查
		成排器具	±5	

② 连接卫生器具的排水管管径和最小坡度,如设计无要求时,应符合表 4-19 的规定。

表 4-19　连接卫生器具的排水管管径和最小坡度

项次	卫生器具名称		排水管管径(mm)	管道的最小坡度(‰)
1	污水盆(池)		50	25
2	单、双格洗涤盆(池)		50	25
3	洗手盆、洗脸盆		32～50	20
4	浴盆		50	20
5	淋浴器		50	20
6	大便器	高、低水箱	100	12
		自闭式冲洗阀	100	12
		拉管式冲洗阀	100	12
7	小便器	手动、自闭式冲洗阀	40～50	20
		自动冲洗水箱	40～50	20
8	化验盆(无塞)		40～50	25
9	净身器		40～50	20
10	饮水器		20～50	10～20
11	家用洗衣机		50(软管为 30)	—

检验方法:用水平尺和尺量检查。

4.2.7　室内采暖管道安装

采暖管道一般使用钢管,热水采暖管道应使用镀锌钢管,管径小于或等于 32 mm 宜采用螺纹连接,管径大于 32 mm 宜采用焊接或法兰连接。热水管道要注意排出管内空气,蒸汽管道须在低处泄水,这样才能保证采暖管网的正常运行。因此采暖管道必须严格按照设计图纸或规范要求的坡度进行安装。管道变径也应视热媒介质和流向的不同采用相应的变径管。

1) 干管坡度不适当

(1) 现象:暖气干管坡度不均匀或倒坡,导致局部存水,影响水、气的正常循环,从而使管道某些部位温度骤降，甚至不热，还会产生水击声响，破坏管道及设备。

(2) 原因分析

① 管道安装时未调直。

② 管道安装后，穿墙处堵洞时，其标高出现变动。

③ 管道的托、吊卡间距不合适，造成管道局部塌腰。

(3) 预防措施

① 管道焊接最好采取转动焊，整段管道经调直后再焊固定口，并按设计要求找好坡度。

② 管道变径处按设计图纸进行参数化下料与精细化制作。

③ 管道穿墙处堵洞时，要检查管道坡度是否合适，并及时调整。

④ 管道托、吊卡的间距应符合设计要求，如设计无规定时，按表 4－20 采用。

表 4－20　管道托、吊卡的最大间距(m)

管径(mm)	15～20	25～32	40	50	70～80	100	125	150
不保温管带	2.5	3	3.5	3.5	4.5	5.0	5.5	5.5
保温管带	2.0	2.5	3.0	3.5	4.0	4.5	5.0	5.5

(4) 治理方法：剔开管道过墙处并拆除管道支架，调直管道，调整管道过墙洞和支架标高，使管道坡度适当。

2) 采暖干管三通甩口不准

(1) 现象：干管的立管甩口距墙尺寸不一致，造成干管与立管的连接支管打斜，立管距墙尺寸也不一致，影响工程质量。

(2) 原因分析

① 测量管道甩口尺寸时，使用工具不当，例如使用皮卷尺，误差较大。

② 土建施工中，墙轴线允许偏差较大。

(3) 预防措施

① 干管的立管甩口尺寸应在现场用钢卷尺实测实量。

② 各工种要共同严格按设计的墙轴线施工，统一允许偏差。

(4) 治理方法：使用弯头零件或者修改管道甩口的长度，调整立管距墙的尺寸。

3) 采暖干管的支、托架失效

(1) 现象：管道的固定支架与活动支架不能相应地起到固定、滑动管道的作用，影响暖气管道的合理伸缩，导致管道或支、托架损坏。

(2) 原因分析

① 固定支架没有按规定焊装挡板。

② 活动支架的 U 形卡两端套丝并拧紧了螺母，使活动支架失效。

(3) 防治措施

① 固定支架应按规定焊装止动板，阻止管道不应有的滑动。

② 活动支架的 U 形卡应一端套丝，并安装两个螺母；另一端不套丝，插入支架的孔眼中，保证管道自由滑动。

③ 型钢支架应用台钻打眼，不应用气焊刺眼，以保证孔眼合适。

4) 暖气立管上的弯头或支管甩口不准

(1) 现象:连接散热器的支管坡度不一致,甚至倒坡,从而又导致散热器窝风,影响正常供热。

(2) 原因分析

① 测量立管时,使用工具不当,测量偏差较大。

② 各组散热器连接支管长度相差较大时,立管的支管开档采取同一尺寸,造成支管短的坡度大,支管长的坡度小。

③ 地面施工的标高偏差较大,导致立管原甩口不合适。

(3) 预防措施

① 测量立管尺寸最好使用木尺杆,并做好记录。

② 立管的支管开挡尺寸要适合支管的坡度要求,一般支管坡度以1%为宜。

③ 为了减少地面施工标高偏差的影响,散热器应尽量挂装。

④ 地面施工应严格遵照基准线,保证其偏差不超出安装散热器要求的范围。

(4) 治理方法:拆除立管,修改立管的支管预留口之间长度。

5) 采暖管道堵塞

(1) 现象:暖气系统在使用中,管道堵塞或局部堵塞。在寒冷地区,往往还会使系统局部受冻损坏。

(2) 原因分析

① 管道加热煨弯时,遗留在管道中的砂子未清理干净。

② 用砂轮锯等机械断管时,管口的飞刺没有去掉。

③ 铸铁散热器内遗留的砂子清理得不干净。

④ 安装管道时,管口封堵不及时或不严密,有杂物进入。

⑤ 管道气焊开口方法不当,铁渣掉入管内,没有及时取出。

⑥ 新安装的暖气系统没有按规定进行冲洗,大量污物没有排出。

⑦ 管道"气塞",即上下返弯处未装设放气阀门。

⑧ 集气罐失灵,系统末端集气,末端管道和散热器不热。

(3) 预防措施

① 管材锯断后,管口的飞刺应及时清除干净。

② 铸铁散热器组对时,应注意把遗留的砂子清除干净。

③ 安装管道时,应及时用临时堵头把管口堵好。

④ 使用管材时,必须做到一敲二看,保证管内通畅。

⑤ 管道气焊开口时落入管中的铁渣应清除干净。

⑥ 管道全部安装后,应按规范规定先冲洗干净再与外线连接。

⑦ 按设计图纸或规范规定,在系统高点安装放气阀。

⑧ 选择合格的集气罐,增设放气管及阀门。

(4) 治理方法:首先关闭有关阀门,拆除必要的管段,重点检查管道的拐弯处和阀门是否通畅;针对原因排除管道堵塞。

4.2.8　采暖系统安装质量标准及检验方法

1）一般规定

焊接钢管的连接，管径小于或等于 32 mm 应采用螺纹连接；管径大于 32 mm 采用焊接。

2）管道及配件安装

（1）主控项目

① 管道安装坡度，当设计未注明时，应符合下列规定：

a. 气、水同向流动的热水采暖管道和汽、水同向流动的蒸汽管道及凝结水管道，坡度应为 3‰，不得小于 2‰；

b. 气、水逆向流动的热水采暖管道和汽、水逆向流动的蒸汽管道，坡度不应小于 5‰；

c. 散热器支管的坡度应为 1%，坡向应利于排气和泄水。

检验方法：观察，水平尺、立尺检查。

② 补偿器的型号、安装位置及预拉伸和固定支架的构造及安装位置应符合设计要求。

检验方法：对照图纸，现场观察，并查验预拉伸记录。

③ 平衡阀及调节阀型号、规格、公称压力及安装位置应符合设计要求。安装完后应根据系统平衡要求进行调试并做出标志。

④ 蒸汽减压阀和管道及设备上安全阀的型号、规格、公称压力及安装位置应符合设计要求。安装完毕后应根据系统工作压力进行调试，并做出标志。

检验方法：对照图纸查验产品合格证及调试结果证明书。

⑤ 方形补偿器制作时，应用整根无缝钢管煨制，如需要接口，其接口应设在垂直臂的中间位置，且接口必须焊接。

检验方法：观察检查。

⑥ 方形补偿器应水平安装，并与管道的坡度一致；如其臂长方向垂直安装，必须设排气及泄水装置。

检验方法：观察检查。

（2）一般项目

① 热量表、疏水器、除污器、过滤器及阀门的型号、规格、公称压力及安装位置应符合设计要求。

检验方法：对照图纸查验产品合格证。

② 钢管管道焊口尺寸的允许偏差应符合《建筑给水排水及采暖工程施工质量验收规范》(GB 50242—2002)中表 5.3.8 的规定。

③ 采暖系统入口装置及分户热计量系统入户装置，应符合设计要求。安装位置应便于检修、维护和观察。

检验方法：现场观察。

④ 散热器支管长度超过 1.5 m 时，应在支管上安装管卡。

检验方法:尺量和观察检查。

⑤ 上供下回式系统的热水干管变径应顶平偏心连接,蒸汽干管变径应底平偏心连接。

检验方法:观察检查。

⑥ 在管道干管上焊接垂直或水平分支管道时,干管开孔所产生的钢渣及管壁等废弃物不得残留在管内,且分支管道在焊接时不得插入干管内。

检验方法:观察检查。

⑦ 膨胀水箱的膨胀管及循环管上不得安装阀门。

检验方法:观察检查。

⑧ 当采暖介质为110～130 ℃的高温水时,管道采用可拆卸件法兰,不得使用长丝和活接头。法兰垫料应使用耐热橡胶板。

检验方法:观察和查验进料单。

⑨ 焊接钢管管径大于32 mm的管道转弯,在作为自然补偿时应使用煨弯。塑料管及复合管除必须使用直角弯头的场合外,应使用管道直接弯曲转弯。

检验方法:观察检查。

⑩ 管道、金属支架和设备和防腐和涂漆应附着良好,无脱皮、起泡、流淌和漏涂缺陷。

检验方法:现场观察检查。

⑪ 采暖管道安装的允许偏差应符合表4-21的规定。

表4-21　室内采暖管道安装的允许偏差和检验方法

<table>
<tr><th>项次</th><th colspan="3">项目</th><th>允许偏差</th><th>检验方法</th></tr>
<tr><td rowspan="4">1</td><td rowspan="4">横管道纵、横方向弯曲(mm)</td><td rowspan="2">每1 m</td><td>管径≤100 mm</td><td>1</td><td rowspan="4">用水平尺、直尺、拉线和尺量检查</td></tr>
<tr><td>管径>100 mm</td><td>1.5</td></tr>
<tr><td rowspan="2">全长(25 m以上)</td><td>管径≤100 mm</td><td>≯13</td></tr>
<tr><td>管径>100 mm</td><td>≯25</td></tr>
<tr><td rowspan="2">2</td><td rowspan="2">立管垂直度(mm)</td><td colspan="2">每1 m</td><td>2</td><td rowspan="2">用吊线和尺量检查</td></tr>
<tr><td colspan="2">全长(25 m以上)</td><td>≯10</td></tr>
<tr><td rowspan="4">3</td><td rowspan="4">弯管</td><td rowspan="2">椭圆率 $\frac{D_{max}-D_{min}}{D_{max}}$</td><td>管径≤100 mm</td><td>10%</td><td rowspan="4">用外卡钳和尺量检查</td></tr>
<tr><td>管径>100 mm</td><td>8%</td></tr>
<tr><td rowspan="2">折皱不平度(mm)</td><td>管径≤100 mm</td><td>4</td></tr>
<tr><td>管径>100 mm</td><td>5</td></tr>
<tr><td>4</td><td colspan="2">减压器、疏水器、除污器、蒸汽喷射器</td><td>几何尺寸(mm)</td><td>10</td><td>尺量检查</td></tr>
</table>

注:D_{max}、D_{min}分别为管子最大外径及最小外径。

4.2.9　散热器安装

散热器的种类很多,用得最多的是铸铁散热器和钢管散热器。散热器不热、跑汽、漏水和安装不牢固是常见安装质量通病。

1) 铸铁散热器漏水

(1) 现象:暖气系统在使用期间,散热器接口处或有砂眼处渗漏水,影响使用。

(2) 原因分析

① 散热器质量不好,对口不平,丝扣不合适以及严重存在蜂窝、砂眼。

② 散热器单组水压试验的压力和时间未满足规范规定,造成渗漏水隐患。

③ 散热器片数过多,搬运方法不当,使散热器接口处产生松动和损坏。

(3) 预防措施

① 散热器在组对前应进行外观检查,选用质量合格的进行组对。

② 散热器组对后,应按规范规定认真进行水压试验,发现渗漏及时修理。

③ 散热器组对时,应使用石棉纸垫。石棉纸垫可浸机油,随用随浸。不得使用麻垫或双层垫。

④ 20片以上的散热器应加外拉条。多片散热器搬运时宜立放。如平放时,底面各部位必须受力均匀,以免接口处受折,造成漏水。

(4) 治理方法:用炉片钥匙继续紧炉片连接箍,或更换坏炉片和炉片连接箍。

2) 铸铁散热器安装不牢固

(1) 现象:散热器安装后,接口处松动、漏水。

(2) 原因分析

① 挂装散热器的托钩、炉卡不牢,托钩强度不够,散热器受力不均。

② 落地安装的散热器腿片着地不实或者垫得过高不牢。

(3) 预防措施

① 散热器钩卡入墙深度不得小于12 cm,堵洞应严实,钩卡的数量应符合规范规定。

② 落地安装的散热器的支腿均应落实,不得使用木垫加垫,必须用铅垫。断腿的散热器应予更换或妥善处理。

(4) 治理方法:按规定重新安装散热器或其钩卡。

3) 部分散热器不热

(1) 现象:热网启动后,部分散热器不热。

(2) 原因分析

① 水力不平衡,距热源远的散热器因管网阻力大而热媒分配少,导致散热器不热。

② 散热器未设置跑风门或跑风门位置不对,以致散热器内空气难以排出而影响散热。

③ 蒸汽采暖的疏水器选择不当,因而造成介质流通不畅,使散热器达不到预期效果。

④ 管道堵塞。

⑤ 管道坡度不当,影响介质的正常循环。

(3) 防治措施

① 设计时应做好水力计算,管网较大时宜做同程式布置,而不宜采用异程式。

② 散热器应正确设置跑风门。如为蒸汽采暖,跑风门的位置应在距底部1/3处;如为热水采暖,跑风门的位置应在上部。

③ 疏水器的选用不仅要考虑排水量,还要根据压差选型,否则容易漏气,破坏系统运行的可靠性,或者疏水器失灵,凝结水不能顺利排出。

④ 对于散热器支管,进管应坡向散热器,出管应坡向干管,坡度宜为1%。

4.2.10 室内采暖设备安装质量标准及检验方法

1）主控项目

(1) 散热器组对后，以及整组出厂的散热器在安装之前应做水压试验。试验压力如设计无要求时，应为工作压力的 1.5 倍，但不小于 0.6 MPa。

检验方法：试验时间为 2～3 min，压力不降且不渗不漏。

(2) 水泵、水箱、热交换器等辅助设备安装的质量检验与验收应按《建筑给水排水及采暖工程施工质量验收规范》(GB 50242—2002)的相关规定执行。

2）一般项目

(1) 散热器组对应平直紧密，组对后的平直度应符合表 4-22 的规定。

表 4-22 组对后的散热器平直度允许偏差

项次	散热器类型	片数	允许偏差(mm)
1	长翼型	2～4	4
		5～7	6
2	铸铁片式 钢制片式	3～15	4
		16～25	6

检验方法：拉线和尺量检查。

(2) 组对散热器的垫片应符合下列规定：

① 组对散热器垫片应使用成品，组对后垫片外露不应大于 1 mm；

② 散热器垫片材质当设计无要求时，应采用耐热橡胶。

检验方法：观察和尺量检查。

(3) 散热器支架、托架安装，位置应准确，埋设牢固，其数量应符合设计或产品说明书要求。如设计未注明时，则应符合表 4-23 的规定。

表 4-23 散热器支架、托架数量

项次	散热器形式	安装方式	每组片数	上部托钩或卡架数	下部托钩或卡架数	合计
1	长翼型	挂墙	2～4	1	2	3
			5	2	2	4
			6	2	3	5
			7	2	4	6
2	柱型柱翼型	挂墙	3～8	1	2	3
			9～12	1	3	4
			13～16	2	4	6
			17～20	2	5	7
			21～25	2	6	8
3	柱型柱翼型	带足落地	3～8	1	—	1
			8～12	1	—	1
			13～16	2	—	2
			17～20	2	—	2
			21～25	2	—	2

(4) 铸铁或钢制散热器表面的防腐及涂漆应附着良好，色泽均匀，无脱落、起泡、流淌和漏涂缺陷。

检验方法：现场观察及现场清点检查。

(5) 散热器背面与装饰后晶墙内表面安装距离，应符合设计或产品说明书要求。如设计未注明，应为 30 mm。

检验方法：尺量检查。

(6) 散热器及太阳能热水器安装允许偏差应符合表 4-24 的规定。

表 4-24　散热器、太阳能热水器安装允许偏差

项次	项目					允许偏差(mm)	检验方法
1	散热器	坐标	散热器背面与墙内表面距离			3	用水准仪(水平尺)、直尺、拉线和尺量检查
			与窗中心线或设计定位尺寸			20	
		标高	底部距地面			±15	
		中心线垂直度				3	吊线和尺量检查
		侧面倾斜度				3	
		平直度	灰铸铁	长翼型(60)(38)	2～4 片	4	用水准仪(水平尺)、直尺、拉线和尺量检查
					5～7 片	6	
				圆翼型	2 m 以内	3	
					3～4m	4	
				M132 柱型	3～14 片	4	
					15～24 片	6	
			钢制	串片型	2 节以内	3	
					3～4 节	4	
				板型	$L<1$ m	4	
					$L>1$ m	6	
				扁管型	$L<1$ m	3	
					$L>1$ m	5	
				柱型	3～12 片	4	
					13～20 片	6	
2	壁挂式暖风机	标高	中心线距地面			±20	用水准仪(水平尺)、直尺、拉线和尺量检查
	金属辐射板	标高	中心线距地面			±20	
		坡度	水平安装不小于 5/1 000			±1/1 000	
3	板式直管太阳能热水器	标高	中心线距地面			±20	
		固定安装朝向	最大偏移角(°)			≯15	分度仪检查

4.2.11 室内管道除锈、防腐及保温

1）管道除锈、防腐不良

(1) 现象：管道除锈、污垢打磨不干净，油漆漏出，造成防腐不良。

(2) 原因分析：管道进场后保管不善，安装前未认真清除铁锈，未及时刷油防腐。

(3) 防治措施

① 管道进场后应妥善保管，并采取先集中除锈刷油，后进行预制安装的方法。

② 执行除锈和刷油操作规程。

2）管道瓦块保温不良

(1) 现象：瓦块绑扎不牢，瓦块脱落，罩面不光滑，厚度不够，保温隔热效果下降。

(2) 原因分析

① 瓦块材料配合比不当，强度不够。

② 绑扎瓦块时，瓦块的放置方法不对，使用铁丝过细，间距不合适。

(3) 预防措施

① 预制瓦块所用材料的强度、表观密度、导热系数和含水率应符合设计要求和规范规定。

② 绑扎瓦块时，其结合缝应错开，并用石棉灰填补。管径小于 50 mm 时，用 20 号(0.95 mm)镀锌铁丝绑扎；管径大于 50 mm 时，用 18 号(1.2 mm)镀锌铁丝绑扎。绑扎间距为 150～200 mm。

③ 在固定支架、法兰、阀门及活接头两边留出 100 mm 的间隙不做保温，并抹成 60°～90°斜坡。

④ 在高压蒸汽及高压热水管道的拐弯处或涨缩拐弯处，均应留出 20 mm 的伸缩缝，并填充石棉绳。

⑤ 瓦块的罩面层材料应采用合理的配合比，认真进行罩面层的施工操作。

(4) 治理方法：补齐脱落瓦块，加密绑扎铁丝。

4.2.12 管道保温和刷油质量标准及检验方法

管道保温和刷油质量标准要求较高，其允许偏差和检验方法如表 4-25 所示。

表 4-25 管道保温和刷油质量标准及检验方法

项次	项目		允许偏差(mm)	检验方法
1	保温层表面平整度	卷材或板材	5	用 2 m 直尺和楔形塞尺检查
		涂抹或其他	10	—
2	保温层厚度		+0.1δ −0.05δ	用钢针刺入隔热层和尺量检查
3	刷油：铁锈、污垢应清除干净，防腐油漆应均匀涂抹，无漏涂		—	观察检查

注：δ 为管道保温层厚度。

4.3　建筑电气施工技术及质量控制

4.3.1　室内配线

1）金属管道安装缺陷

（1）现象：锯管管口不齐，套丝乱扣；管口插入箱、盒的长度不一致；管口有毛刺；弯曲半径太小，有扁、凹、裂现象；楼板面上敷设管路，水泥砂浆保护层或垫层素混凝土太薄，造成地面顺管路裂缝。

（2）原因分析：锯管管口不齐是因为手工操作时，手持钢锯不垂直和不正所致。套丝乱扣原因是板牙掉齿或缺乏润滑油，套丝过程一次完成。管口插入箱、盒长短不一致，是由于箱、盒外边未用锁母固定，箱、盒内又没有设挡板而造成的。管口有毛刺是由于锯管后未用锉刀铣口。弯曲半径太小是因为减弯时出弯过急。弯管器的槽过宽也会出现管径弯扁、表面凹裂现象。楼板面上敷管后，若垫层不够厚实，地面面层在管路处过薄，当地面内管路受压后，产生应力集中，使地面顺管路出现裂缝。

（3）预防措施

① 锯管时人要站直，持钢锯的手臂和身体成90°角，手腕不颤动，这样锯出的管口就平整。

② 出现马蹄口可用板锉锉平，然后再用圆锉将管口锉出喇叭口。

③ 使用套丝板时，应先检查丝板牙齿是否符合规格、标准，套丝时应边套丝边加润滑油。管径在20 mm及以下时，应为二板套成；管径在25 mm及以上时，应为三板套成。

④ 管口入箱、盒时，可在外部加锁母。吊顶棚、木结构内配管时，必须在箱、盒内外用锁母锁住。配电箱引入管较多时，可在箱内设置一块平挡板，将入箱管口顶在板上，待管路用锁母固定后拆去此板，管口入箱就能一致。

⑤ 管子煨弯时，用定型弯管器，将管子的焊缝放在内侧或外侧，弯曲时逐渐向后方移动弯管器，移动要适度，用力不要过猛，弯曲不要一次成型，模具要配套。对于管径在25 mm以上的管子，应采用分离式液压弯管器或灌砂火煨。暗配管时，最小弯曲半径应是管径的6倍；明配管时不应小于外径的6倍；只有一个弯时，不宜小于4倍。弯扁度不大于管外径的0.1倍。

⑥ 在楼板或地坪内敷管时，要求线管面上有20 mm以上的素混凝土保护层，以防止产生裂缝。

⑦ 加强图纸会审，特别注意建筑做法，当垫层不够厚时，应减少交叉敷设的管路，或将交叉处顺着楼板孔煨弯。

⑧ 对初次操作的青工，要求加强基本功的训练。

（4）治理方法

① 管口不齐用板锉锉平，套丝乱扣应锯掉重套。

② 弯曲半径太小，又有偏、凹、裂现象、应换管重做。

③ 管口入箱、盒长度不一致时，应用锯锯齐。

④ 顺管路较大的裂缝，应凿去地面龟裂部分，用高强度等级水泥砂浆补牢，地面抹平。

2）金属线管保护地线和防腐缺陷

（1）现象

① 金属线管保护地线截面规格随意选择，焊接面太小，达不到标准。

② 煨弯及焊接处刷防腐油有遗漏，焦渣层内敷管未用水泥砂浆保护，土层内敷管混凝土保护层做得不彻底。

（2）原因分析

① 金属线管敷设焊接地线时，未考虑与管径大小的关系。

② 对金属线管刷防锈漆的目的和部位不明确。

③ 金属线管埋在焦渣层或土层中未做混凝土保护层，有的虽然做了保护层，但未将管四周都埋在水泥砂浆或混凝土内。浇筑混凝土前，没有用混凝土预制块将管子垫起，造成底面保护不彻底。

（3）预防措施

① 金属线管连接地线在管接头两端跨接线规格应符合 09BD5 图集要求。跨接线焊缝均匀牢固，双面施焊，清除药皮，刷防锈漆。

② 线管刷防锈漆（油），除了直接埋设在混凝土层内的可免刷外，其他部位均应涂刷，地线的各焊接处也应涂刷。直接埋在土内的金属线管，将管壁四周浇筑在素混凝土保护层内时要用混凝土预制块或钉钢筋楔将管子垫起，使管子四周至少有 50 mm 厚的混凝土保护层。金属管埋在焦渣层时必须做水泥砂浆保护层。

（4）治理方法

① 发现接地线截面积不够大，应按规定重焊。

② 线管转弯及焊接处发现漏刷防腐油，应用樟丹或沥青油补刷两道。

③ 发现土层内线管无保护层者，应浇筑 C10 素土保护层。

3）硬塑料管和聚乙烯软线管敷设缺陷

（1）现象

① 接口不严密，有漏、渗水情况。煨弯处出现扁箱，盒长度不齐。

② 在楼板及地坪内无垫层敷设时，普遍有裂缝。

③ 现浇筑混凝土板墙内配管时，盒子内管口脱落，造成剔凿混凝土墙找管口的后果。

（2）原因分析

① 接口处渗水是因接口处未外加套管，或涂胶不饱满，又未涂胶粘剂，只用黑胶布或塑料带包缠一下，未按工艺规定操作。

② 硬塑料管煨弯时加热不均匀，或未采用相关配套的专用弹簧，即会出现扁、凹、裂现象。

③ 塑料管入箱、盒长度不一致，是因管口引入箱、盒受力后出现负值。管口固定后未用快刀割齐。

(3) 防治措施

① 聚乙烯软线管在混凝土墙内敷设时，管路中间不准有接头；凡穿过盒敷设的管路，能不断开的则不断，待拆模后修盒子时再断开，保证浇筑混凝土时管口不从盒子内脱落。

② 若聚乙烯软线管必须接头时，一定要用大一号的管(长度 60 mm)做套管。接管时口要对齐，套管各边套进 30 mm。硬塑料管接头时，可将一头加热胀出承插口，将另一管口直接插入承插口。在接口处涂抹塑料胶粘剂，则防水效果更好。

③ 硬塑料管煨弯时，可根据塑料管的可塑性，在需煨弯处局部加热，即可以手工操作搣成所需度数成型。管径较小时，可使用专用弯曲弹簧直接弯制。

4) 装配式住宅暗配线管、盒缺陷

(1) 现象

① 预埋在墙板、楼板内的塑料管不通，管口脱离接线盒。

② 拉线开关、支路分线盒插座接线盒等在工厂浇筑墙板时未预埋。

③ 楼板内预埋电线管，楼板顺管路普遍裂缝。

④ 在每户门口下面板拼缝中，正好是下层的电线管，立门框时往往把管压碎或压扁，以致无法穿线。

⑤ 冬期施工中出现塑料管冻裂。

(2) 原因分析

① 设计人员缺乏施工经验，对楼板、墙板应预留的预埋件未交代，未做预留设计。

② 墙板生产人员与施工安装人员缺乏联系，不了解电气施工安装工艺。

③ 缺乏保证质量的技术措施。

(3) 预防措施

① 装配式住宅的电气设计图纸，必须绘制出预留穿线管、盒的大样，并将预留部位、盒子类型标注清楚，向墙板生产厂做好设计交底。

② 预制构件生产前，要加强设计、生产、安装三方面的技术协作，进行图纸会审，以保护预埋件正确。

③ 要求电气施工安装人员掌握墙板、楼板各种预制构件指标的塑料管、塑料盒情况。

④ 选用符合生产技术指标的塑料管、塑料盒。

⑤ 在构件厂生产墙板、楼板时，应预埋电线管、接线盒，杜绝现场剔凿。

(4) 治理方法

① 对于在工地现场凿坏的墙板，应用高强度混凝土修补严密。在接线盒、电线管周围用高强度水泥砂浆抹平、牢固。

② 发现不通的预埋电线管，可采取局部凿开，切去不通的管段，用同规格短管套接，再用高强度水泥砂浆填补抹平。在修通过程中不准切断楼板钢筋。

③ 楼板内预留管路顺主钢筋方向裂缝，可用高强度水泥砂浆补缝抹平，沿主钢筋方向裂缝较长者，应换用合格楼板，或由设计和施工技术负责人鉴定处理。

5）连接管路安装不完整

（1）现象：连到灯具、设备的线路配管不到位，电线外露，暗配管时该电线直接埋入墙内。交叉作业时该段电线容易损伤，竣工后换线困难。

（2）原因分析

① 配管时粗心大意，下料过短。

② 建施图和电施图有矛盾，或施工中建筑门窗、墙体等的位置发生变化。

③ 配管完成后，变更灯具、设备等位置，致使配管不到位。

（3）预防措施

① 配管下料应认真实测。

② 图纸会审前应认真核对电施图和建施图中所标示的门窗、墙体等位置是否吻合，尽量把问题解决在施工之前。施工中建筑门窗、墙体等发生变化，应及时通知安装方面。

③ 建设单位如要变更灯具、设备等位置，最好在配管之前确定，以免造成不必要的损失。

（4）治理方法：把不到位的管段重新敷设到位。若接管实在困难，且不能安装接线盒，管段又较短，不影响今后换线，也可用相同材质的软管安装到位，但软硬管接头必须做好密封处理。

6）管路过长，中间未设接线盒

（1）现象：管路超过规范规定的长度，中间未设接线盒。

（2）原因分析：未考虑规范的规定，敷设的管路过长，给扫管、穿线增加难度。

（3）预防措施：为保证管路畅通，穿线顺利，当导管遇到下列情况时，中间应增设接线盒，接线盒的位置应便于穿线。

① 导管长度每大于 40 m，无弯曲；

② 导管长度每大于 30 m，有 1 个弯曲；

③ 导管长度每大于 20 m，有 2 个弯曲；

④ 导管长度每大于 10 m，有 3 个弯曲。

（4）治理方法：在适当位置增加接线盒，以满足规范要求。

7）套接紧定式钢导管（JDG 管）进配电箱（柜）不做跨接地线

（1）现象：套接紧定式钢导管（JDG 管）进配电箱不做跨接地线。

（2）原因分析：套接紧定式钢导管（JDG 管）电线管路的管材、连接套管及附件一般均镀锌，当管与管、管与盒连接，且采用专用附件时，连接处可不设置跨接地线。但套接紧定式钢导管（JDG 管）进配电箱时，忽略了配电箱（柜）不是镀锌的情况，而按通常情况进行了处理。

（3）预防措施：套接紧定式钢导管（JDG 管）进配电箱不做跨接地线，不能保证接地的电气连续性，应在施工前进行识别。对金属配电箱（柜）体表面采用喷塑等进行防腐处理，在与电气管路连接时，因其附着力强，厚度较厚，JDG 管配套的爪型螺母尚不适应，且当连接处的防腐层受损后，将影响箱体的整体防腐性能，此时应考虑管路与箱（柜）体连接时的电气性能，在连接处设跨接地线。

(4) 治理方法：套接紧定式钢导管(JDG管)进配电箱时，可将所有管路采用专用接地卡通过截面不小于4 mm^2 的软铜线进行跨接，并将软铜线接至配电箱(柜)内PE端子排。

8) 明配的导管采用暗配的接线盒

(1) 现象：管路明敷设时，接线盒采用暗配的接线盒，影响观感质量。

(2) 原因分析：工程中大量采用暗配导管的方式，但也有部分场所需要明配，由于数量较小或经济方面原因，便用暗配的接线盒代替明配的接线盒。明配接线盒和暗配接线盒构造不同，防腐和抗冲击强度也不同，如用暗配接线盒代替明装接线盒，会影响工程质量，不能达到预期功能要求，同时也影响观感质量。

(3) 预防措施：施工前应明确哪些场所需要管路明敷，制定相应的施工方案和技术要求，采购符合要求的明配接线盒。

(4) 治理方法：将暗配接线盒更换为明装接线盒。

9) 镀锌钢管采用焊接方式连接

(1) 现象：镀锌钢管采用焊接或丝扣连接时其跨接地线采用焊接，焊接破坏了镀锌层，虽然可在接点补刷沥青或防锈漆，但由于往往不及时、不彻底，且不美观，失去了镀锌钢管应有的效果。

(2) 原因分析

① 不熟悉规范，规范明确规定，镀锌钢管不能用熔焊连接。

② 镀锌钢管埋地、埋墙及埋在混凝土内，宜采用丝接。

(3) 预防措施

① 严格按照规范施工，镀锌钢管不能采用焊接，而应采用螺纹连接或紧定螺钉连接。镀锌钢管的跨接接地线宜采用专用接地线卡跨接。

② 埋地、埋墙及埋在混凝土内的厚壁钢管宜采用套钢管焊接，套管长度为该管外径的1.5～3倍。若提高档次采用镀锌钢管焊接，则其外壁按黑色钢管的要求进行防腐处理(埋于混凝土内的钢管外壁可不做防腐处理)。

(4) 治理方法：对已焊接的镀锌钢管进行更换，连接处采用专用接地卡跨接接地线。

10) 吊顶内敷设套接紧定式钢导管(JDG管)时，管卡间距不均匀

(1) 现象：在吊顶内敷设套接紧定式钢导管(JDG管)时，管卡的间距不符合规范要求，有时甚至出现管卡间距不均匀，或者以套接紧定式钢导管(JDG管)接头为节点确定管卡间距。

(2) 原因分析：《建筑电气工程施工质量验收规范》(GB 50303—2015)中规定，在终端、弯头重点或柜、台、箱、盘等边缘的距离150～500 mm范围内设置管卡，以壁厚小于2 mm的 ϕ20 钢导管为例，管卡间距应为1 m，由于不能确定管段中弯头中点、五管段终端的位置，造成管卡间距忽大忽小。

(3) 预防措施：首先应按管线走向做好放线工作，将管线的敷设路径确定，找到预留

盒位置及弯头中点、管段终端的位置，按规范要求确定管卡位置。

(4) 治理方法：首先，对工人进行交底，在顶板上先进行放线，确定好预留盒位置及弯头中点，在预留盒弯头中点两端 150～500 mm 范围内确定固定点位置，为保证弯头中点两端的管卡位置对称，取 300 mm 位置确定固定点，在顶板上做好标记。其次，确定管段终端位置，在距离终端 300 mm 位置确定固定点，在顶板上做好标记。确定了上述几个关键点后，分别从关键点向管段中点以 1 m 的间距标记好固定点位置。按上述方法标记好固定点后，当管段中央大于 2 m 的位置需要加设一个固定点时，应在相邻两个固定点的中点位置确定固定点。最后，将管卡按照标记位置进行固定，方可保证固定点间距满足规范要求，且能做到均匀、美观。

11) 套接紧定式钢导管(JDG 管)在地面敷设，因湿作业造成管线进水

(1) 现象：地面敷设的套接紧定式钢导管(JDG 管)接头处存在缝隙，其他专业施工中存在湿作业环境，造成管线进水。

(2) 原因分析

① 电气专业与其他专业工序倒置。

② 地面管线施工完成后，套接紧定式钢导管(JDG 管)接头未做封闭处理。

(3) 预防措施

① 在地面套接紧定式钢导管(JDG 管)敷设完成后，安排成品保护人员进行查看，避免现场存在积水。

② 使用导电膏将接头处涂抹严密，或用塑料胶带局部包裹，也可以用水泥砂浆进行保护。

③ 严格按照工序施工，在地面套接紧定式钢导管(JDG 管)完成后，土建专业尽快完成地面垫层施工。

(4) 治理方法：穿线前应进行扫管工作，确保管线内无积水。如管线已经进水，应使用气泵将管线进行连续吹扫，将水吹出。

12) 采用的绝缘导管不适应环境温度要求出现碎裂

(1) 现象：冬季敷设绝缘导管，气温低，选用的导管只适用于－5 ℃以上应用，不适合在更低的环境温度下应用，以致导管出现碎裂现象。

(2) 原因分析：绝缘导管的敷设应与环境温度相适应，现行标准《建筑用绝缘电工套管及配件》(JG 3050—1998)对绝缘导管在运输、存放、使用、安装方面均有明确规定。

(3) 预防措施：电气施工技术人员应根据工程实际进度，在冬期施工前要考虑冬季温度低时绝缘导管的适应性，选用温度在－15 ℃时仍可使用的导管。

(4) 治理方法：对不符合温度要求的导管，在适当的时间和部位改为符合温度要求的导管。

13) 电气导管进水损坏绝缘

(1) 现象：已穿线电气导管进水损坏绝缘。

(2) 原因分析：有的工程工期紧迫，电气导管敷设完成后随即进行穿线。而电导管上

面需要做垫层，敷设地暖管及地砖，在地暖管打压试水过程中可能防水，但其下面的管路连接处(镀锌钢管丝接，紧定管紧定连接)并不紧密，导致水进入并长时间在管内存留。

(3) 预防措施

① 具备条件后再扫管穿线，保证穿线前管内没有水。

② 现行敷设的管路自行做好防护，如：连接处涂导电膏或其他防护措施，然后用水泥砂浆进行保护。

(4) 治理方法：对进水后的导管内导线进行更换。

14) 箱、盒安装缺陷

(1) 现象：箱、盒安装标高不一致；箱、盒开孔不整齐；铁盒变形；箱、盒口抹灰缺阳角；现浇混凝土墙内箱、盒移位；安装电器后箱、盒内脏物未清除。

(2) 原因分析

① 稳装木、铁箱盒时，未参照土建装修预放的统一水平线控制高度，尤其是在现浇混凝土墙、柱内配线管的，模板无水平线可找。

② 铁箱、盒用电、气焊切割开孔，致使箱、盒变形，孔径不规矩。

③ 土建施工时模板变形或移动，使箱、盒移位，凹进墙面。

④ 土建施工抹底子灰时，盒子口没有抹整齐；安装电器时没有清除残存在箱、盒内的脏物和灰砂。

(3) 预防措施

① 稳装箱、盒找标高时，可以参照土建装修统一预放的水平线，一般由水平线以下50 cm为竣工地平线。在混凝土墙、柱内稳箱、盒时，除参照钢筋上的标高点外，还应和土建施工人员联系定位，用经纬仪测定总标高，以确定室内各点地平线，用水平管确定各点标高。

② 稳装现浇混凝土墙板内的箱、盒时，可在箱、盒背后加设 $\phi 6$ 钢筋套子，以稳定箱、盒位置。这样使箱、盒能被模板紧紧地夹牢，不易移位。

③ 箱、盒开眼孔，木制品必须用木钻，铁制品开孔如无大钻头时，可以用自制开孔的划刀架具，先在需要开孔的中心钻个小眼，然后将划刀置于台钻上钻孔，且保证整齐划一。

④ 穿线前，应先清除箱、盒内灰渣。穿好导线后，用接线盒盖将盒子临时盖好，盒盖周边要小于圆木或插座板、开关板，但应大于盒子。待土建装修喷浆完成后，再拆去盒子盖，安装电器、灯具，这样可保证盒内干净。

(4) 治理方法

① 箱、盒高度不一致，加装调接板后仍超过允许限度时，应剔凿箱、盒，将高度调到一致。

② 箱、盒口边抹灰不齐，应用高强度水泥砂浆修补整齐。

15) 套接紧定式钢导管(JDG管)及薄壁钢管使用场合不正确

(1) 现象：在室外露天环境，水泵房、空调机房、排污泵等潮湿环境中采用套接紧定式钢导管(JDG 管)及薄壁钢管,采用明敷方式,室外地面埋设方式,沿地面及墙进行导管敷设。

(2) 原因分析:未按规范、文件要求正确选择施工材料。对钢制管材的物理性能缺陷认识不正确,忽略了恶劣环境、特殊场合对管材使用寿命、安装防护性能的影响,以低成本材料代替高性能材料。薄壁钢管、套接紧定式钢管(JDG 管)管壁薄,强度差,防锈性能差,耐折性差,对其使用场合和环境有较高要求。

(3) 预防措施:严格按规范和设计要求选择导管材料,严格把好施工方案的制订、施工技术交底关,管材不符合要求不准使用。

(4) 治理方法:露天环境、室内潮湿环境等特殊场合,选择 SC 线路敷设方式,管材壁厚不小于规定,内外壁做好防腐措施。

16) 长度超过 30 m 的直线段线槽未加设伸缩节

(1) 现象:线槽的直线段长度超过 30 m 未设置伸缩节,此类现象易出现在水平干线线槽敷设过程中。

(2) 原因分析:施工前,未对直线段线槽长度进行测量,设计图纸中未明确伸缩节加设位置,施工中忽略伸缩节设置。

(3) 预防措施:在设计图纸中测量出直线段线槽长度,如直线段长度超过 30 m,应以 30 m 为间距定制伸缩节,并在图纸中做好标记,向操作工人做好交底,确保伸缩节安装到位。

(4) 治理方法:金属线槽(电缆桥架)在预设的伸缩节处应断开,用内连接板搭接,一端固定,为伸缩变形留有适当余量。

17) 金属线槽(电缆桥架)与接地干线连接点少

(1) 现象

① 金属线槽(电缆桥架)全长不大于 30 m 时,只做到一处与接地干线相连接,其末端与接地干线连接的要求常常被忽略。

② 金属线槽(电缆桥架)全长大于 30 m 时,至多两处与接地干线相连接,未能做到每隔 20～30 m 增加一处与接地干线连接。

(2) 原因分析

① 未严格按照规范施工,不熟悉施工图和深化图纸不到位。

② 贯彻施工规范验收要求不彻底,只做到全场应不小于两处与接地干线相连处,全场大于 30 m 时增加接地连接点的要求被忽视。

(3) 预防措施

① 施工阶段是保证金属线槽(电缆桥架)接地施工质量的关键,应着重加强施工阶段的质量控制,做好相关施工的技术交底,发现漏接现象应及时补齐。

② 熟悉施工设计文件中关于接地干线的设置、连接位置。接地点可在施工预埋阶段预留引出,以满足金属线槽(电缆桥架)始端、末端及中间部位的接地要求。

(4) 治理方法:金属线槽(电缆桥架)缺少与接地干线连接的应补齐。

18）线槽穿防火墙、楼板时内部未进行防火封堵

（1）现象：线槽穿越防火分区时，线槽内部没有进行防火封堵。

（2）原因分析：当线槽穿过防火墙、楼板时，有的线槽盖也直接穿过，造成线槽内部没有封堵或封堵不严密。

（3）预防措施：当线槽穿过墙、楼板时，应弄清是否为防火分区隔墙，如为防火分区隔墙应事先考虑防火封堵的措施。

（4）治理方法：当线槽穿过墙、楼板时，线槽盖不应直接穿过防火墙、楼板，应将线槽盖在墙、板两端断开后，预留孔洞用防水堵料封堵严密。

19）线槽穿墙孔洞被砂浆封死

（1）现象：穿墙线槽四周缝隙被砂浆直接封死，穿墙孔洞不收口。

（2）原因分析：穿墙线槽四周缝隙不能用砂浆直接封死的要求，土建专业不清楚，造成了被封死的情况。

（3）预防措施：电气专业技术人员应与土建专业技术人员及时进行沟通，提出明确要求。

（4）治理方法：穿墙线槽四周应处理方正，四周应留有不小于 50 mm 的缝隙，如为防火墙，其内外应用防火堵料进行封堵。

20）线槽、电缆梯架分支未用 135°弯头

（1）现象：线槽、电缆梯架敷设，在交叉、转弯、丁字连接时各直接采用 90°弯头。

（2）原因分析：当线槽、电缆梯架在分支处采用 90°弯头，在导线、电缆敷设时，直角处的金属板容易对导线、电缆的绝缘护套造成损坏，可能引起电气事故，有时电气人员对此认识不足。

（3）预防措施：在编制电气施工方案时，根据线槽、电缆梯架的情况，应明确在分支处不能直接采用直角弯头，应采用 135°弯头。在加工订货时，要求厂家加工相应的 135°弯头。在大面积施工前，做样板时，应确认采用 135°弯头。

（4）治理方法：线槽、电缆梯架敷设，在交叉、转弯、丁字连接时，凡采用 90°弯头的，应更换为 135°弯头。

21）喷涂线槽做跨接地线时未刮开喷涂涂层

（1）现象：喷涂线槽的喷涂涂层，做跨接地线前未将喷涂涂层刮开，或使用的垫片无刺破涂层的功能。

（2）原因分析：除镀锌线槽外，有喷涂涂层的线槽连接时需要做跨接地线处理，施工中忽略了喷涂涂层对金属材料接地的阻碍作用，造成接地的不连续。

（3）预防措施：当喷涂线槽进行跨接地线处理时，应首先注意将喷涂线槽表面的涂层去掉，露出金属表面，使其能够直接与线槽的金属表面相接触。

（4）治理方法：当喷涂线槽进行跨接地线处理时，可直接采用带划破涂层功能的接线端子，或者在做跨接地线前，由工人使用工具将跨接地线处的涂层刮掉，露出金属表面。

22）套接紧定式钢导管(JDG管)与喷涂线槽连接时未刮开线槽的喷涂涂层

(1) 现象：套接紧定式钢导管(JDG管)与喷涂线槽连接时，PE线的压线端子与喷涂线槽表面进行压接时，未将喷涂涂层刮掉。

(2) 原因分析：套接紧定式钢导管(JDG管)与喷涂线槽连接时，忽略了涂层对金属材料表面接触电阻阻值的影响，造成接地电阻增大。

(3) 预防措施：当套接紧定式钢导管(JDG管)与喷涂线槽连接时，应首先注意将喷涂线槽表面的涂层去掉，露出金属表面，使得PE线的压线鼻子能够直接与线槽的金属表面相接触。

(4) 治理方法：当套接紧定式钢导管(JDG管)与喷涂线槽做跨接地线处理时，为保证接地的电气连续，应首先将PE线压线鼻子与喷涂线槽的压接处进行处理，使用工具人工将该点的喷涂涂层刮掉。PE线与套接紧定式钢导管(JDG管)的压接应使用专用接地卡进行压接，PE线的线芯应进行刷锡处理。此外，为保证接地的可靠性，JDG管的锁母应采用爪型，并且将“爪子”朝向喷涂线槽拧紧，在拧紧的同时，也可将喷涂线槽的喷涂涂层划破。

23）套接紧定式钢导管(JDG管)进配电箱做跨接地线时未接至PE排

(1) 现象：套接紧定式钢导管(JDG管)进配电箱做跨接地线时，使用4 mm^2 PE软线作为跨接地线，PE线压接在配电箱外壳上。

(2) 原因分析：套接紧定式钢导管(JDG管)与设备进行跨接地线处理时，不应使用设备的外壳作为接续导体，应使用配电箱内专用的接地干线进行跨接地线处理。

(3) 预防措施：首先，施工单位在配电箱加工订货时，应要求厂家在箱体内部设置专用接地母排；其次，在施工过程中，应使用专用压线端子进行压接。

(4) 治理方法：首先，应对4 mm^2 PE软线进行处理，将线皮剥开，对线芯裸露部分进行刷锡处理；其次，使用专用接地管卡将PE线与套接紧定式钢导管(JDG管)进行跨接，在配电箱上打孔；最后，将PE线穿入配电箱，使用压线鼻子将PE线固定在配电箱的接地螺栓上，或压接在专用接地端子板上。

24）线路穿建筑物的变形缝处，未安装补偿装置

(1) 现象：导管、线槽穿建筑物的变形缝处未安装补偿装置。

(2) 原因分析：配线工程中各类管线、线槽应尽可能避免穿越变形缝进行敷充。如不可避免时，则应在穿越处由刚性变为柔性，即所称的补偿装置。

(3) 预防措施：管线过变形缝时，可在其两侧各设一个接线箱，先把管的一端固定在接线箱上，另一侧在接线箱底部的垂直方向开长孔，其孔径长宽尺寸不小于被接入管直径的2倍，钢导管两侧接好补偿跨接地线。

线槽过变形缝时，线槽应断开，断开距离以100 mm为宜，线槽底部应附同材质衬板，两侧用连接板封闭，但只能在一侧用螺栓固定。金属线槽两端应做好跨接地线，并留有伸缩余量。

(4) 治理方法：对导管、线槽穿越建筑物的变形缝处未安装补偿装置的，应按预防措

施的方法进行处理。

25）吊顶内导线和接头明露

（1）现象：吊顶内导线和接头出现明露现象。

（2）原因分析：由于有的射灯，变压器和灯具（灯体）是分离的，造成导线和接头明露。

（3）预防措施：在灯具订货前，应对灯具样品进行确认，如不能满足不明露导线和接头要求，应明确提出，要求厂家采取适当措施。

如果灯具已到货，安装前应对灯具进行确认，如不能满足要求，可要求厂家或安装单位采取措施，以保证导线和接头不明露。

（4）治理方法：对明露的导线和接头，应重新敷设管路，增加接线盒。

26）母线槽安装缺陷

（1）现象

① 母线槽外壳防护等级未按使用环境合理选择。

② 对母线槽极限温升值重视不够，造成母线安全使用系数降低。

③ 安装过程中连接头接触不良，连接部位连接不牢固。

④ 母线搭接部位及连接头未与 PE 可靠连接，其外壳与 PE 干线连接有效连接界面不符合要求。

⑤ 母线槽水平、垂直安装过程中，距地高度、固定间距、接头设置、单根直线长度等技术参数不符合要求。

⑥ 母线槽穿越防火分区未采取防火隔离措施。

⑦ 母线槽始末端与配电设备连接未采取相关过滤连接，穿过伸缩缝等无适当措施。

（2）原因分析

① 母线槽外壳防护等级是防止人或动物直接触及带电设备，防止异物和水进入母线槽内，对设备安全造成影响的一项重要指标。母线槽安装工程中，由于工程设计时没有注明母线槽的外壳防护等级，工程项目过度考虑工程造价等原因，造成母线槽外壳防护等级降低使用，随意选择，使母线槽安装使用环境存在隐患。

② 工程设计文件没有明确标注母线槽的极限温升值要求，选择母线槽时，运行环境对母线槽长期可靠运行影响程度重视不够，造成加工订货缺少针对性的技术要求。母线槽极限温升数值标准如果降低很大，造成母线槽运行温度升高，导体电阻值和电压降增大，电能损耗也随之加大，使母线槽的运行寿命降低。

③ 母线安装过程，节与节连接、插接不到位，相邻段母线插接不准，接触面弯斜，连接后母线导体与外壳承受机械外力，未用扭力扳手锁紧。

④ 建筑电气安装施工中，常见的三相五线制母线槽，对 PE 线跨接所选择的 PE 线截面规格不同，不加区分显然是不正确的。

⑤ 母线槽水平安装高度、固定间距应符合设计要求，设计无要求时，应符合相关规定，随意安装会影响到母线的正常使用。

⑥ 母线槽穿越防火分区时采取消防封堵措施，未按规范要求进行施工。

⑦ 母线槽始末端与设备连接采用硬连接，不符合施工工艺要求，忽视伸缩节和变形缝的处理措施。

(3) 防治措施

① 为保障母线的安全运行，一定要根据使用环境要求，选择合适的母线槽，在选择母线槽防护等级时，连接头部位防护等级最重要。

② 在设计文件和加工订货技术交底中，按规范要求，明确提出对母线槽的极限温升验证要求。目前国家强制性"CCC"认证，对于母线槽的极限温升验证，统一按小于等于70 K温升值试验标准进行。母线槽极限温升值越小，母线槽运行环境就越好，母线槽极限温升值小于等于70 K，是安全合理的标准。

③ 母线插接安装，需要母线与外壳同心，允许偏差为±5 mm，段与段连接，首先检查母线槽导体连接面有无磕碰损伤，两相邻段母线及外壳对准，连接后不使母线及外壳承受额外应力，在确保安装到位后，用扭力扳手锁紧。

④ 母线槽外壳做PE连接时，常用的有三种方式，产品产生形式不同，施工做法也不相同。由于母线是供电主干线，母线槽外壳实际作用都是作为PE接地干线使用。外壳作为PE线除了满足可靠连接之外，外壳总截面、外壳段与段之间的跨接地线总截面都要符合规范对保护导体的截面积的等效截面积的要求。跨接地线选择应符合相关规定。

⑤ 母线槽水平安装时，安装高度应符合设计要求，设计无要求时，距地高度不应低于2.2 m。母线槽连接点不应在穿墙板部位，插接孔(分岔口)应设在安全可靠及安装维修方便处。母线垂直安装时，接头距地面垂直距离不应小于0.6 m。母线槽在楼层间垂直安装时，单根长度不应大于3.6m，超长时可分节制作，垂直、分层安装弹簧支架时，加设防振装置。

⑥ 母线槽在穿越防火墙及防火楼板时，应采取防火隔离措施，对其穿墙孔洞周围缝隙应用防火堵料封堵严密。

⑦ 母线槽始末端与配电箱(柜)连接时，采用镀锡硬铜排过度连接。母线槽与变压器、发电机等振动较大设备连接时，应采用铜排软线连接。母线槽敷设长度超过40 m时，按规定设置伸缩节，跨越建筑物伸缩缝或沉降缝处须做变形处理。

4.3.2 灯具电器安装

1) Ⅰ类灯具的外露可导电部分未接地

(1) 现象：建筑工程上采用的灯具大部分为Ⅰ类灯具，如：格栅灯、盒式荧光灯、筒灯等，其外露可导电部分未连接PE线。

(2) 原因分析：部分电气技术人员认为只有当灯具安装高度低于2.4 m时才需要接地，而《建筑照明设计标准》(GB 50034—2013)第7.2.9条规定："采用Ⅰ类灯具时，灯具的外露可导电部分应可靠接地。"此条规定要求无论Ⅰ类灯具安装高度多少，均应接地。

(3) 预防措施：在设计交底时要请设计明确哪些是属于Ⅰ类灯具，相关的照明支路应含有PE线；应要求生产Ⅰ类灯具的厂家预留相应的接地端子。

(4) 治理措施:对未接地的Ⅰ类灯具,其供电回路应加穿 PE 线,使其外露可导电部分与 PE 线进行连接。

2) 大型灯具固定及悬吊装置未做承载试验

(1) 现象:重量大于 10 kg 的大型灯具已安装,但其固定装置未按 5 倍灯具重量的恒定均布载荷做强度试验。

(2) 原因分析:有的电气人员未注意最新国家标准《建筑电气照明装置施工与验收规范》(GB 50617—2010)的规定,仍按旧规范规定按灯具重量的 2 倍做过载试验。

(3) 预防措施:大型灯具的固定及悬吊装置是根据施工图纸预埋安装的,在灯具安装前并在安装现场,应做恒定均布载荷强度试验。试验的目的是检验安装单位的安装质量。灯具所提供的吊环、连接件等附件强度应由灯具制造商在工厂进行过载试验。根据灯具制造标准规定,所有悬挂灯具应将 4 倍灯具重量的恒定均布载荷以灯具正常的受载方向加在灯具上,历时 1 h。试验终了时,悬挂装置(灯具本身)的部件应无明显变形。因此当在灯具上加载 4 倍灯具重量的载荷时,灯具的固定及悬吊装置(施工单位预埋的)须承受 5 倍灯具重量的载荷。

(4) 治理措施:将已安装的灯具拆下,按 5 倍灯具重量的恒定均布载荷补做强度试验。

3) 自在球吊线灯安装缺陷

(1) 现象:吊盒内保险扣太小不起作用。灯口内的保险扣余线太长,使导线受挤压变形。吊盒与圆木不对中,灯位在房间内不对中。软线刷锡不饱满,灯口距地太低,竣工时灯具被喷浆玷污。

(2) 原因分析

① 采用 0.5 mm^2 软塑料线取代双股编织线做吊灯线。

② 安装时不细心,又无专用工具,全凭目测,安装后吊盒与圆木不对中。

③ 工种之间工序颠倒,或装上灯具后又修补浆活,特别是采用喷浆取代刷浆,造成灯具污染。

④ 灯口距地面太低,吊线下料过长。

(3) 预防措施

① 吊灯线以选用双股编织花线为宜,若采用 0.5 mm^2 软塑料管,应穿软塑料管,并将该线双股并列挽成保险扣,不使吊盒内的压线螺钉受力。

② 在圆木上打眼时,预先将吊盒位置在圆木上划一圈线,安装时对准划好的线拧螺钉,使吊盒装在圆木中心。预制圆孔板定灯位时,由于板肋的影响,灯位可往窗口一边偏移 6 cm。

③ 吊灯软线刷锡时,可先将铜芯线按安装螺钉大小,挽成圈再涂松香油,焊锡烧得热一点即可焊好。在安装灯口吊盒时,可将已刷锡的线圈用钳口夹扁,然后再往螺钉上拧,保证螺钉压接严密,接触良好。

(4) 治理措施

① 吊盒内保险扣从眼孔掉下,应重新挽大保险扣再安装。

② 吊盒不在圆木中心,返工重新安装。

4) 吊式日(荧)光灯群安装缺陷

(1) 现象

① 成排成行的灯具不整齐;高度不一致,吊线(链)上下挡距不一致,出现梯形。

② 日光灯金属外壳不做接地保护。

③ 灯具喷漆被碰坏,外观不整洁。

(2) 原因分析

① 暗配线、明配线定灯位时未弹十字线,也未加装灯位调节板。吊灯装好后未拉水平线测量定出中心位置,使安装的灯具不成行,高低不一致。

② 对Ⅰ类灯具须做保护接地的规定不明确。

③ 灯具在贮存、运输、安装过程中未妥善保管,同时过早拆去包装纸。

(3) 预防措施

① 成行吊式日光灯安装时,如有 3 盏灯以上,应在配线时就弹好十字中心线,按中心线定灯位。如果灯具超过 10 盏时,尺寸调节板,用吊盒的改用法兰盘,尺寸调节板。这种调节板可以调节 3 cm 幅度。如果法兰盘增大时,调节范围可以加大。

② 为了上下吊距开挡一致,若灯位中心遇到楼板瀑裂时,可用射钉枪射注螺钉,或者统一改变日光灯架吊环间距,使吊线(链)上下一致。

③ 成排成行吊式日光灯吊装后,在灯具端头处应再拉一直线,统一调整,以保持灯具水平一致。

④ 吊装管式日光灯时,铁管上部可用锁母、吊钩安装,使垂直于地面,以保持灯具平正。

⑤ Ⅰ类灯具应认真做好保护接地。

⑥ 灯具在安装、运输中应加强保管,成批灯具应进入成品库,设专人保管,建立责任制度,对操作人员应做好保护成品质量的技术交底,不准过早地拆去包装纸。

(4) 治理方法

① 灯具不成行,高度、挡距不一致超过允许限度值时,应用调节板调整。

② Ⅰ类灯具没有保护接地线时,应使用 2.5 mm^2 的软铜线连接保护地线。

5) 花灯及组合式灯具安装缺陷

(1) 现象:花灯金属外壳带电;花灯不牢固甚至掉下;灯位不在格中心或不对称;吊灯法兰盖不住孔洞,严重影响了厅堂整齐美观。在木结构吊顶板下安装组合式吸顶灯,防火处理不认真,有烤焦木棚的现象,甚至着火。

(2) 原因分析

① 高级花饰灯具灯头多,照度大,温度高,使用中容易将导线烤老化,致使绝缘损坏而金属外壳带电。在安装灯具时,未接保护地线,所以花灯金属构件即使长期带电,也不

会熔断保险丝或使断路器动作。

② 未考虑吊钩长期悬挂花灯的重量，预设的吊钩太小，没有足够的安全系统，造成后期掉灯事故。

③ 在有高级装修吊顶板和护墙分格的工程中，安装线路确定灯位时，没有参阅土建工程建筑装修图，土建、电气会审图纸不严密，容易出现灯位不中不正，挡距不对称。装饰吊顶板留灯位孔洞时，测量不准确。土建施工操作时灯位开孔过大。

④ 在木结构吊顶板下安装吸顶灯未留透气孔，开灯时间一长，灯泡产生的温度越积越高，使木材先炭化，达到 35 ℃时即起火燃烧。

(3) 预防措施

① 所有花饰灯具的金属构件，都应做良好的保护接地。

② 花灯吊钩加工成型后应全部镀锌防腐。特别重要的场所和大厅中的花灯吊钩，安装前应请结构设计人员对其牢固程度做出技术鉴定，做到绝对安全可靠。

③ 采用型钢做吊钩时，圆钢最小规格不小于 ϕ2 mm，扁钢不小于 50 mm×5 mm。

④ 在配合高级装修工程中的吊顶施工时，必须根据建筑吊顶装修图核实具体尺寸和分格中心，定出灯位，下准吊钩。对大的宾馆、饭店、艺术厅、剧场、外事工程等的花灯安装，要加强图纸会审，密切配合施工。

⑤ 在吊顶夹板上开灯位孔洞时，应先用木钻钻个小孔，小孔对准灯头盒，待吊顶夹板钉上后，再根据花灯法兰大小，扩大吊顶夹板眼孔，使法兰能盖住夹板孔洞，保证法兰、吊杆在分格中心位置。

⑥ 凡是在木结构上安装吸顶组合灯、面包灯、半圆灯和日光灯管灯具时，应在灯爪子与吊顶直接接触的部位，垫 3 mm 厚的石棉布(纸)隔热，防止火灾事故发生。

⑦ 在顶棚上安装灯群及吊式花灯时，应先拉好灯位中心线，十字线定位。

(4) 治理方法

① 金属灯具外壳未接保护地线而引起的外壳带电，必须重新连接良好的保护接地线。

② 花灯因吊钩腐蚀而掉下，必须凿出结构钢筋，用直径大小等于 2 mm 的镀锌圆钢重新做吊钩挂于结构主筋上。

③ 分格吊顶高级装饰的花灯位置开孔过大，灯位不中，应换分格板，调整灯位，重新开孔装灯。

6) 灯具安装在木质家具内部或可燃饰面上存在火灾隐患

(1) 现象：随着各种新型装饰材料及家具的出现，在装饰装修工程中，为了美观、新颖等考虑，设计人员通常会在木饰面或木质家具中设置照明装置。由于灯具本身发热，或由于环境导致灯具散热不好，造成火灾隐患。

(2) 原因分析

① 照明器具与可燃饰面、家具连接紧密，未采取防火、隔热措施。

② 照明器具的导线外露，直接与可燃饰面、家具相互接触。

③ 可燃饰面、家具本身未涂刷防火涂料，安装灯具的空间狭小，不利于散热。

(3) 预防措施

① 在设计方案中,尽量杜绝照明器具安装在可燃饰面、家具中。

② 在照明器具与可燃材料连接处进行防火、隔热处理。

③ 对可燃材料本身进行处理。

(4) 治理方法

① 在照明器具与可燃饰面、家具紧密接触的部位,加装石棉垫等隔热材料,避免灯具本身过热而引燃材料本体。

② 将照明灯具的外露导线进行绝缘、隔热处理,可采用穿阻燃导管的方式,将灯具外露导线与可燃饰面、家具隔开。

③ 对可燃饰面、家具本体进行处理,涂刷防火涂刷,或设置散热孔,保证灯具散热不受阻碍。

7) 连接射灯的柔性软管长度过大

(1) 现象:现代装饰、装修工程中通常使用射灯嵌入吊顶内,射灯的灯头盒预设在吊顶内,导线穿软管由灯头盒直接接入射灯,软管长度过大,超出规范要求。

(2) 原因分析:根据《建筑电气工程施工质量验收规范》(GB 50303—2015)的要求,刚性导管经柔性软管接入电气设备、器具连接,柔性软管在照明工程中不大于 1.2 m,由于灯头盒距离吊顶灯位较远,被迫将软管接长,超过规范要求。

(3) 预防措施:减小灯位与灯头盒之间的距离,通过刚性导管敷设,使柔性软管的敷设距离在合理长度范围内。

(4) 治理方法

① 根据吊顶标高,通过敷设刚性导管,使射灯与灯头盒的距离缩短。

② 参照图纸,在结构顶板上进行放线,使灯头盒预设在射灯的附近,降低柔性导管敷设长度。

8) 疏散指示灯固定缺陷

(1) 现象:公共走道、楼梯间等部位的墙板预留洞较大,在安装疏散指示灯底盒时,需要进行二次固定,使用木楔、尼龙塞等材料,将疏散指示灯嵌入预留洞内。

(2) 原因分析:由于在结构施工阶段,疏散指示灯的具体尺寸尚未确定,设计及施工单位通常将预留孔洞的尺寸留有余量,在后期末端设备安装过程中,未对疏散指示灯底盒嵌入墙体的具体做法予以明确,造成施工随意性较大,通常使用边角料先与疏散指示灯底盒进行固定,再嵌入预留孔洞。《建筑电气照明装置施工与验收规范》(GB 50617—2010)中明确规定,在砌体和混凝土结构上严禁使用木楔、尼龙塞或塑料塞安装固定电气照明装置。施工中未明确规范要求。

(3) 预防措施

① 在设计阶段及结构施工阶段,尽量明确疏散指示灯的选型及尺寸,确定预留孔洞尺寸。

② 将疏散指示灯底盒预埋入墙体结构中。

③ 使用规范允许的材料，对疏散指示灯底盒进行固定，完成后由土建配合将孔洞封堵。

(4) 治理方法

① 制作与疏散指示灯底盒外形尺寸相同的木质底盒，预留入结构墙体，在混凝土浇筑完成模板拆除的同时，将底盒清理出墙体。

② 在结构施工前确定疏散指示灯尺寸，将底盒预埋入结构墙体，预埋时做适当保护，做好防锈处理。

③ 制作角钢支架，使用螺栓将支架与疏散指示灯底盒进行固定，在预留洞的适当位置，使用膨胀螺栓将支架与结构墙体进行固定，固定完成后，由土建将孔洞封堵。

9) 开关插座安装缺陷

(1) 现象：金属盒子生锈腐蚀，插座盒内不干净有灰渣，盒子口抹灰不齐整。安装圆木或上盖板后，四周墙面仍有损坏残缺，特别影响外观质量。暗开关、插座芯安装不牢固，安装好的暗开关板、插座盖板被喷浆弄脏。

(2) 原因分析

① 各种铁制暗盒子，出厂时没有做好防锈处理。混凝土墙拆模后，砌筑墙内配管、稳盒完成后，未及时清理，未做好防腐处理。

② 抹灰时，只注意大面积的平直，忽视盒子口的修整，抹罩面灰时仍未加以修整，待喷浆时再修补，由于墙面已干结，造成黏结不牢并脱落。

③ 没有喷浆先安装电器灯具，工序颠倒，使开关、插座板、电器灯具被喷浆弄脏。

(3) 预防措施

① 在安装开关(电门)、插座时，应先扫清盒内灰渣脏土。

② 铁开关、灯头和接线盒，应先焊好接地线，然后全部进行镀锌。墙内、板内的预埋盒，按工序要求及时清理，并做好防锈处理。

③ 安装铁盒如出现锈迹，应再补刷一次防锈漆，以确保质量。

④ 各种箱、盒的口边最好用水泥砂浆抹口。如箱子进墙而较深时，可在箱口和贴脸(门头线)之间嵌以木条，或抹水泥砂浆补齐，使贴脸与墙面平整。对于暗开关、插座盒子，较深于墙面内的，应采用其他补救措施，常用的办法是加装套盒。

⑤ 土建装修进行到墙面、顶板喷浆完毕后，才能安装电气设备，工序绝对不能颠倒。如因工期紧，又不受喷浆时间限制，可以在暗开关、插座装好后，先临时盖上铁皮盖，规格应比正式胶木盖板小一圈，直到土建装修全部完成后，拆下临时铁盖，安装正式盖板。

(4) 治理方法

① 开关、插座装好后，抽查发现盒内有灰渣、生锈腐蚀者，应卸下盖板，彻底清扫盒子，补刷两道防锈漆。

② 开关、插座安装不牢固，应拆下重新进行安装，确保牢固。

10）开关、插座、灯具、吊扇等器具安装质量差

（1）现象

① 开关、插座、灯具、吊扇等器具安装偏位，成排灯具、吊扇，水平直线度偏差严重。

② 日光灯吊装用导线代替吊链，引下线使用单股硬导线，软导线不和吊链编织直接接灯。

③ 装在吊顶上的吸顶灯不做固定吊架，直接用自攻螺钉固定在顶板上。

④ 开关盒内电源线的颜色选择不正确。

⑤ 多联开关内各开关间电源线在盒内拱接。

⑥ 不同楼层上下阳台，阳台灯位置偏差大，观感质量差。

（2）原因分析

① 由于预埋接线盒偏位引起开关、插座、吊扇安装偏位，安装成排灯具和吊扇时没有拉线定位，或拉线定位不准确。施工过程对位置要求重视不移，轻易调整预埋盒位置，验收时对位置尺寸不做校正，使其中心位置、水平、直线度超出规定的偏差值。

② 对灯具接线、导线连接、导线包扎、导线不应承受较大外力及导线敷设等工艺要求和操作规程不熟悉，安装方法没有掌握好。

③ 吊顶上吸顶灯具安装直接用自攻螺钉固定，未做吊钩或固定支架，安装过程中忽视操作规程。

④ 开关盒内电源线颜色选择不正确，不统一，造成接线困难，对工程功能质量重视不够。

⑤ 多联开关电源线在盒内拱接，没有按工艺要求施工，对工程安装可靠性要求重视不够。

⑥ 上下阳台灯位置未能与土建施工放线统一进行，只参照本楼层阳台模板檐线和钢筋尺寸，简单拉线定位，造成位置不统一。

（3）防治措施

① 电气预埋施工要定位准确，全过程放线调整、控制，减少随意性。日光灯吸顶安装，为了保证其美观，可不加绝缘台，预留接线盒应用长方形盒代替普通灯头盒。

② 吊装的日光灯应根据图纸要求的规格型号，把预埋盒的位置定在吊链两侧，不应放在灯中心，以便日光灯的引下线可以沿吊链引下，与吊链编织在一起进灯具。吊链环附近如果没有预留孔洞，可另开一孔，使导线直接进入灯具，不能沿灯罩上敷设导线从中间孔进灯具。

③ 灯具、吊扇在吊顶上安装时，应牢固、端正，位置正确，用型材制作支架，或采用吊杆安装，支架与吊杆固定在楼板上，灯具、吊扇可以直接固定在支架和吊杆上。

④ 单联开关回火线应使用白色线，多联开关回火线宜使用白、黑、棕、橙等色线（相线、中性线、PE 线中无已经使用的线色）加以区别。

⑤ 多联开关插座内各接点之间电源线连接时不应拱接，分支线与总线应改为爪形连接，刷锡包扎后放入接线盒内，保证接点连接的可靠性，导线做回头压在开关或插座面板的接线柱上。

⑥ 不同楼层上下之间阳台的照明器具安装，灯具位置的定位很重要，定位不准给观感质量造成很大影响。前期预埋施工，应要求土建施工给出阳台位置线，依据土建施工放线，找准预埋盒位置，不应马虎了事。灯具安装时，再次对灯具位置进行调整，保证灯盘遮住接线盒孔洞，达不到上述要求时，需对管线进行适当处理，使灯盘可以完全遮住接线盒孔，避免导线外露。前期预埋定位不精确，后期灯具左右前后调整余地会很小。

11）开关、插座面板在可燃饰面上安装未加装石棉垫

（1）现象：在木质饰面或软包等可燃饰面上安装开关、插座面板，未加装石棉垫，使得面板与饰面紧密接触，无防火措施。

（2）原因分析：电气专业在施工前未明确饰面材料，忽略防火处理方法，或者未向工人做好交底，忽略了石棉垫的加装。

（3）防治措施

① 与土建专业进行沟通，明确饰面材料，确定防火处理方法。

② 明确饰面材料，安排工人预制石棉垫，将石棉垫裁剪成与开关、插座面板尺寸一致的形状，在安装面板时将石棉垫垫在面板与饰面的接缝处，顺次安装螺栓，将石棉垫压紧。安装完成后，进行检查验收。

4.3.3　配电箱、盘(板)、柜安装

1）箱、板安装缺陷

（1）现象：箱体不方正；贴脸门与箱体深浅不一；明装配电箱，距地高度不一致；铁箱盘面接地位置不明显。

（2）原因分析

① 箱体安装挤压变形，安装过程未经过垂直、水平吊线检查。

② 稳装箱体时与装修抹灰层厚度不一致，造成深浅不一。

③ 明装配电箱距地高度不一致，其原因是未准确测定标高线。

④ 铁箱盘面接地线装在盘背后，没有装在盘面上，没有很好掌握安装标准；预留墙洞抹水泥砂浆时，没有掌握尺寸。

（3）预防措施

① 暗装配电箱时，要采取防止挤压变形的措施，内部做填充，外部不能过度充堵。

② 成批配电箱应入成品库，运输、保管时要防止变形。

③ 暗装配电箱时应凸出墙 10～20 mm，查看标高，按抹灰厚度钉好标志钉，便于安装，保证质量。

④ 铁箱铁盘都要严格安装良好的保护接地线。箱体的保护接地线可以做在盘后，但盘面的保护接地必须做在盘面明显处。为了便于检查测试，不准将接地线压在配电盘盘面的固定螺钉上，要专开一孔，单压螺钉。

（4）治理方法：配电箱缩进墙体太深，应通过抹灰收口使箱体口与抹灰面一样平。

2）配电箱接线困难

(1) 现象:配电箱加工完成后,发现箱体过小,开关接线端子与电缆截面不匹配,无法接线。

(2) 原因分析

① 事先未核实箱体尺寸和电器接线桩头大小,配电箱安装完成后,才发现导线较大,无法直接与电器相连。

② 配电箱厂家片面追求低成本,致使箱体尺寸过小,箱内未留足够的过线和接线空间。

(3) 预防措施:配电箱订货时应附电气系统图及技术要求,生产厂家根据图中导线大小及开关电器型号、规格和技术要求,确定是否增设接线端子排,并预留足够的过线和接线空间。

(4) 治理方法

① 更换配电箱。

② 在配电箱旁增设接线箱。

3）箱内N排、PE排端子板含铜量低

(1) 现象:配电箱内的N排、PE排应为含铜量99.9%的紫铜,施工单位及生产厂家忽略了对N排和PE排的质量控制,使用含铜量达不到国家标准的电工用铜。

(2) 原因分析

① 施工单位未对生产厂家进行交底或交底不到位。

② 生产厂家存在偷工减料行为。

(3) 预防措施

① 施工单位应向生产厂家进行交底,交底内容应着重强调N排和PE排使用紫铜材料。

② 在配电箱加工订货前,施工单位应到生产厂家进行考察,着重注意N排利PE排的加工过程,抽查材料。

(4) 治理方法:进场验收时,施工单位应检查配电箱内的N排及PE排,如不符合制造标准,应要求生产厂家进行更换。

4）暗装配电箱剔凿缺陷

(1) 现象:为使配电箱本体完全暗装在二次结构墙体内,将墙体进行剔凿,剔凿深度较大,造成墙体被剔透,配电箱成为墙体承重结构的一部分,影响结构安全,或影响隔声。

(2) 原因分析

① 业主要求暗装配电箱,减少外露体积,加强美观程度。

② 设计方案中未明确配电箱的安装方式。

③ 未确定二次结构墙体尺寸,对配电箱的暗装方式未予考虑。

(3) 预防措施

① 施工前应与设计及业主进行协商,现场考察,确定墙体结构及尺寸是否具备配电

箱暗装条件。

② 对配电箱固定方式制作样板，明确配电箱暗装效果，如不具备暗装条件，应重新确定配电箱安装方式。

(4) 治理方法

① 如配电箱暗装无法满足结构安全及隔声效果，应将暗装方式改为明装。

② 如业主坚持暗装，可与二次结构施工单位进行协商，调整墙体尺寸，对墙体加厚或加固处理。

5) 配电箱内开关、元器件配线压接不牢固

(1) 现象：在配电箱接线过程中，配线与开关、电气元器件压接时出现松动现象，造成虚接，为日后使用带来隐患。

(2) 原因分析：电工在操作过程中进行了检查，压线完成后，质检人员未进行复查工作。

(3) 预防措施：在压线工作前，电气专业工长应向电工做好交底工作，并要求工人做好自检，完成后由电气专业工长进行复检。

(4) 治理方法：如出现松动现象，要求工人重新压接。应将压线端子松开后，重新将电线插接至相应位置，再拧紧螺钉，完成后反复检查。

6) 强、弱电箱随意开孔

(1) 现象：由于强、弱电箱各自位置不利于线缆敷设，施工人员为便于自身操作，不使用箱体本身的进、出线预留孔，在箱体上随意开孔。此现象在区域照明、动力控制箱与DDC箱之间，敷设控制线时经常出现。

(2) 原因分析

① 箱体安装空间狭小，不利于箱体间敷设线管或线槽。

② 操作人员图省事，不按工艺要求施工。

(3) 预防措施：施工前应仔细查阅图纸，确定箱体安装位置及周围空间大小，明确进、出线路由，在箱体安装前，对线管及线槽敷设路由进行放线，并向工人做好交底，严禁在箱体上自行随意开孔。

(4) 治理方法

① 箱体排布时，应尽量增大箱体间的空间范围，使线管及线槽有足够的空间及路由进行敷设。

② 如已经出现随意开孔现象，应将开孔位置进行封堵处理，可裁剪钢板，将开孔处点焊封堵，再进行防锈处理。

7) 配电箱箱门跨接地线未压接到接地端子板上

(1) 现象：配电箱门采用编织软线做箱门跨接地线，与箱体连接，未压接到接地端子板上。

(2) 原因分析：此施工做法忽略了不能使用电气设备外壳作为接续导体的要求，预制软线也未接出接地端子板相连的支线。

(3) 预防措施:专门接出1根与接地端子板相连的编织软线。

(4) 治理方法:可单独敷设一个编织软线,将箱门与接地端子板相连,压接应紧密可靠。也可以在跨接地线不断开的情况下,由箱体接地端子直接引出。

8) 配电箱安装工程质量缺陷

(1) 现象

① 配电箱内无N或PE汇流排,附件不齐或不符合规范要求。

② 配电箱(柜)内PE线规格不符合规范要求。

③ 进配电箱(柜)与出配电箱(柜)的导线相色不一致。

④ 箱体、二层板的接地线串接或使用箱壳作为连接线。

⑤ 箱内二层板或箱内防护材料使用塑料板或非阻燃材料。

⑥ 箱柜内压接点压接松动,走线乱,一个压接点压接多根导线。

⑦ 多股软线不刷锡或不做端子压接,压接导线盘圈方向不正确,造成压接不牢。

⑧ 箱柜内控制电器之间,线路连接为拱接。

⑨ 箱内裸母线无安全防护板。

⑩ 配电箱(柜)系统出线标志牌不打印、不齐全,固定不牢。

⑪ 户内形式的配电箱(柜)置于户外使用。

(2) 原因分析:配电箱(柜)安装工程是一项专业性很强的工作,一般来讲,它涉及厂家选择材料、设备,加工制造标准,设计图纸要求,加工订货技术交底,进场验收,工程施工质量验收规范要求,每一个环节出现问题都可能造成配电箱(柜)安装工程出现质量问题。选择合格厂家,完善加工订货技术交底,强化进场验收,严格执行工程质量验收规范是关键环节。配电箱(柜)进入施工现场,首先应检查货物是否符合制造标准、设计要求及相关规范要求;其次核对设备材料型号、规格、性能参数是否与设计一致;最后检查说明书、图纸、合格证、零配件及相关资质文件,并进行外观检查,做好开箱检查记录,并妥善保管,验收合格后方能进场投入使用。

(3) 防治措施

① 配电箱(柜)内应分设N线和PE线汇流排。N线和PE线经相应汇流排配出,汇流排压线螺钉为内六角型,接入N线和PE线回流的导线要有垫片和弹簧垫圈,附件齐全。

② 当PE线所用材质与相线相同时,PE线应按热稳定性要求选择截面,配电箱(柜)内PE线规格应按国家标准规定选取。

③ 导线相色自进箱开始至负载末端,中间不应改变颜色,当导线相色出现其他颜色时,可在压线端子处用热缩管热缩或塑料绝缘胶布缠绕方式取得所需相色。

④ 配电箱(柜)箱体,二层板均应有专用接地螺钉。螺钉不小于M8,接地线分别由配电箱(柜)内PE汇流排引出,不能串接,箱体不能用作接地连接线。保护接地线截面不够,保护接地线串接,应按规范要求纠正。金属配电箱(柜)带有器具的门应有明显可靠的裸软铜线接地。

⑤ 配电箱(柜)内外应无可燃材料,箱内二层板、各类防护材料都应选择阻燃材料,非

阻燃材料需更换。

⑥ 配电箱(柜)内配线排列应整齐,导线长度要留有规定的余量,多根导线应按支路使用尼龙绑扎带绑扎成束,占压线尽量避免双线接点。如有双线接点时,顶丝压接双线直径不相等时应刷锡后再压接,螺钉压接双线间应加平垫,螺母部位加平垫与弹簧垫。

⑦ 配电箱(柜)内接线,当导线截面小于等于 2.5 mm^2 时,单股导线可顺丝方向盘圈后直接压接,多股导线需拧紧、刷锡、顺丝方向盘圈后直接压接;当导线截面大于2.5 mm^2 时,导线需要压接线端子刷锡后压接。导线压接端子时,不得减少导线股数。

⑧ 配电箱(柜)内各路控制电器之间应并联分接。

⑨ 配电箱(柜)内相线如有裸母线时,应加阻燃绝缘盖板加以防护。

⑩ 配电箱(柜)内所有导线的端头需要使用专用的线号管进行编号,箱柜内系统出线标示编号牌,应将标示打印清晰,设置齐全,粘贴牢固、整齐。

⑪ 配电箱、柜进场时,箱、柜门上应有金属铭牌并安装牢固,不应使用塑料或不干胶材质铭牌。

⑫ 根据设计要求及安装场合,配电箱(柜)加工订货时,室外箱(柜)应特殊加工增加防雨、防晒、防腐蚀、防尘、防潮等技术措施,室内配电箱(柜)不得置于室外使用。

9) 配电柜安装缺陷

(1) 现象:安装运输中,配电柜没有采取保护措施而被碰坏。由于基础槽钢用法不统一,柜与柜并立安装时,拼缝不平不正。柜与柜之间的外接线没按照标准接线图编号。

(2) 原因分析

① 搬运、起吊配电柜时没有采取有效的保护措施。设备进场后,存放保管不善,过早拆除包装,造成人为的或自然的侵蚀、损伤。

② 安装配电柜时未做槽钢基础,有时在底座开螺钉孔过早,而且多半是气割开孔,造成槽钢因受热变形。

(3) 预防措施

① 成套设备搬运、起吊应按规程办事。

② 加强对成套设备的验收、保管,不到安装时不得拆除设备包装箱或包装皮。

③ 安装成套柜时,一定要在混凝土地面上按安装标准设置槽钢基座。基座应用水平尺找平,用角尺找方。安装时先在中间的“3”~“4”两台找平,再往两边进行,最后在上面(柜顶)再拉一道通线,局部垫铁片找齐找平。找平正后,在槽钢基础座上钻孔,以螺钉固定。

(4) 治理方法

① 低压配电柜出现掉漆划痕,应按喷漆工艺重新修补。

② 并立装柜出现不平整,应用薄钢板片垫整齐,水平尺找平。

4.3.4 电缆敷设

1) 电缆敷设时环境温度过低,电缆护套损坏

(1) 现象:在环境温度过低的条件下敷设电缆,电缆护套出现碎裂现象。

(2) 原因分析:施工前没有注意到电缆敷设对环境温度的要求,所以出现了在环境温度过低的条件下敷设电缆,尤其是电缆弯曲时电缆护套碎裂。

(3) 预防措施:在敷设塑料绝缘电力电缆时,必须重视现场的环境温度,低于0℃时不宜敷设,或采取相应措施(按厂家要求),保证电缆敷设后的正常使用。

(4) 治理方法:拆除已出现护套碎裂的电缆,在温度适宜的情况下进行更换。

2) 热塑电缆终端头、热塑电缆中间头及其附件缺陷

(1) 现象

① 热塑电缆终端头、热塑电缆中间头及其附件的电压等级与原电缆额定电压等级不符。

② 电缆头制作剥除外护层时,损伤相邻的绝缘层。

③ 热塑管加热收缩时出现气泡或开裂。

④ 电缆头保护地线安装不符合规范规定。

⑤ 电缆头在柜内固定不牢。

⑥ 电缆头线芯的接线鼻子规格型号不配套,压接不牢。

⑦ 油浸电缆接头出现渗油现象。

(2) 原因分析

① 采购热塑电缆终端头、热塑电缆中间头及其附件时,未核实电压等级。

② 电缆头制作剥除外护层时,未按工艺程序认真操作或操作马虎。

③ 热塑管加热收缩时,操作技术掌握不好。

④ 电缆头的保护地线未按规范规定安装。

⑤ 安装高低压柜内电缆头时,随意用导线或铅丝捆绑。

⑥ 采用电缆头接线鼻子时,未按原设计电缆芯截面进行选购。

⑦ 油浸电缆在制作电缆头或中间头时,铅封不严密,造成渗油现象。

(3) 防治措施

① 对采购的热塑电缆头、热塑电缆中间头及其附件,除应按设计要求采购外,在现场使用时,必须查验有关资料,有关资料齐全才允许使用。

② 剥除电缆外护层应先调直,测好接头长度,再剥除外护套及铠装,剥除内护层及填充物,再剥除屏蔽层及半导电层,逐层进行切割剥除,不得损伤相邻护层及芯线。

③ 加热收缩电缆熟塑管件操作时,应注意温度控制在110～120 ℃;火焰缓慢接近加热材料,在其周围不停地移动,确保收缩均匀;去除火焰烟碳沉积物,使层间界面接触良好;收缩完的部位应光滑无褶皱,其内部结构轮廓清晰,而且密封部位有少量胶挤出,表明密封完善。

④ 电缆头保护地线安装时应进行技术交底,认真检查截面、弹簧垫、压接螺栓、螺母应符合现行国家规范规定,压接应牢固可靠。

⑤ 电缆头在高低压柜内固定时,应理顺调直,并采用配套的"Ω"形卡将其牢固地固定在柜体进出线端处。

⑥ 对采用不配套的接线鼻子,应及时剔除并更换配套的产品。

⑦ 制作铅封电缆头或中间头的操作人员必须持证上岗，同时在操作时严格把关，将电缆头或中间头需要铅封的部位封铅密实，不允许有渗漏油现象产生。

3）直埋电缆缺陷

(1) 现象

① 直埋电缆沟底土层松动。

② 直埋电缆沟底铺砂或细土不符合设计或规范要求。

③ 直埋电缆沟底内建筑垃圾未清除。

(2) 原因分析

① 电缆沟底层土松软呈胶泥状，不易夯实，密实度不符合要求。

② 电缆沟底铺砂或细土时，铺设不均匀，薄厚不一。

③ 电缆沟底内建筑垃圾未及时清除，或清除干净后未及时回填。

(3) 防治措施

① 电缆沟底土质不符合要求时，应及时换土，并应夯实，保证底土密实度符合要求。

② 电缆沟底铺砂或细土时，沟底应找平，放线敷设，并加强厚度的检查，确认符合要求后再进行下一道工序。

③ 电缆内的杂物清理需要有专人看管检查，并加强成品保护，及时回填，做好预检与隐检记录。

4）电缆沟内敷设缺陷

(1) 现象

① 敷设电缆的沟内有水。

② 电缆沟内支(托)架安装歪斜、松动，接地扁铁截面不符合规定，扁铁的焊接不符合要求。

③ 电缆进户处有水渗漏进室内。

(2) 原因分析

① 电缆沟内防水不佳或未做排水处理。

② 电缆沟内支(托)架未按工序要求进行放线确定固定点位置；安装固定支(托)架预埋或金属螺栓固定不牢；接地扁铁未按设计要求进行选择。

③ 穿外墙套管与外墙防水处理不当，造成室内进水。

(3) 防治措施

① 电缆沟内支(托)架安装应在技术交底中强调先弹线找好固定点；预埋件固定坐标应准确；使用金属膨胀螺栓固定时，要求螺栓固定位置正确，与墙体垂直，固定牢靠；接地扁铁应正确选择界面，焊接安装应符合工艺要求。

② 电缆进户穿越外墙套管时，特别对低于±0.000的地面深处，应用油麻沥青处理好套管与电缆之间的缝隙，以及套管边缘渗漏水的问题。

③ 电缆沟内进水的处理方法，应采用地漏或集水井向外排水。

5）竖井垂直敷设电缆缺陷

(1) 现象：竖井垂直敷设电缆固定支架间距过大；电缆未做坠落处理；穿越楼板孔洞

未做防火处理。

(2) 原因分析:支架安装时未进行弹线定位;施工不精心,电缆未做防下坠处理,穿越楼板的孔洞未做防火处理。

(3) 防治措施:根据楼层高度及规范规定找好支架间距,再根据电缆自重情况做好下坠处理,采用“Ω”形卡将电缆固定牢固防止下坠。电缆敷设排列整齐,间距均匀,不应有交叉现象。对于垂直敷设于线槽内的电缆,每敷设 1 根应固定 1 根,固定间距不大于 1.5 m,控制电缆固定间距不大于 1 m。采用防火枕或其他防火材料在电缆敷设完毕后,及时将楼板孔洞封堵严实。

6) 竖井内敷设电缆长度缺陷

(1) 现象:在竖井内敷设电缆,电缆长度控制不到位。

(2) 原因分析

① 电缆敷设前,未测量出各层层箱压接点的电缆余量。

② 层箱敷设滞后,竖向电缆长度不好控制。

(3) 防治措施

① 电缆敷设前进行各层实地测量,计算出每段电缆的长度。

② 尽早落实层箱安装工作,便于确定电缆长度。

7) 水平电缆敷设弯曲半径过小

(1) 现象:水平干线电缆敷设时,在线槽弯曲处出现电缆自身弯曲困难,弯曲角度过小,将线槽盖板顶开。

(2) 原因分析:由于水平干线线槽敷设时,通常会遇到其他专业管线,如风管、水管,在与其他专业管线交叉敷设时,线槽通常需要弯曲,避开其他专业管线,线槽内的电缆也随之产生弯曲现象。

(3) 预防措施

① 在专业管线综合排布时,尽量不与其他专业管线产生竖向交叉;可在水平方向上适当调整线槽走向,避让其他专业管线。

② 在规范要求的管道交叉敷设最小距离外,应尽可能使线槽弯曲半径增大,从而使电缆弯曲半径尽可能增大,线槽内的电缆则尽可能顺直。

(4) 治理方法

① 增大线槽的弯曲半径。

② 在电缆转角两侧增加固定点,使电缆与线槽固定牢靠。

③ 增加线槽敷设支路,减少线槽内电缆数量。

8) 氧化镁绝缘电缆终端头和中间接头连接不牢导致的电缆受潮

(1) 现象:氧化镁绝缘电缆终端头和中间接头的制作连接附件连接不牢,导致电缆受潮。

(2) 原因分析:由于氧化镁绝缘电缆构造的特殊性,其终端头和中间接头的制作,极易出现操作不到位的情况。电缆的绝缘材料在空气中易吸潮,绝缘电阻可能达不到

100 MΩ以上的要求。

(3) 预防措施：电缆头制作人员应经过培训或由厂家技术人员完成，以保证工程质量。每路电缆的终端头和中间接头制作完成后，绝缘电阻的测试应达到100 MΩ以上才能交付使用。

(4) 治理方法：电缆终端头、中间接头的制作与安装，应严格按照电缆生产厂家推荐的工艺施工。当发现有潮气浸入电缆终端时，可截去受潮段或用喷灯加热受潮段驱潮。在终端头、中间接头的制作过程中，要及时测量电缆的绝缘电阻值，因安装时铜护套受损、电缆受潮或铜金属碎屑未清除干净，均可能造成绝缘不合格。

9) 单芯氧化镁绝缘电缆排列方式不正确

(1) 现象：单芯氧化镁绝缘电缆敷设时的相序排列方式，不符合规定。

(2) 原因分析：单芯氧化镁绝缘电缆敷设时没有注意到《矿物绝缘电缆敷设技术规程》(JGJ 232—2011)中的有关规定，相序排列方式不符合规定，单芯电缆相互之间电磁感应导致各相电流不平衡或平衡三相负载的中性线中感应出电流。

(3) 预防措施：在单芯电缆敷设时应采用《矿物绝缘电缆敷设技术规程》(JGJ 232—2011)规定的方式，尽量采用“正方形”和“三角形”排列方式，这两种排列方式电磁场比较集中，对周围其他强弱电线路影响较小，但这种排列方式对电缆的散热不利，选择电缆载流量时要留一定的余量。

(4) 治理方法：对不符合《矿物绝缘电缆敷设技术规程》(JGJ 232—2011)规定的排列方式进行调整。

10) 每组氧化镁绝缘电缆进出箱柜的孔洞未连通

(1) 现象：每组氧化镁电缆进出箱体的孔洞之间没有进行连通。

(2) 原因分析：每根氧化镁电缆与配电箱(柜)连接时，其间孔洞如果不连通，将会在箱体上产生涡流。

(3) 预防措施：在配电箱(柜)加工订货前，应根据进入配电箱(柜)的组数，要求生产厂家将每一组之间的孔洞连通，以防止涡流产生。

(4) 治理方法：将每组氧化镁电缆进出箱体的孔洞之间进行连通。

11) 用氧化镁绝缘电缆铜护套做接地线时未直接接至PE排

(1) 现象：用配电箱(柜)体作为接地接续导体。

(2) 原因分析：用氧化镁绝缘电缆铜护套做接地线时，接地线中断，特别是在氧化镁绝缘电缆分支处，没有按电缆的相序分别进行跨接，用箱体作为接续导体。

(3) 防治措施

① 氧化镁绝缘电缆的起始端(包括树干式供电的分支终端)铜护套的连接软线，一定要压接在配电箱柜的PE排上，每路氧化镁绝缘电缆供电回路的PE线，是由A、B、C、N四根氧化镁绝缘电缆的铜护套并接组成的。由于配电箱柜氧化镁绝缘电缆的进出线采用上进上出的方式，每根氧化镁绝缘电缆铜护套的连接线都要压在箱柜的PE排上，因此要求箱柜的生产厂家将PE排置于箱柜的上方，以减少接地连接线的长度，对于PE排置

于箱柜下部或侧面的产品,要求在箱柜的上部增加辅助 PE 排。

② 铜护套接地连接线是供电线路 PE 线的组成部分,压接完成后,不能随便断开。

4.3.5 配电所安装工程

1）变配电所内安装缺陷

(1) 现象

① 给水、采暖管、空调冷凝水管、污水管接口、检查口装在室内。

② 地下电缆沟内穿外墙套管出现渗漏。

③ 电缆隧道内有渗水现象。

(2) 原因分析

① 给水、采暖管、空调冷凝水管在室内安装时,将管道丝接部位安装在变配电所内;或是将污水管道接口、检查口放在室内,未考虑以后出现"跑冒滴漏"对变配电所内设备造成的隐患。

② 地下电缆沟内穿外墙套管未做好防水处理,造成雨水或地下水由套管间隙向变电所电缆沟内渗水。

③ 电缆隧道由室外通向室内,室外电缆隧道的地下水或雨水流入室内。

(3) 防治措施

① 在变配电所施工前,及时对各专业管道走向及安装部位进行协调,不允许雨污水管道及其他各种管道经过变配电所内。

② 地下电缆沟内穿外墙套管应做成止水带处理的,套管与电缆之间应采用油麻封堵,然后要求土建对外墙套管与电缆缝隙处再做一次防水处理,确保套管在外墙处的防水做到严密可靠,不渗漏水。

③ 室内电缆隧道与室外隧道相通,应保证室外隧道沟盖板缝不向内渗漏大量雨水,隧道外墙在地下水浸泡中不渗漏,隧道与建筑物接槎处不渗漏。除上述要求外,在隧道底应有排水沟、集水井及排水设备。

2）变压器安装缺陷

(1) 现象

① 变压器高低压侧瓷件破损。

② 变压器轮轴间距与导轨间距不等。

③ 油浸变压器在放油阀处出现渗漏油现象。

④ 气体继电器安装方向或坡度不符合规定。

⑤ 防潮硅胶失效。

⑥ 变压器中性线和保护接地线安装错误。

⑦ 温度计安装不符合规范规定。

⑧ 电压切换装置切换不灵活或错位。

⑨ 变压器联线松动。

(2) 原因分析

① 变压器在二次搬运过程中,在包装箱内未固定牢固,破坏瓷件。

② 配合土建安装导轨时,未按实际采购变压器轮距尺寸定位。

③ 变压器油路安装附件密封不好或截门损坏。

④ 气体继电器安装时,未考虑其方向或坡度。

⑤ 防潮硅胶受潮变成浅红色。

⑥ 变压器中性线和保护接地线未按设计要求进行正确连接。

⑦ 变压器用温度计安装时,考虑不周,造成测试位置不准确。采用的导线不是温度补偿导线,或者导线连接点固定不牢。

⑧ 电压切换装置在安装时未调整好,造成切换不灵活或错位。

⑨ 变压器一、二次引线,压接螺栓未拧紧。

(3) 防治措施

① 变压器在出厂装箱时,应考虑加强易损部件的包装固定,保证搬运时不受损坏。在二次搬运时,应保证包装箱不受损坏,吊装时轻起轻落,不损坏变压器及其附件。

② 安装变压器导轨时,应按设计图要求的变压器型号规格去采购产品,并将该产品轮距尺寸取回,确保导轨与轮距吻合。

③ 变压器油路及其附件在产品出厂时应进行检查,不允许出现渗漏油现象,并应有产品合格证。在变压器安装前应进行检查,确认变压器无渗漏油现象再进行安装,不合格的阀门不得采用。

④ 气体继电器安装前应进行检查,观察窗应装在便于检查的一侧,沿气体继电器的气流方向有 1%～1.5%的升高坡度。

⑤ 防潮硅胶受潮应及时更换,在 115～120 ℃烘箱内烘烤 8 h 进行烘干。

⑥ 变压器中性线和保护接地线应接在接地线同一点上,保证保护接地线零电位。

⑦ 应将温度计置于油浸变压器套管内,并在孔内加适当的变压器油,刻度置于便于观察的方向。干式变压器的电阻温度计已预埋其内,应注意调整温度计引线的附加电阻。

⑧ 电压切换装置安装前应做好预检,检查电压切换位置是否准确可靠,转动灵活。如为有载调压装置时,必须保证机械联锁和电器联锁可靠性,触头间应有足够的压力(一般为 80～100 N)。

⑨ 变压器一、二次线连接时,压接要牢固,紧固螺栓时应用力矩扳手。

3) 高压开关柜安装缺陷

(1) 现象

① 高压开关柜内一、二次接线出现与设计方案不符合之处。

② 高压开关柜内零配件不齐全,个别电气元件有破损。

③ 高压开关柜基础尺寸与柜体几何尺寸不符合要求。

④ 成列高压开关柜安装出现垂直度、水平度偏差,柜体与柜体之间缝隙超出允许公差。

⑤ 高压开关柜接地螺栓或接地导线截面不符合现行规范规定。

⑥ 高压开关柜内一次接线母排或电缆导线端头安装不符合规定。

⑦ 高压开关柜内二次接线松散，导线端头压接、焊接不符合规范规定。

(2) 原因分析

① 高压开关柜一、二次线路方案，未按设计图要求在合同中对生产厂家交代清楚，或者生产厂家按自身标准产品组装，忽略设计的特殊要求。

② 搬运柜体有磕碰；成品保护不善；零配件及其他部件遭盗窃或被损坏；安装设备时碰坏部件，未及时更换。

③ 高压开关柜基础施工时，对设备采用槽钢基础还是混凝土基础，要求不清，按常规施工造成差错。

④ 成列高压开关柜安装时，随意放置排列，未进行细部调整。

⑤ 高压开关柜接地螺栓或接地导线截面未按国家规范规定选用。

⑥ 高压开关柜内一次接线母排或电缆导线端头安装时，忽略母排间隙、瓷瓶、母线卡子或电缆导线端头的压接，或电缆头固定不牢。

⑦ 高压开关柜内二次接线在查线时将绑线拆开，安装高度完毕后未恢复；导线压接不牢，多股导线刷锡温度忽高忽低，造成烧损线皮或刷锡不饱满。

(3) 防治措施

① 被选用的高压开关柜的技术资料应齐全，其产品应由国家认可的企业生产，各种证件齐全，能满足设计要求，并经复核确认无误后才允许使用。

② 高压开关柜搬运时，应注意不要倒置，轻拿轻放；存放时要防雨雪、防腐蚀、防火、防盗；施工过程中及在竣工交验前应加强成品保护。

③ 根据设计图要求的高压开关柜排列顺序所确定的基础尺寸，对所采购的产品逐一核实后，再进行柜体基础施工，具体做法应按设计图与现行国家规范规定执行。

④ 稳装高压开关柜时，应按柜体编号顺序及柜体尺寸，使与基础尺寸相吻合；调整时，先找正两端柜体，再从柜下至柜上 2/3 高处拉紧一条水平线，逐台进行调整，柜高度不一致时，可以柜面为准进行调整。找好垂直度、水平度及柜体间隙，符合规范规定再固定牢固。

⑤ 接地螺栓及接地导线截面不合格，必须更换。压接点处螺栓不应小于 M12，弹簧垫、平垫圈都应符合规定，压接牢固可靠。接地扁铁可采用焊接或压接。

⑥ 检查母排是否横平竖直。固定好瓷瓶和母线卡子，再固定母排，其间距平行部分应均匀一致，误差不大于 5 mm。

⑦ 检查高压柜各种控制线导通情况，并将多根控制线理顺，绑扎成束，固定好，并对其导线端头盘圈。多股导线刷锡或压接接线端子等都应符合现行国家规范规定。

⑧ 对超过检定周期的高压开关严禁使用，只有经过复验合格后，才允许安装使用。

4) 高压开关柜调试运行缺陷

(1) 现象

① 高压真空断路器失效。

② 油断路器内缺变压器油。

③ 电压互感器或电流互感器变比不符合设计规定。

④ 二次控制线路中电子元件在调试中发现损坏。

⑤ 高压断路器操动机构调整不灵活。

⑥ 电压表或电流表指示不正确。

⑦ 断路器分合显示牌翻牌失灵。

⑧ 带指示灯分合隔离开关接触不良或缺相。

⑨ 带电间隔机械连锁不灵活。

⑩ 高压开关柜防止带电挂地线的母线门开启不畅。

⑪ 高压开关柜防止带地线合闸的母线门关闭不严。

(2) 原因分析

① 高压真空断路器长期放置造成漏气或真空度下降。

② 油断路器安装完毕漏检造成内缺变压器油。

③ 电压互感器或电流互感器变比不符合设计要求，是由于中途修改设计或因合同中交代不清。

④ 二次控制线路中电子元件在调试过程中采用绝缘摇表做试验，造成元器件损坏。

⑤ 高压断路器操动机构机械连锁部分，其螺栓松紧程度、刀口角度、刀片与刀口的接触部位不正确。

⑥ 电压表或电流表在搬运时，表内轴尖或游丝移位或卡住。

⑦ 断路器分合显示红绿指示牌在搬运过程中受振，螺丝松动，造成翻牌失灵。

⑧ 带指示灯分合隔离开关的拉合角度不对，刀口间隙过大，造成接触不良或缺相。

⑨ 高压开关柜放置过久，带电间隔机械部分锈蚀，造成机械联锁不灵活。

⑩ 母线门的机械联锁部位螺栓固定过紧，造成母线门开启不畅。

⑪ 机械联锁部位螺栓固定太紧。

(3) 防治措施

① 高压真空断路器应定期进行检测，在安装调试前，预先做好测试检验。

② 制定油断路器安装制度，明确对油断路器各个部位进行检查，发现的问题应有修复的记录。

③ 加强电压互感器或电流互感器各个环节的检查，其变比应严格按设计规定制作，对不符合设计规定的应及时更换，不允许不合格产品交付使用。

④ 检查调试二次控制线路中的电子元件时，不允许电子元件回路通过大电流或高电压，因此该部分不允许使用绝缘摇表做试验，只允许采用高阻万能表进行检测。

⑤ 高压开关操动机构之间的机械连锁部分，经过调整应达到机械连锁的作用。如防止带负荷分合的隔离开关，应保证当断路器处于合闸时，隔离开关不能进行分合闸操作。当断路器处于分闸状态时，才允许隔离开关进行分合闸，开关应操作灵活，合闸时刀口接合良好，分闸刀口与闸刀断开间隙应符合设计规定。

⑥ 装在高压柜盘面上的电压表或电流表拆除输入端短路线后，调整机械零旋钮使指针回零，再经通电检查半载或满刻度是否正常。经检验合格后才允许使用，否则必须更

换合格的电压表或电流表。

⑦ 断路器分合显示红绿指示牌在搬运过程中应加强保护，如旋钮损坏，应将其更新。经调整好的红绿指示牌在分合显示时应正常，否则不允许使用。

⑧ 经调整的隔离开关，如仍不能达到现行国家规范的使用要求，应及时更换，不合格产品不许使用。

⑨ 为了防止误入带电间隔，当母线侧的隔离开关牌是合闸状态时，母线门不得开启；当母线侧的门未关闭时，母线的隔离开关不应合上，因此必须调整使其机械连锁转动灵活。

⑩ 为了在检修高压开关柜时，防止带电挂接地线，应调整好母线门的机械连锁螺栓，使之转动灵活，确保母线侧隔离开关分闸后，才能开启母线门挂地线。

⑪ 为防带地线合闸，应调整好母线门传动部分的螺栓，确保接地线不拆除，母线门不能完全关闭，母线侧的隔离开关不能合闸。

5）变电所设备布置及灯具安装工程施工缺陷

（1）现象

① 低压配电屏屏前、屏后通道宽度不满足规范要求。

② 配电柜后通道的出口数量不满足规范要求。

③ 配电室内灯具采用线吊、链吊，且安装在配电装置的上方，不符合安全要求。

（2）原因分析：配电室电气设备及电气照明安装施工，必须做到在执行国家现行标准的同时，还应满足当地供电部门的具体要求，否则会给变配电室验收设置障碍，以上问题的产生，存在设计缺陷，图纸会审未提出，设计变更造成电气设备增加，空间布局变小，施工方法不当，预留预埋施工灯位放线不合理等原因。

（3）防治措施

① 根据国家标准要求，低压配电室内成排布置，配电屏屏前、屏后的通道最小宽度为：屏后通道固定式和抽屉式均为 1 m，其屏前通道，固定式成排布置为 1.5 m，抽屉式单排布置为 1.8 m，固定式双排面对面布置为 2 m，抽屉式双排面对面布置为 2.3 m，只有当建筑物墙面遇有柱类局部凸出现，凸出部分通道宽度可减少 200 mm。

② 规范规定：配电装置长度大于 6 m 时，其屏后通道应设两个出口，低压配电装置两个出口间距离超过 15 m 时，应增加出口。该措施为保证巡视和维修人员在电气设备发生故障时，能及时疏散。

③ 根据国家标准规定，在变配电室裸导体的正上方，高压开关柜、变压器正上方不应布置灯具和明敷线路，在变配电室裸导体上方布置灯具时，灯具与裸导体的水平净距不应小于 1 m，灯具不得采用吊链和软线吊装，配电室内灯具安装，通常可采用线槽型荧光灯，用吊杆安装。

4.3.6 架空外线工程

1）电杆安装缺陷

（1）现象：杆位组立不排直；水泥电杆不做底盘；夹盘（地横木）位置摆放错误；电杆有

横向及纵向裂缝；钢绞线拉线漏套心形环；普通拉线角度不准，用料太长。

(2) 原因分析

① 肉眼测杆位有误差，挖坑时未留余度，立杆程序不对，造成杆位不成直线。

② 对水泥电杆要加底盘的重要性不明确，往往在原杆坑内用脚踏平，不做底盘。

③ 做夹盘未按线路走向正确位置摆放，距地面不是太深就是太浅。

④ 水泥杆在运输中因应力集中而产生横向裂缝，影响了电杆强度。

⑤ 对拉线的角度、受力、方向、位置缺乏理论知识，出现各种错误做法，计算拉线长度时只凭经验估计，用料不准。

(3) 预防措施

① 电杆架立测位时要在距电杆中心的某一处设标志桩，以便在挖坑后仍可测量目标，不要把标志桩钉在坑位中心。挖坑时要把杆坑长的方向挖在线路的左右方向，留有左右移动余地。立杆时要先立 1 号、5 号杆，然后再立 2 号和 3、4 号不拆除杆，便于找直线。

② 水电电杆底盘可用预制或现浇混凝土制作。在安装预制混凝土夹盘时，两终端杆要将夹盘设在受力内侧，中间电杆应设在受力边侧。夹盘采用现浇混凝土时，可在电杆根部 65 cm 处，挖出以电杆为中心、直径 1 m 的圆坑，浇筑厚 15 cm 的 C15 素混凝土，待养护达到强度要求后，填土夯实。

③ 拉线截面积应根据所架空的导线选择，一般拉线的承拉荷载大于电杆上架空的导线全部受力负重。当用镀锌钢绞线做拉线时，其接触拉线抱箍和底把部位必须加套心形环，防止单股吃劲。

根据电杆不同的高度用直角三角形法则，可以求出各段铁丝的长度。拉线除了经常采用 ϕ4 mm(8 号)铁丝外，现在普遍采用 7 股35 mm^2 镀锌钢绞线。底把则采用 ϕ16 mm 镀锌圆钢制作。10 kV 架空线路采用水泥杆时，可以免去拉线的中、上把之间的绝缘球。500 V 以下的低压架空线路仍旧要装设绝缘球。

④ 水泥杆长距离运输要用拖挂车，现场短距离运输要用两辆平板小车架放在电杆上腰和下腰间。运输时必须将电杆捆牢在车上，禁止随意拖、拉、摔、滚。

(4) 治理方法

① 杆位不成直线应在打夹盘前，挖出部分填土在杆坑内校正。

② 发现未做夹盘时，应将杆坑内挖去 65 cm 深，浇筑直径 1 m、深 15 cm 的 C15 素混凝土夹盘。

③ 夹盘位置摆错了的应予以纠正。

2) 铁横担组装缺陷

(1) 现象：角钢横担铁活(附件)防腐做得不彻底；横担打眼有终端杆横担变形，抱箍螺丝不配套；角钢横担与水泥杆之间不成直角，不够平正。

(2) 原因分析

① 横担、铁活镀锌防腐未被普遍采用，刷防锈漆时未彻底除锈，影响涂料黏结。

② 角钢横担用电、气焊切割开孔，造成烂边、飞刺。

③ 终端杆横担未做加强型双横担，或横担规格过小刚度不够而变形。

④ 横担抱箍(附件)加工时，没有按水泥杆的拔梢锥度计算直径，结果抱箍螺丝过长，使用时只能垫钢管头。

⑤ 横担与电杆之间没有装 M 形垫铁。

(3) 预防措施

① 外线用角钢横担、铁活，应于加工成型后，全部采用镀锌防腐。在施工中局部磨损掉的镀锌层，在竣工前应全部补刷防锈漆。

② 角钢横担开眼孔必须在台钻上进行，或用“漏盘”砸(冲)眼孔，不允许用电、气焊切割。

③ 为防止横担变形，终端杆应做加强型双横担。角钢规格应依据架空导线截面积选择，抱箍螺丝应画出大样图加工。

④ 为了使角钢横担和水泥杆紧密结合，应当在水泥杆之间加装 M 形垫铁。

(4) 治理方法

① 架线完毕后，发现横担等镀锌做得不彻底，应补刷两道灰色防锈漆。

② 横担眼孔有飞边、毛刺，应放到台钻上进行加工处理，使眼孔光滑整齐。

③ 横担安装不平整，应选择配套的抱箍、M 形垫铁，重新安装。

3) 导线架设缺陷

(1) 现象：导线出现背扣、死弯，多股导线松股、抽筋、扭伤；电杆挡距内导线弛度不一致；导线接头没有测定接触电阻；裸导线绑扎处有伤痕。

(2) 原因分析

① 在放整盘导线时，没有采用放线架或其他放线工具，使导线出现背扣、死弯。

② 在电杆上放线拉线，会使导线磨损、蹭伤，严重时造成断股。

③ 导线接头未按标准制作，工艺不正确。

④ 绑扎裸铝线时没有缠保护铝带。

⑤ 同一挡距内，架设不同截面的导线，紧线方法不对，出现弛度不一致。

(3) 预防措施

① 整盘导线开放时，必须用放线架；也可将手推车轮子竖起来放线，效果较好。

② 架设裸铝导线时，可在角钢横担上挂上开口滑车，放线时将铝导线穿于滑车内，由地面人员用大绳从这一挡电杆到那一挡电杆，一挡一挡地拉到终端杆，可以保护导线不受损伤。

③ 导线接头应尽量在电杆横担上搭弓子跨接，铝导线用铝套管或并沟线夹压接。普通铝导线不应在挡距内接头，应采用钢芯铝绞线加铝套管抱压接头。

④ 裸铝导线与瓷瓶绑扎时，要缠 1 mm×10 mm 的小铝带，保护铝导线。

⑤ 架空线高、低压同杆时，高压线应在上层，低压线应在下层；架设低压线时，动力线应在上层，照明线在下层，路灯在最下层。同一挡距内不同规格的导线，先紧大号线，后紧小号线，可以使弛度一致，断股的铝导线不能做架空线。

(4) 治理方法

① 导线出现背扣、死弯、松股、抽筋、扭伤严重者,应换新导线。

② 架空线弛度不一致,应重新紧线校正。

4.3.7　防雷与接地装置安装

1) 镀锌圆钢接闪网(带)焊接缺陷

(1) 现象

① 接闪网(带)焊接头搭接长度不够,电焊时电弧咬边造成缺损,因而减小了圆钢的截面积。

② 焊接处未做防腐处理。

(2) 原因分析

① 安装接闪网(带)时,留出的搭接长度不够,或者辅助母材不够长,焊件摆放不齐,一边过长,一边过短,结果造成焊接面长度不够。

② 造成电焊咬边的原因是,电焊机电流过大,施焊时在母材边起弧,又在母材边收弧。

(3) 预防措施

① 焊接头搭接长度必须留有余地,辅助母材可以预先切割好,切断时两端各加长 10 mm,并在居中做出标记。

② 施焊时可在辅助母材边起弧,焊完后仍在辅助母材边收弧,这样可以避免因熔池收缩而造成咬边现象。

(4) 治理方法:发现电焊面积不够和电弧缺口咬边,应加焊补齐。焊接处涂两道防锈油漆。

2) 防雷引下线漏做断接卡子和接地电阻测试点

(1) 现象:高层建筑利用建筑物的柱子钢筋做引下线,或柱子内附加引下线时,没有在首层预焊出测量接地电阻值的测试点,以致无法测量避雷系统的接地电阻。

(2) 原因分析:认为防雷引下线利用柱子钢筋,则整个建筑物的钢筋已统一接地,就没有必要再测接地电阻值,所以漏做测试点。

(3) 预防措施

① 在主体结构施工时,若防雷引下线利用柱子钢筋,可在室外距地面 500 mm 处,于建筑物的四个角焊出接地电阻测试端子。

② 如果是在混凝土柱子或墙内暗设的防雷引下线,则应在距室外地坪 500 mm 处,逐根做接地引下线断接卡子,作为接地电阻的测试点。

(4) 治理方法:施工阶段发现未做断接卡子和测试点时,应凿出柱子主筋,补焊出接地电阻测试点。

3) 接地电阻达不到要求

(1) 现象:接地的种类很多,有工作接地、保护接地、重复接地、防雷接地、联合接地等，各类接地对接地电阻阻值的要求各不相同，若接地电阻达不到要求，则不能保证电气设备和线路的正常运行，甚至危及人身安全。

(2) 原因分析

① 人工接地体材料的种类不合乎要求。如选择热轧带肋钢筋作为接地体，尽管所选截面积合乎要求，但实测接地电阻可能不够，因为热轧带肋钢筋与同直径的圆钢相比，其与土的接触面积可能会大大减少。

② 人工接地体的截面积过小。

③ 人工接地体的数量不够。

④ 人工接地体埋设深度不够，接地体周围是浮土，与土的接触不紧密。当有强大电流通过时，容易在该处产生跨步电压。

⑤ 土的电阻率过高。

(3) 防治措施

① 人工接地体、接地线的种类和规格应符合规范要求。人工接地体和接地线的最小规格如表 4－26 所示。

表 4－26　钢制接地体和接地线的最小规格

钢制接地体类别		地上		地下	
		室内	室外	交流电流回路	直流电流回路
圆钢直径(mm)		6	8	10	12
扁钢	截面(mm^2)	30	100	100	100
	厚度(mm)	3	4	4	6
角钢厚度(mm)		2	2.5	4	6
钢管管壁厚度(mm)		2.5	2.5	3.5	4.5

② 人工接地体敷设后须实测接地电阻，若阻值不够则增设接地体。

③ 人工接地体的埋设深度以顶部距地面大于 0.6 m 为宜。

④ 对于砂、石、风化岩等高电阻率的地区，应使用降阻剂降低土的电阻。

⑤ 接地线焊接搭接长度按表 4－27 规定。

表 4－27　接地线焊接搭接长度规定和检验方法

项次	项目		规定数值	检验方法
1	搭接长度	扁钢 圆钢 圆钢和扁钢	$\geqslant 2b$ $\geqslant 6d$ $\geqslant 6d$	尺量检查
2	扁钢焊接搭接长度的棱边数		3 边	观察检查

注：b 为扁钢宽度；d 为圆钢直径。

4) 突出屋面的非金属物未做防雷保护

(1) 现象：高出屋面接闪器的非金属物，如玻璃钢水箱、塑料排水透气管未做防雷保护，在雷雨天气，这些突出物就有可能遭受雷击。

(2) 原因分析:错误地认为只有高出屋面的金属物体才需要与屋面防雷装置连接,而非金属不是导体,不会传电,因而不会遭受雷击。雷击是一种瞬间高压放电现象,这种高电压、强电流足以击穿空气,击毁任何物体。很多高大的建筑物、构筑物本身并非导体,却需要防雷保护,即是最简单的例子。

(3) 预防措施:在屋面接闪器保护范围之外的物体应装接闪器,并和屋面防雷装置相连。

(4) 治理方法:高出屋面接闪器的玻璃钢水箱、玻璃钢冷却塔、塑料排水透气管等应补装接闪杆,并和屋面防雷装置相连,接闪杆的高度应保证被保护物在其保护角范围之内。

5) 屋面设备配管或设备本体未与接闪带相连

(1) 现象:屋面上的风机等设备安装后,设备本体或设备电源配管未与接闪带相连,缺少防雷保护。

(2) 原因分析:根据规范要求,引出屋面的金属物体应与接闪带相连接,施工中只有设备本体与接闪带相连,电源配管未连接接闪带;或是只有设备配管与接闪带相连,设备本体未连接接闪带。由于设备本体与配管间应进行跨接地线处理,施工中经常认为只要接闪带与其中之一相连,则达到防雷要求,此做法的缺陷在于将设备本体与电源配管的其中之一作为接续导体,违反规范要求。

(3) 预防措施:将接闪带引至设备机位,用两根直径不小于 8 mm 的镀锌圆钢,从接闪带焊出,配管完成及设备到位后,分别将两根预留圆钢焊接至设备基座及电源配管。

(4) 治理方法:如果未预留出两根镀锌圆钢,可将接闪带首先焊接至设备底座,然后从接闪带上焊接出一根镀锌圆钢,将圆钢焊接至电源配管,焊接完成后涂刷防锈漆。切忌从设备底座或电源配管向另一侧引出镀锌圆钢。

6) 超出接闪器保护范围的非金属构造物未单独敷设接闪器

(1) 现象:引出屋面的非金属结构(如机房屋顶、水箱间屋顶)高度已超出建筑物本体接闪器高度,未按规范要求单独敷设专用接闪器,造成雷击隐患。

(2) 原因分析

① 施工前未比对非金属结构高度与建筑物本体接闪器的高度,在结构施工阶段,未将防雷引下线相应引出。

② 施工中认为非金属结构不需要进行防雷保护,忽略了非金属结构的防雷要求。

(3) 防治措施:施工前认真熟悉图纸,在屋面结构施工过程中,适时将防雷引下线引至屋顶机房等高度超过建筑物高的构造本体上,为构造物接闪带敷设创造条件,引下线可以明敷或暗敷,相应建筑物屋顶上的金属物体也应与防雷引下线贯通连接。

7) 接地测试点丢失

(1) 现象:在建筑物首层地面以上 500 mm 取两个对角引出镀锌扁钢,与防雷引下线相连,作为接地测试点。由于幕墙安装时未设置接地测试点预留盒,幕墙板块将遮挡住接地测试点,造成测试点丢失,无法进行防雷接地电阻测试。

(2) 原因分析

① 在幕墙板块安装前,未预留接地测度点底盒,幕墙板块将预留扁钢遮挡,幕墙板块无法随意开孔,造成接地测试点丢失。

② 未与幕墙专业进行沟通,幕墙专业在板块加工时未预留接地测试点孔洞。

(3) 防治措施:在幕墙板块安装前,电气专业应与幕墙专业进行沟通,要求幕墙专业在板块加工时将接地测试点位置的板块预留出孔洞,电气专业应在安装前将接地测试点底盒安装到位,并做好标记。在幕墙板块安装后,应迅速将带有接地测试点标志的盒盖安装,或用其他盒盖安装到位,做好成品保护工作。

8) *屋面冷却塔爬梯未采取防雷措施*

(1) 现象:屋面的冷却塔通常带有金属爬梯,未单独敷设接闪杆,也未与接闪带进行连接。

(2) 原因分析:冷却塔高度一般高于屋面女儿墙高度,通常情况下不能受到建筑物本体接闪器的保护,应单独敷设接闪器。但冷却塔系建筑物的重要设备,单独敷设接闪器存在一定风险,宜考虑安装接闪杆。

(3) 预防措施:在冷却塔安装位置附近,由接闪带分别焊接出两根镀锌圆钢,预留给冷却塔本体及作为接闪杆焊接点,要求接闪杆焊接完成后,高于冷却塔本体高度。冷却塔安装后,将从接闪带焊接处的两根预留圆钢,分别与冷却塔电源配管及爬梯进行焊接,焊接处应进行防腐处理。

(4) 治理方法:冷却塔安装到位后,将接闪杆安装至冷却塔顶端,焊接完成后,接闪杆应高于冷却塔本体,再将接闪带与爬梯用 $\phi8$ 镀锌圆钢进行焊接。

9) *接闪带操作缺陷*

(1) 现象:接闪带整体敷设不顺直,支架高度不符合要求,固定附件不齐全,焊接点不饱满、不光滑,防腐不良。

(2) 原因分析:用于接闪带敷设使用的镀锌圆钢,使用前未进行调直处理,存在较多的弯、折、碎褶,不平直。支架安装高度没有按工艺要求进行施工,随意设置,也没有排水平线进行高度调整。各种附件的使用未能引起施工人员及质量检查人员的重视,敷衍了事,不负责任,焊接质量不合格,缺少最后一道防腐处理工序。

(3) 预防措施:接闪带使用的镀锌圆钢,使用前都要进行冷拉调直,保管、运输、敷设、卡固、焊接过程中要采取相应的保护措施,防止变形、弯曲、折损。支架安装要根据设计要求先进行弹线定位,然后用水平线调直,支架高度为 100～200 mm。水平度每 2 m 段允许偏差 3/1 000,垂直段每 3 m 允许偏差 2/1 000,全长偏差不得大于 10 mm,直线段上不应有高低起伏及弯曲情况。接闪带使用的附件,全部为热镀锌,应加强检查,严格验收焊接点,要求焊缝平整、饱满,无明显气孔、咬肉缺陷,焊接点需打磨平整,刷防锈漆、银粉罩面。

(4) 治理方法:接闪带整体敷设不顺直,超出允许偏差时,重新固定间距,将直线段校正平直,不得超出允许偏差。如焊接点不饱满,有夹渣、咬肉、裂纹、气孔等缺陷,应重新补焊。防腐不良时，应将焊接处药皮清理干净，再刷防锈漆、银粉。接闪带敷设后应避免碰撞。

10）接闪带敷设缺陷

（1）现象：接闪带通过屋顶爬梯处不断开，出现绊脚线，接闪带在通过变形缝处无伸缩弯。屋面金属物未接地，或未全部接地，高大金属物只有一点接地。

（2）原因分析：屋面金属物体需要全部与防雷装置连接的规范要求认识有偏差，接闪带在爬梯处不断开，在变形缝处不做处理，给防雷系统安全使用带来隐患。

（3）防治措施：接闪带在通过爬梯处必须断开，两端与爬梯焊接。接闪带在通过变形缝处应设有伸缩弯，伸缩弯半径应大于 $10D$（D 为圆钢直径）。屋面金属物体均应可靠接地，高大金属物体在不同方向上应有两点以上与接地干线连接。

11）接地电阻测试点施工缺陷

（1）现象：接地电阻测试点暗盒烂口，防腐、防水、排水不良，位置、标高无标志。

（2）原因分析：接地测试点位置标高未按设计要求进行施工，预留偏差较大，预埋暗盒安装完成后，未协调土建施工人员进行收口施工，防腐措施不到位，盒盖、封盖缺少防水胶圈，密封不严。盖板未喷涂接地标志。

（3）防治措施：接地电阻测试点烂口应修整完好，盒壁防腐良好，盒内清理干净，有防、排水措施，位置标高应符合设计要求，盖板或门上应有黑色接地标志。

4.3.8　等电位安装

1）卫生间局部等电位安装缺陷

（1）现象：具有洗浴功能的卫生间地板钢筋、插座 PE 线不接至局部等电位端子排。

（2）原因分析：不了解卫生间局部等电位的作用，且未按国家标准图集《等电位联结安装》(02D501－2)的要求进行施工。错误地认为卫生间插座已经通过 PE 线接地，开设有剩余电流保护器保护，所以无需做局部等电位联结。

（3）预防措施：施工前应认真熟悉电气设计图纸，并掌握国家标准图集的要求。由于人在沐浴时身体表皮湿透，人体电阻很低，如有高电位引入，电击致死的危险性很大，而人在沐浴时，必然要与地面相接触，因此地面的钢筋、插座 PE 线必须与局部等电位端子排相连接。

（4）治理方法：可采用截面积不小于 50 mm^2 的镀锌扁钢一端与卫生间地板钢筋焊接，另一端与卫生间局部等电位端子排进行压接；在卫生间内插座与卫生间局部等电位端子箱之间，应采用 4 mm^2 软铜线穿塑料管暗敷，一端与插座 PE 线连接，另一端安续端子后与局部等电位端子排进行压接。

2）卫生间局部等电位与防雷引下线连接

（1）现象：卫生间局部等电位通过镀锌扁钢与防雷引下线连接。

（2）原因分析：卫生间做局部等电位联结，是为防止自外面进入卫生间的金属管线引入高电位，而使地面和其他金属物之间不产生电位差，也就不会发生电击事故。有的电气技术人员认为卫生间局部等电位应接地，所以将其接至防雷引下线，可能会将雷电流引入卫生间，造成不必要的人身伤害。

(3) 防治措施：严格按国家标准图集《等电位联结安装》(02D501－2)的要求进行施工，既节约成本，提高效率，又不致“引狼入室”。

3) 卫生间局部等电位施工完毕后未进行测试

(1) 现象：卫生间局部等电位端子排与进入卫生间的金属管道、地板钢筋等金属物连接后，未进行测试。

(2) 原因分析：电气技术人员未认真了解国家标准图集的要求，或没有配备相应的仪表，以致没有进行测试；或者忽略了等电位联结导通性的测试标准要求。

(3) 防治措施：等电位联结安装完成后，应进行导通性测试。采用低阻抗的欧姆表对等电位联结端子板与等电位联结范围内的金属管道等金属体末端之间的导通性进行测试。等电位联结导通性测试使用空载电压为 4～24 V 的直流或交流电源，测试电流不应小于 0.2 A，当测试的等电位联结板与等电位联结范围内的金属末端之间的电阻不超过 3 Ω 时，可认为等电位联结是有效的。如发现管道连接处导通不良，应做跨接线。

4) 卫生间局部等电位与总等电位相联结

(1) 现象：将卫生间局部等电位预留扁钢，引至附近的竖井，与竖井内的总等电位预留扁钢相联结。

(2) 原因分析：错误地认为将局部范围内可接触到的设备与建筑物内所有设备相联结最安全，混淆了总等电位和局部等电位的概念。两者的最大区别是作用范围不同，如果将局部等电位与总等电位相联结，一旦建筑物其他位置的设备接收了外来电流，则将通过联结线引入局部范围，使人受到外来电流的袭击。

(3) 预防措施：应正确理解卫生间局部等电位的概念和保护范围，工程技术人员向工人做好交底，按图集要求施工，不要将局部等电位单独敷设扁钢与总等电位相联结。

(4) 治理方法：局部等电位的范围越小越安全。如单独敷设了扁钢将卫生间局部等电位与总等电位相联结，应将扁钢断开，切断两者的联系。

5) 卫生间局部等电位预留扁钢敷设在卫生间外

(1) 现象：当卫生间隔墙砌筑完成后，发现预留的卫生间局部等电位扁钢在卫生间外；或者扁钢虽在卫生间内，但扁钢与钢筋网片的焊接点在卫生间外。

(2) 原因分析

① 在结构预留预埋施工时，电气施工人员没有将扁钢位置预留准确，或认为将扁钢引入卫生间，便是预留到位。

② 卫生间隔墙位置变化，将卫生间等电位预留扁钢设置在墙外。

(3) 预防措施：首先依照图纸，确定卫生间隔墙位置，在现场施工时，选择卫生间范围内的钢筋网片任意一点作为预留扁钢的焊接点，做好标记，严格要求工人在标记点处进行焊接。

(4) 治理方法：如施工中本身预留不到位或隔墙位置改变，造成预留扁钢及焊接点在卫生间外，且土建专业已浇筑完混凝土，则应将该扁钢废弃，在卫生间内对已经浇筑完毕的地面进行剔凿，露出钢筋，重新焊接扁钢，焊缝长度应符合“6 d”要求。焊接完毕后，将焊缝做防锈处理，再将焊点用砂浆填实。注意，如发现预留扁钢未到位，应及时处理，切忌破坏卫生间地面防水。

6）选取一根竖向贯通的钢筋，将各楼层卫生间局部等电位进行串接

（1）现象：选取的竖向贯通的钢筋不是防雷引下线。此做法多出现在上下户型一致的住宅中，住宅工程设计图纸中就要求施工单位采取此类做法。

（2）原因分析：由于每层卫生间的预留扁钢与选取的主筋相连，造成在竖向上将各层的卫生间进行了串接，一旦某层卫生间出现漏电现象，电流将通过竖向钢筋传向其他楼层，使得其他楼层内的人员也会触电。

（3）预防措施：在设计交底时，应向设计提出此问题，杜绝预留扁钢与竖向钢筋焊接的现象。

（4）治理方法：如已经将卫生间局部等电位预留扁钢与竖向钢筋相联，应切断扁钢，弃用预留扁钢，将卫生间地面进行剔凿，重新焊接扁钢至局部等电位端子箱。

7）同一户型内的多个卫生间局部等电位串接

（1）现象：一些住宅建筑内的大户型可能有两个或两个以上的卫生间，用1根扁钢沿房间内走道将几个卫生间局部等电位扁钢进行串接。

（2）原因分析：国家标准图集《等电位联结安装》（02D501－2）中关于局部等电位联结的概念是除本卫生间以外，其他卫生间内的设备与本卫生间无关。将各个卫生间进行联结，则一旦其他卫生间设备漏电，漏电电流将从联结线流入本卫生间，导致人员触电。

（3）预防措施：杜绝敷设联结线将多个卫生间相联结。

（4）治理方法：将联结几个卫生间局部等电位的扁钢切断。

8）将局部等电位联结视为接地

（1）现象：施工中将局部等电位联结视为接地，预留扁钢焊接点随意敷设，甚至焊接在防雷引下线或总等电位干线上。

（2）原因分析：施工人员通常认为卫生间局部等电位联结预留的扁钢，是局部等电位端子箱的“接地线”，这样的观点是不对的。局部等电位端子箱应视为各类设备和可导电的金属物体联结终端，通过局部等电位端子箱将它们联结到一起，使各类电气设备外壳和金属物体之间带有同等电位。也就是说，应该将卫生间内的钢筋网片视为与卫生间内水管、浴缸等同看待的设备，人员在各种电气设备包围的范围内，各种电气设备外壳与金属物体之间的电位差为零。

（3）预防措施：正确认识等电位端子箱的作用，将卫生间范围内的钢筋网片视为设备。

（4）治理方法：等电位与接地是两个不同的概念，PE线是接地的，LEB接的可以是地，也可以不是地，PE线在事故状态下可以传到故障电流，而等电位联接线则只传到电位，局部等电位只要将该区域的电气设备金属外壳和金属物体联结在一起，就可以达到

对危险电位的控制。

9）卫生间等电位PE线穿管使用钢导管

(1) 现象:压接在设备上的PE线,外保护管使用钢导管。

(2) 原因分析:忽略了规范规定,卫生间局部等电位联结中的联结线为单芯PE线,为避免产生涡流现象,不能穿钢管敷设。

(3) 防治措施:提前预制PVC管,专门使用在卫生间等电位联结上。

4.4 通风与空调工程施工技术及质量控制

通风空调工程是由送排风系统、防排烟系统、除尘系统、空调风系统、净化空调系统、制冷设备系统、空调水系统构成。

通风空调工程的工作内容就是按照设计图纸和国家规范要求来制作、安装通风、空调设备,以及调试风管、风口、风阀及其他各类部件,以满足使用要求。

目前,风管及通风部件等已发展为单机或流水线机械制作,制作质量得到保证,制冷、空调设备的装配程度也大大提高。

4.4.1 风管与部件制作

风管包括金属风管、非金属风管和复合风管。金属风管以镀锌薄钢板风管最为常见,根据风管材制的不同,制作和连接方法各异,主要包括咬口连接和焊接,法兰连接和无法兰连接。本节主要叙述金属风管制作与安装过程中的质量通病,其他材质的风管也可借鉴。

1）镀锌钢板的镀锌层破损

(1) 现象:风管板材的镀锌层脱落、锈蚀,出现刮花和粉化等现象。

(2) 原因分析

① 生产厂的产品不合格,镀锌层的厚度不符合标准要求,导致镀锌钢板的耐久性差。

② 材料运输、保管不善,镀锌钢板的镀锌层受到损坏,失去防锈保护作用,镀锌层内的碳素钢在空气中极易氧化,生成氧化铁(铁锈),铁锈脱落。

③ 风管加工制作过程受损,主要是地板上拖伤或划伤镀锌层。

(3) 预防措施

① 选择的产品材质应符合国家标准规定,其镀锌层为100号以上的材料,即双面三点试验平均值不应小于100 g/m^2 的连续热镀锌薄钢板,其表面应平整光滑,厚度均匀,不能有裂纹、结疤等缺陷。

② 材料的运输和保管都应加以保护,防止擦伤镀锌层,防止腐蚀性液体或气体损伤镀锌层。

③ 风管在加工制作过程中,避免碰伤、擦伤和明火烧伤镀锌层。

(4) 治理方法:质检部门必须严格把关,按规程要求对镀锌层受损的钢板禁止使用在工程中。

2）圆形风管不圆，管径变小

(1) 现象：风管不直，两端口平面不平行，管径变小。

(2) 原因分析

① 制作同径圆风管时，没有控制好弧度，造成风管不圆。

② 制作异径圆风管时，两端口周长采用画线法求出，圆的内接多边形周长小于其圆的周长，直径变小，缩小量一般为 1%。

③ 咬口宽度不相等。

(3) 预防措施

① 具有弹性的镀锌薄钢板，在滚圆时滚圆机应调整好。

② 圆风管两端口周长应用计算法求出，圆周长$=\pi\times d$(直径)＋咬口留量。

③ 严格保持咬口宽度一致。

(4) 治理方法：圆风管成品不同心或直径变小时，可加宽法兰口风管翻边的宽度。

3）矩形风管对角线不相等

(1) 现象：风管表面不平，两相邻表面互不垂直，两相对表面互不平行，两端口平面不平行。

(2) 原因分析

① 下料找方不准确。

② 风管两相对面的长度及宽度不相等。

③ 风管四角处的联口角型咬合或转角咬口宽度不相等。

④ 咬口受力不均。

(3) 预防措施

① 材料找方画线后，检验每片的宽度、长度及对角线的尺寸，对超出误差范围内的尺寸应予以校正。

② 下料后将风管相对面的两片重合起来，检验其尺寸的准确性。

③ 操作时应保证咬口宽度一致。

④ 手工咬口时，可首先固定两端及中心部位，然后再进行均匀咬口。

(4) 治理方法：调整风管两端口平行度及法兰与风管的垂直度，风管翻边应平整，翻边高度不小于 6 mm。

4）金属矩形风管刚度不够

(1) 现象：金属矩形风管的刚度不够，出现管壁凹凸不平，或风管在两个支、吊架之间产生挠度。

(2) 原因分析

① 钢板的厚度不符合要求，没有按照《通风与空调工程施工质量验收规范》(GB 50243—2002)的要求下料，造成管壁抗弯强度低，风管系统启动时，管壁颤动产生噪声，而且在支承点之间出现挠度，极易发生风管塌陷。

② 咬口形式选择不当,减弱了风管的刚度。

③ 没有按照规范要求采取加固措施,或加固的方式、方法不当。

(3) 防治措施

① 风管钢板的厚度太薄,管壁的抗弯强度低,制成风管后,风管的刚度不够;钢板的厚度太厚,则浪费材料,且增加支、吊架的负荷和不安全因素;因此必须严格按照规范规定及设计要求,选择风管钢板的厚度。钢板风管板材厚度的选用见表 4-28。

表 4-28 钢板风管板材厚度　　单位:mm

风管直径 D 或长边尺寸 b	矩形风管		除尘系统风管
	中、低压系统	高压系统	
$D(b)\leqslant 320$	0.5	0.75	1.5
$320<D(b)\leqslant 450$	0.6	0.75	1.5
$450<D(b)\leqslant 630$	0.6	0.75	2.0
$630<D(b)\leqslant 1\,000$	0.75	1.0	2.0
$1\,000<D(b)\leqslant 1\,250$	1.0	1.0	2.0
$1\,250<D(b)\leqslant 2\,000$	1.0	1.2	按设计
$2\,000<D(b)\leqslant 4\,000$	1.2	按设计	

注:1. 排烟系统风管的钢板厚度可按高压系统。

2. 特殊除尘系统风管的钢板厚度应符合设计要求。

3. 不适用于地下人防与防火隔墙的预埋管。

② 矩形风管的咬口形式,必须与不同功能的风管系统相对应。空调系统、空气洁净系统不允许采用按扣式咬口,应采用联合角咬口,使咬口缝设在四角部位,增大风管的刚度。

③ 严格按照《通风与空调工程施工质量验收规范》(GB 50243—2002)第 4.2.10 条第 2 款的规定及设计文件要求的方式、方法,对矩形风管进行加固。同时,管壁的横向应设加强筋,以增强风管管壁的抗弯能力,提高系统运行的稳定性。

5) 角钢法兰面不平且与风管的轴线不垂直

(1) 现象:法兰面不平且歪斜,使风管的连接不严密且走向偏离。

(2) 原因分析

① 法兰孔距误差大,造成管段组装困难。

② 法兰角钢不平直或法兰焊后变形或平面扭曲,导致法兰面不平。

③ 法兰与风管组装时定位不准,或在铆接或焊接时移位,导致法兰平面与风管轴线不垂直。

④ 套装法兰后,风管管口的翻边宽度不一致,造成法兰与风管的轴线不垂直影响风管的走向,使法兰接口处不严密。

(3) 防治措施

① 角钢法兰应按每一个风管接头的两个法兰配对钻孔,保证管段组装畅顺无误,同一批量加工的相同规格法兰的螺孔排列应一致,并具有互换性,确保管段间法兰面的紧

密接触。

② 法兰角钢在下料前和焊接后的变形，必须进行矫正，使法兰面平正、不扭曲，风管法兰的焊缝应熔合饱满，无假焊和孔洞。法兰平面度的偏差必须小于 2 mm。根据矩形风管的长边尺寸，选择法兰角钢的规格，见表 4－29 所示。

表 4－29　矩形风管法兰角钢型号　　单位：mm

风管长边尺寸 b	法兰角钢规格	风管长边尺寸 b	法兰角钢规格
$b\leqslant630$	25×3	$1500<b\leqslant2\ 500$	40×4
$630<b\leqslant1\ 500$	30×3	$2\ 500<b\leqslant4\ 000$	50×5

③ 法兰与风管套装前，在风管端部画出套装法兰的基准线，并进行与风管的铆接或焊接，保证法兰面不倾斜并与风管的轴线相垂直。

④ 角钢法兰与风管连接牢固后，进行管口的翻边，翻边应平整，紧贴法兰，其宽度应一致，且不应小于 6 mm；咬缝与法兰四角处不应有开裂与孔洞。

6）薄钢板共板法兰的法兰面不平

（1）现象：薄钢板风管的共板法兰，采用单体专用设备加工时，极易出现法兰面不平或翘角。

（2）原因分析

① 使用单体专用设备在法兰扳边时，弯折线偏移。

② 管身板材折弯时弯折线偏移。

（3）防治措施

① 在薄钢板共板法兰折弯加工时应对准弯折线，以确保共板法兰面的平整。

② 管身板材在弯折前，应复查板材两边的折弯点，无误后再开始折弯，确保法兰面平整，法兰连接处严密、不漏风。

7）螺旋风管加工咬口没压实

（1）现象：螺旋风管螺旋缝咬口没压实。

（2）原因分析

① 螺旋风管成型机咬合轮，间隙过大。

② 螺旋风管成型机液压系统压力不足，造成咬合轮压力不够。

③ 螺旋风管成型机咬合轮磨损严重。

（3）防治措施

① 调整咬合轮间隙使其符合要求。

② 调整液压系统压力，或维修液压系统，使其压力符合要求。

③ 更换咬合轮。

④ 制作样品，并对样品进行检验，合格后方可批量生产。

8）C 形插条连接方法不正确，缝隙大

（1）现象：C 形插条与风管连接的缝隙过大。

(2) 原因分析

① 水平的C形插条两端压制垂直的C形插条,C形插条的连接方法不正确。

② C形插条的加工不标准,成型不规正,尺寸不合格。

(3) 防治措施

① 长边长度小于632 mm的矩形风管,以C形插条连接两段风管时,应该先连接风管上、下水平的C形插条,再连接风管两侧垂直的C形插条;上下水平插条的长度等于风管水平面的宽度,两侧垂直插条的长度等于风管两侧面的高度再加上、下两端不小于20 mm的延长量,折弯成90°角,紧贴压制在上、下水平C形插条的端部。

② C形插条必须采用符合要求的机械进行加工,以保证C形插条外形的各部位尺寸准确,成型规正,与风管管口加工插口的宽度应相匹配。

③ 风管管口的扳边量要合适,折弯后的角度及各部位的尺寸应准确,外形规正,与C形插条连接匹配严密,其允许偏差应小于2 mm。

9) 矩形风管四角咬口处易开裂

(1) 现象:矩形风管断面较大时,四角咬口处容易开裂。

(2) 原因分析

① 咬口型式选用不当。大断面矩形风管如采用纽扣式咬口,风管四角处容易开裂。

② 由于运输、振动以及安装时风管各方向受力不均匀,也容易使咬口开裂。

(3) 防治措施

① 对矩形风管长边尺寸在1 500 mm以上时,应采用转角咬口或联合角型咬口,尽量不使用纽扣式咬口。

② 风管按扣式咬口如开裂,可用与风管同质材料制作一个50 mm×50 mm的90°的抱角,用$\phi3$~$\phi4$铆钉固定,将风管咬口开裂处修补好。抱角长度应该大于风管开裂长度100 mm左右。

10) 矩形风管断面尺寸高度比不合理

(1) 现象:矩形风管高宽比过大,因此造成风管阻力大,材料浪费,造价高。

(2) 原因分析

① 设计及施工时,只考虑了风管断面面积的合理性,而没有考虑风管断面高宽比和风管造价的合理性。

② 风管断面面积固定时,风管断面高宽比尺寸不同,制作风管所用的材料也不相同。

(3) 防治措施:采用矩形风管时,其高宽比宜在1∶4以下。

11) 矩形弯头角度不准确

(1) 现象:内外弧形的矩形弯头角度不准确,与其他部件或配件连接后,直接影响其坐标位置的准确性,造成风管歪斜或走向不正确。

(2) 原因分析

① 弯头两侧板的里、外弧形尺寸不准确。

② 制作工艺没有控制好弯头角度的准确性。

(3) 防治措施

① 内外弧形的矩形弯头要掌握好两侧板的里、外弧度，其展开宽度应加折边咬口的留量；如果是角钢法兰连接，其展开长度应留出法兰角钢的宽度和翻边量。

② 弯头的两侧板和里、外弧形板下料后，必须认真校对弯头角度的准确性，成型后仍需复核一次角度，确保其准确性。

12) 外直角内圆弧弯头制作不规范

(1) 现象：外直角内圆弧弯头使风管的气流不畅，局部阻力增大，加大风机机外余压的损失。

(2) 原因分析

① 未装导流片，影响气流的顺畅流通，并产生噪声。

② 导流片安装位置不合理，使气流不稳定。

③ 导流片规格、片数和片距不符合规范和规程要求，未能降低风阻和噪声。

(3) 防治措施

① 平面边长 $a \geqslant 500$ mm 内圆弧形弯头必须设置导流叶片，使气流流通顺畅，减小阻力。

② 导流叶片应按照规定的间距铆接在连接板上，然后将连接板再铆接在弯头上，导流叶片的迎风侧边缘应圆滑，为保证风管系统运行时气流稳定，各导流叶片的弧度应一致，导流叶片与连接板、连接板与弯头板壁必须铆接牢固，不得松动，使气流顺畅，风阻小。

③ 应严格执行《通风与空调工程施工质量验收规范》(GB 50243—2002)第 5.3.8 条和《通风管道技术规程》(JGJ 141—2004)第 3.10.2 条的规定，导流叶片的规格、片数和片距，应根据弯头的平面边长而定，平面边长越大，其片数越多；其片数越多，导流叶片的长度超过 1 250 mm 时，应有加强措施，确保风阻和噪声满足设计要求的参数。

13) 正三通和斜三通的角度不准确

(1) 现象：正三通和斜三通的角度不准确，使风管不能按垂直方向和斜三通所要求的角度连接，影响风管系统的正确走向。

(2) 原因分析

① 连接管口的端面与中心线的角度不准确，直接影响连接管的走向。

② 连接管咬口或套装法兰时出现偏差，造成三通的角度不准确。

(3) 防治措施

① 控制好下料尺寸的准确性，咬口或焊接的工艺要保证角度的偏差在允许范围内，保证管口端面与中心线的夹角正确无误；风管正三通支管与主管应成 90°角，角度偏差不应大于 3°；风管斜三通支管与主管夹角宜为 15°～60°，角度偏差不应大于 3°。

② 应从加工制作工艺方面加以重视。控制好下料尺寸，在组装时，保证几何尺寸的准确；在组对主管法兰时，两端的法兰面一定要平行，且与主轴线相垂直；在套装支管法兰时，正三通支管的法兰面要与三通主管的轴线相平行，斜三通支管的轴线与主轴线的夹角要正确，偏差不应大于 3°，且支管的法兰面要与支管的轴线相垂直。

14）圆形弯头角度不准确

（1）现象：圆形弯头的角度不准确，直接影响与其相连接的风管或零部件坐标位置的准确性，将使风管系统偏移，不能按照设计的意图施工。

（2）原因分析

① 圆形弯头的展开线不准确，成型后达不到所要求的角度。

② 咬口部位的咬口宽度不相等，造成弯头的角度不准确。

（3）防治措施

① 严格按照几何图形展开下料，保证片料在咬合后弯头角度的准确性。

② 弯头的各短节在咬口时，必须保证其咬口宽度一致，并将各节的咬口缝错开，以保证咬口缝的严密和弯曲角度的准确。

15）圆形弯头合缝时跑口，合缝不严

（1）现象：母口没有完全包合公口；母口完全包合公口时还有多余的部分；母口没有咬紧公口，公口能在母口内松动。

（2）原因分析

① 互相咬合的公口和母口的尺寸大、没调好，造成公口过小，在母口中滑动，或母口过大不能咬紧公口。

② 弯头弯曲半径过小，节数过少，造成操作障碍。

③ 弯头相连的两节直径偏差过大。

（3）防治措施

① 调节互相咬合的公口和母口，使尺寸大小相匹配。

② 按《通风管道技术规程》(JGJ 141—2004)选用弯头参数，见表 4－30。

表 4－30　圆形弯管曲率半径和最少分节数

弯管直径 D(mm)	曲率半径 R(mm)	弯管角度和最小分节							
		90°		60°		45°		30°	
		中节	端节	中节	端节	中节	端节	中节	端节
$80<D\leqslant220$	$\geqslant1.5D$	2	2	1	2	1	2	—	2
$220<D\leqslant450$	$1D\sim1.5D$	3	2	2	2	1	2	—	2
$450<D\leqslant800$	$1D\sim1.5D$	4	2	2	2	1	2	1	2
$800<D\leqslant1\ 400$	$1D$	5	2	3	2	2	2	1	2
$1\ 400<D\leqslant2\ 000$	$1D$	8	2	5	2	3	2	2	2

③ 闭合弯头每节板料时，注意加工精度，保证每节直径一致。

16）送风时风管内有噪声

（1）现象：钢板风管送风时有较大噪声，用调节阀调节风量时，调节阀两侧风管有很大的颤动声。

（2）原因分析

① 风管内的风速超出设计规范的数值。

② 风管的钢板厚度与风管断面尺寸有关，风管制作时未按施工验收规范的规定执行。

③ 风管没采取加固措施或内支撑松动、脱落。

（3）防治措施

① 风管内的风速应按表 4－31 中的数值进行控制。

表 4－31　风管内风速

频率为 100 Hz 时的室内允许声压级(dB)	风速(m/s)		
	总管和总支管	无送回风口的支管	有送回风口的支管
40～60	6～8	5～7	3～5
60 以上	7～12	6～8	3～6

② 钢板厚度与风管断面尺寸的关系值应按规范的规定取用，不得小于表 4－32 中的规定。

表 4－32　钢板或镀锌钢板风管板材厚度　　单位：mm

规格	圆形风管	矩形风管		除尘系统风管
		中、低压系统	高压系统	
$D(b)\leqslant320$	0.5	0.5	0.75	1.5
$320<D(b)\leqslant450$	0.6	0.6	0.75	1.5
$450<D(b)\leqslant630$	0.75	0.6	0.75	2.0
$630<D(b)\leqslant1\,000$	0.75	0.75	1.0	2.0
$1\,000<D(b)\leqslant1\,250$	1.0	1.0	1.0	2.0
$1\,250<D(b)\leqslant2\,000$	1.2	1.0	1.2	按设计
$2\,000<D(b)\leqslant4\,000$	按设计	1.2	按设计	

注：1. D 为风管直径，b 为长边尺寸。

2. 螺旋风管的钢板厚度可适当减小 10%～15%。

3. 排烟系统风管钢板厚度可按高压系统。

4. 特殊除尘系统风管钢板厚度应符合设计要求。

5. 不适用于地下人防与防火隔墙的预埋管。

③ 按照规范或规程的相关规定对风管采取加固措施。

4.4.2 金属风管制作与安装的允许偏差和检验方法

金属风管制作与安装要求较高，必须保证其严密性，其所允许偏差如表 4－33 所示。

表 4－33 金属风管制作安装允许偏差和检验方法

项次	项目			允许偏差(mm)	检验方法
1	圆形风管外径(mm)	≤300		0 −1	用钢尺量互成 90°的直径
		>300		0 −2	
2	矩形风管(mm)	≤300		0 −1	钢尺检查
		>300		0 −2	
3	圆形弯头、三通角度			3°	按角度线、用量角器测量
4	矩形弯头、三通角度			3°	按角度线、用量角器测量
5	圆形法兰	内径		+2	用尺量直径 4～6 处
		平整度		2	法兰平放于平台上，用塞尺检查
	矩形法兰	内边尺寸		+2	用尺量管口各边长度
		平整度		2	法兰平放于平台上，用塞尺检查
6	法兰铆接	翻遍尺寸		6～9	用尺测翻边 4～6 处
		平整度		平整	外观检查
7	无法兰风管连接			严密	用风速仪检验
8	洁净系统风管	法兰铆钉孔间距		65～100	用尺检查
		法兰螺栓孔间距		100～150	用尺检查
		直风管拼接缝		不得有横向拼接缝	外观检查
		风管系统安装		严密、不漏风	用毕托管、微压计量器测量
9	风管安装	水平度	每米	3	用尺检查
			总偏差	20	
		垂直度	每米	2	用线坠及尺检查
			总偏差	20	
10	预留孔洞			准确	用尺检查
11	风管刷漆			无裂纹、气泡、混色	外观检查
12	风管保温			表面平整，无损坏	外观检查

4.4.3　风管与部件安装

1）风管变径不合理

(1) 现象:风管突然扩大或突然缩小,造成阻力增大,风量减少,影响风机效率,达不到设计要求。

(2) 原因分析:由于建筑空间窄小,在风管的变径或与设备的连接处,风管变径不合理。对空间的尺寸未能详尽安排,又未从气流合理着手考虑接法。

(3) 防治措施:尽量按照合理的变径、拐弯等要求进行安装,变径管单变径的夹角宜小于 30°,双面变径的夹角宜小于 60°。

2）镀锌钢板风管与其他专业管线交叉,避让不合理

(1) 现象:镀锌钢板风管与其他专业管线交叉而受损,改变了风管的有效面积,会引起风管漏风量加大,如有电管穿越,则有漏电危险。

(2) 原因分析

① 风管交叉施工受损,主要是因为受到现场建筑空间的限制。

② 风管安装前,未根据设计图纸要求施工,与相关专业(水、电、装饰等)的协调不到位。

③ 未进行综合机电管线深化设计,确定的空间位置不恰当、不合理。

④ 对《通风与空调工程施工质量验收规范》(GB 50243—2002)第 6.2.2 条第 1 款的规定不了解,不熟悉。

(3) 防治措施

① 加强施工交底和图纸审查,注意工程施工中管线比较集中、有交叉跨越的部位,正确处理好各类管线之间安装空间和走向等的矛盾。

② 加强现场施工管理,协调好多工种施工,如有违反,应立即整改。

③ 做好管线的综合布局深化设计,避免日后施工过程中返工。

④ 风管内严禁其他管线穿越,不得敷设电线、电缆以及输送有毒、易燃气体或液体的管道,以确保施工安全。

3）法兰垫料放置不合格

(1) 现象:镀锌钢板风管连接时,经常出现法兰垫料安放突出管外,或凹进管内的现象,影响风管系统的严密性,导致法兰接口处漏风。

(2) 原因分析:法兰垫料规格(材质、宽度和厚度)不符合要求;法兰垫料粘贴时不平直。

(3) 防治措施

① 根据风管法兰的具体规格选择合适的法兰垫料,法兰垫料采用压敏胶的发泡聚乙烯塑料带,其厚度应不小于 4 mm,宽度应不小于 20 mm;净化系统法兰密封垫料选用不透气、不产尘、弹性好的闭孔海绵橡胶及压敏密封胶条等材料,垫料厚度 5～8 mm,垫料的接头应采用阶梯式或品字形式。

② 对矩形法兰边粘贴法兰垫料，粘贴时一定要平直，可从一端开始逐步向另一端用力挤压，保证法兰垫料都能受力黏结牢固。根据风管用途，正确选择垫料材质，特别是排烟风管垫料材质应符合防火阻燃性能相关要求。

4）水平安装超长风管未设固定点

（1）现象：风管系统水平悬吊时出现悬吊的主、干风管长度超过 20 m 而未设防止摆动的固定点。

（2）原因分析

① 施工人员不熟悉《通风与空调工程施工质量验收规范》(GB 50243—2002)的要求。

② 为了降低成本，节约材料而减少固定支架设置。

（3）防治措施

① 严格按照《通风与空调工程施工质量验收规范》(GB 50243—2002)中第 6.3.4 条第 5 款执行："当水平悬吊的主、干风管长度超过 20 m 时，应设置防止摆动的固定点，每个系统不应少于 1 个。"

② 对设置固定点有一定难度的风管，可采取斜拉钢丝绳固定等方式解决。

5）薄钢板法兰风管连接件间距太大或连接件松紧不一致

（1）现象：薄钢板法兰风管连接时，往往出现法兰连接件间距太大或连接件松紧不一致的现象，严重的导致风管底部连接件脱落。法兰之间连接不严密，导致法兰接口处漏风，影响观感质量。

（2）原因分析

① 风管在安装过程中遇到操作空间太小，无法进行法兰连接件的安装。

② 施工人员不熟悉弹簧夹连接风管时的分布规定。

③ 在选择薄钢板法兰风管连接件时，规格选择不正确，或连接件的材料厚度不符合要求。

④ 连接件重复使用，导致连接件弹性消失，从而使连接件松动。

⑤ 安装连接件的工具不匹配，也容易导致连接件弹性受损而松动。

（3）防治措施

① 将操作空间比较小的区域的风管，采取地面预组装整体吊装的方式进行安装，避免出现连接件安装盲区。

② 严格按照国家建筑标准设计图集《薄钢板法兰风管制作与安装》(07K133)的要求布置风管弹簧夹。用于安装风管的弹簧夹长度为 150 mm，弹簧夹之间的间距应小于等于150 mm，最外端的弹簧夹离风管边缘空隙距离不大于 150 mm。

③ 根据薄钢板风管的法兰规格选择正确的法兰风管连接件。

④ 严禁重复使用薄钢板法兰风管连接件。

⑤ 根据不同规格的连接件采用相应的专用工具，不宜使用螺丝刀等进行撬或扳，用力不当将造成连接件弹性受损。

6）分支管与主干管连接方式不当

（1）现象：分支管与主干管的连接处缝隙大，用密封胶难以完全达到密封的目的，极易产生漏风现象。

(2) 原因分析

① 主干管开口管壁变形,使接口不严密,缝隙过大,造成漏风;咬口缝加工不符合要求,使咬口不严密,系统运行后振动,可能会增大缝隙,增大漏风。

② 连接方法未按规范要求做,使接口的形式和方法不合理,缝隙增大;风管内气流不顺畅,增大管内压力,增加漏风的几率。

(3) 防治措施

① 法兰连接的分支管,法兰面一定要平整,平面度的偏差要小于 2 mm,保证其接口的严密性;咬口缝连接的分支管,咬口缝的形状一定要规正,吻合良好,咬口严密、牢固。

② 连接的方式、方法应该按照规范要求进行,分支管连接主干管处应顺气流方向制作成弧形接口或斜边连接,使管内气流分配均衡,流动顺畅。

7) 防火阀安装位置错误

(1) 现象:安装于防火分区隔墙两侧的防火阀,距墙表面大于 200 m,一旦火灾发生时,防火阀后面的风管就容易被烧到,增加了火灾蔓延的面积。边长大于 630 mm 的防火阀,未设置单独支吊架。

(2) 原因分析

① 对安装于防火分区隔墙两侧的防火阀所起的作用及其效果不了解;安装前没有仔细看清标识,安装时不细心,装完后没有认真检查。

② 国家施工规范中风管系统安装主控项目明确规定:防火分区隔墙两侧的防火阀距墙表面不应大于 200 mm。一旦违反规定,防火阀在防火分区隔墙两侧的设置位置不正确,可能造成火灾蔓延。

③ 没有认真看清防火阀的规格型号,或防火阀附近设置支吊架比较困难。

(3) 防治措施

① 加强设计和施工交底,加强对防排烟系统风管部件安装施工质量的控制。

② 检查防火阀的安装位置是否正确,如不正确应立即进行调整、拆除,并重新安装。

③ 检查防火阀的规格型号,对于边长大于 630 mm 的防火阀必须设置单独的支吊架。

8) 防火阀动作不灵活

(1) 现象:在极限温度时,防火阀动作延时或失效。

(2) 原因分析:安装反向;易熔片老化失灵;阀体轴孔不同心;阀体与阀板有摩擦。

(3) 防治措施

① 按气流方向调整安装方向。

② 按设计要求对易熔片做熔断试验,在使用过程中定期更换。

③ 调整阀体轴孔同心度。

④ 减小阀板外形尺寸,使阀体与阀板之间的间隙适当,在保证原阀板重量不变的情况下可作配重。

9) 矩形百叶式启动阀调节不灵活

(1) 现象:叶片不平行、颤动,叶片与外框摩擦,开启不能达到 90°。

(2) 原因分析

① 外框轴孔不同心,偏离中心线,轴距不相等。

② 叶片转动半轴中心偏移。

③ 外框轴孔与叶片半轴间隙大。

④ 外框对角线不相等。

⑤ 开关定位板选择位置不准确。

(3) 防治措施

① 将带有轴孔的两侧面重合起来,检验轴孔的同心度、中心线偏差及轴距。误差在 2 mm 以内时,可扩大轴孔,移动轴套使其同心,然后再焊接成外框。

② 扩大叶片螺栓孔径,调整两半轴中心度,再用螺栓拧紧。

③ 调换半轴或轴套。

④ 以对角线相等的法兰固定其外框短管。

⑤ 按叶片与短管成 90°时确定定位板位置。

10) 百叶送风口调节不灵活

(1) 现象:叶片不平行,固定不稳,产生颤动,安装不平、不正。

(2) 原因分析:外框叶片轴孔不同心,中心偏移;外框与叶片铆接过紧或过松;墙上预留风口位置不正。

(3) 防治措施

① 中心偏移不同心的轴孔,焊死后重新钻孔。

② 叶片铆接过紧时可连续搬动叶片使其松动。铆接过松可继续铆接,其松紧程度以在风口出风风速 6 m/s 以下,叶片不动不颤,用手可轻轻搬动为宜。

③ 加大预留孔洞尺寸。

11) 旋转吹风口转动不灵活

(1) 现象:吹风口旋转费力。

(2) 原因分析

① 固定及转动法兰圆度差。

② 滚动钢珠直径小。

③ 法兰上钢球孔直径小,钢珠不滚动。

④ 法兰垫片薄,法兰螺栓连接过紧。

⑤ 转动部位生锈。

(3) 防治措施

① 调整固定及转动法兰的圆度,加大其间隙量,以转动法兰旋转一周没有碰擦为准。

② 调换与直径配套的钢珠。

③ 法兰钢珠孔扩孔。

④ 加厚法兰垫片，调整法兰螺栓松紧度，以吹风口旋转时轻快自如为宜。

⑤ 转动部位保持润滑。

12）柔性短管安装扭曲

（1）现象：柔性短管安装有明显的扭曲及变形造成连接处的牢固性和可靠性变差，一旦脱落，影响系统的正常使用。

（2）原因分析

① 柔性短管制作不规范，下料尺寸不准确，软管两端的风管（或设备）不同心。

② 柔性短管安装时松紧程度控制不当或连接处缝合不够严密，造成扭曲及变形。

③ 对国家规范有关柔性短管安装的要求不了解或不重视。

（3）防治措施

① 柔性短管连接安装过程中，应保持一定的伸展量以减少风阻，同时满足使用和观感效果，保证软管两端的风管（或设备）调整在同一轴线之后再安装软管。

② 柔性短管的安装有明显的扭曲，应拆除，并重新安装。

③ 柔性短管主要用于风机的吸入口和排出口与风管的连接处。柔性短管的长度不宜过长，一般为 150～300 mm；其连接处缝合应严密、牢固、可靠。

④ 为保证柔性短管在系统运转中不扭曲，安装应松紧适度。对于装在风机的吸入端的柔性短管，可安装得稍紧些，防止运转时被吸住，而发生短管截面尺寸变小的现象。

13）止回风阀安装方向错误

（1）现象：止回风阀安装过程中，阀门的安装方向不符合管道气流方向，导致气流被阻断。

（2）原因分析：施工人员对系统不了解，不清楚风管内气流的流向。

（3）防治措施：阀门安装前要对施工人员进行交底，使其对系统有初步的了解，且清楚风管内气流流向。

14）风口安装有偏差

（1）现象：在进行风口与风管的连接时，风口安装不合格，风口与风管的连接不紧密、不牢固，未能与装饰面紧贴，出现表面不平整、有明显缝隙等现象；风口水平安装水平偏差大于 3/1 000，垂直偏差大于 2/1 000 时，会破坏风口的美观，严重时会造成漏风，在夏季时容易导致吊顶结露。

（2）原因分析

① 在进行风口施工时，与吊顶施工配合不够，前期没有进行定位及拉线，造成风口排列不整齐。

② 在送风口与风管连接时，送风口没有紧贴吊顶预留空洞的边缘，连接后形成位置偏差，导致风口安装水平度及垂直度达不到要求。

（3）防治措施

① 在施工时，应进行放线，确保风口排列整齐划一。

② 对于垂直度方面，应调整软管连接形式及角度，确保垂直度满足规范要求。

③ 已发生的不整齐现象，应重新进行调整，重新放线，确保风口整齐划一。

15）消声器未设置独立的支、吊架

（1）现象：消声器未设置独立的支、吊架，增大消声器与相连风管邻近的两个支、吊架的负荷，极易发生支、吊架的脱落，造成风管系统破坏。此外，没有独立支、吊架，一旦消声器损坏，不便于更换。

（2）原因分析

① 施工操作人员对规范理解模糊，对消声器未设置独立支、吊架的危害性认识不足。

② 质检部门工作不认真，对工程的每个环节没有把好关。

（3）防治措施

① 项目技术负责人对现场施工人员的技术水平和执行、理解规程和规范的能力，应该掌握清楚，在技术交底时，有针对性地贯彻工艺、技术和规程、规范，确保工程质量，严格执行规范要求，设置独立支、吊架，确保系统运行时，消声器不摆动，安全可靠，并有良好的消声效果。

② 质检人员必须熟悉标准、规程和规范，并在工作中严格执行；工程的每个环节必须认真检查，不能疏忽大意，发现问题应立即提出整改措施，并继续跟踪整改情况。

16）支、吊架强度不够

（1）现象：支、吊架强度不够，不能承受应该承受的荷载；吊杆过细，横担过薄，其承重超过强度极限时，可能发生支、吊架破坏性的脱落，造成严重的质量安全事故，影响整个系统的运行。

（2）原因分析

① 支、吊架选用的材料的材质、型号和规格有问题，或者在材料代用时没有进行强度验算。

② 支、吊架加工和安装质量存在问题。

③ 未按国标图集和规范的要求进行制作和安装。

（3）防治措施

① 支、吊架所选用材料的材质、型号和规格一定要符合图纸或规范要求，如果没有该品种的材料，需要采取代用时，必须进行等强度的验算，合格后才能使用。

② 支、吊架应按照钢结构的加工制作工艺生产，焊缝不能有夹渣、裂纹和未熔透，螺栓连接的部位一定要紧固好。

③ 严格执行规范要求，风管支、吊架宜按国标图集与规范选用强度和刚度相适应的形式和规格。对于直径或边长大于 2 500 mm 的超宽、超重等特殊风管的支、吊架，应按设计要求加工制作。

4.4.4 部分制作、安装质量标准及检验方法

空调部分组件制作安装质量标准及检验方法如表 4－34 所示。

表 4 - 34　部分空调组件制作安装质量标准及检验方法

项次	项目	质量要求或允许偏差		检验方法
1	蝶阀	调节制动准确可靠		实际操作调节，外观检查
2	防火阀(易熔件)	熔点温度		做熔化操作
3	密封式斜插板阀	严密、牢固、调节灵活		实际操作调节，外观检查
4	圆形光圈启动阀	严密、牢固、调节灵活		实际操作调节，外观检查
5	矩形百叶式启动阀	开距均匀，贴合严密，搭接一致		实际操作调节，外观检查
6	手动对开式多叶阀	开距均匀，贴合严密，搭接一致		实际操作调节，外观检查
7	洁净系统阀门	严密、调节灵活		实际操作调节，外观检查
8	风口	外形尺寸	<2 mm	钢尺检查
		对角线	<2 mm	钢尺检查
9	百叶送风口	外形尺寸	<2 mm	钢尺检查
10	旋转送风口	转动轻便、灵活		实际操作调节，外观检查

4.4.5　通风、空调设备安装

1) 离心式通风机底部存水

(1) 现象：离心式通风机底部存水，风机外壳容易锈蚀，送风含湿量大。

(2) 原因分析

① 由于挡水板过水量过大，水滴随空气带入通风机。

② 经空调器处理的空气，进入通风机时，由于某种原因，空气状态参数发生变化，有水分由空气中析出，使通风机底部存水。

(3) 防治措施

① 调整挡水板安装质量，使过水量控制在允许范围内。

② 在通风机底部最低点加 $\phi15$ 泄水管，并用截止阀门控制，定期放水。

2) 弹簧减振器受力不均

(1) 现象：弹簧压缩高度不一致，风机安装后倾斜，运转时左右摆动。

(2) 原因分析

① 同规格的弹簧自由高度不相等。

② 弹簧两端半圈平面不平行、不同心。

③ 弹簧中心线与水平面不垂直。

④ 每个弹簧在同一压缩高度时受力不相等。

(3) 防治措施

① 挑选自由高度相等的弹簧配合为一组。

② 换用合格的产品。

③ 在弹簧盒内底部加斜垫，调整弹簧中心轴线的垂直度。

④ 分别做压力试验，将在允许误差范围内受力相等的弹簧配合使用。

3）风机盘管漏水

(1) 现象:风机盘管的盘管、管道阀门、管道接口等处漏水、滴水,集水盘溢水等,影响空调房间舒适度,严重时,因漏水造成房间吊顶破损,墙体地板和地毯被污染损坏。

(2) 原因分析

① 盘管漏水:风机盘管在运输和装卸过程中意外碰撞,造成铜管破裂,胀接口松动;在管路系统试压或系统充水后,未能及时将盘管内的水排尽,气温降低时,造成盘管内水结冰,体积膨胀,将铜管冻裂损坏而漏水。

② 管道接口漏水:管道接口丝扣加工粗糙,丝扣被损坏或丝口直径过小,导致丝口松动;丝扣连接时,连接填料不实;丝扣连接时,拧紧力不均匀,出现过紧或过松现象;丝扣拧紧后又要退回重新拧紧时,没有拆除旧填料,更换新填料再拧紧。

③ 阀门漏水:安装前未检验阀门自身质量缺陷,如手轮密封不严,阀体的砂孔被油漆盖住等,使用后因锈蚀和管内压力,出现漏水、滴水;阀门与管道连接时,丝扣与丝牙不相匹配;阀门与管道连接时,因连接过度紧固,或手柄操作方向不当,拆除后重装时,未拆除旧填料,更换新填料再重新连接。

④ 集水盘溢水:凝结水管倒坡;集水盘内杂质在安装后未清除干净,堵塞排水口,集水盘与其凝结水出口管接头的焊缝质量不合格;连接集水盘的管道弯头小于 90°,容易积渣堵死排水口等。

(3) 防治措施

① 防治风机盘管漏水的措施

a. 风机盘管一定要包装好后再运输,在运输过程中,要避免碰撞。

b. 风机盘管装卸时,一定要轻拿轻放,库房堆放不能太高,防止下层的被压坏。

c. 一经发现风机盘管被撞或被摔倒,安装前必须进行单机试压,合格后再安装。

d. 在寒冷地区冬期施工,如确需系统试压,试压后必须将系统水排净,每台风机盘管都要单独逐一将水排尽,防止盘管冻坏。

② 防止管道、阀门的丝扣连接处漏水的措施

a. 管道丝扣尽量采用机械加工,保证丝扣加工精度和质量。

b. 按管道、阀门的直径选择合适的紧固扳手或管钳,拧紧时尽量用力一致,做到不超拧也不少拧,保持适中,一般先用手工拧入 2～3 扣,最终根据外露螺纹留出 2～3 扣即可。

c. 螺纹连接时,应根据输送介质选择相应的密封填料,以达到连接严密;填料在螺纹里只能目测一次,如果发生超拧,造成螺纹连接松动时,必须将丝扣退出,拆除旧填料,更换新填料,再适度拧紧。

d. 管路安装完后,必须进行强度试验和系统试验,试验合格后应将管路系统内冲洗干净。

e. 阀门安装前应进行外观检查,并按规定进行压力试验(抽检或全数),合格后才能安装;阀门检验不合格的,应检修或解体研磨,再试压,直至合格才能安装。

③ 防止集水盘溢水的措施

a. 集水盘安装前和安装后都要将杂质清除干净，防止杂质掉入凝结水排水管弯头里(或三通)堵塞管道；

b. 风机盘管安装后，排水管连接好后应采取措施(如用软木塞)封堵排水孔，防止安装、装修杂质掉入排水管造成管路堵塞，但在系统试运行前，千万不要忘记拆除封堵；

c. 凝结水排水管与集水盘连接处弯头，曲率半径必须大于管径的 1.50 倍；

d. 排水管必须保证排水坡度，严禁倒坡，其坡度应按设计或规范规定。

4) 组合式空调机组凝结水排水不畅

(1) 现象：接水盘积水过高，机组底盘溢水，造成机房积水。

(2) 原因分析

① 凝结水盘的排水管道无 U 形存水弯水封设置，排水管直接连接。

② 凝结水盘的排水管道 U 形存水弯水封高度尺寸设置不够，无法克服相组内的负压。

③ 凝结水盘杂物没有清理，堵塞水盘。

④ 冷凝水管坡度不足或倒坡。

⑤ 冷凝水管安装完未进行通水试验。

(3) 防治措施

① 凝结水盘的排水管，按设计要求的水封高度安装合理的 U 形存水弯。

② 冷凝水排水管坡度，应符合设计文件的规定，当设计无规定时，其坡度宜大于或等于 8‰；软管连接的长度，不宜大于 150 mm。

③ 按规范要求合理设置支架，以防管道弯曲变形。

④ 安装完成后进行充水试验，排水顺畅，不渗漏为合格。

⑤ 系统投入使用后，定期检查冷凝水排水情况，及时清理杂物、滋生物等。

5) 空调机组飘水

(1) 现象：空调机组送风中有水飘出，造成送风中水汽过多，箱体干区域内的金属腐蚀，甚至会造成有水从送风口中飘出。

(2) 原因分析

① 空调机组盘管迎面风速过高。

② 空调机组结构设计不够合理；或空气流过高过盘管时不够均匀，造成局部风速过高。

③ 空调机组未能在需要的情况下设置、安装挡水板，或挡水板设置、安装不合理。

(3) 防治措施

① 盘管迎面风的风速超过 25 m/s 时，应加设挡水板(但还应综合考虑盘管的析水情况及盘管排数)。喷水段进出风侧应有挡水板。

② 优化空调机组机构设计，避免出现吹过盘管的空气风速不均匀，或局部风速过高。

6) 风冷式空调器

(1) 现象：风冷式空调器室外机散热效果差；热空气短路造成制冷效率降低，噪声、热气、振动等对环境和人员造成不良影响。

(2) 原因分析

① 受建筑条件限制,进风面或出风口受阻挡,导致进风量不足或热气回流短路。

② 未合理安装配置减振装置,导致机组振动通过建筑体传递。

③ 安装位置距离民房较近,未采用消声挡板或其他消声措施,产生噪声影响。

④ 机组热气出风口正对民居,影响他人生活环境。

(3) 防治措施

① 选择气流通畅位置安装风冷式空调机,多台机组之间保证最少合理距离。

② 在安装空间条件受限制时,可采用增加导风管、辅助通风。

③ 安装位置应尽量远离民居,安装时增加减振和隔声措施。

7) 水泵振动,噪声过大

(1) 现象:水泵振动严重,发出异响,使设备零部件损坏,给工作生活环境产生噪声污染。

(2) 原因分析

① 水泵底座的减振弹簧选择不合理,造成减振弹簧工作失效。

② 水泵安装不水平,电机轴与水泵轴同轴度过大。

③ 水泵进出口的波纹减振管选型偏大,致使波纹减振管不起作用。

④ 管道有空气,造成水泵内部有气蚀,引起水泵振动和噪声过大。

⑤ 水泵进出水管道无固定支架,水泵在运行时产生移位。

⑥ 水泵内进入异物。

(3) 防治措施

① 按水泵重量及重心,配置合适的底座及减振座。

② 调整水泵安装平整度。

③ 按水泵流量配管及配置合适的软连接。

④ 检查轴承是否有异响,添加润滑油。

⑤ 清洗管道及过滤器,排出异物。

8) 膨胀水箱安装不合理

(1) 现象:水箱溢流,补水不正常,造成水质浪费并影响系统补水量和整个空调系统的运行。

(2) 原因分析

① 膨胀水箱容积偏小,水量膨胀时易发生溢流,造成水浪费。

② 阀门设置位置不正确,在膨胀管或补水管上设置的阀门被误操作而关闭。

③ 补水压力不足及浮球阀损坏等原因导致无法补水。

(3) 防治措施

① 合理选用膨胀水箱,按合理位置开口接管,确保正常补水。

② 膨胀管上不应设置阀门。

③ 开式补水箱应高于系统最高点0.5 m以上。

④ 系统运行后，应定期对膨胀水箱水位浮球阀状况等进行检查，发现不正常情况应及时采取措施。

9）板式热交换器漏水，压差过大

(1) 现象：板式热交换器漏水，进出水温差小，压差大，浪费系统冷量，影响系统正常运行。

(2) 原因分析

① 板式热交换器组装时，换热板之间不紧密，在系统运行时发生渗漏。

② 高温端和低温端管道错接，影响换热效果。

③ 进出水接口错接，造成流向相反，降低换热效率。

④ 进水未安装过滤器或过滤孔过大，致使杂物堵塞，造成流量不足，降低换热效率。

(3) 防治措施

① 板式热交换器组装时，换热板之间安装要紧密，安装完成后必须进行压力试验。

② 按照产品说明及设计文件，正确连接高温端和低温端，进水口和出水口。

③ 进水管上合理配置过滤器，并定期检查，以防堵塞板式热交换器。

4.4.6　通风、空调设备制作与安装质量标准及检验方法

通风空调设备制作与安装质量标准要求较高，具体如表4-35所示。

表4-35　通风空调设备制作与安装质量标准及检验方法

<table>
<tr><th>项次</th><th colspan="3">项目</th><th>质量要求或允许偏差(mm)</th><th>检验方法</th></tr>
<tr><td rowspan="5">1</td><td rowspan="5">金属空调箱制作及安装</td><td colspan="2">空气过滤器</td><td>严密、拆卸方便</td><td>实际操作及外观检查</td></tr>
<tr><td rowspan="3">挡水板</td><td>长度</td><td><2</td><td>钢尺检查</td></tr>
<tr><td>宽度</td><td><2</td><td>钢尺检查</td></tr>
<tr><td>间距</td><td>均匀</td><td>钢尺检查</td></tr>
<tr><td colspan="2">空气加热器</td><td>符合设计压力</td><td>水压试验</td></tr>
<tr><td>2</td><td colspan="3">弹簧减振器</td><td>受力均匀</td><td>压力试验</td></tr>
<tr><td>3</td><td colspan="3">轴流式通风机安装</td><td>叶片与机壳间隙均匀</td><td>钢尺量间隙4～6处</td></tr>
<tr><td rowspan="7">4</td><td rowspan="7">离心式通风机安装</td><td colspan="2">中心线平面位移</td><td>10</td><td>钢尺、方尺和水平尺检查</td></tr>
<tr><td colspan="2">标高</td><td>±10</td><td>钢尺检查</td></tr>
<tr><td colspan="2">皮带轮轮宽
中央平面位移</td><td>1</td><td>钢尺、方尺和水平尺检查</td></tr>
<tr><td rowspan="2">传动轴水平度</td><td>纵向</td><td>0.2/1 000</td><td>水平尺检查</td></tr>
<tr><td>横向</td><td>0.3/1 000</td><td>水平尺检查</td></tr>
<tr><td rowspan="2">联轴式同心度</td><td>径向位移</td><td>0.05</td><td>钢尺、方尺和水平尺检查</td></tr>
<tr><td>轴向位移</td><td>0.2/1 000</td><td>钢尺、方尺和水平尺检查</td></tr>
<tr><td>5</td><td colspan="3">柜式空调机组安装</td><td>符合工厂技术要求</td><td>按工厂检验要求进行</td></tr>
</table>

4.4.7 制冷管道安装及焊缝的允许偏差和检验方法

制冷管道安装的质量要求如表 4－36 所示。

表 4－36 制冷管道安装及焊缝允许偏差和检验方法 单位：m

<table>
<tr><th>项次</th><th colspan="4">项目</th><th>允许偏差(mm)</th><th>检查方法</th></tr>
<tr><td rowspan="4">1</td><td rowspan="4">坐标</td><td rowspan="2">室外</td><td>架空</td><td>15 m</td><td>15</td><td rowspan="8">按系统检查管道的起点、终点、分支点和变向点及各点间直管
用经纬仪、水准仪、液体连通器、水平仪、拉线盒钢尺检查</td></tr>
<tr><td>地沟</td><td>20 m</td><td>20</td></tr>
<tr><td rowspan="2">室内</td><td>架空</td><td>5 m</td><td>5</td></tr>
<tr><td>地沟</td><td>10 m</td><td>10</td></tr>
<tr><td rowspan="4">2</td><td rowspan="4">标高</td><td rowspan="2">室外</td><td>架空</td><td>±15 m</td><td>±15</td></tr>
<tr><td>地沟</td><td>±20 m</td><td>±20</td></tr>
<tr><td rowspan="2">室内</td><td>架空</td><td>±5 m</td><td>±5</td></tr>
<tr><td>地沟</td><td>±10 m</td><td>±10</td></tr>
<tr><td rowspan="3">3</td><td rowspan="3">水平管道</td><td rowspan="2">纵横向弯曲</td><td>DN 100 以内</td><td rowspan="2">10 m</td><td>5</td><td rowspan="6">用液体连通器、水平仪、直尺、吊线、拉线盒钢尺检查</td></tr>
<tr><td>DN 100 以上</td><td>10</td></tr>
<tr><td colspan="3">横向弯曲全长 25 m 以上</td><td>20</td></tr>
<tr><td rowspan="2">4</td><td colspan="2" rowspan="2">立管垂直度</td><td colspan="2">每米</td><td>2</td></tr>
<tr><td colspan="2">全长 5 m 以上</td><td>8</td></tr>
<tr><td>5</td><td colspan="4">成排管道及成排阀在同一平面上</td><td>3</td></tr>
<tr><td>6</td><td colspan="2">焊口平直度</td><td colspan="2">≤10 mm</td><td>$\frac{\delta}{5}$</td><td>钢尺和样板尺检查
(δ为厚度)</td></tr>
<tr><td rowspan="2">7</td><td colspan="2" rowspan="2">焊缝加强层</td><td colspan="2">高度</td><td>$^{+1}_{0}$</td><td rowspan="2">焊接检验尺检查</td></tr>
<tr><td colspan="2">宽度</td><td>$^{+1}_{0}$</td></tr>
<tr><td rowspan="3">8</td><td colspan="2" rowspan="3">咬肉</td><td colspan="2">深度</td><td><0.5</td><td rowspan="3">焊接检验尺检查
(L为总长度)</td></tr>
<tr><td colspan="2">连接长度</td><td>25</td></tr>
<tr><td colspan="2">总长度(两侧)小于焊缝总长</td><td>$\frac{L}{10}$</td></tr>
</table>

4.4.8 空调水系统管道施工安装

1）支架变形

(1) 现象：吊架横担弯曲变形，吊杆弯曲不直，支、吊架与管道接触不紧密，吊架扭曲歪斜等，造成管道局部变形，系统运行时产生振动，阀门处支、吊架变形，影响操作。

(2) 原因分析

① 吊架横担弯曲变形：支架的规格大小同管道管径不匹配；管道支架间距不符合规

定，管道使用后重量增加，引起吊架变形；支架采用的型材材质和几何尺寸不能满足出厂标准。

② 支、吊架与管道接触不紧密：支架的抱箍或卡具同管道的外径不匹配；支架安装前所定坡度、标高不准，安装时未纠正。

③ 吊架扭曲：歪斜支架固定方法不正确，吊杆与地面不垂直。

(3) 防治措施

① 支、吊架安装前，根据管道总体布局、走同及管道规格，按照设计施工图集，施工及验收规范的要求，合理布置支架的位置及相互之间间距；根据管道的规格和支架间距，选择合适的支架形式和型钢规格；根据管道运行过程中的重量及支架的重量，通过计算选用合适的固定方式。

② 支、吊架在安装前，认真复核管道走向、标高及变径位置，保证支架横担标高与管底标高一致；根据管道的规格，选择或制作匹配的抱箍及卡具，使之能与管道紧密接触。

③ 吊架固定点为预埋钢板时，钢板与吊杆的焊接必须保证吊杆的垂直度；吊架的固定采用金属膨胀螺栓时，金属膨胀螺栓在结构内的长度应满足受力要求，保证吊点铜板与楼面或墙面结合紧密，同时保证吊杆的垂直度。

2) 制作不规范

(1) 现象：支架下料断面不平整，有毛刺、飞边或尖锐部分；支架开孔过大或开孔处不平整，螺栓孔成型不规则，孔距与抱箍螺栓不匹配等；支架组对焊接质量差。

(2) 原因分析

① 支架下料前，未对作业人员进行支架制作的技术交底；支架下料未放样，几何尺寸控制不严；支架制作工序中缺少打磨环节。

② 支架开孔前，未核对成品抱箍的螺栓间距，致使支架上的孔距与抱箍不匹配；支架采用电焊或氧乙炔开孔，使螺栓孔不规则；开孔之后，未对开孔处的毛刺进行打磨。

③ 支架组对焊接前未进行技术交底；支架的材质不合格或焊条受潮；支架制作的位置不利于焊工操作；未使用合格的焊工进行操作。

(3) 防治措施

① 支架下料前，应对作业人员进行支架制作的技术交底，交底包括支架使用钢材的规格、材质，支架制作需要的机具，制作工艺流程等。支架下料时，放样几何尺寸必须准确，支架的下料尽可能采用砂轮切割机或空气等离子切割，支架采用机械切割时，卡具必须牢固，保证支架与砂轮切割片垂直；支架制作过程中必须对端面的毛刺、飞边及尖锐部分进行打磨。

② 支架开孔必须进行计算，保证管道之间的间距满足安装和保温的需要，开孔的间距和规格需满足支架抱箍的安装要求；支架的开孔需采用钻头机械开孔，严禁采用电焊和氧乙炔开孔；开子后对开孔处形成的毛刺应用砂轮机进行打磨。

③ 支架组对焊接应选用合格的焊条，焊条使用前应防止受潮，对有轻微受潮的焊条使用前必须进行烘烤；选用持证上岗的合格焊工；对操作人员进行焊接前的技术交底；支架加工最好集中进行，做好防腐工序，检验合格后，再安装固定；尽量减少在高处或不利

于焊工操作的位置施工。

3）支架安装位置不当

（1）现象：支架过于靠近墙体、设备；支架距阀门、三通或弯头等接头零件处距离过大或过小，支架设于管道接口处；支架固定点过于集中或设在松软的结构上。

（2）原因分析

① 支架在制作和安装前，未对管道系统的图纸与设备、建筑图进行对照理解，不明确设备、墙体的位置；对管路系统转向、分支等部位，未进行受力和安装操作等的综合考虑；对支架的布局未提前进行受力计算和图纸上的整体规划。

② 支架在布局之前未对焊口或接头处位置进行预测；在管道焊接或丝接前，未对影响操作的支架位置进行调整。

③ 支架的固定位置事先未结合土建结构图进行综合考虑，对支架的固定形式在预留预埋期间缺乏预见，造成固定在松软的结构上。

（3）防治措施

① 支架在制作和安装前，应认真对管道系统的图纸与设备、建筑图进行对照理解，明确设备、阀门、墙体的具体位置，对管路系统转向、分支等部位应进行受力和安装操作等的综合考虑，保证支架在三通、弯头处对称分布，管道受力均匀；对阀门处的支架进行对称分布，严禁利用阀门传递管道受力；对支架的布局进行受力计算和图纸上的提前整体规划。

② 支架在布局之前应对管路系统的焊口或接头处位置进行预测，支架的位置尽可能错开接口位置 200 mm 左右；在管道连接安装前，对影响操作的支架位置及时进行调整。

③ 预留预埋期间，对管道支架的布局提前介入，需要预埋钢板的，应与土建密切配合，防止漏埋或错位；主要受力支架应安装在梁体或柱体上，避免全部支架只安装在楼板或墙体；安装在松软墙体上的支架根部，尽可能打孔埋入，并采用细石混凝土浇筑捣实。

4）管内积气

（1）现象：管内水流量不平稳或管道出现大的振动；制冷制热效果不好；膨胀水箱中的水不能补入管道系统内；水泵出现异响，引起管道振动剧烈，水击造成管道支架松动；管道内水流量不均匀，冲击供水设备和制冷设备制冷、制热效果差，造成空调系统失调，浪费能源。

（2）原因分析

① 管道的坡度设置不合理造成管道内积气。

② 局部避让其他管道形成“Ω”形返弯，返弯处顶端未设置排气装置。

③ 水泵进口处水平管道在使用大小头时，未使用偏心大小头或偏心大小头安装方向错误。

④ 空调补水膨胀管管径过小或管路过程引起管道内积气。

⑤ 水平管道高处未设置集气管或自动排气阀。

(3) 防治措施

① 合理布置管道,保证管道的坡度能够使系统的排气自动进行。

② 减少管道向上翻拱,必须翻拱时,注意翻拱顶端应按要求设置排气装置。

③ 注意水泵进口使用大小头时,应采用偏心大小头,管顶平接。

④ 开式冷却水系统高位主管道不得局部上返。

⑤ 空调补水膨胀管管路不宜过长,同时管径应尽可能大于 DN25。

⑥ 水平干管高处应设集气管或安装自动排气装置。

5) 管道接口外观成型差

(1) 现象:焊接管道成型质量差,存在咬肉、凸瘤、未焊透、气孔、裂纹、夹渣、焊缝过宽、歪斜等缺陷;焊缝两端对接管道不同心;丝接管道接口螺纹断丝、缺丝、爆丝,螺纹接口内部的嵌油麻丝或生料带未清除干净;与管件连接处出现偏斜。

(2) 原因分析

① 管道焊接前未进行焊接工艺交底或焊工未持证上岗。

② 焊条同母材的材质不匹配。

③ 管道上开孔离焊缝太近,焊缝与焊缝太近,出现交叉焊缝;焊缝两端对接管道不同心,管道组对错边过大;焊缝盖面后,未对焊缝处氧化物进行剔除就直接进行了防腐。

④ 手工套丝用力不均匀,或使用套丝机不规范等,出现断丝、缺丝等现象。

⑤ 丝接接口处填料未进行清理,管件质量较差。

(3) 防治措施

① 焊接管道首先应根据管道的材质、直径和壁厚,编制焊接工艺卡,确定管道的坡口加工形式、管道的组对间隙、使用煤条的材质、管道焊接的各种参数。

② 合理布置焊口位置,尽可能采用集中预制,同时将焊口的碰头点尽可能设在便于施工的位置,减少焊接死角,同一位置多个开口宜采用成品三通、四通管件;注意管道组对质量,减少管道错边;焊缝盖面后及时剔除氧化物,并进行焊缝防腐。

③ 丝接管道应注意丝口的加工质量满足规范要求;管道连接完成后,及时对连接处挤出的填料进行清理,认真检查配件质量挑选使用。

6) 阀门漏水

(1) 现象:阀门端面的法兰连接处漏水,阀门本体渗漏、滴水,容易造成吊顶、墙面污染和破坏,影响系统运行效果;可能造成电气系统短路或触电事故;绝热管道阀门渗水更会破坏绝热结构,造成绝热层脱落或开裂。

(2) 原因分析

① 阀门端面的法兰连接处漏水:阀门安装没有按规范或图集要求使用紧固螺栓,螺栓过小,紧固力矩达不到要求;螺栓过长或过短,使用双平垫或多平垫造成阀门的紧固不到位;振动部位的阀门紧固螺栓未设置防松动装置;法兰端面有杂物或对夹法兰两侧平行度不足,依靠螺栓强制紧固;橡胶法兰垫片老化或使用的法兰垫片工作压力低于系统的运行压力,垫片圈安装时偏斜;连接法兰本身存在夹渣、气孔等质量缺陷;阀门两侧的

支架距阀门过远，或阀门两侧的支架设置不对称，使阀门传递管道重量，法兰和阀门不能紧密结合；法兰的密封垫选材不正确，安装位置偏斜。

② 阀门本体渗漏、滴水：阀门本体存在夹渣、裂纹等质量缺陷；阀门安装前，未按规范要求进行强度和严密性试验；阀门压兰盖没有压紧，填料不足。

(3) 防治措施

① 阀门端面法兰连接处漏水：严把材料采购和验收关，保证法兰和密封垫的质量；阀门的紧固螺栓规格必须与阀门、法兰的孔径配套，螺栓的长度必须保证螺栓紧固到位后，外露螺杆长度不小于 1/2 螺母直径；振动部位的阀门紧固螺栓应设置防松动装置，不得使用双平垫或多平垫；阀门两侧的法兰应平行，不得依靠螺栓强制紧固，垫片安装时注意调整到与法兰同心位置；阀门两侧的支架应尽可能对称设置，支架距阀门的距离建议不大于 800 mm。

② 阀门本体渗漏、滴水：保证进场阀门的质量；根据施工及验收规范的要求进行强度和严密性试验；系统冲洗过程中，应对有卡涩现象的阀门进行拆除，清理焊渣或铁块，防止焊渣或铁块对阀门的损伤，及时更换和添加密封填料；压兰盖松紧适度。

7) 阀门操作不方便

(1) 现象：阀门安装位置与其他物件距离过近；阀门安装位置即操作面太高或操作人员无法触及；阀门周围空间狭窄；阀门手柄方向错误，影响阀门操作、检修。

(2) 原因分析

① 管道在安装前，未对阀门的位置进行规划，使阀门位置与吊顶墙体、设备、其他工种的管线等相互冲突；支架的设置未考虑阀门的位置，支架过于靠近阀门，使阀门的手柄、手轮不能正常开启和关闭。

② 阀门安装位置距操作面太高或操作人员无法操作；阀门安装的高度未考虑操作方便，距操作面太高或距地面下太深；阀门安装周围的空间太狭小，阀门手柄在操作时容易卡手，阀门维修困难。

③ 阀门安装前，未对施工图纸进行详细理解；阀门安装与周围的距离不考虑阀门手柄的长度和方向。

(3) 防治措施

① 管道安装前，应对阀门位置进行规划，保证阀门位置与吊顶、墙体、设备、其他工种的管线等之间有足够的位置进行管道的操作和维修，支架的设置应考虑阀门的位置，支架不得过于靠近阀门，其位置不得妨碍阀门的手柄、手轮的操作和维修，当支架与阀门位置冲突时，必须调整支架位置。

② 阀门安装位置距操作面不宜太高或距地面下太深，应充分考虑人体的生理特征，方便操作和维修；阀门安装周围的空间不宜过小，特别是井道和阀门井内的空间必须保证阀门的正常使用和维护，必要时设置操作平台。

③ 阀门安装前，应对施工图纸进行详细理解；安装时应考虑与周围的距离，同时考虑阀门手柄的朝向应保证操作和维护。

8) 软接管变形、破坏、漏水

(1) 现象：软接管被过度拉伸、压缩，发生软接管破坏式漏水，造成连接处漏水；软接管使用寿命缩短。

(2) 原因分析

① 软接管被过度拉伸、压缩：管道与管道或管道与设备的接口距离过大或过小，软接管强行连接；固定支架安装不牢，间距不合理。

② 软接发生扭曲：管道与管道或管道与设备的接口不同心，利用软接管强行连接；软接管两端缺少支架，使该部位的管道出现下塌现象，造成软接管扭曲；软接管安装之后，连接管道发生旋转，位置狭小，为求省事简便，用软管代替弯头。

(3) 防治措施

① 软接管被过度拉伸、压缩：在需要安装软接管的位置，施工过程中必须留够合理的距离；管道支架安装必须牢固，防止将管道的位移偏差量直接传递到软接管。

② 软接发生扭曲：管道与管道或管道与设备的接口处安装软接管时，必须先保证接口两端同心，不得利用软接管进行强行连接；软接管两端支架的设置，必须保证两端的管道不出现下塌现象；软接管安装应该在两端管道安装到位后进行，防止软接管安装之后两端管道发生旋转。禁止用软管代替弯头的做法。

9) 波纹补偿器安装错误

(1) 现象：系统工作时波纹补偿器没有伸缩，补偿器破裂、漏水。

(2) 原因分析

① 补偿器预拉伸或预压缩不正确。

② 系统运行前没有调整定位螺母至正确位置或拆除了定位螺杆。

③ 补偿器补偿量不能满足管道补偿要求。

④ 补偿器两端管道没有设固定支架，或固定支架强度不够，不能控制管道热胀冷缩的补偿方向，固定支架设置位置不合理，与膨胀方向的要求冲突。

(3) 防治措施

① 根据设计要求，补偿器的参数必须选择正确。

② 补偿器安装前，应进行管路膨胀量的计算，以便对补偿器进行预拉伸或预压缩。

③ 补偿器两端的管道应按要求设置固定支架和滑动支架，正确理解补偿器的工作原理和膨胀方向。

④ 在系统运行前将定位螺母调整至正确位置，并做好油漆标记。

10) 动态平衡阀反向安装

(1) 现象：动态平衡阀反向安装，造成不能平衡系统流量，导致部分区域制冷(热)达不到要求。

(2) 原因分析

① 没有观察阀体方向指示，没有按阀体箭头标示的水流方向安装。

② 阀体水流方向箭头标示不清楚，不了解动态平衡阀的工作原理。

(3) 防治措施

① 安装时注意观察阀体方向指示,按阀体箭头标示的水流方向安装动态平衡阀。

② 了解动态平视阀的工作原理,动态平衡阀内塔形不锈钢膨胀球的头部朝向水流方向交付使用前,要按照设计要求和系统运行参数,对平衡阀进行认真调整。

4.4.9 防腐与绝热工程

1) 管道及支吊架锈蚀

(1) 现象:管道及支吊架出现锈蚀,油漆部分剥落,影响观感质量及整个系统的使用寿命,甚至造成支吊架锈蚀断裂等严重后果。

(2) 原因分析

① 未严格按照施工工序施工,安装前未进行除锈防腐。

② 防腐施工交底不详细,或没有严格执行;金属表面清理未达标,表面有污物和铁锈,甚至局部未除锈;涂层间隔时间不够,造成漆膜脱落,产生气泡。

③ 材料质量不合格或使用不当;防锈漆超过保质期;防锈漆的种类选用与设计要求不符;防锈漆与面漆不匹配。

④ 施工的环境条件不适合,温度过低,湿度太大。

(3) 防治措施

① 防锈漆施工应在管道及支架的除锈基层清理工作完成后进行,管道及支架的基层处理工作应包括:铲除毛刺、鳞皮、铸砂、焊渣、锈皮,清理油污、焊药等。除锈等级应满足设计要求,当设计无要求时,以去除母材表面的杂物,露出金属光泽为原则,除锈后应立即刷防锈漆。当空气湿度较大或构件温度低于环境温度时,应采取加热措施,防止处理好的构件表面再度锈蚀。

② 一般底漆或防锈漆应涂刷1～2道,每层涂刷不宜过厚,以免起皱或影响干燥,如发现不干、皱皮、流挂、露底时,须进行修补或重新涂刷。在涂刷第二道防锈漆前,第一道底漆必须彻底干燥,否则会出现漆层脱落现象。

③ 防锈漆、面漆应按设计要求选用,并应符合《通风与空调工程施工质量验收规范》(GB 50243—2002)第10.2.2条规定。防腐涂料和油漆必须是有效保质期内的合格产品,施工前应熟悉油漆性能参数,包括油漆表干时间、实干时间、理论重量以及长说明书施工的涂层厚度。

④ 管道及支架油漆施工时,应符合《通风与空调工程施工质量验收规范》(GB 50243—2002)第10.1.5条规定。防腐油漆施工场地应清洁干净,有良好的照明设施。冬、雨期施工应有防冻、防雨雪措施。雨天或表面结露时,不宜作业。冬季应在采暖条件下进行,室温保持均衡。

⑤ 为保证防腐蚀质量,在施工过程中必须每天进行中间检查,不符合标准的,应立即返修,不留隐患。

2) 风管镀锌层锈蚀起斑

(1) 现象:风管表面镀锌层粉化或存在成片白色或淡黄色的花斑,呈现腐蚀现象,影响风管的美观，缩短风管的使用寿命。对于洁净系统，还会影响系统的清洁度。

(2) 原因分析

① 镀锌钢板质量差或选用的不是热镀锌钢板。

② 镀锌钢板及半成品存放不当，在镀锌钢板存储，风管加工、堆放及安装等过程中，由于气候条件不佳或管理不善，使镀锌板或风管遭污水淋浸、泥浆沾染(尤其是含有水泥的污水或泥浆)，造成镀锌层腐蚀。

③ 施工环境潮湿，在密闭的地下室或地沟内进行混凝土地面施工时，大量带有碱性的水汽凝结在风管表面，导致镀锌层腐蚀。

(3) 防治措施

① 选用镀锌钢板材料时，应根据《通风管道技术规程》(JGJ 141—2004)第3.1.1条的规定，采用热镀锌工艺生产的产品，镀锌层质量应达到《连续热镀锌薄钢板及钢带》(GB 2518—2008)第三条的要求。

② 根据《通风与空调工程施工质量验收规范》(GB 50243—2002)第4.2.13条的规定，加强现场管理，采取有效防护措施，保证在镀锌钢板存储，风管加工、堆放及安装等过程中保持地面清洁干燥，防止污水、泥浆对钢板及风管的污染，造成风管表面镀锌层粉化或存在成片白色或淡黄色的花斑。安装好的风管应注意成品保护，防止后续工种施工或漏水浸泡对风管造成损害。

③ 在地下室、地沟等密闭空间施工时，应合理安排施工顺序，待浇筑完混凝土后再安装风管；如果条件允许，还可以增加通风设施，保证密闭空间的干燥。

④ 对于已造成锌层腐蚀的风管，如腐蚀程度不严重，可将腐蚀处清洁并用砂纸打磨后刷防锈漆防腐，对于严重腐蚀的应拆除更换。

3) 漆面起皱、脱落

(1) 现象：漆面卷皮、脱落影响管道及整个系统的使用寿命。对于不绝热的管道，还影响其观感质量。

(2) 原因分析：金属表面锈迹、油污清理不干净；油漆涂刷过厚；油漆性能不符合设计要求；油漆超过保质期；防锈漆与面漆不匹配。

(3) 防治措施

① 进行油漆涂刷前，必须按设计要求对金属表面进行彻底清理，确保金属表面干净无油污、锈迹等杂物。当设计无要求时，以去除金属表面的杂物，露出金属光泽为原则。除锈后应立即刷防锈漆。当空气湿度较大或金属表面温度低于环境温度时，应采取加热措施防止被处理好的表面再度锈蚀。明装部分的最后一遍色漆，宜在安装完毕后进行。普通薄钢板在制作风管前，宜预涂防锈漆一遍。

② 详细阅读油漆使用说明书，按说明书要求进行油漆配合比配制及涂刷。喷涂油漆的漆膜，应均匀，无堆积、皱纹、气泡、掺杂等缺陷，防止油漆涂刷过厚。

③ 严格按设计及规范要求购置油漆，并对油漆进行进场检查，确保油漆在有效保质期限内是合格产品，满足使用要求。

4）明装管道的金属要求

（1）现象：明装管道的金属支、吊架未涂面漆；防锈层得不到保护，在支、吊架锈蚀严重的情况下，容易发生破坏事故；未涂面漆，观感不好。

（2）原因分析

① 向施工操作人员交底不清，在施工过程中疏忽了金属支、吊架应涂面漆的要求。

② 施工班组的自检制度和质检部门的监督检查工作没有抓好。

（3）防治措施

① 明装的金属风管支、吊架，一般都是采用碳素钢制作，在大气中表层很容易氧化生成氧化铁（铁锈）并一层一层地脱落，削弱支、吊架的厚度，降低支、吊架的承重能力，易出现破坏事故。因此，金属支、吊架必须采取防锈处理。建筑工程金属构件通常采用红丹或沥青防锈漆，但其分子结构在大气中的耐久性有限，所以应在防锈漆的外层再涂面漆。

② 加强施工班组自检制度，提高施工操作人员的质量意识，彻底消除质量通病。

③ 质检部门应该认真细致地抓好每道工序的质量，严格贯彻执行《通风与空调工程施工质量验收规范》（GB 50243—2002）第 10.1.4 条的要求。

5）绝热管道出现结露

（1）现象：管道绝热层表面出现冷凝水，绝热层接缝处出现渗水或滴水现象，空调制冷效果差。

（2）原因分析

① 绝热材料质量差或选用的规格不适合，材料厚度、密度等指标不符合设计要求。

② 风管玻璃棉绝热施工方法不符合要求：玻璃棉与风管间不密实、不牢固；玻璃棉接口不严密，缝隙处未填实，绝热材料接缝处胶带脱落；风管法兰连接处产生的冷凝水热厚度达不到规范要求；风管在穿越混凝土墙预留洞或防火分区隔墙的套管时，由于人为疏忽，预留洞或套管内没有连续绝热，造成绝热段有缺失；预留洞或套管尺寸较小，使风管的绝热厚度达不到设计要求或无法进行连续绝热；风管贴梁安装或风管安装较密，超规格风管无绝热空间或遗漏。

③ 空调水管橡塑棉绝热施工方法不符合要求：橡塑棉与管道间不密实、不牢固，纯材料接缝处胶开裂；用橡塑专用胶带缠绕固定橡塑棉时，搭接不均匀，缠绕不紧，纵向接缝位置不正确，产生凝结水渗出；管道在套管内没有连续绝热，由于人为疏忽，造成绝热段有缺失，或预留套管规格较小，使管道的绝热厚度达不到设计要求或无法进行连续绝热。

（3）防治措施

① 绝热材料应按设计要求选用，并应符合标准规定，符合《通风与空调工程施工质量验收规范》（GB 50243—2002）第 10.2.1 条规定，对材料进行检查，合格后方可使用。所用材料材质、密度、规格及厚度应符合设计要求和消防防火规范的要求，运输及存放过程中应避免绝热材料受潮及损坏。

② 风管玻璃棉绝热施工：

a. 玻璃棉的施工方法应该符合规范中关于风管绝热层采用黏结方法固定时的规定。

b. 粘胶带前，棉板铝箔灰尘应用抹布擦干净再粘胶带，以防止胶带脱落。

c. 风管采用角钢法兰或共板法兰连接时，法兰应该进行单独绝热，风管法兰部位的绝热层厚度不应该低于风管绝热层的0.8倍，保证法兰处不产生冷凝水。

d. 在施工预留预埋阶段，混凝土预备洞和套管预留时，要考虑风管的绝热厚度及防火套管，避免给后续的绝热工程造成施工困难，绝热管道在穿越预留洞或套管时，绝热材料要连续，防火隔墙上的风管预留洞规格较大，土建需加过梁，防止套管和风管变形无法进行绝热。

e. 风管安装过程中，尤其是空调机房，因风管布置较密，需提前考虑绝热工程的绝热和操作空间，当空间有限时，可考虑在安装前进行绝热。对绝热工程完成的区域要进行排查，尽量避免出现遗漏或无法进行绝热的现象。

③ 空调水管橡塑棉绝热施工：

a. 如果使用橡塑棉管壳绝热，管壳与管道的管径必须吻合，绝热时，管壳的两端一定要在内侧进行抹胶，中间隔适当距离抹一次胶，在侧缝和管道截面上抹胶时，保证满涂不遗漏且均匀。管段间保持自然伸长，不要外力拉伸，避免伸缩力造成开胶；使用棉板绝热时，重点在下料，保证棉板贴在管道之后，稍微用力即可抹胶粘上。下料不能太小，造成拉力太大，长时间会裂开。下料太大，棉和管道之间有空隙，形成气腔，产生冷凝水。

b. 橡塑棉绝热最好用专用胶进行黏结，如果用胶带绝热，绝热棉缝隙对齐，缠绕胶带时搭接要均匀，不能让绝热棉局部凸起形成气腔，或部分未缠绕以及缠绕太松，都会产生凝结水渗出。

c. 在施工预留预埋阶段，套管预留时，要考虑管道的绝热厚度，避免给后续的绝热工程造成施工困难。管道安装时，管道应与套管尽量同心，否则，会造成无法绝热。

6）外保护层内出现积水

(1) 现象：外保护层内积水，接缝处渗出水，出现结露或外部水渗入，影响绝热效果及外保护层的使用寿命。

(2) 原因分析

① 室内管道保护壳接口处施工工艺不正确，搭接接口方向、位置错误，或接口处有开裂，水顺着搭接缝隙流入保护壳内，造成保护壳内积水；绝热层与管道表面接触不严密或绝热层隔气层受损，空气渗入，形成结露，造成保护壳内积水。

② 地下室、地沟等空间处安装的管道，因环境湿度较大，保护壳出现结露。

③ 室外管道保护壳接口处施工工艺不正确，在雨天造成保护壳内积水；室外管道绝热后，保护壳被损坏，造成内部产生冷凝水或雨水渗入。

(3) 防治措施

① 编制科学合理的施工方法，尤其对搭接接口方向搭接位置、搭接方式等做出详细的说明，金属径向接缝一律朝管中心线以下安装，环缝一律按“Ω”形搭接成缝。施工方法应符合《通风与空调工程施工质量验收规范》(GB 50243—2002)规定的原则：进行外保护层前应对内绝热进行详细的检查与检验，确保内绝热合格后方可进行外保护层的施工。防止因疏忽和人为破坏，绝热不合格就进行外保护层施工。

② 地下室或地沟内的管道，应尽量增加通风口，避免湿度太大造成冷凝水，在有条件的情况下，可以增加通风设备，辅助通风。

③ 要重视成品保护，因绝热与外保护壳不是一个单位施工，或分包给不同施工队伍，应防止外保护层施工时对内绝热层造成破坏。系统投入使用前应对保护层尤其是露天部分进行检查，防止人为破坏。

7) 管道绝热层及外护层开裂、脱落

(1) 现象：绝热层及外护层开裂、脱落，出现渗水或滴水现象，造成空调制冷效果差，甚至因冷凝水造成吊顶损坏，电线短路等严重后果。

(2) 原因分析

① 橡塑棉专用胶、专用胶带质量差，造成开裂或脱落；玻璃棉绝热选择的保温钉黏结剂、铝箔胶带不当，黏结力不够，质量差；保温钉的钉盖和钉杆连接不牢；选用的保护壳材料太软，不易固定，容易损坏。

② 管道橡塑棉绝热施工方法不符合要求，橡塑棉绝热时，下料尺寸过小，强行拉伸贴接；管道表面清理不干净，绝热好的橡塑棉开胶、脱落；材料下料切口粗糙，橡塑胶粘剂涂抹不均匀，黏结前未保持黏结口干燥、清洁；黏结口接触阳光照射。

③ 风管绝热施工方法不符合要求，矩形风管采用铝箔玻璃棉绝热时，采用保温钉固定，保温钉数量不够，布局不正确；风管表面不干燥或擦拭不干净，或粘钉干燥时间不够，造成粘钉不牢固，保温棉脱落；矩形风管采用聚苯乙烯泡沫塑料板绝热黏结不牢，无捆扎。

④ 外保护壳应确保与绝热层紧密结合，不空鼓；保护层搭接口应密实无缝隙。

⑤ 成品保护不当，水管或建筑漏水，浸泡铝箔玻璃棉板，造成绝热层脱落。

(3) 防治措施

① 专用胶、铝箔胶带、保温钉胶粘剂等绝热材料的性能应符合使用温度和环境卫生的要求并与绝热材料匹配，符合标准的规定。必须是有效保质期内合格产品，使用前要先了解胶粘剂的使用方法及适用湿度等相关参数，详细阅读说明书，掌握绝热层粘贴时间、涂胶要均匀，无漏涂现象，确保保温钉、绝热材料粘贴牢固。保温钉要抽检，确保质量；不应选用固定困难的及易损的材料(如 PAP、铝箔纸)作为外保护层。

② 管道橡塑棉绝热施工下料不能过小，造成开裂现象；在进行橡塑专用胶涂刷绝热施工前必须对管道外表面进行彻底清理，去掉管道表面附属的铁锈、油污、灰尘、水等杂物，保证橡塑专用胶的正常使用；在下料时，选用合适的工具进行下料，保证切口平整，不能有毛刺外翻，并保证切口干燥洁净；在技术交底时，如果是室外管道绝热，特别要对工人强调黏结口尽量朝阴面，少接触阳光照射，防止老化过快。

③ 风管采用铝箔玻璃棉板绝热，用保温钉连接固定时，应满足《通风与空调工程施工质量验收规范》(GB 50243—2002)第 10.3.6 条规定；在粘贴保温钉前，一定要清理风管表面。另外，要保证保温钉粘上以后，胶要干透，再进行棉板的安装，防止棉板脱落；风管采用聚苯乙烯泡沫塑料板绝热时，黏结一定要牢固，进行捆扎。

④ 外保护层应紧贴绝热层，不得有脱壳、褶皱、强行接口等现象；自攻螺钉应固定牢

固，螺钉间距均匀，接口处不得出现缝隙。

⑤ 对非绝热自身原因（如水管、建筑物漏水等）造成的绝热层及外保护层开裂、脱落，应及时对源头原因进行处理。铝箔玻璃棉板被水浸泡后，应尽快拆除被浸泡的棉板，不要使其他棉板受损，待清理完后更换新的棉板。

8) 保冷管道支吊架处结露

(1) 现象：保冷管道吊架处细部处理不当，致使在管道支架的垫木与绝热材料结合处结露，产生冷凝水，造成吊顶等破坏，甚至能引起电气短路等严重后果。

(2) 原因分析

① 空调风管、水管未设垫木或垫木较绝热层薄。

② 木衬垫与管道绝热材料之间有缝隙。

③ 吊杆被包在绝热层内。

④ 空调水管固定支架处未采取防“热桥”措施。

(3) 防治措施

① 供冷的风管及管道的支、吊架一定要设垫木，垫木的厚度不应小于绝热层厚度。垫木要进行防腐处理。冷热水管道与支、吊架之间，应有绝热衬垫（承压强度能满足管道重量的不燃、难燃硬质绝热材料或经防腐处理的木衬垫），其厚度不应小于绝热层厚度，宽度应大于支、吊架支承面的宽度。衬垫的表面应平整，衬垫接合面的空隙应填实。

② 对支、吊架处的绝热施工编制详细的施工方案，确保绝热材料与垫木接触紧密不留缝隙，无死角，不产生冷凝水。

③ 尽量避免吊杆被包在绝热层中，如因空间太小，增加吊杆数量，改变吊杆的位置至合理处，保证其使用功能，冷水管道的固定支架一定要做好“热桥” 措施。

④ 加强检查力度，强化工序管理。由专人负责对管道绝热施工前、后的全面质量检查，尤其对保冷管道支、吊架处的施工质量进行重点检查，发现问题及时整改，不留后患。

9) 管道管件绝热外形观感差

(1) 现象：绝热外形表面不平整，不流畅，外观质量差，影响工程的整体质量观感。

(2) 原因分析

① 绝热材料质量差；铝箔玻璃棉密度、铝箔粘贴质量不好，铝箔与玻璃棉起鼓或脱离；运输不当，造成绝热棉褶皱，棉太软，不成型。

② 管道橡塑棉绝热施工方法不当，管道绝热不平整，不流畅，接缝不严，表面不平，有破损；法兰和阀门处绝热不到位，导致绝热完成后无角无棱无形状；木衬垫安装时上下两半未对正，两侧端面不在一个平面上。

③ 风管玻璃棉绝热施工方法不当，铝箔胶带粘贴不好，无顺序，无角度，有口就光糊上；风管的变径管、方圆节、弯头等，绝热棉未按照展开下料法进行下料；切割工具不锋利，或切割角度不对，造成风管绝热四边无棱角，不美观；设备软接头处绝热未收口，产生冷凝水，且绝热棉外露。管道绝热材料收头不严，玻璃纤维外露；木衬垫厚度与绝热厚度不一致；衬垫未进行浸渍沥青防腐处理或处理效果不佳。

④ 镀锌铁皮外保护层变形，咬口不紧密，表面不平，有破损。

⑤ 环境恶劣，成品保护不好；地下室等潮湿区域，选用铁质绝缘钉，易生锈；铝箔玻璃棉贴铝箔的胶未干透，受潮后发霉、变黑。

（3）防治措施

① 严格控制绝热材料质量，按要求对材料进行检验，加强材料采购、保管工作的管理，除对绝热棉进行外观检查外，更要严路按照设计的要求，对绝热棉的密度进行检查；严格检查绝热棉铝箔粘贴质量，严禁使用起鼓、脱离等不符合质量要求的材料；因运输造成的材料损坏或绝热棉褶皱、变软不成型的，均拒绝进场。施工中要加强材料保护，损坏的材料不能继续使用。

② 管道橡塑棉绝热施工主要保证材料的质量和下料的质量；法兰和阀门处的绝热，应根据形状进行填补，再根据填补后的形状进行下料，绝热后要棱角分明。另外，绝热材料不能因为部件较小而使用下脚料或散乱材料；选择的管道的管卡要合适，木衬垫安装时上下两半要对正，两侧端面应在一个平面上，再进行固定。

③ 风管玻璃棉绝热施工，铝箔胶带粘贴应事先进行技术交底，采取适当措施，保证绝热后棱角分明，做到部件与绝热形状一个样；操作工人要加强责任心，不能敷衍了事。在风管与设备的连接处，除了风管的棱角处理好外，对截面还应用铝箔胶带进行收口，防止产生冷凝水，也防止黄色的玻璃棉外漏影响美观；在材料采购中，木垫要根据绝热厚度进行选择，否则绝热棉与木垫不平，影响观感效果；木衬垫应进行浸渍沥青防腐处理。

④ 环境恶劣时，应根据现场实际条件采取相应措施，将绝热钉改为全铝材质，保证在使用条件下不生锈；因绝热材料已确定，不能随便更改，可增加通风设备，减少施工现场的湿度，尽量减少环境对工程的影响。

10）阀门不方便操作及检修

（1）现象：阀门绝热时，对手柄、检查孔等处理不当，被覆盖不能活动或被包在绝热层内，造成绝热完成后阀门不方便操作及阀门无法单独拆卸，不便于检修。

（2）原因分析

① 风管阀门绝热，阀柄、检查孔被包在绝热层内。

② 空调水阀门绝热与管道成一整体，对阀门未采取单独绝热。

③ 过滤器的排污口、某些电动阀的检查孔，绝热时未留活动检修口。

④ 与设备接口处，设备法兰与管道绝热成整体，不方便设备检修。

（3）防治措施

① 对阀门、过滤器等需日常操作检修部件的绝热，应编制详细的施工方案，并对操作工人进行技术交底，以指导施工。

② 坚持班前例会制度，对阀门、过滤器等绝热容易出现质量问题的部位加强学习，使得每个操作工人能从思想上予以重视，并贯彻执行。

③ 加强施工过程中的检查及质量控制，发现有阀门、过滤器、法兰等绝热施工不当的行为，及时予以制止并要求立即返工，必要时可进行相应的经济处罚。

④ 管道阀门、过滤器及法兰部位的绝热结构必须采用可拆卸式结构。可拆卸式结构

的绝热层，宜为两部分的组合形式，其尺寸应与实物相适应。靠近法兰连接处的绝热层，应在管道一侧留有螺栓长度加 25 mm 的间隙。

11）冷冻水管道管件、部件绝热层内积水

（1）现象：从绝热层内渗出冷凝水，冷冻水管道阀门类绝热处理不当，致使绝热层内积水影响绝热效果，甚至可能造成绝热层坍塌、掉落等。

（2）原因分析

① 空调水管及制冷剂管道的阀门、过滤器等不规则管道附件绝热施工方法不当，形成内部不密实，有空腔。

② 绝热材料采用质地较硬、脆性较大的材料时，未能用软体或粉状材料填充密实。

（3）防治措施

① 根据设计及规范要求选用质量合格的绝热材料，并根据规范要求对绝热材料的各项技术参数进行复试检测。

② 制定详细的施工方案，对各种不规则的阀类、管件均应做出样板，并编制详细的技术交底，使操作者掌握任何形状的阀类、管件的施工方法，确保绝热结构密实。

③ 当采用质地较硬的绝热材料时，形成的空腔应用粉状或其他绝热材料填充密实，外部密封牢固。

④ 必须确保管线试压合格后方可进行绝热施工，避免阀门等漏水，造成绝热层内积水。

12）绝热后设备铭牌被覆盖

（1）现象：绝热后设备铭牌被覆盖，致使运行人员对设备的名称及各项技术参数不能准确掌握，给运行带来困难，甚至可能导致误运行，造成安全事故。

（2）原因分析

① 交底不明确，未做硬性要求。

② 铭牌无支架或支架低于绝热层厚度，工人粗心，未做处理。

（3）防治措施

① 对不同型号规格的设备应单独制定详细而可行的施工方案，尤其对铭牌处容易忽视的地方应提出明确的处理方法。

② 加强对工人的技术交底和对施工质量的过程检查控制。

③ 设备绝热时，应确定好铭牌位置与绝热材料厚度的关系，当铭牌位置低于绝热材料厚度时，应延长铭牌的支架，使其高于绝热材料厚度 1～2 mm。

④ 设备铭牌无法避免被覆盖时，应在绝热完成后在外绝热层上重新设置铭牌。

4.4.10　检验、试验及系统调试工程

1）管道系统冲洗未与设备隔离

（1）现象：空调管道系统冲洗时，设备未与管道系统隔离，水通过管道直接进入设备内，循环冲洗，管道内杂物容易进入设备内，造成换热盘管处堵塞。

(2) 原因分析

① 空调水管道连接空气处理机、风机盘管等末端设备处,没有设置旁通管路供系统管道开泵循环冲洗。

② 冲洗时操作人员忘记关闭末端阀门。

(3) 防治措施

① 图纸会审时,应保证在靠空调末端设备进出水管段设有旁通管及旁通阀。冲洗前,应全面检查管道系统安装完成情况,特别是旁通管及旁通阀是否按图纸要求正确完成安装。

② 冲洗前,应在冷水机组、热交换器进出水口处与管道系统隔离(如拆除软接头),并敷设临时旁通管将管道系统连通,保证管道系统能开泵循环冲洗。

⑶ 冲洗前操作人员需逐个检查旁通阀门的启闭情况,关闭进出末端设备的管道阀门,打开旁通管连接阀门,经检查无误后才可进行冲洗作业。

2) 空调水量分配不合理

(1) 现象:空调水系统水力失调,某些区域流量过剩,某些区域流量不足;系统输送冷、热量不合理,引起能耗浪费;某些区域由于空调水流量不足导致该区域空调效果差。

(2) 原因分析

① 对空调水系统设计流量值不清楚。

② 没有配备水流量测试仪表,无法进行水流量测定,仅凭经验调节空调水系统相关阀门开度来进行系统水力平衡调试。

③ 水流量测试操作不当,测试值与实际值偏差大,影响系统水力平衡调试;系统水力平衡调整步骤方法不当。

(3) 防治措施

① 对于空调水系统,在流量平衡调试前,需与设计人员充分沟通,取得系统相关流量参数,包括干管流量值、立管流量值、支管流量值、末端设备流量值、水泵及泵组流量值、压差平衡阀的压差值等。

② 管路上的截止阀、蝶阀、闸阀、各类平衡阀都需要配备专门水流量测试仪表进行专业测量,以定量反映系统水流量是否符合设计要求。

③ 一般管路上平衡阀流量的测量可以通过平衡阀两端流量测孔以及厂家配套测量仪器进行,在无平衡阀的管路上可采用超声波流量计进行测量;系统中所有平衡阀的实际流量均达到设计流量,系统实现水力平衡。在进行后一个平衡阀的调节时,将会影响到前面已经调节过的平衡阀而产生误差,当这种误差超过工程允许范围时则需进行再一轮的测量与调节,直到误差减小到允许范围内为止。

3) 测定风管风量值与实际值有较大偏差

(1) 现象:风管风量测量结果与实际风量有较大偏差,影响系统风量调试不能达到设计要求。

(2) 原因分析:测量截面位置选择不当;测量点布置不当;测量仪器选用或操作不当。

(3) 防治措施

① 测量截面位置应选择在气流较均匀的直管段上，并距上游局部阻力管件(三通头、弯头、阀门等)4～5 倍管径(或矩形风管长边尺寸)以上，距下游局部阻力管件 2 倍管径(或矩形风管长边尺寸)以上，当条件受限制时，可适当缩短距离，但应适当增加截面测点数。

② 测量点布置不当的防治措施是：将矩形风管截面划分为若干个接近正方形的面积相等的小断面，面积一般不大于 0.05 mm^2，且边长小于 220 mm 为宜(虚线分格)，测点位于各个小断面的中心(十字交点)，测点的位置和数量取决于风管断面的形状和尺寸；将圆形风管断面划分为若干个面积相等的同心圆环，测点布置在各圆环面积等分线上，且在相互垂直的两直径上布置 2 个或 4 个测孔。

③ 风管风量测试仪器可以是毕托管和微压计的组合或直接使用风速仪，当动压小于 10 Ka 时，风量测量推荐用热电风速计或数字式风速计。

④ 当采用毕托管测量时，毕托管的直管必须垂直管壁，测头应正对气流方向且与风管的轴线平行，测量过程中，应保证毕托管与微压计的连接软管通畅无漏气；当采用热球式风速仪进行测量时，测量前应按仪表使用说明书规定进行机械调零及预热调零，测量时，注意使测杆垂直，并使探头有顶丝的一面正对气流吹来的方向，将风速探头测杆端部热敏感应件拉出，插入风管测孔中进行测量。

4) 离心式通风机试运转性能差

(1) 现象：离心式通风机试运转风量不足，风压减小。

(2) 原因分析：电压低；C 型传动丢转过多；风机叶轮实际转数比设计转数低；风机叶轮反转；启动调节阀没有全部打开；法兰接口处漏风；帆布连接管过长漏风。

(3) 防治措施

① 待电压稳定后再运转。

② 调整三角带松紧度。

③ 按设计转数比，调换电动机或风机叶轮轴槽轮。

④ 三相电源倒换其中一相。

⑤ 风机启动后，将启动调节阀全部打开。

⑥ 加厚法兰垫，拧紧法兰螺栓。

⑦ 缩短帆布连接管长度，帆布表面可涂刷一层密封涂料。

5) 离心式通风机运转不正常

(1) 现象：离心式通风机运转时跳动，声响大，叶轮扫膛，槽轮温度高，三角带磨损大，启动电流大。

(2) 原因分析

① 叶轮质量不均匀。

② 叶轮轴与电动机轴传动。

③ 叶轮前盘与风机进风圈间隙小。

④ 叶轮轴与电动机轴水平度差。

⑤ C 型传动三角带过紧或过松;同规格三角带周长不相等。

⑥ C 型传动槽轮与三角带型号不配套。

⑦ 风机启动时,启动阀门没有关闭。

(3) 防治措施

① 对叶轮做静平衡试验。

② 调整叶轮轴与电动机轴平行度或同心度。

③ 按叶轮前盘与风机进风圈间隙量,在进风圈与机壳间加一扁钢圈或橡胶衬垫圈。

④ 调整叶轮轴与电动机轴的水平度。

⑤ 利用电动机滑道调整三角皮带松紧度;调换周长不相等的三角皮带。

⑥ 按设计要求调换型号不符的槽轮或三角皮带。

⑦ 风机启动时注意先关闭启动阀门。

6) 冷却塔水流外溢

(1) 现象:冷却塔积水盘中的水向外溢出,造成冷却水大量损失,降低冷却塔的散热效果,冷却水泵吸入水量不足或吸入空气,产生振动和噪声,浪费大量水资源并影响冷却塔周围环境。

(2) 原因分析:多台冷却塔同时工作,由于冷却水管道到各冷却塔的分支回路阻力不一致,造成各管路冷却水回水量不一样,但各个冷却塔的给水量基本相同,从而造成部分冷却塔回水量小于给水量,产生冷却水从冷却塔积水盘中往外溢出。如果因流量不平衡造成积水盘水位下降的冷却塔的总补水量小于系统总溢出水量,就会使冷却水总回水量变小,降低冷却塔散热效果,造成冷却水泵吸水量不足,产生振动和噪声。如果外溢水量过大过多,则会造成回水阻力较小的冷却塔的积水盘积水过浅,从而在回水中吸入空气,对冷却水泵会产生更大的危害。

(3) 防治措施:把同一循环系统的所有冷却塔共用同一个积水盘,或者把同一循环系统所有冷却塔的积水盘安装大直径的连通管道。

7) 空调房间未保持合适的压差

(1) 现象:房间内静压过大;房间内产生负压,室外或走廊的空气大量渗入室内;房间门难以开启或关闭。

(2) 原因分析

① 门窗实际漏风量小于设计计算值。

② 空调系统的风量未按设计给定的参数进行测定和调整,使系统送风量大于回风量和排风量之和。

③ 空调房间各风口风量未按设计值调整或风口风量调整偏差过大,造成部分空调房间各送风口实际送风量之和远大于房间各回风口(和排风口)风量之和。

④ 同一排风系统中某些房间的排风调节阀(口)关闭,使该房间的排风量减少,房间静压增大。

⑤ 系统排风量过大而新风量较小，使系统送风量小于回风量和排风量之和。

⑥ 空调房间各风口风量未按设计给定的参数调整，或风口风量调落偏差过大，造成部分空调房间各送风量小于房间内各回风口（和排风口）风量之和；同一排风系统中某些房间的排风调节阀（口）关闭，使其他房间的排风量增加，房间变成负压。

（3）防治措施

① 发现门窗实际漏风量小于设计计算值，应及时与设计人员沟通，在确保系统送风量略大于回风量和排风量之和的前提下，适当降低送风量或增大回风量（排风量）设计给定值。

② 空调系统的送风量、回风量及排风量必须按设计值进行调整和测定，使系统各风量达到要求。

③ 当系统总风量、风口风量平衡后，对于静压要求严格的空调房间或洁净室，仍需测量静压，并逐个调整回风口调节阀，使静压达到设计要求；对于一般空调房间，可通过验证开门用力大小或门缝处的气流方向，调整调节阀的开度，使空调房间处于正静压状态（0～25 Pa）。系统运行时，回风调节阀或排风调节阀不得随意关闭。

④ 系统风量调整和静压调整符合设计要求后，在正常运转过程中，共用排风系统中布置于各房间的排风调节阀不得随意关闭，否则会使其他房间的排风量增加，导致各空调房间风量不平衡而引起静压波动，甚至产生过大静压或负压。

8）机械防排烟系统调试结果达不到要求

（1）现象：机械防排烟系统的风量或有防烟要求疏散通道的压力及压力分布达不到设计与消防的规定；发生火灾时烟气不能顺利排出，易侵入楼梯间、前室等疏散通道，危及人员逃生。

（2）原因分析

① 机械加压送风系统达不到要求，主要原因是：正压送风系统采用砖、混凝土风道时，风道内壁未抹平，表面粗糙阻力大，未清除的垃圾堵塞，引起送风不畅，甚至部分末端风口不出风，风道内孔洞未封堵，也会造成系统漏风；疏散楼梯间送风口无调节装置，系统阻力难调平衡，造成末端风口风量不够，达不到规定正压值；前室、楼梯间防火门密封性差，很难保持正压；或无余压调节装置，正压过大时无法泄压；机械防烟系统风量及疏散通道余压值测试方法不正确。

② 机械排烟系统达不到要求，主要原因是：对消防要求排烟风量范围不清楚；测试方法不正确。

（3）防治措施

① 机械加压送风系统达不到要求的防治措施是：

a. 避免风管系统的漏风和堵塞现象，砖、混凝土风道的内壁要抹灰，风道壁所有孔洞必须封堵严密，垃圾要及时清除。

b. 楼梯间、前室的防火门要保证严密不漏风，楼梯间送风口最好有调节装置，要设置余压调节装置（余压阀）来泄压。

② 机械排烟系统达不到要求的防治措施是：

a. 走道(廊)排烟系统:将模拟火灾层及上、下层的走道排烟阀打开,启动排烟风机,测试排烟口处平均风速,根据排烟口截面(有效面积)及走道排烟面积计算出每平方米面积的排烟量,当结果大于等于 60 $m^3/(h \cdot m^2)$时,符合消防要求。机械加压的压力可采用匀速移动法或定点测量法,测定时,风速仪应贴近风口,匀速移动法不小于 3 次,定点测量法的测点不少于 4 个。

b. 中庭排烟系统:启动中庭排烟机,测试排烟口风速,根据排烟口截面计算出排烟量(若测试排烟口风速有困难,可直接测试中庭排烟风机风量),并按中庭净空换算成换气次数。若中庭体积小于 17 000 m^3,当换气次数达到 6 次/h 左右时,符合消防要求。

c. 地下车库排烟系统:若与车库排风系统合用,须关闭排风口,打开排烟口。启动车库排烟风机,测试各排烟口处风速,根据排烟口截面计算出排烟量,并按车库净空换算成换气次数。当换气次数达到 6 次/h 左右时,符合消防要求。

d. 设备用房排烟系统:若排烟风机单独担负一个防烟分区的排烟时,应把该排烟风机所担负的防烟分区中的排烟口全部打开;如排烟风机担负两个以上防烟分区时,则只需把最大的防烟分区及次大的防烟分区中的排烟口全部打开,其他一律关闭,启动机械排烟风机,测定通过每个排烟口的风速,根据排烟口截面计算出排烟量,符合设计要求为合格。

第 5 章　建筑工程质量控制中的 BIM 技术综合与虚拟建造

5.1　BIM 技术的项目应用要求及配置

5.1.1　项目应用要求

1）项目介绍

近年来，随着装饰审美观念的不断提升，装饰风格越来越多样化，吊顶和装饰构件则更加复杂。一个完整的工程包括建筑、结构、机电、装饰等多个专业，每个专业都涵盖多个小专业。在装修过程中，会出现很多设计方案更改，将机电深化设计完全贴合装饰工程，并在装饰设计变更后快速调整自身方案；同时，在施工过程中面临多个承包商、多个专业、多个施工班组等复杂组合，如何合理协调好施工各方，达到一次创优的效果，成为了提出本课题的研究基础。

2）依托工程概况

金鹰三期工程位于南京新街口商业核心区，建筑面积 18.2 万 m^2，地下 5 层，地上 42 层，裙楼 9 层，总建筑高度 220 m，其中 B2～B5 属于地下车库，B1～F9 属于商业区，F10、F25、F40 夹层属于设备层，F11～F22 属于办公区，F23、F24、F26～F39 属于酒店区，F41、F42 属于其他。

本工程机电安装系统包括：强电、弱电、电力干线、冷水、热水、空调供回水、空调凝结水、消防水、消防排烟、新风、送风、空调风、排风等众多系统，以及配电房、消防泵房、给水泵房、锅炉房、冷冻机房、风机房等设备用房。

因此，如何通过合理的深化设计及优秀的协调组织，成为了本次工程顺利保质完工的保证。

5.1.2　BIM 技术应用概述

BIM 技术兴起于国外，目前发达国家对于这方面的发展已经走在国内前列，尤其美国、英国、德国，计算机技术在工程上的应用已经比较成熟，有了相应的行业标准，甚者英国已经在 2016 年全面实施 BIM 技术应用于施工领域。而国内虽然宣传 BIM 技术比较多，但是真正实际应用的项目并不算太多，而且在装饰领域基本上是刚刚起步。完全配合装饰工程的机电施工方面的 BIM 技术应用更少。

5.1.3 BIM 技术综合项目应用设计

1）项目研究目标

(1) 通过运用一系列三维建模软件，将建筑、结构、装饰、机电模型建立起来，并通过在 BIM 类软件进行深化设计，最终出具施工图纸，达到施工方便、快捷、美观的效果。

(2) 通过模型分解及管理系统，达到场外加工与现场组装一体化效果。

(3) 通过 BIM 技术在施工管理中的应用，最大限度地保证各方施工能顺利进行，还包括系统网络化的管理现场的安全、质量、资料、造价、工作面等方面的控制。

2）研究内容

针对金鹰三期机电安装工程，主要研究内容如下：

(1) 运用 BIM 技术进行多专业协同机电深化设计研究；

(2) 基于模型的精度复核，误差调整及后续处理研究；

(3) 通过模型分解进行场外加工图制作，并将其归纳成系统，使得后期能进行数据化装配方面的研究。

(4) 基于信息模型对管理现场方面进行研究。

3）创新点

(1) 研究依托项目为机电安装和装饰工程同时施工，装饰吊顶和结构钢梁之间距离较小，而内部设计的功能性管线较多，在满足吊顶标高要求的同时还需满足管线和设备运行时的参数要求。

(2) 运用 BIM 模型，进行分割标识，进入加工系统，锁定其标识，运至现场进行装配安装。

(3) 在工期紧张、加工场地几乎为零、局部已经开始营业、运输困难等恶劣的施工条件下，如何通过运用 BIM 技术和平台进行科学合理的施工管理，在场外加工、高层运输、工作面管理、造价、资料、质量、安全等各方面进行探索，达到产品品质提升、提高施工效率、降低作业难度、提高经济效益、减少二次施工等要求。

4）研究方法

以施工技术要求及相关规程规范为标准，通过咨询、调研、实际项目运作、参考类似项目等多种方式，按照不同专业采用技术攻关、技术引进消化吸收和推广应用的研究方法，完成本课题研究，主要研究步骤如下：

(1) 查阅、调研类似项目的施工组织设计及施工方案；

(2) 邀请公司机电安装和装饰领域专家进行现场咨询；

(3) 根据本项目工程的施工图技术要求及现场实施条件，制定符合本工程的施工技术方案。

(4) 根据项目实际要求，采购设备、软件；

(5) 依托工程施工消化吸收先进施工技术工艺，将其融入到深化设计中；

(6) 总结复杂施工条件下，多方协作的施工经验及研究成果；

（7）推广实施研究成果。

5.1.4　项目资源投入

1）人力资源配置（表 5－1）

表 5－1　人力资源配置

序号	工作方向及内容	人数（人）	备注
1	项目负责人	1	组织整个团队运行、把握项目整体工作运行
2	建模人员	5	建筑、结构、机电、装饰模型建立
3	深化设计人员	4	机电管线碰撞检查、管线优化、综合支吊架
4	项目管理人员	3	现场施工协调、其他项目管理工作
	共计	13	

2）工时投入（表 5－2）

表 5－2　具体每项工作工时投入

序号	类别	单位	工时数
1	模型建立	人小时	2 400
2	深化设计	人小时	4 500
3	施工指导	人小时	3 000
4	竣工模型搭建	人小时	2 400
	共计	人小时	12 300

备注：由于是整个项目运用，因此花费总工时较多。

3）仪器设备配置

本次项目共投入台式电脑 12 台，笔记本电脑 1 台，服务器 1 台。计算机具体配置如表 5－3～表 5－5。

表 5－3　台式电脑最低标准配置

硬件	参数
CPU	inter 酷睿 6 核 i7－5820K
主板	华硕 X99－A/USB 3.1(inter X99/LGA2011－V3)
内存	金士顿骇客神条 Fury 系列 DDR4 2133 8G 内存 x4
显卡	华硕猛禽 STRIX－CTX970－DC2－4GD 4GB/256 bit
硬盘	西部数据红盘 4TB SATA6Gb/s 64M
固态硬盘	金士顿 V300 240GB SATA3 固态硬盘
显示器	LG 27EA33 背光液晶显示器

表 5 - 4　笔记本电脑最低配置

硬件	参数
品牌	未来人类(Terrans Force)X599 15.6 英寸游戏本
CPU	酷睿四核 i7 处理器 i7 - 4790 K
芯片组	Intel Z97 Express Chipset
内存	金士顿 DDR4 - 2133 8G 内存×2
显卡	NVIDIA GeForce GTX 970M
硬盘	RAID0＋1TB
固态硬盘	三星 256GB

表 5 - 5　服务器最低标准配置

硬件	参数
CPU	inter 处理器 E5 - 2687W
内存	32G DDR3 RDIMM Memory,1600MHz
显卡	NVIDIA Quadro4000(2GB)
硬盘	1TB 7200RPM 3.5'SATA2
固态硬盘	256GB SSD

4) 软件配置(表 5 - 6)

表 5 - 6　软件配置

序号	软件名称	软件功能
1	Revit Architecture2014	建筑建模、装饰建模
2	Revit Structure2014	结构建模、钢结构建模
3	Revit MEP2014	给排水、暖通、电气建模、工作量计算
4	navisworks2014	可视化、进度模拟、工程量计算
5	广联达 5D 平台	现场办公管理
6	Magicad for revit	支吊架软件、机电辅助建模
7	3Dmax2014	视频制作、可视化施工交底
8	BIM 360	现场指导施工、移动客户端
9	橄榄山插件	建模辅助

5.2　建筑工程的 BIM 技术及准备

为了更好地服务施工，我们需要对模型的建立制定一系列规则，以便后期的模型分割、构件定位、精度控制、进度控制、造价管理等。

5.2.1　基础——模型建立

为了使建立的模型能够如实指导施工，因此必须保证模型和施工图纸一致，并且随着实际情况的改变，模型也要相应进行调整。因此依据的资料必须包括下列内容：

(1) 建筑施工图、结构施工图、机电一次施工图、机电二次机电深化图、装饰施工图等甲方提供的图纸。

(2) 施工规范标准、设计规范标准、标准图集。

(3) 施工组织设计。

(4) 合同及中标文件。

(5) 项目周边环境状况，交通状况，本建筑物已经竣工部分实际情况。

(6) 项目已施工完结构和建筑情况。

(7) 设备材料商提供的本工程设备材料的规格材质参数等信息。

(8) 图纸设计变更，现场因其他原因导致的签证等。

(9) 其他本项目相关信息。

1) 模型在建立时需要达到的效果

为了能在整个研究过程中，最大限度地使用建立好的模型，我们对模型的建立提出了具体要求：

(1) 必须保证结构模型与现场一致，其他模型基本一致；

(2) 模型必须在后期施工指导时能够比较方便分割；

(3) 模型在后期使用时能够获取需要的信息；

(4) 模型建立的过程科学合理；

(5) 模型在可视化展示方面能够清晰明确地分辨每个系统；

(6) 模型在协同工作时，要能根据电脑的配置要求，达到使用流畅的功能。

2) 模型建立需要制定的规则

根据上一条的具体要求，我们制定了以下规则：

(1) LOD 标准定义

由于本项目以机电深化设计为主，因此本项目的 LOD 标准，建筑结构装饰等仅定义其尺寸、形状、定位属性，机电则定义大部分涵盖信息。

① 结构专业建模

钢结构：正确反映钢结构平面(包含板边、标高、降升板、板上开洞)、钢结构构件截面尺寸(钢梁、钢柱、牛腿、组合楼板)、钢结构构件留洞(钢结构梁、板、柱上留洞)。

混凝土结构：正确反映混凝土平面(包括板边、标高、降升板、梁、楼板开洞、剪力墙开洞、楼梯)、混凝土构件尺寸(梁、柱截面尺寸，板厚，剪力墙墙厚，牛腿截面)及节点构造(包括预应力端头、后浇带构造、防水构造等)。

其他：防火门、防火卷帘，要求完整体现其数量、构造及空间尺寸。

要求梁、板、柱的截面尺寸与定位尺寸须与图纸一致，然后根据现场实际施工情况，进行调整；尤其各个钢结构梁和混凝土梁标高要与现场一致，如遇到管线需穿混凝土梁，需要设计方给出详细的配筋图，BIM 技术人员根据其深化管线穿梁节点。

② 建筑专业建模

建筑:建筑地坪、外墙、外幕墙、屋顶、内墙、隔墙、门窗、电梯、吊板、扶手、楼梯、管道井、设备(机)房、水池、车道、雨篷、坡道、中庭。

要求建筑构件形状、尺寸和定位与现场一致,墙体上管道开孔定位准确。

③ 装饰专业建模

吊顶形状、尺寸、定位与装饰设计图纸一致,能够反映吊顶与管道之间的位置关系;各类内置灯具或者管道等的柜体、台面等装饰物建模,其尺寸形状与设计一致。

④ 机电专业建模

暖通:空调、消防送排风、排烟等风管、管件(包括弯头、三通、四通、变径、乙字弯)、阀门、风道末端、管件、阀门等设备,必须体现风管材质、保温材质和厚度。空调水管、管件、阀门等;系统机房(制冷机房、锅炉房、空调机房、热交换站)设备体量模型布置,体现空调水管材质、保温材质和厚度。

给排水:主干管道(DN≥65 mm)、水管管件(包括弯头、三通、四通、变径)、主管阀门、流量计、泵房及水处理机房设备体量、室内消火栓、卫浴装置、预留预埋管;消火栓主干管道(DN≥65 mm)、主管阀门、流量计、消防箱、喷淋管道(各层全部横向管道)、喷头。支管DN25 mm及以上的管道、管件、阀门、设备、仪表。

电气(供电、弱电、照明等):变、配电系统(高低压开关柜、变压器、发电机、控制屏)设备体量模型、动力桥架、桥架构件(弯头、三通、四通、变径)、配电箱(柜)、传感设备和终端设备、照明桥架及灯具等,消防及安全系统控制室设备体量、信息系统控制室及设备体量。

(2) 视图命名规则

工作平面在Revit工作时非常重要,因为每层工作平面相关联,所以每位工程师在建模时应当在原楼层平面的基础上复制相关平面为横向平面、竖向平面等,并且在自己复制的工程平面加上工程师的名字,不得在原平面上进行建模工作。项目经理在对模型进行复核无误的情况下各工程师可以删除自己创建的楼层平面,保留原始工程平面。工程师在创建楼层平面后可以根据自己的需要对视图范围进行调节(图5-1)。

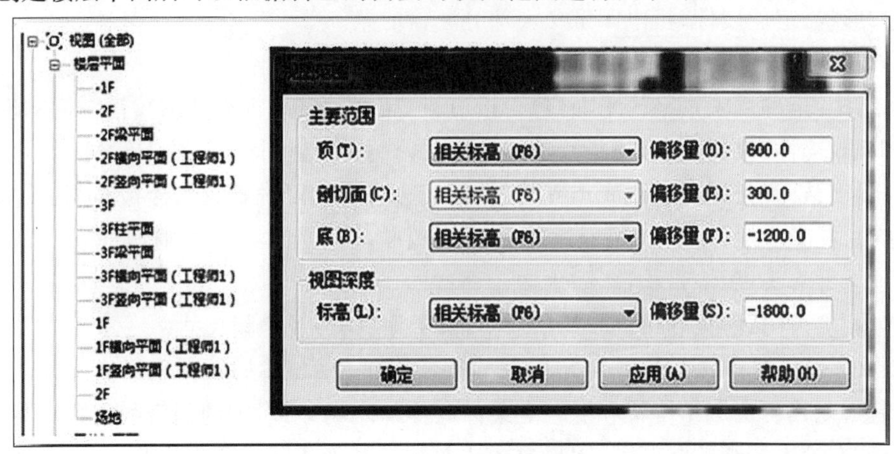

图5-1 视图范围调节设置

(3) 拆分规定、工作集命名、协同规定、过滤器的使用

① 模型拆分规定

模型主要按建筑分区和楼层来拆分，以保证每个模型体量在一个合适的范围之内。

② 工作集命名

工作集命名包含其拆分元素信息。启用工作共享时，由项目经理根据工程情况进行工作集的分配。进行工作集的分配时，为了利于施工模拟及工程量统计，结构、建筑模型中应根据工程区域竖向构件、横向构件分别设置，工作集分配时应当采用企业统一格式进行命名。

建筑专业、结构专业：按建筑分区、按单个楼层。

装饰专业：按分区、按单个楼层、按地面吊顶。

机电专业：按系统（强电、弱电、给水、排水、通风、空调水、消防、喷淋等）、按分区、按单个楼层。

优先独栋分区和功能分区，土建尽量纵向拆分，大面积地下可按楼层拆分，机电参考土建原则。

③ 协同规定

协同工作，根据工作集拆分原则，进行人员分工。

④ 过滤器使用规定

过滤器作为辅助建模的功能，主要作为系统调色、可见性调整等使用。

(4) 系统色彩定义（图 5－2）

管道名称	RGB	管道名称	RGB	管道名称	RGB
冷、热水供水管	255,153,0	消火栓管	255,0,0	强电桥架	255,0,255
冷、热水回水管		喷淋管	0,153,255	弱电桥架	0,255,255
冷冻水供水管	0,255,255	生活给水管	0,255,0	消防桥架	255,0,0
冷冻水回水管		热水给水管	128,0,0	厨房排油烟	153,51,51
冷却水供水管	102,153,255	污水-重力	153,153,0	排烟	128,128,0
冷却水回水管		污水-压力	0,128,128	排风	255,153,0
热水供水管	255,0,255	废水-重力	153,51,51	新风	0,255,0
热水回水管		废水-压力	102,153,255	正压送风	0,0,255
冷凝水管	0,0,255	雨水管	255,255,0	空调回风	255,153,255
冷媒管	102,0,255	通气管	51,0,51	空调送风	102,153,255
空调补水管	0,153,50	窗玻璃冷却水幕	255,124,128	送风/补风	0,153,255
膨胀水管	51,153,153	柴油机供油管	255,0,255		
软化水管	0,128,128	柴油机回油管	102,0,255		

图 5－2　BIM 建模系统色彩定义

(5) 族命名

① 主要结构族命名(以承台基础为例)

编码:C 类型名称(命名规则):CT_CT1_1000 * 1000 * 800

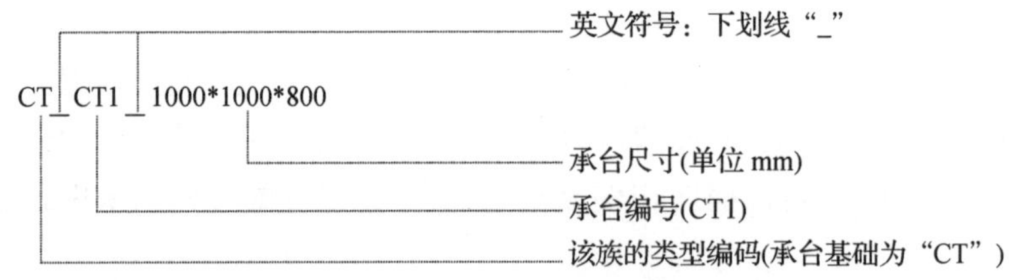

建模规则:承台基础绘制时,应当把承台基础构件按照命名规则进行统一命名,承台基础绘制族时应当将其构件的信息统计完整,并且要注意族的绘制是否和图纸一致。

② 主要建筑族命名(以内墙为例)

编码:NQ 类型名称(命名规则):1F_NQ_NQ1_加气混凝土_200

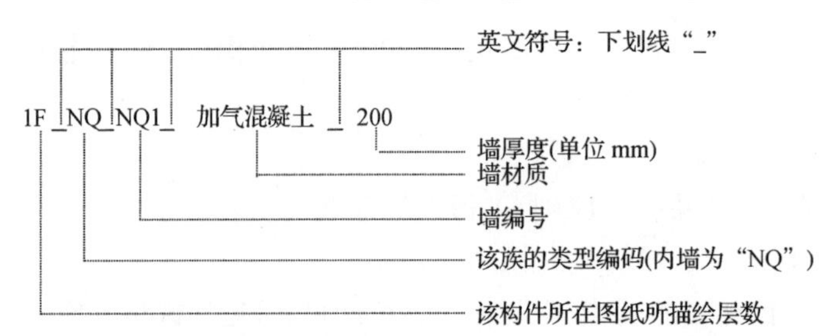

建模规则:内墙绘制时,应当把楼梯构件按照命名规则进行统一命名(内墙设置时也只设置其图纸厚度,粉刷层和面层后期添加,粉刷层添加时依据墙族修改成粉刷层族进行绘制,如遇到门窗洞口时将粉刷层墙和原墙连接自动扣除),内墙绘制时应当注意标高的调整,在绘制时应当扣减梁和板的高度,否则将出现重复计算(快捷办法:因为每段梁和板的厚度不同,所以先绘制内墙构件,然后采用橄榄树插件局部 3D 进行局部查看,运用软件自带的修改连接命令进行内墙和梁、板的扣减,扣减时应当注意扣减规则)。

③ 主要装饰族命名(以天花板为例)

编码:TB 类型名称(命名规则):1F_TB_大厅过道(做法表中的编号或名称)

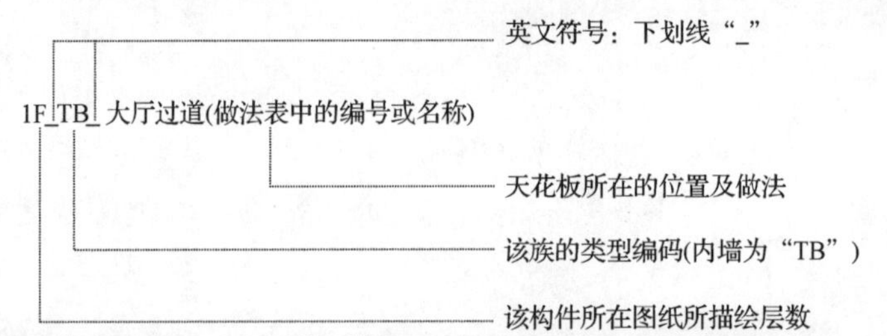

建模规则:天花板绘制时,应当把构件按照命名规则进行统一命名,天花板绘制时应当注意标高的设置(注意龙骨的绘制),在绘制时应当扣除柱和墙的位置进行绘制。

④ 主要机电族命名

- 风管

编码:SF(送风)、HF(回风)、XF(新风)、PF(排风)、PFPY(排风排烟)

建模规则:风管绘制前,应在项目浏览器族项目中添加所需风管系统名称,并在属性中新建风管类型名称,各系统的命名须与图纸保持一致。风管绘制时,需检查属性中限制条件,如:水平对正、垂直对正、参照标高、材质等条件,以及选取系统类型(如送风、回风、排风等)。

- 风阀

编码：FH(防火调节阀)、FYH(防烟防火调节阀)、PYH(排烟防火阀)

建模规则:风阀安装时,根据图纸设计要求选取正确类型的风阀,如果和系统自带族不一致时需自行绘制,然后载入族绘制。载入族后,在类型属性中选取正确的材质及尺寸标注,最后在安放位置时需考虑施工的安装和后期维修空间。

- 风口

编码：FHK(防火风口)、FYK(多叶排烟口)、ZYK(多叶送风口)

建模规则:风口安装时,根据图纸设计要求选取正确类型的风口,如果和系统自带族不一致时需自行绘制,然后载入族绘制。载入族后,需注意选择正确的风口类型,排风口安装除需选取正确的材质及尺寸标注外,还需选取正确的工作平面(如:垂直在面上、放置在工作平面上等)。

- 风机

编码:XF(新风)、ZY(多叶送风)、P(排风)

类型名称(命名规则):XF－F9－1、ZY－F9－2、P－F9－1

建模规则:风机安装时,根据图纸设计要求选取正确类型的风机,如果和系统自带族不一致时需自行绘制,然后载入族绘制。载入族后,需注意选择正确的风机类型、材质及尺寸标注。风机放置时,需保持风机与风管中心位置一致。

- 管道

编码:LQ(冷却管)、XH(消火栓管)、ZP(自动喷淋管)等

类型名称(命名规则):ZP01

建模规则:管道绘制前,应在项目浏览器族项目中添加所需管道系统名称,并在属性中新建管道类型名称,各系统的命名须与图纸保持一致。管道绘制时,需检查属性中限制条件,如:水平对正、垂直对正、参照标高、材质等条件,以及选取系统类型(如空调供回水、生活冷水等)。

一些有坡度的水管须按图纸要求建出坡度;有保温层的管线,须建出保温层。

- 管道阀门

编码:按阀门类型分

建模规则:阀门安装时,根据图纸设计要求选取正确类型的阀门,如果和系统自带族不一致时需自行绘制,然后载入族绘制。载入族后,在类型属性中选取正确的材质及尺寸标注。系统中的各类阀门须按图纸中的位置加入,并要考虑施工的安装和后期维修空间。

- 水泵

编码:按水泵类型分

建模规则:水泵安装时,根据图纸设计要求选取正确类型的水泵,如果和系统自带族不一致时需自行绘制,然后载入族绘制。载入族后,需注意选择正确的水泵类型、材质及尺寸标注。水泵放置时,需保持水泵与管道中心位置一致。

- 卫生洁具

建模规则:洁具安装时,根据图纸设计要求选取正确类型的洁具,如果和系统自带族不一致时需自行绘制,然后载入族绘制。载入族后,需注意选择正确的洁具类型、材质及

尺寸标注。

• 电缆桥架

建模规则:桥架绘制时,应在属性中新建桥架类型名称,各系统的命名须与图纸保持一致。桥架绘制时,需检查属性中限制条件,如:水平对正、垂直对正、参照标高等条件,以及选取系统类型(如照明、电气、弱电、智能等)。

• 动力、照明柜(盘)

建模规则:动力、照明柜(盘)安装时,根据图纸设计要求选取正确类型的柜、盘,如果和系统自带族不一致时需自行绘制,然后载入族绘制。载入族后,需注意选择正确的柜、盘类型,放置时需选取正确的工作平面(如:垂直在面上、放置在工作平面上等)。如落地柜体需增加型钢底座。

5.2.2 建模流程

BIM 建模流程见图 5-3。

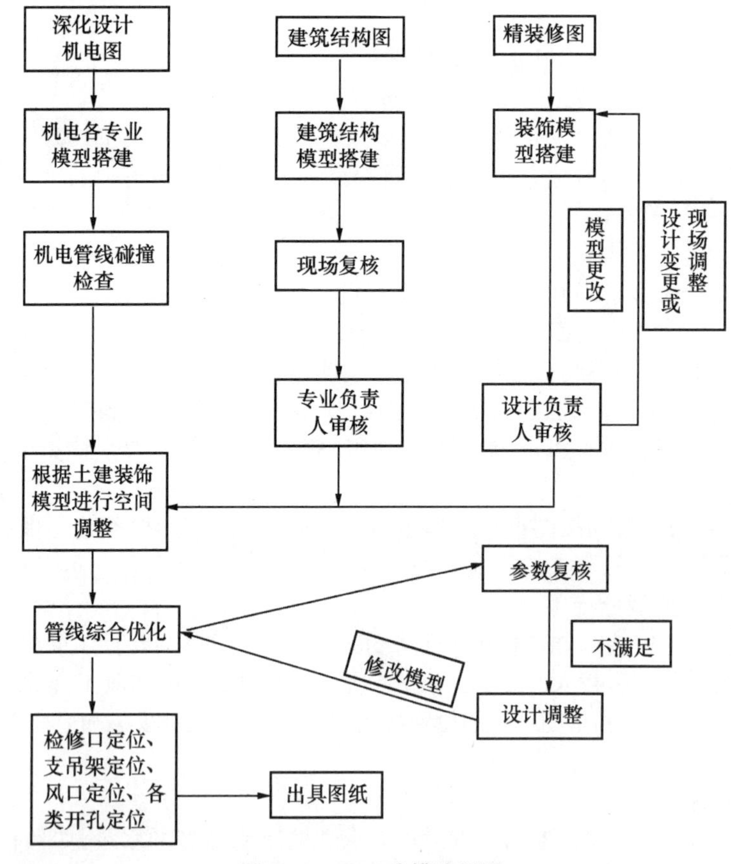

图 5-3 BIM 建模流程图

5.2.3 建模准备阶段

1) 信息收集

在深化设计工作之前,要做好充分的信息准备工作,对影响深化设计的前提条件进行分析。例如:设计顾问的意图是否了解,建设单位对设计的意见和想法,精装修建筑墙体图纸和机电点位图是否已经定稿等。

2) 认真熟悉设计蓝图

(1) 熟悉建筑区域功能、防火分区、机电设备用房位置、机电管道井位置、楼梯详图及其位置、前室等,并对已完建筑进行测量复核。

(2) 熟悉顶板结构梁、钢结构梁的尺寸、楼板的尺寸信息、柱的尺寸、结构墙的尺寸位置等,并对已完结构进行测量复核。

(3) 熟悉机电各管线的功能、路由、尺寸、管井及立管的位置,了解各专业管线密集区域和管线协调重点区域。

(4) 熟悉精装修区域划分,熟悉各区域的天花标高要求和机电最低标高要求,熟悉各区域机电点位的排布。

3) 整理图纸

由于图纸版本多,设计单位也多,机电一次图纸和机电二次深化图纸分别由两家单位完成,因此需要对图纸版本进行核对对比,使最终使用的图纸都是最新版本的图纸,并对每张图纸进行分层,图纸进行简化处理。

5.3 BIM技术进行多专业协同机电深化设计研究

5.3.1 机电深化设计原则

1) 多专业管线避让原则

(1) 小管让大管。

(2) 有压管让无压管、低压管让高压管。

(3) 非保温管让保温管。

(4) 电气管线宜在水管上方排布,风管宜在下方排布。

(5) 电气、水管应分开布置,水与电管线应保持安全距离。

(6) 强弱电分开布置。

(7) 热水管在上方、冷水管在下方。

(8) 竖向排列,热水管在左边、冷水管在右边。

2) 多专业标高定位原则

(1) 雨水、排水、冷凝水管道等有坡度要求,起点应尽量贴梁底安装。通风与空调风管尺寸大,应紧贴梁底安装。

(2) 水管与电气桥架、线槽平行安装,则安装间距应大于100 mm。水管与电气桥架、线槽安装位置的交叉处,电气桥架、线槽爬升至管道上方安装。

(3) 喷淋主管宜安装在风管的上方。

3) 应遵循管线走近路、少返弯的布局原则

设备层、各类机房等部位工艺管线密集,且分支多,管道与设备连接复杂,管线与设备布局应选择最佳位置,确保管线走近路和少返弯。

4）支架的合理布置及尽可能使用综合支架

综合管线布置首先考虑强、弱电桥架与各专业管道的集中、整合，成排、分层布置，采用综合支架，统一选型、设计，达到综合管线与支架排放整齐、有序美观的效果。

5.3.2 确定关键部位

重点部位：厨房、设备层、管道井、电气竖井、公共走廊、酒店客房吊顶内等机电管线集中的各功能区域等。

厨房区域：厨房设备进行排水槽和排水点位定点，排烟风口根据灶台定位，考虑其照明效果、设备给水定位等。

设备层：设备层涵盖多个机房，需要对每个机房及过道都进行深化，使管线美观、实用，并且安装方便。

管道井：根据水平支管和竖向干管、门的位置，阀门操作方便性等进行合理调整。

电气竖井：根据水平和竖向桥架以及管井配电箱进行合理调整。

公共走廊：走廊内空间狭小、管线多，吊顶上有灯具、喷淋、各类弱电点位、风口等，需要合理排布。

酒店客房吊顶：酒店客房其风机盘管处和卫生间需要特别注意。

5.3.3 根据深化设计原则进行初步调整

1）设备层调整

多数情况下，由于设备设计选型与业主招标的设备外形不一致，原设计中设备的接口尺寸、形式等均可能发生变化，故机房的施工图纸大多需要深化设计，深化时不仅要根据实际订货尺寸绘出设备基础图纸，更要根据实际订货尺寸给出设备连接的平、剖面图，并对各专业图进行综合、调整。设备层施工时不仅要考虑其深化设计基本原则，还需充分考虑系统调试、检测、维修各方面对空间的要求，合理确定机电设备、管道及各种阀门、开关的位置和距离，以及日常维护操作照明、通风。明装机电工程应充分考虑各机电系统安装后外观整齐有序，间距均匀(图 5－4)。

图 5－4 明装机电工程系统图

由于设备层管线管径较大，机电管线穿越结构构件，其预留洞口或套管的位置大小应满足设计要求，确保结构安全，并符合以下原则：框架柱身、剪力墙暗柱区域严禁开洞；其他部位的结构梁、板、墙上开设洞口或套管原则上应预留；穿过框架梁、连梁管线宜预埋套管，洞口宜在跨中 1/3 范围内；混凝土结构墙、板上预留洞口小于 300 mm 时，钢筋不需截断，绕过洞口即可，当预留洞口大于 300 mm 时，需按设计要求采取必要的结构补强措施(图 5-5～图 5-9)。

图 5-5　管线与设备优化设计(一)

图 5-6　管线与设备优化设计(二)

图 5-7　管线与设备优化设计(三)

图 5-8　管线与设备优化设计(四)

图 5-9　管线与设备优化设计(五)

设备机房深化设计：首先根据订货设备定制其同尺寸族，再将设备定位；其次绘制水平干管，加设各类管道附件，根据管道优先顺序进行初调；然后根据各类管道附件所需运行空间进行调整，进行竖管连接并加设附件，再对管道美化，加设综合支吊架，进行参数校核；最后根据施工要求出具图纸。

2）管道井调整

在管道井深化时，不仅要考虑管井内设备、配电箱、管道附件的位置关系，还需考虑与水平管道的连接问题，以及日常使用时阀门的开关、配电箱的开启等一系列问题(图 5-10～图 5-12)。

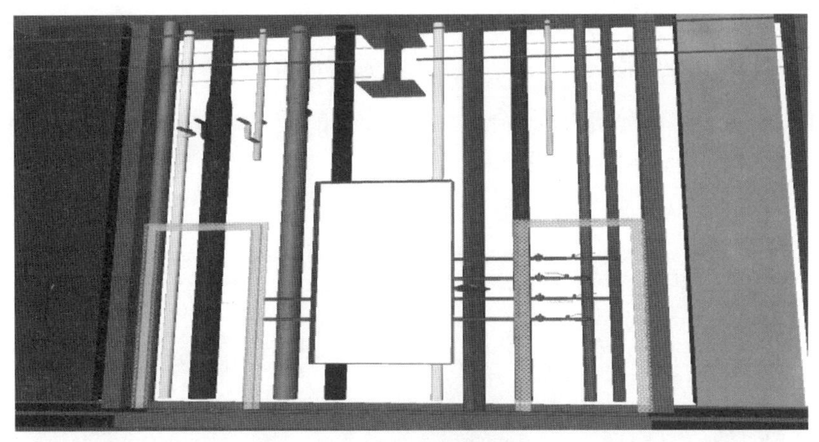

图 5－10　管道井调整布置(一)

图 5－11　管道井调整布置(二)

图 5－12　管道井调整布置(三)

3）公共走廊调整

公共走廊管线走向很大程度上受到房间内部管线和管道井管线位置的影响，在调整公共走廊时，先将走廊部分、房间部分、管井部分都断开；如有吊顶将喷淋安装在靠下位置，优先风管安装，尽量不翻弯，桥架和风管并排走，交叉处桥架翻弯。管道大部分布置在风管下方时，风管采用顶对齐方式，反之采用底对齐(图 5－13～图 5－15)。

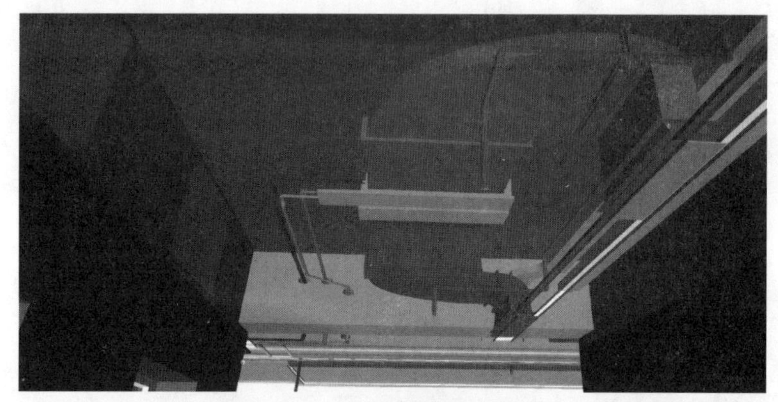

图 5－13　公共走廊调整布置(一)

图 5－14　公共走廊调整布置(二)

图 5－15　公共走廊调整布置(三)

4) 酒店客房吊顶区域调整

酒店吊顶内管道虽然不是特别复杂，但是涉及的管线由于其功能原因，要求颇多。如空调供回水支管道自主干管接过来后，不能上下翻弯，拐弯也尽可能一顺弯，风机盘管安装位置应高于主干管(如低于主干管容易沉淀杂质污垢，安装在主干管上方时需注意风机盘管是否均带有排气阀，如果没有需另行安装)；空调凝结水管道坡度需放够，并且不能翻弯；各类风管尽量不出现超出设计的弯头，尤其是排风系统。

因此此处深化设计时，先定位排水管和风管，再定位风机盘管，最后定位空调供回水及凝结水管。具体调整时，尽量将排水管靠上安装，避免在过梁等位置和风管出现在同一位置上；凝结水管在满足坡度要求的情况下尽量靠下安装；将各类管道满足要求后，进行风机盘管调整；最后接风机盘管与风口之间的风管(图 5－16)。完成上述事项后，最后考虑可以翻弯的喷淋管、给水管道、电气管路等。

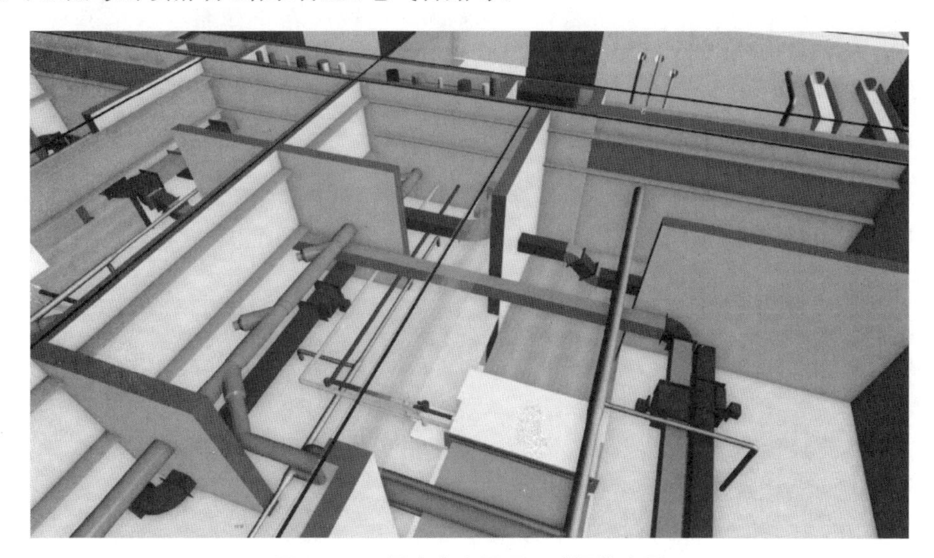

图 5－16　酒店客房吊顶区域调整布置

5) 基于模型的精度复核，误差调整及后续处理研究

机电安装工程在现场施工精度产生偏差的原因有很多，主要来源于：人为、机械、材料、环境、施工方法、组织流程等。

在机电安装基于模型精度控制方面要分几个阶段：基于结构的精度；结构精度复核；模型的调整；构件加工精度；施工精度；精度复核；余量控制。

(1) 基于结构的精度

机电安装的管线基本都是附属于结构层上的，因此原先结构基础的精度误差在很大程度上会影响后期的机电安装施工。

结构的精度误差主要来源于：设计错误；测量定位不准；测量仪器误差；测量人员人为误差；楼层多累计偏差；地基沉降不均匀；方案不合适；辅助工具有误差；施工材料性能导致的误差等。

其导致产生的结构误差有：垂直度偏差；水平度偏差；位置偏差。

垂直度偏差导致结构偏差典型有:柱子倾斜、管井不竖直、墙倾斜等。

水平度偏差导致结构偏差典型有:地面不平整、天花顶不平整、梁不够水平等。

位置偏差导致结构偏差典型有:梁偏移、柱偏移、墙偏移等。

结构的精度控制在建筑结构施工阶段进行控制,一般情况下,施工结束后,都有一定的偏差,如果在允许验收标准合格范围之内,机电安装在后期施工一般都能调整过来。为了如实地在模型里面反映现实已施工完结构层的具体尺寸参数,我们需要进行第二步工作。

(2) 结构精度的复核

为了确保结构精度复核的准确性和可实施性,需要对此项工作进行一定的策划,包括职责划分、人员和仪器配备、结构复核工作内容等。

① 职责划分

测量工作实行土建负责人负责制,各项测量工程应在土建负责人的领导下开展工作。

土建现场工程师具体负责本项目的测量及仪器管理工作。

② 人员和仪器配备

测量工作每批次不少于 3 人,并配备与测量要求相匹配的测量仪器和设备。

测量时配备以下仪器设备:经纬仪、精密水准仪、红外测距仪、卷尺、激光垂准仪、激光水平仪、靠尺等。

经纬仪:主要用于核心区域(设备层、各类机房)各类数据的复核。

精密水准仪:其他功能区域数据复核。

红外测距仪、卷尺:辅助测量。

③ 结构复核工作内容

结构复核工作内容有:

- 结构各构件是否同设计图纸在平面上处于同一个位置,偏差有多少。
- 混凝土结构梁和钢结构梁水平度和标高。
- 顶板大概标高及支吊架固定点标高。
- 过道、管井等管线密集空间狭小处尺寸。
- 各个设备基座的尺寸、位置。

④ 结构复核方法

- 用红外测距仪测得的各墙体间的距离,跟设计图纸进行对比,是否有误差,并进行记录。
- 用激光水平仪设置一个水平面,再用卷尺量出梁头、梁尾、梁中至水平面的距离,看是否有误差并进行记录。
- 用红外测距仪测量底板至顶板支吊架固定点的高度,看是否有误差,并进行记录。
- 用卷尺以及激光垂准仪测量过道、管井等空间狭小处的尺寸,管井的垂直度等,看是否有误差并进行记录。
- 用卷尺、靠尺等测量设备基座垂直度、平整度、水平度等并进行记录。

（3）模型的调整

核对完现场结构构件误差以后，需要根据复核的数据，有侧重点地对模型进行修改。另外需要根据还未施工的结构、建筑的设计变更进行修改。

根据调整后的结构模型，对机电模型进行调整，使其满足施工要求，如：装饰吊顶标高、机电安装施工工艺、机电安装各类参数等。

（4）构件的加工精度

机电安装完成的精度在一定程度上还受到构件的加工精度的影响。机电安装的构件分为两种，一种是直接采购的构件，另一种是采购材料自行加工的构件。

对于从厂家购买的设备、材料，此方面精度无法直接控制，但是我们可以从规格型号相同的几个厂家设备材料中选择精度控制较好的厂家。

对于自行加工的构件，此在可控范围之内。此类构件中影响安装精度的主要有管道、水管、支吊架、非标准桥架等。对于这些构件的精度控制，首先也是从材料采购方面进行控制，尽可能采用国标产品，采用非国标产品会对后期的力学计算、受力分析等产生影响；其次加工时需要考虑下料测量设备的精度、加工机械的精度、下料误差、焊接和装配误差等。

（5）施工精度

机电安装最后完成的精度误差最大程度上受到施工精度的影响。机电安装施工精度控制主要关注以下几点：设备安装的精度，其主要对动载荷的设备影响，管线安装精度，其主要对吊顶的高度、后期管道附件可操作性、桥架放置电缆、管线运行可靠性等产生较大影响。

① 设备安装精度控制

在设备和基础连接固定中，要选择合适的垫铁及地脚螺栓，要按照设计标准选择材质、强度，垫铁在同一点使用时不能超过 5 块，为防止垫铁发生位移，要将垫铁进行焊接固定。

② 管线安装精度控制

管线安装精度包括平面精度、垂直精度、标高精度。

管线安装精度控制主要在支吊架的选择、定位、安装，以及管线在支吊架上的固定。

（6）精度复核

在完成安装后，需要对成品进行精度复核。

主要采用的工具有：水平尺、水准仪、红外测距仪、卷尺等。

主要需要复核的内容有：管道的坡度、管道的位置（包括距墙位置、管道间间距、阀门等附件可操作空间等）、管道的标高（主要是最低点管道相对于建筑完成面的高度）、各类构件（风口、检修口、弱电点位、灯具等）安装的位置。

在完成精度复核工作后，需要将复核的精度参数编写入模型中，以作为最终竣工模型的考核参数。

（7）余量控制

余量控制主要是对复核工作后的参数进行审核，主要需要审核管井管道间的间距是否满足设计要求及后期运行要求、吊架上管道间的间距是否满足设计要求及后期运行要求、支吊架和管道最底端的标高是否满足吊顶空间高度、各类构件是否满足装饰美观要求。

(8) 实际案例

根据复核,因40层夹层以上取消冷却水井,两根DN350冷却水管需移位至综合水井安装,而设备夹层该区域各专业管线较多,如正压风管、冷热水管、喷淋消防管等影响冷却水管转换(图5-17)。

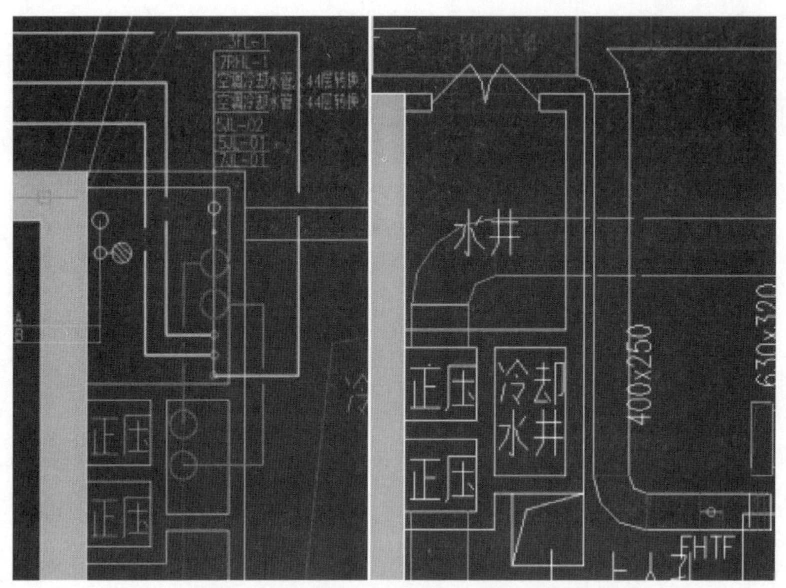

图5-17　设备夹层区域专业管线布置

由于该夹层层高较低,该处大梁底口至毛坯距离仅1.51 m,该管井内冷热水管均有进出支管、正压风管需接至风机,新风管需接至风井内等诸多影响因素(图5-18,图5-19)。

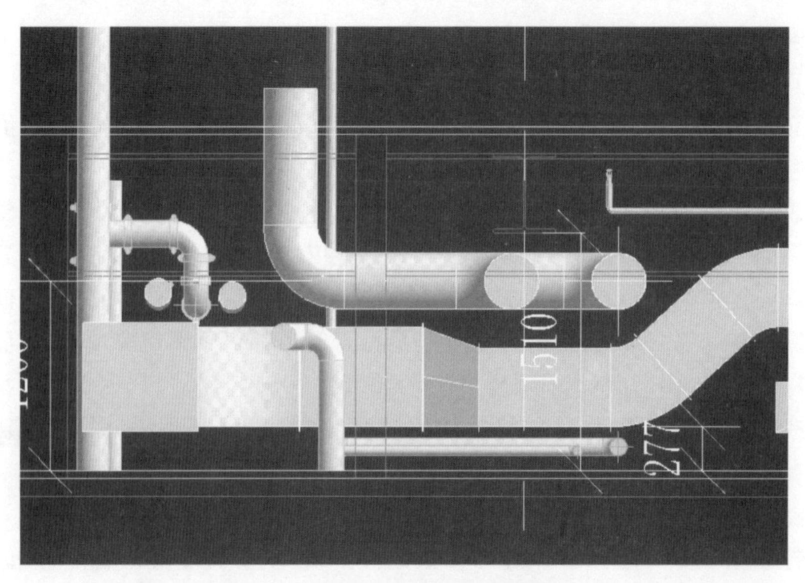

图5-18　夹层区域管线布置调整(一)

图5-19　夹层区域管线布置调整(二)

考虑以上限制条件，运用BIM技术在Revit模型中尝试各种施工方案，最终拟定深化方案：

① 新风管630 mm×320 mm往前延伸避开水井转换交叉区域，不影响转换管道的安装。

② 冷热水管贴地面安装，预留出风管安装间距，安装时水管先行安装。

③ 正压风管630 mm×700 mm转换1 000 mm×500 mm，尽量预留出较大的施工空间给冷却水管安装。

④ 冷却水管贴大梁底口安装，考虑管道焊接工艺要求，尽量保证施工空间。

此后，我司组织设计、监理、业主等相关单位进行专业方案研究，提出了初步施工方案，按照施工方案进行现场数据核实，再次确认具体施工方案，签字确认后施工。

6）通过模型分解进行场外加工图制作化装配

本项目采用场外加工的原因：场地限制，项目位于新街口，无场地进行加工；噪声控制，项目分阶段进行施工，在施工F10以上部分机电工程时，F9以下部分商场已经开始营业，不得进行噪声过大的构件加工作业。

采用场外加工的优缺点：

(1) 管道集中化加工的优点

① 减少材料损耗，降低加工成本：管道集中批量预制加工，能够做到“量体取材”，避免了人工操作时材料乱截、大材小用等现象，可以最大限度地使用材料，同时降低人工成本。

② 缩短现场工期：集中加工能形成流水线生产作业，有效提高人员及材料效率，缩短生产周期，提高材料利用率。因集中加工一般在站外加工，所以在现场机电工作面还没有形成的时候，即可提前在场外进行，对于工期紧、任务重的机电安装工程，能有效节省大量现场工作时间和交叉作业时间，节约现场的加工场地，改善地铁施工场地不足的问题。

③ 大幅提升品质：工厂化加工管道实现了生产的模块化、智能化、标准化、高效化，大

大降低了管道材料误差,提高了观感质量。

④ 便于统筹与管理:集中加工能够避免各施工队分散加工能力不等,且能避免因加工工艺及标准不同而导致各站管道成品不统一的问题。同时,集中加工能更好地控制安装现场的安全文明施工,避免出现半成品乱堆乱放的现象。

(2) 管道集中化加工的缺点

① 管道集中加工后,各施工队将同时与同一加工厂家进行合作,这将给施工方与加工方在沟通、进度等方面带来挑战,遇到施工高峰期时,如前期准备不足,所有站的生产压力集中到同一厂家,可能会对施工造成影响。

② 准备周期长、初期投入大:集中生产其厂房筹建、场地规划、方案制定等周期较为漫长;初期设备成本大,如不能形成一定规模,难以收回成本。

③ 成品运输问题:集中加工后需将管道成品运输至各站,这将带来如下影响:a. 管道成品受压后易变形(且不易修复),在运输中装卸车进站经常会产生碰压,影响管道美观,甚至影响管道质量;b. 管道成品比原材料占用的空间大很多,因此会增加运输次数,提高运输成本,同时因地铁施工一般在市区,如遇限行区域施工时只能晚上进料,给施工带来不便。

(3) 管道分散加工的优点

① 加工场地建设成本较低;② 成品运输成本较低;③ 便于施工队管理。

(4) 管道分散加工的缺点

① 项目部管理繁琐;② 风管成品不统一;③ 大批量生产效率低、成本高; ④ 生产进度慢;⑤ 材料损耗较大。

鉴于管道集中化加工和分散加工的优缺点以及本项目的实际情况,本项目的风管、大型管道加工,支吊架系统采用场外加工。

下面以风管场外加工系统为例,简述如何在项目中实际进行场外加工的操作流程。

场外加工与装配系统,包括以下几方面内容:预装配阶段(模型分割、构件编号、加工图绘制);加工阶段(构件加工、构件编号);运输阶段;装配阶段。

① 预装配阶段

预装配阶段就是根据模型和实际现场情况进行模型分割、构件编号、加工图绘制(图5-20)。

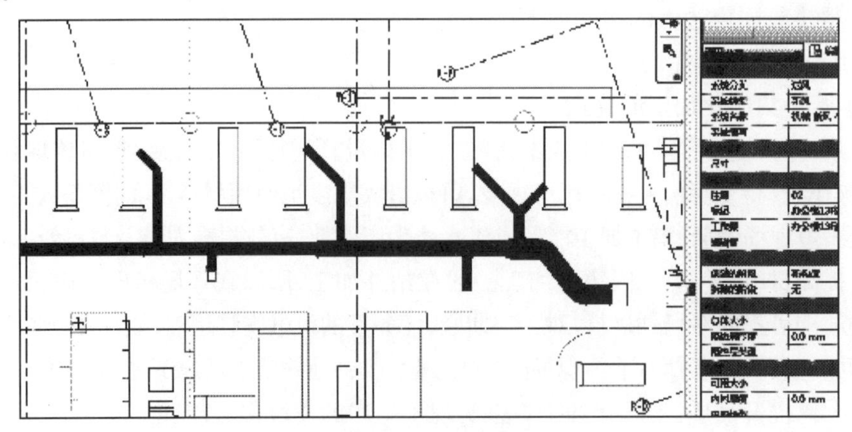

图5-20 风管标记

- 模型分割、构件编号

为了简化流程，方便可操作性，因此在进行模型分割、构件编号时，仅加入楼层、系统、系统序号、规格。

在进行工作量统计时，以办公楼 F13 层送风管为例，先将其各路分别进行标记，然后导出风管明细表，再根据数据进行加工。以风管加工长度最大为 2 m 为例，将风管拆分为标准节和非标长度，标准节计算个数，非标长度计算长度（图 5－21，图 5－22）。

<风管明细表>

A	B	C	D	E	F
族	标记	注释	宽度	高度	长度
矩形风管	办公楼13F送风管	01	320	120	1328
矩形风管	办公楼13F送风管	01	320	120	914
矩形风管	办公楼13F送风管	01	400	200	727
矩形风管	办公楼13F送风管	01	400	120	3686
矩形风管	办公楼13F送风管	01	400	120	1223
矩形风管	办公楼13F送风管	01	400	120	791
矩形风管	办公楼13F送风管	01	400	120	1816
矩形风管	办公楼13F送风管	01	400	200	877
矩形风管	办公楼13F送风管	01	400	200	4866
矩形风管	办公楼13F送风管	01	400	200	786
矩形风管	办公楼13F送风管	01	400	200	294
矩形风管	办公楼13F送风管	01	400	200	294
矩形风管	办公楼13F送风管	01	400	120	1355
矩形风管	办公楼13F送风管	01	400	120	1160
矩形风管	办公楼13F送风管	01	400	120	1260

图 5－21　Revit 导出风管明细表

风管明细表

族	标记	注释	宽度	高度	长度	标准节	非标长度
矩形风管	办公楼13F送风管	1	320	120	1328	0	1328
矩形风管	办公楼13F送风管	1	320	120	914	0	914
矩形风管	办公楼13F送风管	1	400	120	3686	1	1686
矩形风管	办公楼13F送风管	1	400	120	1223	0	1223
矩形风管	办公楼13F送风管	1	400	120	791	0	791
矩形风管	办公楼13F送风管	1	400	120	1816	0	1816
矩形风管	办公楼13F送风管	1	400	120	1355	0	1355
矩形风管	办公楼13F送风管	1	400	120	1160	0	1160
矩形风管	办公楼13F送风管	1	400	120	1260	0	1260
矩形风管	办公楼13F送风管	1	400	120	2800	1	800
矩形风管	办公楼13F送风管	1	400	120	2998	1	998
矩形风管	办公楼13F送风管	1	400	120	292	0	292
矩形风管	办公楼13F送风管	1	400	120	2610	1	610
矩形风管	办公楼13F送风管	1	400	120	596	0	596
矩形风管	办公楼13F送风管	1	400	120	663	0	663
矩形风管	办公楼13F送风管	1	400	120	342	0	342
矩形风管	办公楼13F送风管	2	400	120	702	0	702
矩形风管	办公楼13F送风管	2	400	120	1447	0	1447
矩形风管	办公楼13F送风管	2	400	120	801	0	801
矩形风管	办公楼13F送风管	2	400	120	2530	1	530
矩形风管	办公楼13F送风管	2	400	120	1021	0	1021
矩形风管	办公楼13F送风管	2	400	120	1273	0	1273
矩形风管	办公楼13F送风管	2	400	120	1320	0	1320
矩形风管	办公楼13F送风管	2	400	120	1900	0	1900
矩形风管	办公楼13F送风管	2	400	120	1610	0	1610
矩形风管	办公楼13F送风管	2	400	120	429	0	429
矩形风管	办公楼13F送风管	2	400	120	181	0	181
矩形风管	办公楼13F送风管	2	400	120	472	0	472
矩形风管	办公楼13F送风管	2	400	120	292	0	292
矩形风管	办公楼13F送风管	2	400	120	1183	0	1183
矩形风管	办公楼13F送风管	2	400	120	292	0	292
矩形风管	办公楼13F送风管	2	400	120	1808	0	1808
矩形风管	办公楼13F送风管	2	400	120	292	0	292
矩形风管	办公楼13F送风管	2	400	120	2367	1	367
矩形风管	办公楼13F送风管	2	400	120	292	0	292
矩形风管	办公楼13F送风管	8	400	120	522	0	522
矩形风管	办公楼13F送风管	1	400	200	727	0	727
矩形风管	办公楼13F送风管	1	400	200	877	0	877

图 5－22　在软件中将风管明细表进行数据处理

以图 5-20 中 400 mm×120 mm 风管为例,其标准节为 6 个。

• 加工图绘制

以矩形 Y 形三通为例:主要包括构件形状及主要参数信息(表 5-7)。

表 5-7 矩形 Y 形三通构件形状及参数信息

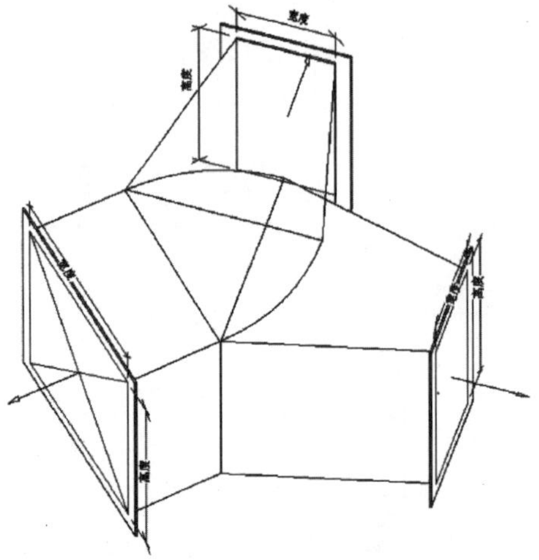	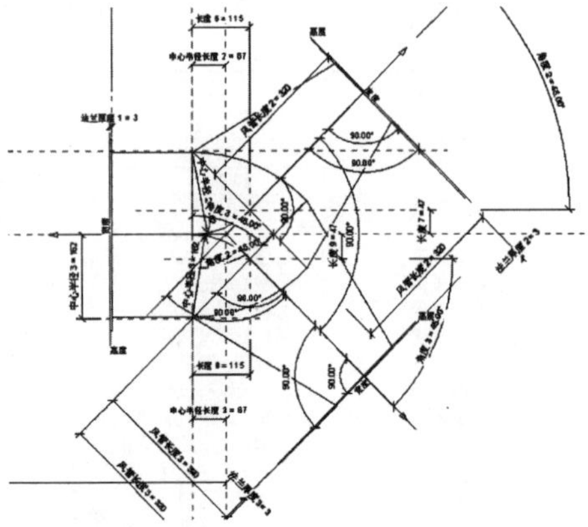
法兰厚度 2	3.0
法兰厚度 3	3.0
法兰厚度 1	3.0
法兰延伸高度 3	25.0
法兰延伸高度 2	25.0
法兰延伸高度 1	25.0
风管宽度 3	400.0
风管宽度 2	400.0
风管宽度 1	630.0
风管高度 3	120.0
风管高度 2	120.0
风管高度 1	120.0
角度 3	45.000°
角度 2	45.000°
尺寸	630×120—400×120—400×120

② 加工阶段

一般的场外风管都是加工成成型的风管,但是这种风管运输不便、容易被压扁、运输费用高。因此我们采用另外一种方式,将风管加工成半成品(包括剪切、加肋、翻边、翻折等),直管段成 L 型,管件段分片,这样便于运输,可减少运输和搬运成本 70%以上,而且在超高层运输压力非常紧张的情况下,可最大限度地缓解运输压力。

其他附属构件如角铁法兰、共板法兰等则在加工场地下料、除锈、加工、刷漆完成。如果自动化设备功能允许,可将共板法兰在风管加工时直接一起加工。

完成后的风管半成品在表面加上标签,如:办公楼 13F 送风管- 1 - 320×120 - 1328,其中办公楼 F13:表示此风管在办公楼 F13 层;送风管－1:表示风管系统类型及编号;320×120:表示风管规格;1328:表示此风管为非标风管,长度为 1 328(图 5 - 23,图 5 - 24)。

此外,标签纸颜色可根据风管类型进行区分。

I3　fx　=B3&L3&C3&L3&D3&M3&E3&L3&H3

	A	B	C	D	E	F	G	H	I	J
1	风管明细表									
2	族	标记	注释	宽度	高	长度	标准节	非标长度	非标长度标签	标准节长度标签
3	矩形风管	办公楼13F送风管	1	320	120	1328	0	1328	办公楼13F送风管-1-320x120-1328	0
4	矩形风管	办公楼13F送风管	1	320	120	914	0	914	办公楼13F送风管-1-320x120-914	0
5	矩形风管	办公楼13F送风管	1	400	120	3686	1	1686	办公楼13F送风管-1-400x120-1686	办公楼13F送风管-1-400x120-2000
6	矩形风管	办公楼13F送风管	1	400	120	1223	0	1223	办公楼13F送风管-1-400x120-1223	0
7	矩形风管	办公楼13F送风管	1	400	120	791	0	791	办公楼13F送风管-1-400x120-791	0
8	矩形风管	办公楼13F送风管	1	400	120	1816	0	1816	办公楼13F送风管-1-400x120-1816	0
9	矩形风管	办公楼13F送风管	1	400	120	1355	0	1355	办公楼13F送风管-1-400x120-1355	0
10	矩形风管	办公楼13F送风管	1	400	120	1160	0	1160	办公楼13F送风管-1-400x120-1160	0
11	矩形风管	办公楼13F送风管	1	400	120	1260	0	1260	办公楼13F送风管-1-400x120-1260	0
12	矩形风管	办公楼13F送风管	1	400	120	2800	1	800	办公楼13F送风管-1-400x120-800	办公楼13F送风管-1-400x120-2000
13	矩形风管	办公楼13F送风管	1	400	120	2998	1	998	办公楼13F送风管-1-400x120-998	办公楼13F送风管-1-400x120-2000
14	矩形风管	办公楼13F送风管	1	400	120	292	0	292	办公楼13F送风管-1-400x120-292	0
15	矩形风管	办公楼13F送风管	1	400	120	2610	1	610	办公楼13F送风管-1-400x120-610	0
16	矩形风管	办公楼13F送风管	1	400	120	596	0	596	办公楼13F送风管-1-400x120-596	0
17	矩形风管	办公楼13F送风管	1	400	120	663	0	663	办公楼13F送风管-1-400x120-663	0
18	矩形风管	办公楼13F送风管	1	400	120	342	0	342	办公楼13F送风管-1-400x120-342	0
19	矩形风管	办公楼13F送风管	2	400	120	702	0	702	办公楼13F送风管-2-400x120-702	0

图 5 - 23　自动生成标签表格

图 5 - 24　场外加工风管机械

③ 运输阶段

在加工完毕后,所有风管按规格型号顺序堆置,每次装配前,根据运输计划按照风管上的标签进行风管提取。

运输至现场后,可根据现场情况分层次运至几个分组加工处,进行风管合缝、安装法兰处理。

④ 装配阶段

首先是将风管进行合缝、法兰安装、角码安装。

风管合缝可采用:人工手工合缝(不建议,费时费力、噪声污染大、速度慢),风管气动合缝机合缝(速度快、噪声小、占地较大),手提式电动合缝机(速度较快、噪声小、占地小)。

法兰安装:采用液压铆钉机或手动铆钉机进行法兰铆接。

角码安装:采用气动角码装订机进行安装。

其次进行风管装配图编制,需要将风管的系统序号、风管规格、总长度、底部标高进行标记。安装时根据图纸进行风管选型和安装(图 5-25)。

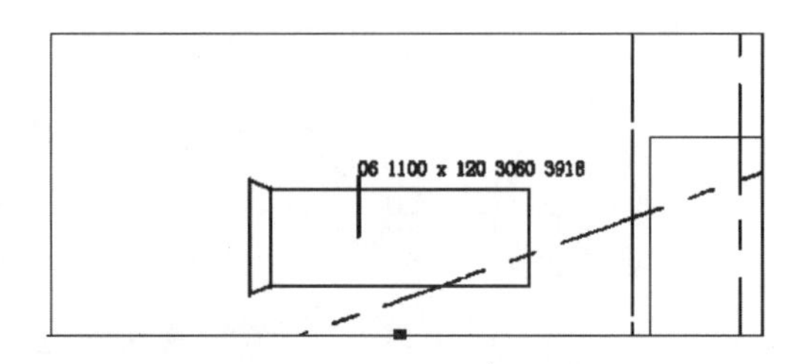

图 5-25　风管选型和安装

⑤ 其他采用场外加工的构件

管线综合支吊架在工民建机电安装工程中的应用实现了安装空间的合理分配与资源共享,满足功能要求,预留检修通道,观感质量好,达到了节省空间和材料的目的,减少了专业间的协调工作量,并提高了施工的工作效率。

本次支吊架深化设计采用 MagiCAD for Revit 的支吊架系统。

• 采用综合支吊架的优点和效益

组合式构件,装配式施工,整齐、美观;各专业协调好,确保室内吊顶空间标高;使用寿命长、后期维护方便;材料预算准、通用性强;受力可靠、稳定;安装速度快、缩短工期。

• 支吊架系统深化设计流程(图 5-26)

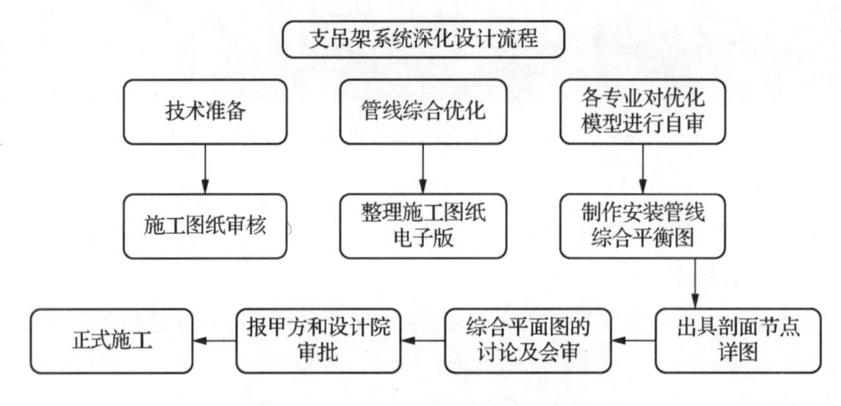

图 5-26　支吊架系统深化设计流程

- 支吊架深化设计图(图 5－27～图 5－29)

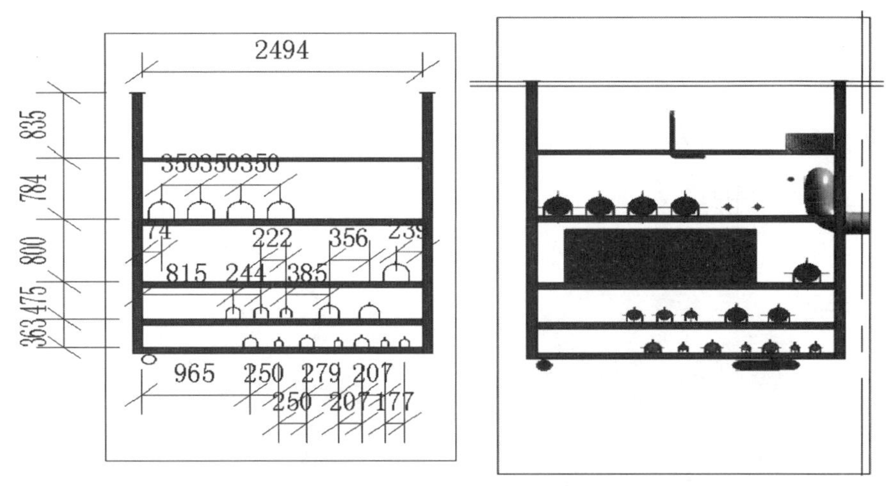

图 5－27　深化完成后的剖面图

图 5－28　局部三维图

图 5－29　楼层支吊架效果图

根据模型出具的材料清单，其可分为分系统材料清单和分构件材料清单(图 5 - 30)。

材料清单表

[illegible]

SIMFIX

材料清单表

收件单位：
项目名称：
联系电话：
传 真：
收件人：

发件单位：
联系电话：
传 真：
发件人：
发件日期：

No.	产品	[illegible]	数量	[illegible]
1	SIMFIX-CAA-HH-OC-210	SIMFIX-CAA-HH-OC-210	2	机械 正压 3;
		SIMFIX-CAA-HH-OC-210	1	机械 正压 2;
		SIMFIX-CAA-HH-OC-210	6	机械 正压 1;
		SIMFIX-CAA-HH-OC-210	1	机械 新风 2;
		SIMFIX-CAA-HH-OC-210	2	机械 送风 7;
		SIMFIX-CAA-HH-OC-210	1	机械 送风 3;
		SIMFIX-CAA-HH-OC-210	1	机械 送风 1;
		SIMFIX-CAA-HH-OC-210	4	机械 排油烟 5;
		SIMFIX-CAA-HH-OC-210	3	机械 排油烟 4;
		SIMFIX-CAA-HH-OC-210	3	机械 排油烟 2;
		SIMFIX-CAA-HH-OC-210	3	机械 排油烟 1;
		SIMFIX-CAA-HH-OC-210	4	机械 排烟 1;
		SIMFIX-CAA-HH-OC-210	2	机械 排风 9;
		SIMFIX-CAA-HH-OC-210	4	机械 排风 8;
		SIMFIX-CAA-HH-OC-210	1	机械 排风 4;
		SIMFIX-CAA-HH-OC-210	1	机械 排风 3;
		SIMFIX-CAA-HH-OC-210	2	机械 排风 2;
		SIMFIX-CAA-HH-OC-210	5	机械 排风 10;
		SIMFIX-CAA-HH-OC-210	38	
2	SIMFIX-CAA-HH-OC-220	SIMFIX-CAA-HH-OC-220	1	机械 送风 5;
		SIMFIX-CAA-HH-OC-220	1	
3	SIMFIX-PCI-HH-2.1.2-1	DN100	1	空调冷凝水管系统 2;
		DN50	1	空调冷凝水管系统 2;
4	SIMFIX-PCN-HH-2.1.2-1	DN100	2	雨水排水系统 7;
		DN100	2	雨水排水系统 4;
		DN100	5	雨水排水系统 3;
		DN100	2	雨水排水系统 2;
		DN100	2	雨水排水系统 1;
		DN100	7	污、废水管道系统 6;
		DN100	7	污、废水管道系统 5;
		DN100	13	污、废水管道系统 3;
		DN100	7	污、废水管道系统 1;
		DN100	8	通气立管 6;
		DN100	3	喷淋系统 3;
		DN25	7	喷淋系统 3;
		DN40	32	喷淋系统 3;
		DN50	4	污、废水管道系统 5;
		DN50	2	污、废水管道系统 3;
		DN50	2	污、废水管道系统 1;
		DN50	11	喷淋系统 3;
		DN65	10	喷淋系统 3;
		DN80	5	污、废水管道系统 6;
		DN80	7	污、废水管道系统 5;
		DN80	2	污、废水管道系统 3;
		DN80	7	污、废水管道系统 1;
		DN80	7	喷淋系统 1;

图 5 - 30 “材料清单表”示意图

根据现场需要可采用厂家预制支吊架和自制支吊架系统(图 5 - 31,图 5 - 32)。

图 5 - 31 支吊架制作与安装(一)

图 5 - 32 支吊架制作与安装(二)

7）基于信息模型对管理现场方面的研究

BIM技术的特点如下：① 可视化，结合数据信息技术与电子成型技术，将原本抽象的平面图像及相关的数据进行标注，实现了对施工现场的集约式数据管理；② 协调性，BIM技术不仅可以进行可视化，同时还可以进行指导、分析等一系列操作，使管理工作更加方便；③ 模拟性，对工程各个环节进行提前模拟，包括进度分析、吊装模拟等；④ 实践性，利用BIM技术可以通过模拟找出设计本身存在的一些不合理情况，并根据分析得出相应的优化图纸；⑤ 数据集成性，可以从BIM系统提取和输入项目相关数据信息，如提取材料量信息、加工质量安全信息等。

（1）根据模型调整情况出具碰撞优化报告

为了更好地展示碰撞优化情况，我们按照一定的规则，出具碰撞报告PPT，其包括CAD图纸、模型平面图、模型三维图、节点优化介绍等（图5-33～图5-36）。

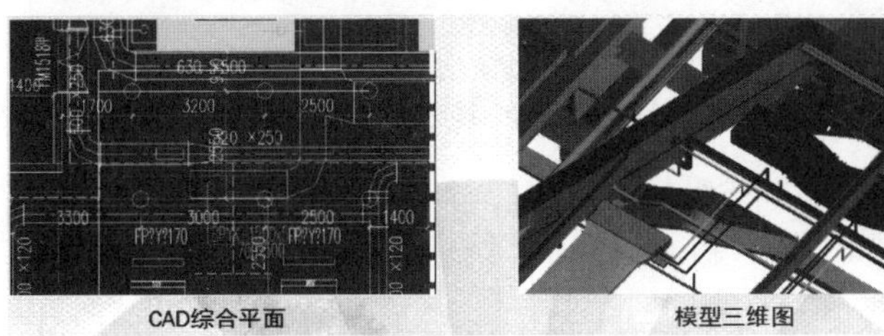

图5-33　碰撞中的CAD图纸

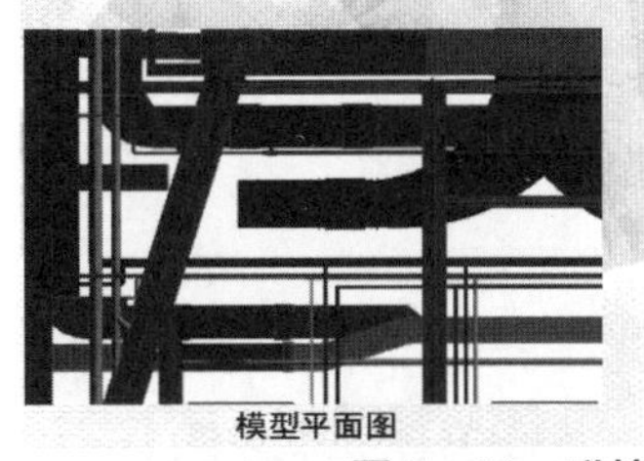

图5-34　碰撞中的模型平面图

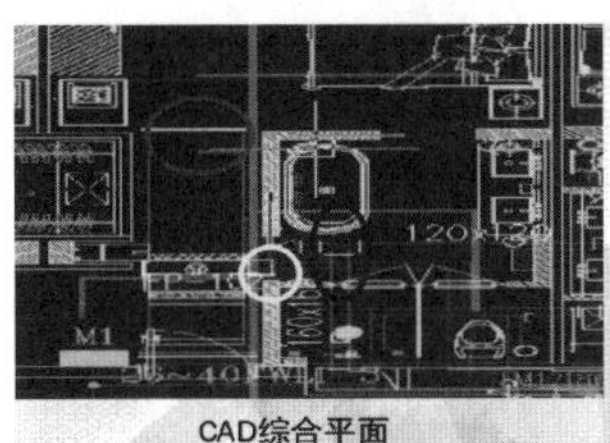

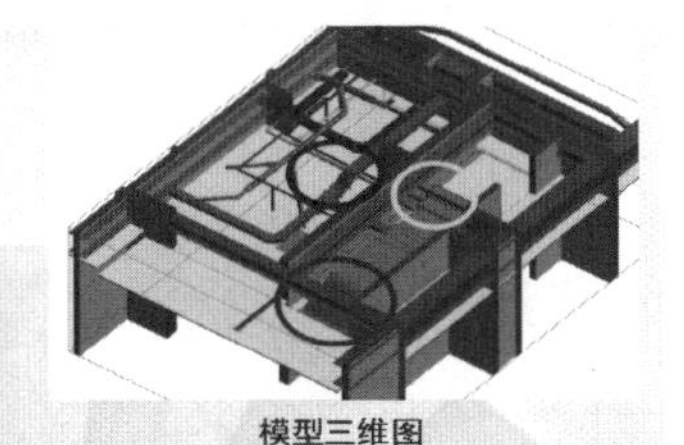

图5-35　碰撞中的模型三维图

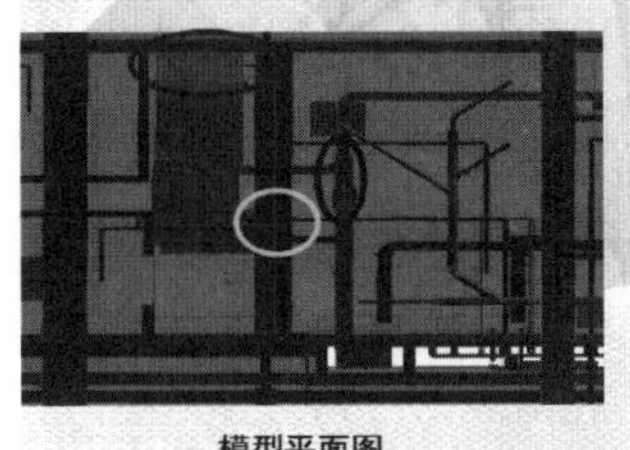

图5-36　碰撞中的节点优化

(2) 根据模型出具各类图纸

① 管线综合图:该图纸在平面图内将机电系统的管线反映出来,合理安排不同专业管线的走向、标高、间距等,以满足精装修、施工安装、规范及检修的要求(图 5 - 37)。

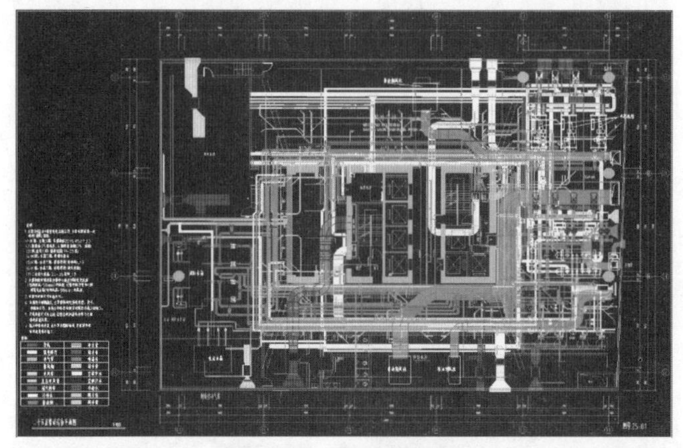

图 5 - 37　管线综合图

② 机电综合剖面图:该图纸反映出机电综合平面图内局部管线比较密集的区域内各专业管线的走向、标高、间距,剖面图内需要明确、形象地表示出该剖面图的管线布置和标高(图 5 - 38)。

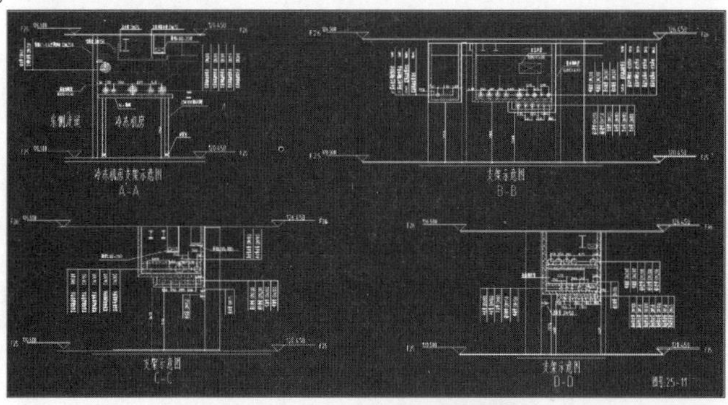

图 5 - 38　机电综合剖面图

③ 各机房及管井、电井大样图:该图纸反映各机房、管井、电井的具体细节情况(图 5 - 39,图 5 - 40)。

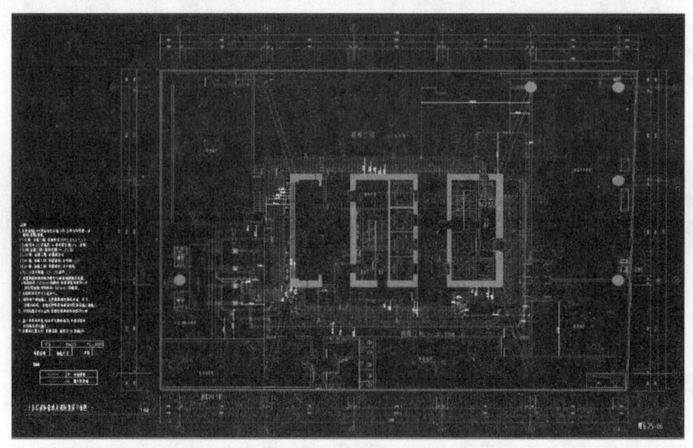

图 5 - 39　各类机房及管井、电井大样图(一)

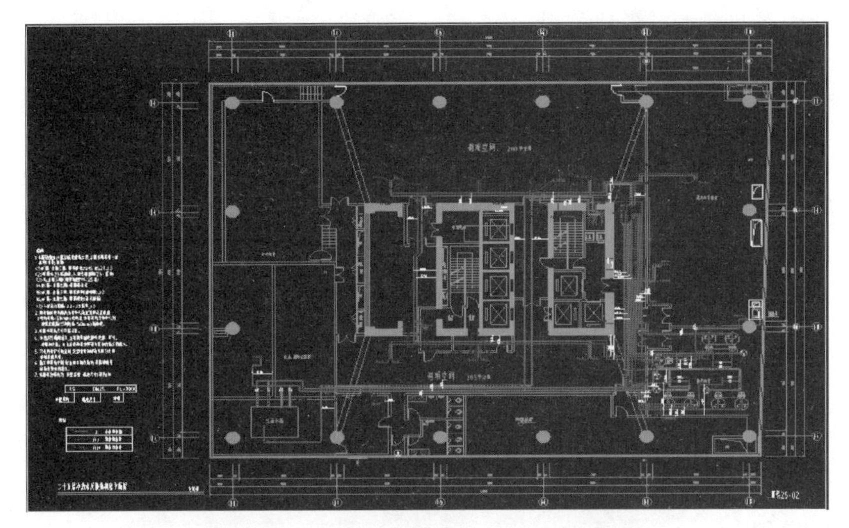

图 5－40　各类机房及管井、电井大样图(二)

④ 预留孔洞图:该图纸反映出机电管线需要穿越剪力墙及结构地台的地方预留孔洞,以及天花板上预留检修口、风口预留洞、机电点位预留洞,根据需要对预留孔洞尺寸进行精准定位,尽量避免后期对结构和吊顶的破坏(图 5－41,图 5－42)。

图 5－41　预留孔洞图(一)

图 5－42　预留孔洞图(二)

(3) 利用模型展示可视化效果

① Revit 展示模型(图 5－43)

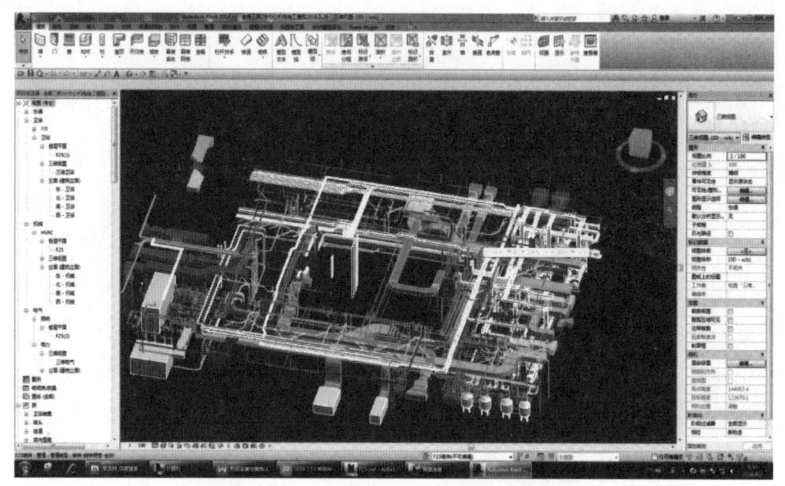

图 5－43　机电工程 Revit 展示模型

② Navisworks 展示模型(图 5－44)

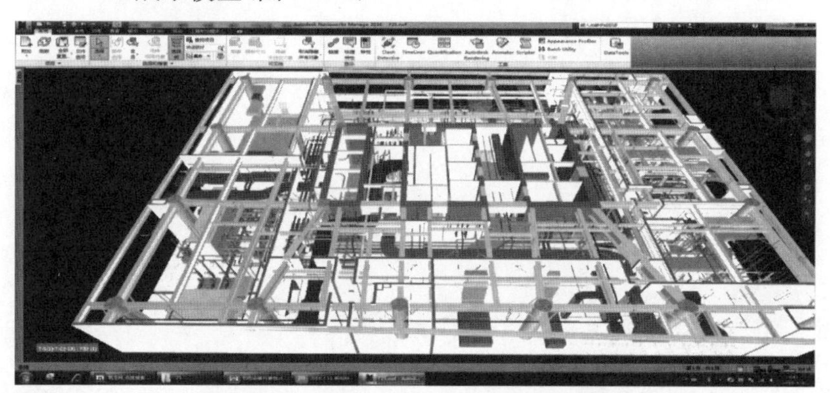

图 5－44　机电工程 Navisworks 展示模型

③ BIMGlue360 展示模型(图 5－45)

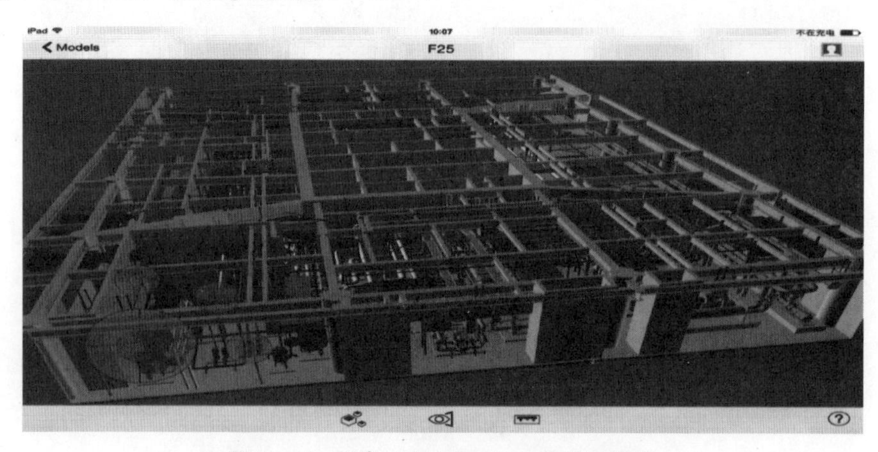

图 5－45　机电工程 BIMGlue360 展示模型

④ 广联达 BIM5D 平台展示模型(图 5-46)

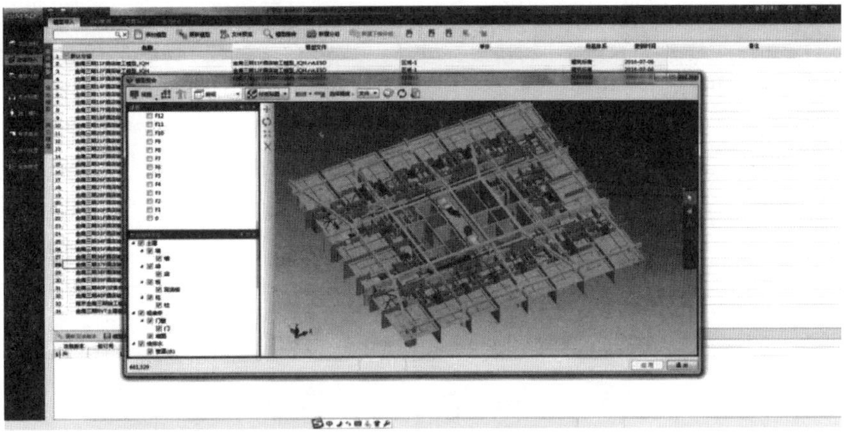

图 5-46　BIM5D 平台展示模型

(4) 利用模型出具工作量清单

根据项目需求,对所需要出具施工材料量的模型进行分类统计,如列出管道材料量,需要分楼层将管道材质、类型、管径、总数进行统计(图 5-47)。

<管道明细表>

A	B	C	D	E
族	类型	系统类型	尺寸	长度
管道类	J-不锈钢管-共同	家用热水	32 mm	9373
管道类	J-不锈钢管-共同	家用热水	40 mm	9313
管道类	J-不锈钢管-共同	家用热水	80 mm	2886
管道类	J-不锈钢管-共同	给水管	15 mm	156
管道类	J-不锈钢管-共同	给水管	25 mm	1080
管道类	J-不锈钢管-共同	给水管	32 mm	1094
管道类	J-不锈钢管-共同	给水管	40 mm	14392
管道类	J-不锈钢管-共同	给水管	50 mm	56555
管道类	J-不锈钢管-共同	给水管	65 mm	23053
管道类	J-不锈钢管-共同	给水管	80 mm	115566
管道类	J-不锈钢管-共同	给水管	100 mm	202981
管道类	J-不锈钢管-共同	给水管	150 mm	4537
管道类	RH-不锈钢管-共同	家用热水	32 mm	6826
管道类	RH-不锈钢管-共同	家用热水	50 mm	92453
管道类	RJ-不锈钢管-共同	家用热水	50 mm	48071
管道类	RJ-不锈钢管-共同	家用热水	65 mm	33793
管道类	RJ-不锈钢管-共同	家用热水	80 mm	19462
管道类	RJ-不锈钢管-共同	家用热水	100 mm	117204
管道类	RJ-不锈钢管-共同	给水管	50 mm	6236
管道类	内外壁热镀锌钢管	卫生设备	25 mm	955
管道类	内外壁热镀锌钢管	喷淋系统	100 mm	950
管道类	内外壁热镀锌钢管	喷淋系统	150 mm	598
管道类	内外壁热镀锌钢管	喷淋系统	200 mm	61
管道类	内外壁热镀锌钢管	循环回水	25 mm	4709
管道类	内外壁热镀锌钢管	循环回水	250 mm	1976
管道类	内外壁热镀锌钢管	消防系统	100 mm	1648
管道类	内外壁热镀锌钢管	消防系统	150 mm	148
管道类	内外壁热镀锌钢管	消防系统	200 mm	10088
管道类	冷凝水管-镀锌钢管	空调冷凝水管	50 mm	53235

图 5-47　BIM 模型中的管道明细表

(5) 利用平台进行多方面现场管理

① 进度管理:为了保证施工在可控范围内,我们利用 BIM 技术对工程进行进度模拟,单层模拟其施工工序、多层模拟其流水施工。计划实时更新、实时监控,实现 4D 可视化形象进度展示,更为施工下一步进展提供可靠数据(图 5-48)。

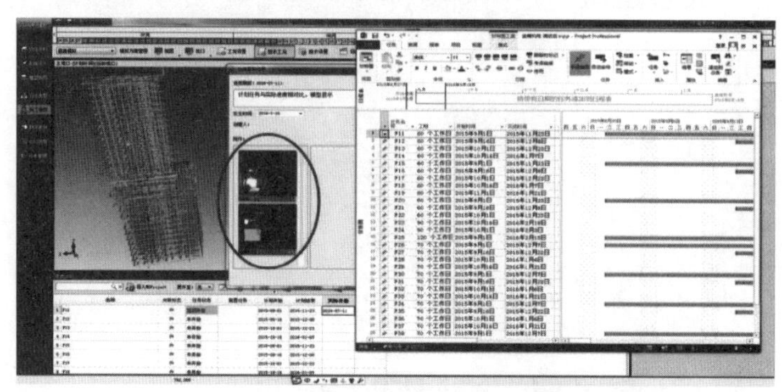

图 5-48　BIM 平台现场管理中的进度管理

② 造价和合同管理:包括对劳务分包的材料量计划及分配、进度工作量统计及核对、材料商的材料汇总、洽商签证的实时信息录入(图 5-49)。

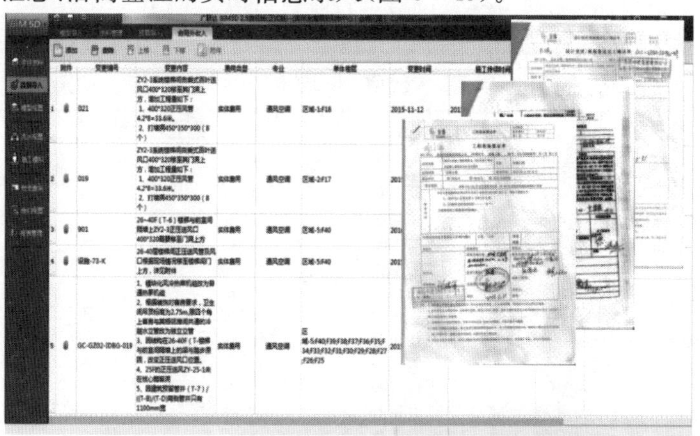

图 5-49　BIM 平台现场管理中的造价及合同管理

③ 材料管理

根据施工进度安排,在平台中提取出材料量清单,并将信息在筑材网发布,跟踪材料询价、报价、中标及审批、签订合同情况(图 5-50,图 5-51)。

图 5-50　BIM 平台现场管理中的材料管理

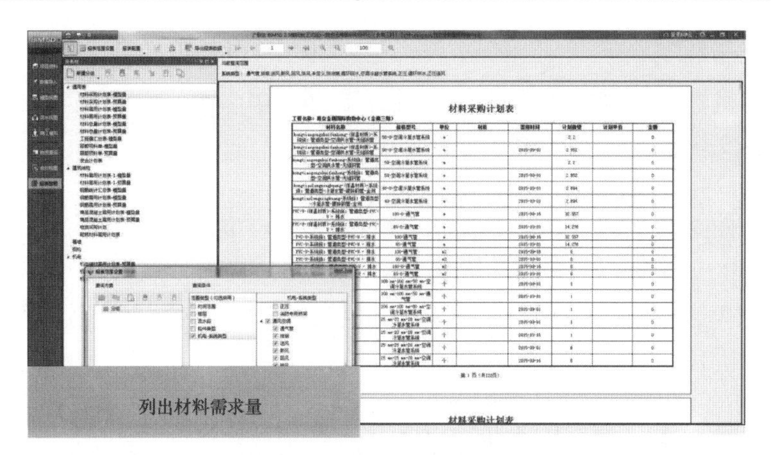

图5-51　BIM平台中材料输出

④ 质量安全管理：现场采用BIM360Glue浏览模型与实际施工情况进行核对，对于按图施工和施工质量不到位的工程进行拍照，录入BIM5D系统，在工作例会上点对点地进行工程质量纠正(图5-52,图5-53)。

图5-52　BIM5D系统的质量纠正管理(一)

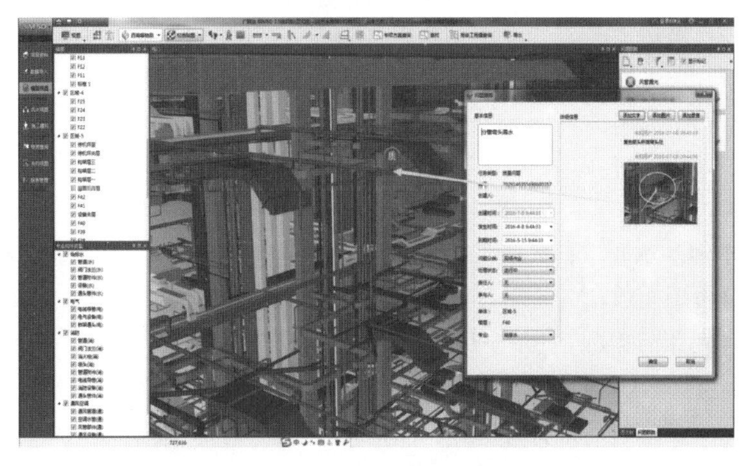

图5-53　BIM5D系统的质量纠正管理(二)

8）研究成果

金鹰三期机电安装项目自2015年7月开工，至2016年8月基本完成。历时13个月，本课题自2015年7月立项，并进行跟踪项目研究。

课题主要研究对象有：

（1）运用BIM技术进行多专业协同机电深化设计研究；

（2）基于模型的精度复核，误差调整及后续处理研究；

（3）通过模型分解进行场外加工图制作，并将其归纳成系统，使得后期可以进行数据化装配方面的研究。

（4）基于信息模型对管理现场方面的研究。

由于时间较紧、研究面较广，因此在有些方面还不是特别深入。

现对研究成果进行简要总结：

① 运用BIM技术进行多专业协同机电深化设计研究成果总结

根据实际操作和深化过程，总结出一套企业级的建筑工程信息模型应用统一标准，其主要包括：建模基础；建模需要达到的要求；建模规则（包括LOD标准、各类命名规则、各类拆分规则等）；建模流程。

在以上基础上，根据施工实际情况，还总结出BIM机电深化设计原则，以及在设备层、管道井、公共走廊、酒店客房等区域深化设计时的步骤和需要注意点。

② 基于模型的精度复核，误差调整及后续处理研究成果总结

根据在实际应用中，对于结构的实测、模型的调整、机电的跟踪调整、机电加工精度分析、机电安装施工精度分析，总结了一套流程及应变措施。

③ 通过模型分解进行场外加工图制作，并将其归纳成系统，使得后期可以进行数据化装配方面的研究成果总结

通过实际的场外加工运作与BIM模型结合，总结出一套科学合理、更加方便准确的BIM场外加工流程，并根据实际操作需要，制定出一系列数据分析表格和装配图纸。

④ 运用BIM平台对管理现场方面的研究成果总结

根据实际现场需要还制定了一系列操作模板：

- 审图报告模板；
- BIM冲突及优化分析报告模板；
- 管线综合平面图模板；
- 风管平面图模板；
- 图框模板；
- BIM出图基本要求；
- 净空分析图模板；
- BIM问题报告模板；
- 项目BIM会议纪要模板；
- BIM成果提交模板；
- BIM项目问题跟踪报告记录；

- BIM 材料消耗量汇总表模板。

除此之外，还对 BIM 项目平台如何在一个项目里落地实施进行了一系列总结，如进度管理、质量安全管理、造价管理、材料管理等，有了很好的项目推广实施价值。

9）经济效益与社会效益分析

（1）经济效益分析

采用 BIM 技术进行深化设计后，施工基本无返工，在人工费上减少超过 2%；采用综合支吊架设计，应用 MagiCAD 支吊架系统，节约深化设计时间 40%，采用配支吊架节约人工费 35 万元。采用自制综合支吊架节约钢材 5 吨；风管采用场外加工，不仅没有因为运输开支加大增加总费用，反而因为机械化制造加工，节约人工制作费 40 万元，总体费用降低 25 万元。除此之外，甲方还与我方签订 BIM 咨询合同，为甲方提供 BIM 技术支持，合同总额 99 万元。

根据此次研究成果，我司还在其他机电安装项目进行了推广，一年以来，我们成功在：蚌埠“天湖国际”；太原·绿地中央广场商业裙房及地下车库工程；河北医科大学第四医院新建医技病房楼；安徽设计院总部大楼；黑河市全民健身中心体育馆；南航珠海区域总部项目工程；中国医药城商务中心；元祖梦世界；浩远弘天大厦；苏州欧华中心；时尚舞台酒店商业综合体项目；江宁市民中心等十几个项目中进行了应用，取得了不错的经济效益，累计节约费用 630 万元。

（2）时间效益分析

采用此系统进行深化设计及应用平台系统，在工期方面有了很好的控制，虽然业主方在施工过程中增加不少设计变更，但是工程并未因此增加工期，尤其在多专业深化设计、监理协调例会、现场指导施工等众多方面节约了不少时间。

（3）间接效益分析

经过此项目的研究及推广，对内形成了一整套技术资料，培养了一批技术骨干，并将在以后的工程应用中起到很好的示范作用；对外，给业主方展示了我公司较高的技术能力，为以后承接工程起到了很好的宣传作用。

第 6 章　常熟商业银行工程质量创优与示范

6.1　常熟商业银行工程概况

常熟农村商业银行大厦是一座功能齐全、设计新颖、极具时代感的现代化办公大楼，总建筑面积 52 142 m^2。由两幢裙楼和一幢主楼组成，地下一层，地上主楼 24 层、裙楼为 5 层。主楼结构体系为钢筋混凝土框架-剪力墙结构，裙楼结构体系为钢筋混凝土框架结构，建筑物最大高度：主楼为 105.80 m，裙楼为 23.70 m，地下室层高分为 5.35 m、4.80 m、5.25 m 几种尺寸，地下室设计为甲类防空地下室，平战结合。在－0.050 标高处设架空层，1 层层高为 7.15 m，2 层层高为 4.50 m，3、4 层层高为4.20 m，5 层层高为 4.50 m，6 至 15 层层高均为 3.80 m，16 层至 21 层层高为 4.00 m，22 至 23 层层高为 4.20 m，24 层层高为 5.20 m。

建筑耐火等级为一级，地下室防核武器抗力等级为 6 级，结构抗震等级：地下室③～⑩/Ⓓ～Ⓙ轴区域框架二级，剪力墙三级，其余部位框架三级，剪力墙三级；主楼为框架二级，剪力墙三级，剪力墙底部加强区高度自基础顶面至 5 层楼面；裙楼为框架四级，剪力墙三级，剪力墙底部加强区高度从基础顶面至 3 层楼面。本工程±0.000 相当于绝对标高 3.800 m。

室内工程装修部分暂只考虑普通土建装修，具体需要进行二次设计。

外墙装饰：外墙装饰大部分为玻璃幕墙、铝板幕墙、石材幕墙。

屋面分为上人屋顶平台和非上人屋面两种。采用 40 mm 厚挤塑保温板、自黏性橡胶防水卷材和 50 mm 厚 C30 细混凝土（内配 ϕ4 双向钢筋网@200）刚性防水层防水。

地下室外墙钢筋混凝土自防水，防水等级二级，设计抗渗等级为 S6，外部迎水面及底板外侧涂刷防水涂料两道。

使用功能：地下室可分为战时和平时两种情况下使用，地下一层和底层架空层为机动车和非机动车停车库，1 层为银行营业大厅和外汇业务部，2 层为电脑中心和餐厅，3 层设活动室和办公区域，4 层设办公室，5 层设办公室和会议室，6 层以上均为办公室。

1）结构

本工程主楼为钢筋混凝土框架-剪力墙结构，裙楼为钢筋混凝土框架结构，基础形式为桩-承台基础，桩基采用钢筋混凝土钻孔灌注桩及预应力管桩。地下室基础筏板面标高为－6.30 m、－6.75 m 等，基础筏板厚度大部分为 500 mm，底板钢筋除注明外为双层双向Φ 160@150，底筋和面筋保护层厚度分别为 50 mm 和 25 mm，地下室外墙迎水面保护层厚度为 50 mm，内侧为 20 mm。混凝土标号：基础垫层 C15；承台、地梁、底板、地下室外墙、水箱、水池为 C35，抗渗等级为 S6；主楼框架柱及剪力墙地下 1 层至 10 层楼面为 C50，第 10 层楼面至 20 层楼面为 C40，第 20 层楼面至屋面为 C35，屋面以上为 C30；主楼框架梁及楼板地下 1 层至 24 层楼面为 C35，屋面为 C40，屋面以上为 C30；裙楼框架柱、梁及楼板地下 1 层至 5 层屋面为 C35；楼梯随楼层梁板；构造柱、圈梁、过梁、压顶梁等为 C20。地下室底板、侧板、顶板、水池及后浇带混凝土均应采用补偿收缩混凝土，并掺入聚丙烯纤维。

本工程墙体：±0.000 m 以下与土壤接触或处于潮湿环境的墙体采用 MU15 实心混凝土砖，M10 水泥砂浆砌筑；电梯井道围护填充墙采用加气混凝土砌块，M5 混合砂浆砌筑；外墙采用加气混凝土砌块，M5 混合砂浆砌筑；内墙采用轻质材料(砌块或板材)，其容重不应大于 7 kN/m^3。

2）安装、设备

内设电梯、通风设备、强弱电配、给排水、消防、智能化系统等。

3）环境

本工程位于常熟市新世纪大道以东，常熟市中学以南地块，交通便利，饮水为城市供水网，污水排入市政网，用电、通信方便。

4）工程重点、难点

根据设计与实际情况，本工程施工中有如下问题特别应当重视，具体施工时将其列为工程重点。

(1) 地下工程工作量大，施工难度高，技术含量高。

(2) 施工密度大，场地狭窄给施工增加了困难。

(3) 地下室、屋面、外墙确保不渗漏且耐久性好。

(4) 本工程外立面采用玻璃幕墙。

(5) 季节性施工的质量控制。

(6) GBF 现浇混凝土空心楼(屋)盖的施工。

(7) 施工工期紧，计划控制需严密。

5）新技术在本工程设计施工中的运用

推广应用新技术、新工艺、新材料，可以为提高工程质量，加快施工进度，节约投资成本起到积极的促进作用。本工程设计施工中采用了多项建设部推广的先进技术，具体施工时，应在设计院和生产厂家指导下进行施工。

(1) GBF 板应用技术

本工程地下室顶板(−0.05 m 处结构)采用 GBF 现浇混凝土空心楼板。本项目施工属于新型材料使用，在设计院及生产厂家指导下精心施工，保证施工质量。

(2) 高性能预拌混凝土技术

本工程地下室采用C35防渗密实性混凝土，主体结构为C50、C40等高强度混凝土，为控制混凝土收缩等因素引起的墙体裂缝，根据设计要求采用补偿收缩混凝土(通常采用JM-3)，并掺加聚丙烯纤维。

(3) 直螺纹连接技术

直螺纹连接技术范畴，适用于ϕ16～ϕ40的Ⅱ、Ⅲ级竖向钢筋连接，不仅施工方便，而且能保证质量。

(4) 建筑节能

本工程采用轻质砌块，不仅能够减少楼房重量，而且砌块代替红砖还可以节约耕地资源，有利于环保。外墙、屋面保温材料采用挤塑保温板，能有效地节约能源，提高节能效果。

(5) 防水

地下室底板、外墙及水池混凝土采用密实自防水混凝土，抗渗等级S6，外部迎水面及底板外侧采用1.5 mm厚聚氨酯防水涂料。屋面采用40 mm厚挤塑保温板、自黏性橡胶防水卷材和50 mm厚C30细混凝土(内配ϕ4双向钢筋网@200)刚性防水层等多道设防，可以有效地解决相关部位渗漏的质量通病。

(6) 现代管理技术与计算机应用

现代科学管理内容广泛，涉及面大，当前以计算机应用为主。从本工程的项目管理实际出发，我们认为计算机可在以下几个方面得到应用：

① 加强CAD、Excel、Access等软件在技术、质量、材料、设备等方面的应用，提高工作效率。

② 施工预算采用有关预算软件，设计修改可随时调整。现场自行开发的计算软件，方便技术管理工作。

③ 成本核算、财务管理、计划统计与公司联网，使用Excel、安易等软件加强控制。

6.2 常熟商业银行工程质量创优准备及资源配置

1) 部署指导思想

施工组织设计是指导整个工程施工的纲领性文件和规范性条款，本工程施工组织设计总体部署的指导思想是“一流的科学管理、一流的施工技术、一流的工程质量、一流的施工速度”。

(1) 部署原则

在施工组织、施工准备、施工流程、施工管理等几个重大问题上，综合分析了公司实力、当地情况、工程特点等综合因素，部署的原则为“施工方案先进合理、施工组织周到严密、施工管理严格细致、总包责任可靠落实”。

(2) 施工目标

我公司按项目法进行全面组织施工，按 ISO 9002 质量体系进行质量管理，遵循“以人为本，发扬拼搏精神，确保基础施工安全，抢赶结构施工工期，穿插设备管线安装，合理搭接施工工序，全面落实质量、安全、进度、文明”的施工目标。

2) 施工部署

根据本工程两幢裙楼及一幢高层办公大楼且有人防地下室，施工难度大，投入人力、物力和财力大，为确保工程顺利进行，集团公司高层领导高度重视，公司董事会责成苏州分公司成立工程指挥部，处理、解决工程中的重大问题，确保人、财、物的供应，做好平衡、协调，以保证工程需要。

公司派出实力雄厚，善打硬仗，屡建窗口工程和优质工程的项目经理部承担该工程建设任务。根据本工程特点，地下室施工阶段，根据后浇带位置分成七个流水段组织施工，地上部分将东西裙楼以后浇带分成四段、主楼分成两段进行小流水施工。施工阶段根据我公司实力，为确保本项目业主的质量目标，保证工程优质、高速地完成，特采取以下措施：

① 在地下室施工阶段同时投入足够的人力和机具设备，进行施工。

② 为确保业主的质量目标，进一步增强项目班子实力，特选派具有苏州市创杯实践经验和熟悉苏州市建筑市场的专业技术人员充实现场项目管理班子。

施工现场成立以项目经理为代表的项目经理部，全面负责该项目的施工管理，确保工程的质量、工期和安全文明施工等各项计划的全面实现。施工现场实行项目法施工，项目经理代表企业法人对内有调度、采购、分配、奖与罚等权限。下属各职能部门对项目经理负责，做到分工明确、各负其责、互相协作、紧密配合，形成有效的管理层。

我们在本工程中做了以下工作：

① 在业主和监理的统一领导下，有组织地与附近居民进行友好交往，主动搞好相互间关系。加强对本项目部施工人员的管理和教育，避免与居民发生矛盾和纠纷，一旦发生矛盾，本着友好的态度，坐下来商量解决。

② 在业主和监理的主持下，每周召开施工协调会，解决工程中的施工问题。

③ 加强安全生产和文明施工管理力度。

④ 强化门卫和制度管理，严格组织纪律。

本工程处在居民区及常熟市重点中学附近，公司采取有效措施减轻噪声和其他污染，保证附近单位的正常工作及居民的正常生活不受影响。

施工区域附近受施工影响的建筑物、管线会同甲方事先查明，并考虑可能发生的各种问题，特别是在地下室施工期间派专人对周围建筑物及管道进行监测，发现问题及时采取措施迅速加以解决，防止发生意外。

3）施工安排

（1）现场交接安排

进行现场交接的准备，其重点是对甲方提供的各控制点、轴线、标高等进行复核，对施工场地进行规划和布局，以使整个施工现场符合我们布置的原则及要求。落实好生活区和生产区的临时设施建设，这些工作在进场前全部完成。

（2）技术准备

组织有关人员着手进行技术准备，仔细研究施工图纸，了解设计意图及相关细节，并进行钢筋翻样、木工翻样、各级别的混凝土方量计算、混凝土配合比的优化设计，同时编制各工种的详尽施工作业指导书，以便从工程一开始就受控于系统管理，确保工程质量和进度。

（3）机具设备准备

组织有关大中型设备的基础施工和设备的安装调试。小型机具按进度计划分批进场，并使进场设备均处于最佳的运行状态。将最好的设备分派到本工程。

测量仪器采用先进的全站仪、激光铅垂仪和精密水准仪，确保测量放线和高程的准确量测。

（4）计划材料准备

根据设计施工图纸进行木工、钢筋翻样工作，根据翻样出来的各种材料清单，选派专职材料员会同业主选择质量稳定的大厂钢筋、水泥、木材等原材料供应商，并列出原材料到货计划，有条不紊地组织采购工作。同时也按照施工组织设计的施工工序，列出周转材料的进场计划，按时到货，以确保顺利施工。

（5）工程技术人员和劳动力准备

根据现场实际情况进行施工总平面工作安排，主要施工管理人员全部到位，工人分批按进度部位要求进场，技术工、操作工都按设置的要求进行分批就位。本工程技术工、机操工全部使用本公司基本职工。进场作业班组选派我公司技术素质高、政治思想好、善于打硬仗和屡建窗口工程的优秀班组进场，以工作质量来保证施工工期和工程质量。

为达到本工程的质量优、工期短、安全无事故、经济效益好的总目标，必须排出日程，采取各项技术措施等有效手段。在实施质量管理中，采用质量管理循环，即：计划阶段（P）→实施阶段（D）→检查、评价阶段（C）→处理阶段再制定新计划（A）的 PDCA 循环周而复始，推动达到预期的目标（图 6－1）。在质量管理活动中，切实做到管理内容清楚，全员参加制定质量目标并保证目标的实施。在总体目标下进行层层分解展开，层层落实，分别制定个人目标及保证措施，形成一个全员、全过程、多层次的质量目标管理体系。

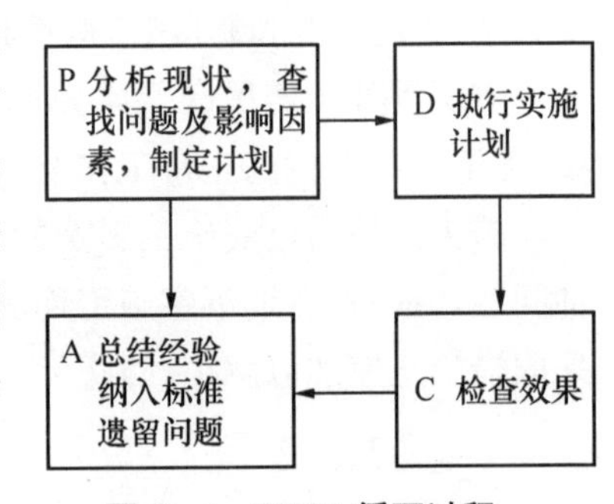

图 6－1　PDCA 循环过程

4）主要施工机具设备投入计划（表 6-1，表 6-2）

表 6-1　施工机械配备计划（土建）

机械名称、牌号、产地	已使用年限	规格功率	数量（台）	目前在何处	备　注
履带式单斗挖土机 W1100	0	1 m^3	5	土方队	土方开挖至挖土结束
推土机 T1-100	0	10 马力	2	土方队	土方开挖到挖土结束
汽车式起重机 QY16	0	16t	1	土方队	土方开挖到挖土结束
自卸汽车 QD351	0	7t	20 辆	土方队	土方开挖到挖土结束
塔吊 80t-m	1	57 kW	1	公司	地下室底板施工前安装完毕，主体结顶后退场
塔吊 40t-m	1	40 kW	1	公司	地下室底板施工前安装完毕，主体结顶后退场
人货电梯 SCD200/200	1	18 kW	1	公司	砌体施工时安装，工程结束时拆除
混凝土汽车 SXTH135311-45 m	2	标准	2	混凝土公司	地下室混凝土施工
固定混凝土泵	1	标准	3	混凝土公司	主体到顶
砂浆机 VJ325	1	2 kW	4	公司	砌体及粉刷施工阶段
高压水泵 100SWX5	2	22 kW	2	公司	主体结构施工阶段
潜水泵 8NG20-50	0	3 kW	4	购置	全过程
污水泵 21/2 kN	0	3 kW	4	购置	开工至地下室完工
木工圆盘锯 MJ106	2	5.5 kW	2	公司	全过程
木工平刨 MB 504	2	3 kW	2	公司	全过程
木工压刨 MB106-A	1	5 kW	2	公司	全过程
电焊机	3	23 kVA	5	公司	全过程
电渣压力焊机	3	12 kVA	5	公司	主体结构施工阶段
对焊机	2	30 kVA	2	公司	主体结构施工阶段
钢筋切断机	2	7.5 kW	3	公司	主体结构施工阶段
钢筋弯曲机	2	7.5 kW	3	公司	主体结构施工阶段
钢筋调直机	1	30 kW	1	公司	主体结构施工阶段
直螺纹连接机	2	3 kW	2	公司	主体结构施工阶段
混凝土搅拌机	2	5.5 kW	2	公司	全过程
插入式振动器	1	1.1 kW	20	公司	全过程
平板式振动机	1	2.2 kW	5	公司	全过程
经纬仪 苏 JZ	2	标准	2	公司	全过程
水准仪 索佳 C32	2	标准	3	公司	全过程
全站仪 索佳 CETZC	2	标准	1	公司	全过程
激光铅垂仪	2	标准	1	公司	全过程

表 6-2 施工设备及机具配备计划(安装)

序号	设备名称	规格型号	主要参数	单位	数量
1	汽车吊	25t,根据需要进退场		辆	1
2	铲车	5t,根据需要进退场		辆	1
3	载重汽车	5t,根据需要进退场		辆	1
4	硅整流焊机	BX-500	—	台	3
5	电焊机	BX6-250A	15 kVA	台	5
6	全位置钨极氩弧焊机	Orbitig350	—	台	1
7	焊条烘干箱	450℃	—	台	2
8	气焊/割工具	标准	—	套	2
9	台钻	ϕ22 mm	1.5 kW	台	2
10	砂轮切割机	GJ3-400	2.2 kW	台	4
11	切割坡口机	RA6 型 Φ3—6″	0.75 kW	台	2
12	角向磨光机	ϕ125 mm	0.65 kW	台	8
13	倒链	1t/3t/5t	—	台	各 2
14	电动试压泵	SY-350	—	台	2
15	电锤	ϕ22 mm	0.75 kW	台	12
16	电动套丝机	标准	—	台	2
17	手电钻	标准	—	台	10
18	手动葫芦	1-5T	—	台	4
19	液压千斤顶	标准	—	台	4
20	剪板机	6×2 500 内	—	台	1
21	联合咬口机	0.25-1.2 mm	—	台	1
22	按扣式咬口机	0.75-1.2 mm	—	台	1
23	空气压缩机	0.5-4M3	—	台	2
24	风速检测仪	标准	—	套	2

5) 周转材料投入计划(表 6-3)

表 6-3 周转材料进场计划表

序号	周转材料名称	规 格	需用量	来源
1	竹胶板	1 220×2 400×12	8 千张	购置
2	方木	60×80,75×100	700 m³	购置
3	松板	厚 25,40	70 m³	购置
4	钢管	ϕ48	900 t	自有
5	扣件	“十”字扎,转向、接头	8 万只	自有
6	脚手片	1 000×2 000	8 000 张	购置
7	绿色密目式安全网	1.8×6.0 m	900 张	购置
8	安全平网	3.0×6.0 m	600 张	购置

6.3　常熟商业银行工程测量技术与质量控制

1）工程测量方案

(1) 定位放线

① 本工程定位测量采用直角坐标法进行。为确保测量精度，所用的测量仪器均经检验合格，并在有效使用期内。

② 地下车库定位放线采用主轴控制桩，辅佐闭合校核和加密控制网。

③ 楼面轴线引测用垂准仪与激光测距仪相结合进行。

④ 标高引测

• ±0.000 以下：利用塔尺向下传递。

• ±0.000 以上：利用钢尺向上引测，在相对应标高 500 mm 处作出标识，用油漆标出详细标高。

(2) 测量放线的基本要求

① 施工放线

• 落实专人负责制，各区域设工程师专职施工放线，配测工 3 人。

• 执行一切定位、放线均经自检、互检后，专职质检员验收后，并请监理工程师或业主代表验收。

② 验线

• 专职质检员验线要从审核测量放线方案开始，在各主要阶段施工前，项目工程师均要对测量放线工作提出预防性要求，真正做到防患于未然。

• 验线的依据要原始、正确、有效。

• 验线的主要部位：

a. 引测桩点，与周围定位条件。

b. 主轴线与坐标控制桩点。

c. 原始水准点(高程控制点)、引测标高点和±0.000 标高线。

③ 测量记录和计算工作

• 测量记录做到原始、真实、正确、清晰。

• 计算做到依据正确、方法科学、严谨有序、步步校核、结果无误。

④ 仪器、工具用具的使用与保养

• 测量仪器使用和保养

a. 专人使用、专人保管、专人护理。

b. 仪器安置后不得离开，并注意防止上方坠落物打击。

c. 全站仪、水准仪、经纬仪平时加强保养，正常情况下按检定周期(一年)进行校验，若出现故障，应及时送专业修理部门修理。

• 钢尺、水准尺、标杆使用

a. 正确使用钢尺，严禁踩压，用后及时清理擦油。

b. 水准尺与标杆在施测时，应认真扶正，严禁直立或靠立。

（3）施工测量前的准备工作

通视的地方，作为工程控制校核的依据，建立本工程的轴线控制网。

① 熟悉图纸和施工场地，全面了解建筑物的平、立、剖面的形状尺寸、构造，它是整个施工过程放线的依据。

② 认真学习、领会施工组织设计内容，全盘掌握施工段的划分、施工先后次序、进度安排和施工现场的临时设施位置。

③ 测量人员进场后，应会同业主、监理等有关单位办理好水准点与控制点交验手续，根据要求将控制点引测到安全位置。

（4）测量仪器及通信设备使用计划（表 6－4）

表 6－4　测量仪器及通信设备使用计划表

序号	名称	规格精度	单位	数量
1	全站仪	GTS－311±2″	台	1
2	激光经纬仪	J_2—J_D	台	1
3	经纬仪	J_2	台	1
4	垂准仪	P1－1±1/40 000	台	1
5	水准仪	S2—3 S1—1	台	3
6	钢卷尺	50M	把	4
7	塔尺	5M	杆	4

（5）定位放线

依据给定的控制网点，建立本工程的轴线控制网。每个地面轴线控制点要在其延长线上测设两个以上的备用点，作为校核后备用，轴线控制点必须经验收以后，方可进行下一步的施工。

2）工程质量控制

（1）楼层轴线控制

① 采用激光经纬仪 J_2—J_D 和垂准仪，满足垂直和水平测量控制的精度要求，且操作方便。

② 在基础施工时，采用经纬仪对轴线进行投测，纵向设立 3 条主控制轴线，横向设立 2 条主控制轴线，形成轴线方格网；以此为依据，引测各基础梁、板、柱等轴线。

③ ±0.000 以下施工完毕后，对各轴线进行一次全面性的复核、校验，无误后，在混凝土面上弹出各主控轴线，以此为依据，进行各部位的放样。

④ 上部施工时，利用激光经纬仪的垂准功能，采用天顶法进行垂直投测，将控制点投测到楼层，并逐次进行校正。

（2）标高控制

以业主提供的水准点作为标高控制点，转测到现场可以通视的、又远离基坑且沉降已稳定的位置上，转换成相对标高，以此标高控制点引测本工程的地下、地上楼层标高。

具体方法如下：

±0.000以下：将±0.000控制点引测到临时水准点上，当土方挖至整片垫层设计标高+0.20～0.50 m左右，再引测至基础的控制标高。根据需要，在基坑内做若干个临时水准点控制桩，作为控制垫层及基础混凝土面标高的依据。

每次混凝土在浇捣前，每隔一定距离在竖向钢筋上抄好标高，贴好胶带，以控制混凝土的浇筑高度。

±0.000以上：将标高控制点引测到外墙或柱面上，沿建筑物四周弹出−0.20 m的通线，作为建筑物的标高起始线，待一层结构施工完毕，用钢尺沿铅直方向，向上量取+0.50 m控制点，并以此弹出+0.50 m的水平线。以上各层的标高线均应由起始标高线向上直接量取。

(3) 精度要求

施工放线必须先进行测角、量边或方向控制点检核，符合要求后方可进行大面放样。

① 测量放线允许偏差：$L \leqslant 30$ m，$\ngtr \pm 5$ mm

$30\text{ m} < L \leqslant 60$ m，$\ngtr \pm 10$ mm

$60\text{ m} < L \leqslant 90$ m，$\ngtr \pm 15$ mm

$L > 90$ m，$\ngtr \pm 20$ mm

② 各层外轴线的竖向允许偏差不大于±5 mm，总高累计竖向允许偏差小于$H/1\,000$，且不大于±20 mm。

③ 标高控制网必须进行符合校对，闭合差应小于±5 mm或±20 mm，闭合差合格后，应按测绘数成正比例地分配。

校测由下方向上传递的各水平点线，误差应在±3 mm以内，在各层抄平时，应后视两个标高进行校核。

(4) 沉降观测

① 沉降观测点布置

沉降观测点依据规范及设计要求进行布设，在房屋四周转角处及中间每隔10～20 m的轴线上或每单元分隔处的外墙(柱)面上，距室外地坪0.5 m，且测点以上净空高度不少于2.2 m处，观测点样点按设计图纸或采用暗装式沉降观测。

② 水准点设置

水准点可设置在距建筑物30～50 m稳定、可靠的土层内；或设在沉降已稳定的建(构)筑物上，其数量不少于3个。

③ 沉降观测要求

- 要求按“一等水准测量”精度进行观测，测量的误差应小于变形量的1/15，采用精密水准仪(S1)精密测量方法，往返校差，符合或环线闭合差小于等于0.6 mm。为保证观测精度，按规定埋设永久性观测点，采取“三固定措施”，即仪器固定、主要观测人员固定、观测线路固定。主体每施工一层或间隔七日观测一次，施工完毕后一年内每隔3至6个月观测一次，以后每隔6至12个月观测一次，直至稳定为止。竣工前测一次，竣工时，将完整的施工阶段沉降资料提交给业主或档案管理部门，作为今后使用阶段观测的依据。
- 观测成果要可靠，资料需完整，真正做到“一稳定、四固定”。

④ 沉降观测提供的成果

- 绘制沉降观测点平面布点图，观测点编号。
- 填写、整理下沉量统计表。
- 绘制观测点的下沉量曲线。
- 每次观测的成果应及时提供给业主、监理及报知设计单位，若出现异常便于采取措施。

6.4 常熟商业银行工程地基与基础工程的质量控制

地下室底板板厚为 500 mm，板面标高有－6.75 m、－5.50 m、－6.30 m、－6.35 m 等多种尺寸，局部加深，承台、电梯井处深度较大，标高较低。地下室混凝土采用 C35 防渗密实商品混凝土，掺 UEA－H 型高效混凝土膨胀剂，抗渗等级为 S6。

1）地下室混凝土结构工程施工顺序

测量定位、放线→桩基验收→绑扎底板钢筋→预插柱筋、墙板筋→安装预埋→设置后浇带、施工缝止水片→支模（放置埋件及预留孔洞）→技术复核、隐检→浇筑底板混凝土→混凝土保温、保湿养护→施工缝处理→绑扎地下室柱、墙板钢筋→安装预埋→隐检→立柱墙顶板梁板模板→绑扎梁板钢筋→预埋管线、预留洞→隐检、技复→浇筑柱、墙和顶板梁板混凝土→混凝土保温、保湿养护。

2）底板钢筋施工方法

钢筋工程必须符合《混凝土结构工程施工质量验收规范》（GB 50204—2015）的要求。

（1）钢筋均采用现场制作，对于进场的原材料钢筋必须有钢材质保书，并按规定按批量做好原材试验，经现场技术部门及监理工程师认可后方可使用。

（2）严格按设计施工图和国家规范的标准，编出钢筋加工清单，施工部门严格按清单加工制作。

（3）加工好的钢筋必须进行整理、分类，按照施工计划分类堆放整齐，并挂牌标识，标明种类及使用部位。

（4）底板下层的钢筋绑扎必须具备下列条件方能进行。

① 在下层钢筋绑扎范围内的桩顶处理须符合设计要求。

② 混凝土垫层必须要达到能承受钢筋和施工操作荷载的强度。

③ 轴线、墙、柱截面尺寸必须符合设计施工图。

④ 加工进场的材料均须达到设计规定和国家标准。

（5）绑扎底板底层钢筋时，在垫层面弹出绑扎控制线，以保证间距尺寸，其偏差值应控制在允许范围内，钢筋绑扎质量应符合规范要求。

（6）钢筋在绑扎施工中必须及时配合检查验收，以免返工，影响施工进度。

（7）底板面层钢筋采用架设钢架分层控制绑扎，以保证底板面层钢筋位置的正确和施工作业的安全。根据施工要求，每 1 m×1 m 设一个 ϕ25 钢筋支架。

（8）墙、柱插筋绑扎依照在垫层上所弹轴线及模板线排列绑扎，为确保插筋位置正确，在底板面层钢筋上将墙水平筋或柱箍筋点焊固定于面筋上，插筋顶端临时绑扎 1～2 道水平筋或箍筋，以保证墙、柱插筋位置的正确。

（9）主筋连接按设计要求或采用焊接接头，并按规范错开搭接位置。

（10）先绑扎承台、电梯井、集水坑的钢筋，后绑扎底板钢筋。

3）*底板砖胎模施工*

（1）因本工程基础采用承台、筏板基础，承台、底板外侧模，集水井、电梯井外侧模等采用砖胎模。胎模高度根据实际施工图纸确定，施工时应特别注意断面尺寸的准确性，砖墙必须按底板边线砌筑，并留有余量，砖缝密实，内侧应为正面墙，并用水泥砂浆粉平抹光，砖胎模采用标准黏土砖，M5 水泥砂浆砌筑，砌筑后砖墙后侧应立即回填碎石，100 mm厚 C15 素混凝土垫层。电梯井、集水井内模采用木模、方木或钢管支撑固定，内侧采用型钢作支撑。

（2）外围墙板模板。地下室底板与外墙板的施工缝留在板面上大于等于 300 mm 处水平留置，采用钢板止水带。钢板止水片采用电焊固定在墙板主筋上，以保证钢板止水片位置正确（图 6-2）。

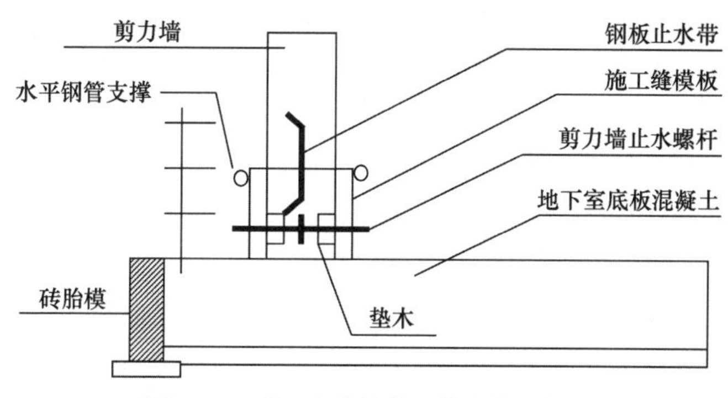

图 6-2　地下室外墙施工缝支模示意图

（3）集水井内模支设节点。集水井凹下底板面的侧壁内模板，除按常规方法支模外，还应注意钢管对撑柱，侧壁内模用焊有止水片的粗钢筋顶住，以防内模移位变形；底板混凝土浇至电梯井及集水井时应进行对称式浇筑，避免内模位移（图 6-3）。

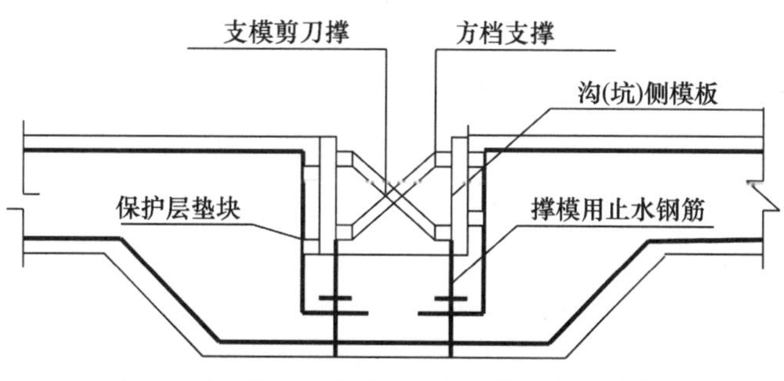

图 6-3　地下室集水井及排水沟支模示意图

4）地下室底板混凝土施工

底板混凝土按后浇带分块，每块一次浇筑完成，不留施工缝。为保证混凝土浇筑的连续性，底板混凝土浇筑时，采用商品混凝土泵送技术，配备足够的混凝土泵车和搅拌车，24 h 连续施工，不间断地完成混凝土供应和浇筑工作，具体施工时应通过计算每一块混凝土的工作量大小来决定泵车的台数，以泵车连续不间断地工作来配备搅拌车数量，一般搅拌车运送混凝土数量应为泵车出混凝土量的 1.2 倍。但同样应控制搅拌车在现场停留时间不宜过长，以保证混凝土质量。

（1）底板混凝土浇筑

本工程底板混凝土以后浇带划分，一块底板的混凝土不留施工缝，必须一次浇捣成型，且无冷缝。

① 整个现场布置 2 台汽车泵。在一块混凝土浇筑时保证有 1～2 台固定泵作备用，并配备足够数量的搅拌车辆，以确保泵车连续工作，以保证底板混凝土连续施工，不留施工缝，且无施工冷缝。

② 混凝土浇捣前及浇捣时，基坑表面应保持干燥。混凝土采用斜面分层法浇筑，每层厚度控制在 20～30 cm，上下层混凝土覆盖时间不得超过混凝土初凝时间，并确保振捣密实。每 1 台混凝土泵车供应的混凝土浇筑范围内应有不少于 4 台插入式振动机同时进行振捣，要求不出现夹心层，不漏振。

③ 混凝土表面采用二次抹光，以防止混凝土出现收缩裂缝。

a. 混凝土筑好后用拍板压实，长刮尺刮平。

b. 混凝土初凝前用铁滚筒碾压数遍，滚平。

c. 混凝土终凝前，用木楔打磨压实、整平，用草包覆盖、保养。

（2）底板混凝土内外温差控制措施

本工程底板混凝土厚度为 500 mm，特别是承台、集水井和电梯井处厚度较大，为了防止地下室不渗漏，控制混凝土内外温差是防止混凝土裂缝产生的主要因素。

① 为掌握基础内部实际温度变化情况，防止内外温差超限值而产生收缩裂缝，我们对基础内外部进行测温记录，密切监视温差波动，以指导混凝土的养护工作。

② 为了严格控制混凝土的内外温差，确保混凝土的质量，混凝土的保温保湿养护是一项十分关键的工作。保温养护能减少混凝土表面的热扩散，减少混凝土内外温差，防止产生表面裂缝。保温养护能发挥混凝土材料的松弛特性，防止产生贯穿裂缝。保温保湿养护能防止混凝土表面失水，而产生表面干缩裂缝，再者能使水泥水化顺利进行，提高混凝土的极限抗拉强度。保温保湿养护采用覆盖两层草袋及一层塑料薄膜的养护方法，天气暖时，可蓄水养护。

③ 与商品混凝土供应商共同优化混凝土配合比

混凝土因其水泥水化热的大量积聚，易使混凝土内外形成较大温差，产生温度梯度，而产生温差应力。因此在施工中应选用水化热较低的水泥以及尽量降低单位水泥用量。

a. 选用低水化热水泥，以降低水泥水化所产生的热量，从而控制大体积混凝土温度升高。

b. 粗骨料选用料径为 5～40 mm 连续级配碎石；细骨料选用细度模数 2.5 左右的中砂。严格控制粗细骨料的含泥量，石子控制在 1%以下，黄砂控制在 2%以下。如果含泥量大的话，不仅会增加混凝土的收缩，而且会引起混凝土抗拉强度的降低，对混凝土抗裂不利。

c. 可选用掺入具有减水作用的外加剂，以改善混凝土的性能，并根据设计要求掺加 UEA 微膨胀剂。

d. 坍落度控制在(120±20) mm。

e. 凝结时间：初凝时间宜 9～10 h，终凝时间宜 12～13 h。

(3) 底板质量保证措施

① 由项目经理部组成一个底板混凝土浇捣领导和施工生产班子，负责混凝土施工全过程，确保混凝土浇捣顺利进行。

② 严格把好原材料质量关，水泥、碎石、砂、外掺剂等要达到国家规范规定的标准。

③ 混凝土坍落度要严格控制，必须达到(120±20) mm，严禁现场加水现象产生。

④ 质量部门分三班巡回监督检查，发现质量问题，立即督促整改。

⑤ 向搅拌站反馈现场混凝土实际坍落度、可泵性、和易性等质量信息，以有利于控制搅拌站出料质量。

⑥ 按照浇捣方案，组织全体参战人员进行大型技术交底会，使每个操作工人对技术要求、混凝土下料方法、振捣步骤等做到心中有数。

⑦ 参战的全体施工管理人员实行岗位责任制，做到职责分清，奖罚分明。

⑧ 混凝土浇捣时按每皮下料高度控制在 50 cm，做到边下料边振捣，每台泵的混凝土浇筑面不少于 4 只振动棒同时对混凝土进行振捣。

⑨ 混凝土浇捣必须连续进行，操作者、管理人员轮流交替工作。

⑩ 混凝土浇捣前只有各项准备工作完善、到位，现场各项各级验收工作顺利通过，最终由项目技术负责人下达混凝土“浇捣令”，混凝土才能开泵进行浇捣。

⑪ 基坑须有良好的井点降水系统 24 h 值班抽水，以保证底板混凝土施工时坑底干燥。

5）地下室墙板、柱、楼板及顶板钢筋施工

钢筋要求按进度计划和料单分批进场，在现场加工制作，分类堆放，挂牌识标。钢筋按计划进场后，按 ISO 9002 标准相应条目要求分类堆放，并做好标识，钢筋待抽检试验合格后，方可用于本工程中，钢筋按绑扎先后顺序落实加工，并分类堆放整齐、取用。采用钢筋、角钢制作支撑凳，用以支撑上下皮钢筋，数量为每 1 m 一条。具体做法如图 6-4 所示。

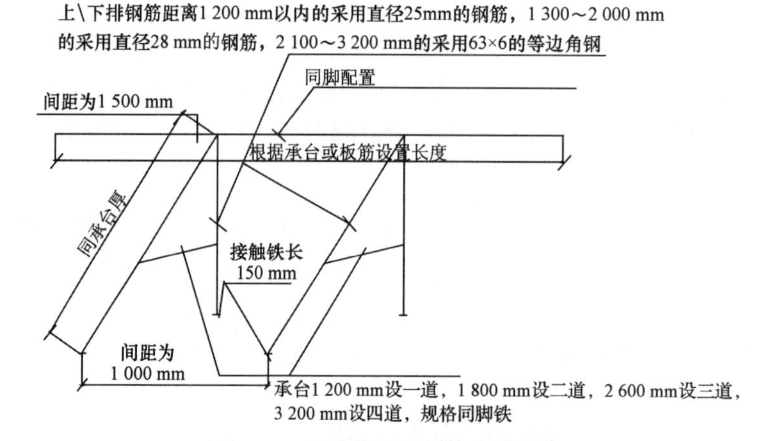

图 6-4　钢筋角筋所制作支撑板凳

钢筋加工采用闪光对焊连接，绑扎安装时竖向粗钢筋采用电渣压力焊连接。所有钢筋搭接和锚固长度必须满足设计要求和规范规定。钢筋绑扎完成后，必须按结构设计说明中的规定垫好不同部位不同厚度的钢筋保护层垫块。钢筋保护层垫块事先用与混凝土同标号的水泥砂浆做好，墙板、柱的垫块必须预埋铅丝，用以固定在钢筋上。

钢筋下料长度应通过具体翻样后计算下料，应先考虑各种结构受力部位的多筋布置上下位置等因素，以免造成钢筋绑扎困难。受力钢筋的交错排布以图纸为依据，项目部技术负责人必须对此向班组长做技术交底。钢筋绑扎必须规范，扎丝一律朝内，焊接必须根据钢筋规格、气温备件和焊接方法选择合适的焊接工艺和参数，焊接长度和钢筋中线对正等必须按施工规程要求进行施工。

钢筋必须经自检和专检，在钢筋的自检和专检中，必须认真检查受力钢筋规格、数量、位置是否正确，墙板的钢筋网片间距和柱箍是否有误，各结构的有效高度是否符合设计意图，钢筋的保护层垫块固定是否可靠及厚度是否正确等。钢筋经自检和专检符合要求后，填写隐检验收单，请监理和质监站来进行隐检。隐检符合设计及规范要求后，进行下一道工序施工。

钢筋施工除必须符合常规的施工规程要求外，根据本工程特点，应特别注意：外墙板钢筋保护层厚度必须严格按设计要求，不得超厚，同时应控制钢筋间距，以免外墙混凝土出现收缩裂缝。

6）地下室墙板、柱、楼板及顶板支模

（1）墙板、柱模板

① 墙板、柱模板采用竹胶板，50 mm×100 mm 木龙骨和 $\phi48$ 钢管，$\phi14$ 对穿螺栓固定。

② 墙板设对穿螺栓拉结，考虑商品混凝土泵送对墙模板侧压力较大，对穿螺栓采用 $\phi12$～$\phi14$ 钢筋制作，间距 500 mm×500 mm，对穿螺栓与钢管固定采用加强型伞形销或采用10 mm厚钢板垫块加螺母。根据受力不同，固定采用单螺母或双螺母。为防止地下室外墙板渗水对穿螺栓加焊止水片。为防止对穿螺栓端部锈蚀，对穿螺栓在模板内侧穿

放一块 20 mm 厚的小木块，拆模后将小木块清除，对穿螺栓沿凹槽底割平，用 1∶2 水泥砂浆封闭。

③ 柱模板采用木制九夹板。竖向木龙骨 50 mm×100 mm 间距 250 mm。每面设 2 根 ϕ16 对拉螺栓。

④ 柱、墙在立模前应进行施工缝处理，模板下口留清扫口，清扫口用木模封闭。

⑤ 模板支撑采用 ϕ48 钢管。柱与柱之间和柱与墙板间的支撑应连成整体，以加强稳定性和整体性。

（2）顶板梁模板

① 顶板梁模板采用木制九夹板，木搁栅采用 50 mm×100 mm 方木，承重及支撑采用 ϕ48 钢管。因顶板厚度较厚，承重架的支设十分重要，支撑体系必须进行严密计算，确保施工的安全性和结构稳定性，立杆间距加密，纵横设扫地杆，立面纵模设剪刀撑。

② 技术复核。模板支撑好后，必须进行技术复核，技术复核在班组自检自查的基础上，由木工翻样进行复核检查，再由项目经理部施工员、质检员进行验收检查，符合要求，填写技术复核单，并办理签证手续后，才能进入下一道工序施工。

（3）保证质量措施

① 模板和承重支模体系必须具有足够的强度、刚度和稳定性。顶板梁承重立杆和墙柱支撑连成整体。承重立杆设 2 道水平拉杆加扫地杆，并设斜撑和剪刀撑以确保支撑体系的稳定。

② 垂直控制：每一根柱相邻两面要挂统高线锤，做垂直校正、固定。剪力墙每隔2 m 左右挂统高线锤做垂直校正和固定。

③ 轴线、平面位置控制：柱、梁每一区段必须拉通线进行位置校核。

④ 标高控制：每一根柱都必须进行标高测定，同标高柱必须拉通线进行复核检查。每根梁底两端和中间分几点进行标高测定，并拉通线进行复核检查。板底四周和中间分几点进行标高测定，并拉通线检查板底平整度和用 2 m 长直尺检查板底平整度。

⑤ 梁柱节点模板必须准确计算，精工细作，避免梁柱节点处模板长度拼接。若要接长，不应在节点处拼接长度。模板必须平缝拼接，不得留有缝隙。钢木不宜混拼，若要混拼或搭接，必须要有保证质量的措施。

7）地下室墙板、柱、楼板及顶板混凝土

（1）地下室墙板混凝土施工

本工程地下室面积较大，墙板混凝土施工的关键是防止外墙板混凝土裂缝的产生。

混凝土中水泥水化所释放的水化热，产生较大的温度变化，由于混凝土表面和内部的散热条件不同，使混凝土温度外低内高，形成温度梯度，使混凝土内部产生压应力，表面产生拉应力，当表面拉应力超过混凝土抗拉强度时，即产生混凝土表面裂缝。当混凝土强度发展到一定程度时，混凝土逐渐降温，降温引起的变形加上混凝土失水引起的体积收缩变形，受边界条件约束引起的拉应力超过混凝土抗拉强度产生裂缝，甚至贯通裂缝。防止裂缝产生必须减小混凝土内外温差，延缓混凝土降温时间，提高混凝土抗拉强度和早期抗拉强度。

控制裂缝产生的技术措施有以下几个方面：

① 减小混凝土内外温差

a. 降低水化热的产生，严格控制商品混凝土坍落度，项目部试验员在现场每隔 2～3 h 对商品混凝土坍落度测试一次，并做好记录。指派专人到商品混凝土生产厂家监督，检查拌制混凝土用砂、石材料，外加剂的质量和计量。

b. 混凝土表面加强保温覆盖。根据气温条件，采用塑料布、草包覆盖混凝土表面，减少混凝土表面散热，缩小温度梯度。

② 减小混凝土收缩变形应力

a. 减小混凝土温度应力：做好混凝土保温、保湿养护，缓缓降温，充分发挥混凝土徐变特性。

b. 采取长时间养护，延迟墙板拆模时间，延缓降温时间和速度，充分发挥混凝土的"应力松弛效应"。

墙板混凝土浇筑好后，随即用草包覆盖，混凝土终凝后即开始浇水养护，始终保持混凝土表面和模板潮湿。墙板混凝土采用带模浇水养护。为确保混凝土表面和模板潮湿，指派专业养护。

③ 提高混凝土抗拉强度

a. 选用良好的级配粗骨料，严格控制砂石含泥量，加强混凝土的振捣，提高混凝土密实度，减小混凝土收缩变形。

b. 加强混凝土早期养护，提高混凝土早期抗拉强度和弹性模量。

(2) 墙板、柱混凝土浇筑

混凝土浇筑前进行钢筋隐蔽工程验收，并对模板及支撑、预埋件、预留洞、管线等做全面检查。在浇筑前，应清除模板内的积水、木屑、铅丝、铁钉等杂物，并用水冲洗干净，将模板湿润。

混凝土采用商品混凝土泵送。墙板混凝土浇筑高度超过 3 m，应在墙板侧面开设门子板，或采用串筒、溜管使混凝土下落，以防产生混凝土离析现象。

对墙板混凝土浇筑的关键是控制混凝土分层浇筑的高度，每层不大于 500 mm，以及防止漏振。为此指定混凝土班长，亲自指导混凝土浇筑顺序及流向，控制墙板混凝土浇筑过程中的高低差，并指派专职质量员跟班检查、监督混凝土浇筑过程中分层高度和是否有漏振。

(3) 地下室顶板和楼板混凝土施工

楼板和顶板混凝土与梁一起浇筑。浇筑前进行钢筋隐检，水电安装预埋管子和预留孔洞检查，检查模板拼缝是否严密，支撑是否牢固，有足够的强度、刚度和稳定性。模板必须先浇水湿润，清除木屑、垃圾和杂物，做好施工缝处理。

混凝土采用商品混凝土泵送。顶板混凝土面积大，关键控制混凝土浇筑顺序及流向，先后混凝土搭接时间严格控制在混凝土初凝时间内，并应加强先后混凝土搭接处的振捣。混凝土用插入式振动器振捣后，板面再用平板振动器振捣。为确保混凝土面平整，采用拉麻线，2 m 长硬刮尺刮平后，打木楔，再用铁板压实抹光。混凝土表面采取二次抹光，第一次抹光后，约 2～4 h，混凝土表面收水，在混凝土终凝前再用木楔打毛，铁板压实抹光，可防止混凝土表面的收缩裂缝。

8）施工缝、后浇带处理

（1）施工缝的处理

在施工缝处继续浇筑混凝土时，已浇筑的混凝土抗压强度不应小于 1.2 N/mm^2。

① 在已硬化的混凝土上如需继续浇筑前，应清除垃圾、水泥薄膜、表面松动砂石和软弱混凝土层，同时还应加以凿毛，用水冲洗干净，并充分湿润，一般不宜小于 24 h，清除表面积水。

② 在施工缝位置附近回弯钢筋，要做到钢筋周围的混凝土不会松动和损坏，钢筋上的油污、水泥砂浆及浮锈等杂物应清除。

③ 在浇筑前水平施工缝应先铺上 50～100 mm 厚与混凝土内砂浆成分相同的水泥砂浆。

④ 从施工缝处开始继续浇筑混凝土时，要注意避免直接靠近缝边下料。机械振捣前，宜向施工缝处逐渐推进，并距 80～100 mm 处停止振捣，但应加强对施工缝接缝的捣实工作，使其紧密结合。

（2）后浇带的留置

后浇带按设计要求位置留置。施工期间，后浇带处应加设盖板，暂时封闭，同时应保证侧壁后浇带处的有效隔离，防止建筑垃圾掉入后浇带，增加其清理难度。

（3）后浇带处理

后浇带混凝土处理：后浇带封闭前，将接缝处混凝土表面杂物清除，刷纯水泥浆两遍后用抗渗等级相同且设计强度等级提高一级的补偿收缩混凝土及时浇捣密实，加强养护，地下室后浇带养护时间不应少于 28 d。

后浇带混凝土标号：为提高后浇带混凝土抗渗及防收缩性能，采用混凝土膨胀剂，一般采用 JM－Ⅲ，掺量根据设计由试验室的试配决定。

9）地下室顶板 GBF 板的施工

本工程地下室顶板即－0.050 m 结构处采用 GBF 现浇混凝土空心楼(屋)盖板技术，板混凝土的强度等级为 C35。本项目为新型材料、技术，因此具体施工时必须在设计院和生产厂家的指导下进行施工。

本工程 GBF 管采用 1 000 mm 和 1 200 mm 规格标准管，管与管之间 100 mm 和 150 mm为实心混凝土。GBF 管的排放应综合考虑楼板预留孔位置，以预留于 GBF 管处少切断板受力主筋为原则，空心管距梁、柱边的距离宜大于等于 50 mm，距暗梁边的距离宜大于等于 30 mm。施工中因遇不可避免的管线而需切断空心管时，应采取有效的措施对其进行封堵。施工时，项目部将采取切实有效的措施固定 GBF 管防止其移动和上浮。板面施工时临时增加洞口应征得设计单位同意，并按照完整的施工方案进行。施工前厂家必须提供详细的布管图，并经设计人员认可，方可施工。项目部在楼盖施工过程中，要严格按厂家的施工技术交底施工。

6.5 常熟商业银行工程主体工程的质量控制

1) 地上主体结构工程施工

本工程地上主楼为24层，裙楼为5层，上部结构主楼为现浇钢筋混凝土框架——剪力墙结构，裙楼为框架结构，抗震设防烈度为6度。

2) 施工布局

(1) 施工措施

本工程为两幢5层裙楼和一幢24层主楼，整体布置2台塔吊，这样施工范围基本上都在塔吊半径覆盖面之内，可作为钢筋、模板、钢管脚手片等的水平和垂直运输设备。混凝土为泵送混凝土。在主楼施工到一定阶段后布置1台人货电梯，以满足砌块等材料的垂直运输和施工人员上下的需要。

(2) 施工区、段划分

本工程地下室施工根据设计后浇带划分位置分七个流水段组织施工，地上部分沿东西裙楼划分，以后浇带分成四段、主楼分成两段进行小流水施工。土建施工先行，装饰安装工程随后跟上，各施工段之间搭接，形成大流水。

3) 施工流程

测量放线→施工缝处理→柱、剪力墙钢筋绑扎及安装埋管→隐蔽工程验收→柱、墙模板复核验收→钢管排架搭设→梁模板安装→梁模板复核验收→梁、板钢筋铺放、安装埋管→隐蔽工程验收→混凝土浇捣→混凝土养护→模板拆除→重复施工至封顶。

4) 钢筋工程

(1) 钢筋质量要求

① 本工程中钢筋混凝土结构所用的钢筋必须符合国家有关标准的规定和设计要求。

② 所有钢筋为信誉良好的合格制造厂家产品，钢筋应有出厂质量证明书或试验报告，钢筋表面或每捆(盘)钢筋应有明确标志。进场时应按直径分批检验，进场检验内容应包括检查标志、外观检查，并按现行国家的标准的规定每60 t为一批抽样做力学性能试验，合格后方可使用。

③ 钢筋在加工过程中，如若发现脆断、焊接性能不良或力学性能显著不正常等现象，应根据现行国家标准对该批钢筋进行化学成分检验，合格后方可使用。

(2) 钢筋加工

根据图纸和结构设计总说明及规范要求进行钢筋翻样，经技术负责人对钢筋翻样料单审核后，进行加工制作。钢筋加工的形状、尺寸必须符合设计要求及现行施工规范要求。

钢筋和弯钩应按施工图纸中的规定执行，同时也应满足有关标准与抗震设计要求。

(3) 钢筋连接

根据设计要求，钢筋接头连接纵向受力钢筋最小锚固长度 L_{ae}(mm)及搭接长度

L_d(mm)如表 6 - 5 所示。

表 6 - 5　钢筋最小锚固长度及搭接长度

钢筋类型	混凝土强度等级		搭接长度 L_d
	C25	C30～C35(C40)	
Ⅰ级钢筋	L_{ae}=25 d	L_{ae}=20 d(20 d)	1.2L_{ae}
Ⅱ级钢筋	L_{ae}=35 d	L_{ae}=30 d(25 d)	

任何情况下，$L_{ae}\geqslant$250 mm，$L_d\geqslant$300 mm。

本工程地上结构部分所使用的钢筋，在加工时主要采用对焊接头，少数梁采用直螺纹连接。绑扎时，竖向粗钢筋采用电渣压力焊连接。本工程结构竖向钢筋的连接，可采用一层层高搭接一次的做法，接头位置对半错开，钢筋搭接部位、搭接方式及搭接长度必须满足设计和规范要求，特别是本工程框架梁、柱、墙钢筋的锚固和柱变截面处及柱梁交接处，必须严格按设计要求进行施工。

(4) 钢筋绑扎

钢筋绑扎顺序为：墙、柱钢筋绑扎→框架梁钢筋绑扎→楼板钢筋绑扎。

本工程主体部分 1～5 层模板工程量较大，为便于各工序在工作面上衔接进行，计划在满堂脚手架搭设及梁模板支设这一时间段内，完成墙、柱钢筋绑扎施工，接着进行梁、板钢筋绑扎，最后进行梁侧模封闭。

钢筋的级别、直径、根数和间距均应符合设计和施工要求，绑扎或焊接的钢筋骨架、钢筋网不得出现变形、松脱与开焊。结构洞口的预留位置及洞口加强处理必须按设计要求做好。柱、墙插筋按测量放线定位位置设置，并做好根部定位固定，抗震节点的钢筋按规定正确设置和绑扎。

(5) 施工配合

钢筋绑扎的配合主要指与木工的配合，一方面钢筋绑扎时应为木工支模提供空间作业面，并提供标准成型的钢筋骨架，以使木工支设模板时，能确保几何尺寸及位置达到设计要求；另一方面，模板的支设也应考虑钢筋绑扎的方便，梁、板钢筋绑扎时应留出一面侧模不得支设，以供钢筋工绑扎梁底钢筋和墙板钢筋。待绑扎以及垫块设置均已完成后，梁侧模方可封模。另外必须重视安装预留洞预埋件的适时穿插，及时按设计要求绑附加钢筋，确保预埋准确，固定可靠，更应做好看护工作，以免被后续工序破坏；混凝土施工时，应派钢筋工看护钢筋，保证钢筋位置正确，保证楼板钢筋保护层厚度符合规范要求，墙板、柱子插筋位置正确。

(6) 质量保证措施及注意事项

在整个钢筋工程的施工过程中，从材料进场、存放、断料、焊接至现场绑扎施工，将责任落实到个人，层层严把质量关。

① 钢筋加工、连接及绑扎施工中应注意：钢筋加工的形状、尺寸必须符合设计要求，钢筋的表面确保洁净，无损伤、无麻孔斑点、无油污，不得使用带有颗粒状或片状老锈的钢筋；

② 钢筋的弯钩应按施工图的规定执行，同时满足有关标准与规范的规定；

③ 钢筋加工的允许偏差对受力钢筋顺长度方向为+10 mm，对箍筋边长应不大于+5 mm；

④ 钢筋加工后应按规格、品种分开堆放，并在明显处挂牌标记，以防错拿；

⑤ 钢筋焊接的接头形式、焊接工艺和质量验收，应符合国家现行规范的有关规定；

⑥ 钢筋焊工焊接前，必须持证上岗，并进行试焊，合格后方可正式施焊；

⑦ 受力钢筋的焊接接头在同一构件上应按规范和设计要求相互错开；

⑧ 冬期、雨天钢筋焊接要按规范要求和钢筋材质特点采取科学有效的保护措施，以保证焊接质量达到设计和规范要求；

⑨ 对柱梁、墙梁、柱墙节点等部位的钢筋绑扎，施工前应详细明确绑扎顺序，钢筋工长和质量员应层层把关，以防钢筋规格错项和钢筋根数错漏；

⑩ 按规范和设计要求设置垫块；混凝土浇捣过程中，设专职钢筋工看护，对偏移钢筋及时修正。

(7) 钢筋工程质量标准

① 钢筋施工必须符合《混凝土结构工程施工质量验收规范》(GB 50204—2015)和《建筑工程施工质量验收统一标准》(GB 50300—2013)。

② 钢筋分项工程质量允许偏差及检测方法如表 6-6 所示。

表 6-6　钢筋分项工程质量允许偏差及检测方法

序号	项目		允许偏差(mm)	检查方法
1	钢筋网长度、宽度		10，−10	用尺量
2	网眼尺寸		20，−20	用尺量
3	骨架的宽度、高度		5，−5	用尺量
4	骨架的长度		10，−10	用尺量
5	受力钢筋	间距	10，−10	用尺量
		排距	5，−5	
6	箍筋、构造筋间距		20，−20	用尺量
7	钢筋弯起点位移		20	用尺量
8	焊接预埋件	中心线位移	5	用尺量
		水平高差	3，−0	
9	受力钢筋保护层	基础	10，−10	用尺量
		梁柱	5，−5	
		墙板	3，−3	

5) 模板工程

(1) 模板选用

模板工程是影响结构外观的重要因素，本工程质量目标要创优，模板工程质量至关重要，在整个结构施工中亦是投入最大的一部分，模板系统的选择正确与否直接影响到施工进度及工程质量。模板方案的选择，考虑的出发点是在确保工程质量及进度的前提下，进行综合性的经济成本分析，以达到减少周转材料的投入，降低工程成本的目的。

裙楼模板的配套为：柱模板2套，梁侧模板2套、底模3套，楼梯模板3套，梁与柱或墙交接处的节点模板和楼梯模板3套，另配可变化组合以用于各部位的组合模板1套；主楼模板的配套为：柱模板1套，梁侧模板2套、底模3套，楼梯模板3套。

对楼梯模板和电梯井模板均应编号使用，从而达到专模专位专用，使混凝土表面光滑、尺寸精确。

(2) 模板支撑系统选用及施工

本工程拟采用 $\phi48$ 扣件式钢管立柱，立柱间距600～1 000 mm，横杆设扫地杆，第二排水平杆离地1 700 mm。立杆接杆不得少于2只“十”字夹，且与横杆连接。

剪刀撑、斜撑设置：为确保承重架的整体稳定，在大梁下，两端部和周边设剪力撑和斜撑。剪刀撑和斜撑要排列成行，撑杆固定点间距不能太大，以防单杆失稳。承重立杆由水平拉杆和斜撑连成整体。

立杆下应设垫块。

(3) 柱、墙、梁模板施工

当墙、柱钢筋绑扎完经隐蔽验收通过后，即进行模板施工。首先在墙柱底部进行标高测量和找平，然后进行模板底位卡和保护层垫块的设置，设置预留洞，安装竖管，经查验后支柱、墙、电梯井筒等模板，柱墙模板实行散装拼合。

墙柱模板就位后，背衬7.5 mm×10 mm或70 mm×80 mm木档，采用 $\phi48$ 钢管和轻型槽钢柱箍进行固定，当截面大于600 mm时，采取穿对拉螺栓的方式进一步加固，对拉螺栓上下间距400 mm。柱墙模板的垂直度定位依靠楼层内满堂脚手架和墙柱连接支撑进行加固调整。柱墙模板底留清扫孔，以便在混凝土浇筑之前进行清理。

梁板模施工先测定标高，铺设梁底模板，根据楼层上弹出的梁线进行平面位置校正和固定。宜先绑扎梁钢筋，然后再支平台模板和柱、梁、板交接处的节点模，最后封闭梁侧模。

(4) 楼梯模板施工

楼梯底板采取胶合板，踏步侧板及挡板采用40 mm厚木板，用倒三角木固定。踏步面采用木板封闭以使混凝土浇捣后踏步尺寸准确，棱角分明。由于浇筑混凝土时将产生顶部模板的升力，因此，在施工时必须附加对拉螺栓，将踏步顶板与底板拉结，使其变形得到控制。

(5) 预留洞口支模

由于本工程电梯井各标准层的预留洞在尺寸上基本保持一致性，这为定制模板提供了条件。本工程多次出现的洞口，按实际尺寸定做。对于少数异型洞口，其模板由现场锯板拼装而成。预留洞口的模板需配置3套。

(6) 模板拆除

对竖向结构，在其混凝土浇筑48 h后，待其自身强度能保证构件不变形、不缺棱掉角时，方可拆模。梁模板应通过同一条件养护的混凝土试件强度试验结果及结构尺寸和支撑间距进行验算来确定。模板拆除后应对模板随即进行修整及清理，然后集中堆放，以便周转使用。

(7) 质量保证措施及注意事项

在模板工程施工过程中，施工人员需按施工质量控制程序图严格把关。模板需进行设计计算，满足施工过程中刚度、强度和稳定性要求，能可靠地承受所浇筑混凝土的重量、侧压力及施工荷载。

① 模板施工严格按木工翻样的施工图纸进行拼装、就位和设支撑，模板安装就位后，由技术员、质量员按平面尺寸、截面尺寸、标高、垂直度进行复核验收；

② 浇筑混凝土时专门派人负责检查模板，发现异常情况及时加以处理(表 6-7)。

表 6-7　模板工程质量允许偏差及检测方法

序号	项 目		允许偏差(mm)	检查方法
1	轴线位移	基础	5(4)	用尺量
		柱、墙、梁	3(3)	
2	标高		±5(±3)	用水准仪、拉线、尺量
3	截面尺寸	基础	±10	用尺量
		柱、墙、梁	2,−2	
4	每层垂直度		6(5)	用 2 m 托线板
5	相邻两板表面高低差		2(1)	用尺量
6	表面平整度		5(4)	用 2 m 靠尺和楔形塞尺
7	预埋钢板中心线位移		3(2)	用拉线和尺量
8	预埋管预留孔中心线位移		3(2)	用拉线和尺量
9	预埋螺栓	中心线位移	3	用拉线和尺量
		外露长度	10,−0	
10	预留孔	中心线长度	10(8)	用拉线和尺量
		截面内部尺寸	−0	

6) 混凝土工程施工

(1) 材料与施工机械准备

本工程使用商品混凝土泵送施工技术。在主体结构施工时配备 3 台固定式柴油混凝土泵，裙楼东西各一台，主楼一台。

(2) 泵送技术

高层建筑结构混凝土采用泵送，具有工期短、节约材料、保证施工质量、减少施工用地、有利于文明施工等一系列优点。

泵管布置：本工程主楼主体部分为 24 层高层建筑，合理布设泵管，是保证泵送施工得以顺利进行的条件。根据路线短弯头少的原则，同时需满足水平管与垂直管长度之比不小于 1∶4，且相差不小于 30 m 的要求进行布管，为平衡压力和防止水平管过长，必须在泵机出料口附近泵管上增加一个逆止筏。室外泵管用脚手钢管及扣件组成支架予以固定；竖向泵管用钢抱箍夹紧，再与电梯井内壁预埋件焊牢；泵管固定牢固，以减少泵压损失。垂直管的底部弯头处受力较大，故用钢架重点加固。

（3）混凝土浇捣

对于竖向结构与水平结构混凝土强度等级一致，采用商品混凝土泵送，并且全部一次性浇捣完毕较为有利，对于标号不同的，应分开浇筑。浇捣时的振动采取插入式振动器，局部采取插入式和附壁式共同振动的方式解决。在浇捣时，个别部位应注意如下操作顺序：

① 电梯门洞两侧混凝土同时浇筑，以防侧模单侧受压造成移位、漏浆及炸模等事故的发生。

② 预留洞口两侧适当加长振捣时间，以使模板底面混凝土浇筑密实。

（4）混凝土养护

混凝土在浇注 12 h 后即行浇水养护。对柱墙竖向混凝土，拆模后必要时用麻袋进行外包浇水养护；对梁、板等水平结构的混凝土，进行保湿养护，同时在梁板底面用喷管向上喷水养护。

（5）质量保证措施及注意事项

① 所使用的混凝土，其骨料级配、水灰比以及坍落度、和易性等，应按《普通混凝土配合比设计技术规程》进行计算，并经过试配和试块检验合格后方可确定。

② 混凝土的拌制，必须注意原材料、外加剂的投料顺序，严格控制配料量，正确执行搅拌制度，特别是控制混凝土的搅拌时间，搅拌车现场停留时间不能太长，以防混凝土搅拌时间过长和混凝土坍落度损失而影响其质量。

③ 严格实行混凝土浇筑令制度，经过技术、质量和安全负责检查各项准备工作，如：施工技术方案准备，技术与安全交底，机具和劳动力准备，柱墙基底处理，钢筋模板工程交接，预应力筋铺放，水电、照明以及气象信息和相应技术措施准备等，经检查合格后方可签发混凝土浇捣令进行混凝土的浇捣。

④ 泵送机具的现场安装按施工技术方案执行，重视对它的护理工作。

⑤ 浇筑柱、墙混凝土高度要严格控制，以防混凝土离析。柱、墙混凝土的浇捣必须严格分层进行，并严格控制沉实时间。钢筋密实处，尽可能避免浇筑工作在此停歇以及分班施工交接，确保混凝土浇捣密实。

⑥ 冬季、雨天浇筑混凝土施工时，及时采取相应措施，保证质量与安全。

⑦ 混凝土浇捣后由专人负责混凝土的养护工作，技术负责人和质量员负责监督其养护质量。

⑧ 混凝土施工必须符合施工期《混凝土结构工程施工质量验收规范》(GB 50204—2015)和《建筑工程施工质量验收统一标准》(GB 50300—2013)等。

⑨ 混凝土分项工程质量允许偏差及检验方法如表 6-8 所示。

表 6-8　混凝土分项工程质量允许偏差及检验方法

序号	项目		允许偏差(mm)	检查方法
1	轴线位移	独立基础	5	用经纬仪、拉线、尺量
		柱、墙、梁	3	
		其他基础	15	
2	标高	层高	10，−10	用水准仪、拉线、尺量
		全高	30，−30	
3	截面尺寸	基础	15，−10	用尺量
		柱、墙、梁	5，−2	
4	柱、墙垂直度	每层	5	用水准仪、拉线、尺量
		全高	H/1 000 且≤20	
5	表面平整度		4	用 2 m 靠尺和楔形塞尺
6	预埋钢板中心线位置偏离		10	用拉线和尺量
7	预埋管、预留孔中心线位置偏离		5	用拉线和尺量
8	预埋螺栓中心线位移		5	用拉线和尺量
9	预留洞中心线位移		15	用拉线和尺量
10	电梯井	井筒长、宽对中心线	25，−0	用拉线和尺量
		井筒全高垂直度	H/1 000 且≤20	

7) 脚手架施工

(1) 外架搭设

本工程裙楼檐口高度 23.70 m，主楼檐口高度为 105.8 m，建筑高度高。根据建筑物实际情况，决定裙楼采用双排落地钢管脚手架，主楼采用悬挑脚手架的搭设方法，为六层一悬挑。本脚手架工程属于高空作业，具体应另行编制专项方案，必须请专家进行论证，经公司技术负责人和总监理工程师签字后方可实施。

① 脚手架所用材料

本工程采用 ϕ48×3.5 mm 的钢管，钢管应无锈蚀、弯曲、压扁或裂纹等现象。钢管应有产品质量合格证及钢管材质检验报告。用于立杆的钢管长度要求用 1.8 m 及 3.6 m 两种规格(为了操作人员接立杆安全)。纵向水平杆、剪刀撑钢管长度为 4.5～6.0 m。用于横向水平杆的钢管长度为 1.3 m，所用钢管必须全部刷黄色油漆，作为底部架立杆的钢管必须刷黄、黑相间油漆，油漆为 30 cm 一档，作为醒目标志。

各杆件的连接，采用扣件，扣件的种类有直角、对接和回旋三种。使用的扣件应有出厂合格证，不得使用脆裂、变形或滑丝的扣件。扣件规格型号与钢管相匹配。脚手架的各种杆件、扣件与螺栓均需经过筛选、除锈、上油、保养。

② 外架搭设

a. 夯实搭设脚手架范围内的回填土，地坪硬化后，立杆位置设置垫层作为立杆的支承点。

b. 脚手架外侧四周均应设置排水沟，以防积水。

c. 外墙底部架架高采用 1.6 m，以增加架体的整体稳定性。

d. 立杆间距为 1.6 m，排距为 1.0 m，步距为 1.6 m，其他各步均为 1.8 m，离墙间距为 0.25 m。

e. 脚手架搭设流程为：放置纵向扫地杆→立杆→横向扫地杆→第一步纵向水平杆→第一步横向水平杆→防护栏杆→踢脚杆→剪刀撑→铺脚手片→挂安全网。

f. 脚手架的杆件搭设必须使用扣件，立杆、纵向水平杆的搭接必须错开，立柱上的对接扣件应交错布置，两个相邻立柱接头不应设在同步、同跨内，两个相邻立柱接头在高度方向错开的距离不小于 500 mm，各接头中心距主节点的距离不应大于步距的 1/3。剪刀撑的搭接长度不小于 400 mm，并且不少于 2 只扣件紧固，剪刀撑应在整个长度和高度方向连续设置。

g. 脚手架和主体结构拉结：外墙架与建筑物拉结均采用连墙杆件刚性拉结，即在楼面梁内预埋 40 cm 的钢管，外露尺寸统一为 150 mm，用短钢管及扣件把外架和预埋件连接起来。水平方向每隔 3 根立杆(4.8 m)，垂直方向每层设一连墙杆。连墙杆必须拆除脚手架时，方能逐步从上而下同步拆除。在施工中除非因妨碍其他工序操作，需要拆除个别连墙杆外，必须经项目部主任工程师同意，并采取有效的加固措施经检查确实牢固可靠后，方可拆除。任何人不得擅自拆除连墙杆。

h. 纵向水平杆对接接头应交错布置，不应设在同步、同跨内，相邻接头水平距离不应小于 500 mm，并应避免设在纵向水平杆的跨中。

i. 竹笆脚手片应垂直于纵向水平杆方向铺设，对接平铺，四个角应用 18＃铅丝双股绑扎牢固。自顶层操作层的脚手片往下计，每隔一层满铺一层脚手片。为防止常用脚手片易断裂，本工程脚手片采用定制。

j. 防电避雷措施：避雷针用 ϕ12 的镀锌钢筋制作，设在房屋四角脚手架的立杆上，高度为超出脚手架 1.2 m，并将所有最上层的纵向水平杆全部接通，形成避雷网络。接地线用 ϕ12 镀锌钢筋制作，接地线的连接应保证接触可靠，并经有关部门检查验收合格。在施工期间遇有雷雨时，脚手架上的操作人员应离开脚手架。接地装置完成后，要用电阻表测定电阻是否符合，防雷装置的冲击接地电阻值不得大于 30 Ω。

k. 脚手架搭设人员应持证上岗，必须戴安全帽、安全带，穿防滑鞋施工。

l. 操作面上的施工荷载应符合设计要求，不得超载，不得将模板支撑和泵送混凝土的输送管固定在脚手架上，脚手架上严禁任意悬挂起重设备。

③ 架子围护

a. 本工程外架采用密目防火安全网封闭围护，安全网必须是经过建设部及劳动部通过鉴定的合格产品。

b. 外架四周最底部架离墙处均采用木板或脚手片全封闭，以上每五步架必须一封闭，建筑物入口处搭设双层安全通道防护棚。

c. 从二层楼面起设水平安全网，规格为 3 m×6 m。

(2) 悬挑外架

一至五层主体完成后上部采用悬挑外脚手架。

8) *砌体工程*

本工程砌体工程外墙、电梯井道围护填充墙采用加气混凝土砌块，M5 混合砂浆砌筑。内墙采用轻质材料砌筑，容重不得大于 7 kN/m^3。

根据设计要求：

① 不同墙体材料的连接处均应按构造配置拉结钢筋。

② 所有门窗洞顶除已有梁外，均设置 C20 混凝土过梁，过梁每边搁置长度大于等于 250 mm。

③ 当过梁端部为框架柱时，框架柱预留钢筋。

④ 与墙体同时施工之构造柱与上层梁采用 2 根 ϕ16 钢筋连接。

根据施工现场对材料量的实际要求，二层以上所用砌块，主要由双笼电梯做垂直运输。

用砖及砂浆应符合设计和施工验收规范要求，砂浆按试验室提供的配合比拌制。

(1) 材料

① 砌体工程所用的材料应具有质量证明书，并应符合设计要求。有复试要求的应在复试合格后方可使用。

② 砌筑砂浆

a. 拌制砌筑砂浆用的水泥应有质量证明书。水泥应按品种、标号、出厂日期分别堆放，并应保持干燥。当遇水泥标号不明或出厂日期超过三个月时，应复查试验，并应按试验结果使用，不同品种的水泥不得混合使用。

b. 拌制砌筑砂浆用的砂采用中砂、过筛，且不得含有草根等杂物。砂中含泥量：水泥砂浆和强度等级不小于 M5 的水泥混合砂浆，不应超过 5%；强度等级小于 M5 的水泥混合砂浆，不应超过 10%。

c. 拌制水泥混合砂浆采用石灰膏。生石灰必须充分熟化，块状生石灰熟化时间不得小于 7 d；磨细生石灰粉熟化时间不得小于 2 d。严禁使用脱水硬化的石灰膏。

d. 砂浆的配合比采用重量比，配合比应事先通过试配确定。

e. 砌筑砂浆采用机械搅拌。砂浆拌成后和使用时，应盛入贮灰器中，砂浆应随拌随用。水泥砂浆和水泥混合砂浆必须分别在拌成后 3 h 和 4 h 内使用完毕；当施工期间最高气温超过 30 ℃时，必须分别在拌成后 2 h 和 3 h 内使用完毕。

③ 砂浆试块强度必须符合下列要求

a. 同品种、同强度等级的砂浆各组试块的平均强度不得小于设计要求的强度等级。

b. 任意一组试块的强度不得小于设计要求的强度等级的 75%。

c. 当单位工程中仅有一组试块时，其强度不应低于设计强度等级。

(2) 砌砖工程一般规定

① 砌体施工前应先弹出墙身和轴线的位置，标明标高。设置皮数杆，根据设计要求、砌块规格和灰缝厚度在皮数杆上标明皮数及竖向构造的变化部位。将砌筑部位的砂浆和杂物等清除干净，并浇水湿润。

② 砌筑用的砖块应提前 1～2 d 浇水湿润，含水率以 10%～15%为宜。

③ 砌砖工程宜采用“三一”砌砖法。若采用铺浆法砌筑时，铺浆长度不得超过 750 mm；施工时气温超过 30 ℃时，铺浆长度不得超过 500 mm。

④ 砌体的灰缝应横平竖直，厚薄均匀，填满砂浆。砌体水平灰缝厚度和竖向灰缝宽

度为 10 mm,不应小于 8 mm,也不应大于 12 mm。

⑤ 砌体表面应平整、垂直。砌体表面平整度、垂直度校正必须在砂浆终凝前进行。

⑥ 埋入砖砌体中的拉结筋,应设置正确、平直。

⑦ 砖砌体的内外墙,转角处和交接处应同时砌筑。对不能同时砌筑而又必须留置的临时间断处,应砌成斜槎。斜槎长度不应小于高度的 2/3。施工中不能留斜槎时,除转角处外,可留直槎,但必须做成凸槎,并加设拉结筋。拉结筋数量为每 120 mm 墙厚放 1 根 ϕ6 钢筋,间距沿墙高不得超过 500 mm,埋入长度和伸出长度均不应小于 500 mm,末端做成 90°弯钩。

砌体接槎时,必须将接槎处表面清理干净,浇水湿润,并填实砂浆,保证灰缝平直。

(3) 加气混凝土填充墙砌体工程

① 砖在运输和装卸过程中,严禁倾倒和抛掷,进场后应按规格分别堆放整齐,堆置高度不超过 2 m。

② 砖应提前 1～2 d 浇水湿润,含水率宜为 10%～15%。

③ 填充墙时,必须把预埋在柱中的拉结筋砌入墙内。拉结筋的规格、数量、间距、长度应符合设计要求。填充墙与框架柱之间的缝隙应用砂浆填满。

④ 砖砌筑应上下错缝,砖孔方向应符合设计要求。设计无具体要求时,宜将砖孔置于水平位置。当砖孔垂直砌筑时,水平铺灰应用套板。砖竖缝应先挂灰后砌筑。

⑤ 砌体灰缝应横平竖直,水平灰缝厚度和竖向灰缝宽度为 10 mm,但不应小于 8 mm,也不应大于 12 mm。灰缝应砂浆饱满,水平灰缝砂浆饱满度不得低于 80%,竖缝不得出现透明缝、瞎缝。

⑥ 填充墙砌至接近梁、板时,留一定空隙,在抹灰前采用砌块斜砌挤紧,倾斜度宜为 60°左右,砌筑砂浆应饱满、塞实。

⑦ 管线留置方法,当设计无具体要求时,采用弹线定位后凿槽或开槽,不得采用斩砖预留槽。

(4) 砌体的尺寸和位置的允许偏差如表 6-9 所示

表 6-9　砌体的尺寸和位置的允许偏差

项次	项目			允许偏差(mm)	检查方法
1	轴线位移			10	用经纬仪复查或检查施工记录
2	楼面标高			±15	用水平仪复查或检查施工记录
3	墙面垂直度	每层		5	用 2 m 托线板检查
		全高	≤10 m	10	用经纬仪或吊线和尺检查
			>10 m	20	
4	表面平整度			8	用 2 m 直尺和楔形塞尺检查
5	水平灰缝平直度			10	拉 10 m 线和用尺检查
6	水平灰缝厚度(10 皮砖累计数)			±8	与皮数杆比较,用尺检查
7	外墙上下窗口偏移			20	用经纬仪或吊线检查
8	门窗洞口宽度(后塞口)			±5	用尺检查

(5) 构造柱尺寸和位置的允许偏差如表 6-10 所示

表 6-10　构造柱尺寸和位置的允许偏差

<table>
<tr><th>项次</th><th colspan="3">项目</th><th>允许偏差(mm)</th><th>检验方法</th></tr>
<tr><td>1</td><td colspan="3">柱中心线位置</td><td>10</td><td>用经纬仪检查</td></tr>
<tr><td>2</td><td colspan="3">柱层间错位</td><td>8</td><td>用经纬仪检查</td></tr>
<tr><td rowspan="3">3</td><td rowspan="3">柱垂直度</td><td colspan="2">每层</td><td>10</td><td>用吊线法检查</td></tr>
<tr><td rowspan="2">全高</td><td>≤10 m</td><td>15</td><td>用经纬仪或吊线法检查</td></tr>
<tr><td>>10 m</td><td>20</td><td>用经纬仪或吊线法检查</td></tr>
</table>

(6) 砌体工程质量控制措施

① 做样板墙。为统一标准砌筑方法，使砌体工程达到优良等级标准，在砌体施工前，选有代表性的房间先做样板墙。请设计院、质监站、建设单位和监理共同检查验收，符合设计要求并经实测和观感评分达到优良等级后，再大面积全面施工。

② 实行质量动态控制。砌体工程质量直接影响内外粉刷和装饰工程质量，所以砌体工程质量是工程创优夺杯的主要环节。在砌体工程施工中项目部将组织 1 名技师旁站和 2 名高级工旁站共三位观测者对砌筑工程进行指导、监督。项目部增设质量工程师 1 名跟班监督、检查，实行对砌体工程质量动态控制，使砌体工程质量在严格的受控下作业。

③ 实行奖罚制。每星期六对一周来的砌体质量进行全面检查，实测、实量和观感评分。检查组由项目工程师、质量工程师、质量员、施工员、观砌和作业班组长共同参加。上午实地检查评分，下午开会查缺陷，并听取作业班组长意见，提出改进措施和新要求，实行奖罚，发挥经济杠杆作用。

④ 把好材料关。对进场原材料，如砌块、水泥、砂等进行材料进场检查验收，对不合格的材料坚决清退，不允许不合格材料或未经验收材料进入现场使用。

砖块应提前 1～2 d 浇水湿润，含水率 10%～15%。砌筑前应检查砖块是否已提前浇水湿润，应防止干砖砌筑和边浇水边砌筑。

⑤ 提高砌体观感质量。填充框架墙砌至梁、板底用斜砌，挤梁，为保证砌体质量和使砌体具有特色，斜砌采用割角；小三角不用断砌，采用预制混凝土块小三角或砌块切割成小三角；木砖做成与砌块尺寸同样大小，使砌体整齐，主要墙体采用双面拉线砌筑等具体措施，努力提高砌体工程观感质量。

⑥ 砌体施工前应加强土建与安装的协调工作。在厨房、厕所、卫生间及女儿墙等浸水部位的墙下，在结构混凝土浇筑时应预先向上翻起 200 mm 高素混凝土墙脚，宽度同墙宽，防止渗水。

6.6　常熟商业银行装饰工程的质量控制

1) 内装饰工程

室内工程装修部分暂只考虑普通土建装修，具体另外需进行二次设计。

(1) 顶棚抹灰施工

本工程楼梯间、管道井、设备用房板底刷乳胶漆平顶。

① 乳胶漆平顶施工顺序:板底基层处理→刷素水泥浆一道→6 mm 厚 1∶3 水泥砂浆打底→6 mm 厚 1∶2.5 水泥砂浆粉面→刷(喷)涂料。

② 施工方法:先用粉线包在靠近顶棚的墙上弹出水平线,作为顶棚抹灰找平依据,板底进行基层处理。基层处理的好坏,是抹灰成败的关键。抹灰前先将底层不平处填平,再从顶棚角开始抹灰,要抹得平整。喷内墙涂料在抹灰层干燥后进行。

③ 操作要点:现浇钢筋混凝土楼板抹底前,首先将板底杂物浮灰凸出混凝土凿除清洗干净。用铁板上灰时,铁板抹子的运行方向必须与模板纹方向成垂直,且抹灰层越薄越好。顶棚表面应顺平,接槎应平整,并压实抹光,不应有抹纹和气泡,顶棚与墙面相交的阴角应顺直清晰。

④ 质量要求:表面平整压光,不得有接痕裂纹,阴角通顺。

(2) 内墙面粉刷

① 本工程楼梯间墙面采用乳胶漆墙面:

刷乳胶漆,5 mm 厚 1∶0.3∶3 水泥石灰膏砂浆粉面;12 mm 厚 1∶1∶6 水泥石灰膏砂浆打底;刷界面处理剂一道。

② 管道井、设备用房墙面:刷(喷)内墙涂料;10 mm 厚 1∶2 水泥砂浆抹面;15 mm 厚 1∶1∶6 水泥石灰砂浆打底;刷界面处理剂一道。

③ 内墙粉刷施工准备

a. 抹灰前对门窗框及需要预埋的管道已安装完毕,并经检查合格。

b. 抹灰用的脚手架应先搭好,架子离开墙面为 200～250 mm。

c. 对砖墙的浇水应提前两天浇水湿透,对混凝土柱、墙应预先凿毛或毛面处理。

d. 将混凝土墙表面凸出部分凿平,对蜂窝、麻面、疏松部分等凿到实处,并用 1∶1 水泥砂浆修补平。

e. 混凝土与砖墙交接处采用钢板网进行粉刷加固。

④ 内墙粉刷施工顺序

根据先上后下,先天棚、后墙面的原则进行,施工顺序如下:

墙面基层处理(混凝土抹灰面凿毛或洒 1∶0.5 水泥砂浆,掺水泥重量 55%的 SN-Z 型黏结剂)→做灰饼(吊垂线)→做宽 60 mm 1∶2 水泥砂浆护角→冲筋→搭架子→抹灰→拆架子→抹下部墙面面层→质量自检→落手清。

⑤ 内墙粉刷施工

a. 粉刷施工前应做好结构验收工作,并且由技术人员根据设计图纸要求对班组进行技术交底。

b. 基层处理:对墙面凹凸太多要处理,凹填凸凿,凹得太多的要用水泥砂浆分层压实填补。砖墙面提前两天浇水湿润。混凝土墙面必须对基层面凿毛,或洒 1∶0.5 水泥砂浆(掺水泥重量 55%的 SN-Z 型黏结剂)。两种墙面材料交接处,应用钢板网进行粉刷加固。基底表面的灰尘、污垢、油渍、碱膜均应清洗干净。所有的空洞要补嵌好,做到密实平整。

c. 按先上后下的原则进行，以便做到减少修理，保护成品。抹灰前要浇水湿润墙面。墙面、柱面的阳角(包括门窗和门洞)均做 1∶2 水泥砂浆护角线，宽度每侧 60 mm，高度不小于 1 800 mm，再做面层。

d. 为有效地控制抹灰层的垂直度、平整度和厚度，使其符合抹灰工程的质量验收标准，应在抹灰及饰面工程施工中设置灰饼和冲筋，作为底层抹灰的依据(注意阴阳角方正的处理)。

e. 为使外突阳角在抹灰后线条清晰、挺直，并防止碰撞损坏，护角线采用暗护角线(空门洞除外)。

f. 底层抹灰应压实粉平，使其黏结牢固。中层应待底层稍干后，方能进行操作(隔夜糙)，并用刮尺和木楔打平整。

g. 罩面应待中层达到六七成干后进行，先从阴阳角开始。铁板压光不少于两遍。

h. 粉刷完进行质量检查，发现有超出检查规范的，应整修达到规范要求。

⑥ 内墙粉刷施工技术措施：内粉刷加气块墙需隔天浇水湿润；基层清理干净；脚手架孔洞应分层补嵌牢固，以免粉刷层起壳；基底刮平整，以免中层、面层粉刷厚度不一致引起粉刷层干缩不一而产生起壳和裂缝；一次粉刷厚度不宜太厚(掌握在 8 mm 左右)；粉刷应使基层平整来保证面层平整。黄灰面层厚度控制在 2 mm 左右，千万不能用黄灰来填补基层的不平。

⑦ 粉刷工程质量标准见表 6－11 所示。

表 6－11　一般抹灰允许偏差

项目	允许偏差			检查方法
	普通	中级	高级	
表面平整	5	4	2	用 2 m 靠尺和塞尺
阴阳角垂直		4	2	用 2 m 托线板
立面垂直		5	3	用方尺和塞尺
阴阳角方正		4	2	拉 5 m 线尺量

(3) 楼地面工程

① 楼梯间地砖楼面。8～10 mm 厚地砖楼面，干水泥擦缝，或 1∶1 水泥砂浆勾缝；5 mm厚 1∶1 水泥细砂浆结合层；20 mm 厚 1∶3 水泥砂浆找平层；现浇钢筋混凝土楼板。

② 管道井、设备用房为水泥楼面。20 mm 厚 1∶2 水泥砂浆面层；刷素水泥砂浆结合层一道；现浇钢筋混凝土楼板。

③ 地砖楼面。地砖楼地面在施工前应根据每一间的平面尺寸进行排块设计，排块要美观，不能出现小半块和镶条现象。

施工要点：

a. 铺贴前弹出＋50 cm 标高水平墨线，各开间中心十字线及花样品种分格线。

b. 地砖在进行铺贴的前一天应浸透、晾干备用。

c. 根据水平线制作灰饼，用靠尺推出冲筋。

d. 地基浇水湿润后，刷水灰比为0.5的素水泥浆。

e. 根据冲筋的厚度，用1∶3干硬性水泥砂浆铺抹结合层，水泥砂浆以手握成团，不泌水为准。结合层用靠尺及木楔压平打实。抹铺结合层应在基层保持湿润且已刷泥浆抹平风干时。

f. 对照中心十字线在结合层面上弹出地砖控制线，靠墙的一行应与墙距离一致，控制线间距一般为每5块地砖一条。

g. 根据控制线先铺贴左右靠边基准行的地砖，以后根据基准行由内而外挂线逐行铺贴。用4 mm厚水泥胶结合层涂满地砖背面，对准挂线及缝子，将地砖铺贴上，用小木槌着力敲至平正。水泥胶结合层按水泥∶107胶∶水＝1∶0.1∶0.2的重量比配制。挤出的水泥胶要及时清理干净。

h. 在粘贴地砖的水泥胶凝固后，用白水泥掺颜料调制成地砖色嵌缝，最后用锯末和棉丝将表面擦净。

i. 在弹地砖分块线时尽量避免出现小半块乃至小于5 cm的小镶条，凡是坡水要求的必须做好泛水找坡，不得产生积水现象。在地漏位置要按有关规定使地漏位于地砖缝上，并在地漏周边呈米字形辐射切割地砖，消灭渗水等质量通病。在穿楼板的管道处，也要按规定做300 mm高以下锥体，防止楼板渗漏。

j. 卫生间及浴室、厨房等穿楼板管道安装完毕，必须补洞且经验收无渗漏后才可铺地砖。采用下部支撑或上部吊挂方式支模，凿毛洞口断面混凝土，清理套浆后分两次浇捣细石混凝土至比楼面低2～3 cm。待混凝土初凝后，进行24 h蓄水试验，无渗漏现象并经建设方验收合格方可进入下一道工序。

④ 水泥砂浆楼面。基层面清洁后刷水灰比为0.4～0.5的素水泥浆，用竹扫把均匀涂刷，随刷随做找平层，并控制一次涂刷面积不宜过大。根据室内＋50 cm水平线，在地面四周做灰饼，然后拉线做中间灰饼(大面积的宜用水准仪辅助灰饼制作)，再用干硬性水泥砂浆做冲筋，冲筋间距1.5 m左右。铺灰，刮平，压实，木楔打平，铁板抹光。在水泥终凝前再用木楔打毛，铁板抹光，直至干燥无抹纹。关键是掌握最后一遍抹光的时间，在水泥收水，稍干，但无硬前进行，抹到基本上干为止。随捣随抹的关键一是混凝土要平整，采用2 m长硬刮尺抹平，二是加浆抹面要掌握好湿度，要多次压实抹光。

2）外装饰工程

本工程外装饰大部分为玻璃幕墙和干挂铝板、石材幕墙，少部分为外墙涂料。

(1) 外墙涂料

① 混凝土墙体基层均需专用界面剂打底。

② 外墙采用涂料墙面部分。

③ 12 mm厚1∶3水泥灰砂浆打底扫毛，8 mm厚1∶2.5水泥砂浆粉面压实抹光，刷两遍涂料，颜色见各外立面。

(2) 外墙涂料施工(无保温)

① 外墙涂料装饰的要求

a. 粉刷采用中粗砂,必要时加入抗拉纤维,以改善抗裂级配。

b. 在外墙与混凝土柱、梁、墙交接处粉刷砂浆中埋入宽度大于 200 mm、厚 0.8 mm 的钢板网,采用水泥钉固定。

c. 粉刷面的墙体必须保持湿润状态,尽可能将水浇透,并应避免在最炎热和冰冻季节施工。

② 施工方法

a. 施涂前应将基体或基层的缺棱掉角处,用 1∶3 水泥砂浆(或聚合物水泥砂浆)修补;表面麻面及缝隙应用腻子填补齐干。基层表面上的灰尘、污垢、溅沫和砂浆流痕应清除干净。

b. 外墙涂料工程分段进行时,应以分格缝,墙的阴角处或水落管等为分界线。

c. 外墙涂料工程,同一墙面应用同一批号的涂料,每遍涂料不宜施涂过厚,涂层应均匀,颜色一致。

d. 施工主要工序为:修补→清扫→填补缝隙、局部刮腻子→磨平→施涂封底涂料→施涂主层涂料→滚压→第一遍罩面涂料→第二遍罩面涂料。

e. 涂料一般是以封底涂料,主层涂料和罩面涂料组成。施涂时应先喷涂或刷涂封底涂料,待其干燥后再喷涂主层涂料,干燥后再施涂两遍罩面涂料。

③ 材料要求及操作要点

a. 涂料工程基体及基层含水率:混凝土和抹灰表面施涂涂料时,含水率不得大于 8%。

b. 涂料干燥前,应防止雨淋、尘土玷污和热空气侵袭。

c. 涂料工程使用的腻子,应坚实牢固,不得粉化、起皮和裂纹,腻子干燥后,应打磨平整光滑,并清理干净。

④ 质量标准(表 6-12)

表 6-12 涂料装饰工程质量通病要求

项次	项目	涂料
1	漏涂、透底起皮	不允许
2	泛碱、咬色	允许少量
3	颜色、点状分布	颜色一致
4	门窗、灯具等	洁净

(3) 外墙涂料施工(有保温)

① 涂料施工同外墙涂料。

② 外墙外保温施工:喷(刷)两遍涂料(颜色详见立面);聚合物砂浆;耐碱玻纤网格布;30 mm 厚挤塑泡沫保温板用塑料膨胀螺钉固定;专用黏结剂;20 mm 厚 1∶3 水泥砂浆粉刷。

③ 施工要点

a. 弹控制线:根据建筑立面设计和外墙外保温技术要求,在墙面弹出外门窗水平、垂直控制线及伸缩缝线、装饰缝线等。

b. 挂基准线：在建筑外墙大角(阳角、阴角)及其他必要处挂垂直基准钢线，每个楼层适当位置挂水平线，以控制聚苯板的垂直度和平整度。

c. 配制粘贴砂浆：将高强建筑胶粘剂与水按 4∶1 比例配制，用电动搅拌机搅拌均匀，一次配制用量以一小时内用完为宜。

d. 粘贴翻包聚苯板：凡在粘贴的聚苯板侧边外露(如伸缩缝、建筑沉降缝、温度缝等两侧、门窗口处)都应做网格布翻包处理。

e. 粘贴固定聚苯板：聚苯板标准尺寸一般为 600 mm×900 mm，改变尺寸应由操作人员用木工刀锯或电热丝切割器切割。粘贴时，用抹子在待贴聚苯板周边涂抹宽 40 mm、厚 10 mm 的粘贴剂，然后在聚苯板同侧中部刮 6 块直径约 100 mm、厚 10 mm 的粘贴点，粘贴点应分布均匀，粘贴面积不小于聚苯板面积的 30%。

排板时按水平顺序排列，上下错缝粘贴，阴阳角处应做错茬处理。粘板应用专用工具轻揉，均匀挤压聚苯板，随时用 2 m 靠尺和托线板检查平整度和垂直度。粘板时注意清除板边溢出的胶粘剂，使板与板之间无“碰头灰”。拼缝高差不大于 1.5 mm，否则应用砂纸或专用打磨机具打磨平整。聚苯板粘贴后每平方米用四只塑料膨胀螺钉固定。

f. 配制抹面砂浆：将外保温抗裂抹灰砂浆与水按 4∶1 比例配制，用电动搅拌器搅拌均匀，一次配制用量以一小时用完为宜，配好的料注意防晒避风，超过可操作时间不准再度加水使用。

g. 抹底层抹面砂浆：在聚苯板面抹底层抹面砂浆，厚度 2～3 mm，同时将翻包网格布压入砂浆的表层，要平整压实，严禁网格布皱褶。网格布不得压入过深，表面必须暴露在底层砂浆之外。

h. 抹面层抹面砂浆：在底层抹面砂浆凝结前再抹一道抹面砂浆罩面，厚度 1～2 mm，仅以覆盖网格布，微见网格布轮廓为宜。面层砂浆切记要不停揉搓，以免形成空鼓。

i. 外饰面涂料做法：待抹灰基面达到涂料施工要求时可进行涂料施工，施工方法与普通墙面涂料工艺相同。

④ 工程验收

a. 外墙外保温工程应在聚苯板粘贴完后进行隐检，抹灰完成后进行验收。

b. 抹面砂浆与聚苯板必须黏结牢固，无脱层、空鼓。网格布不得外露。

c. 抹灰面层无爆灰和裂缝等缺陷，其外观应表面洁净、接槎平整。

⑤ 保温墙面层允许偏差及检查方法见表 6－13 所示

表 6－13　保温墙面层允许偏差及检查方法

项目	允许偏差(mm)	检查方法
表面平整	4	用 2 m 靠尺、楔形塞尺检查
立面垂直	4	用 2 m 托线板检查
阴阳角垂直	4	用 2 m 托线板检查
阳角方正	4	用 200 mm 方尺检查
伸缩缝(装饰线)平直	3	拉 5 m 线和直尺检查

⑥ 保温面层的外饰面质量应符合相应的施工及验收规范。

3）*屋面防水工程*

本工程上人屋面工程做法如下：高级防滑地砖贴面，干水泥抹缝；20 mm 厚 1∶2.5 水泥砂浆找平层；50 mm 厚 C30 细石混凝土配 ϕ4 钢筋中距 200 双向；20 mm 厚 1∶3 水泥砂浆保护层；粘贴挤塑保温板 40 mm 厚(90 天后导热系数小于 0.03)；自黏性橡胶防水卷材一道；10 厚 1∶3 水泥砂浆找平层；轻质混凝土找坡(最薄处 20 mm 厚)，坡度 3%；现浇钢筋混凝土屋面板。

非上人屋面做法：50 mm 厚 C30 细石混凝土配 ϕ4 钢筋中距 200 双向；20 mm 厚 1∶3 水泥砂浆保护层；粘贴挤塑保温板 40 mm 厚(90 天后导热系数小于 0.03)；自黏性橡胶防水卷材一道；10 mm 厚 1∶3 水泥砂浆找平层；轻质混凝土找坡(最薄处 20 mm 厚)，坡度 3%；现浇钢筋混凝土屋面板。

屋面工程做得好坏直接影响工程的使用及质量评定。为确保工程质量，施工中应充分重视该项工作，从材料采购到施工过程每一道工序的各个环节实施控制，对屋面的各个细部节点做到精心施工，确保符合设计及规范的要求，做到使业主满意。

(1) 施工准备

屋面施工前，施工单位应通过图纸会审，掌握施工图中的细部构造及有关技术要求，技术交底应落实到人。

按设计要求备齐材料，经设计审核后，统计所需材料规格、数量。使用材料应从评审合格的分承包方处进货，应具备质保书、检测报告，进场材料应按规定取样复试，确保其质量符合技术要求。严禁在工程中使用不合格产品。材料按规定专人看管，现场材料应堆放在对施工无影响、便于使用，又不妨碍成品保护的位置。

(2) 轻质混凝土找坡，10 mm 厚 1∶3 水泥砂浆找平层施工

施工前将现浇混凝土屋盖打扫干净并洒水湿润。砂浆铺设应按由远到近、由高到低的程序进行，每分格内一次连续铺成，严格掌握坡度，用 2 m 长直尺找平。待砂浆稍收水后，用抹子压实抹平；终凝前，轻轻取出嵌缝条，完工后进行表面处理。

注意气候变化，如气温在 0 ℃以下，或终凝前可能下雨时，不宜施工。铺设找平层 12 h后，需洒水或喷冷底子油养护。找平层硬化后，应用密封材料嵌填分格缝。

(3) 自黏性橡胶防水卷材施工

本工程采用自黏性橡胶防水卷材做屋面柔性防水层。

① 防水材料应有合格证书，材料进场应及时送中心试验室复验，合格之后方能使用。

② 防水工程必须由专业施工单位施工，操作人员持证上岗，严格按图施工，符合规范要求。

③ 选择连续晴天施工，基层保证干燥，含水量符合标准。施工前必须将基层清理干净。

④ 防水层铺贴要严格按规范要求，做到平整顺直，搭接尺寸准确，不扭曲不皱褶。特别是细部节点如天沟、落水孔、上人孔、女儿墙、伸缩缝、抗震缝、分格缝及阴阳角卷材收边等部位更要黏结牢固，做到精心施工。

⑤ 铺贴防水卷材前，还应做好保温层排气道和通风口（孔），防止卷材防水层起泡。找平层应留分格缝，防止找平层因收缩拉裂防水层。

⑥ 防水层施工完毕应进行持续两天的淋水试验，或在雨后检验有无渗漏和积水，排水是否通畅。

⑦ 防水层施工完毕要做好产品保护，严禁在防水层和上凿孔打洞，重物冲击；不得任意在屋面上堆放杂物，严防落水口、天沟堵塞。

（4）40 mm 厚挤塑保温板施工

本工程屋面保温采用 40 mm 厚挤塑保温板。铺设基层应平整、干净、干燥。板材不应破碎、缺棱掉角，应铺砌平整、严实，分层铺设的接缝应错开，粘贴剂按设计采用。板缝间或缺角用同类材料碎屑填嵌饱满。

（5）细石混凝土刚性防水层施工

细石混凝土刚性防水层施工前，应按设计要求支设好分隔缝木模。分隔缝间距不宜大于 6 m，缝宽为 20 mm。一个分格内的混凝土应连续浇筑，不留施工缝。振捣采用铁辊滚压和人工拍实。振实后随即用刮尺按排水坡度刮平，并在初凝前用木抹子提浆抹平，初凝后及时取出分格缝木模，终凝前用铁抹子压光。铺设钢筋网片时，应用砂浆垫块支垫，使其位置处在保护层的中间偏上部位。细石混凝土浇筑完后应及时进行养护，养护时间不应少于 7 d。养护完后，将分格缝清理干净，嵌填密封材料。

（6）防止渗漏措施

屋面施工中防止渗漏应特别注意以下问题：

① 采购的材料应具有质保书、检验报告，材质经检查验收合格后方可使用。

② 进场材料不得露天堆放，应有保护措施。

③ 现浇钢筋混凝土屋面板应振捣密实，加强保温保湿养护，防止裂缝产生，增强钢筋混凝土现浇屋面的自身防水功能。

④ 基层应稳固、平整、清理干净。

⑤ 屋面伸缩缝、分格缝的做法严格按设计与规范的要求进行，施工前后次序不得颠倒。每道工序都必须检查验收，验收合格后进行下一道工序施工，做到道道工序把关。

6.7　常熟商业银行工程保证体系及措施

1）质量保证体系的组成和人员分工

（1）质量保证体系

该工程施工组织难度较大，如何保证工程质量和创出“优质工程”，是对企业综合实力和技术、质量管理水平的考验。因此，我们将组建以项目经理领导，生产经理、技术负责人中间控制，质检员现场检查，工程监理和质检站抽查的四级管理体系。在施工中设置专职质量检验员，实行三检制和项目内部工序报验制，使每一道工序都在质量保证体系的监督和控制下。

质量保证体系的组成与人员分工见图 6－5 所示。

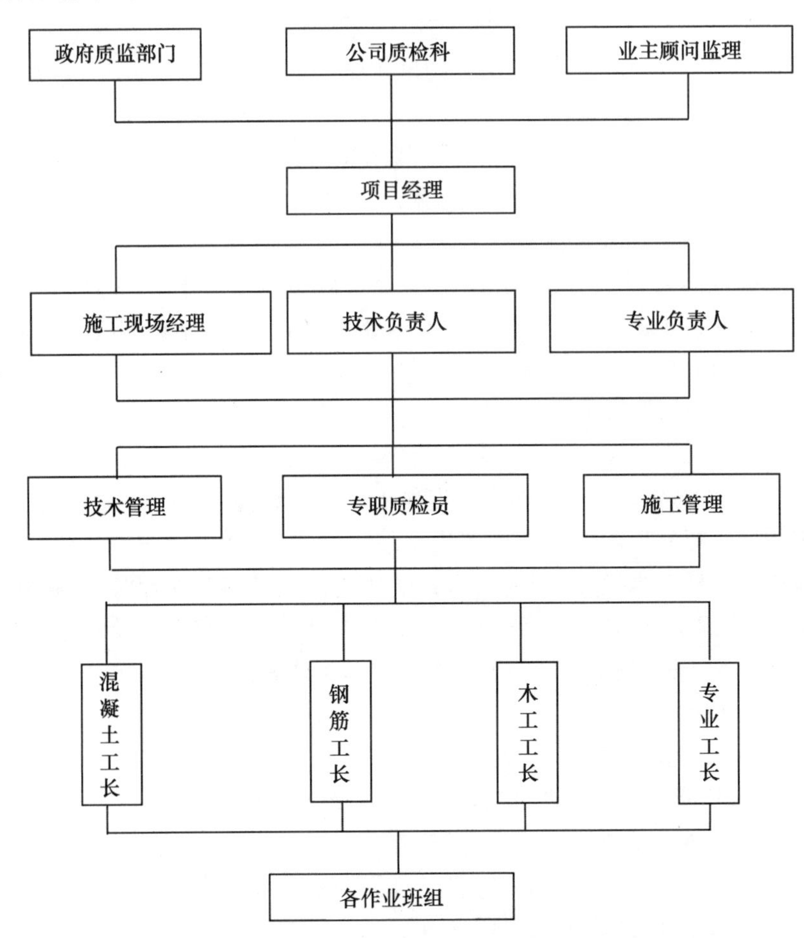

图 6－5　质量保证体系及人员分工

（2）主要成员职责

项目经理：项目经理是质量管理工作的领导者和管理者，是工程质量的第一责任者，应对工程质量管理全过程及其质量结果负责，领导与组织有关人员编制质量计划。

生产经理：对工程质量负领导责任，具体负责工程质量问题的处理和质量事故的调查，并提出处理意见上报项目部，对专业工长的日常工作予以具体的指导与帮助，协助他们解决施工中出现的疑难问题。

项目技术负责人：对质量负有第一技术责任，负责组织编制项目质量计划，贯彻执行技术法规、规程、规范和涉及质量方面的有关规定、法令等，具体领导质量管理工作，领导组织开展 QC 小组活动。

质量员：对产品的交验质量负责，负责向监理单位报验分项工程资料，并协同工长做好现场的检查工作，随时指出工程上的质量问题并协同编制质量问题处理措施和不合格品纠正措施，每月向公司上报质量月报，组织开展 QC 小组活动。

2）项目质量控制措施

（1）施工准备质量控制措施

① 落实准备工作责任制度，使准备工作责任明确，责职到人。

② 复查审核地质勘探资料，做好图纸会审工作，确保正式施工时图纸准备无误。

③ 检查进场施工机械运转状态。

④ 做好定购材料考察工作，进场材料做好复试。

⑤ 选定合理的施工方案，制定进度计划。

⑥ 做好特殊工种人员岗前培训。

（2）施工过程质量控制措施

① 严格按施工程序施工，每道工序施工完毕都必须向监理工程师报验，验收合格后才能进入下道工序。

② 严格实行工序“三检制”，并做好施工记录。

③ 对关键工序、重点部位项目部安排专人值班、巡视检查，如防水工程、混凝土工程等，以便及时发现问题，及时纠正。

④ 做好施工过程中的材料试验工作（混凝土试块、砂浆试块、钢筋焊接、机械连接接头等）。

⑤ 项目部设置项目专职质检员，行使质量否决权。

⑥ 对工程结构使用性能、外观质量影响大的钢筋及直螺纹连接件等材料必须要有可追溯性记录。

（3）成品保护措施

因本工程工期较紧，工种间交叉作业多，成品保护就显得更加重要，具体可以采取以下措施。

① 设专人负责成品保护工作。

② 装饰施工阶段合理安排施工顺序，严格按工序流程组织施工。具体操作中可以一个标准间为例，综合考虑土建、水、电、暖、煤气、消防、通风等各专业工种的先后施工次序，排出合理的工序流程图，并制定出各工种按此流程图进行施工的保证措施，严格执行。

③ 对易受污染、破坏的成品、半成品做好提示、警示性标记。

④ 工序交接全部采用书面形式由双方签字，即由下道工序作业人员和成品保护责任人同时签字确认，下道工序作业人员对防止成品污染、损坏或丢失负直接责任，成品保护专人对成品保护负监督、检查责任。

⑤ 对容易碰坏、损伤的成品、半成品做必要的保护，即护、包、盖、封，并由成品保护责任人经常巡视检查，发现有保护设施损坏的，及时通知相关人员恢复。

a. 护：所有柱角（2 m 以下），门、窗洞边角均采用废旧胶合板条护角，楼梯踏步、台阶用钢管搭设防护性跑道。

b. 包：铝合金门窗等各类门窗均粘贴保护膜，室内灯具、开关盒安装完成后，均用塑料布或纸包裹。

c. 盖:地面面层完成后,用干锯末或纸板及时覆盖保护,落水口、排水管等安装后及时覆盖,以防堵塞。

d. 封:局部封闭,如楼梯面层施工后,将楼梯口暂时封闭;室内装饰完成后,将门上锁等。

3) 主要分项工程质量保证措施

(1) 工程测量

① 测量定位所用的经纬仪、水准仪等测量仪器必须经过鉴定合格后才能使用,并定期检修。

② 测量基准点要求严格保护,避免撞坏。

③ 总标高控制点的引测,必须采用闭合测量方法,确保引测结果精确。

④ 所有测量观察点的埋设必须可靠牢固,以免影响测量结果精度。

⑤ 轴线控制点以及总标高控制点,必须经监理书面认可后使用。

⑥ 所有测量结果,应及时汇总,并和有关部门及时校对。

(2) 钢筋工程

① 施工前钢筋施工员必须对施工顺序、操作方法和要求向操作人员详细交底,施工过程中对钢筋规格、数量、位置随时进行复核检查。特别注意一些较复杂部位的钢筋位置、数量及规格,梁柱节点严禁漏放环箍。

② 钢筋绑扎完成后必须特别检查悬臂结构支架(马凳)是否牢固可靠。

③ 钢筋的保护层厚度依图纸规定设置,同一截面钢筋的接头数量应符合规范的要求。

④ 严格控制墙、柱插筋位置,避免发生钢筋移位及规格与设计图纸不符,墙、柱钢筋绑扎前必须清理根部的污染杂物,清理干净后方可进行绑扎,并注意竖筋的垂直度,不得在倾斜的情况下绑扎水平筋及箍筋。

⑤ 严格控制板面负筋高度特别是悬挑部位的钢筋。浇筑混凝土时根据需要设置足够的钢筋马凳及跳板,避免人为踩踏后落地。

⑥ 工程的钢筋不得任意代换,根据实际情况确需调整时必须由技术部门与设计院商量同意后方可实行,并办妥设计变更洽商。

⑦ 弯曲变形的钢筋须矫正后才能使用,钢筋的油污、泥浆要清除干净。

⑧ 钢筋搭接处应在中心和两端用铁丝扎牢;梁主筋与箍筋的接触点全部用铁丝扎牢;墙板、楼板双向受力钢筋的相交点必须全部扎牢。

⑨ 钢筋的绑扎搭接及锚固除按规范要求外还须满足抗震设计规范要求。钢筋绑扎时如预留洞、预留箱盒等须割断钢筋,按图纸要求加筋,必要时会同有关人员研究协商解决,严禁任意拆、割。

⑩ 浇捣混凝土时要派专人看管,随时随地对钢筋进行纠偏。

⑪ 专职质检员签署隐蔽工程验收单,对每阶段的施工情况要开质量分析会,找出存在的问题,提出整改措施,协助监理单位对工程进行验收,对提出的问题进行认真整改,以配合监理工作,保证工程质量。在监理部门对隐蔽工程进行复验签证后方可进行下一

步施工。

(3) 模板工程

① 对特殊部位的模板及支撑系统的配置进行详细的设计，绘出模板排列图。木工施工员必须对模板支撑、排列、施工顺序、拆装方法向班组人员详细交底，对运到现场的模板及配件应按规定、数量逐次清点及检查，不符合质量要求的不得使用。

② 模板安装时严格按控制线位置及截面尺寸就位固定，不得扭曲、拱凸，模板拼缝要严密。当跨度大于 4 m 时，模板按 0.15%～0.3%起拱。

③ 确保模板支撑系统横平竖直，支撑点牢固，扣件及螺栓拧紧适宜，模板严格按排列图安装。浇捣混凝土前对模板的支撑、螺栓、柱箍、扣件等派专人检查、验收，浇捣时派有经验的工人跟班看护，发现问题及时整改。

④ 正确留置孔洞、预埋件等，首先在翻样图上自行编号，现场按编号逐一核对，防止错放漏放，经复核无误后方能闭合模板。

⑤ 每层模板施工完毕后必须进行预检，达到要求方可浇筑混凝土。

⑥ 为保证拆模强度符合"施工验收规范"规定要求，结构层增加同条件养护混凝土试块，拆模前进行试块试压，强度达到后才能拆模。

⑦ 模板周转使用派专人进行整修、刷油，确保模板本身的刚度、强度和表面平整清洁。

⑧ 对拆模后发现因模板工程引起的各种缺陷，施工技术科、质量安全科会同专业班组及时研究，找出原因并及时修整模板，确保在下步工程中不再发生此类质量问题。

(4) 混凝土工程

① 了解天气动向，浇捣混凝土需连续施工时应尽量避免大雨天，如果施工过程中下雨，应及时遮盖，雨过后及时做好面层的处理工作。

② 混凝土浇捣前施工现场做好各项准备工作，机械设备、照明设施等事先检查，保证完好。

③ 浇捣混凝土前由混凝土工长对混凝土下料、振捣、收平、养护做详细交底，并做好书面记录，混凝土由专人负责振捣，换班时按规定做好交接班工作，做好交接记录。混凝土浇捣完毕后，将钢筋上的水泥浆给予清除，以保证工程质量。

④ 振动器的操作要做到"快插慢拔"。

4) 质量管理控制措施

根据本工程项目的具体情况，提出保证工程质量的管理措施。

(1) 施工组织设计审批制度

① 施工组织设计必须要有项目经理、项目副经理、项目工程师、安全人员等有关人员的签字。

② 施工组织设计必须在工程实施前报公司总工程师审批。

③ 施工组织设计必须对各级审批意见进行修改完善，经上报同意后方可进行施工。

(2) 技术复核、隐蔽工作验收制度(表6-14)

表6-14 技术复核制度

序号	复核项目	复核负责人	复核人员	参加人员	备注
1	建筑物测量定位(复验)	项目工程师	测量施工员	质量员 施工员	甲方、监理、设计院参加
2	建筑物水准点引设	项目工程师	测量施工员	质量员 施工员	甲方、监理参加
3	基础轴线、桩位轴线	项目工程师	测量施工员	质量员 施工员	监理参加
4	楼层轴线、标高	专业负责人	测量施工员	质量员 施工员	监理参加
5	结构层模板	专业负责人	木工翻样员	质量员 施工员	监理参加
6	预埋件位置、规格、数量	专业负责人	木工翻样员	质量员 施工员	监理参加
7	建筑物沉降观测点埋设	专业负责人	测量施工员	质量员	监理参加
8	现浇混凝土模板支撑牢固与否	施工员	木工翻样员	质量员	监理参加
9	脚手架牢固和稳定与否	项目工程师	安全员	质量员 施工员	分管领导

注:① 技术复核记录必须注明复核部位(轴线、标高)和偏差值。

② 技术复核无误后方可进行下道工序施工。

① 技术复核结果应填写《分部分项工程技术复核记录》,作为施工技术资料归档。

② 凡分项工程的施工结果被后道施工覆盖,均应进行隐蔽工程验收。隐蔽验收的结果必须填写《隐蔽工程验收记录》,作为档案资料保存。

隐蔽工程计划如表6-15所示。

表6-15 隐蔽工程计划

序号	复核项目	复核负责人	验收核定人
1	基础尺寸位置标高、土质情况	质检员、施工员	业主、监理、设计院
2	垫层	质检员、施工员	业主或监理
3	基础断面尺寸	质检员、施工员	业主或监理
4	地下室外墙防水涂料	质检员、施工员	业主或监理
5	各种现浇结构中的钢筋规格、位置、品种、数量、接头位置、搭接长度情况	质检员、施工员	业主或监理
6	钢筋焊接的焊条品种、焊接长度、焊接质量	质检员、施工员	业主或监理
7	预埋件规格和埋设情况	质检员、施工员	业主或监理
8	防水层的层数做法和质量情况	质检员、施工员	业主或监理
9	混凝土浇筑前模板内和钢筋表面的杂物清除	质检员、施工员	业主或监理
10	墙体拉结钢筋	质检员、施工员	业主或监理

注:① 隐蔽工程记录必须注明验收部位并签署验收意见。

② 隐蔽验收时,必须有总承包与业主或监理工程师代表参加并在隐检单上签字。

③ 隐蔽验收合格并签字后方可进行工程隐蔽施工。

(3) 施工阶段的级配及试块管理制度

① 凡是在设计图纸中标明强度等级的混凝土、砂浆均属级配管理范围。

② 管理职责分工：

a. 项目工程师负责混凝土、砂强度评定(数理统计与非数理统计)。

b. 项目试验员负责级配申请的复核，签发配合通知单。

c. 施工员负责开具级配单，负责检查试验工作的检查与落实。

d. 项目试验员负责接受配合比通知单，并根据通知单校验磅秤等计量器，负责向施工班组进行级配交底，中途抽查，负责现场试块制作、养护及送检工作。

e. 试验员负责试块的试压及填表工作，监督现场试块制作与“过磅”执行。

③ 标准养护室的建立、要求与管理制度

首先养护室要求保温隔热，内配置冷暖空调电热棒等恒温装置，使室内温度控制在(20±3) ℃范围，砌水池养护，同时另设立体积相仿的另一预养水池(或水桶)作为置换水用。另外养护室内应设立水泥混合砂浆试块立柜，立柜内宜衬海绵等保温材料，以控制湿度在 60%～80%。标准养护室中须配置温度计、湿度计，温、湿度由专人每天记录两次。砂浆、混凝土试块应按规范标准制作，试块制作后应在终凝前用铁钉刻上制作日期、工程部位、设计强度等，不允许试块在终凝后用毛笔书写。

(4) “混凝土浇灌令”申请签发的条件

模板的支撑系统按施工方案施工完毕；模板、钢筋及其支架质量符合规定，验收合格；技术复核、隐蔽工程验收须确认签证；施工范围内安全设施落实；施工机具准备就绪且正常运转；材料供应准备完毕。

(5) 技术、质量交底制度

技术、质量的交底工作是施工过程基础管理中一项不可缺少的重要工作内容，交底必须采用书面签证确认形式，具体可分为如下几个方面：

① 当项目部接到设计图纸后，项目经理必须组织项目部全体人员对图纸进行认真学习，协助业主组织设计交底会。

② 施工组织设计编制完毕并送审确认后，在安排施工任务的同时，必须对施工班组进行书面技术交底，必须做到交底不明确不上岗，不签证不上岗。

③ 本着谁负责施工谁负责质量、安全的工作原则，各分管工种负责人(项目副经理、施工员、工长)在安排施工任务时，必须对施工班组进行书面技术质量安全交底，必须做到交底不明确不上岗，不签证不上岗。

(6) 二级验收及分部分项质量评定制度

① 分项工程施工过程中，各分管工种负责人必须督促班组做好自检工作，确保当天问题当天整改完毕。

② 分项工程施工完毕后，各分管工种负责人必须及时组织班组进行分项工程质量评定工作，并填写分项工程质量评定表交项目经理确认。

③ 项目经理每月组织一次施工班组之间的质量互查，并进行质量讲评。

④ 单位质检部门对每个项目进行不定期抽样检查，发现问题以书面形式发出限期改

令单，项目经理负责在指定限期内将整改情况以书面形式反馈到单位质检部门。

⑤ 根据质量监督站的要求，以下部位必须请质检站核验：

a. 桩基部分核验的条件：桩试完毕，小应变速报出来；桩位竣工平面图出来；垫层全部浇筑完毕；技术资料齐全。

b. 基础部分核验的条件：±0.00 以下部分全部施工完毕；基础内模板全部拆清，坑内无积水；弹出水平标高线及墙身轴线；所有质量缺陷全部处理完毕；资料齐全。

c. 主体部分核验的条件：主体工程所含分项工程全部施工完毕；弹出各楼层水平标高线；木框校正、固定，并嵌缝完毕；内、外墙粉刷样板制作完成，超过规定厚度(b=40 mm)应处理；内、外墙护角线可先行施工，但严禁门窗侧边做水泥粉刷；严禁地坪施工；楼层垃圾全部清理完毕；所有分项工程的质量缺陷全部处理完毕；质量保证资料齐全。

⑥ 分部工程质量核验前项目技术负责人必须提前 5 天填好分部工程核验单，并经项目经理、总承包方、监理工程师、设计单位确认签证后交单位质监部门，质监部门核实后上报质监站申请核验。

(7) 现场材料质量管理

① 严格控制外加工、采购材料的质量。各类建筑材料到现场后必须由项目经理和项目工程师组织有关人员进行抽样检查，发现问题立即与供货商联系，直到退货。

② 搞好原材料二次复验取样、送样工作。水泥必须取样进行物理试验；钢筋原材料必须取样进行物理试验；防水材料必须进行取样复试；存放期超过 3 个月的水泥必须重新取样进行物理试验，合格后方可使用。

计量器具管理：

a. 单位计量员负责本部所有计量器材的鉴定、督促及管理；

b. 现场计量器具必须确定专人保管、专人使用，他人不得随意动用，以免造成人为损坏；

c. 损坏的计量器具必须及时申报修理调换，不得带病工作；

d. 计量器具要定期进行校对、鉴定，严禁使用未经校对过的量具。

(8) 工程质量奖罚制度

① 我单位遵循“谁施工、谁负责”的原则，由单位对各项目经理部进行全面质量管理和追踪管理。

② 项目经理部在施工过程中，按图施工，质量必须达到优良，对达到更高等级质量标准，单位对其进行奖励，奖励形式为表扬、表彰、奖金。

③ 单位在实施奖罚时，以平常检查、抽查、每月一次检查、质检站抽查、评定质量等形式作为依据。

第7章　苏州鼎立星湖街工程项目质量控制与示范

7.1　苏州鼎立星湖街项目概况及质量特点

1）工程概况

工程名称：苏州鼎立星湖街项目 A12、A13 地块。

建设地点：苏州市工业园区星湖街东，东延路北，金鸡湖大道南。

建设单位：苏州鼎立物产有限公司。

设计单位：苏州土木文化中城建筑设计有限公司、苏州市天地民防建筑设计研究院有限公司。

监理单位：苏州工业园区智宏工程管理咨询有限公司。

结构类型：1# ～6# 住宅楼为现浇钢筋混凝土剪力墙结构；人防地下室、车库地下室、商铺、配电房为现浇混凝土框架结构。

建设规模：A12 地块占地面积为 43 739 m^2，总建筑面积为 90 515 m^2，其中：住宅建筑面积为 66 250 m^2，商业建筑面积为 1 534 m^2，物业管理用房建筑面积为 507 m^2，配电间及其他建筑面积为 364 m^2，地下室建筑面积为 18 129 m^2，架空层建筑面积为 3 731 m^2，建筑高度 99.09 m（31 层）。A13 地块占地面积为 9 000 m^2，总建筑面积为 18 383 m^2，其中：商业建筑面积为 11 056 m^2，地下室建筑面积为 7 327 m^2。

2）质量目标

本工程一次性验收合格，住宅楼确保 50%单体达到优质结构，一幢争创“姑苏杯”。

3）进度目标

总工期不超过 600 天。

4）安全文明施工目标

（1）确保无重大安全事故；创建绿色环保施工工地；

（2）确保苏州市文明工地，争创省文明工地。

5）建筑及结构概况

（1）建筑概况

① 本工程 1# ～6# 楼为住宅，基本概况如表 7-1。

表 7-1 建筑概况

栋号	层数	高度(m)	总建筑面积(m^2)	地下建筑面积(m^2)	地下建筑面积(m^2)
1#楼	16+1	58.0	7 952	509	7 443
2#楼	21+1	72.50	10 260	502	9 758
3#楼	30+1	99.09	15 111	522	14 589
4#楼	23+1	78.0	12 133	537	11 596
5#楼	26+1	87.00	13 813	685	13 128
6#楼	27+1	89.9	13 657	521	13 136

注:±0.000 相当于黄海高程 3.350 m。

② 地下车库为半地下室,作为汽车库、设备用房和自行车库;人防地下室平战结合,平时用作汽车库。

a. 所有上人屋面:现浇钢筋混凝土平屋面板、C20 细石混凝土找坡找平 2%、1.2 mm 厚水泥基渗透结晶型防水涂料两遍、1.2 mm 厚高分子防水卷材、45 mm 厚挤塑聚苯板、干铺无纺布一层、40 mm 厚 C30 防水细石钢筋混凝土。

b. 所有不上人屋面:现浇钢筋混凝土平屋面板、C20 细石混凝土找坡找平 2%、1.2 mm厚水泥基渗透结晶型防水涂料两遍、1.2 mm 厚高分子防水卷材、50 mm 厚挤塑聚苯板、干铺无纺布一层、40 mm 厚 C30 防水细石钢筋混凝土。

c. 客厅、卧室楼地面:现浇钢筋混凝土地面板、水泥浆结合层一道、30 mm 厚 C20 细石混凝土细拉毛。

d. 厨房、卫生间楼地面:水泥基渗透结晶型防水涂料两遍、25 mm 厚防水砂浆找平找坡。

e. 走廊、前室楼地面:现浇钢筋混凝土地面板、水泥浆结合层一道、20 mm 厚 1∶2 水泥砂浆找平层、5 mm 厚 1∶1 水泥细砂浆结合面、10 mm 厚地砖面层。

f. 一层外墙面:200 mm 厚 ALC 或钢筋混凝土墙(表面刷界面处理剂)、15 mm 厚防水砂浆找平、45 mm 厚 XPS 外墙外保温系统、6～10 mm 厚面砖。

g. 二层及二层以上住宅外墙面:200 厚 ALC 或钢筋混凝土墙(表面刷界面处理剂)、15 mm 厚防水砂浆找平、45 mm 厚 XPS 外墙外保温系统、纳米外墙涂料两遍。

h. 地下室外墙:现浇钢筋混凝土外墙板、15 mm 厚 1∶2 水泥砂浆找平、1.2 mm 厚高分子防水卷材、20 mm 厚挤塑聚苯板保护层。

i. 卫生间、厨房内墙面:12 mm 厚 1∶3 水泥防水砂浆打底、6 mm 厚 1∶3 防水砂浆抹面。

j. 除卫生间、厨房住宅内墙面:15 mm 厚 1∶1∶6 水泥石灰膏砂浆打底、5 mm 厚 1∶0.3∶3 水泥石灰膏砂浆抹面、批白水泥二遍。

k. 住宅平顶:现浇钢筋混凝土楼板、水泥浆结合层一道、6 mm 厚 1∶0.3∶3 水泥石灰膏砂浆打底、6 mm 厚 1∶0.3∶3 水泥石灰膏砂浆抹面。

(2) 结构概况

1#～6#楼为 17～31 层短肢剪力墙结构,采用桩基做基础;人防地下室、车库地下室、商铺为框架结构,采用天然地基做基础。±0.000 相当于黄海高程 3.350 m,住宅室内层高 2.900 m。

填充墙：外墙采用200 mm厚ALC蒸压砂混凝土砌块，专用黏结剂砌筑；内墙采用200 mm厚加气混凝土砌块，混凝土砌块用专用砂浆砌筑。

混凝土标号、抗渗等级及所使用的钢筋规格见各单体设计。

6）建设场地情况

（1）现场场地基本平整，施工期间在施工现场西侧设一出入口，留设位置详见施工现场平面布置示意图。

（2）本工程位于苏州市工业园区，交通十分便利，场外道路条件完全能够满足施工运输的需要。

（3）施工用水、用电由业主提供水源、电源接入到施工现场；施工时加设控制分表即可使用。场地内的水、电按照施工平面布置图进行铺设。

7）施工重点、难点

（1）本工程人防地下室及3#楼基础埋深较深，其余各栋也在4 m左右，基坑支护及降排水是保证基坑安全的一个重点，设计方案必须由具有资质的设计单位进行设计，并进行专家论证，由具有相应资质的施工和监测单位进行施工和监测，进行动态管理。

（2）本工程住宅楼(除2#楼)底板厚度均在1～1.8 m左右，均属于超大体积混凝土；大体积混凝土的施工组织与管理、混凝土的防裂控制措施，对保证工程质量和进度至关重要。

针对大体积混凝土施工特点，选择当地有实力的混凝土供应商，事先由混凝土供应商结合本工程的实际对混凝土进行试配，确保混凝土的各项性能能满足设计及规范要求；施工前制定切实可行的混凝土供应方案、浇捣方案及养护措施，确保大体积混凝土浇筑质量及浇筑后温差控制；混凝土浇筑后采用测温设备对混凝土进行测温，掌握内外温差情况并采取相应的养护措施。

（3）人防地下室、车库地下室为负一层结构，各栋楼下均有一层地下室，且车库地下室与周边各栋地下室相连，地下室占地面积较大，防水渗漏是保证工程质量的一个关键，施工过程中应严把质量关，从混凝土的浇筑、养护到防水原材料、施工的每一环节，隐蔽之前做好渗水试验并做好隐蔽工作。

（4）本工程地下室占地面积大，地下室施工期间场地小，可采用分阶段开挖施工。

（5）本工程工作量大，专业分包多，劳动力需求大，各种材料、周转材料投入多，施工现场场地有限，总承包管理难度大。

① 成立项目总包管理部，负责项目总包管理。

② 根据工程实际情况，结合公司的管理制度编制项目总包管理方案，用以指导总包管理。事先根据工程总体进度计划制定各专业分包进、退场计划，依据此进、退场计划合理调配现场资源。

③ 加强各专业系统交流、沟通，绘制各专业综合布置图。重点推行目标管理、跟踪管理、平衡协调管理，积极处理好各方关系，协调施工现场各类资源的合理配备。

④ 搞好对工程质量、进度、安全及文明施工、技术的总包管理，确保工程按期顺利完成。

⑤ 将分包工程纳入项目总包管理范畴，积极配合业主，对分包工程的质量、工期实行全程跟踪管理，确保分包工程各项目标的实现。

⑥ 选择一流的成建制施工队伍，劳动力的进场根据劳动力需求分批到岗。根据各工种的劳动力准备情况，分别落实，尽快地组织施工生产，以满足工程进度的需要。

⑦ 材料及周转材料，均统一组织供应，对需先行定制的周转材料及时进行加工，根据进度计划进行调整、补充，以确保工程顺利施工。

⑧ 在工程施工前，制订详细的大型机具的使用、进退场计划，针对本工程配备精良适用的大型施工机械。制订主材及周转材料生产、加工、堆放、运输计划，以及各工种施工队伍进退场调整计划。同时，制订以上计划的具体实施方案，严格执行标准、奖罚条例，实施施工平面的科学、文明管理。

7.2 苏州鼎立星湖街项目工程质量控制部署

1) 施工部署

组织管理的原则：本工程组织管理以抓好“施工管理，质量管理，创建文明管理”为原则，建立总承包管理体系。具体落实在：根据公司质量体系的要求，结合项目管理的实际情况，编制该项目的质量计划，对生产过程进行全面控制。施工前认真熟悉图纸，精心编制施工方案，搞好技术交底；在施工过程中，应用“P—D—C—A”循环，加强每道工序的管理和不同工序之间的衔接，实行质量预控，针对可能发生问题，采取对应措施，将质量不利因素消灭在萌芽状态；加强施工过程的核对和检查，做好事后的质量检查评定；加强对管理人员及工人的质量意识教育，理解“质量是企业的生命”的深刻意义；积极推广和应用新技术、新工艺，确保工程质量达到质量验收规范合格标准，争创市优工程；接受项目法人（业主）的委托，对参与工程建设的所有专业队伍实行全过程的管理，依照合同、标准、规范组织项目实施过程中的管理，协调各参建单位间的施工衔接、配合，控制总进度计划和总规模投资，监督工程质量和安全施工，实施与现场施工有关的全方位的管理。

2) 主要施工机械配置计划

(1) 为满足本工程施工要求，机具、设备必须大量投入，公司现有的各类施工机械及设备完全能满足本工程全方位展开施工的要求。各类材料按施工图纸要求的数量和施工进度的要求保证供应。

(2) 主要施工机械配置如表 7-2 所示。

表 7-2 工程主要施工机械配置要求

序号	机械设备名称	型号规格	数 量	制造年份	额定功率(kW)	备注
1	塔吊	QTZ40	8 台	2007	32	租赁
2	人货电梯	SCD-2000	6 台	2006	28.5	租赁
3	井架	SCD-1000	2 台	2006	22	自有
4	搅拌机	JZ350	12 台	2005	15	自有

续表 7 - 2

序号	机械设备名称	型号规格	数 量	制造年份	额定功率(kW)	备注
5	电焊机	AX - 300	10 台	2003	14	自有
6	对焊机	UN100	1 台	2003	100	自有
7	电渣压力焊机	AX - 600	4 台	2004	30	租赁
8	钢筋弯曲机	GWB - 40	8 台	2005	3	自有
9	钢筋切断机	GQZ - 32	8 台	2005	3	自有
10	钢筋调直机	JIM - 3	4 台	2008	3	自有
11	圆盘锯	MJ - 104	6 台	2006	3	自有
12	平刨机	MB250	3 台	2006	7.5	自有
13	潜水泵	Q60	20 台	2009	1.5	自有
14	插入式振动器	H26X - 50	40 台	2009	1.5	自有
15	高压水泵		2 台	2008		自有

(3) 主要计量检测设备如表 7 - 3 所示。

表 7 - 3　工程所需主要计量检测设备及要求

序号	计量检测设备名称	型号、规格	单位	数量	配备单位
1	全站仪	标准	台	1	测量组
2	激光经纬仪	J2	台	2	测量组
3	激光铅垂仪	标准	台	2	测量组
4	钢卷尺	50 m	把	6	测量组
5	钢卷尺	5 m	把	20	测量组
6	水准仪	S3	台	5	测量组
7	塞尺	楔形 120 mm	把	10	质检组
8	靠尺	2 000 mm×80 mm×20 mm	把	10	质检组
9	托线板	2 000 mm×100 mm×15 mm	把	10	质检组
10	坍落度筒	标准	只	3	质检组
11	混凝土试模	150 mm×150 mm×150 mm	组	40	计量室
		ϕ165×ϕ175×150 mm		10	
12	砂浆试模	7.07 mm×7.07 mm×7.07 mm	组	20	计量室
13	磅秤	TGT500 型	台	6	工地搅拌台

3) 劳动力配置计划

施工操作层是在施工过程中的实际操作人员，是施工质量、进度、安全、文明施工的最直接保证者，因此我公司在选择操作层人员时的原则为：具有良好的思想素质和职业道德，具有良好的质量、安全意识，具有较高的技术等级和操作水平，并参与过省、市优质工程施工的操作人员。

操作层由公司劳务公司根据项目部的每月劳动力需求计划，在全公司进行平衡调配，同时确保进场操作人员经严格考核，各项素质达到本工程的要求，队伍相对稳定，并以不影响施工为最基本原则(表7-4)。本工程的整个施工过程中，所有劳动力(不含业主指定分包单位)日平均人数在500人左右，高峰期(地下室施工期间)工地总人员将在600余人左右。

表7-4　不同阶段投入劳动力配置情况

工种	按工程施工阶段投入劳动力情况(人)			
	地下室结构阶段	主体结构阶段	装饰阶段	扫尾阶段
木工	225	120	10	2
钢筋工	110	75	5	0
混凝土工	75	50	10	0
瓦工	100	125	10	10
抹灰工	0	0	150	50
起重工	10	25	10	0
电焊工	15	10	5	3
架子工	15	60	30	10
油漆工	5	10	100	60
其他	45	45	70	50
小计	600	520	400	185

4) 施工总平面布置

(1) 施工平面布置原则

根据工程所处环境、工程项目性质、业主要求和本工程制定的各项目标，并以提高工程质量、保证施工工期、减轻劳动强度、确保安全和文明施工的原则进行现场施工总平面布置。

(2) 分阶段布置

根据施工部署，施工现场根据施工进度分阶段布置，即基础施工阶段、主体施工阶段和装饰阶段，根据不同的施工阶段、不同的要求进行相应的布置和调整。

(3) 临时道路

沿1#～6#楼外围修筑一条环形临时施工道路，确保施工期间道路畅通。临时施工道路的做法：将原自然地坪进行夯实，上铺300 mm厚道碴，碾压密实，再铺筑50 mm厚碎石及150 mm厚C25混凝土，表面刻纹。

(4) 围墙

所有临时围墙都采用砖砌或彩钢板搭设，高度不低于2.0 m，表面书写工程概况或标语。

(5) 生产用房(加工棚)

临时施工生产用房(如钢筋堆放场地、木工加工车间等)尽可能地布置在塔吊覆盖范围以内；砌体及装饰期间生产用房(如砂浆搅拌场地、砌体堆场等)统一布置在靠近人货电梯或井架附近；主体施工阶段，在施工区域设置混凝土输送泵停放场地，成品钢筋、模板周转材料及砂石、砖等材料场地；在装饰施工阶段主要设置周转材料的退场、装饰材料及大量的砂石。堆放场地均在原自然地坪标高处整平后进行施工。

(6) 办公用房及生活区

因场地狭小，办公用房考虑一栋，搭设在 15#、16# 商铺之间西侧；职工生活区搭设在 5#、6# 楼北侧，采用彩钢板将生活区与施工现场隔开。

(7) 垂直运输机械

根据本工程的特点，拟布置 8 台 QTZ40 及 6 台室外施工电梯、2 台井架，具体位置详见平面布置图。

因场地限制，2# 楼塔吊布置在车库地下室内。浇筑车库地下室底板时，在相应位置预留施工洞，沿施工缝增设水平止水钢板，待塔吊拆除后，用高一级微膨胀防水混凝土进行浇筑。因塔吊基础比车库地下室埋深深，开挖塔吊基础时势必破坏塔吊基础周边车库地下室底板土体，为确保工程质量，塔吊基础周边采用砂石进行回填夯实。

(8) 临时用地如表 7-5 所示。

表 7-5　临时用地规模及配置要素

用 途	面积(m^2)	位置
办公室	320	现场西侧
职工生活区	1 800	现场北侧
门卫	20	西大门处
厕所	70	2# 楼东北角
仓库	150	6# 楼东侧
加工棚	600	各栋楼周边
合计	2 960	—

7.3　苏州鼎立星湖街项目工程的土建质量控制技术

1) 测量放线

(1) 工程定位测量控制

① 本工程平面控制采用网状控制法，施工方格控制网一般经初定、精测和复核三步进行。

② 本工程根据甲方提供的工程定位控制点及总平面图设计图引测栋号轴线。

③ 根据施工现场及周围环境条件，选择相对稳固地方埋设多种用途、长期使用的首级控制点，组成一个能满足施工放样及沉降观测需要的永久性施工控制网。控制点基础按要求进行技术处理，控制点所处位置要保证今后不被占用、障碍较少、视线贯通，以便对控制点进行使用和保护。控制点既做平面控制之用，又做标高控制之用。

④ 施工过程，根据工程特点，利用首级控制点，先选择相对稳定、视行通畅的点放出

二级控制点作为施工的二级控制。该二级控制点既可用于细部点的放样，同时又可用于对工程上各节点的复合检测。

⑤ 利用全站仪对所有控制点进行精确测定，并将它们与附近的国家城市等级点进行联测，使其坐标与高程统一为一个系统，便于今后使用。

⑥ 利用配套计算对所有观测值进行严密平差，保证整个控制精度完全能够符合国家工程测量技术规范和工程设计要求。平差成果存入计算机，需要时可以随时调用。

⑦ 随着施工的进展，考虑到各种因素可能造成的影响，定期对所有控制点做必要的监测。

(2) 垂直测量和平面放样

① 楼层垂直控制网的施工测量：根据业主提供的测量资料及开始施工时建立的二级平面控制网，建立建筑物内部平面控制点，运用极坐标在建筑物内布设多个轴线控制点。基准点处预埋 10 cm×10 cm 钢板，用钢针刻画十字线定点，线宽 0.2 mm，并在交点上打样冲眼，以便长期保存。所布设的平面控制网应定期进行复测、校核。

② 平面控制点的竖向传递：首层平面放线直接依据首层平面控制网，其他楼层平面放线，根据规范要求，从地面控制网引投到高空，不得使用下一楼层的定位轴线。平面控制点的竖向传递采用内控天顶法，投点仪器先用天顶垂准仪。在控制点上方架设好仪器，严密对中，整平。在控制点正上方，在需要传递控制点的楼面预留孔处水平设置一块有机玻璃做成的光靶或原仪器附带的光靶，光靶严格固定。若精度不够，必须重新投点，直至满足精度要求。

③ 在首层根据轴线设立坐标点作为平面控制点后，浇筑上升的各层楼面必须在相应的位置预留 150 mm×150 mm 与首层平面控制点相对应的小方孔，能保证激光束垂直向上穿过预留孔。

(3) 平面轴线放样

① 首先计算出各轴线交点在控制点所在坐标系统中的坐标，供放样使用。

② 根据具体情况，直接将全站仪架设在控制点上，按极坐标法放出各轴线交点，或利用控制点，在与所需放样轴线交点相互通视的地方测设若干转点作为临时控制点，然后将全站仪架设在转点上，以控制点为后视，按极坐标法放出各轴线交点。这些交点可满足进一步细部放样的需要。

③ 为保证放样的准确性，校核可改用其他放样方法(如角度交会法等)，重新放样主要轴线交点，或测量相应轴线交点间距离。

(4) 水准点的引测和层高控制

① 本工程水准点的引测必须用二等水准测量，确定水准测点的标高并与国家或城市水准点联测。水准点网的主要技术要求按工程测量规范执行。

② 随着主体上升，高程控制可与平面放样同步进行。在工程开始时，先精确测定各个二级控制点的标高，将它们归化到各轴线交点设计标高所使用的高程系统，将标高传递至任一高度处。

2) 人防工程

本工程 A13 地块为人防地下室，人防施工除满足常规施工方法外，尚应满足人防工

程的有关要求,具体如下:

(1) 模板

人防工程模板除满足前述模板工程的有关要求外,还应注意以下事项:

① 临空墙、门框墙的模板,其固定模板的对拉螺杆上严禁采用套管、混凝土预制构件。

② 模板及其支架在安装过程中,必须设置防倾覆的临时固定设施。

③ 已拆除模板及其支架的结构,在混凝土强度符合设计的混凝土强度等级的要求后,方可承受全部使用荷载;当施工荷载所产生的效应比使用荷载的效应更为不利时,必须经过核算,加设临时支撑。

(2) 钢筋

人防工程钢筋除满足前述钢筋工程的有关要求外,还应注意以下事项:

① 基础底板钢筋均采用机械连接或焊接,相邻钢筋不允许在同一截面接头,相邻钢筋接头距离应大于等于 $35d$(d 为钢筋直径之大者,下同)。人防区的顶、底墙板应设置梅花形排列的拉结钢筋 $\phi8@450$,拉结筋长度应能拉住最外层受力钢筋。

② 顶板钢筋的负筋锚固长度从板顶下弯≥LaF,顶板钢筋的正筋伸过梁或墙中心线且大于等于 $5d$。

③ 钢筋接头位置:基础底板的底部钢筋、顶板的顶部钢筋在跨中或层高中部 1/3 范围内;顶梁、顶板的底部钢筋、基础梁、底板的顶部钢筋在支座;顶梁的顶部钢筋、基础梁的底部钢筋在跨中 1/3 范围内。

④ 人防地下室门框墙施工前须将钢门框及穿墙管道预埋到位,并在门前顶板内设置吊钩锚筋。

⑤ 人防地下室临空墙、门框墙钢筋应注意防护区内外的竖向钢筋位置不得放反。

(3) 混凝土

人防工程混凝土除满足前述混凝土工程的有关要求外,还应注意以下事项:

① 大体积混凝土的浇筑应合理分段分层进行,使混凝土沿高度均匀上升;浇筑应在室外气温较低时进行,混凝土的浇筑温度(混凝土振捣后,在混凝土 50～100 mm 深处的温度)不宜超过 28 ℃。

② 工程口部、防护密闭段、采光井等有防护密闭要求的部位,应一次整体浇筑混凝土。

③ 浇筑混凝土时,应按下列规定制作试块:口部、防护密闭段应各制作一组试块;每浇筑 100 m^3 混凝土应制作一组试块;防水混凝土应制作抗渗试块。

(4) 防护门、密闭防护门、密闭门框

① 门框墙的混凝土浇筑,应符合下列规定:门框墙应连续浇筑,振捣密实,表面平整光滑,无蜂窝、孔洞、露筋。预埋件应除锈并涂防腐油漆,其安装位置应准确,固定应牢固。带有颗粒状或片状老锈,经除锈后仍留有麻点的钢筋严禁按原规格使用;钢筋的表面应保持清洁。

② 门框墙的混凝土应振捣密实。每道门框墙的任何一处麻点面积不得大于门框墙总面积的 0.5%,且应修整完好。

③ 门扇安装应符合下列规定:门扇上下铰链受力均匀,门扇与门框贴合严密,门扇关

闭后密封条压缩量均匀，严密不漏气。门扇启闭灵活，闭锁活动比较灵敏，门扇外表面标有闭锁开启方向。门扇能自由开到终止位置。门扇的零部件齐全、无锈蚀、无损坏。

④ 防护功能平战转换施工

a. 人防工程防护功能平战转换预埋件的材质、规格、型号、位置等必须符合设计要求；预埋件应除锈、涂防腐漆，并与主体结构应连接牢固。

b. 采用钢筋混凝土或混凝土浇筑的部位；供战时使用的出入口、连通口及其他孔口的防护设施；防爆破清扫口、给水引入管和排水出户管等构件应在施工、安装时一次完成。

⑤ 防护设施的包装、运输和堆放

a. 防护设施的包装应符合下列规定：各类防护设施均应具有产品出厂合格证；防护设施的零部件必须齐全，不得有锈蚀和损坏；防护设施分部件包装时，应注明配套型号、名称和数量。

b. 门扇、门框的运输应符合下列规定：门扇混凝土强度达到设计强度的 70%后，方可进行搬移和运输；门扇和钢框应与车身固定牢靠，避免剧烈碰撞和振动。

c. 防护设施的堆放应符合下列规定：堆放场地应平整、坚固、无积水；金属构件不得露天堆放；各种防护设施应分类堆放；密闭门及钢框应立式堆放，并支撑牢固；门扇水平堆放时，其内表面应朝下，应在两长边放置同规格的条形垫木；在门扇的跨中处不得放置垫木。

关于人防工程其余未详事宜详见《人民防空工程施工及验收规范》(GB 50134—2004)有关要求。

3）土方开挖及基坑支护

(1) 概况

① 土质。拟建场地位于苏州市工业园区，金鸡湖大道南，星湖街东，地貌单元属长江三角洲冲湖积平原，地貌形态单一，场地开阔平坦，原为农田。场地一般地面标高为 1.93～3.22 m，高差约为 1.29 m。

本场地内自地面起由上而下的土层分别为：

a. 层杂填土：杂褐色，很湿～饱和，松散，含植物根系，局部为灰黑色淤泥质土，土质不均匀，高压缩性。以耕土及粉质黏土为主，层厚 1.60～3.90 m。

b. －2 层黏土层：灰黄～褐黄色，可塑～硬塑，无摇振反应，切面有光泽，韧性及干强度高，含有少量铁锰结核，土质均匀，结构较致密，中等压缩性，全场地分布，层厚 2.20～4.70 m。

c. 层粉质黏土夹粉土：灰、灰黄色，可塑，夹稍密状粉土，摇振反应慢，切面稍有光泽，韧性及干强度中，土质欠均匀，层厚 1.00～3.90 m。

d. －1 层粉土：灰色，饱和，稍密～中密状态，摇振反应迅速，无光泽反应，干强度低，韧性低。具水平层理，含少量云母层，土质欠均匀，中等压缩性，层厚为 0.4～4.1 m。

② 地下水。据历史资料，苏州市历史最高洪水位为 2.68 m(1999 年)，最低河水位为 0.01 m。根据近年来搜集的资料，苏州市历史最高潜水位为 2.63 m，近 3～5 年来最高潜水位约 2.50 m，年变幅一般在 1～2 m，其补给来源主要为大气降水。苏州市历史最高微

承压水水位为 1.74 m，近 3～5 年最高水位 1.60 m 左右，主要补给来源为大气降水、地表水以及上部潜水，微承压水水位年变幅约 0.80 m。

场地内对本工程建设有影响的地下水主要为 a 层素填土中的孔隙潜水及 d 层粉土～粉砂中的微承压水。潜水主要赋存于浅部黏性土层中，富水性差；受大气降水及地表水体侧向补给，以地面蒸发为主要排泄方式；受季节影响水位升降明显。微承压水主要赋存于 d 层粉土中，其富水性及透水性均一般；主要受浅部地下水的垂直入渗及地下水的侧向径流补给，以地下水的侧向径流为主要排泄方式。

拟建场地东侧为人工河道，其水位标高为 1.33 m。

拟建场地附近无地下水污染源，地表水及地下水均未被环境污染。场地环境类型为Ⅱ类，地下水（土）对混凝土结构不具腐蚀性，对钢筋混凝土结构中的钢筋不具腐蚀性，对钢结构具弱腐蚀性。

(2) 施工总体方案

① 基坑支护。本工程车库地下室及 15#、16# 楼、配电房基础基底位于第②－2 层黏土上，开挖深度较浅。开挖的主要土层为第①层素填土、第②－2 层黏土。浅部土层工程地质性质较好。基坑侧壁安全等级为三级。采用放坡开挖，较为经济合理。

1#～6# 住宅楼基础埋深在 4 m 左右，其中：3# 楼基坑开挖深度 4.8 m，主要采用放坡与土钉墙相结合方式，边坡设置 4 口减压井；5# 楼基坑开挖深度 4.05 m，主要采用放坡方式，6# 楼基坑开挖深度 4.30 m，主要采用放坡与土钉墙相结合方式。开挖前必须进行专门的基坑支护设计及施工组织设计，以确保基坑施工安全。

人防地下室（14＃楼）基坑开挖深度 4.75 m，主要采用放坡与土钉墙相结合方式，同时设置 16 m 三轴搅拌桩作为止水帷幕，坑周边设 30 口减压降水管井，井深12 m。开挖前必须进行专门的基坑支护设计及施工组织设计，以确保基坑施工安全。

基坑支护方案详见基坑支护设计。

② 降水、排水。对本工程基础开挖影响较大的主要为地表水、潜水及微承压水。

1#、2#、4#、5#、6# 住宅楼，15#、16# 商铺以及车库半地下室：开挖深度较浅，施工过程中，有少量孔隙水渗出，出水量较少，采用明沟＋集水坑排水即可。

基坑内的地表水的潜水可采用明沟及集水坑排除。

3# 楼及人防地下室：根据地质勘察报告，微承压水水位高于基坑底面标高，因此需要采取管井降水降低微承压水，将水位降至基坑底板下至少 500 mm。基坑降水方案详见基坑围护专项设计。

③ 基坑监测。为正确指导施工，确保工程的顺利进行和周边的安全，施工期间应做好监测工作，实施信息化施工，随时预报，及时处理。

④ 基坑支护、管井降水、基坑监测均由具有相应资质的单位实施。基坑支护、管井降水应根据围护设计图纸要求做出详细的施工组织设计，经围护设计等相关单位认可后方可实施；基坑监测必须由业主委托具有岩土工程监测资质的单位实施。

(3) 土方开挖一般要求

本工程开挖的土方全部外运至业主指定地点。专业测量人员先期对工程测量控制桩进行检测复核，并办理交接手续。同时对基础轴线进行工程测量定位，经甲方、监理及规划部门认可后方可进行土方开挖。

① 土方开挖前，应熟悉管线布置情况，对管线进行实地勘测，并与提供的资料进行认真核对，如有误，应及时与建设、监理、设计单位联系，做好各级技术准备和技术交底工作。

② 土方开挖采用机械开挖与人工开挖相配合的施工方法，采用机械开挖至坑底上 20 cm，余下土方采用人工开挖至设计标高。

③ 土方挖到设计标高后应尽早进行地基验槽，随即浇筑垫层。无垫层暴露坑底面积不得大于 200 m^2，时间不得超过 24 h。

④ 严禁在坑边堆放钢筋、水泥、钢管及堆放土方等，基坑边 15 m 范围内堆载应控制在 20 kN/m^2 以内。

⑤ 加强周围环境的监测，做到信息化施工。遇有特殊情况应立即停止挖土，用黄沙回填埋压后，查清原因，拿出合理可靠的处理方案后方可再施工。

⑥ 开挖时，应有专人指挥挖机工作，严禁挖土机挖斗碰撞工程桩，并随时做好排水沟及集水井，使坑内排水畅通，保持基底无积水。

⑦ 由项目部派专职测量人员控制好标高，严禁超挖。随着工作面的展开，每隔 2 m 设一个水平控制木桩。

⑧ 由于机械与人员同时交叉作业，工作面相对狭窄，各类机械、各工种要严格遵守安全操作规程，保证相互之间的安全距离。机械挖土与人工清槽要采用轮换工作面的作业办法。

⑨ 土方回填在基础施工完成后，经建设、监理、设计单位及政府有关质量监督部门验收合格后进行，必须严格控制回填土的含水率，必须分层夯实，采用机械回填时每层厚度不超过 30 cm。土方回填时，基坑内如有积水、杂物等必须排除干净，确保工程结束后不出现地面下沉、开裂。土方回填严禁在雨天进行。

(4) 安全、文明施工

① 基础施工期间，应加强基坑监测。施工过程中，各种材料、机械等应距槽边 1.5 m 以外。基坑开挖时注意挖土机旋转半径内不得站人，人工配合挖土时，挖土人员应与挖机铲斗保持 2 m 以上距离。

② 施工期间要保持道路清洁，进出车辆要进行冲洗，不得将泥土带入城市道路，安排专人进行打扫及指挥。

③ 基坑四周设排水沟、集水坑，用水泵抽排明水。施工期间注意收听天气预报，下雨天气严禁开挖。基坑四周设挡水坎，防止地表水流入基坑。挖土过程中或雨后复工，应随时检查土壁稳定，发现问题要及时处理。准备好足够的槽钢，一旦发现边坡失稳，立即加大放坡坡度，并沿坡面分梯级垂直打入槽钢直至老土层。条件允许的情况下可通过坑顶卸载加拉钢丝绳、增加锚杆喷浆等措施控制边坡的滑移。

④ 基坑四周设防护栏，并刷红白油漆，在醒目位置设警示牌。

4）底板大体积混凝土工程

（1）重点、难点

大体积混凝土施工具有以下难点：

① 大体积混凝土水泥凝结过程将产生大量水化热，做好裂缝控制、内外温差控制是浇筑质量的关键。

② 超厚底板混凝土浇筑振捣必须严格控制分层厚度，同时须确保浇筑的连续性。

（2）混凝土浇捣

① 混凝土浇捣前准备工作

a. 钢筋绑扎完毕后，技术部门应该及时报审监理、质量监督部门及人防质量监督部门，做好各项隐蔽工程验收工作。

b. 清理施工现场。把底板钢筋表面不必要的杂物调运至坑面；清理施工道路上的障碍物，确保现场施工道路的畅通，并为泵车停放创造条件。

c. 检查临时供电、供水设施以及混凝土振动棒等设备。

d. 技术部门、安全质量部门向施工部门做一级安全、技术交底，施工部门向各施工作业班组进行二级交底，以保证底板混凝土的浇捣施工质量。

② 混凝土浇捣施工

a. 混凝土浇筑施工工艺流程：测量放线→完成钢筋及模板工程→固定地泵接泵管→混凝土浇筑→混凝土养护→测温→混凝土取样及试验→后浇带处理。

b. 场内的车辆停放、流向、收料等由现场管理人员负责。

c. 为减少深基坑底暴露时间，每层拟采用连续浇捣的施工方法。具体浇筑采用“分段定点、一个坡度、薄层浇筑、循序推进、一次到顶”的方法。

d. 大体积混凝土浇筑采用退捣方式。混凝土浇捣时依靠混凝土的流动性，混凝土由大斜面分层下料，分皮振捣，每皮厚度为 50 cm 左右。上下皮混凝土应及时覆盖，防止冷施工缝出现。分层浇捣示意图见图 7－1 所示。

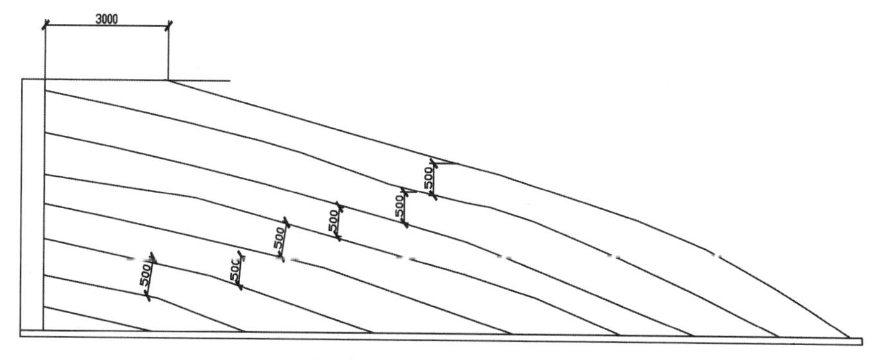

图 7－1　分层浇捣示意图

e. 混凝土浇筑范围内应布置 3～4 台振动机进行振捣，要求不出现夹心层及冷施工缝，并应特别重视每个浇筑带坡顶和坡脚两道振动器振动，确保上、下部钢筋密集部位混凝土振实。

f. 操作人员在振捣过程中为了防止相互浇筑连接处的漏振，因此在各自的连接分界区必须超宽 50 cm 的振捣范围。

g. 浇捣平均速度每小时不少于 40 m^3，控制混凝土供应速度大于初凝速度，确保混凝土在斜面处不出现冷缝。

h. 由于混凝土坍落度比较大，会在表面钢筋下部产生水分，或在表层钢筋上部的混凝土产生细小裂缝。为了防止出现这种裂缝，在混凝土初凝前和混凝土预沉后采取二次抹面压实措施。

i. 底板面标高控制，应在浇捣前利用短钢筋采用电焊焊接在上层钢筋或支架上做好面标高的基准点，间距约 4～6 m^2 一个点。

j. 在浇灌过程中采用水准仪进行复测标高，发现有高差者，加料或刮平。混凝土表面处理做到"三压三平"。首先按面标高用煤撬拍板压实，长刮尺刮平；其次初凝前用铁滚筒数遍碾压、滚平；最后，终凝前，用木楔打磨压实、整平，以闭合混凝土收缩裂缝。

k. 混凝土浇捣前及浇捣时，应将基坑表面积水通过设置在垫层内的临时集水井、潜水泵向基坑外抽出。

(3) 混凝土养护及温差控制

① 对大体积混凝土施工，在尽量减少混凝土内部温升的前提下，其养护是一项关键工作。养护主要是保持适宜的温度和湿度条件，其作用主要是减少混凝土表面的热扩散，提高混凝土表面温度，减少混凝土内部温度梯度和减少混凝土表面裂缝，防止产生贯穿性裂缝，以及可保证水泥水化的顺利进行，提高其抗压强度。所以混凝土浇筑完毕待终凝后，要及时浇水养护，必要时蓄水养护，如气温太高或蓄水有困难，可加盖一层塑料薄膜，使混凝土内外温差不得超过 25 ℃的规范要求，防止暴晒后混凝土产生急剧收缩裂缝。

② 在温差控制上，可充分利用夜间浇筑，以降低浇筑温度，减少温控费用，白天施工时，因温度较高，泵管上应覆盖湿草袋等材料，尽量降低混凝土搅拌料温度，可搭棚遮阳，防止暴晒，降低骨料温度。

③ 大体积混凝土测温。大体积混凝土温升期间，水泥水化会释放大量的水化热，使混凝土中心及基础中部区域产生很高的温度，而混凝土表面及边缘受气温影响，温度较低，这样形成较大的内外温差，使混凝土内部产生压应力，表面产生拉应力，当温度超过一定限度，其所产生的温度应力将使新浇混凝土产生裂缝。

大体积混凝土温降期间，混凝土由于逐渐散热而产生收缩，再加上混凝土硬化过程中，混凝土内部拌和水的水化和蒸发，以及胶质体的胶凝作用，促进了混凝土的收缩。这两种收缩由于受到结构本身的约束，所产生的温度应力就会在新浇筑的混凝土中产生收缩裂缝。

为了防止这种温度裂缝的产生，确保基础工程质量，必须在施工阶段对混凝土内部温度的变化进行监测，并采取相应的养护措施，把混凝土内部的温度控制在允许范围内。因此，温度监控是大体积混凝土施工中的一项重要技术措施。

a. 测温点的布置：本工程各住宅楼基础底板布置 3 组，每组测温孔由上中下即底部、中部、上部三个测温点组成，在混凝土浇筑前预埋。

b. 设专人测温，测温周期为一星期，混凝土浇筑后前两天每两小时进行一次测温，第三、四天每四小时进行一次测温，以后每八小时进行一次测温。测温记录包括环境温度和混凝土表面温度。

c. 温度主要控制指标

内表温差：$\Delta T \leqslant 25$ ℃，超过 25 ℃时报警；

降温速度：$V \leqslant 1.5$ ℃/天，超过 1.5 ℃时报警。

(4) 底板抗渗防裂措施

① 混凝土搅拌站先制作几组抗渗混凝土的试验配合比试块，进行试压，选择一种最合适的配比。建议混凝土中掺加一定量的抗渗外加剂，以提高混凝土的收缩应力，防止裂纹的产生。

② 降低水化热，选用低水化热或中水化热的水泥品种配制混凝土，充分利用混凝土的后期强度，减少每立方米混凝土中水泥用量。

③ 降低混凝土入模温度。

④ 加强施工中的温度控制。

⑤ 在混凝土浇筑后做好混凝土的保湿、保温养护，缓缓降温，充分发挥徐变特性，减小温度应力。

⑥ 采取长时间的养护，养护时间不得少于 14 天，规定合理的拆模时间，延缓降温时间和速度，充分发挥混凝土的应力松弛效应。

⑦ 合理安排施工程序，控制混凝土在浇筑过程中均匀上升。

5) 钢筋工程

(1) 对进场的钢筋原材料，必须要有钢材质保书，并按批量做好原材料复试工作，并要得到现场技术部门及监理工程师认可后方可加工。

(2) 加工好的钢筋必须进行整理、标识，按照施工计划分点堆放整齐，并挂牌标明种类及使用部位。

(3) 底板钢筋工程。底板钢筋大于等于 22 的采用镦粗直螺纹连接，小于 22 的采用绑扎搭接。2# 楼地下室、车库地下室及人防地下室部位上下铁钢筋之间利用 $\phi 25$ 钢筋作为支架，可满足要求。施工步骤及注意事项为：铺设底板下铁钢筋；铺设底板下铁第一排钢筋，注意各区段下铁第一排钢筋的铺设方向；上铁支撑架安装，利用 $\phi 25$ 钢筋，纵横方向间距 1.2 m、1.5 m 作为支架，支架钢筋与底板钢筋之间焊接连接。支架示意图如图 7 - 2 所示。

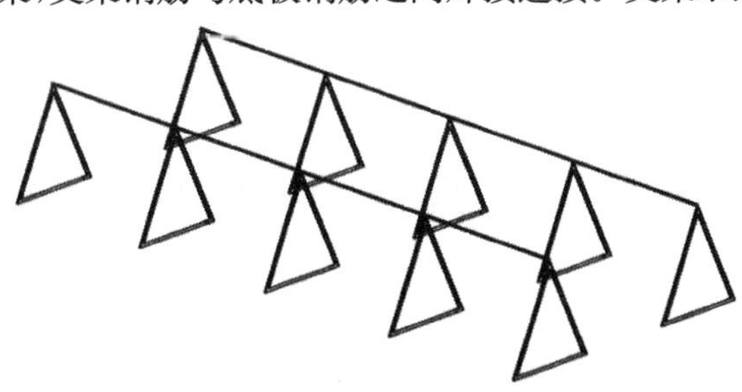

图 7 - 2　支架钢筋车底板钢筋之间焊接连接

1#、3#～6#楼地下室钢筋支架采用∟50×5等边角钢作为上铁钢筋支撑架，角钢纵横间距为1.5 m左右，具体根据底板厚度确定。施工步骤及注意事项为：铺设底板下铁钢筋，铺设底板下铁第一排钢筋时，注意各区段下铁第一排钢筋的铺设方向；上铁支撑架安装；利用上铁钢筋支撑架，并在其上铺设走道板，作为铺设上铁第一排钢筋的操作面，走道板随着上铁第一排钢筋的铺设而逐步拆除，第一层钢筋铺设完成后，在第一层钢筋上进行上铁第二层钢筋的铺设，以此，逐层铺设上铁钢筋(图7-3)。

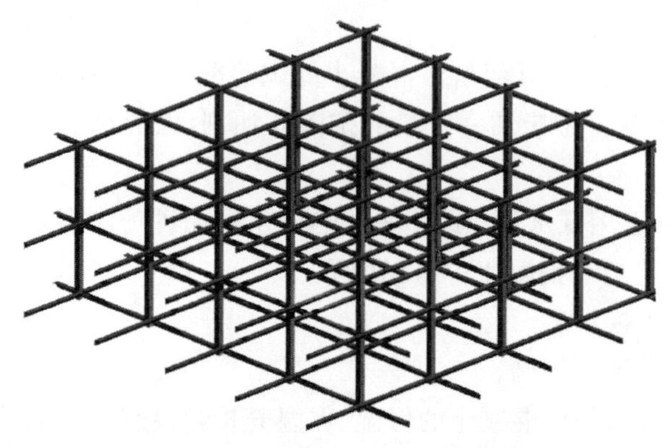

图7-3　逐层铺设上铁钢筋示意图

(4) 梁钢筋绑扎

① 梁钢筋绑扎前，在梁模板上定出箍筋位置，箍筋接头要错开。

② 梁钢筋绑扎时，注意核对钢筋型号。梁上排钢筋应贯穿中间节点，下排钢筋应深入中间节点，其锚固长度和端部节点内的锚固长度等均应符合设计及施工规范要求。

③ 绑扎梁上部纵向钢筋的箍筋应用套扣法绑扎，主筋与箍筋拐角紧贴，箍筋弯钩叠合处在梁中交错绑扎，弯钩为135°，平直长度不小于$10d$。

④ 梁端与柱钢筋交接处箍筋加密，其间距与加密区长度应符合设计及施工规范要求。

⑤ 根据设计要求，对直径大于等于22 mm的钢筋纵向连接应采用机械连接。

(5) 柱钢筋绑扎

① 柱钢筋在绑扎前，均必须要求搭设脚手架，所有操作人员均必须在脚手架上进行施工，以确保钢筋绑扎时的人员安全。

② 柱内竖向钢筋的接头设计及施工要求选用并制定相应的操作控制要点。

③ 电渣压力焊焊接前应先对焊口部位进行平直修正，并要用钢丝刷刷去表面油漆，电渣压力焊焊接要求中心偏位小于2 mm，接头处的弯折不得大于4°，操作时，要扶正上端钢筋，防止钢筋错位。

④ 在钢筋电渣压力焊时，必须按规范要求进行接头的抗拉、抗弯试验，在试验合格后方可进行箍筋绑扎。

⑤ 柱箍筋接头(弯钩叠放处)应交错布置。在四角纵向钢筋交叉点应扎牢、箍筋平直部分与纵向柱钢筋交叉点可间隔扎平，绑扎箍筋时绑扣相应成八字形。

⑥ 下层墙板、柱的钢筋露出楼面部分，宜用工具或箍筋将其固定，以利于上层钢筋搭

接，当墙板、柱截面有变化时，其下层钢筋的露出部分，必须在绑扎梁的钢筋之前，先行收缩准确，在绑扎过程中注意混凝土保护层的设置。

(6) 平台钢筋绑扎

① 平台板的钢筋在施工前均应先搭好排架，铺好底模，绑扎前由施工员测好中心轴线及模板线并做好标记。

② 因平台及板的钢筋规格较多，故在施工前，由专人负责核对钢筋的钢号、直径、形状、尺寸和数量，如有差错，要及时纠正增补，在绑扎复杂的结构部位时，应研究逐根钢筋穿插就位的顺序，并与模板工程联系，确定支模和绑扎钢筋和先后次序，避免返工和不必要的绑扎难度。

③ 在梁纵向受力钢筋采用双层排列时，两排钢筋之间应垫以直径 25 mm 的短钢筋，以保持其设计距离。箍筋的接头(弯钩叠合处)应交错布置在两根架力钢筋上。

④ 平台钢筋网绑扎时，四周钢筋交叉点应每点扎牢，绑扎时应注意相邻绑点铁丝要成八字形，以免网片歪斜变形，板的钢筋网绑扎还应注意上部的负筋，要防止被踩下，特别是雨篷、挑檐、阳台等悬臂板，要严格控制负筋位置。板筋上层筋绑扎时，为保证上下层网片间距，间隔 1.0 m 设马凳做支撑。

⑤ 节点处钢筋穿插十分稠密时，应留出振动棒头插入空隙，以利浇筑混凝土。

⑥ 平台钢筋绑扎必须按图纸划出钢筋间距位置，做到纵横成一条线。

(7) 钢筋绑扎注意事项

① 钢筋施工时，应结合安装工程交替进行，为安装工程创造良好的工作条件，以利安装方面的埋管、埋件、留洞、留孔顺利进行，确保安装质量。

② 阳台、雨篷、挑梁等悬挑结构的钢筋绑扎应严格按设计要求安放主筋位置，确保上层负弯矩钢筋位置和锚固长度正确，架好马凳，保持其高度，在混凝土浇筑时采取措施，防止上层钢筋被踩踏，影响受力。

③ 所有钢筋工程包括埋件，必须进行隐蔽工程验收，由质检部门自检合格后报请监理单位验收，工程验收合格后方可进入下道工序施工。

(8) 钢筋工程质量检测控制

① 钢筋的品种和质量必须符合设计要求和有关标准规定。

② 钢筋的规格、形状、尺寸、数量、间距、锚固长度、接头位置必须符合设计要求和规范规定。

③ 柱、梁节点处加密箍筋，不得漏放和少放。

④ 浇筑混凝土时，必须派专人值班，检查钢筋位置的偏移情况，一经发现，立即纠正过来。

6) 模板工程

(1) 模板及支撑材料选用

① 地下室墙、柱和梁板模板均采用 18 mm 厚胶合板，内楞采用 50 mm×100 mm 木方，水平围檩采用 ϕ48×3.0 钢管加固，墙柱采用 ϕ14 对拉螺栓(双螺帽，加垫片)。模板支撑采用普通钢管脚手架。地下室外墙及人防部位墙体对拉螺栓采用止水螺栓，如图

7－4所示。拆模后将螺栓沿孔底割去，再用防水水泥砂浆封堵。

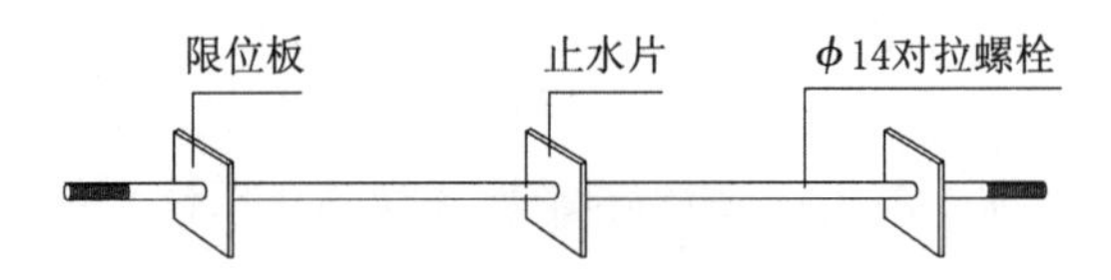

图7－4　外墙止水对拉螺栓

② 地下室底板侧模板通过直径 ϕ14 mm 的圆拉杆直接焊接在基底锚固的大直径钢筋上，外加一定数量的钢管斜撑和纵横钢楞。

③ 上部结构楼面梁、板、柱墙的模板采用表面黑漆板（覆膜胶合板），柱墙模板肋用 50 mm×100 mm 木方，围檩采用 ϕ48×3.0 mm 钢管。局部异形部位采用预先定制的模板。

④ 上部结构模板穿墙螺栓均采用 ϕ14@450 mm 双帽螺栓，上疏下密。拉结螺栓做法图 7－5 所示。

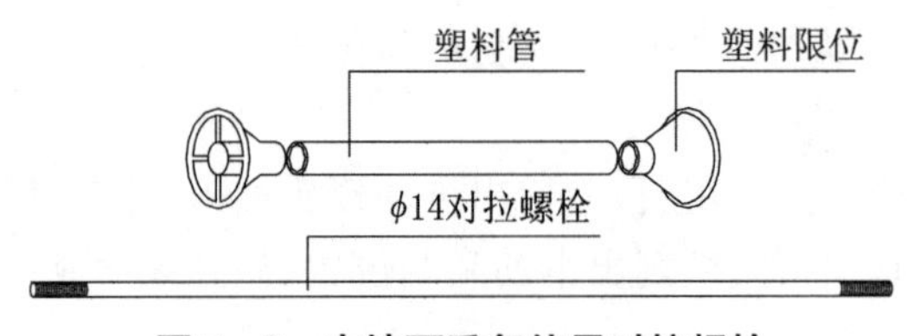

图7－5　内墙可重复使用对拉螺栓

⑤ 墙体模板外设纵横内、外围檩，均用直径 48 mm 钢管组成。

⑥ 板、梁底模支撑系统采用钢管扣件排架支撑。每只扣件螺栓必须拧紧，要求扭力矩控制在 44 N·m。

⑦ 胶合板肋间距为 300 mm，围檩间距不大于 400 mm，钢管扣件排架立杆间距不大于 1 000 mm。

⑧ 混凝土楼面梁排架间距：梁高小于 700 mm，立杆间距 800 mm；梁高大于 700 mm 小于 1 000 mm；立杆间距 600 mm。

⑨ 当梁高大于 800 mm 以上者必须设置对拉螺栓，规格为 ϕ14。

⑩ 墙、柱模板布置及支撑、拉结要求事先应按绘制的排列图，实地放样或绘制施工大样图，在进行模板配置布置及支撑系统布置的基础上，项目部要严格对其刚度、强度及稳定性进行验算，合格后再绘制模板全套模板支撑图和方案交公司技术部门审核。

⑪ 模板安装前，在底板、楼板表面的墙、柱轮廓线外侧采用 1∶2 水泥砂浆做好模板的平正度的找平层。

⑫ 梁、板模板及钢管扣件排架支撑见图 7－6 所示。

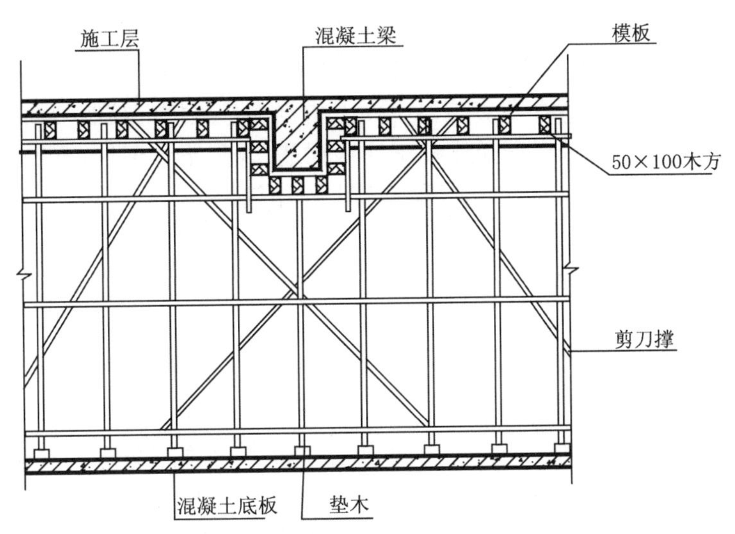

图7-6　梁、板模板及钢管扣件排架支撑图

⑬ 墙、柱模板见图7-7所示。

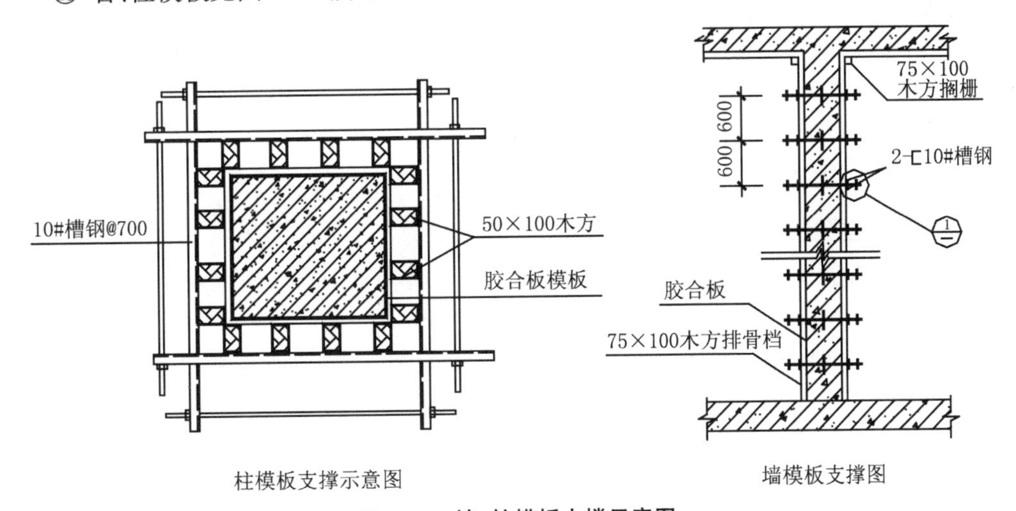

图7-7　墙、柱模板支撑示意图

(2) 模板安装要求

① 板安装必须按模板的设计进行，严禁任意变动。

② 模板及其支撑系统在安装过程中，必需设置临时固定设施，严防倾覆。

③ 钢管上所有扣件应拧紧，且应抽查螺栓的扭力矩是否符合规定，立杆间距按设计规定，严禁增大。

④ 模板安装前，钢筋必须通过验收，认真做好以下准备工作：

a. 复核检查基层上的轴线和模板控制线。

b. 主筋上做好标高引测标志。

c. 柱墙底脚做好模板限位和高程控制找平。

d. 检查柱筋墙筋的垂直度和保护层垫块是否齐全有效。

e. 基层混凝土清理浮浆、松动石子，冲洗干净。

f. 支撑面要平整，地面要夯实，要铺足够大的垫板。

⑤ 柱、剪力墙模板施工时，先在混凝土面上根据测量提供的控制轴线弹出纵横轴线及柱、剪力墙模尺寸线，然后根据弹线校正柱墙插筋，烧焊限位钢筋，再安装模板。对拉螺栓间距不大于 600 mm。斜撑用脚手架钢管与排架固定。

(3) 模板拆除要求

① 模板的拆模强度必须满足设计和规范的要求，并视气候等实际情况从严掌握。特别是悬挑模板要达到 100%强度后方能拆模。

② 高处、复杂结构处结构拆模应有专人指挥，要有切实的安全措施，并在下面标出工作区，严禁非操作人员进入作业区。

③ 应事先检查所有使用工具是否牢固，扳手等工具必须用绳链系在身上，工作时思想集中，防止钉子扎脚和空中滑落。

④ 梁底模及楼板模板应根据施工规范的要求，在同条件养护混凝土试块达到规定强度要求后方可进行拆除。

⑤ 模板拆卸应与安装顺序相反，即先装后拆，后装先拆。在逐块拆卸过程中，应逐块卸下相邻模板之间的连接附件，并集中放在零件笔箱内，以便清理整修与重复使用。

⑥ 拆模时要小心拆除、小心搬运，按照先拆柱，后排架，再梁、平台的拆模顺序进行。注意不得碰撞、猛敲、硬撬模板，以免损伤混凝土体，特别是边角。

7) 混凝土工程

(1) 墙、柱混凝土浇捣

① 墙、柱混凝土与楼板混凝土一次浇捣成型。先浇筑四周墙及柱，然后再浇筑楼面梁板混凝土。

② 为了保证地下室墙、柱混凝土浇捣质量，墙、柱宜分 3～4 批布料和振捣，第一批浇筑高度控制在 700～800 mm 左右，此后控制在 1 000 mm 左右为宜。

③ 墙、柱混凝土浇筑高度大于 2.5 m 时，必须采用集料口加串筒或劲塑管下料，不得直接下料。

④ 墙、柱根部施工缝必须隔天浇水湿润，并不得有积水，墙、柱混凝土浇筑时，每台泵不得少于 4 台振动器在前面，另配 2 台随后复振。

⑤ 混凝土浇捣的振动棒应以 $\phi 70$ 型振动棒为主，并配部分 $\phi 50$、$\phi 30$ 的振动棒，振动棒布点密度不大于 300 mm。

⑥ 混凝土布料时应按布料点间距要求沿墙、梁周围均匀进行，不得在某一处的墙、柱内集中布料，靠振动器使混凝土流淌，不允许造成高差过大的现象。

⑦ 对钢筋密实处和预留洞口处，增加以下措施：

当预留孔长度或宽度超过 600 mm，应在预留孔中间设置混凝土的浇灌和振捣通道，确保混凝土浇捣密实。同时在洞底模留设观察孔，作为观察混凝土浇灌时流动及振动棒插入补振之用。

(2) 混凝土表面的控制和处理

① 标高控制,应在浇捣前采用电焊焊接在梁板面层的短钢筋和柱子钢筋上做好面标高的基准点,间距约3 m左右一个点。

② 在浇筑过程中采用水准仪进行复测标高,发现有高差者采取补浆的技术措施。

③ 混凝土表面做到"三压一平":首先按面标高用煤锹拍压实,长刮尺刮平;其次初凝前用铁滚筒数遍碾压、滚压;最后终凝前,用木楔打磨压实、整平,防止混凝土出现收缩裂缝。

(3) 一般要求

① 本工程混凝土采用商品混凝土,浇筑前应要求混凝土供应商提供相关技术资料,并且仔细核对搅拌站配合比单及前期资料。

② 仔细检查模板位置、标高,截面尺寸是否与设计相符,并检查模板和支撑结构是否牢固,清理模板内垃圾、杂物,检查模板缝隙大小,如缝隙较大应用木片加以嵌实。

③ 严格进行轴线和设计标高的技术复核。

④ 浇捣前做好技术交底工作和安全教育工作,检查插入式振动器机具完好,并及时了解天气情况,做好防雨措施。

⑤ 与各部分联系确保交通畅通,建立组织体系,详细落实调度指挥具体工作,分工明确,对环保、市容、交通等单位做好协调工作。

⑥ 混凝土表面处理做到"三压一平",长刮尺刮平,初凝前用铁筒碾压、整平,终凝前,用木楔打磨压实,整平,防止混凝土出现缩水裂缝。

⑦ 浇捣前对模板及垫层应浇水湿润,对集水井内积水应在浇捣前和过程中用潜水泵向外抽出基坑内。

⑧ 浇捣后应按规定做好养护工作。

8) *砌体工程*

(1) 验线、立皮数杆。砌筑前,应先用钢尺校核放线尺寸。砌体施工应设置皮数杆,并根据设计要求、块材规格和灰缝厚度在皮数杆上标明皮数及竖向构造的变化部位。

(2) 砌筑砂浆采用专用砂浆砌筑。

(3) 水泥应按品种、规格、出厂日期分别堆放,并应保持干燥。不同品种的水泥,不得混合使用。

(4) 砂浆采用专用砌筑砂浆,要求存放材料的仓库不漏雨、通风,并且在规定的时间内用完。

(5) 砌体工程施工要点

① 砌体的灰缝应横平竖直、厚薄均匀,并应填满砂浆。砌体的水平灰缝厚度和竖向灰缝宽度宜为12～15 mm。

② 挂线:砌筑一砖半及其以上厚墙体时,应采用双面挂线进行砌筑。砌一砖厚墙体时,应挂外手线进行砌筑。

③ 构造柱马牙槎设置:砌体留置马牙槎应先退后进,应于每层柱脚开始,槎宽为100 mm,槎高为200 mm,保证柱脚为大断面。构造柱必须先砌墙,后浇柱。

④ 砌体的砌筑，应上下错缝，内外搭砌。砌筑时必须采用上口线，首先应将灰打匀打平，砖要放平，垒砌时一定要跟线，左、右相邻要对平。砖砌体表面平整度、垂直度校正必须在砂浆终凝前进行。

⑤ 砌体的转角处和交接处应同时砌筑，严禁无可靠措施的内外墙分砌施工。对不能同时砌筑而又必须留置的临时间断处，应砌成斜槎。砌体的斜槎长高比应按砖的规格尺寸参照普通砖砌体的斜槎长度做适当调整。

⑥ 施工中不能留斜槎时，除转角处外，可留直槎，但直槎必须做成凸槎，并应加设拉结钢筋。拉结筋埋入长度从墙的留槎处算起，每边均不应小于 1 000 mm；末端应有 90 度弯钩。抗震设防地区建筑物的砌砖工程不得留直槎。

⑦ 拉结筋不得穿过烟道和通气孔道。如遇烟道或通气孔道时，拉结筋应分成两股沿孔道两侧平行设置。

⑧ 砌体临时间断处的高度差，不得超过一步脚手架的高度。设计要求的洞口、管道、沟槽和预埋件等应于砌筑时正确留出或预埋。宽度超过 300 mm 的洞口，应砌筑成平拱或设置过梁。多孔砖、砌块墙体表面不得留置水平沟槽。

⑨ 主体结构工程验收前，应将穿墙孔洞内清理干净并洒水湿润，内墙可采用与原墙相同的块材补砌严密；对于外墙，内墙面半砖厚部分可采用与原墙相同的砖补砌严密，外墙面半砖厚部位应采用细石混凝土灌注严密，以防外墙渗漏。

9）防水工程

（1）屋面防水工程

① 操作工艺：基层处理→找坡层施工→防水层施工→找平层施工→保温层施工→刚性屋面施工→油膏嵌缝。

② 施工准备工作。人员培训：通过专业技术培训，组织工人学习施工规范，交流施工经验，严格技术交底，熟悉操作规程，建立一支素质较高的专业防水工程施工队伍，持证上岗。

③ 基层处理和保温层、找平层施工

Ⅰ. 基层处理。施工前基层应清理干净，表面上的水泥浮沫、油脂、脱模剂等须用钢刷、凿等方法去除。涂布前所有基面均须用水湿润浸透。对阴阳角、管道根部等更应仔细整理。

Ⅱ. 保温层施工。本工程保温层为 45 mm、50 mm 厚挤塑保温板保温层，挤塑保温隔热板是由硬质聚苯乙烯泡沫材料通过一套生产工艺挤压成型的保温隔热板，该产品具有连续平滑的表面及平均的闭孔蜂窝状内部结构，这种结构具有平均的蜂窝壁，且紧密相连，没有孔隙，厚度均匀。这种材料具有优越的抗湿、保温功能，可加工性好，能用刀切、锯、电热丝等切割方法加工成各种所需的形状。施工条件：干作业，可冬季施工。

保温层铺贴的基层应干燥、平整、整洁。

保温层采用水泥加 801 纯胶调成的浆料铺贴施工。块体不应破碎、缺棱掉角，铺设时遇有缺棱掉角破碎不齐的，应锯平拼接使用。

在保温层铺贴完成后，进行其上覆盖保护层（刚性防水层）的施工，须避免刚性屋面钢筋对保温隔热层的破坏。

Ⅲ. 水泥砂浆找平层施工。工艺流程:基层清理验收→做标准塌饼→嵌分格条→铺填砂浆→刮平抹压→养护。

施工工艺:a. 铺砂浆前,基层表面应清扫干净并洒水湿润,并于铺浆前 1h 在混凝土表面刷素水泥浆一道,使找平层与基层牢固结合。b. 砂浆铺设应按由远到近、由高到低的程序进行。c. 待砂浆稍收水后,用抹子压实抹平,完工后表面少踩踏。d. 注意气候变化,如气温在 0 ℃以下或终凝前可能下雨时,不宜施工,如必须施工时,应有技术措施,保证找平层质量。e. 铺设找平层 12 h 后,需洒水养护。

质量要求:a. 找平层所用的原材料、配合比必须符合设计要求及现行规范规定。b. 水泥砂浆找平层,无脱皮和起砂等缺陷。c. 找平层平整度不应大于 5 mm。

Ⅳ. 找坡层施工。工艺流程:基层清理验收→拉坡度线→做标准塌饼→嵌分格条→铺找坡层→刮平压实→检查验收→做找平层。

施工工艺:a. 根据屋面设计坡度 2%的要求,找坡做好塌饼或软冲筋。b. 在屋面大面积找坡前,宜将突出屋面结构的连接处及其转角部位提前施工,阴阳角部位应做成圆弧,圆弧半径不小于 50 mm,内排水的水落口的周围应做成略低的凹坑。c. 找坡层应分段分层铺设,其顺序宜从一端开始向另一端铺设,并适当压实,每层虚铺厚度不宜大于 150 mm。d. 经压实后的找坡层不得直接在上面行车或堆放重物,并及时进行下一道工序,完成上面防水层施工。

质量要求:a. 找坡层的配合比必须符合设计要求和现行规范规定。b. 找坡应分层铺设、压实适当、表面平整、找坡正确。

④ 水泥渗透结晶型防水涂料

a. 施工前准备工作

• 基层检查:涂膜防水层施工前,应检查基层的质量是否符合设计要求,并清扫干净。如出现缺陷应及时加以修补。

• 材料准备:按施工面积计算防水材料及配套材料的用量,安排分批进场和抽检,不合格的防水材料不得在建筑工程中使用。

• 施工机具准备:可根据防水涂料的品种准备使用的计量器具、搅拌机具、运输工具、涂布工具等。

• 技术准备:屋面工程施工前,应进行图纸会审,掌握施工图中的构造要求、节点做法及有关的技术要求,并编制防水施工方案或技术措施。涂料施工前,确定涂刷的遍数和每遍涂刷的用量,安排合理的施工顺序。对施工班组进行技术交底,内容包括:施工部位、施工顺序、施工工艺、构造层次、节点设防方法、需增强部位及做法、工程质量标准、保证质量的技术措施、成品保护措施和安全注意事项等。

b. 涂膜防水层施工环境条件

• 防水涂料严禁在雨天、雪天和五级风及其以上时施工,以免影响涂料的成膜质量。环境温度太低,溶剂型或水乳型涂料挥发慢,反应型涂料反应缓慢,会大大延长涂料的成膜时间。当气温低于 0 ℃时,涂料就有冻害的危险,因此溶剂型防水涂料施工时的环境气温不得低于－5 ℃，水乳型防水涂料不得低于 5 ℃。

• 涂膜防水层的施工应按“先高后低，先远后近”的原则进行。遇高低跨屋面时，一般先涂布高跨屋面，后涂布低跨屋面；相同高度屋面，要合理安排施工段，先涂布距上料点远的部位，后涂布近处；同一屋面上，先涂布排水较集中的水落口、天沟、檐沟、檐口等节点部位，再进行大面积涂布。

• 涂膜防水层施工前，应先对水落口、天沟、檐沟、泛水、伸出屋面管道根部等节点部位进行增强处理，一般涂刷加铺胎体增强材料的涂料进行增强处理。

• 需铺设胎体增强材料时，如坡度小于 15％可平行屋脊铺设；坡度大于 15％应垂直屋脊铺设，并由屋面最低标高处开始向上铺设。胎体增强材料长边搭接宽度不得小于 50 mm，短边搭接宽度不得小于 70 mm。采用二层胎体增强材料时，上下层不得互相垂直铺设，搭接缝应错开，其间距不应小于幅宽的 1/3。

• 在涂膜防水屋面上如使用两种或两种以上不同防水材料时，应考虑不同材料之间的相容性(即亲和性大小、是否会发生侵蚀)，如相容则可使用，否则会造成相互结合困难或互相侵蚀引起防水层短期失效。

涂料和卷材同时使用时，卷材和涂膜的接缝应顺水流方向，搭接宽度不得小于 100 mm。

• 坡屋面防水涂料涂刷时，如不小心踩踏尚未固化的涂层，很容易滑倒，甚至引起坠落事故。因此，在坡屋面涂刷防水涂料时，必须采取安全措施，如系安全带等。

• 涂膜防水层厚度：沥青基防水涂膜在Ⅲ级防水屋面上单独使用时不得小于 8 mm，在Ⅳ级防水屋面或复合使用时不宜小于 4 mm；高聚物改性沥青防水涂膜不得小于 3 mm，在Ⅲ级防水屋面上复合使用时，不宜小于 1.5 mm；合成高分子防水涂膜在Ⅰ、Ⅱ级防水屋面上使用时不得小于 1.5 mm，在Ⅲ级防水屋面上单独使用时不得小于 2 mm，复合使用时不宜小于 1 mm。

• 在涂膜防水层实干前，不得在其上进行其他施工作业。涂膜防水层上不得直接堆放物品。

⑤ 高分子防水卷材施工

Ⅰ. 作业条件。a. 基层处理：基层要求必须平整、牢固、干净、潮湿、无明水、无渗漏，凹凸不平及裂缝处须先找平，渗漏处须先进行堵漏处理，阴阳角应做成圆弧角。b. 气候条件：雨、雾、冰冻天气禁止施工；雾、霜天气，应待雾、霜退去后再施工；气温低于 0 ℃不宜施工。

Ⅱ. 施工顺序：基层处理→节点及复杂部位处理→配制聚合物水泥防水黏结料→基层涂刷黏结料→铺贴高分子防水卷材→卷材搭缝粘贴→收口、密封→清理、检查修整→蓄水试验，直至无渗漏→保护层施工。

• 卷材铺贴：屋面由标高最低处向上施工，卷材接头顺水流方向。粘贴前预放 3～8 m 找正，找正后在中间固定，将卷材始端卷至固定处，涂胶粘敷，再将预放的卷材卷回至已粘贴好的位置，连续向前涂胶敷设。敷设卷材下面不允许有硬性颗粒及杂物，以免损坏卷材。

涂胶敷设的方法：首先将配制好的胶用小容器倒在预粘处的找平层上，胶料要连续适量用刮板刮至均匀，厚度应保持在 1 mm 以上，然后敷设卷材并用另一刮板排气压实，排出多余黏结剂，施工人员要小心，涂胶厚度要均匀，卷材应贴牢。不允许存在皱褶、空鼓翘边、脱层和滑移等现象，粘贴面积在 90%以上。

• 卷材施工应注意事项：a. 水泥胶涂刷后应立即铺贴卷材，防止时间过长胶中的水分流失，影响胶结质量；b. 涂水泥胶时，要在卷材的搭接处满涂，保证接缝黏结质量；c. 铺设卷材时必须保证搭接长度，长边 100 mm，短边 150 mm；d. 刮板排气压实的同时应注意检查卷材下是否有硬性颗粒或杂质，如有应取出重新粘贴；e. 卷材应平整粘贴于找平层上，不得有皱褶等现象，如皱褶无法纠正应划开按短缝处理；f. 低温施工时应加入适量防冻剂，否则不得施工。高温施工时，除找平层喷水降温外，卷材施工后应向卷材表面喷水降温，防止卷材起鼓。

• 质量要求：施工后，应认真检查整个工程的各个部分，特别是薄弱环节，发现问题，查明原因并及时修复，卷材防水层做完后不应有裂纹、脱皮、皱皮等现象，厚度应符合设计要求。

⑥ 蓄水试验

防水层施工完成经验收合格后即进行蓄水试验，确认防水层无渗漏后方可进行保护层施工。

⑦ 保护层施工

根据设计要求，在保温层上做一层 50 mm 厚 C30 防水细石混凝土面层，内配 ϕ6 间距 200 网片，施工时应根据塌饼做软冲筋，在分格缝位置拉线嵌宽 20 mm 挤塑保温板，随即满铺细石混凝土后用刮尺刮平拍实，用木抹子槎压提浆，检查平整度。当细石混凝土开始凝结时，即人踏上去有脚印但不下陷时，用钢抹子压第二遍，不得漏压，并把凹坑、死角、砂眼抹平。在水泥砂浆终凝前进行第三次抹平、压实。按设计要求做好找坡，做好分格缝。

⑧ 嵌缝及附加层施工

选用质量稳定、性能可靠的油膏进行嵌缝。嵌缝前应用钢丝刷清除缝两侧面浮灰、杂物等，随即满涂同性材料稀释或专用冷底子油，待其干燥后及时热灌油膏。热灌油膏由下向上进行，尽量减少接头数量，以确保屋面防水工程质量。

(2) 室内防水

建筑工程中卫生间等房间一般都穿过楼面或墙体的管道多、形状复杂、面积较小和变截面，因此要求房间的地面和墙面形成一个没有接缝和封闭严密的整体防水层，从而确保防水工程质量。所有穿过楼面的上下水管道，在管道穿过楼层结构的中间部位设置止水环。

① 厕浴间的防水基层必须用 1∶3 的水泥砂浆找平层，在抹找平层时，凡遇管子根部周围，要使其略高于地平面，而在地漏周围，则应做成略低于平面的洼坑，找平层坡度以 1%～2%为宜。本工程设计为水泥基渗透结晶型防水涂料，四周翻边高 300 mm，做法参照屋面施工方法。

② 基层必须基本干燥，一般在基层表面均匀泛白无明显水印时，才能进行防水层的施工。施工前要把基层表面的尘土清扫干净。

③ 由于施工的面积较小，一般可用小滚刷或油漆刷进行涂刷。涂刷防水层时，对管子根部和地漏周围必须涂刷好，并要求涂层比大面积厚度增加 0.5 mm 左右，以确保防水质量。

④ 防水层做好验收完毕后应做蓄水试验，蓄水时间不得少于 24 h，确保不渗漏后方可进行下道工序施工。

7.4 苏州鼎立星湖街项目安装工程的质量控制技术

1) 管道安装工程

(1) 室内给水系统

① 使用的给水管必须具有建设工程材料准用证，材料进场严格检验，管材及管件表面无气孔、凹陷、毛刺、夹层等缺陷，壁厚和色泽均匀，外表平滑。

② 切断管子，必须使端面垂直于管轴，管子切断一般使用管子切割机，必要时可使用锋利的钢锯，但切断后管子断面必须除毛边。管子与管件连接端面必须清洁、干燥、无油。塑料管与金属管配件、阀门等的连接采用螺纹连接。

③ 给水管采用建筑给水 DS 钢塑复合管和聚丙烯(PP－R)管及配件，DS 钢塑复合管采用丝扣或沟槽连接，聚丙烯(PP－R)管采用热熔连接。热熔连接施工时，先在管子上划出熔接深度，然后将管子和管件同时旋转插到加热头上，加热时间和插入深度应满足规定要求。

④ 达到加热时间后，立即把管子与配件从加热端与热头上同时取下，迅速无旋转地直线均匀用力插入到所标深度，使接头处形成均匀的边缘。

⑤ 管道嵌墙暗敷时，以土建 500 线为基准线，沿墙面画线开槽机刨槽，深度与管外表面低于墙面 10 mm，且在转弯处的 100～150 mm 和直管 1 m 的间隔处用铅丝绑扎，以防水击或墙面开裂。

⑥ 冷水管道安装应横平竖直，严格控制标高，不得穿越卧室、储藏室。

⑦ 暗管施工中保证接口严密牢固，在土建粉饰前做好防腐、试压，请业主、监理及有关人员到场鉴定存档。

⑧ 冷热水龙头应平行安装，间距符合有关规范规定，两出水口高差小于等于 5 mm，管道为上热下冷、左热右冷。

⑨ 黏结胶水施工前，做好胶水检验试验，经业主、监理认可，黏结处无污染，黏结面达到有关规定。

⑩ 管道明装，必须设置管卡和吊架，采用金属管卡或吊架时，金属与塑料管之间应采用塑料带或橡胶等软物隔垫。在金属管配件与塑料管连接部位，管卡应设在金属配件一端。

⑪ 管道穿越楼板层面时，必须设钢套管，套管应高出地面 50 mm，或高出屋面

100 mm,并进行防水处理。

⑫ 管道试验压力为系统工作压力的1.5倍,试压前应对管道进行有效固定,但接头必须外露。试压注水时应将系统内的空气排尽,试压用手动泵进行,达到试验压力后,稳压1 h,观察接头部位是否有漏水现象,如30 min内压力下降不超过0.02 MPa,且接头处无漏水现象,即为试压合格。

(2) 排水系统主要施工方法及技术措施

① 排水系统采用UPVC管,管材及管件应符合《建筑排水用硬聚氯乙烯管材和管件》(GB 5836—2002)的规定,黏结剂应选用相应厂家的产品,不得混用。

② 排水管安装首先要注意的问题是严格按设计的标高和坡度进行施工,严禁倒坡。

③ 横管与横管、横管与立管的连接,应采用450三通和450弯头的形式或900斜三通,立管与排出管端部的连接,采用两个450弯头。

④ 管道的连接采用黏结。

⑤ 立管的固定支架每层设置两个,且上下对称设置。横管长度大于500 mm的应有支吊架固定,90°弯头处应有吊架或托架。横管固定间距:DN50不大于0.6 m,DN75不大于0.8 m,DN100不大于1.0 m。

⑥ 主管道安装先定好坐标,再拉垂直线,固定(预埋)好支架,自上而下接管或配件。

⑦ 伸缩节设置在水流汇合处,层高不大于4 m时设一只,横向配件至立管超过2 m设一只,伸缩节间距不大于4 m,管子塞入时用力均匀,避免损坏,管子出屋面时设放大套管。

⑧ 支(吊)架用膨胀螺丝时,严禁击穿楼板防止渗漏,坡度25%~35%坡向出水处,不得有拱背塌腰,严禁倒坡。

⑨ 及时做好灌水、通水、通球试验,并及时做好记录。

2) 电气安装工程施工方案

(1) 线路敷设

① 管线的预制质量,直接影响到工程的质量、施工进度和经济效益,应特别重视。管子的走向、布置应与其他专业仔细校核,综合考虑。管子敷设过程中,应密切配合土建,穿插进行,敷设时应尽量沿最短距离。混凝土浇筑过程中,派专人进行检查监护,保证配管畅通有效。

② 管子敷设应连接紧密,管口光滑,护口齐全,切口平直,箱、盒设置正确,固定可靠,管子管孔进箱、盒处顺直,钢管在盒(箱)内露出的长度为2丝扣,用锁紧螺母(纳子)固定。

③ 薄壁钢管严禁熔焊连接,厚壁钢管严禁采用直接对口焊接。铁管管路跨接线规格按配管管径选择,可先加工预制。钢管管径小于等于25 mm时采用通丝管箍。

④ 钢管煨弯,采用专用弯管器弯制,大的管径用机械。所有暗配管子弯曲半径为管外径的10倍,明配管为6倍。管子弯曲处的弯扁度应小于0.1倍管外径,暗配管保护层不应小于1.5 mm。

⑤ 暗配管时,各接线盒、灯头盒应紧贴模板,并在盒子的正下方,柱、墙的外侧涂上标

志漆，以便查找。

⑥ 明配管应按规格敷设卡子，管子安装应横平竖直，排列整齐，放线定位应与其他专业协调配合，减少矛盾。

⑦ 所使用的PVC塑料管应为阻燃型材料制成，塑料管外壁应有间距不大于1 m的连续阻燃标记和制造厂商标。

⑧ 塑料管连接采用插入法连接，结合面用专用胶水涂抹，接口应密封牢固，管子弯曲半径应小于管外径的6倍，弯曲处不应有皱褶、凹陷、裂纹，弯扁度不应小于管外径的10%。

⑨ 管路直线长度超过15 m时或直角弯超过三个时，均应设置接线盒。薄壁电线管进箱（盒）处必须用锁紧螺母固定。箱（盒）位置必须正确平直。电线管下料采用无齿锯或手工钢锯，严禁用氧焊工具下料，管口毛刺必须清除干净。所有箱（盒）开孔采用金属开孔器，严禁用氧焊、电焊开孔。

(2) 配线工程施工

① 敷设有导线应便于检查、更换，中间连接和分支处接均采用熔接、线夹或压接法，管口护口完好。穿在管内导线的绝缘额定电压不得低于500 V。在穿线前应将管内的积水杂物清除干净。不同回路不同电压的导线，不得穿在同一根管内（36 V以下，无抗干扰要求的除外）。导线严禁在管内接头，管内导线的总截面积不得大于管截面积的40%。设备的接地线必须用多股导线。电气线路的金属保护管、桥架、金属接线盒、配电箱均应可靠接地。导线的品种、规格、质量，必须符合设计要求和国家标准的规定并经工程师的认可，应检查其合格证是否与导线相符。

② 根据设计图纸核对导线的敷设场所、管内径截面积和导线的型号规格，管内导线的截面积不应超过管子截面积的40%。穿管导线的绝缘电阻值必须大于0.5 MΩ。管内穿线应在建筑物的抹灰及地面工程结束后进行。

③ 管子穿线前应进行箱盒的清理、排出杂物工作，并将管内或线槽内的积水及杂物清除干净，然后打入引线，管子吹入滑石粉，管子两头都戴上护口以便使电线顺畅通过。

④ 放线时，送入导线的一端和出导线的另一端用力要协调。导线出盒预留应满足界限的需要。导线相色一定要正确，即A相（黄色）、B相（绿色）、C相（红色）、N线（浅蓝色）、PE线（黄绿双色）。

⑤ 管内穿线时，不得污染建筑物，应注意所使用的高凳和其他工具不得碰坏设备和门窗、墙面、地面等，做好成品保护。

⑥ 管内及线槽内不允许有接头。同一回路的导线必须穿于同一管内，不同电压、电路的导线不得穿入同一管内。

(3) 配电箱安装

① 根据设计图纸检查箱内配置及其性能、质量。

② 箱体安装高度应与图纸相符，进入箱内线管排列应整齐，箱体严禁开长孔和用电气焊开孔。

③ 接线前复查配管是否正确和有遗漏，接线时导线绑扎排列整齐，按图将线压入指

定位置，贴上色标，注明回路编号，并接地可靠。

④ 箱(柜)金属外壳与框架应有可靠性接地，接地接在规定的接线端子上，接地不得串接，箱(柜)内零排、接地排分开，接地线采用镀锌螺丝固定。

⑤ 内部接线检查完毕，及时清理箱内被污处和杂物。自检合格后报有关单位验收，做好检查记录，进入下道工序。

(4) 灯具安装

① 安装灯具前，检查各种规格的灯具的型号、规格是否符合设计要求和国家标准的规定，配备好灯具的配件。

② 安装高度低于 2.5 m 的灯具其外壳必须与接地线相连接。灯具安装时应根据灯具的具体形式，决定使用什么固定件。成排灯具安装前要拉线定位。

③ 吊链灯具的灯线不应受阻力，灯线应与吊链编在一起，吊链必须采用镀锌铁丝链，同一室内中心线的偏差不应大于 5 mm。当吊灯灯具大于 3 kg 时，应采用预埋吊钩或螺栓固定。当软线吊灯灯具重量大于 1 kg 时，应增设吊链。灯具接线，在灯头盒内应留有余量。

(5) 防雷接地

① 接地极利用原有接地装置，二次装修所需的各组接地线均从已有接地连接板上引出。

② 焊接要求：镀锌扁钢的搭接不得成“T”型，严禁直接对接，搭接长度不得小于扁钢的 2 倍(圆钢为直径的 6 倍)，且不得少于三个棱边焊接，两个长边必焊，焊缝应平整饱满，不得有咬肉、夹渣、焊瘤等现象，焊缝严禁用砂轮机打磨，焊接部分的药渣应及时清理干净，除埋在混凝土中外，其余焊接部位刷二度防锈漆。

3) 通风工程施工方案

(1) 风管制作安装技术措施

① 风管和法兰的制作按有关标准加工。

② 采取分层制作和安装的办法，即施工人员根据图纸及现场编制加工草图，在工厂加工后再分散到各层进行拼装，并堆放整齐，一旦安装有条件，立即安装。

③ 与土建和其他专业配合，根据总进度要求灵活调整安装程序，通风空调项目一般采取先暗管、后明管，先主管、后支管，先风管、后设备的方式进行安装，最后配合装修，进行风口等终端部件的安装。

④ 风管和法兰的制作按有关标准加工。

⑤ 安装必须牢固，位置、标高和走向应符合设计要求，支、吊、托架的形式、规格、位置、间距及固定必须符合设计要求，一般每节风管应有一个及一个以上的支架。

⑥ 风管法兰的连接应平行、严密，采用镀锌螺栓，并有镀锌平垫片，螺栓露出长度一致，同一管段的法兰螺母应在同一侧。

⑦ 风管安装水平度的允许偏差为 3 mm/m，全长上的总偏差允许为 20 mm，垂直风管安装的垂直度允许偏差为 2 mm/m，全长上的总偏差允许为 20 mm。

⑧ 按设计图主、支管走向和标高经测定后，配制吊杆，其下端丝牙长度不应小于

50 mm,不得坏牙,保温风管吊杆长度根据其保温层厚度相应放长。

⑨ 沿墙、靠柱的支、托架按测定的实际尺寸和载荷确定固定点和用料大小,按不同形式参照国标 T607 制作,要求尺寸准确,横平竖直,焊接牢固锐角无毛刺。

⑩ 支、吊、托架防腐涂漆前必须除锈,刷净铁锈污物,涂漆须均匀,螺栓孔、铆钉孔和棱角边不得有滴挂现象。

⑪ 风管支、吊、托架的间距、水平安装不大于 3 m,垂直安装不大于 4 m,每根立管的固定件不少于 2 个,悬吊的风管应在适当处设置防晃吊架,另外,为保证风管横平竖直,打吊点时宜拉线。

⑫ 风管调节阀的操纵装置,应安装在便于调节的部位,防火阀的易熔片的位置应正确,且必须系统安装后放入;防火阀的安装位置必须与设计相符,气流方向务必与阀体上所标箭头相一致,严禁反向。

⑬ 风管支、吊、托架不得设置在风口、阀门、检视门处,吊架不得直接吊在法兰上,阀部件、消声器,防火阀应有单独的支、吊架。

⑭ 在地面组装较长的管段,整体吊装的绳索捆扎点必须加设托板,防止损坏风管,吊装时,操作人员不得站在风管顶上工作,严禁人在风管上走动,防止风管变形。

⑮ 吊装到位后,及时装好支、吊、托架,吊杆下端必须加双螺母,以防丝杆滑牙。

⑯ 风管与部件可拆卸搭接口,不得装在墙和楼板内,法兰垫料需搭接平整,不得凸入管内。

⑰ 软接口采用帆布制作,其长度为 150～200 mm,其结合缝应牢固紧密,安装后应有 10～25 mm 伸缩余量,其不得作为变径管使用;防排烟系统的软管采用防火石棉布制作。

⑱ 使用的所有材料都具有质保书和合格证,并进行质量验收。

(2) 管道风机安装

管道风机的安装应符合设计及规范要求,支吊托架均设隔振装置。

(3) 阀门安装

检查阀门的灵活性和可靠性,安装时要核对方向。防火阀均设置独立支架,其重量不应由风管承担。

7.5 苏州鼎立星湖街项目装饰工程的质量控制技术

1) 装饰工程施工方案

(1) 抹灰工程

① 操作工艺

门、窗四周堵缝→墙面清理粉尘、污垢→墙面喷浆毛化处理→浇水湿润墙体→吊直、套方、找规矩、贴灰饼→做护角→抹水泥窗台板→抹底及中层灰→抹面层水泥砂浆。

② 操作要点

- 结构工程经相关部门质量验收合格,并弹好＋50 cm 水平线。
- 内外墙抹灰用脚手架、脚手板,安全防护设施设置完毕,注意架子离开地面 200～

250 mm。

• 墙体表面的灰尘、污垢和油渍等清除干净，并洒水湿润。加气混凝土砌块、混凝土墙面采用喷浆毛化处理，喷浆后应浇水养护。

• 混凝土墙体表面凸出部分剔平；蜂窝、麻面、疏松部分等剔除到实处后，用 1∶1 水泥砂浆分层补平；外露钢筋头和铅丝头等清除掉；脚手架眼等孔洞填堵严密；蜂窝、凹洼、缺棱掉角处，应填补抹平。

• 砌块墙与混凝土柱相接处墙体表面抹灰前，先铺钉 5 mm×5 mm 的钢丝网，并绷紧牢固，钢丝网与各墙体的搭接宽度各为 300 mm。

• 抹灰前必须将管道穿越的墙洞和楼板洞及时安放套管并用 1∶3 水泥砂浆或豆石混凝土填嵌密实，密集管道等的墙面抹灰，宜在管道安装前进行，抹灰面接槎顺平。

• 抹灰前，检查门窗框位置是否正确，与墙体连接是否牢固。连接外缝隙用 1∶3 水泥砂浆分层嵌塞密实，若缝隙过大，在砂浆中加入少量麻刀。无副框的木门窗框先用塑料薄膜包裹，再钉 1 500 mm 高的木条加以保护。

• 抹灰前检查基体表面的平整，并在大角的两面、阳台的两侧弹出抹灰层的控制线，作为打底的依据。

• 抹灰砂浆均采用商品砂浆，其厂家必须提供合格证，砂浆进场后按国家有关规定进行检查验收，合格后方可使用。水泥砂浆，必须在初凝前使用完毕。

• 砂浆稠度、黏结性等各项指标必须符合要求。

③ 成品保护

• 木门框安好后在 1 m 以下部位应钉好木条进行保护，塑钢门窗框必须有保护胶带纸，抹灰时不得使塑钢窗框表面保护膜损坏，要及时清理并擦干净残留在木、塑钢窗框上砂浆。

• 墙体施工后，为防止快干，一天后浇水湿润以保护抹灰层强度，不产生裂缝。

• 拖、推小车或搬运脚手板、高凳时要注意不要碰坏阳角和抹灰层，所有物品不要靠移在刚抹好后的抹灰面上。

(2) 细石混凝土地坪施工

① 施工流程：找标高、弹面层水平线→基层处理→洒水湿润→测灰饼→抹标筋→刷素水泥浆→浇细石混凝土→面层压光→养护。

② 施工准备

a. 找标高、弹面层水平线：根据墙面上已有的+1.00 m 水平标高线量测地面面层的水平线，弹在四周墙面上，并要与房间以外的楼道、楼梯平台、踏步标高相呼应，贯通一致。

b. 基层处理：先将灰尘清扫干净，然后将粘在基层上的浆皮铲掉、混凝土块凿平，最后用清水将基层冲洗干净。

c. 洒水湿润，做地坪前一天对基层表面进行洒水湿润。

d. 抹灰饼，根据水平线标高相隔一定距离，做好面层标高，如开间较大，以做好的灰饼为标准抹条形标筋，用刮尺刮平，作为混凝土面层厚度的标准。

e. 刷素水泥浆结合层：在铺设细石混凝土面层之前，在湿润的基层上刷一道素水泥浆，要随刷随铺细石混凝土，避免时间过长水泥浆风干导致面层空鼓。

③ 浇筑细石混凝土

a. 细石混凝土的强度等级应符合设计要求，并按规定制作试块，每一层建筑地面工程不少于一组。当每层地面工程建筑面积超过 1 000 m^2 时，每增加 1 000 m^2 各增做一组试块，不足 1 000 m^2 按 1 000 m^2 计算。

b. 面层细石混凝土的铺设：将搅拌好的细石混凝土铺抹到基层地面上，紧接着用 2 m长刮尺顺着灰饼、标筋刮平，然后用滚筒往返，纵横滚压，直至面层出现泌水现象，撒一层干拌水泥砂拌和料，要撒均匀，再用 2 m 刮尺刮平。

④ 面层压光

a. 当面层灰面吸水后，用木抹子用力槎打、抹平，将干水泥砂拌和料与细石混凝土的浆混合，使面层达到结合紧密。

b. 第一遍抹压：用铁板轻轻抹压一遍，直到出浆为止。

c. 第二遍抹压：当面层砂浆初凝后，地面面层上有脚印但走上去不下陷时，用铁板进行第二遍抹压，把凹坑、砂眼填实抹平，注意不得漏压。

d. 第三遍抹压：当面层砂浆终凝前，用铁板压光无抹痕时，可用铁板进行第三遍压光，此遍要用力抹压，把所有抹纹压平压光，达到面层表面光洁密实。

⑤ 养护：面层抹压完 24 h 后进行浇水养护，每天不少于 2 次，养护时间一般至少不少于 7 d(房间应封闭，养护期间禁止进人)。

(3) 涂料工程

① 施工工艺：清扫→填补缝隙→第一遍满刮腻子→磨平→第二遍满刮腻子→磨平→干性油打底→第一遍涂料→磨光→第二遍涂料。

② 施工要点

a. 涂料材料必须采用业主认可产品。

b. 基层表面上的灰尘、油渍、污垢应清理干净，表面裂缝、孔眼凹陷不平应用与涂料材料相应的腻子嵌补以平，干后用砂纸磨平。

c. 涂刷时先由顶棚而后由上而下刷四周壁。

d. 涂刷施工时，应在地面用塑料布遮挡好，以防止弄污地面。

e. 事先涂刷门窗侧边，然后涂刷大面，涂刷温度在 5℃ 以上，基层含水率在 10% 以下。

2) 门窗工程

因本工程铝合金门窗由业主指定分包，这里就铝合金门窗安装做简单阐述。

(1) 铝合金门窗的安装

① 作业条件

a. 门窗洞口尺寸、位置、标高符合设计要求，洞口砖墙按设计或图集标定固定片(铁脚)的位置，埋设好混凝土预制块。预制块截面尺寸应和多孔砖一致。

b. 门窗洞口套宜抹好底糙，应注意底糙不得将预制块全部覆盖。

c. 门窗已进场,门窗型号、规格及质量等经验收合格。

d. 墙面+50 cm 水平基准线已弹好。

② 安装前的准备

a. 安装工程中所使用的铝合金门窗部件、配件、材料等在运输、保管和施工过程中,应采取防止其损坏或变形的措施。

b. 门窗应放置在清洁、平整的地方,且应避免日晒雨淋,并不得与腐蚀物质接触。门窗不应直接接触地面,下部应放置垫木,且均应立放,立放角度不应小于 70°,并应采取防倾倒措施。

c. 储存门窗的环境温度应小于 50 ℃;与热源的距离不应小于 1 m。门窗在安装现场放置的时间不应超过两个月。当在温度为 0 ℃的环境中存放门窗时,安装前应在室温下放置 24 h。

d. 装运门窗的运输工具应设有防雨措施,并保持清洁。运输门窗,应竖立排放并固定牢靠,防止颠震损坏。樘与樘之间应用非金属软质材料隔开;五金配件也应相互错开,以免相互磨损及压坏五金件。

e. 装卸门窗,应轻拿、轻放,不得撬、摔。吊运门窗,其表面应采用非金属软质材料衬垫,并在门窗外缘选择牢靠平稳的着力点;不得在框扇内插入抬杠起吊。

③ 施工工艺流程

弹线→门窗洞口检查复核→门窗质量验收→门窗安装→门窗保护。

④ 操作要点

• 弹线找规矩。在最顶层找出外门窗口边线,用大线坠将门窗边线下引,并在每层门窗口处画线标记。门窗口水平位置按 500 mm 水平基准线,使同一类型的门窗及其相邻的上、下、左、右洞口保持通线,做到横平竖直。

• 门窗洞口检查复核。a. 门窗口边线和水平线弹好后,应对门窗框与洞口间隙尺寸进行检查和复核。b. 洞口砖墙埋设的混凝土预制块的位置和间距必须与门窗框上设置的固定片位置配套。《铝合金门窗安装与验收规程》(JGJ 103—96)规定:固定片的位置应距窗角、中竖框、中横框 150~200 mm,固定片之间的间距应小于或等于 600 mm(门上框及边框的固定片间距相同),不得将固定片直接装在中横框、中竖框的挡头上。门窗制作及砌筑砖墙前应依据上述原则确定好各类门窗固定片的确切位置和间距,并以书面形式向各方交底清楚。对检查复核不符合要求的,应进行整修,直至达到合格标准。

• 门窗质量验收

a. 门窗安装前应按设计图纸检查核对门窗型号、规格、开启形式、开启方向、固定片位置及配件等,并对其制作质量进行检查验收。

b. 全防腐型门窗应采用相应的防腐型五金件及紧固件。

c. 固定片厚度应大于或等于 1.5 mm,最小宽度应大于或等于 15 mm,其材质应采用 Q235-A 冷轧钢板,其表面应进行镀锌处理。

d. 组合窗及连窗门的拼樘料应采用与其内腔紧密吻合的增强型钢作为内衬,型钢两端应比拼樘料长出 10~15 mm。外窗的拼樘料截面尺寸及型钢形状、壁厚应符合设计要求，或符合设计选用图集所注明的要求。

e. 玻璃的安装尺寸应比相应的框、扇内口尺寸小4～6 mm。玻璃垫块应选用邵氏硬度为70～90(A)的硬橡胶或塑料，不得使用硫化再生橡胶、木片或其他吸水性材料，其长度宜为80～150 mm，厚度宜为2～6 mm。玻璃入框，应用玻璃压条将其固定。

f. 无下框平开门门框的高度应比洞口高度大10～15 mm，带下框平开门或推拉门门框高度应比洞口高度小5～10 mm。

g. 门窗不得有焊角开焊、型材断裂等损坏现象，若发现门窗有弯曲或变形者应退换。

h. 五金配件的安装位置及数量应符合国家标准相关规定。

i. 门窗表面不应有影响外观质量的缺陷。

j. 密封条装配后应均匀、牢固；接口应黏结严密、无脱槽现象。

• 窗安装

Ⅰ. 当窗框装入洞口时，其上、下、左、右边线应与洞口画线对齐；窗的上下框四角及中横框的对称位置应用木楔塞紧做临时固定；当下框长度大于0.90 m时，其中央也应用木楔塞紧做临时固定；然后按设计图纸确定窗框在洞口墙体厚度方向的安装位置，并调整窗框的垂直度、水平度及直角度。

Ⅱ. 当窗与墙体固定时，应先固定上框，再固定边框。混凝土墙洞口采用射钉固定。砖墙洞口采用射钉将固定片固定在混凝土预制块上，严禁用射钉固定在砖墙上。

Ⅲ. 窗下框与墙体的固定可采用以下方法：a. 当窗台有混凝土现浇带时，采用射钉固定。b. 当窗台为砖砌时，在固定片位置设预留孔，用细石混凝土浇灌固定，且应注意先清理孔内垃圾并洒水湿润。c. 安装组合窗时，应先将拼樘料两端插入预留洞中，然后用C20细石混凝土浇灌固定。d. 组合窗拼装时，应将两窗框与拼樘料卡接，卡接后应用紧固件双向拧紧，其间距应小于或等于600 mm；紧固件端头及拼樘料与窗框间的缝隙应采用嵌缝膏进行密封处理。e. 窗框与洞口之间的伸缩缝内腔应采用闭孔泡沫塑料、发泡聚苯乙烯等弹性材料分层填塞。f. 窗框扇上若粘有水泥砂浆，应在其硬化前，用湿布擦拭干净，不得使用硬质材料铲刮窗框扇表面。g. 采用镀膜玻璃时，单层镀膜层应朝向室内。

• 门安装

a. 门框安装应在地面工程施工前进行。

b. 当门框装入洞口时，其上框和边框边线应与洞口画线对齐，在洞口墙体厚度方向的安装位置与窗框位置确定原则相同，安装时应采取措施防止门框变形。无下框平开门应使两边框的下脚低于地面标高线，其高度差宜为30 mm；带下框平开门或推拉门应使下框低于地面标高线，其高度差宜为10 mm。先用木楔临时定位，然后将上框的一个固定片固定在墙体上，并调整门框的水平度、垂直度和直角度。门框与墙体的固定方法同窗框固定。

c. 当安装连窗门时，门与窗应采用拼樘料拼接，拼樘料下端应固定在窗台上，其固定方法及拼接方法等同组合窗安装。

d. 门框与洞口缝隙的处理，同窗框安装。

e. 门表面及框槽内沾有水泥砂浆时，应在其未硬化前清除。

f. 门扇应待水泥砂浆硬化后安装。

g. 门锁与执手等五金配件应安装牢固，位置正确，开关灵活。

• 门窗保护

a. 铝合金门窗在安装过程中及工程验收前，应采取防护措施，不得污损。

b. 已装门窗框、扇的洞口，不得再做运料通道。

c. 严禁在门窗框、扇上安装脚手架、悬挂重物；外脚手架不得顶压在门窗框、扇或窗撑上，并严禁蹬踩窗框、窗扇或窗撑。

d. 应防止利器划伤门窗表面，并应防止电、气焊火花烧伤或烫伤面层。

e. 立体交叉作业时，门窗严禁碰撞。

⑤ 质量控制和检验

• 择优选择门窗制作供货厂商。

• 必须选择具有生产许可证、资质相符，并有交易凭证的制作供货厂商，应对其进行生产工艺和安装实体的现场考察，所用材料质量必须符合设计要求、安装及验收规程规定，并与设计指定选用的门窗图集相一致。经综合比较择优选定，严禁选择不符合要求的关系户、中间皮包商制作供货。

• 供货合同除常规条文外，应明确以下内容：a. 门窗选用图集名称编号（须与设计图相一致）。b. 门窗型号、规格及外形尺寸。c. 质量标准及验收依据。d. 生产厂商、现场项目施工管理部应相互密切配合，尤其是外形尺寸和固定片位置、间距等应相互沟通，以防安装不配套。e. 进货运输、堆放、安装过程中必须接受现场项目施工管理部的质量监督。f. 在安装、保修过程中厂方应及时派专人参加现场相关协调会议。g. 安装过程中，现场项目施工管理部应积极、主动配合安装人员共同把好安全、质量关，并提供必要的便利条件。h. 门窗安装前，应组织工程监理、项目管理部、生产厂家代表共同对产品质量进行验收，不合格品应予退换。i. 门窗安装完毕后，首先由我公司质检部门、项目管理部及生产厂家代表进行自检，自检合格后通知业主和监理验收，并做好门窗分部分项工程验收记录。j. 门窗安装的质量要求及检验方法应符合有关规定。

（2）铝合金窗防渗漏措施

① 设计方面

a. 当窗体尺寸较大时，除自重及风载外，尚应充分考虑温度变形，并采取相应措施。否则，一旦投入使用，修复困难，将产生更大费用。

b. 外墙铝合金窗，铝材必须符合国家标准及图纸要求技术参数，制作安装、搬运中不使半成品扭曲、变形、损坏，杜绝半成品变形后人工修整。配件应符合标准，安装应坚固，开启紧密。安装完成后，于室内密闭状态迎面无感觉吹入微风。

② 安装方面

a. 铝合金窗制作时，其拼角必须严密，焊角不得开裂，成品窗框运输、堆放应注意保护不得使其变形引起拼角裂缝，从而成为雨水渗漏的途径之一。

b. 窗框安装后四周进行塞缝处理，采用干硬性1∶2聚合物防水砂浆分层填实，然后在外侧涂刷改性防水砂浆两道，确保塞缝不空鼓。塞缝必须专人逐一检查，如发现不密实或空鼓，则扒掉重做或用压力灌浆处理。

c. 外窗台比内窗台低不少于 20 mm，并做出向外排水坡度，上窗眉必须做成鹰嘴形，坡度均应大于等于 20%。在不便做鹰嘴的雨篷挑板下做 20 mm 的滴水线，并把板底的普通乳胶漆改为具有防水性能的外墙涂料代替。

d. 铝合金窗具有强度高、耐腐蚀、寿命长等优点，尤其在住宅工程中得到广泛应用，但是其窗角渗漏作为一种质量通病，并未得到有效改善，成为业主物业管理及今后住户装修的一大隐患与弊病。我公司经过数幢建筑物的实践，并组织质检、技术部门攻关，总结出了一些相应预防与处理措施，取得了显著效果。

e. 安装时，应先检查洞口尺寸，其间隙应为 25 mm 左右，偏差过大应预先采取有效处理措施，如间隙过大应用 1∶2 水泥砂浆预先粉饰，防止因埋脚过长而削弱对窗的约束，在外力的经常作用下成为一个薄弱环节，使外侧密封胶开裂引入水源。

f. 窗框填缝材料目前广泛使用的为发泡剂，在施工中均将泡沫打至窗框外侧平，甚至凸出框外，常规施工方法为：将凸出泡沫刮平，窗框粉饰亦至窗框平为止，然后直接打密封胶，从外观上检查没有问题，但实际上密封胶与窗框黏结难免有缝隙，或凸出的泡沫没刮平，此处的密封胶仅薄薄一层，稍加外力即失去作用，而发泡剂本身具有一定的吸水性，由此一到雨季或暴雨，雨水便由此向里浸润，由发泡剂作为一种媒体引水导致墙面渗水。为此，我们在实际工作中采取以下措施：打发泡剂使其比窗框外侧低 10～15 mm，对其后取出窗框固定木楔处的空隙要补满，然后在粉窗侧边时用水泥砂浆将其填至与窗框平，最后待砂浆干燥后再打密封胶，由此既防止了雨水直接浸润泡沫，又能确保密封胶的密封质量。

g. 按要求开好窗下框的出水口，并保持排水通畅。密封胶与窗侧边黏结宽度底边为 15 mm，其余侧边为 10 mm，厚度不小于 6 mm 处。

7.6 苏州鼎立星湖街项目分户验收及质量通病防治技术

1）分户验收中涉及的技术项目及常见质量通病防治措施

根据本工程施工特征，结合住宅工程质量分户验收规则，常见的质量通病防治主要有以下几方面：

（1）外墙防渗漏措施

根据本工程外立面装饰要求，外墙采用外墙涂料和面砖饰面，其防渗漏将从以下几方面考虑：

① 砌体施工时，外墙砌筑砂浆必须饱满，不得有透光头缝不实现象。

② 对填充墙与框架柱、梁接缝处，铺钉钢板网，同时进行二次嵌缝密实。

③ 对拉螺杆洞、脚手眼洞事先安排专人封堵，对拉螺杆洞采用发泡剂堵塞，脚手眼洞采用细石混凝土堵塞，不得随意采用砖块干砌。

④ 认真检查铝窗周边，在拆除脚手前必须做冲水试验，确保无渗漏现象。

⑤ 表面抗裂砂浆厚度不宜太厚，盖住网格布不明露，细部处理到位，门窗四角及外墙转角处按规定设置附加层，分格缝等部位要求粉刷密实。

⑥ 面砖镶贴必须采用满粘法。宜降低黏结层厚度，防止未满粘或勾缝不密实形成"蓄水囊"。勾缝应采用具有抗渗性的黏结材料，应二次勾缝，不采用"满抹"方法勾缝。应采用符合《陶瓷墙地砖胶粘剂》标准的水泥基黏结材料镶贴面砖，面砖镶贴完毕后，应由法定检测机构对黏结强度进行检验，并提供检测报告。

⑦ 出檐、台、板根部镶贴应先下后上、先平后立；外端部应先立后平，坡向应内高外低；压顶、滴水交圈、接茬密实。墙面阴阳角应采用异型角砖，阳角处也可采用边缘加工成 45°角的面砖对接。

⑧ 外墙面砖镶缝必须采用勾缝条抽出浆至密实。

⑨ 窗台、窗楣、阳台、雨篷、腰线和挑檐等处抹灰的排水高差不应小于 20 mm，滴水线宽度应为 15～25 mm，厚度不小于 12 mm，且应粉成鹰嘴式。

(2) 厨房、卫生间防渗措施

① 各班组在施工前，分管质量员首先应对各班组工人召开技术交底会当面交底，重申本工程防水的特殊性和重要性。没有接受交底的一律不准施工，接受交底的班组和工人在交底单上签字。

② 各班组在施工前，分管质量员应将施工部位安装上的管线进行验收，检查是否预埋好，经检查无误后方可施工。

③ 各班组首先要把各自所做部位彻底打扫干净，清理干净后，墙的根部要浇水湿润，派专人用 1∶2.5 防水水泥砂浆打圆弧，其高宽为 30～50 mm，抽圆压光，防水层的泛水高度不得小于 300 mm。

④ 穿越楼面的上下水管道、地漏口等四周的封堵应在安装施工验收完毕后进行。管道四周封堵工作由瓦工、木工、混凝土工、水工组成的专门小组进行，指定混凝土工担任组长，小组人员必须保持稳定，无特殊原因不得随便调换。

⑤ 封堵前应将管道四周的混凝土用铁凿进行修理，保证每个管道四周与混凝土之间至少有50 mm的空隙，木工吊模后浇水湿润至少有 3 h 再分两次浇捣细石混凝土，细石混凝土浇筑好 12 h 后用石灰膏将封堵管道四周 300 mm 范围内围起水坝，蓄水 24 h 试水，如不渗不漏，则将石灰膏水坝移至门口处。对整个卫生间进行 24 h 的蓄水试验，经检查卫生间的天棚、管道四周、墙根处不渗不漏，即可开始卫生间的墙面和楼地面的施工。如有渗漏，则返工重做，直至不渗不漏为止。

⑥ 地面的找平层和墙面的刮糙层均采用 1∶3 防水砂浆，地面完成后的标高要比其他的一般地坪低 15～20 mm，并要做到泛水畅通，无倒泛水和积水现象，如有发现一律返工。

⑦ 烟道根部向上 300 mm 范围内宜采用聚合物防水砂浆粉刷，或采用柔性防水层，卫生间墙面应用防水砂浆分两次刮糙。

(3) 屋面防渗、防漏措施

① 参加屋面防水施工的班组首先要对屋面进行全面、彻底清理，把多余的钢筋头、钢

管用氧气予以割除，派专人把屋面不平处、钢管洞、钢筋头洞用水泥砂浆补平压光，穿越屋面的各种管道四周用细石混凝土封堵，其封堵和蓄水方法如下：

a. 穿越楼面的上下水管道、地漏口等四周的封堵应在安装施工验收完毕后进行。管道四周封堵的工作由瓦工、木工、混凝土工、水工组成的专门小组进行，指定混凝土工担任组长，小组人员必须保持稳定，无特殊原因不得随便调换。

b. 封堵前应将管道四周的混凝土用铁凿进行修理，保证每个管道四周与混凝土之间至少有 50 mm 的空隙，木工吊模后浇水湿润至少有 3 h 再分两次浇捣细石混凝土，细石混凝土浇筑好 12 h 后用石灰膏将封管四周 300 mm 范围内围起水坝，蓄水 24 h 试水，如有渗漏，则返工重做，直至不渗不漏为止。

② 屋面防水层的施工除按设计要求施工外，还应按如下办法施工：对原屋面结构层用 20 mm 厚的 1∶3 防水浆找平压光，水泥砂浆找平层要按每 3 m 做好分格缝。

③ 整个屋面防水层完成后即可对整个坡屋面进行冲水试验，如不渗不漏方可进行上层铺贴。

(4) 水泥砂浆楼地面空鼓、裂缝、起砂的预防措施

① 面层为水泥砂浆时，应采用 1∶2 水泥砂浆；细石混凝土面层的强度等级不应低于 C20。

② 宜采用早强型的硅酸盐水泥和普通硅酸盐水泥，中、粗砂含泥量不大于 3%。面层为细石混凝土时，细石粒径不大于 15 mm，且不大于面层厚度的 2/3，石子含泥量应小于等于 1%。

③ 水泥砂浆面层铺设前，必须对基层的垃圾、浮灰及污染物清理干净，过于光滑的基层还应凿毛处理。对于干净的基层还应提前一天进行浇水湿润，并认真涂刷水泥浆结合层，随刷随铺水泥砂浆或细石混凝土面层。

④ 严格控制水泥砂浆的原材料水泥、黄沙等质量，并严格控制用水量，砂浆稠度不大于 3.5 cm，表面压光时，时间严格控制在初凝到初凝之间内，不宜撒干水泥收水压光，如特殊情况，可适量撒一些干水泥砂浆合料，并应撒均匀，等吸水后，先用木抹子均匀槎打一遍，再用铁抹子压光，终凝后，立即用保湿覆盖保护。

⑤ 地面面层施工 24 h 后，应进行养护，连续养护时间不应少于 7 d，当环境温度低于 5 ℃时，应采取防冻施工措施，可对门窗进行封堵及表面用草帘进行覆盖。

(5) 墙面空鼓、裂缝通病防治措施

① 基层处理

a. 抹灰施工前，应先将墙面凹凸明显部位剔平或用 1∶3 聚合物水泥砂浆补平，清除墙面污物，并提前浇水湿润。

b. 混凝土基层应进行化学毛化处理，轻质砌块基层应采取化学毛化或满铺钢丝网片等措施，增强基层的黏结力。

c. 外墙的脚手孔及洞眼应分层塞实，对剪力墙支模加固的螺栓孔，应安排专人进行堵塞，孔洞中预先打入发泡剂等填充材料，表面用微膨砂浆进行补平。

d. 填充墙与梁柱交接处，必须铺设抗裂钢丝网或玻璃纤维网与各基体间搭接宽度不

应小于 150 mm。

e. 砌块结构砌筑完成后 30 d 不宜抹灰。

f. 严禁在墙体上交叉埋设和开凿水平槽，竖向槽须在砂浆强度达到设计要求后，用机械开凿，且在粉刷前，加贴钢丝网片等抗裂材料。内墙面暗敷电线套管，应用机械切槽，不得随意剔凿，套管进入砌体表面埋置深度以大于 150 mm 为宜。

② 严格控制抹灰遍数

a. 刮糙不应少于两遍，每遍厚度宜为 7～8 mm，但不应超过 10 mm，面层宜为7～10 mm。

b. 抹灰用砂含泥量应低于 2%，细度模数不小于 2.5，严禁使用石粉和混合粉；

c. 混凝土和烧结砖基体上的刮糙层应为 1∶3 水泥防水砂浆，轻质砌体上宜为 1∶1∶6 防水混合砂浆。

d. 每一遍抹灰前，必须对前一遍的抹灰质量（空鼓、裂缝）检查处理（空鼓应重粉、只裂不空应用水泥素浆封闭）后才可进行，两层抹灰层的间隔时间不应少于 2～7 d。

e. 各抹灰层接缝位置应错开，并应设置在混凝土梁、柱中部。

f. 抹灰层总厚度大于等于 35 mm 且小于等于 50 mm 时，必须采用挂大孔钢丝网片的措施，抹灰层总厚度超过 50 mm 时，应由设计单位提出加强措施。

g. 外窗台、腰线、外挑板等部位必须粉出不小于 2%的排水坡度，且靠墙体根部处应粉成圆角，滴水线宽度应为 15～25 mm，厚度不小于 12 mm，且应粉成弯嘴式。

h. 当外饰面为面砖时，应选择吸水率小、强度高的饰面砖。

i. 饰面砖粘贴前，对基层质量应进行检查、修补，基层无空鼓、裂缝，清理干净、浇水湿润后才进行铺贴。

j. 饰面砖铺贴应选择专用胶粘剂或黏结砂浆，黏结砂浆应饱满，缝隙内的黏结砂浆必须及时清除干净。

k. 饰面砖嵌缝时，必须采用抽缝条反复抽压密实、光滑，严禁出现砂眼和裂纹。

（6）填充墙与钢筋混凝土柱质量通病

① 顶层框架填充墙和建筑物的外墙不宜采用非烧结砌块等材料；当采用上述材料时，墙面应增加满铺直径不小于 1.0 mm 的钢丝网粉刷等必要的措施。

② 在两种不同基体交接处、暗埋管线开槽处，应采用增加钢丝网抹灰处理，钢丝网加强带与各基体的搭接宽度不应小于 150 mm。

③ 填充墙不应留设脚手眼。

④ 填充墙应沿柱、墙全高设拉结筋，拉结筋应满足砖模数要求，不得折弯压入砖缝。拉结筋伸入墙内的长度，应符合现行规范的要求。拉结筋应与墙、柱连接牢固，混凝土结构砌体填充墙拉结筋优先采用预埋法留置，后植拉结筋应请具有相关资质的专业单位施工，施工前应根据砌体模数要求在需植筋部位做好标志，防止拉结筋折弯压入砖缝隙。

⑤ 填充墙砌体砂浆的灰缝厚度和宽度应正确。水平灰缝及竖向灰缝饱满度不小于 80%，且不得有透明缝、瞎缝、假缝。

⑥ 填充墙砌至接近梁底、板底时，应按砌块规格尺寸、水平灰缝厚度，从梁、板底留出

斜砌封顶砖的空隙，斜砌砖砌筑应与水平方向成60°夹角，待填充墙砌筑完7 d后，使用皮锤补砌挤紧，且端部应有顶紧措施，补砌时对双侧竖缝用水泥砂浆嵌填密实。砌体结构砌筑完成后不宜少于30 d再进行抹灰。

(7) 铝合金门窗安装通病防治措施

① 铝合金门窗弯曲、不方正及松动防治措施

a. 严格控制铝合金门窗型材及锚固铁脚的质量，厚度必须满足设计要求，铁脚间距不大于500 mm，且防腐处理，砖墙处必须留有素混凝土块，以便锚固。

b. 安装时，必须调整好对角线长度，如出现弯曲，不方正，必须重新修整再安装。

② 推拉窗窗扇脱轨坠落防治措施

a. 必须保证材质符合设计要求，质量标准达到国家规定。窗框安装时，校正高低，要求顺直一致。

b. 窗扇左右两侧上顶角要设防止脱轨跳槽的装置。

③ 推拉窗关闭后透光，启闭不灵活防治措施

a. 窗扇四角节点连接必须坚固，平面稳定不晃动。

b. 滑轮调整到合适位置，保证成一直线，及时检修卡死的滑轮。

c. 窗框、窗扇的对角线要调整达到一样长。

④ 推拉窗关闭渗水防治措施

a. 选择符合阻水要求的型材，并有泄水槽。

b. 保证密封膏的施工质量及施工部位。

c. 组合拼接节点要采取套插曲面搭接方法。

⑤ 外观污染，有损伤防治措施

a. 保证铝合金型材的氧化膜厚度符合设计要求。

b. 安装过程中，粘好防污染薄膜。

c. 合理安排工序。

d. 窗框安装后，利用隔板保护起来，防止撞伤、压伤。

(8) 外墙外保温工程质量通病的治理措施

① 外墙外保温应按设计要求施工。采用板块保温材料时，应按设计或相应图集设置固定点，并应保证设计厚度。

② 凸出外墙面的各类管线及设备的安装必须采用预埋件直接固定在基层墙体上，预留洞口必须埋设套管并与装饰面齐平，严禁在饰面完成的外保温墙面上开孔或钉钉。

③ 外墙外保温工程施工时以及完工后24 h内，基层及环境温度不应低于5 ℃。夏季应避免阳光暴晒。在5级以上大风天气和雨天不得施工，雨期施工应做好防雨措施。

④ 外墙外保温工程应采取有效措施防止保温层出现裂缝，并在保温层外涂刷高分子弹性防水涂料以防水对保温层的侵蚀。外墙预埋件或预埋套管周围应逐层进行防水处理。

⑤ 抗裂砂浆应由抗裂剂、中砂、水泥按适当比例机械搅拌均匀。抗裂砂浆不得任意加水，配置量宜在2 h内用完为宜。

⑥ 抗裂保护层施工应在保温层固化干燥后或胶粘剂凝固后方可进行。抹抗裂砂浆应分两遍完成，第一遍厚度约 3～4 mm，随抹随压入一层耐碱玻纤涂塑网格布，搭接宽度不应小于 50 mm，在底层抗裂砂浆凝固前抹 3 mm 厚面层抗裂砂浆。

⑦ 建筑物首层和其他楼层的门窗洞口及墙面阳角处应用双层玻纤网格包裹增强，包角网格布单边宽度不应大于 150 mm。

⑧ 粘贴板材的外墙外保温施工应按照设计要求使用锚栓辅助固定。

⑨ 抗裂保护层施工应在保温层固化干燥后方可进行，刮柔性耐水腻子应在抗裂保护层干燥后施工，应做到平整光洁。

⑩ 外窗隔热性能达不到要求，外墙窗的玻璃宜采用中空玻璃。

(9) 房间净高、开间尺寸超标质量防治措施

① 房间净高超标质量防治

a. 加强模板施工质量，主体施工时对每一层模板进行验收，检查模板的平整度、标高是否满足要求。

b. 模板因周转次数较多，发现强度降低、缺棱掉角现象应及时更换。

c. 模板支撑是否按施工方案搭设，立杆间距、钢管壁厚应满足要求，扣件、钢管按规定送检，不符合要求的材料严禁使用。

d. 楼地面施工前对楼面标高、灰饼进行检查，施工时进行跟踪检查验收，发现问题及时整改。

e. 住宅主体施工时，每层层高加大 10 mm，减少因施工过程中的各项因素对净高超标的影响。

f. 采用先进的测量仪器，如测距仪、红外线标线仪等，各种仪器使用前均进行检测，减少测量过程中产生的误差。

② 开间尺寸超标质量防治

a. 主体施工时测量放线要求准确，墙柱线、梁线、门窗洞口线、控制线等要认真仔细地完成，并进行复核，无误后用红油漆做好标记。

b. 加强主体结构的质量验收，浇筑混凝土前对每一墙柱轴线、垂直度进行检查，模板的支模方法、强度、刚度是否满足要求。

c. 对一次结构施工中出现的跑模、胀模等缺陷应及时进行修整。

d. 二次结构施工时按照主体结构所放的线重新进行放线，并进行细化，每侧离墙线 200 mm 弹出控制线，并进行复核和检查是否方正。

e. 抹灰前严格根据图纸设计抹灰厚度和墙体控制线做灰饼。

f. 粉刷完成后及时验收墙面的平整度、垂直度，阴阳角是否方正。

g. 采用先进的测量仪器，如测距仪、红外线标线仪等，各种仪器使用前均进行检测，减少测量过程中产生的误差。

(10) 建筑物临空防护栏杆质量通病

防治措施：栏杆高度不够、间距过大、联结固定不够、耐久性差。

① 金属栏杆的制作和安装的焊缝，应进行外观质量检验，其焊缝应饱满可靠，严禁

点焊。

② 预埋件或后置埋件的规格型号、制作和安装方式除应符合设计要求外，尚应符合以下要求：

a. 主要受力杆件的预埋件钢板厚度不应小于 4 mm，宽度不应小于 80 mm，锚筋直径不小于 6 mm，每块预埋件不宜少于 4 根钢筋，埋入混凝土的锚筋长度不小于 100 mm，锚筋端部为 1 800 弯钩。当预埋件安在砌体上时，应制作成边长不小于 100 mm 的混凝土预制块，混凝土强度等级不小于 C20，将埋件浇筑在混凝土土预制块上，随墙体砌块一同砌筑，不得留洞后塞。

b. 主要受力杆件的后置埋件钢板厚度小于 4 mm，宽度不宜小于 60 mm；立杆埋件不应小于两颗螺栓，并前后布置，其两颗螺栓的连线应垂直相邻立柱间的连线，膨胀螺栓的直径不宜小于 10 mm；后置埋件必须直接安装在混凝土结构或构件上，已装饰部位应先清除装饰装修材料后才能安装后置埋件。

③ 栏杆必须进行防腐处理，除锈后应涂刷两度防锈漆和两度及以上的面漆。

④ 防护栏杆的施工前应按设计及规范要求先进行“样板”的施工，经有关单位检查验收合格后方可进行大面积的安装，检查时应提供原材料合格证明、复验报告以及相关检测报告。

⑤ 护栏高度、栏杆间距、安装位置必须符合设计要求。护栏安装必须牢固，栏杆护手与立柱、立柱与主体结构的连接必须采取可靠的措施，不得直接埋管或点焊于膨胀螺栓上。栏杆杆件应光滑，不得有毛刺。

⑥ 栏杆安装预埋件的数量、规格、位置以及防护与预埋件的连接接点应符合设计要求，焊接连的金属、塑料栏杆及扶手必须进行满焊。预埋件连接节点、防雷连接节点应进行隐蔽工程验收。

⑦ 栏板的涂装应均匀，无明显起皱、流附，无漏刷，附着良好；金属栏杆的除锈等级和涂层干膜总厚度应符合设计要求，检查验收时应检查涂层的附着力和涂层干膜的总厚度，设计无要求时应按《钢结构工程施工质量验收规范》执行，并有相应的记录资料。

⑧ 在防护栏杆安装施工完工后，未经验收或者验收不合格的，不得进行下道工序的施工。

⑨ 房屋的建设单位应在移交房屋时出具栏杆等临空防护的合理使用年限和合理使用说明书，房屋管理者（建设方或物管）在房屋的使用过程中应根据说明书对栏杆等临空防护进行定期检查和维护。当使用年限超过设计确定的合理使用年限时，应该委托检测单位鉴定后，采取切实有效的措施后方可继续使用。

(11) 排水工程质量通病的治理措施

① 引入室内的管沟开挖应平整，不得有突出的尖硬物体，塑料管道垫层和覆土层应采用细砂土。

② 排水管道穿越基础预留洞时，排水排出管管顶上部净空一般不小于 150 mm。

③ 排水管道穿越楼板，地下室等有严格防水要求的部位时，其防水套管的材质、形成及所用填充材料应在施工方案中明确。安装在楼板内的套管顶部必须高出装饰地面

20 mm，卫生间或潮湿场所的套管顶部必须高出装饰地面 50 mm，套管与管道间环境间隙宜控制在 10～15 mm 之间，套管与管道之间缝隙应采用阻燃和防水柔性材料封堵密实。

④ 塑料雨水管道系统伸缩节应参照室内排水系统伸缩节设置要求设置。

⑤ 埋地及所有可能隐蔽的排水管道，应在隐蔽或交付前做灌水试验并合格。

2）分户验收方案

住宅工程质量分户验收是指在施工单位提交竣工验收报告后，单位工程在竣工验收前，按照国家质量验收规范对住宅工程的每一户及单位工程公共部位进行专门验收。验收重点是工程的观感质量和使用功能质量。住宅工程质量分户验收由建设单位组织、施工单位负责、中介过程监理、政府实施监督、社会进行评价。

住宅工程质量是永恒的主题，由于建筑材料、施工工艺、环境温度等因素，质量问题将会长期存在。而住宅工程作为商品，住户对其质量有一定的要求，且期望值较高，至少应达到国家验收规范合格的要求，而实际在工程质量验收时，国家规范明确规定工程质量验收采用抽样检查的方法，抽样检查的方法在产品验收中得到广泛的应用。但对住宅工程来说，虽然抽样检查合格，仍存在质量验收的风险。《建筑工程质量验收统一标准》规定使用方的风险应控制在 5%～10%，但对于住户来说，不愿承担此风险。因此住户发现质量问题后不认可住宅工程的质量验收是用抽查方法，而认为是不合格，便向政府有关部门投诉，同时易引起争议。而实施分户验收改变了规范规定的抽查验收方法，大大降低了住户风险率和投诉率。所以，对住宅工程质量实施分户验收，对于进一步明确参建单位的质量责任，提高住宅工程质量水平，促进和谐社会建设，有着十分重要的意义。

(1) 分户验收的要求

在分户验收前，项目管理部应多次组织设计、监理、施工、物业等单位讨论分户验收的要求及验收形式、验收内容，并提请当地工程质量监督站帮助修改完善，最终形成了下列分户验收主要要求：

① 分户验收前完善《工程建设中严重质量问题(质量事故)一览表》、《住宅交付主要材料、使用功能设计变更情况一览表》，并针对工程实际予以核实签字。

② 分户验收在施工单位自查合格，监理提出的整改问题处理到位，验收资料齐全完整的前提下，由项目管理部代替建设单位组织施工、监理物业、设计等相关人员参加分户验收，并邀请工程质监站对验收程序进行监督，并形成分户验收组，明确验收组成员的职责。

③ 分户验收时，验收组对分户验收记录予以复核，抽查住宅室内房间不少于 10%，不少于 5 间(且不少于 2 户)，同时检查该户所对应的楼(电)梯、通道；外墙抽查两边单元中的一个；地下室抽查一个检查单元。

④ 分户验收前提前 24 h 对屋面天沟、管道根部和室内有防水要求的房间进行蓄水，外窗淋水抽查不少于 1 个横向淋水带，提前 1 h 淋水。

⑤ 分户验收如核查结果与分户验收记录不一致时，目测有明显差异或实测误差在 5%以上的，可判定分户验收记录不真实，须重新组织验收。

⑥ 分户验收合格后，填写《住宅工程质量分户验收标识牌》，标识牌内注明工程名称、房(户)号、验收时间、参加验收人员、验收结论，并提供维修联系电话，张贴到每个户号统一地方。

(2) 验收准备工作

① 成立分户验收小组。由建设单位组织成立分户验收小组，小组成员由建设单位项目负责人及专业技术人员、监理单位项目总监理工程师及专业监理工程师、施工单位项目技术(质量)负责人等人员组成，坚持专业齐全、分工明确、各司其职的原则，完成标识、测量、记录验收工作；分户验收期间，已选定物业公司的，物业公司人员(应为接受过分户验收的培训、交底人员)也应参加，已经出售的住宅可邀请住户参加。

② 编制分户验收方案。建设单位组织监理单位编制分户验收方案，方案应根据工程特点、施工顺序确定具体验收项目、验收部位、验收时间、验收数量及方法，还应配备相应的检测仪器和工具，并由监理工程师核查配备仪器和计量工具的计量检定合格情况。

③ 分户验收的标准。观感为每户全数检查，实测、实量仍按规范要求的比例及最低数量检查，分户检验批的主控项目的质量经检查应全部合格，一般项目合格点率应达到80%及以上，且不得有严重缺陷。

④ 划分合理的验收单元。以单位工程每户住宅划分，分户检验批项目应符合施工图、设计说明及其他设计文件的要求，还应符合国家现行的施工质量验收规范和地方标准，分户验收检验批主控项目、一般项目的观感和使用功能质量应全数检查，并以房间为单位，全数记录。

室内的每户为一个检查单元；公共部位，每个单元的外墙为一个检查单元，每个单元每层楼梯(电梯)及上下梯段、通道(平台)为一个检查单元，地下室每个单元或每个分隔空间为一个检查单元。

(3) 分户验收内容及检查方法

分户验收前应由项目部起草分户验收方案，方案中必须详细明确验收项目、验收内容、验收标准和参照标准及检查部位，并在验收前将验收方案交到所有验收组成员手中。

① 室内分户验收内容及检查方法

a. 楼地面、墙面、天棚面层。验收内容：楼地面空鼓、裂缝、起砂；墙面及天棚空鼓、裂缝、脱层和爆灰。验收方法：小锤轻击和观察检查，可击范围内轻击点间距不得超过40 cm。验收标准：楼地面空鼓面积不超过400 cm^2，不得出现裂缝和起砂；墙面及天棚无空鼓、脱层，距检查面1 m处正视无裂缝和爆灰。

b. 门窗。验收内容：外窗台高度、门窗开启、安全玻璃标识。检查方法：用钢尺检查外窗台高度，每个窗台不少于一处；手扳检查门窗开启和关闭；观察检查安全玻璃认证标识，应使用安全玻璃的部位不得使用普通玻璃非安全玻璃，安全玻璃须有3C标识，且不得隐蔽。验收标准：窗台或落地窗防护栏杆高度不低于900 mm，且不得有负偏差，门窗开启灵活、关闭严密，进户门等不松动，不晃动。

c. 栏杆。验收内容：栏杆高度，竖杆间距，防攀爬措施，护栏玻璃认证标识。检查方法：栏杆高度及竖杆间距采用钢尺测量，每片栏杆不少于一处，防攀爬措施采用观察检查；护栏玻璃观察检查3C安全标识、游标卡尺测量玻璃厚度。验收标准：阳台、上人屋面栏杆六层及以下不低于1 050 mm，七层及以上不低于1 100 mm，且不得有负偏差；临空处栏杆净间距不应大于110 mm，正偏差不大于3 mm；有水平杆件的栏杆或花式栏杆应设防攀爬措施（金属密网、安全玻璃等）；护栏玻璃必须使用钢化玻璃或钢化夹层玻璃，厚度不小于12 mm，当临空高度超过5m时，必须采用钢化夹层玻璃。

d. 防水。验收内容：屋面渗漏，卫生间等有防水要求的地面渗漏及外墙渗漏，外窗渗漏。检查方法：平屋面分块蓄水，蓄水时间不少于24 h，天沟、管道根部蓄水深度不得少于20 mm；坡屋面淋水试验不少于2 h；卫生间等有防水要求的地面蓄水24 h后放水，最小蓄水深度不得小于20 mm；外墙淋水试验1 h后检查；外窗人工淋水后检查。第三至四层（有挑檐的每层）设置一个横向淋水带，淋水试验时间不少于1 h。验收标准：屋面无渗漏、无积水；卫生间等有防水要求的地面无渗漏，排水畅通；墙面无渗漏，滴水线无爬水；外窗及窗四周无渗漏。

e. 室内空间尺寸。检查内容：室内净高、室内净开间。检查方法：在分户验收记录所附的套型图上标明房间编号；每个房间净高抽测五点，开间、进深尺寸各抽测两处（测点位置及抽测记录表见表1）：偏差为实测值与推算值之差，极差为实测值中最大值与最小值之差："采用激光测距仪"进行检测。验收标准：室内净高最大负偏差不超过20 mm，极差不超过20 mm：室内净开间极差不超过20 mm，且不超过垂直长度的0.5%。检查时随即填写《室内净高、净开间尺寸抽测表》，并由建设、监理、施工相关单位抽测人员签字存档。

f. 给排水系统。检查内容：管道渗漏、管道坡向、地漏水封、阻火圈（防火套管设置），屋面排气管。检查方法：采用观察检查、试水观察检查和尺量检查的方法。验收标准：给水管道、水嘴、阀门无渗漏、严重变形、固定不牢，排水管道通水、通球后无渗漏、堵塞、伸缩合理：管道顺直、无倒坡；地漏位置、坡水正确、地漏水封高度不得小于50 ram（或设置S弯）：高层建筑明设排水塑料管应设置阻火圈（防护套管）；屋面排气管设置通风帽，管道净高上人屋面不小于2 m、不上人屋面不小于0.3 m。

g. 电气。检查内容：插座相位、接地，户内配电箱（盘），照明试验，等电位。检查方法：插座相位、接地采用"漏电保护相位检测器"逐个检查；户内配电箱（盘）采用观察和开、关触电保护器检查，照明试验采用通电检查：等电位采用观察检查。验收标准："漏电保护相位检测器"通电检测无接错显示：照明配电箱（盘）内接线整齐，接地良好，回路编号齐全，标识正确。触电保护灵敏：照明系统通电试运行正常；等电位连接端子齐全、位置正确、有说明书。

h. 其他。检查内容：智能，烟杆设置及附件，墙面空调孔。检查方法：采用观察检查方法。验收标准：电视、电话、网络等线、盒位置正确，有说明书；烟道止回阀、防火门按规定安装，烟道表面无裂纹，出屋面烟道（包括管道透气孔）高度应超过平台跃层外开门窗上口；墙面空调孔无渗漏、反坡、位置正确。

② 公共部位验收内容及检查方法

a. 外墙。检查内容：窗角斜裂缝、墙面裂缝。检查方法：在距外墙2 m范围内平视或仰视观察检查。验收标准:墙面及窗角无可视裂缝(参照标准《建筑法》第二十条)。

b. 楼(电)梯、通道。验收内容:楼梯踏步梯段及平台净宽,楼梯踏步高差:电梯候梯厅深度。电梯门净宽:高层首层疏散外门及通道的宽度:公用走道净高。检查方法:采用钢尺或激光测距仪测量检查。验收标准:相邻楼梯踏步高差不得超过 10 mm,楼梯从扶手中心或墙面测量的净宽度不小于 1.1 m(六层及以下或一边设有栏杆不小于 1.0 m),楼梯平台净宽度不小于 1.2 m;电梯候梯厅深度不小于 1.5 m,电梯门净宽不得小于 80 cm:疏散门应外开,其净宽不应小于 1.1 m,通道宽度不应小于 1.2 m,公共走道等有人员正常活动的净高度不小于 2.0 m。

c. 地下室。验收内容:通道净高,墙面及天棚渗漏、裂缝,地面裂缝、起砂。检查方法:通道净高采用钢尺或激光测距仪测量,裂缝、渗漏、起砂采用观察检查。验收标准:通道的净高度不小于 2.0 m;墙面及天棚无渗漏、裂缝;地面不得出现裂缝和起砂。

(4) 分户验收结论

住宅工程分户验收记录设置三款验收表:住宅工程质量(室内)分户验收记录,住宅工程质量(公共部位)验收记录,住宅工程质量分户验收汇总表。由分户验收组共同填写验收结论,建设、监理、施工、物业相关参加人员共同签字存档。

随着住户对产品质量意识和要求的提高,工程质量分户验收的出炉,无疑为广大居住户入住新居前对工程质量进行了一次全面检查,尽可能将工程出现的质量问题处理到位,减少用户入住后的烦恼,提高用户的满意程度;对监理单位来说,分户验收属事后控制范畴,其工作量较大,有时一幢房子七八个人要验收一天,但减少了住户入住后因质量问题协助处理带来的精力消耗,同时也提高了监理单位的信誉;对承包单位来说无疑是最大的受益者,既减少了用户入住后维修的烦恼,还减少了用户赔索时发生的赔偿费用,同时还提高了建设单位对承包人的信任度,所谓名利双收;当然,对于建设单位来说,也希望工程交付后用户投诉少,协调维修或处理索赔的情况减少。住宅工程质量分户验收虽然刚刚起步,但这种验收模式越来越受到建设各方的认可,相信通过不断完善,最终会形成规范化,受益于建设各方主体及广大住户。

第 8 章　上海协和氨基酸有限公司青浦工厂机电安装质量控制与示范

8.1　上海协和氨基酸有限公司青浦工厂工程概况

1) 工程简述

上海协和氨基酸有限公司坐落于上海市普陀区，是一家中日合资医药原料氨基酸制造、销售企业，选址于上海青浦工业园区，是一家符合 GMP 标准的年产 2 000 t 规模的氨基酸精制工厂。建设地点：上海市青浦工业园区内，油墩港以西、六号河以南，新团路、新汇路路口。本工程为一期工程，建造符合 GMP 标准的氨基酸精制车间大楼，内部安装生产线 3 条，目标年生产能力合计为 2 000 t，设计可生产 12 种氨基酸。

本工程主要的建筑单体有生产车间、综合质检楼、原料仓库、成品仓库、公用工程用房及门卫室等(表 8－1)。

表 8－1　上海协和氨基酸青浦工厂工程概况

序号	单体名称	建筑面积(m^2)	层数	主要结构形式	功能介绍
1	生产车间	12 580	4	钢筋混凝土框架	内设三条氨基酸精制生产线(有 10 万级空调 3 055.5 m^2)
2	综合质检楼	2 791	2	钢筋混凝土框架	办公、质检实验、职工餐厅(有 1 万级空调 24 m^2)
3	原料仓库	1 334	1	钢结构	—
4	成品仓库	2 016	1	钢结构	—
5	变配电所	240	1	钢筋混凝土框架	—
6	纯化水站	70	1	钢结构	—
7	滤饼贮存	144	1	钢筋混凝土框架	—
8	维修及消防泵房	378	1	钢筋混凝土框架	—
9	门卫室	60	1	钢筋混凝土框架	—

本标段工程为上海协和氨基酸有限公司青浦工厂机电设备安装工程，所包括的主要系统如下：

(1) 采暖通风：净化空调(分 10 万级和 1 万级两种)、一般性空调；

(2) 工艺用水；

(3) 工艺设备(生产线)；

(4) 公用工程:空压、冷冻机,管道消防,给排水,电气,弱电,火灾报警系统。

2) 系统介绍

(1) 通风空调系统

生产车间设有 3 055.5 m^2 的 10 万级空调,综合质检楼设有 24 m^2 的 1 万级空调,其余为舒适性空调及通风系统。

室内设计参数如表 8-2 所示。

表 8-2 通风与空调系统室内设计参数

洁净等级分区	所属生产区及房间	温度(℃)	
		夏季	冬季
1 万级	菌检实验	22±2	20±2
10 万级	更衣、气闸、清洗、成品灌装、包装准备、包装、洁具、干燥、结晶分离、容器干燥、容器清洗、洗烘衣、整衣存衣、取样等	22±2	20±2
一般空调区	包材存放、成品暂存、参观走廊、门厅、更衣、休息、生产控制、资料、仪表、备用、质检、办公、成品仓库等	26±2	18±2

净化空调系统采用定风量全空气中央空调系统。空调机组由粗效过滤、中效过滤、高效过滤、冷却去湿、加热、加湿、风机、消声等功能段组成,中效应在空调机组末端的正压段,以免污染空气。空气处理设备外壳采用双层金属保温壁板,保温壁板的厚为 35 mm,箱体漏风率低于 2%,外壁板为彩钢板,内壁板采用不锈钢。空调送风机采用变频控制。

风管采用镀锌钢板制作,净化空调风管保温材料采用厚 25 mm 橡塑发泡保温材料,防火性能为 B1 级,一般空调采用厚 40 mm 的离心玻璃棉板。

1 万级和 10 万级净化区域送风经粗效、中效、高效空气过滤器三级过滤后送入室内,1 万级净化区换气次数为≥25 次/h,10 万级净化区换气次数为≥15 次/h。主要生产区域采用上送风、下侧回、下侧排风。高效过滤器设置在送风系统的末端及安置于带扩散板的高效过滤送风口内,安装在吊顶上,风口支管带阀。新风管上设置与空调送风机连锁的电动开关阀,在排风系统上设置带中效过滤的排风机组。

在每个净化房间的送、回、排风管上均安装风量阀,使每个房间进出风量保持恒定。有不同流向房的压差为≥5 Pa,洁净区与一般区压差≥10 Pa。

空调冷冻水由设在三层动力机房内的冷水机组供给,热源由机房内的汽水换热机组提供,蒸汽由厂区蒸汽热网提供。

车间的一层滤液储罐间、二层脱色房间均设置机械排烟系统,原料仓库、成品仓库、车间顶层的蒸发间采用自然排烟方式。

生产车间各主要空调设备置于二层或三层的空调机房内,排风设备设置于车间的屋顶上,空调系统新风自机房侧墙引入。

(2) 工艺用水

纯化水设备约 29 台,设备安装总吨位为 86 t,提供工艺生产线的用水,按照设计由设备供应商提供设计，供建筑设计确认。

(3) 公用工程

① 给排水系统。厂区给水系统有生产生活给水、室外低压消防给水、加压室内消火栓和喷淋给水系统。从市政管网上引一 DN200 给水管，经水表计量后直接供厂区生产生活用水，给水管材采用埋地硬聚氯乙烯给水管道，套筒式活接头连接。其余生活用水供厕所的淋浴，室内冷热水管采用建筑给水聚丙烯(PP－R)管道，热熔连接。

厂区排水采用清污分流，生活排水不经化粪池预处理；生产排水在室外合并后排至厂区废水处理站处理，达标后与生活排水合并排至厂区南面的市政污水管，生产排水和生活排水采用 HDPE 排水管，承插连接。

② 管道消防。厂区室外消防给水系统采用低压制，消防给水水源采用一路管径为 DN200 的市政引入管，经水表计量后直接供水，在厂区内成环，管径为 DN250，另一水源由厂区的消防水池(600 m^3)供给，在厂区内设室外地上式消火栓 7 只和水泵结合器 3 套。厂区内的消防管道采用球墨铸铁管，承插连接。

室内消防给水采用稳高压制，消防栓和喷淋各成系统，室内消防栓和喷淋泵的吸水管直接从消防水池中抽水，消防泵房内设消火栓消防电泵 2 台和稳压泵 2 台及稳压罐 1 台，另设喷淋系统一套供综合质检楼内喷淋。

生产车间设有单栓消防栓箱 55 组；综合楼质检设有单栓消防栓箱 14 组；成品仓库设有单栓消防栓箱 9 组；原料仓库设有单栓消防栓箱 6 组。综合楼质检设有喷淋系统，作用面积为 160 m^2，湿式报警阀 1 组，水流指示器 2 套，闭式喷头约 500 只。

消防栓和喷淋系统采用热镀锌钢管及热镀锌无缝钢管，丝扣或卡箍连接。

③ 电气。全厂除消防用电为二级负荷外，其余的用电负荷为三级。10 kV 进线电源由架空线在厂区界限处转为埋地电缆进入厂区变电所，经高压配电系统，变压器变电系统及低压配电系统分别向全厂除生产车间以外的各个单体的用电设备提供 220 V 或 380 V的三相四线电源，生产车间自设变电所，另外为二级负荷提供的第二电源则取自于设置在变配电所内的柴油发电机组，并在二级负荷的末端处设置二路电源切换装置，为消防设备提供可靠的电源。

变电所内采用一台 1 250 kVA 的干式变压器，车间变电所设一台 2 000 kVA 干式变压器，变压器低压侧中心点直接接地，接地电阻小于 1 Ω，低压开关柜选用抽出式开关柜。

厂区供电外线和道路照明线路全部采用 YJV22－0.6/1 交联聚乙烯铠装电缆直埋敷设。厂区道路照明采用草坪灯及高杆道路照明灯具，光源采用高压钠灯及高效节能光源，路灯控制设在主门卫室。

各建筑物根据相应类别设置避雷装置，屋面敷设避雷网，建筑物柱内主筋作引下线，基础作接地体，建筑物电源引入处，保护地线重复接地，各种接地共用一个接地系统，接地电阻小于 1 Ω，在各建筑物内电源引入处设总等电位端子箱，将各类金属管道及构件与 PE 干线和接地干线作总等电位接地。本工程低压配电系统接地形式采用 TN－S 系统，均采用五芯电缆。

动力配电采用落地式低压配电柜；照明配电箱采用组合嵌入式，照明光源多数采用荧光灯、节能灯等。净化区域采用净化灯具。

线路均采用电线管形式,净化区域采用镀锌电线管。

④ 弱电。本系统作为办公智能化的一个重要组成部分,为整个厂区内的语音、数据、图像信号的传输提供统一的布线及管理,为厂区的通信及办公自动化服务。

工作区子系统主要由单孔及双孔信息插座、跳线组成,所有信息插座均采用超五类信息模块。水平子系统主要采用超五类非屏蔽双绞线,用于传输数据及图像信号及语音信号。干线子系统主要包括室内外六芯多模光纤,分别由综合质检楼的电话网络机房引至各单体的配线架。区域管理子系统主要包括设在各单体的配线架等设备根据信号传输网络要求进行跳线、连线和器件。

布线系统采用线槽内敷设方式。厂内电话服务由设置在综合楼的电话程控交换机提供,初期容量为 80 门。由市话网引入 27 对中继电缆,其中 19 对用于直线电话,8 对用于程控交换机。

为实现电脑办公自动化,需设置计算机网络系统,整个厂区主干网采用光纤传输,各单体设置网络交换机,并具有光纤上联端口,所有端口都具有全双功能,独享宽带。

程控交换机和网络交换机采用公用接地。

⑤ 火灾报警系统。本系统主要考虑在各单体的办公用房、生产区域、实验室、走道等场所设置感烟或感温探测器,对于生产车间部分层高超过 12 m 的区域采用对射式红外探测器。

系统在各单体出入口及公共走道部位设置手动报警按钮和警铃,本系统还接受其他消防设备发出的信号,各单体一层设置一台楼层显示器,消防电源采用末端双回路供电,并自带 UPS 系统。

系统所有管线均采用穿金属管保护敷设方式。

⑥ 空压、冷冻机。为工艺和仪表提供无油干燥压缩空气及为工艺和空调提供 7℃的低温水,所有设备均布置在生产车间的三层冷冻机房内。

空压站将工艺用压缩空气和仪表用压缩空气分为两个相互独立的系统。

冷冻系统设计冷负荷为 3 360 kW,选用 3 台 CUW360B5Y 水冷式三机头冷水机组。系统不设备机。冷冻系统采用开式循环,二级泵循环系统。

(4) 工艺设备

利用氨基酸粗品干粉为原料,经溶解、活性炭过滤脱色、过滤、超滤、蒸发浓缩、结晶、干燥、粉碎、过筛、分装成精制氨基酸原料,生产过程为原料药精烘包。工艺设备的管线采用 304 L 不锈钢管道。

3) 工程特点

(1) 质量要求高

本工程为生产食用的氨基酸,对工艺管道的焊接和空调洁净度等质量提出了较高的要求。公司把该工程列为重中之重,使用性能最好、技术最先进的机械设备,运用先进科学的管理方法及手段,确保该工程按期保质完成。

(2) 工期要求高

本工程业主要求工期为300个日历天，圆满如期完成工程施工任务将对业主如期投入生产，取得生产效益十分关键，早一天使用早一天得益。因此确保施工任务早日或提前完成是项目管理的一个重点。

(3) 专业技术要求高

本工程涵盖了暖通、消防、电气、火灾报警等系统工程，由于工艺生产本身的特殊性，对各专业提出了特殊要求。

① 电气工程。氨基酸的生产必须绝对保证供电的可靠性和连续性，在施工过程中必须按照设计要求强化施工质量，以确保供电可靠。

② 空调净化工程。净化工程洁净度的保证是生产产品质量保证的关键之一，如果施工不当将对GMP的认证及产品质量产生重要影响，因此必须确保施工过程中的每一道工序的质量。

(4) 设备多，必须保证设备的安装精度

本工程的设备较多，设备安装工程是将一系列设备组合成一条生产线，从而构成一个技术装备系统，并最终形成生产力，而安装精度是为保证整套装置正确联动所需各独立设备之间的位置精度，单台设备通过合理的安装工艺和调整方法能够重现的设备制造精度，整台(套)设备在运行中的运行精度。因此，必须合理控制设备基础、设备测量基准等施工质量。

(5) 明管较多，配管质量要求高

在图纸会审中应注意水、电、风的位置及走向是否相互矛盾，避免出现不同专业同一标高，多处交叉现象。在施工前，各专业施工人员均应先了解以免有冲突现象，遵循先安风管，后安水管、电管的原则，确保配管横平竖直、合理有序、美观等。

4) 建设地点及环境特征

氨基酸青浦工厂位于上海青浦工业园区内，油墩港以西、六号河以南，新团路、新汇路口。整个场地已平整完毕，地势平坦，场外通向场地中央的道路已基本做完，运输车辆可正常通行，场区内无固定居民点。

本工程为一期，二期预留场地已平整，可供一期施工时的临时设施搭设。

5) 施工条件

(1) 场区施工道路

本工程所在地的道路具备正常通行能力，目前施工场地的平整工作已完成。交通通畅。整个场地离居民区较远，不存在严重扰民问题，市政排污管网已接至工地边。

(2) 施工及生活用水

目前施工及生活用水已由业主接到现场边，场地东南侧为上海冠生园调味品有限公司，跟本厂是同一个集团，可从该厂接引给水管，供水量满足施工及生活用水要求。在该厂给水设施的接引敷设即可满足施工需要。

(3) 施工用电及照明用电

业主已申请安装临时用电设施,如供电局施工时间较长,施工单位可从附近上海冠生园调味品有限公司接引。本标段安装单位将在临时配电房设置一总配电柜,各用电区域再从此配电柜接引的方式设置一套临时用电线路,可满足施工需要。

8.2 上海协和氨基酸有限公司青浦工厂施工前部署

8.2.1 施工程序

1) 区段的划分与施工流水顺序

(1) 区段的划分。本工程单位工程多,根据建筑物平面布置要求划分为两大区域,A:生产区,B:辅助区。

(2) 施工流水顺序。根据土建的施工组织部署,安排两个相对独立的专业队分属不同区域组织施工,机电安装工程的区段流水顺序为:

① 层间流水顺序。根据土建施工程序,一个作业队生产区域从一层到四层,另一个作业队辅助区域从一层至二层,其他辅助设施穿插进行。

② 每层施工流水。生产区域工艺施工先设备后配管,其他各专业为保证配合合理,安装程序采取先主管后支管、先风管后其他管线、先设备后配管的方式,管道让设备、电气让管道,小让大,先上后下的原则。大中型设备进场在土建基础完成、机房粉刷结束、安装现场场地清理干净、排水措施到位后进行。

(3) 卫生设备、配电箱、灯具、风口等终端器具的安装在安装条件许可的情况下进行,以符合成品保护的要求。

(4) 安装调试:分系统按顺序进行,成立调试小组,各专业人员配备齐全,各专业的联合调试在竣工前 30 天进行,5 天调试,5 天处理问题。

(5) 竣工验收前 7 天由项目部组织进行全面的内部质量预检,提出的问题组织力量在 5 天内完成整改。工程总体竣工验收要求一次通过。

2) 总体施工程序(图 8-1)

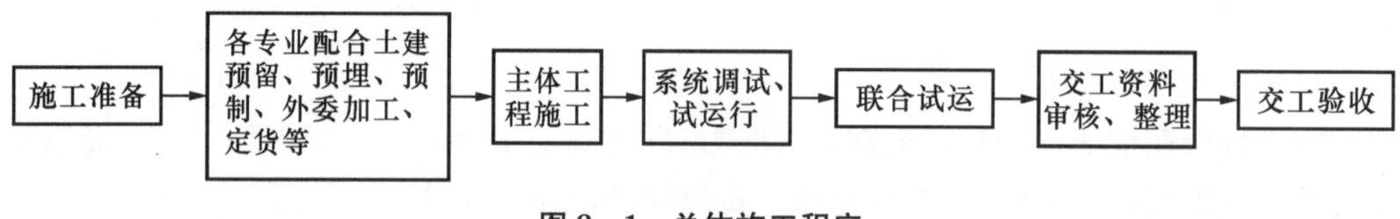

图 8-1 总体施工程序

3) 各施工阶段的组织要求

为确保施工目标,可将工程划分为六个阶段来实施。这六个阶段是配合土建预留预埋阶段→预制、制作、外委加工阶段→安装全面铺开施工阶段→配合专业设备厂家安装及总体调试阶段→联动试验及竣工验收阶段→交工资料审核、汇总阶段。根据不同阶段的特点，及时准确地配置各要素，并采用科学合理的施工方法，保证阶段目标如期实现。

(1) 配合土建预留预埋阶段

特点：配合时间较长，施工作业点多面广，工种要求齐全。

关键点：预留预埋的质量，确保位置准确、一次到位、无遗漏。

对策：前期组织一支多工种、作业认真负责的混合预埋施工组，配合土建进度，做好预留工作。

(2) 预制、制作、外委加工阶段

在搞好配合土建预留预埋的同时，要对管道、支架、电气支架进行预制，对风管及支架进行制作，对特殊工件提前进行外委加工等。

特点：不占用土建施工时效，不与土建交叉施工，不受外部影响。

关键点：预制精度，预制时效。

对策：排好计划，赶在正式安装前完成，尽可能加大预制深度，减少安装压力，为确保缩短工期打下基础。

(3) 安装全面铺开施工阶段

特点：安装作业面多，持续作业时间长，受外界环境影响小。

关键点：保证各种资源的及时调配，协调好各专业的施工进度。

对策：准备工作充分、周全，施工过程中，加大生产调度力度，保证计划实施不打折扣。

(4) 配合专业设备厂家安装及总体调试阶段

特点：配合对象多，配合工作各异，要求都是认真、细致、及时。

关键点：一是配合，根据各类厂家的不同要求，做好我们的工作；二是专业系统开通工作量大。

对策：增加技师数量，特别是空调、电气、弱电专业，确保能领会专业厂家要求的意图，从而更好地配合；专业系统开通时，实行专业工程师负责制，由他们担任开通指挥员。

(5) 联动试验及竣工验收阶段

特点：安装各专业综合联试工作量大，质量安全要求高，只许成功，不许失败。

关键点：工作的计划性，决策的统一性。

对策：成立交工验收领导小组，和业主、总承包方及监理方共同制定详细的交工验收计划(包括交竣工资料整理、装订、交付计划)，组织精干的调试作业队，明确所有参战人员的职责和工作程序，确保工程一次性调试成功。

(6) 交工资料审核、汇总阶段

特点：安装专业多，编制要求高，体量大，需各单位密切合作。

关键点：按“扬子杯”要求积累收集、审核、整理、汇编。

对策：确保交工资料与工程同步，把好资料审核、验收关，最后汇总交付业主。

8.3 上海协和氨基酸有限公司青浦工厂施工方法及技术措施

本部分主要对本工程的主要施工方法和技术要求进行阐述，待实施后根据现场情况，在此基础上编制详细的作业指导书。

8.3.1 电气工程

1）重点与难点分析

本工程采用TN-S接地方式，建筑物防雷接地、电气设备、弱电信息系统等共用一接地装置，总接地电阻小于1 Ω，所以对接地系统施工提出更高的要求。

各建筑物屋面敷设避雷网，建筑物柱内主筋作引下线，混凝土框架结构柱内的电气主筋及等电位连接的镀锌扁钢，利用桩基和地梁及承台主筋焊接构成的钢筋网作接地体。建筑物电源引入处，保护地线重复接地，各种接地共用一个接地系统，接地电阻小于1 Ω，在各建筑物内电源引入处设总等电位端子箱，将各类金属管道及构件与PE干线和接地干线作总等电位接地。

从建筑物的桩基工程开始到结构封顶以及钢结构安装工程，电气都要紧密配合，保证工程的质量。接地装置的焊接应采用搭接焊，扁钢与扁钢搭接为扁钢宽度的2倍，三面焊接；圆钢与圆钢搭接为直径6倍，两面焊接；圆钢与扁钢搭接为直径的6倍，两面焊接；扁钢与钢管，扁钢与角钢焊接，角钢紧贴外侧两面，或紧贴3/4钢管表面，上下两侧焊接。

2）施工程序

预留预埋→支架制作和安装→线槽、桥架安装→防雷接地安装→动力配电盘柜安装→配管、管内穿线、电缆敷设→基础槽钢安装→配电盘柜安装→用电设备安装→各层插座安装→送电系统调试、验收、开通→动力系统单机试运行、验收、开通→竣工验收。

3）施工方法及技术措施

（1）主要设备、材料、成品和半成品的进场验收

① 所有发放到班组的主要设备、材料、成品和半成品必须有合格的检验结论记录，且须报监理工程师检验。

② 经批准的免检产品或认定的名牌产品，进场验收时，可不做抽样检测。

③ 低压成套配电柜、不间断电源柜、控制柜及动力箱检查项目有：

a. 产品带有合格证和随机文件；实行生产许可证和安全认证制度的产品，要有许可证编号和安全认证标志；不间断电源柜有出厂试验记录。

b. 外观检查：有符合设计的铭牌，柜内元器件无损坏丢失、接线无脱落脱焊，涂层完整，无明碰撞凹陷。

④ 电动机和低压开关设备等检查项目有：

a. 产品带有合格证和随机文件，实行生产许可证和安全认证制度的产品，要有许可证编号和安全认证标志。

b. 外观检查：有符合设计的铭牌，附件齐全，电气接线端子完好，设备器件无缺损，涂层完整。

⑤ 开关、插座、接线盒及其附件检查项目有：

a. 查验合格证，防爆产品有防爆标志和防爆合格证号，实行安全认证制度的产品，有安全认证标志。

b. 开关、插座的面板及接线盒盒体完整、无碎裂、零件齐全。

c. 性能检测：不同极性带电部件间的电气间隙不小于 3 mm；绝缘电阻值不小于 5 MΩ；用自攻锁紧螺钉或自切螺钉安装的螺钉与软塑固定件旋合长度不小于 8 mm，软塑固定件在经受 10 次拧紧退出试验后，无松动或掉渣，螺钉及螺纹无损坏现象，金属间相旋合的螺钉螺母，拧紧后完全退出，反复 5 次仍能正常使用。

d. 对开关、插座、接线盒及其面板等塑料绝缘材料阻燃性能有异议时，按批抽样送有资质的试验室检测，检测合格后方能使用。

⑥ 电线电缆的查验：

a. 按批查验合格证，合格证有生产许可证编号，按《额定电压 450/750 V 及以下聚氯乙烯绝缘电缆》(GB 5023.1～5023.7)标准生产的产品有安全认证标志。

b. 包装完好，抽检的电线绝缘层完好无损，厚度均匀。电缆无压扁、扭曲，铠装不松卷。耐热、阻燃的电线、电缆外护层有明显标识和制造厂标。

c. 按制造标准，现场抽样检测绝缘层厚度和圆形线芯的直径；线芯直径误差不大于标称直径的 1%；工程中 BV 型绝缘电线的绝缘厚度不小于表 8－3 中数据。

表 8－3　BV 型绝缘电线绝缘厚度要求

序　号	1	2	3	4	5
电线芯线标称截面积(mm^2)	1.5	2.5	4	6	10
绝缘层厚度规定值(mm)	0.7	0.8	0.8	0.8	1.0

d. 对电缆电线、电线绝缘性能、导电性能和阻燃性能有异议时，按批抽样检测，合格后方能使用。

⑦ 导管检查：按批查验合格证；钢管无压扁、内壁光滑，镀锌钢管镀层覆盖完整、表面无锈斑；按制造标准抽样检测导管的管径、壁厚及均匀度。

⑧ 型钢和电焊条的检测：按批查验合格证和材质证明书；型钢无严重锈蚀，无过度弯曲、弯折变形；电焊条包装完整，拆包抽检，焊条尾部无锈斑。

⑨ 镀锌制品检查：按批查验合格证或镀锌厂出具的镀锌质量证明书；镀锌层覆盖完整、表面无锈斑，且配件齐全，无砂眼。

⑩ 电缆桥架、线槽检测：查验合格证；部件齐全，表面光滑、不变形；钢制桥架涂层完整；无锈蚀。

⑪ 电缆头部件及接线端子检测：查验合格证；部件齐全，表面无裂纹和气孔。

(2) 预留预埋及配管

① 预留预埋

a. 预留预埋的内容：桥架过墙、楼板洞；线槽过墙、楼板洞；基础型钢固定之预埋件；防雷接地；暗配管预埋及过楼板过墙套管预埋；嵌入式安装的配电箱等。

b. 施工要点：

• 埋入墙或混凝土内的管子，离表面的净距离不应小于 15 mm；钢管在现浇混凝土板中暗配时，在钢管下方适当加放 15 mm 厚的混凝土垫块作为支撑。

• 钢管穿屋顶板及外墙时，需做防水处理。

• 暗埋高度及深度的确定，设备安装高度应是离最终地面的高度。

② 配管施工程序

a. 暗管敷设的施工程序为：施工准备→预制加工管煨弯→测定盒、箱位置→固定盒、箱→管路连接→变形缝处理→地线跨接。

b. 明管敷设的施工程序为：施工准备→预制加工管煨弯、支架、吊架→确定盒、箱及固定点位置→支架、吊架固定→盒箱固定→管线敷设与连接→变形缝处理→地线跨接。

③ 暗管敷设

a. 暗管敷设的基本要求为：敷设于多尘和潮湿场所的电线管路、管口、管子连接处应做密封处理；电线管路应沿最近的路线敷设并尽量减少弯曲，埋入墙或混凝土内的管子，离表面的净距离不应小于 15 mm；埋入地下的电线管路不宜穿过设备基础。

b. 预制加工：

• 钢管煨弯：管径为 20 mm 及以下时，用手扳煨弯器。管径为 25 mm 及其以上时，使用液压煨弯器。

• 管子切断：用钢锯、割管器、砂轮机进行切管，将需要切断的管子量好尺寸，放在钳口内卡牢固进行切割。切割断口处应平齐不歪斜，管口刮锉光滑、无毛刺，管内铁屑除净。

• 管子套丝：采用套丝板、套丝机。采用套丝板时，应根据管外径选择相应板牙，套丝过程中，要均匀用力；采用套丝机时，应注意及时浇冷却液，丝扣不乱不过长，消除渣屑，丝扣干净清晰。

c. 测定盒、箱位置：根据设计要求确定盒、箱轴线位置，以土建弹出的水平线为基准，挂线找正，标出盒、箱实际尺寸位置。

d. 固定盒、箱：先稳住盒、箱，然后灌浆，要求砂浆饱满、平整牢固、位置正确。现浇混凝土板墙固定盒、箱加支铁固定；现浇混凝土楼板，将盒子堵好随底板钢筋固定牢，管路配好后，随土建浇灌混凝土施工同时完成。

e. 管路连接

• 钢管必须用管箍丝扣连接，连接面涂复合导电脂。套丝不得有乱扣现象，管口锉光滑平整，管箍必须使用通丝管箍，接头应牢固紧密，外露丝应不多于 2 扣；管径50 mm

及其以上钢管，可采用管箍连接或套管焊接，套管长度应为连接管径的 1.5～3 倍，连接管口的对口处应在套管的中心，焊口应焊接牢固严密。

• 套接式紧定钢导管管路连接处的管口应平整、光滑、无毛刺、无变形。管材插入套管接触应紧密，两管口应插入接头凹槽处，用紧定螺钉定位后，进行旋紧至螺帽脱落；套接式紧定钢导管管路与箱(盒)连接时，应一孔一管，管径与箱(盒)敲落孔应吻合。管与盒(箱)的连接处，应采用爪型螺母和螺纹管接头锁紧。

• 管路超过下列长度，应加装接线盒，其位置应便于穿线。无弯时 45 m；有一个弯时 30 m；有两个弯时 20 m；有三个弯时 12 m。

• 管进盒、箱连接：盒、箱开孔应整齐并与管径吻合，盒、箱上的开孔用开孔器开孔，保证开孔无毛刺，要求一管一孔，不得开长孔。铁制盒、箱严禁用电焊、气焊开孔，并应刷防锈漆。管口进入盒、箱，管口应用螺母锁紧，露出锁紧螺母的丝扣为 2～4 扣。两根以上管进入盒、箱要长短一致，间距均匀、排列整齐。

f. 管暗敷设方式：

• 随墙(砌体)配管：配合土建工程砌墙立管时，使用机械开槽，管应放在墙中心，管口向上者应封好，以防水泥砂浆或其他杂物堵塞管子。往上引管有吊顶时，管上端应煨成 90°弯进入吊顶内，由顶板向下引管不宜过长，以达到开关盒上口为准，等砌好隔墙，先稳盒后接短管。

• 现浇混凝土楼板配管：先找准位置，根据房间四周墙的厚度，弹出十字线，将堵好的盒子固定牢固，然后敷管。有两个以上盒子时，要拉直线。管进入盒子的长度要适宜，管路每隔 1 m 左右用铅丝绑扎牢。如果灯具超过 3 kg 应加装专用吊杆。

g. 暗管敷设完毕后，在自检合格的基础上，应及时通知业主及监理代表检查验收，并认真如实填写隐蔽工程验收记录。

④ 明管敷设

a. 管弯、支架、吊架预制加工：明配管或埋砖墙内配管弯曲半径不小于管外径的 6 倍，埋入混凝土的配管弯曲半径不小于管外径的 10 倍。虽设计图中对支吊架的规格无明确规定，但不得小于以下规格：扁铁支架 25 mm×4 mm；角钢支架 25 mm×25 mm×3 mm。

b. 测定盒、箱及固定点位置：根据施工图纸首先测出盒、箱与出线口的准确位置，然后按测出的位置，把管路的垂直、水平走向拉出直线，按照安装标准规定的固定点间距尺寸要求，确定支架、吊架的具体位置。固定点的距离应均匀，管卡与终端、转弯中点、电气器具或接线盒边缘的距离为 150～500 mm，对于高空明配管建议采用弹簧钢片管卡固定安装。

c. 支、吊架的固定方法：根据本工程的结构特点，支吊架的固定主要采用胀管法(即在混凝土顶板打孔，用膨胀螺栓固定)和抱箍法(即在遇到钢结构梁柱时，用抱箍将支吊架固定)。

d. 变形缝处理：穿越变形缝的钢管采用柔性连接(图 8 - 2，图 8 - 3)。

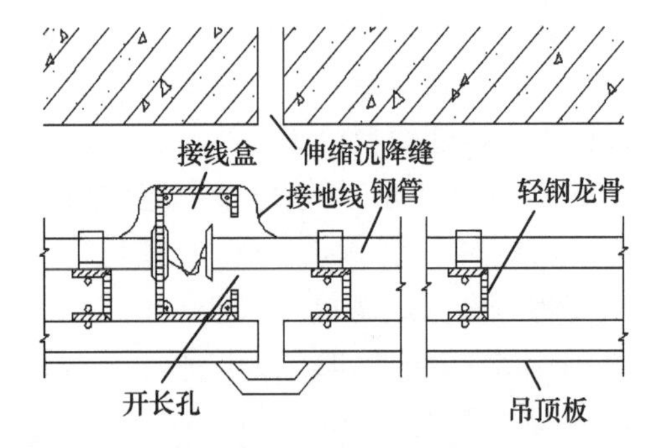

图 8－2　穿越变形缝的钢管采用柔性连接示意图

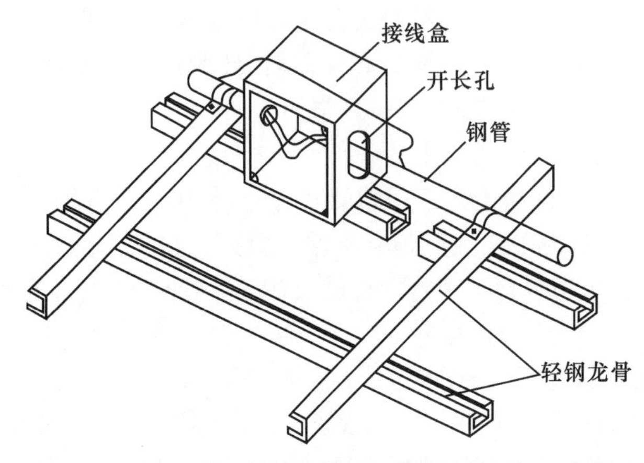

图 8－3　穿越变形缝的钢管采用柔性连接三维示意图

e. 接地焊接：管路应做整体接地连接，穿过建筑物变形缝时，应有接地补偿装置。焊接钢管采用 ϕ6 圆钢做接地跨接，跨接地线两端焊接面长度不得小于圆钢直径的 6 倍，焊缝要均匀牢固，焊接处要清除药皮并刷防腐漆；镀锌钢管采用 6 mm^2 的双色铜芯绝缘线作跨接线；镀锌钢管采用专用接地卡；紧定式或扣压式镀锌电线管在接头处涂导电复合脂，与接地线不应熔焊连接。

⑤ 金属软管的安装

钢管与电气设备、器具间的电线保护管宜采用金属软管作保护管；金属软管的长度在动力工程中不在于 0.8 m，在照明工程中不大于 1.2 m。

金属软管敷设在不易受机械损伤的场所。当在潮湿场所使用金属软管时，采用带有非金属护套且附配套连接器件的防液型金属软管，其护套须经过阻燃处理。

金属软管无退铰、松散；中间无接头；与设备、器具连接时，采用专用接头；连接处密封可靠；防液型金属软管的连接处封闭良好。

⑥ 施工要点

本工程的配管采用焊接钢管和镀锌电线管，其中镀锌电线管严禁熔焊连接。

管路连接紧密，管口光滑无毛刺，护口齐全，明配管及其支架、吊架平直牢固，排列整齐，管子弯曲处无明显折皱，油漆防腐完整，暗配管保护层厚度大于 15 mm。

盒、箱设置正确，固定可靠，管子进入盒、箱处顺直，在盒、箱内露出的长度小于

5 mm;用锁紧螺母固定的管口、管子露出锁紧螺母的螺纹为2～4扣。线路进入电气设备和器具的管口位置正确。

穿过变形缝处有补偿装置,补偿装置能活动自如;配电线路穿过建筑物和设备基础处加保护套管。补偿装置平整、管口光滑、护口牢固、与管子连接可靠;加保护套管处在隐蔽工程中标示正确。

电线保护管及支架接地(接零),电气设备器具和非带电金属部件的接地(接零)、支线敷设应符合以下规定:连接紧密牢固,接地(接零)线截面选用正确、需防腐的部分涂漆均匀无遗漏,线路走向合理,色标准确,涂刷后不污染设备和建筑物。

(3) 配电箱、接线箱、端子箱安装

① 施工准备:该工程配电箱控制箱较多,型号规格多,故要求施工前须做好施工技术交底,尤其是配电箱的安装高度、安装位置、安装方式、位号、型号等。施工中充分了解暗装配电箱所在墙体的结构及尺寸,安装所需机具满足施工需要、材料充足、人员配备齐全。

② 配电箱检查验收:配电箱安装前,要按设计图纸检查其箱号、箱内回路号,并对照安装设计说明进行检查,满足设计规范要求。

③ 配电箱安装:根据设计要求现场找出配电箱位置,并按照箱的外形尺寸进行弹线定位。通过弹线定位,可以更准确地找出预埋件或者金属膨胀管螺栓的位置。

a. 明装配电箱

• 金属膨胀螺栓固定配电箱。采用金属膨胀螺栓可在混凝土墙或砖墙上固定配电箱。其方法是根据弹线定位确定固定点位置,用电锤在固定位置钻孔,孔深应以刚好将金属膨胀管部分埋入墙内为宜,孔洞应垂直于墙面。

• 明装配电箱的安装。在混凝土墙或砖墙上固定明装配电箱时,采用明配管及暗分线盒两种方式。如有分线盒,先将盒内杂物清理干净,然后将导线理顺,分清支路和相序,按支路绑扎成束。待配电箱找准位置后,将导线端头引至箱内,逐个剥削导线端头,再逐个压接在器具上,同时将保护地线压在明显的地方,并将配电箱调整平直后进行固定。

b. 暗装配电箱的安装。先将箱体放在预留洞内,找好标高及水平尺寸,并将箱体固定好,然后用水泥砂浆填实周边并抹平齐,待水泥砂浆凝固后再安装盘面和贴脸。如箱底与外墙平齐时,应在外墙固定金属网后再做墙面抹灰,不得在箱底板上抹灰。安装盘面要求平整,周边间隙均匀对称,门平正,螺丝垂直受力均匀。

c. 落地配电箱的安装。基础槽钢的外形尺寸可根据产品样本确定,与结构轴线的尺寸可根据施工平面布置图来确定。标高根据土建给出的基准引出。基础槽钢的制作和固定采用焊接。施工时应注意焊接变形引起的基础槽钢外形尺寸及水平度的变化,焊接后应进行复测,可采用水平仪测量,在基础槽钢上用电钻钻孔,将配电箱固定在基础槽钢上,然后将配电箱找正,设备安放好后,对成排安装的柜、箱,以中心单柜的垂直度、水平度为准,再分别向两侧拼装逐柜调整,少许误差可在框底部加钢垫片找平找正,使安装允许偏差符合表8-4的规定。

表 8-4　落地配电箱安装质量及允许偏差

项　目		允许偏差(mm)
垂直度		＜1.5
水平偏差	相邻两柜或箱顶部	＜2
	全部柜或箱顶部	＜5
盘面不平度	相邻两柜或箱面	＜1
	全部柜或箱面	＜5
柜或箱间接缝偏差		＜2

d. 配电柜的水平调整可用水平尺测量。垂直情况的调整，沿柜面悬挂一磁力线坠，测量柜面上下端与吊线的距离，如果距离不等，可用薄铁片调整使其达到要求。柜体与柜体之间应用镀锌螺栓紧密固定，柜体与基础型钢间采用焊接或螺栓连接，具体按设计要求。

e. 在柜体上安装的支架必须采用螺栓连接，在柜内安装的电缆要固定牢靠。安装完毕后，所有开关柜必须有可靠的接地，基础型钢必须设置专用接地。

f. 设备定位后，对内部紧固件再次紧固及检查，尤其是导体连接端头处。柜内接线完毕，用吸尘器清除柜内杂物，保持设备内外清洁，准确标识设备位号、回路号。

④ 绝缘摇测：配电箱全部电器安装完毕后，用 500 V 兆欧表对线路进行绝缘摇测。摇测项目包括相线与相线之间、相线与地线之间、相线与零线之间。两人进行摇测同时做好记录，作为技术资料存档。

安装完毕后进行质量检查，检查器具的接地(接零)保护措施和其他安全要求必须符合施工规范规定。其规定如下：位置正确，部件齐全，箱体开孔合适，切口整齐。暗式配电箱箱盖紧贴墙面；零线经汇流排(零线端子)连接，无铰接现象；油漆完整，盘内外清洁，箱盖、开关灵活，回路编号齐全，接线整齐，PE 线安装明显、牢固。连接牢固紧密，不伤线芯。压板连接时压紧无松动；螺栓连接时，在同一端子上导线不超过两根，防松垫圈等配件齐全。

电气设备、器具和非金属部件的接地(接零)导线敷设应符合以下规定：连接紧密、牢固，接地(接零)线截面选择正确，需防腐的部分涂漆均匀无遗漏，不污染设备和建筑物，线路走向合理，色标准确。

(4) 电缆桥架的安装

当桥架与风管交叉时，桥架宜从风管的下方通过，距离符合设计要求；施工中应严格按设计要求的顺序及间距排列；施工中可统一安装支吊架，穿越伸缩缝处做伸缩处理。

① 支架制作安装。依据施工图设计标高及桥架规格，现场测量尺寸，然后依照测量尺寸制作支架，支架进行工厂化生产。在无吊顶处沿梁底吊装或靠墙支架安装，在有吊顶处在吊顶内吊装或靠墙支架安装。在无吊顶的公共场所结合结构构件并考虑建筑美观及检修方便，采用靠墙、柱支架安装或层桥架下弦构件安装。吊架拟采用在预埋铁上焊接，靠墙安装支架固定采用膨胀螺栓固定，支架间距为 1.25～1.5 m，线槽垂直安装时，间距不大于 2 m。在直线段和非直线段连接处、过建筑物变形缝处和弯曲半径大于

300 mm的非直线段中部应增设支吊架，支吊架安装应保证桥架水平度或垂直度符合要求。

② 桥架安装

a. 电缆线槽须在工地上切割，切割后电缆线槽的尖锐边缘加以平整，以防电缆磨损，切割面涂上防腐蚀漆。桥架材质、型号、厚度以及附件满足设计要求。

b. 桥架与支架间采用螺栓固定，在转弯处需仔细校核尺寸，桥架宜与建筑物坡度一致，在圆弧形建筑物墙壁的桥架，其圆弧宜与建筑物一致。桥架与桥架之间用连接板连接，连接螺栓采用半圆头螺栓，半圆头在桥架内侧。桥架之间缝隙须达到设计要求，确保一个系统的桥架连成一体。

c. 跨越建筑物变形缝的桥架应按我们的《钢制电缆桥架安装工艺》做好伸缩缝处理，钢制桥架直线段超过 30 m 时，应设热胀冷缩补偿装置。具体方法报工程师批准。

d. 桥架安装横平竖直、整齐美观、距离一致、连接牢固，同一水平面内水平度偏差不超过 5 mm/m，直线度偏差不超过 5 mm/m。

e. 金属桥架安装时的接地。金属电缆桥架及其支架和引入或引出的金属电缆导管必须接地或接零可靠，具体规定如下：金属电缆桥架及其支架全长不少于 2 处与接地或接零干线相连接；非镀锌电缆桥架间连接板的两端跨接接地线，接地线最小允许截面积不小于 4 mm^2；镀锌电缆桥架间连接板的两端不跨接接地线，但连接板两端不小于 2 个有防松螺母或防松垫圈的连接固定螺栓；用防火泥封堵电缆孔洞时，封堵应严密可靠，无明显的裂缝和可见的孔隙，孔洞较大时加耐火衬板后再进行封堵。

③ 多层桥架安装。多层桥架安装，先安装上层，后安装下层，上、下层之间距离要留有余量，有利于后期电缆敷设和检修。水平安装的桥架宜由里到外，水平相邻桥架净距不宜小于 50 mm，层间距离不小于 30 mm，与弱电电缆桥架净距不小于 0.5 m。

(5) 管内穿线

① 管内穿线施工程序：施工准备→选择导线→穿带线→清扫管路→放线及断线→导线与带线的绑扎→装护口→导线连接→导线焊接→导线包扎→线路检查绝缘摇测。

② 穿线

a. 选择导线：各回路的导线应严格按照设计图纸选择型号规格，相线、零线及保护地线应加以区分，用黄、绿、红导线分别作 A、B、C 相线，黄绿双色线作接地线，黑线作零线。

b. 穿带线：穿带线的目的是检查管路是否畅通，管路的走向及盒、箱质量是否符合设计及施工图要求。带线采用 ϕ2 mm 的钢丝，先将钢丝的一端弯成不封口的圆圈，再利用穿线器将带线穿入管路内，在管路的两端应留有 10～15 cm 的余量(在管路较长或转弯多时，可以在敷设管路的同时将带线一并穿好)。当穿带线受阻时，可用两根钢丝分别穿入管路的两端，同时搅动，使两根钢丝的端头互相钩铰在一起，然后将带线拉出。

c. 清扫管路：配管完毕后，在穿线之前，必须对所有的管路进行清扫。清扫管路的目的是清除管路中的灰尘、泥水等杂物，具体方法为：将布条的两端牢固地绑扎在带线上，两人来回拉动带线，将管内杂物清理干净。

d. 放线及断线

• 放线：放线前应根据设计图对导线的规格、型号进行核对，放线时导线应置于放线架或放线车上，不能将导线在地上随意拖拉，更不能使用蛮力，以防损坏绝缘层或拉断线芯。

• 断线：剪断导线时，导线的预留长度按以下情况予以考虑：接线盒、开关盒、插销盒及灯头盒内导线的预留长度为 15 cm；配电箱内导线的预留长度为配电箱箱体周长的 1/2；出户导线的预留长度为 1.5 m，干线在分支处，可不剪断导线而直接作分支接头。

e. 导线与带线的绑扎：当导线根数较少时，可将导线前端的绝缘层削去，然后将线芯直接插入带线的盘圈内并折回压实，绑扎牢固；当导线根数较多或导线截面较大时，可将导线前端的绝缘层削去，然后将线芯斜错排列在带线上，用绑线缠绕绑扎牢固。

f. 管内穿线：在穿线前，应检查钢管(电线管)各个管口的护口是否齐全，如有遗漏和破损，均应补齐和更换。穿线时应注意以下事项：同一交流回路的导线必须穿在同一管内；不同回路，不同电压和交流与直流的导线，不得穿入同一管内；导线在变形缝处，补偿装置应活动自如，导线应留有一定的余量。

g. 导线连接：导线连接应满足以下要求：导线接头不能增加电阻值；受力导线不能降低原机械强度，不能降低原绝缘强度。为了满足上述要求，在导线做电气连接时，必须先削掉绝缘再进行连接，而后加焊，包缠绝缘。当导线通过接线端子与设备或器具连接时，采用压线钳压接接线端子。手压钳压接 0.2～0.6 mm^2 导线，10 mm^2 及以上导线可使用油压钳压接。

h. 导线焊接：根据导线的线径及敷设场所不同，焊接的方法有以下两种：

• 电烙铁加焊法。适用于线径较小的导线的连接及用其他工具焊接较困难的场所(如吊顶内)。导线连接处加焊剂，用电烙铁进行锡焊。

• 喷灯加热法(或用电炉加热)。将焊锡放在锡勺内，然后用喷灯加热，焊锡熔化后即可进行焊接。加热时必须掌握好温度，以防出现温度过高刷锡不饱满或温度过低刷锡不均匀的现象。

焊接完毕后，必须用布将焊接处的焊剂及其他污物擦净。

i. 导线包扎

首先用橡胶绝缘带从导线接头处始端的完好绝缘层开始，缠绕 1～2 个绝缘带宽度，再以半幅宽度重叠进行缠绕。在包扎过程中应尽可能地收紧绝缘带(一般将橡胶绝缘带拉长 2 倍后再进行缠绕)，而后在绝缘层上缠绕 1～2 圈后进行回缠，最后用黑胶布包扎，包扎时要衔接好，以半幅宽度边压边进行缠绕。

j. 芯线与电器设备的连接：截面积在 10 mm^2 及以下的单股铜芯线直接与设备器具的端子连接。截面积在 2.5 mm^2 及以下多股铜芯线拧紧搪锡或接续端子后与设备、器具的端子连接；截面积大于 2.5 mm^2 的多股铜芯线，除设备自带插接式端子后与设备、器具的端子连接，多股铜芯线与插接式端子连接前，端部必须拧紧搪锡；每个设备和器具的端子接线不多于 2 根电线。

k. 线路检查及绝缘摇测

• 线路检查：接、焊、包全部完成后，应进行自检和互检；检查导线接、焊、包是否符合设计要求及有关施工验收规范及质量验收标准的规定，不符合规定的应立即纠正，检查无误后方可进行绝缘摇测。

• 绝缘摇测：导线线路的绝缘摇测一般选用 500 V，量程为 0～500 MΩ 的兆欧表。测试时，一人摇表，一人应及时读数并如实填写“绝缘电阻测试记录”。摇动速度应保持在 120 r/min 左右，读数应采用 1 min 后的读数为宜。

(6) 电缆敷设

① 施工程序(图 8－4)

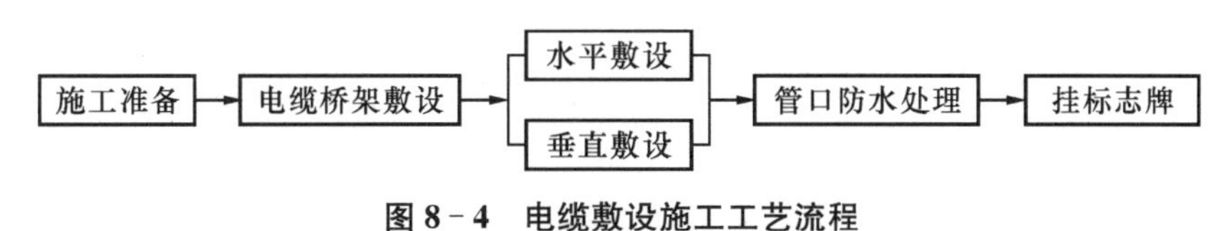

图 8－4　电缆敷设施工工艺流程

② 施工准备

a. 施工前应对电缆进行详细检查，规格、型号、截面、电压等级均须符合要求，外观无扭曲、坏损等现象。

b. 电缆敷设前进行绝缘摇测或耐压试验。本工程中 1 kV 以下电缆，用 1 kV 摇表摇测线间及对地的绝缘电阻不低于 10 MΩ。摇测完毕，应将芯线对地放电。

c. 电缆测试完毕，电缆端部应用橡皮包布密封后再用黑胶布包好。

d. 放电缆机具的安装：采用机械放电缆时，应将机械安装在适当位置，并将钢丝绳和滑轮安装好。人力放电缆时将滚轮提前安装好。

e. 临时联络指挥系统的设置：线路较短或室外的电缆敷设，可用无线电对讲机联络，手持扩音喇叭指挥；建筑内电缆敷设，可用无线电对讲机作为定向联络，简易电话作为全线联络，手持扩音喇叭指挥(或采用多功能扩大机，它是指挥放电缆的专用设备)。

f. 在桥架上多根电缆敷设时，应根据现场实际情况，事先将电缆的排列用表或图的方式画出来，以防电缆交叉和混乱。

g. 电缆的搬运及支架架设

• 电缆短距离搬运，一般采用滚动电缆轴的方法。滚动时应按电缆轴上箭头指示方向滚动。如无箭头时，可按电缆缠绕方向滚动，切不可反缠绕方向滚动，以免电缆松弛。

• 电缆支架的架设地点的选择，以敷设方便为原则，一般应在电缆起止点附近为宜。架设时，应注意电缆轴的转动方向，电缆引出端应在电缆轴的上方，如图 8－5所示。

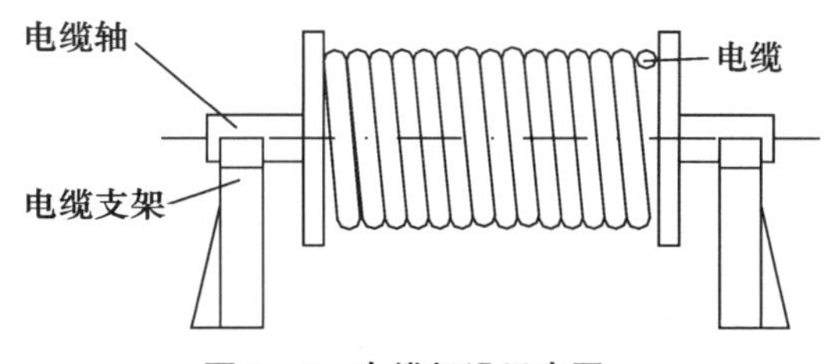

图 8－5　电缆架设示意图

③ 电缆敷设

a. 水平敷设

• 敷设方法可用人力或机械牵引。电缆沿桥架或线槽敷设时，应单层敷设，排列整齐，不得有交叉。拐弯处应以最大截面电缆允许弯曲半径为准。电缆严禁绞拧、护层断裂和表面严重划伤。不同等级电压的电缆应分层敷设，截面积大的电缆放在下层，电缆跨越建筑物变形缝处，应留有伸缩余量。电缆转弯和分支不紊乱，走向整齐清楚（图 8-6）。

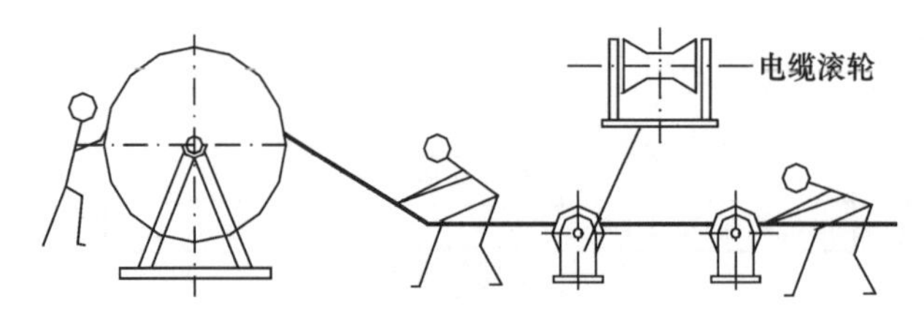

图 8-6　电缆敷设方式示意图

b. 垂直敷设

• 垂直敷设，有条件时最好自上而下敷设。土建拆吊车前，将电缆吊至楼层顶部。敷设时，同截面电缆应先敷设底层，后敷设高层，应特别注意，在电缆轴附近和部分楼层应采取防滑措施。

• 自下而上敷设时，低层小截面电缆可用滑轮大绳人力牵引敷设，高层、大截面电缆宜用机械牵引敷设。

• 沿桥架或线槽敷设时，每层至少加装两道卡固支架。敷设时，应放一根立即卡固一根。

• 电缆穿过楼板时，应装套管，敷设完后应将套管与楼板之间缝隙用防火材料堵死。

④ 挂标志牌

a. 标志牌规格应一致，并有防腐功能，挂装应牢固。

b. 标志牌上应注明回路编号、电缆编号、规格、型号及电压等级。

沿桥架敷设电缆在其两端、拐弯处、交叉处应挂标志牌，直线段应适当增设标志牌，每 2 m 挂一个标志牌，施工完毕做好成品保护。

(7) 电力电缆的防火

① 电力电缆的防火技术措施

为电缆创造良好的运行环境，避免因运行环境恶劣加速电缆绝缘老化和损伤。在施工阶段，仔细核查桥架内电缆所占用的空间与电缆桥架的截面是否匹配，电缆在桥架内应排列整齐，避免电缆杂乱，影响电缆通风和散热。另要有完善的防鼠蛇窜入的设施，防止小动物破坏电缆绝缘引发事故。对于隐蔽于吊顶内的电缆往往因施工空间小，难于施工，难于检查，盖板难以盖好，从而留下质量隐患，因此施工中应加强隐蔽电缆验收工作。

加强电缆的预防性试验。电缆安装在交工前至少需做三次实验即材料验收阶段、接线前、运行前。电缆预防性试验不能只看试验数据合格不合格，还应该对数据进行比较和分析，既可以和相同电缆的试验数据进行比较，也可以和本电缆历史试验数据进行比较，探求试验数据的规律。

加强对电缆头的制作质量管理和运行监控。据统计，因电缆头故障而导致的电缆火灾、爆炸事故占到电缆总事故的 70%左右。要严格控制电缆头制作材料和工艺质量，所制作的电缆头的使用寿命不低于电缆的使用寿命，接头的额定电压等级及其绝缘水平不得低于所连接电缆的额定电压等级及其绝缘水平；绝缘头两侧绝缘垫间的耐压值不得低于电缆护层绝缘水平的 2 倍；接头形式应与所设置环境条件相适应，且不致影响电缆的流通能力，电缆头两侧各 2～3 m 的范围内应采用防火包带作阻火延烧处理。但由于电缆头通常是在现场手工制作，受现场条件限制及手工制作分散性的影响，一般来说电缆头是电缆绝缘的薄弱环节，所以加强对电缆头的监视和管理是电缆防火的重要环节。终端电缆头一定不要放在电缆沟、电缆隧道、电缆槽盒、电缆夹层内。对置于电缆沟、电缆隧道、电缆槽盒、电缆夹层内的中间电缆头必须登记造册，并使用多种监测设备进行监测，发现电缆头有不正常温升或气味、烟雾时，应及早退出运行，避免电缆头在运行中着火。

采用封、堵、涂、隔、包等措施防止电缆延燃。在采用封、堵、隔方式中应注意以下问题：

a. 用封、堵、隔的办法要能保证单根电缆着火不延燃到多根电缆，电缆进入电缆槽盒、电缆夹层的管口要严密进行防火封堵，防止单根电缆或少量电缆着火而引燃大量电缆；电气盘、柜着火不延燃到电缆桥架内；一个电气室着火不延燃到其他室。竖井中分层设置防火隔板，电力电缆与控制电缆之间设防火隔板等，控制电缆采用全防火处理或采用阻燃电缆，以保证在任何紧急情况下主设备能安全地停止运转。

b. 必须保证防火封堵的严密性、厚度。防火封堵不严密就失去了封堵作用，特别是电缆集中的地方，最好用软堵料以保证封堵严实，维护检查中及时将破坏的封堵还原。封堵材料厚度不够电缆着火后火势会穿过封堵的材料串延燃烧，封堵材料的厚度与封堵面电缆根数成比例，电缆数量愈多封堵愈厚。

c. 防火封堵要有足够的机械强度。电缆着火特别是发生电气短路会引起空气的迅猛膨胀而产生一定的冲力，破坏机械强度低的防火封堵层，使防火封堵失去作用。所以防火堵料应有足够的机械强度，大空间的封堵一般应有钢筋等材料做骨架，楼板孔洞处设置的封堵层强度应达到能保证巡视人员检查作业的强度。

② 防止电弧事故产生及蔓延

一般采用以下措施：

a. 电气设备包括开关柜等的相线间的间距、相线对外壳的间距均应符合产品标准；导线包括母排在内的相线间的间距、相线对地的间距均应符合设计及安装规程。

b. 管线安装时，要避免导线或电缆因拉力过大或管口、管壁粗糙，在导线穿入保护金属管时造成绝缘损伤。对已产生过电弧事故且残存有碳化物的保护金属管应予以清除，否则再敷设线缆时容易发生事故。

c. 对设备的裸露绝缘部分及支持绝缘子等应经常巡视，如发现污染，应予清理，避免产生电弧。

d. 导线与设备的端子连接时，应尽量拧紧，避免因连接松弛造成局部过热，形成微小电弧而发展为电弧事故。

e. 安装电气设备及线路时，应防止金属工具坠落到带电部分造成电弧事故。

f. 应防止鼠害、虫害造成绝缘损伤，以及由这些小动物本身的导电作用形成的电弧。

g. 敷设在容易燃烧或延燃的场所，如高温地区、有强烈拔风作用的楼梯间及电缆井等处，应采用耐火电缆、阻燃电缆或在线缆上加防火涂料。

(8) 电气设备接线及试运转

① 电气设备接线

a. 接线前，应对电机进行绝缘测试，拆除电机接线盒内连接片，用兆欧表测量各相绕组间以及对外壳的绝缘电阻。常温下绝缘电阻不应低于 0.5 MΩ，如不符合应进行干燥处理。

b. 引入电机接线盒的导线应有金属挠性管的保护，配以同规格的挠性管接头，并应用专用接地夹头与配管接地螺栓用铜芯导线可靠连接。

c. 引入导线色标应符合：A 相—黄色，B 相—绿色，C 相—红色，PE 线—黄/绿，N 相—蓝色(浅蓝)相间色的要求。导线与电动机接线柱连接应符合下列要求：截面 2.5 mm^2以下的多股铜芯线必须制作成与接线柱螺栓直径相符的环形圈并经搪锡处理后或匹配的线端子压接后与接线柱连接；截面大于 2.5 mm^2 的多股铜芯线应采用与导线规格相一致的压接型或锡焊型线端子过渡连接；接线端子非接触面部分应做绝缘处理，接触面应涂以电力复合脂；仔细核对设计图纸与电机铭牌的接法是否一致。依次将 A、B、C 三相电源线和 PE 保护线接入电机的 U、V、W 接线柱和 PE 线专用接线柱。

② 电机试运转应具备的条件：建筑工程结束，现场清扫整理完毕；现场照明、消防设施齐全、异地控制的电机试运转应配备通讯工具；电机和设备安装完毕，质检合格、灌浆养护期已到；与电机有关的动力柜、控制柜、线路安装完毕。质检合格，且具备受电条件；电机的保护、控制、测量，回路调试完毕，且经模拟动作正确无误；电机的绝缘电阻测试符合规范要求。

③ 电机试运转步骤与要求。本工程中主要动力设备是冷水机组、风机、空调机及水泵、生产设备等。一旦具备试车条件首先对电机进行连续 2 h 单机试运行。电机试运行前由项目部组织试车小组，小组至少包括电工、设备安装工及调试工在现场，每组不少于 6 人。

a. 拆除联轴器的螺栓，使电机与机械分离(不可拆除的或不需拆除的例外)，盘车应灵活，无阻卡现象。

b. 有固定转向要求的电机或拖动有固定转向要求机械的电机必须采用测定手段，使电机与电源相序一致，实际旋转方向应符合要求。

c. 动力柜受电，合上电机回路电源，启动电机，测量电源电压不应低于额定电压的 90%；启动和空负荷运转时的三相电流应基本平衡。

d. 试运转过程中应监视电机的温升不得超过电机绝缘等级所规定的限值。

e. 电机空负荷试运转时间为 2 h，应记录电机的空负荷电流值。

f. 空负荷试运转结束，应恢复联轴器的联接。

(9) 开关及插座安装

墙面粉刷、油漆等内装饰工作完成后，再进行开关、插座的安装。施工中注意协调开关、插座、温控器及消防器具等集中安装的相对间距，避免同一空间同类器具的杂乱。

① 施工程序：清理接线盒→开关、插座接线→开关、插座安装。

② 施工方法

• 清理。用小刷子轻轻将接线盒内残存的灰块、杂物清出盒外，再用湿布将盒内灰尘擦净。

• 接线

开关接线：灯具(或风机盘管等电器)的相线必须经开关控制。同一场所的开关必须开关方向一致。

插座接线：面对插座，插座的左边孔接零线、右边孔接相线、上面的孔接地线，即左"零"右"相"上"地"(图 8-7)。同一场所的三相插座，接线的相序一致。

接地或接零线在插座间不串联连接。

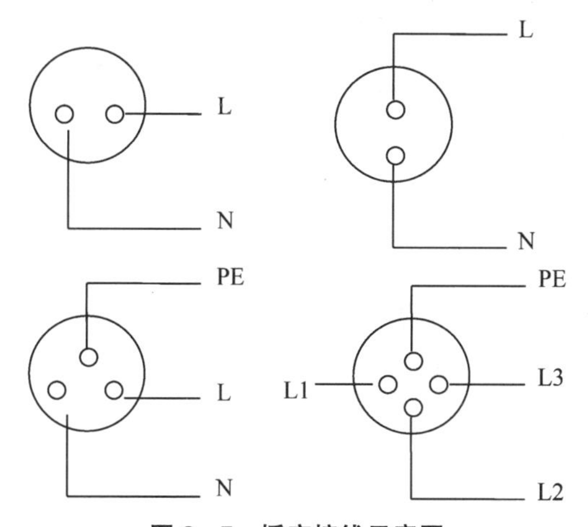

图 8-7　插座接线示意图

• 开关安装。开关的安装高度为 1.3 m，全为暗装。安装时，开关面板应端正、严密并与墙面平齐；开关位置应与灯位相对应，同一室内开关方向应一致；成排安装的开关高度应一致，高低差不得大于 2 mm。

• 插座安装。根据设计要求，在有隔墙、混凝土柱的后勤保障、通道及其他功能用房内，插座暗装于 0.3 m 高或踢脚线上；在无间墙、混凝土柱的后勤保障、通道及大面积场所，采用地面插座，安装时应密切配合土建地面装修工程，确保插座顶部与地面装修完成面平齐；位于设备机房或厨房、卫生间等潮湿场所的插座采用防潮型、安装高度为 1.5 m；在公共场所的插座须采用安全型插座。

• 开关、插座的固定。将接线盒内的导线与开关或插座的面板按要求接线完毕后，将开关或插座推入盒内(如果盒子较深，大于 25 mm 时，应加装无底盒)，对正盒眼，用螺丝固定牢固，固定时要使面板端正，并与墙面平齐。

• 开关、插座的面板并列安装时，高度差允许为 0.5 mm。同一场所开关，插座的高度允许偏差为 5 mm，面板的垂直允许偏差为 0.5 mm。

(10) 电气调试方案

① 各种动力柜配电箱调试。

低压开关或断路器调试应进行绝缘检查，电动操作的开关或断路器，应进行电动、手动分、合闸试验。有相关整定值的开关或断路器应在条件允许的情况下进行整定试验，开关或断路器应动作可靠。开关或断路器的操作试验应最少进行三次，且要用万用表等工具检查动作是否可靠。

② 交流电动机试验

交流电动机包括冷水机组、排水泵、水泵、冷却塔风机、空调机、新风机、排烟风机、送排风机、消防泵、喷淋泵、生产设备等，对以上各类电机单体及对应回路应做如下检查试验：

a. 用兆欧表测量电机绕组的绝缘电阻，在常温下绝缘电阻值 380 V 电机应不低于 0.5 MΩ。

b. 用直流单(双)臂电桥测量电动机各相绕组的直流电阻，其相互差值应不超过其最小值的 2%；中性点末端引出的电动机线间直流电阻，其相互差别不应超过最小值的 1%，在测量时，电动机转子应静止不动。

c. 检查电动机定子绕组及其连接的正确性，在任一相接入直流毫伏表，在其中一相输入电源，当接通电源瞬间，如毫伏表指钟摆向大于零一边，则电池正极所接线头与毫伏表负极所接线头同为头和尾，如指针反向摆动，则电池正极接线头与毫伏表正极所接线头同为头或尾，用同样方法，再将毫伏表接到另一相的两端上试验，就可确定该相绕组的头和尾，通过对电动机三相绕头和尾的确定，可检查出电动机的接线是否正确。

d. 电动机空载转动检查和空载电流测量。启动前，先将与电动机相连的机械设备拆除，对难以拆除的机械，要尽量减小电动机的负载。用钳型电流表或盘柜上的电流表测量并记录电动机的启动电流和空载电流；电动机启动后，应用硬木棍或螺丝刀靠在电机有关部位听电机内部压力声音，如果异常应立即停机。用转速表测量转速，在额定电压下测得的转速应与铭牌规定的转速相符。电动机空载运行 2 h，运行一段时间后，用手触摸或用测温仪测量电动机轴承定子绕组等部位的温度，检查电机温升是否正常；用测振仪测量电动机的振动，检查其是否符合有关要求，记录电动机启动电流，空载电流，振动、温升、噪音等有关数据，其各种数据合格，正常运行 2 h 后，即可认为电机系统试运转合格。

③ 接地电阻测量。电气高低压配电间接地网及盘柜，各类电气设备等均应可靠接地，采用接地电阻测试仪对接地电阻进行测量，其测得的电阻值应满足设计及规范要求。接地网接地电阻测量点不得少于 3 处，且每点测量最少为 3 次，计算出数据的平均值即可认为是该点的接地电阻值。

④ 柴油发电机调试：检查发电机电气绕组的绝缘电阻值，采用 1 000 V 兆欧表进行测量，测得值应符合相关标准要求；检查发电机绕组的相序连接应与电网相序相一致；用相位表检查发电机产生的电源是否与电网电源相一致；检查发电机的控制应符合设计要

求，且原理正确。

⑤ 开关柜及现场控制柜内二次回路检验。

应将柜内所有的接线端子螺丝紧固。用 500 V 兆欧表检查各小母线绝缘电阻，其值应不小于 0.5 MΩ，用万用表检查各回路接线是否正确。

用临时电源对各回路及系统进行通电试验，按照设计要求，分别模拟控制回路，连锁系统，操作回路，信号回路及保护回路动作试验，各种动作及信号指示应正确无误，灵敏可靠。

低压系统中的母线及各类电缆的绝缘电阻值测量采用 1 000 V 兆欧表进行。对于低压系统中的电机系统及各种联锁，应在主回路不带电的情况下，进行控制动作试验；其与消防、自控有关的电气部分，应在消防、自控具备条件联调的条件下，统一进行联调动作试验，调试结果应合格且满足设计及有关要求。

8.3.2　空调工程

1) 技术重点与难点分析

(1) 净化面积较多，要求高，给通风空调安装工程的现场施工管理带来一定的困难。这就需要对设计图纸消化吸收，及时解决图纸问题，施工进度计划安排合理，对现场劳动力、施工机具设备的配置要合理等因素的综合组织协调能力。

(2) 时间紧，净化风管需要集中进行预制，这就需要专业技术人员吃透图纸，提供准确的有关预制的各项数据。同时在室内安装与相关专业交叉作业(如电气、火灾报警、装饰吊顶、给排水)，这就更加要求我们要合理安排布置，相关专业要组织协调好，以免在施工过程中发生冲突。

(3) 冷水机组及通风机单台重量较大，且数量众多，吊装及安装比较复杂，必须采取有效保护措施，防止设备坠落。

2) 施工程序(图 8－8)

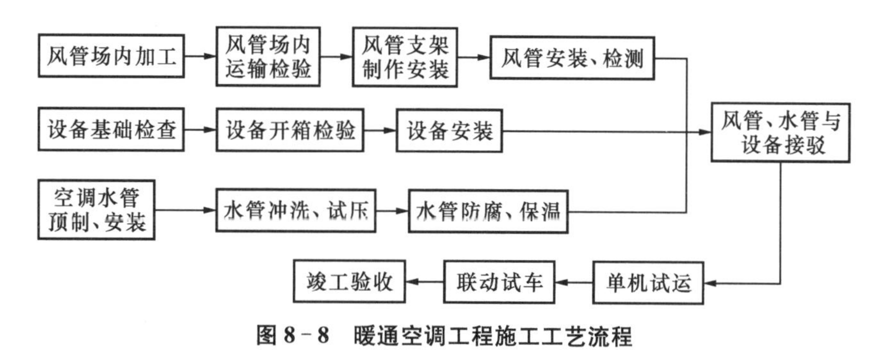

图 8－8　暖通空调工程施工工艺流程

3) 施工方法及技术措施

(1) 暖通设备安装工程

设备安装应遵循先大后小、先里后外、先下后上的安装原则。

① 设备安装主要施工程序(图 8-9)

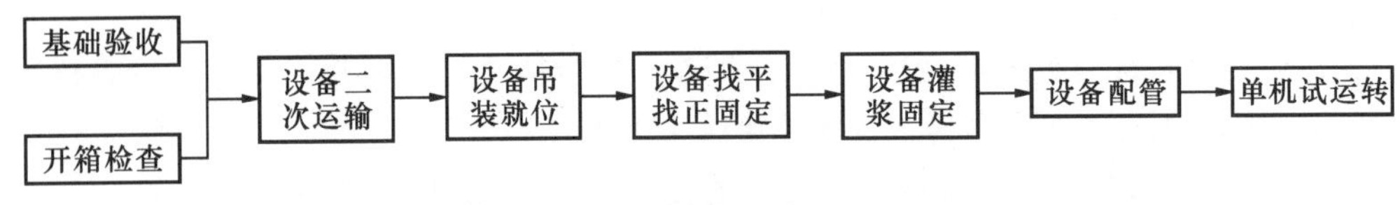

图 8-9 暖通设备安装主要施工工序

② 基础验收。根据土建提供的有关设备基础的资料,检查基础的纵、横向中心基准线,标高及地脚螺栓(或地脚螺栓孔)是否符合设计及现场设备的要求。同时对设备基础进行外观检查,检查基础外形有无裂缝、空洞、露筋和掉角等缺陷,对不符合要求的地方,通知土建单位进行处理。验收过程要填写"设备基础验收记录",并经有关人员会签。基础验收完成后,对基础表面及预留孔内杂物清除,灌浆处的基础表面应凿成麻面,灌浆所采用的材料应符合设计要求,以保证灌浆质量。

③ 设备拖运

a. 施工前熟悉施工现场设备布置平面图,了解现场设备安装位置和方向。

b. 拖运前查看设备的地点、外形尺寸和单件重量,了解拖运路线,考虑能否顺利通过,如需清理、平整、加固时,必须事先做好准备。

c. 拖运前对设备进行外观检查,发现有缺陷时,及时向现场负责人报告。

d. 设备拖运中要保持平稳,如沿斜坡拉下时,后面必须加尾绳,以防设备下滑,拖运设备上重下轻时,必须采取措施,以防设备倾倒。

e. 参加设备拖运的人员必须时刻注意设备动向,手脚严禁接触运行中的牵引索具,人须站在安全的一侧,拖运区内,不准其他人员随便进出。

④ 开箱检查。所有设备在到货后视现场的情况确定是否立即进行开箱检查。如立即进行检查的,在设备检查完后,及时做好设备的保护工作,以防设备在搬运、吊装过程中损坏。设备开箱检查要会同建设单位和设备供应部门共同参加。首先检查设备包装外观有无损坏和受潮,根据设计图纸按设备的全称核对名称、规格型号。同时根据设备装箱清单和技术文件,清点随机附件、专用工具是否齐全,设备表面有无缺陷、损坏、锈蚀、受潮等现象。设备开箱检查,要填写"开箱检查记录",并经有关人员会签。

⑤ 设备吊装。本工程通风空调设备包括冷水机组、通风机、水泵、热交换器、全过程水处理器等设备,由于冷水机组、风机的体积较大,重量大,吊装过程较为复杂。设备吊装前做好技术交底,严格按照施工规程进行吊装作业。施工中坚持自检、互检和专业检查相结合的原则,对每一施工环节进行检查合格后,方可进行后序工作。

a. 冷水机组的吊装。冷水机组数量共有 3 台,安放于生产车间三层的冷冻机房的地坪上,通过汽车吊吊至三层,平运至设备基础就位。设备吊装应选择在无风及视线良好的天气进行。吊装作业前必须仔细检查钢丝绳是否符合要求,设备绑扎是否牢固,确认无误后方可进行吊装作业。为了确保机组和吊机的绝对安全,须在吊装时采取安全保护措施,在设备可能坠落的区域设置警戒线,无关人员不得进入吊装作业区。

b. 通风机的吊装。整体安装的通风机,搬运和吊装的绳索不得捆绑在转子和机壳回轴承盖的吊环上；现场组装的风机，绳索的捆绑不得损伤机件的表面，转子、轴颈和轴封等处均不应作为捆绑部位。各楼层的通风机，可采用塔吊进行吊装，设备吊至拖排后，对风机进行稳固，确保风机平稳运输至各安装具体位置。

c. 设备吊装注意事项：

• 搬运过程中，要注意对设备进行保护。设备吊装时，吊装的绳索必须挂在设备的专用吊环上，不得将绳索捆绑在设备机壳、轴承及接管上。与设备机壳接触的绳索，在棱角处垫上柔软材料，防止磨损机壳及绳索被切断。

• 施工中注意防电，索具应远离电线。不能远离的，要对机索具采取有效的保护措施。

• 设备从地面向楼层上及向地下室吊装作业，必须在白天进行。吊装时做到信号明确统一，信号不明确不许作业。

• 进入施工现场应穿戴好安全防护用品。

• 每件设备必须试吊，试吊离开地面 100 mm，经确认吊装无异常后方可进行正式起吊。卷扬机圈筒上钢丝绳至少保留 5 圈，钢丝绳绳头应严格嵌固。

• 遇有四级以上大风、雨天、雾天，禁止进行吊装作业。为防止设备在空中打转，在设备两端设两根白棕绳牵制。

• 施工作业区要做好安全防护，地面要设安全警戒区，并设专人看管。

• 在楼面上或梁、柱处的受力点部位要采取安全保护措施，经负荷计算后，对单位面积允许荷载较小的楼板一律用型钢和铺设钢板进行加固，凡钢丝绳捆绑梁柱要用木板保护。

⑥ 设备平面滚运。设备在楼层上运输采用滚杆、拖排进行滚运。拖排驱动采用 1 t 卷扬机，如图 8－10 所示。对于重量在 2 t 以下的设备，滚运时采用撬棍撬动。拖排下方滚杆的高度，根据设备基础的高度确定。

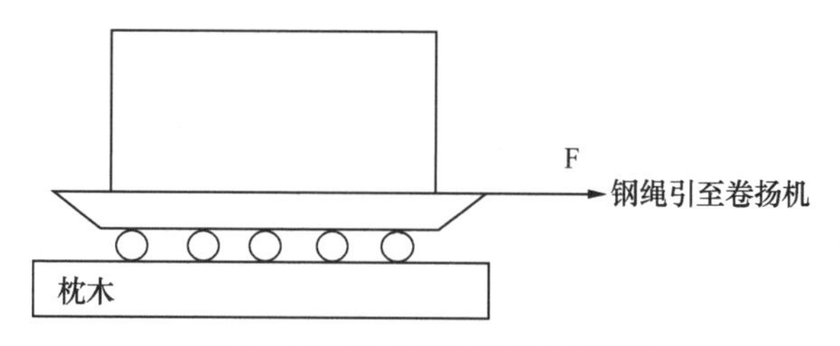

图 8－10　设备平面滚运示意图

⑦ 设备就位。设备就位前事先用枕木及钢板铺设斜坡，同时在基础上垫置枕木，以保护地脚螺栓。将拖排牵引索通过滑轮组接至卷扬机，由卷扬机将设备拖至基础上。设备就位示意图如图 8－11 所示。

设备就位前找出设备本体的中心线，垫铁的敷设应符合《机械设备安装工程施工及验收通用规范》中的有关规定，每组垫铁必须垫实、压紧、接触良好，相邻两垫铁组的距离为 500～1 000 mm。对于直接安装在较厚混凝土基础上的设备，将设备的底座安装在橡胶垫板或减震装置上，安装要求必须符合工程设计文件及随机技术文件的规定。

⑧ 设备安装

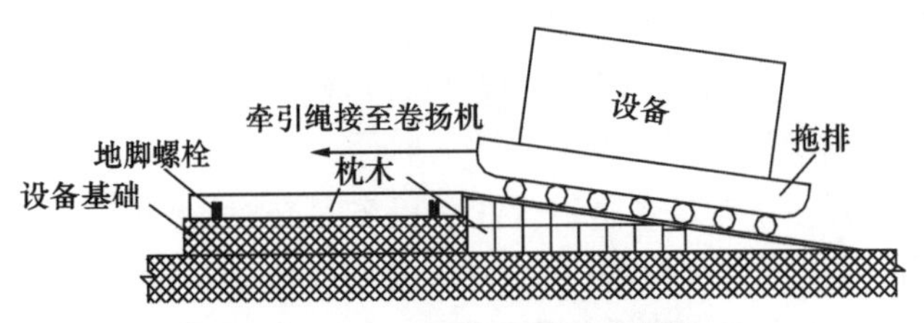

图 8－11　设备安装就位示意图

设备安装前，根据平面布置图在设备基础上画出安装基准线。安装基准线包括：按建筑轴线划定设备的纵向中心线；按建筑轴线划定设备的横向中心线；按标高基准线在基础上引出安装标高基准线。

a. 空调机组安装

• 空调机组在安装前必须清理干净，保证机组内部无杂物。

• 机组下部的凝结水排放管应设水封，水封的高度必须根据机组的余压进行确定。

• 机组减振器要严格按照设计的型号、数量和安装位置进行安装。安装后检查空调机组的水平度，如不符合要求，要对减振器进行调整。

• 吊装的空调机组视设备的具体情况分别考虑吊架的形式。对重量较小的机组采用 A 型吊架，重量较大的采用 B 型吊架(图 8－12)。

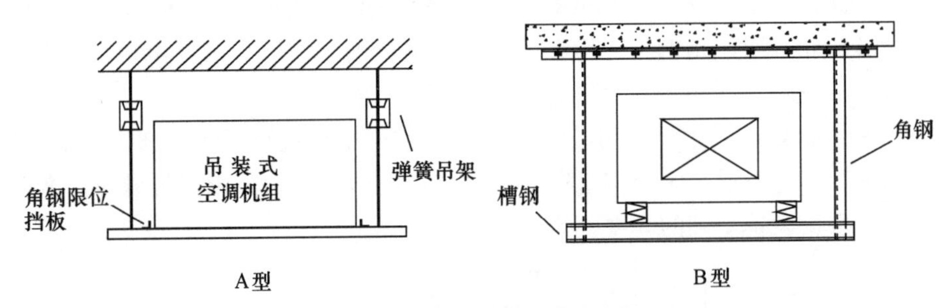

图 8－12　设备吊架形式示意图

b. 风机安装

安装在混凝土基础上的风机，风机隔振器必须安装在平整的基础面上，各组隔振器承受荷载的压缩量必须均匀，不得偏心。隔振器安装完毕后，在其使用前采取防止位移及过载等保护措施。风机悬挂安装时，使用的隔振支吊架必须安装牢固。隔振支吊架的结构形式和外形尺寸应符合设计要求或设备技术文件的规定。隔振支吊架的焊接必须按国家现行标准《钢结构工程施工及验收规范》中的有关规定进行，焊接后必须矫正。

c. 水泵安装

• 开箱检验：开箱应在施工、监理、业主三方均有人参加时进行，按照装箱单进行清点，检查泵叶轮是否有阻滞、卡涩现象，声音是否正常，并做好开箱记录。

• 水泵就位后进行找平找正。通过调整垫铁，使之符合下列要求：整体泵安装以进出口法兰面为基准进行找平，水平度允许偏差纵向为 0.05 mm/m，横向为 0.10 mm/m；解体安装的泵以泵体加工面或进出口法兰面为基准，纵向、横向的水平度允许偏差为0.05 mm/m。

• 采用联轴器传动的泵，两轴的对中偏差及两半联轴器两端面间隙要符合泵的技术文件要求和施工及验收规范要求。

• 泵连接的接管设置单独的支架。接管与水泵连接前，管路必须清洁；密封面和螺纹不能有损坏；相互连接的法兰端面或螺纹轴心必须平行、对中，不得借法兰螺栓或管接头强行连接。配管中要注意保护密封面，以保证连接处的气密性。

• 有拆检及清洗要求的泵体，须对泵进行拆检并编号，用机油清洗后再按编号重新组装。

• 水泵试车前，先拆除联轴器的螺栓，使电机与机械分离(不可拆除的或不需拆除的例外)，盘车应灵活，无阻卡现象。检查完后，再重新连接联轴器并进行校对。打开泵进水阀门，点动电机。叶轮正常后再正式启动电动机，待泵出口压力稳定后，缓慢打开出口阀门调节流量。泵在额定负荷下运行 4 h 后，无异常现象为合格。

• 管路与泵连接后，如在管路上进行焊接和气割，必须拆下管路或采取必要措施，防止焊渣进入泵内损坏水泵。

⑨ 设备的单机试运行。按出厂技术文件和规范要求进行试运转工作，设备试运转前，对设备及其附属装置进行全面检查，符合要求后方可进行试运转。

a. 相关的电气、管道或其他专业的安装工程已结束，电气假动作已完成，试运转准备工作就绪，现场已清理完毕，人员组织已落实。

b. 试运转前必须检查电机转向、润滑部位的油脂等情况，直至符合要求。有关保护装置应安全可靠，工作正常。

c. 运转时，附属系统运转正常，压力、流量、温度等均符合设备随机技术文件的规定。

d. 严格按顺序进行运转，即应先无负荷，后负荷；先从部件开始，由部件至组件，由组件到单台设备试运转，然后进行联动试车。泵必须带负荷试车。运转中不应有不正常的声音，密封部位不得有泄露；各固件不得有松动；轴承温升符合设备随机技术文件的规定。

(2) 一般空调风管安装工程

① 施工准备

a. 人员进场后，组织主要施工技术人员熟悉图纸，解决建筑、结构和电气、暖卫施工图中的管路走向、坐标、标高与通风管道之间跨越交叉出现的问题。

b. 组织施工人员学习有关规范和规程，对施工人员进行技术交底；对风管的制作尺寸，采用的技术标准、咬口及风管的连接方法进行明确。

c. 按照总图对预制加工场地进行布置，根据风管及支吊架制作的工序合理布置风管加工设备。

d. 风管的堆放场地应有防潮、防雨淋及日晒措施，风管两端敞口应进行包扎，防止灰尘进入风管内部。

e. 风管预制场垫置橡胶板，以减少风管在下料、拼接等过程中的划痕。

② 材料准备

a. 所使用板材、型钢材料(包括附材)应具有出厂合格证书或质量鉴定文件。

b. 制作风管及配件的钢板厚度应符合设计要求和施工规范规定。

c. 镀锌钢板表面不得有划伤、结疤、水印及锌层脱落等缺陷,应有镀锌层结晶花纹。

d. 对进场的复合玻纤风管及无机玻璃钢风管进行检测,其厚度应符合设计及规范要求。

e. 对进场的风口、风阀进行严格检查,杜绝不合格产品进入施工现场。

f. 所有材料进场后要按系统堆放整齐,并做好相应的标记。

③ 风管及部件的制作

镀锌钢板风管的制作

主要施工程序:施工准备、方案会审→材料进场检验、报验→现场测量、放线、土建预留预埋复测→绘制加工草图→风管法兰、支吊架预制→风管下料、咬口→风管组对安装→漏风量测试→风管保温→风口安装→交工验收。

主要施工方法及技术要求:本工程镀锌钢板风管连接采用法兰连接形式,风管采用的板材厚度及连接方法按表 8 - 5 采用。

表 8 - 5　风管所用板材厚度及连接方法

风管直径 D 或长边尺寸 b(mm)	钢板厚度(mm)		风管法兰	风管加固
	圆形风管	矩形风管		
$630<D(b)\leqslant1\ 000$	0.75	0.75	∟30×4	∟25×3
$1\ 000<D(b)\leqslant1\ 250$	1.0	1.0		
$1\ 250<D(b)\leqslant2\ 000$	1.2	1.0	∟40×4	∟30×4
$2\ 000<D(b)\leqslant4\ 000$	—	1.2	∟50×5	∟40×4

风管制作的主要工序如图 8 - 13 所示。

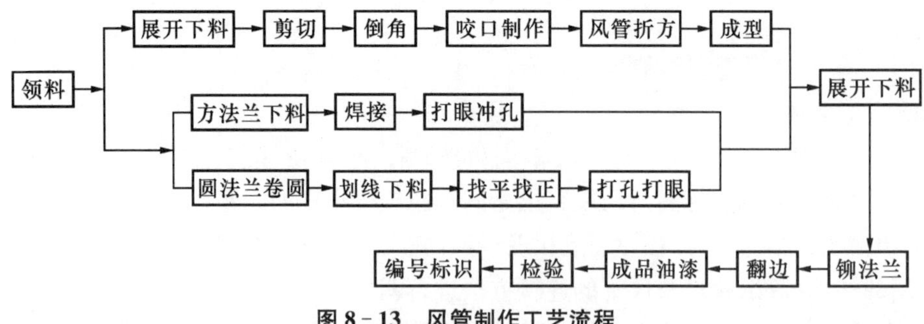

图 8 - 13　风管制作工艺流程

现场风管采用流水线法施工,平面布置如图 8 - 14 所示,并在主要区域铺设橡胶板或石棉板(金属板材储箱、画线台、剪板机、咬口机、卷板机、折方机、压口机、风管的组配场地和成品风管库房)。本工程风管的工程量大,同时现场条件便于风管进行大规模的预制,为加大风管预制深度及保证风管制作的质量,风管的剪板、咬口及折方全部使用机械加工。

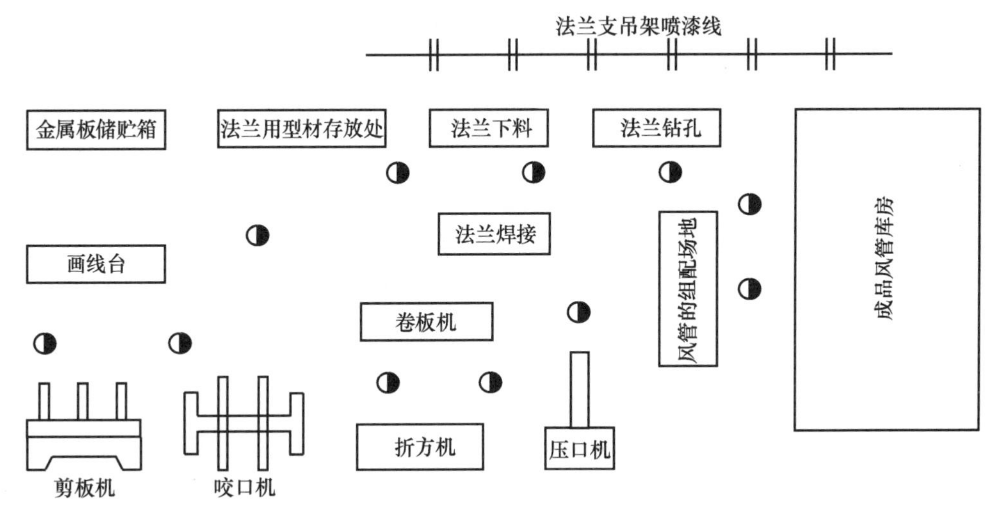

图 8-14　风管流水加工设备平面布置图

本工程风管属于中低压系统，根据设计及规范要求并结合我们以往工程的施工经验，对风管的咬口形式做如下选择：风管板材的拼接咬口和圆形风管的闭合咬口采用单咬口，矩形风管或配件的四角组合采用联合角咬口，圆形风管组合采用立咬口。咬口宽度和留量根据板材厚度确定，具体尺寸见图 8-15和表 8-6 所示。

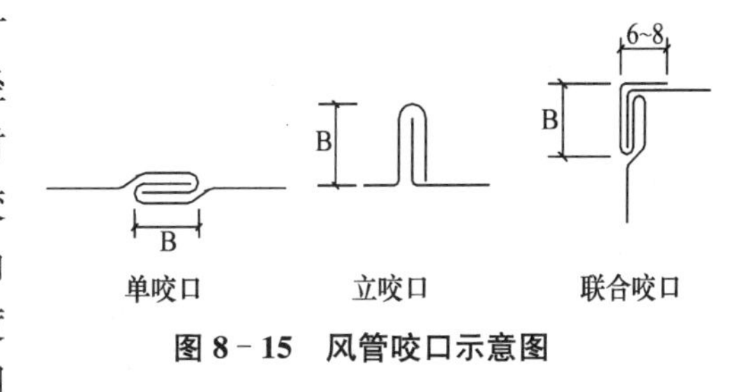

图 8-15　风管咬口示意图

表 8-6　风管咬口宽度表(mm)

钢板厚度	平咬口宽 B	角咬口宽 B
0.7 mm 以下	6～8	6～7
0.7～0.82 mm	8～10	7～8
0.9～1.2 mm	10～12	9～10

风管咬口缝结合要紧密，咬缝宽度要均匀，操作时，用力均匀，不宜过重，不能出现有半咬口或胀裂现象。

本工程矩形风管弯头采用内外弧形弯头，以减少风系统的局部阻力。

风管加固。矩形风管边长大于 630 mm、保温风管边长大于 800 mm 时，并且风管管段长度大于 1 250 mm 时或低压风管单边平面积大于 1.2 m^2、中、高压风管大于 1.0 m^2，均应对风管进行加固。对边长小于或等于 800 mm的风管可采用楞筋加固，楞筋的形式见图 8-16 所示。对于中压系统的风管，必须采用加固框或大边加角钢进行加固。

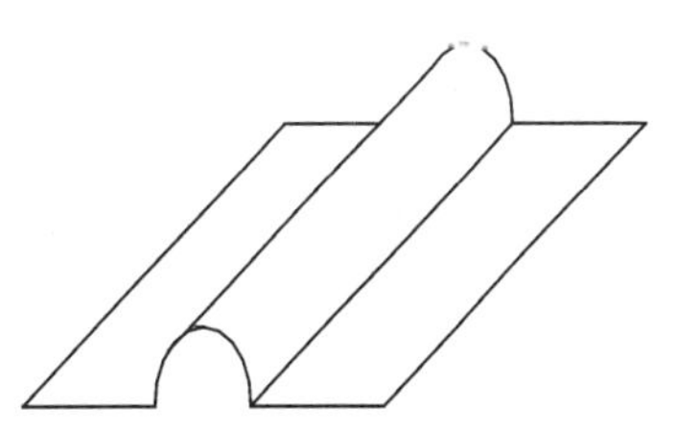

图 8-16　楞筋加固示意图

法兰加工。矩形风管法兰加工采用现场制作模具法加工，圆形风管法兰采用法兰卷圆机加工。法兰制作时，平面度的允许偏差为 2 mm。矩形法兰两对角线之差不应大于3 mm。风管与法兰连接的翻边应平整、宽度应一致，不得小于 6 mm，且不得有开裂与孔洞。

• 矩形风管法兰加工。法兰的角钢下料时应注意使焊成后的法兰内径不能小于风管的外径。下料调直后放在相应的模具上卡紧固定、焊接、打眼。本工程通风系统属中低压系统，按规范规定，法兰螺栓孔及铆钉孔间距要小于或等于 150 mm，法兰四角处开设螺孔。法兰螺孔间距必须均匀，同规格法兰要具有互换性。

• 圆形法兰加工。先将整根角钢或扁钢放在法兰卷圆机上按所需法兰直径调整机械的可调零件，卷成螺旋状后取下；然后将卷好的型钢画线割开，逐个放在平台上找平找正；最后对调整后的法兰进行焊接、冲孔。

在连接法兰铆钉时，必须使铆钉中心线垂直于板面，让铆钉头把板材压紧，使板缝密合并且保证铆钉排列整齐、均匀。

风管与法兰连接的翻边宽度不小于 6 mm，翻边均匀平整，紧贴法兰。翻边不得遮住螺孔，四角必须铲平，不能出现豁口，以免漏风。

风管制作完毕后，组织专人对其外观、尺寸等参数进行检查，严防不合格品流入下道工序。检查合格后，清理干净，按系统分别编号并妥善保管。

④ 风管及部件的安装

风管的安装必须服从专用设备的安装。安装前，根据设备图纸进行核对，防止风管安装阻碍专用设备的安装。如果风管安装后，与专用设备安装位置发生冲突，必须及时对风管进行拆除；如果风管安装完后，对专用设备的运输通道、安装空间产生影响的，风管及时拆除后，在专用设备安装完毕后，再对风管进行恢复。

风管及部件安装施工工艺流程见图 8 - 17：

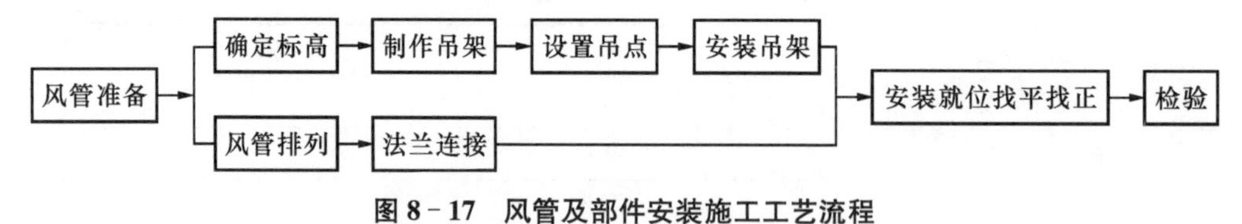

图 8 - 17　风管及部件安装施工工艺流程

a. 确定标高。按照设计图纸并参照土建基准线找出风管标高。

b. 制作支吊架

• 标高确定后，按照风管系统所在的空间位置，确定风管支、吊架形式。

• 在制作支吊架前，首先要对型钢进行矫正。小型钢一般采用冷矫正，较大的型钢须加热到 900 ℃左右后进行热矫正。矫正的顺序为先矫正扭曲、后矫正弯曲。

• 型钢的切断和打孔。型钢的切断使用砂轮切割机切割，使用台钻钻孔。支架的焊缝必须饱满，保证具有足够的承载能力。

• 全牙吊杆根据风管的安装标高适当截取。露丝不能过长，以丝扣末端不超出托架最低点为准。

c. 支吊架安装

• 本工程支吊架的固定采用以下几种方法：（Ⅰ）膨胀螺栓法。本方法适用于规格较小的风管支吊架的固定。本工程支吊架固定大多数采用此法，通过在楼板、梁柱上打膨胀螺栓固定支吊架。（Ⅱ）焊接法。本方法适用于风管规格大，使用膨胀螺栓固定不能满足强度时，采用预埋件焊接固定支吊架。

• 支吊架安装前，按风管的中心线标高，计算出吊杆的长度，并结合装饰专业，仔细核查风管安装有无与吊顶“打架”的现象发生。

d. 风管及部件安装前，清除内外杂物及污垢并保持清洁。安装风管时，为安装方便，在条件允许的情况下，尽量在地面上进行连接，风管组装长度为 6～8 m，具体视实际情况而定。

e. 风管吊装采用倒链将风管吊装到支架上，对大空间的部位，采用专用液压升降车及万向轮平台对风管进行安装，万向轮平台如图 8－18 所示。对施工空间较狭窄的地方，采用风管分节安装法，将风管分节用绳索或倒链拉到组装式万向轮平台上，然后抬到支架上对正逐节安装。在连接风管时须注意不得将可拆卸的接口装设在墙或楼板内。组装式万向轮平台的使用，可以保证便捷、安全、快速地安装风管。

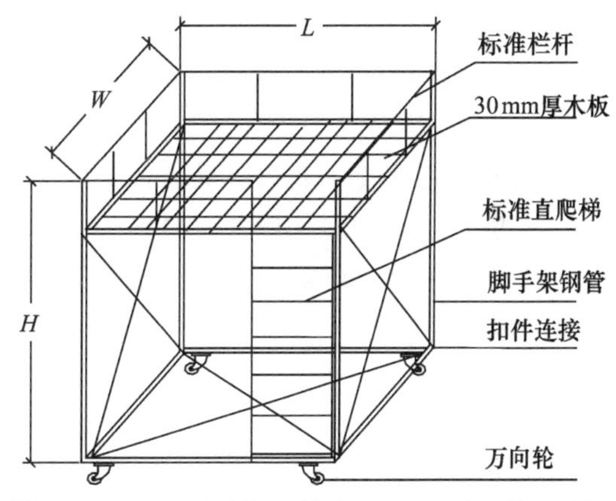

说明：W、H、L 的具体尺寸视施工现场的实际情况而定。

图 8－18　组装式万向轮平台

f. 风管法兰垫料按系统进行选用。空调、通风风管可采用闭孔海绵，排烟系统风管可采用石棉橡胶板作为法兰垫料。以上两种垫料具有密封性能好、不透气、不产尘等优点，同时施工也较为方便；法兰垫片厚度为 3～5 mm，垫片要与法兰齐平，不得凸入管内，以免增大空气流动阻力，减少风管的有效面积。

g. 紧固法兰螺栓时，用力要均匀，螺母方向一致。风管立管法兰穿螺栓，要从上往下穿，以保护螺纹不被水泥砂浆等破坏。复合玻纤风管所用的螺栓两边应带有平垫片。

h. 穿越沉降缝风管之间连接及风管与设备连接的柔性短管采用防火节能软节。在风管与设备连接柔性短管前，风管与设备接口必须已经对正，不得用柔性软管来做变径、偏心。安装柔性短管时应注意松紧要适当，不得扭曲。

i. 在安装防火阀前，拆除易熔片。待阀体安装后，检查其弹簧及传动机构是否完好并安装易熔片。防火阀、消音器按正确的方向安装且单独设置支吊架。

j. 风管安装完毕后或在暂停施工时，在敞口端用塑料薄膜封堵，以防杂物进入。

⑤ 风管严密性检测

本工程风管均为中低压风管，在进行风管严密性检测前，必须先根据图纸的设计参数将中压系统风管和低压系统风管分开。低压风管进行漏光检测，风管的抽检率为 5%，且抽检不得少于一个系统；中压系统风管除进行漏光检测外，对系统风管进行漏风量测试，抽检率为20%。

a. 风管除漏光检测。采用漏光法检测系统，低压系统风管每10 m接缝，漏光点不得超过2处，且100 m接缝平均不大于16处；对中压风管每10 m接缝，漏光点不得超过1处，且100 m接缝平均不大于8处为合格。

• 本工程通风工程风管在安装完成后，对风管采用漏光法对风管严密程度进行检测，抽检率为5%。

• 采用100 W带保护罩的低压照明灯作漏光检测的光源。白天检测时，光源置于风管外侧；晚上检测时，光源置于风管内侧。

• 检测光源沿被检测部位与接缝做缓慢移动，在另一侧进行观察。当发现有光线射出，则说明查到明显漏风部位，并做好记录。

• 系统风管采用分段检测、汇总分析的方法。本工程的风管均属中、低压风管，以每10 m的接缝漏光点不超过2处，且100 m接缝平均不大于16处为合格。

• 漏光检测中如发现条缝形漏光，则需视不同的漏光部位分别进行处理。如是法兰处，则用拧紧螺栓、更换密封垫方法；如是其他部位，则请厂家进行修补或更换该节风管，并重新做漏光测试。

b. 风管漏风量测试。风管的漏风量测试采用的计量器具必须是经检定合格并在有效期内，同时采用符合现行国家标准《流量测量节流装置》规定的计量元件搭设测量风管单位面积漏风量的试验装置。风管单位面积允许漏风量的检验标准如下：

低压系统：$P \leqslant 500$ Pa

中压系统：500 Pa$<P\leqslant$1 500 Pa

防排烟系统按中压系统工程风管的规定进行。

风管安装完毕以后，在保温之前按以下步骤对安装完毕的风管进行漏风量的测试。中压系统风管的漏风量检测必须在漏光检测合格的基础上进行，检查数量按风管系统工程的类别和材质分别抽查，不得少于3件及15 m^2。为确保风管漏风量检测的真实、可靠性，风管的抽检部位由业主及监理进行指定。

• 试验前的准备工作：将待测风管连接风口的支管取下，并将开口处用盲板密封。

• 试验方法：利用试验风机向风管内鼓风，使风管内静压上升到700 Pa后停止送风，如发现压力下降，则利用风机继续向风管内进风并保持在700 Pa，此时风管内进风量即等于漏风量。该风量用在风机与风管之间设置的孔板与压差计来测量。

• 试验装置见图8－19所示。

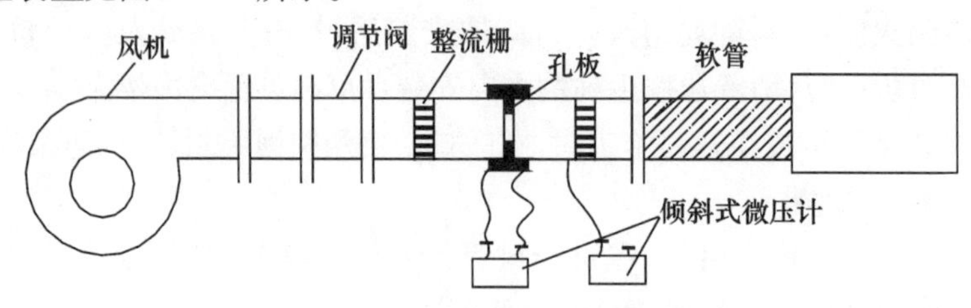

图8－19 风管漏风量试验装置示意图

试验风机：为变风量离心风机，风机最大风量为 1 600 m^3/h，最大风压 2 400 Pa

连接管：ϕ100 mm

孔板：当漏风量≥130 m^3/h 时，孔板常数 C=0.697，孔径=0.070 7 m

当漏风量<130 m^3/h 时，孔板常数 C=0.603，孔径=0.031 6 m

倾斜式微压计：测孔板压差 0～2 000 Pa

测孔管压差 0～2 000 Pa

• 试验步骤

漏风声音试验：本试验在漏风量测量之前进行。试验时先将支管取下，用盲板和胶带密封开口处，将试验装置的软管连接到被测风管上。关闭进风挡板，启动风机，逐步打开进风挡板直到风管内静压值上升并保持在试验压力。注意听风管所有接缝和孔洞处的漏风声音，将每个漏风点做上记号并进行修补。

漏风量测试：本试验在有漏风声音点密封之后进行。测试时，首先启动风机，然后逐步打开进风挡板，直到风管内静压值上升并保持在试验压力时，读取孔板两侧的压差。

为确保工程质量，对于本工程我公司计划在风管预制完毕、安装之前采用漏光法对风管的严密性进行定性检查，风管安装完毕以后按规定用漏风量测试装置对风管的严密性进行定量检测。

⑥ 风管保温

a. 本工程中风管按设计需要进行保温。风管保温采用 50 mm 玻璃棉板，玻璃棉板用保温钉固定(图 8-20)。

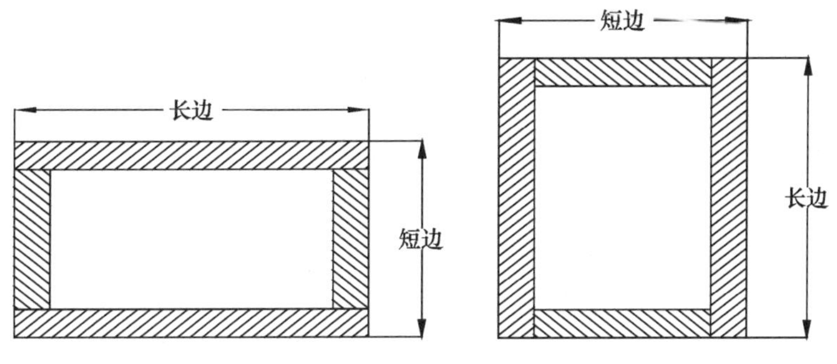

图 8-20　风管保温示意图

b. 保温材料下料要准确，切割面要平齐，在裁料时要使水平垂直面搭接处以短面两头顶在大面上。保温棉敷设平整、密实，板材拼接处用铝箔自粘胶带黏结，粘胶带的宽度不得小于 50 mm，黏结时必须注意板材表面是否干净，如有灰尘、油污，必须用干净纱布擦干净，确保粘胶带黏结牢固，注意粘胶带不得出现脱落和胀裂的现象。

c. 保温材料纵向接缝不要设在风管和设备底面。

d. 保温钉用 801 阻燃胶粘贴于风管外壁。粘贴保温钉前要将风管壁上的尘土、油污擦净，将黏结剂分别涂抹在管壁和保温钉的黏结面上，稍后再将其粘上。

e. 矩形风管保温钉的分布要均匀，其间距见图 8-21 及表 8-7 所示。

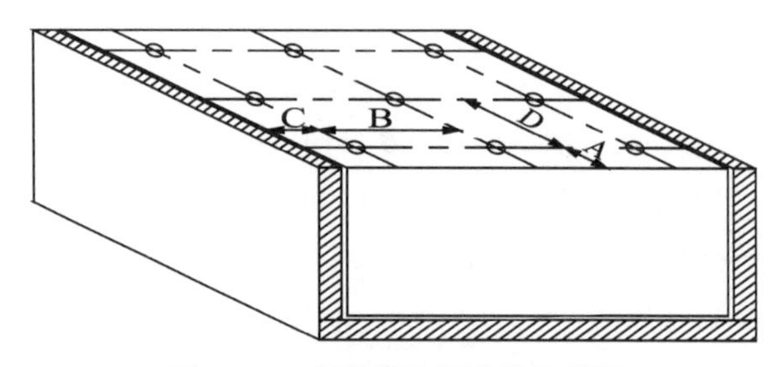

图 8－21　风管保温钉黏结示意图

表 8－7　保温钉间距控制要求

保温钉间距(mm)			
A	B	C	D
75	250	100	250

⑦ 风口安装

a. 风口到货后，对照图纸核对风口规格尺寸，按系统分开堆放，做好标识，以免安装时弄错。

b. 安装风口前要仔细对风口进行检查，看风口有无损坏、表面有无划痕等缺陷。凡是有调节、旋转部分的风口要检查活动件是否灵活，叶片是否平直，与边框有无摩擦。对有过滤网的可开启式风口，要检查过滤网有无损坏，开启百叶是否能开关自如。风口安装后应对风口活动件再次进行检查。

c. 在安装风口时，注意风口与所在房间内线条一致，尤其当风管暗装时，风口要服从房间线条，吸顶安装的散流器与吊顶平齐。风口安装要确保牢固可靠。

d. 为增强整体装饰效果，风口及散流器的安装采用内固定法：从风口侧面用自攻螺钉将其固定在龙骨架或木框上，必要时加设角钢支框。

e. 成排风口安装时要用水平尺、卷尺等保证其水平度及位置，并用拉线法保证同一排风口/散流器的直线度。

f. 外墙百叶风口安装时，必须设置防虫网。防止飞虫通过风管进入室内，同时防止飞鸟通过风管进入风机，造成风机叶片的损伤。

(3) 空调水管安装工程

本工程空调水包括空调供回水系统、冷凝水系统、蒸汽及凝结水系统。空调供回水管及冷凝水管管径≤DN100 mm 时采用镀锌钢管，丝扣连接；管径＞DN100 mm 时采用无缝钢管，焊接或法兰连接。蒸汽管及凝结水管采用 UPVC 管，黏结连接。

管道安装的主要工序如图 8－22 所示。

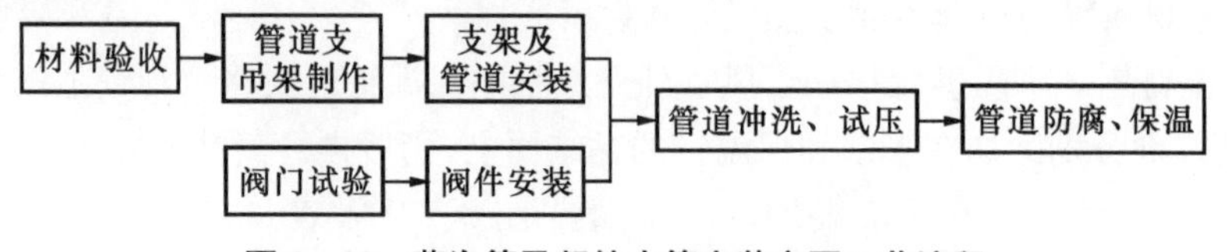

图 8－22　蒸汽管及凝结水管安装主要工艺流程

① 施工准备

管道安装前，参与施工的技术人员和操作工人必须认真识读设计图纸及其技术说明文件，明确设计意图，了解设计要求。

管道技术专业工程师应参加由设计院、业主、监理单位联合组织的图纸会审，从施工操作的可行性、方便性、安全性提出意见和建议，并接受设计单位技术交底，监理单位工程监理交底，办理图纸会审手续，作为今后施工的重要依据。

管道专业工程师根据设计图纸、工程量大小、工程复杂程度、工程施工和技术难点，以及业主对工程的要求，编制详细的管道专业工程施工方案和重点、难点、关键过程及特殊过程专题施工作业方案，并报监理及业主进行施工方案的会审，使施工方案得到最大程度的优化。方案中尽可能采用新技术、新材料和新工艺缩短工期，提高工程质量。在施工方案中，应明确工程施工的进度计划、质量及安全等方面的要求。

施工前，管道专业工程师根据设计图纸结合施工方案、施工验收规范和图纸会审内容，对参与管道工程施工的现场操作人员进行安全技术交底，并办理管道施工技术交底手续。

施工前，会同土建施工单位、建设单位，按设计图纸、管道施工规范验收土建构件、预留孔洞、预埋件、有关的沟槽，办理确认签证手续，为下一步管道的安装打下良好的基础。

施工前，按管道工程的机具配置计划，优化配置好各种施工机具，做好施工机具的准备工作。

② 材料准备

采用的型钢、钢板、焊接钢管及管件等材料应使用具有产品合格证或相关质量证明文件的国标产品。特别是管材的厚度、椭圆度及外径应满足工程使用条件，且内外表面不应有较严重的锈蚀。

型钢及管材表面除锈，可采用磨光机上安装钢丝盘进行电动除锈，除锈应干净、彻底，没有附着不牢的氧化皮。

管道涂刷防锈漆时，用干净的破布擦去管子表面的砂土、油污、水分等，即可刷防锈漆。刷漆时用力要均匀适当，且应反复进行，来回刷涂，不得漏涂、起泡、流挂等。

③ 管道支吊架制作、安装

管道支、吊架的最大间距见表8-8所示。

表8-8　管道支架的最大间距

公称直径(mm)	最大跨度(m)	公称直径(mm)	最大跨度(m)
15	2.0	125	6.0
20～32	2.5	150～200	7.0
40～50	3.0	250	8.0
70～80	4.0	300	8.5

管道支吊架制作前，确定管架标高、位置及支吊架形式，同时与其他专业对图，在条

件允许的情况下，尽可能地采用共用支架。

管道支吊架的固定。砖墙部位以预埋铁方式固定，梁、柱、楼板部位采用膨胀螺栓法固定。支吊架固定的位置尽可能选择固定在梁、柱等部位。

支吊架型钢下料、开孔严禁使用氧-乙炔切割、吹孔，型钢截断必须使用砂轮切割机进行，台钻钻眼。

支吊架固定必须牢固，埋入结构内的深度和预埋件焊接必须严格按设计要求进行。支架横梁必须保持水平，每个支架均与管道接触紧密。

支架安装尽可能避开管道焊口，管架离焊口距离必须大于 50 mm。

固定支架的固定要严格按照设计要求进行，支架必须牢固地固定在构筑物或专设的结构上。

大直径管道上的阀门设置专用支架支撑，不能让管道承受阀体的重量。

空调供回水、冷凝水管道的支吊架与钢管间采用木托绝热，木托中间空隙必须填实，不留空隙。木托加工完后必须进行防腐处理，如图 8－23 所示。

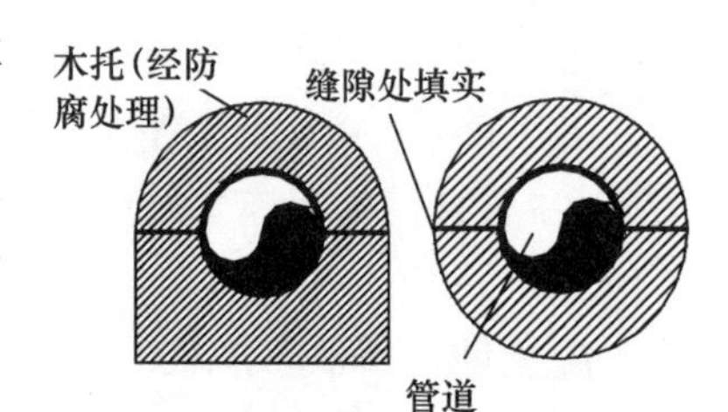

图 8－23　空调供回水、冷凝水管道的支吊架木托安装

④ 管道及阀件的安装

a. 管道安装的基本流程

• 管道安装的基本原则：先大管，后小管；先主管，后支管。

• 电弧焊连接的管道在放样画线的基础上按矫正管材、切割下料、坡口、组对、焊接、清理焊渣等工序进行施工。

• 螺纹连接的管道按矫正管材、切割下料、套丝、连接、清理填料等工序进行施工。

b. 管道材质。空调供回水管及冷凝水管管径≤DN100 mm 时采用镀锌钢管，管径＞DN100 mm 时采用无缝钢管。蒸汽管及凝结水管采用无缝钢管。

c. 管道安装方法

• 无缝钢管及焊接钢管采用焊接。管道焊接施工工序如图 8－24 所示

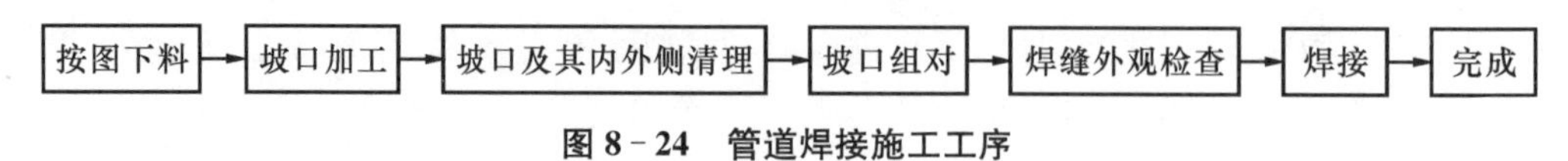

图 8－24　管道焊接施工工序

坡口加工及清理。无缝钢管的切割坡口一般采用氧-乙炔焰气割，气割完成后，用锉刀清除干净管口氧化铁，用磨光机将影响焊接质量的凹凸不平处削磨平整。小直径管道尽量采用砂轮切割机和手提式电动切管机进行切割，然后用磨光机进行管口坡口。管道坡口采用 V 型坡口，坡口用机械加工或砂轮机打磨，做到光滑、平整。对坡口两侧 20 mm 范围内将油污、铁锈和水分去除，且保证露出金属光泽，保证坡口表面不得有裂纹、夹层等缺陷，并清除坡口内外侧

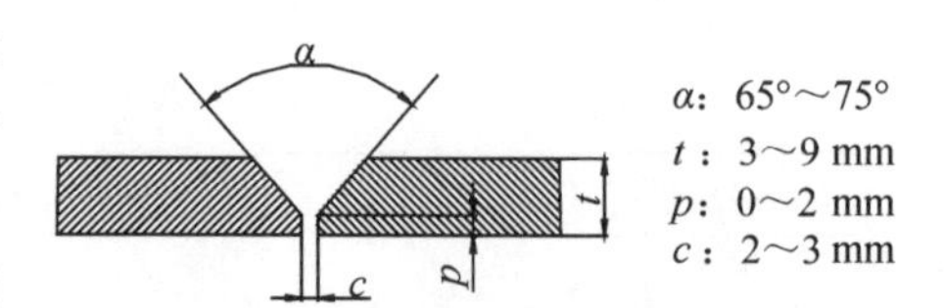

图 8－25　焊接坡口形式示意图

污物。焊接坡口形式如图 8 - 25 所示。

焊条、焊剂使用前应按说明书进行烘干，并在使用过程中保持干燥。焊条药皮无脱落和显著裂纹。

焊前管口组对：管口组对采用专用的组对工具，以确保管子的平直度和对口平齐度。管道对接焊口的组对必须做到内壁齐平，内壁错边量绝对不可超标；管子组对点固，应由焊接同一管子的焊工进行，点固用的焊条或焊丝应与正式焊接所用的相同，点焊长度为 10～15 mm，高度为 2～4 mm，且应超过管壁厚的 2/3；管道焊缝表面不得有裂缝、气孔、夹渣等缺陷；管子、管件组对点固时，应保持焊接区域不受恶力环境条件(风、雨)的影响。

管道焊接：焊接施工必须严格按焊接作业指导书的规定进行；焊接设备使用前必须进行安全性能与使用性能试验，不合格设备严禁进入施工现场；焊接过程中做好自检与互检工作，做好焊接质量的过程控制。管道焊接采用手工电弧焊，焊条在使用前放入焊条烘干箱在 100～150 ℃的温度下烘焙 1～2 h，并且保证焊条表面无油污等。焊接中注意引弧和收弧质量，收弧处确保弧坑填满，防止弧坑火口裂纹，多层焊做到层间接头错开。每条焊缝尽可能做到一次焊完，因故被迫中断时，及时采取防裂措施，确认无裂纹后方可继续施焊。管道连接时，不得强力对口，尤其与设备连接部分当松开螺栓时，对口部分应处于正确的位置。管道上的对接焊口或法兰接口必须避免与支、吊架重合。水平管段上的阀件，手轮应朝上安装，只有在特殊情况下，不能朝上安装时，方可朝侧面安装，严禁朝下安装。管道上的仪表取原部件的开孔和焊接应在管道安装前进行。焊缝表面的焊渣必须清理干净，进行外观质量检查，看是否有气孔、裂纹、夹杂等焊接缺陷。如存在缺陷必须及时进行返修，并做好返修记录。

冷冻水管道在穿越沉降缝时必须使用波纹伸缩器，以避免结构沉降造成管道接口损坏渗漏。

• 镀锌钢管的安装：本工程中工程空调供回水及冷凝水管直径 DN≤100 mm 采用镀锌钢管，镀锌钢管均采用机械套丝，管子套丝后螺纹应规整，如有短线或缺丝，不得大于螺纹全扣数的 10％。

• 管道螺纹连接时，在管子的外端与管件或阀件的内螺纹之间加适当填料，填料一般采用油麻丝和白厚漆或生胶带；安装螺纹零件时，应按旋紧方向一次装好，不得倒回。安装后，露出 2～3 牙螺纹，并清除剩余填料。管道连接后，把挤到螺纹外面的填料清理干净，填料不得挤入管腔，以免阻塞管路，同时对裸露螺纹部分进行防腐处理。冷凝水管安装时，水平管注意坡向排水口，坡度大于等于 1.0％。冷凝水管的软管与热泵机组连接时，连接要牢固，不得有瘪管和强扭。"U"水封高度应根据机组余压进行确定。冷凝水管采用"U"形管卡时，管卡与管子之间必须垫置橡胶垫，以免造成冷桥产生凝结水。

⑤ 阀门及法兰安装

螺纹或法兰连接的阀门，必须在关闭情况下进行安装，同时根据介质流向确定阀门安装方向。

水平管段上的阀门，手轮应朝上安装，特殊情况下，也可水平安装。

阀门与法兰一起安装时，如属水平管道，其螺栓孔应分布在垂直中心的左右，如属垂直管道，其螺栓孔应分布于最方便操作的地方。

阀门与法兰组对时，严禁用槌或其他工具敲击其密封面或阀件，焊接时应防止引弧损坏法兰密封面。

阀门的操作机构和传动装置应动作灵活，指示准确，无卡涩现象。

阀门的安装高度和位置应便于检修，高度一般为 1.2 m，当阀门中心与地面距离达 1.8 m 时，宜集中布置，并设置操作平台。管道上阀门手轮的净间距不应小于 100 mm。

调节阀应垂直安装在水平管道上，两侧设置隔断阀，并设旁通管。在管道压力试验前宜先设置相同长度的临时短管，压力试验合格后正式安装。

阀门安装完毕后，应妥善保管，不得任意开闭阀门，如交叉作业时，应加防护罩。

法兰连接应保持同轴性，其螺栓孔中心偏差不得超过孔径的 5%，并保证螺栓自由牵引。

法兰连接应使用同一规格的螺栓，安装方向一致，紧固螺栓应对称，用力均匀，松紧适度。

⑥ 管道的试压及冲洗

空调供回水管及凝结水管采用自来水进行管道试压，冷凝水管采用自来水进行灌水试验。冲洗、试压前一周，根据现场情况，编制冲洗、试压作业指导书，明确水源、排放点等关键环节。

a. 管道水压试验

• 管道系统在试压前，按设计施工图进行核对。对支架是否牢固，管线是否为封闭系统等有可能对试压造成影响的环节进行检查。

• 安装试压临时管线、试压仪表及设备。在系统最高点设置放空装置，最低点设置排污装置，对不能参与试压的设备与阀件，加以隔离。

• 系统注水过程中组织人员认真检查，对发现的问题及时处理。

• 系统试压时，压力应缓慢上升，如发现问题，立即泄压，不得带压修理。

• 当压力达到强度试验压力时(工作压力的 1.5 倍)，稳压 10 min，进行全面检查。以管线不变形，降压不大于 0.02 MPa 为合格。压力降至工作压力做严密性试验，稳压 30 min，以无压降、无渗漏为合格。

• 管道系统试压合格后，及时排出管内积水，拆除盲板、堵头等，按施工图恢复系统，并及时填写《管道系统试压记录》。

b. 管道灌水试验。空调系统冷凝水管在安装完成后必须先进行灌水试验。灌水试验前，必须逐台检查热泵机组的通水情况。如空调供回水管管网中有水，则拧开热泵机组上的排气阀放水至集水盘中，检查管路是否通畅；如空调供回水管管网中无水，则由水源引水注入热泵机组的集水盘中，检查管路排水情况。热泵机组的通水试验完成后，开始进行系统灌水试验，灌水试验前先根据各系统的实际情况确定管路的注水点，一般设置在系统高处，系统灌水前，先将管路排放点的管口进行塞堵，再往系统内缓慢注水，同时派人沿管路进行巡视，看是否出现渗漏或较低处的热泵机组冒水。系统满水 15 min 后，再灌满延续 5 min，以液面不下降为合格。

c. 管道的冲洗。本工程空调供回水管道系统的冲洗步骤如下：

• 先将空调水系统中各设备(包括热泵机组)进出口阀门关闭，开启旁通阀，采用干净自来水对管网进行灌水直至系统灌满水为止，开启系统最低处的阀门，进行排污。反复多次，直至系统无脏物。

• 管道系统无脏物排出后，再次注入自来水，将管网灌满水，然后开启循环水泵，使水在管网中循环多次后关闭水泵，将系统内水排净，对系统内的水过滤器进行清洗。

• 确认管网清洁后，重新灌水，并对管网加药，保持管网满水，以防管网内管道重新锈蚀。如果在冬季，必须根据天气条件决定管网中水是否进行排放，如气温较低，应将管网内水排放干净或采取相应的防冻措施，以防管道冻裂。

• 冲洗合格后，及时填写《管道系统冲洗记录》。

⑦ 管道保温

本工程空调供回水及冷凝水系统管道保温采用酚醛树脂泡沫管壳进行保温，厚度为25 mm；蒸汽管及凝结水管采用离心玻璃棉管壳保温，厚度为50 mm。

a. 在进行保温施工之前，必须检查管道系统，应满足以下要求：管道系统试压完毕；绝热用固定件、支吊架、紧固螺栓等已安装完毕；管道表面无污物并按规定涂刷完防腐油漆；保温材料干燥。

b. 安装酚醛树脂管壳时，核对管壳的规格与需保温的管道规格是否一致，严禁采用与管道规格不相符的管壳进行保温。对阀门、三通、弯头等复杂形状的管件保温采用现场发泡。

c. 管壳安装时，注意管壳的纵横缝必须错缝搭接，不能有通缝，纵向缝不要设置在管底和管顶的中心垂线上。管壳与管壳间的环缝应尽量减少间隙。

d. 由于图纸未设计保温管壳的保护层，按照常规酚醛树脂泡沫管壳采用玻璃丝布，外刷防火涂料，冷凝水管保温必须有可靠的隔气层，防止管道结露；离心玻璃棉管壳可采用铝箔布作为保护层，铝箔布的纵横向缝用铝箔胶带进行粘贴密封。

8.3.3 消防、给排水系统工程

1）重点与难点分析

本工程的管道数量多，且消防、给排水多数为丝接或卡箍连接。管道穿墙、穿楼板、基础墙多，管道敷设在顶棚内多，因此管道施工与土建、装修、通风专业等交叉多，施工中需密切配合，保证各专业施工顺利有序地进行。

(1) 工种多，给施工配合带来一定难度。

(2) 工程单层施工高度高，给高层作业增加了难度。

(3) 丝口连接管道工程量大，要求施工人员素质高，工作态度认真，对待每次进场的管材及管配件进行仔细验收，防止非国标产品进入施工现场。

2）施工程序

施工准备→配合土建预留预埋→材料进场检验→现场测量、绘制草图→管道预制→支吊托架预制、安装→管道安装→管道冲洗→管道试压→管道油漆、防腐→管道保温→单机试运转→系统验收。

3）施工方法及技术措施

（1）管道安装总体原则

管道工程施工的总体原则为：先预留预埋、后管道安装；先主管、后支管；先设备就位、后工艺配管；先施工室内部分、后施工室外部分。同时为了配合总体进度，对于土建优先施工的要提前施工给予配合。室内部分先配合土建做好预留、预埋工作，然后在土建适当工序完成后合理交叉、配合；室外部分管道的施工合理选择施工时机，一般为室内工作量已大部分完成、室外场地施工之前，按"先下后上、先大后小"的原则进行。

（2）管道施工流程见图8-26。

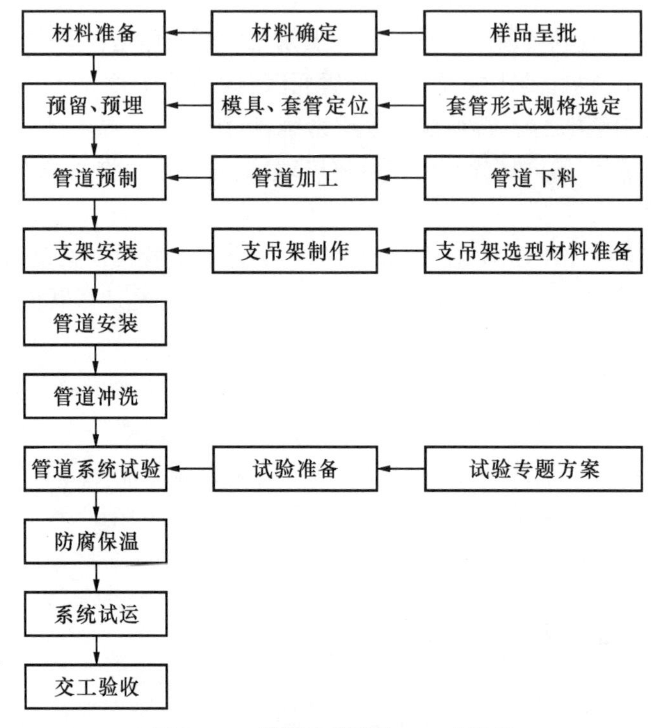

图8-26　给排水管道施工工艺流程

（3）消防水管主要施工方法及技术要求

① 施工准备

a. 施工前认真熟悉图纸和相应的规范，进行图纸会审。仔细阅读并理解设计说明中关于管道的所有内容，与图纸内容有无冲突之处，系统流程图与平面、剖面图有无不符之处，设计要求与现行的施工规范有无差别等。熟悉管道的分布、走向、坡度、标高，并主动与结构、装饰、通风、给排水、电气专业核对空间使用情况，及时提出存在的问题并做好图纸会审记录。

b. 编制施工进度计划、材料进场计划及作业指导书。

c. 对施工班组进行施工技术交底，方式是书面交底和口头交底，使班组明确施工任务、工期、质量要求及操作工艺。交底可根据进度进行多次，随时指导班组尽善尽美地完成安装任务。

d. 根据现场情况配置机械设备、计量器具及劳动力计划。

② 材料准备及验收

材料采购、进场、检验及保管程序如图 8-27 所示。

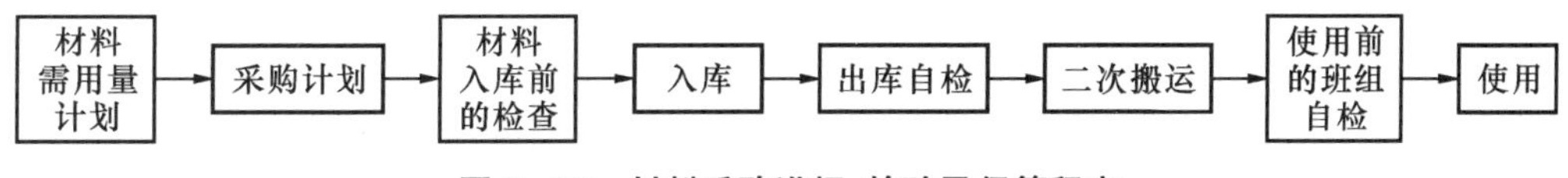

图 8-27　材料采购进场、检验及保管程序

a. 对进场材料进行严格检查，必须符合设计使用要求和施工规范规定。

b. 材料在使用前按设计要求核对其规格、材质、型号，材料必须有制造厂的合格证明书或质保书，材料在进场前提供样品交总包及业主、监理审批。

c. 材料在运输、入库、保管过程中，实施严格的控制措施，每道工序均有交接制度。

d. 由于本工程涉及材料种类多，因此材料入库后要进行标识和分类、分规格堆放及管理，同时采取防止变形、防止受潮霉变等措施，对材料出库验证并办理相关的领用手续。

e. 材料出库后，在施工现场妥善保管，存放地点安全可靠，如材料堆放的场地可能产生积水，在下面必须垫上枕木。材料堆放要求整齐，并挂上标识牌。材料使用前进行严格检查，包括外形检查，附着物的清除。

f. 由于本工程具有体量大、系统多的特点，因此工程中使用的各种材料都应实现挂牌标识建档制度，根据材料的使用专业、材料材质、物理化学性质、规格型号及生产厂家建立材料档案，使材料从进货到使用部位的确定都具有可追溯性，以保证本工程材料合理、规范的使用。

g. 管道在验收及使用前进行外观检查，其表面符合下列要求：无裂纹、缩孔、夹渣、重皮等缺陷；无超过壁厚负偏差的锈蚀、凹陷及其他机械损伤；有材质证明或标记。

h. 阀门的型号、规格符合图纸及设计要求，安装前从每批中抽查 10%进行强度试验和严密性试验，对在主干管上起截断作用的阀门逐个进行试验。同时阀门的操作机构必须开启灵活；阀门及配件要有出厂组件清单，检查组件是否完好无缺，且有制造厂的合格证；外观上无加工缺陷及损伤，有清晰的铭牌及标志；湿式报警阀、水力警铃、水流指示器要有水流方向的标志；水力警铃的铃锤应转动灵活，手动旋转轻巧，无阻滞现象；湿式报警阀和控制阀的阀瓣组件及操作机构要清洗检查，且动作灵活可靠，无卡涩现象；信号阀在接通专用电源的情况下，能从信号显示装置上得知阀门的开关状态及开启程度。

i. 喷头的检验：应由国家级检测中心检测合格，并有检测报告；喷头的型号、规格符合设计要求；喷头的色标必须明显，且符合规定的色标温级；喷头的商标、型号、公称动作温度、制造厂及生产日期等标志齐全，并有出厂合格证，且生产厂家应有消防设备生产资质；喷头外观无缺陷及损伤现象；螺纹密封面应完整、光滑、无伤痕，缺丝或断丝现象，其尺寸偏差应符合标准。

③ 预留、预埋

a. 孔洞预留工艺流程如图 8－28 所示。

图 8－28　孔洞预留工艺流程

在管道安装工作开始前，熟悉设计图纸，根据图纸绘制管道留洞图，并同其他专业共同复核留洞图的正确性，如发现有专业交叉、管道“打架”现象发生，应及早做设计变更，以保证管道预埋工作准确、连续实施。

b. 套管预埋

• 室内立管在穿过楼板时应配合土建施工预留孔洞，管道穿过墙壁时应加套管，套管内径比管道外径大 2 号，在套管两端和中间空隙处填不燃性纤维隔绝材料。穿楼板套管高出楼面 20 mm，下与楼板底平；穿墙套管则两端与墙的最终完成面平齐。

施工时套管大小如表 8－9 所示。

表 8－9　施工所有套管管径标准　　单位：mm

管道直径	15	20	25	32	40	50	65	80	100	150
不保温管道	25	32	45	57	76	89	108	133	159	219
保温管道	108	108	108	133	133	159	159	219	219	273

• 管道穿越混凝土墙及穿梁处均设置预留洞或预埋钢套管。

• 穿墙套管在土建砌筑时及时套入，位置准确。过混凝土现浇板的管道，在混凝土浇筑前安置好套管且用铁丝将套管与钢筋固定牢，在套管内放入松散材料，防止混凝土进入套管内。

• 套管或木盒子预留好后，在土建浇注楼板时派专人看护，以防止木盒、套管移位或堵塞。

• 套管两端平齐，毛刺清理干净，内壁要做防腐。

• 保温管道在穿墙时所埋设的套管应考虑管道的保温层厚度。

• 管道与套管的接缝处应用防火材料填充，以免火灾发生时火苗通过套管来扩散。

④ 管道预制

为了提高施工效率，加快施工进度，保证施工质量，在熟悉图纸及现场的基础上，根据工程进度计划的要求组织安排，在预制场地集中进行预制。本工程可集中预制范围如下：屋顶及各水暖设备间设备配管（附件和焊口较密集、管径较大）；消防管道（连接喷淋头部位支管）；干管施工中与管件焊接（弯头、挖眼三通、法兰、变径）要尽量以活口形式在地面预制。

a. 预制程序见图 8－29。

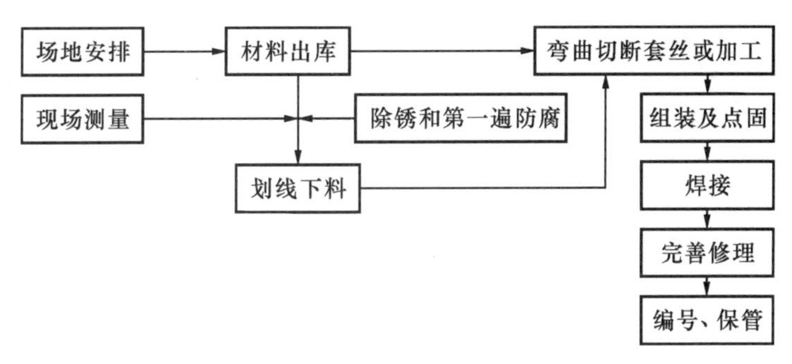

图 8－29　给排水管道预制施工工艺流程

b. 预制前先按设计图纸设计的管线，确定可行的具体的预制件品种及长度；预制的半成品要标注清楚编号，分批分类存放，运输和安装过程中要注意保护预制件，以便对号安装正确。

c. 管道切割：管道切割采用砂轮切割机、管道割刀，切割时，切割机后面设一防护罩，以防切割时产生的火花、飞溅物污染周围环境或引起火灾。所有管道的切割口面做到与管子中心线垂直，以保证管子的同心度。切割后应清除管口毛刺、铁屑，避免由于毛刺的原因，造成长时间运行后管道堵塞。

材料的切割下料，具体见表 8－10 所示。

表 8－10　材料的切割下料要求

序号	管材	切割工具
1	焊接钢管	砂轮切割机或氧-乙炔
2	镀锌钢管	管道割刀或砂轮切割机

d. 采用螺纹连接的管道丝扣加工全部采用套丝机自动进行。管道套丝时，要将管道的另一端放在三脚托架上(高度可调，确保管道水平)。托架与管道接触面处，放胶皮做隔离垫，通过这种方式，保证管道的镀锌保护层不受破坏，管口端丝套好后，要妥善堆放好，安装过程中要注意轻拿轻放，不能破坏丝扣。

e. 在管道上直接开孔焊接分支管道时，切口的部位须用校核过的样板画定，用氧-乙炔切割，完毕后要用锉刀或砂轮磨光机打磨掉氧化皮和熔渣，使端面平整，镀锌钢管应采用成品管件，不得气割开孔。

f. 为了尽量减少固定焊口的焊接数量，将钢管及管件地面预制成管道组成件，管道组成件预制的深度以方便运输和吊装为宜。

⑤ 管道放线

a. 放线程序见图 8－30。

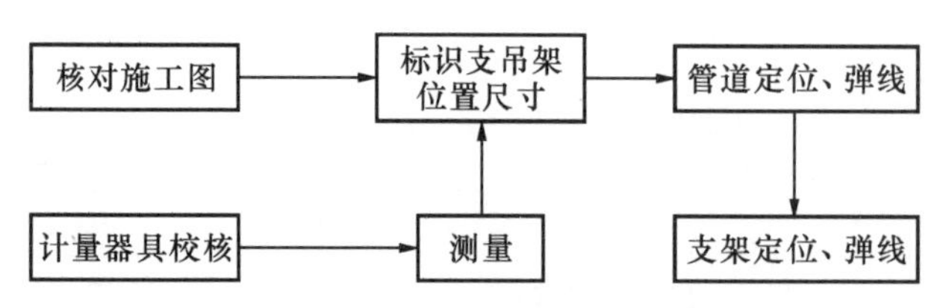

图 8-30　给排水管道放线施工工艺流程

b. 管道放线由总管到干管，再到支管进行放线定位。放线前，逐层、逐区域进行细部会审，使各管线互不交叉，同时留出保温、绝热及其他操作空间。对吊顶下的喷头要与灯具、风口、探头等统筹考虑，合理布局，且得到业主和设计单位的认可。

c. 管道在室内安装以建筑轴线定位，同时又以墙、柱、梁为依托。定位时，按施工图确定的走向和轴线位置，在墙（柱）上弹线，画出管道安装的定位坡度线，在机房、管道竖井内，并行多种管道，定位难度大，采用打钢钎拉钢线的方法，将各并行管道的位置、标高确定下来，以便于下一步支架的制作和安装，定位坡度线以管线的管底标高作为管道坡度的基准。

d. 对立管放线时，打穿各楼层总立管预留孔洞，自上而下吊线坠，弹出总立管安装的垂直中心线，作为总立管定位与安装的基准线。

e. 放线时，对支吊架的设置位置也要认真考虑，特别是喷淋管道的防晃支架设置，要尽可能利用柱子或混凝土墙、梁体边，依托柱或墙做防晃支架。

⑥ 管道支吊架的制作与安装

管道支架的选择考虑管路敷设空间的结构情况、管内流通的介质种类、管道重量、热位移补偿、设备接口不受力、管道减震、保温空间及垫木厚度等因素选择固定支架、滑动支架及吊架。

a. 支架的位置确定

• 固定支架的安装位置原则上按施工图纸。在管路需要固定，在任何方向都不准有位移的位置设置，如伸缩器的一端。

• 钢管水管活动支架最大安装间距根据现场条件参考表 8-11 确定。

表 8-11　管道支架最大安装间距

公称直径	15	20	25	32	40	50	65	80	100	125	150	200	250	300
保温	1.5	2.0	2.0	2.5	3.0	3.0	4.0	4.0	4.5	5.0	6.0	7.0	8.0	8.0
不保温	2.5	3.0	3.5	4.0	4.5	5.0	6.0	6.0	6.5	7.0	8.0	9.0	9.0	9.0

• 管道穿越墙体时，从墙面两侧各向外量出 1 m，以确定墙两侧的两个活动支架位置。

• 管道转弯处的支撑要特别予以重视，自管道转弯的墙角，补偿器拐角各向外量过 1 m，定位活动支架。

• 在穿墙、转弯处活动支架定位后，剩余的长度里，按不超过最大间距的原则，尽量均匀地设置活动支架。

b. 支架形式的选用(以下画出几种常用的典型样式,如图 8－31～图 8－33 所示)

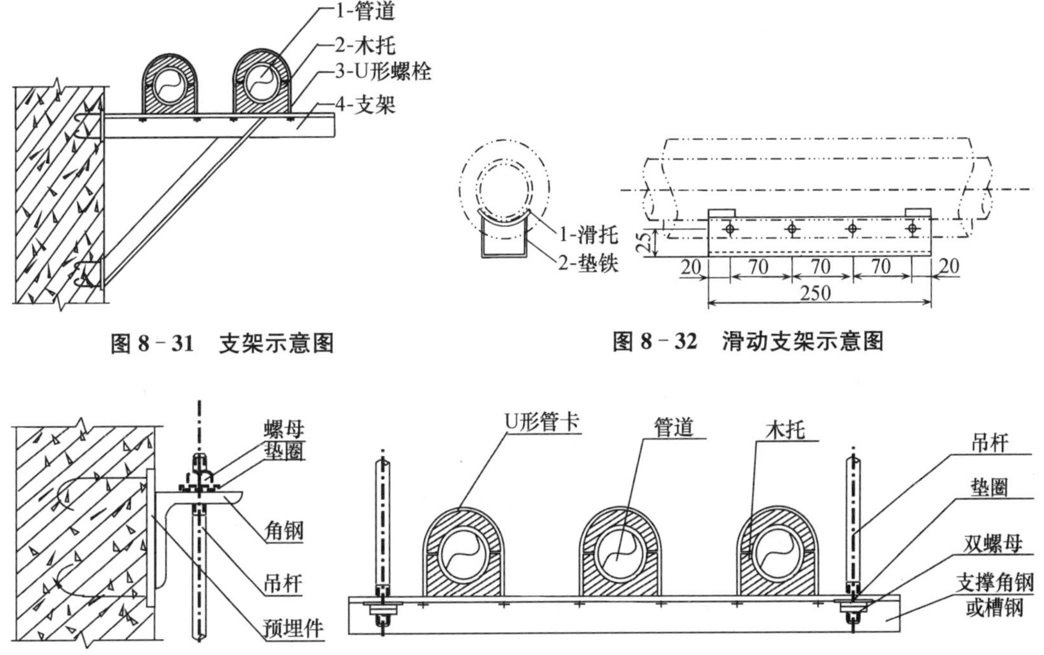

图 8－31　支架示意图

图 8－32　滑动支架示意图

注:尽量考虑土建梁预埋件上生根,或用预留及膨胀螺栓等方式。

图 8－33　吊架示意图

c. 支架的安装

• 支架构件预制加工:下料前,先将型钢调直。下料时尽量采用砂轮切割机切割型钢,现场用气割切断时,应将切口用砂轮将氧化层磨光,切口表面应垂直。用台钻钻孔,不得使用氧乙炔焰吹割孔;煨制要圆滑均匀。各种支吊架要无毛刺、豁口、漏焊等缺陷,支架制作或安装后要及时刷漆防腐。支架的形式按设计要求进行加工,其标高须使管道安装后的标高与设计相符。

• 现场安装:管道安装时要及时调整支、吊架位置。支、吊架位置要准确,安装平整牢固,与管子接触紧密。固定支架必须安装在设计规定的位置上,不得任意移动。在支架上固定管道,采用 U 形管卡。制作固定管卡时,卡圈必须与管子外径紧密吻合、紧固件大小与管径匹配,拧紧固定螺母后,管子要牢固不动。无热位移的管道,其吊杆垂直安装;有热位移的管道,吊点设在位移的相反方向,按位移值的 1/2 偏位安装。管道安装过程中使用临时支、吊架时,不得与正式支、吊架位置冲突,做好标记,并在管道安装完毕后予以拆除。大管径管道上的阀门单独设支架支撑。保温管道与支架之间要用经过防腐处理的木衬垫隔开,木垫厚度同保温层厚度。

d. 消防管道支架形式及技术要求

管道防震支架的形式:双向和四向支架。

• 双向支架——横向和纵向。抵抗对管轴的纵向和横向的不同力,主要用在主管和管径大于或等于 2.5 倍的支管。支架形式如图 8－34 所示。

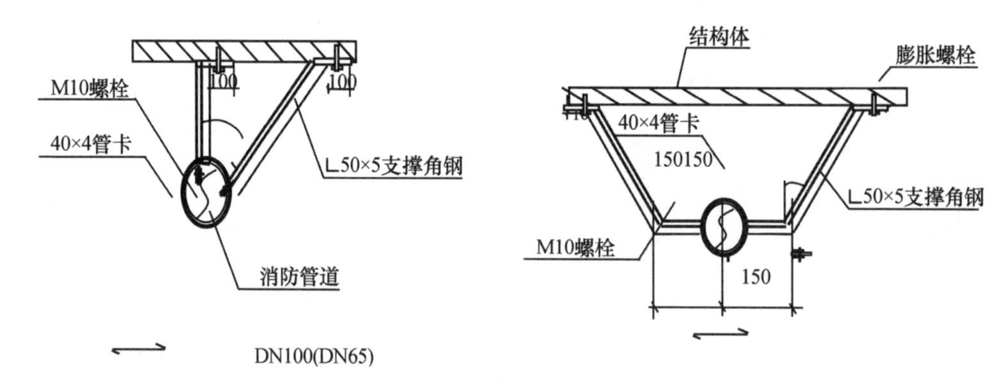

图 8－34　消防管道双向抗震支架

• 四向防震支架。抗水平平面内的各个方向的不同的力，主要用在立管和纵横向都受力的地方。支架形式如图 8－35 所示。

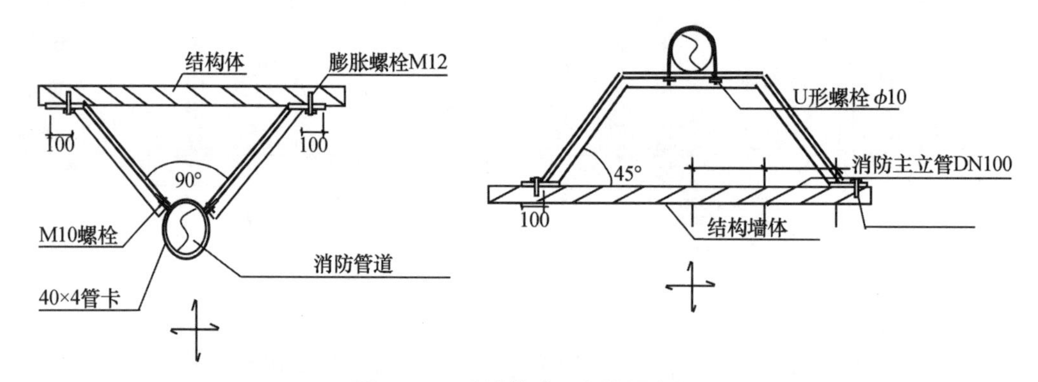

图 8－35　消防管道四向抗震支架

安装防震支架的要求：在离立管顶端小于或等于 0.6 m 的地方设置四向防震支架；立管需要软接时，支架应设置在软接的上部；在长度大于等于 1.8 m 的立管上设置四向防震支架，支架应设置在管道两端拐角处 0.6 m 以内；水平方向发生变化的且长度超过 1.8 m 的纵向或横向水平干管上设置纵向或横向防震支架；在管道的末端 1.8 m 以内设置横向支架，在管道的末端 12.2 m 以内设置纵向支架。

• 横向支架：

管径大于或等于 2.5 m 且长度大于或等于 6.1 m 的支管上。大于或等于 12.2 m 的管子在其拐角或端头 1.8 m 以内设置最后一个支架。

• 纵向支架：管径大于或等于 2.5 m 且长度大于或等于 7.6 m 的支管上。大于或等于 24.4 m 的管子在其拐角或端头 12.2 m 以内设置最后一个支架。

• 固定支架：在喷淋管的末端及管道每隔 9 m 设置固定支架，以及图纸设计需要增加的地方，型号小于 2.5 m 的支管不需设置固定支架。

⑦ 管道安装

a. 编制质量计划，推行样板制。室内管道安装前，项目负责人要组织有关专业工长认真编制质量计划，提出质量目标和进行工序质量控制的具体要求，确保室内管道安装工程质量。对于标准房间、其他功能室等要配合土建做好样板间或样板系统，待样板检查验收达标后再全面进行管道安装。未注明定位尺寸及标高的管道应尽量贴梁、柱施工。

b. 各种管道安装前都要将管口及管内管外的污垢、砂子、沥青、铁锈等杂物清除干净，金属管道要将表面浮锈清除干净，然后再刷底漆一道。

c. 对于各种不同用途、不同介质的管道，工长要协同班组搞好安装前的总体布局施工交底工作，几个不同班组同时作业时做法要统一。安装时要考虑到主管、立管、支管及设备之间的位置与相互关系。

d. 各种管道的设置一般不应穿过沉降缝和伸缩缝。对所有穿越建筑伸缩缝的管道均应进行处理，要按设计要求采用柔性连接。

e. 暗装于管井、地沟、吊顶内和埋地等隐蔽安装的各种管道，在隐蔽前，冷却循环水管、消防管道必须做强度和严密性试验，合格后方准进入下道工序施工。

f. 未注明位置的给水立管应尽量靠近墙边角，未注明标高的给水横管应尽量贴楼板、梁底敷设。

g. 坡度。管道安装时要挂线找坡，要依据管子坡度的要求确定其下料尺寸，安装坡向正确。管道按标准坡度安装好后要及时固定。土建与安装应相配合，不能在管道上悬挂或铺设架板，放置材料和站人，不能随意搬动管道等，以免破坏管道坡度，室内管道的坡度应符合设计及施工规范要求。

h. 管道的对口焊缝和弯曲部位不得焊接支管，对于焊缝与分支管边缘的距离不应小于 50 mm；弯曲部位不得有焊缝；接口焊缝距起弯点必须大于 50 mm；接口焊缝距管道支、吊架边缘应不小于 50 mm；分支管边缘与固定主管的支架边缘的间距不小于 50 mm；支管中心到变径管边缘的间距为：主管管径≤50 mm 时，间距不小于 200 mm；主管管径≥70 mm时，间距不小于 300 mm；主管与支管焊接，支管管端要加工成马鞍形，插入主管的管孔中应和主管内壁平齐，主管上开孔尺寸略大于支管外径，主管上开孔尺寸不得小于支管内径而将支管对接在主管表面。

i. 管材经检验合格后，然后按照管道的预制加工单线图，进行管道的下料、预制和套丝加工；同时按管道的坐标、标高、走向，进行管道的支(吊)架预制加工、安装；待已加工预制的管道检验合格后，即可投入管道安装。

j. 管道的加工预制。管道的加工预制应集中在加工棚内，并根据施工图和经现场测绘后绘制的单线图进行预制加工；严格控制加工预制质量，不定期地对已加工的管道进行抽样检验与试压检验，发现问题及时整改调正，确保管道预制加工、安装的质量处于受控状态。

k. 管道与阀门、设备连接。管道与设备连接时，宜采用短管先进行法兰连接，定位焊接成型后经镀锌加工再安装到位，然后再与系统管道连接。

l. 设备安装完毕后进行配管安装。管道不能与设备强行组合连接，并且管道重量不能附加在设备上，设备进、出水管要设置支架。进水管变径处宜用偏心大小头，并且还应有沿水流方向连续上升的坡度接入泵入口。设备进、出口设可曲挠橡胶接头，以达到减震要求。

m. 喷淋管路施工的保证。喷头和支管若与风管、灯具、探测头及建筑隔断发生矛盾时，可视情况做适当调整，但必须符合本建筑中危险等级防火要求。为了确保预制质量，对丝接的管件质量从严把关，不合格品严禁使用，在预制好后，还要检查三通、弯头的方向是否在同一方向上，而且其中心线连线要和管道中心线平行，如有歪斜(或偏差)，属于管件内螺纹质量问题，要重新更换，属于组装紧固未到位的，要进行重新处理，最终保证将来与装修配合安装喷头立支管时不致有歪斜或喷头不在同一条直线上的现象。横向成线(即在同一根管路喷头成一线的管路)相对比较容易做到，如图 8-36 所示的一段喷淋支管示意图中，管件 1、3、4 的上表面 A、B、C 要相互平行(或重合)，同时 A、B、C 三个面的沿管轴的 X 轴线须与管道中心线平行。

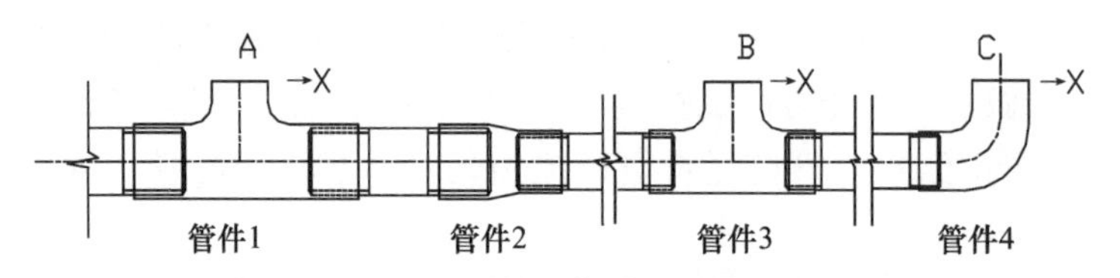

图 8-36　喷淋管路施工示意图

n. 对纵向成线的喷淋管路。首先对喷淋主管进行安装，安装时确保成一直线主管的同心度，随时对管路进行校直，确保成一直线(图 8-37)。支管的安装在主管试压合格后进行支管安装，对纵向在一条直线的喷头连接管路进行统一下料、统一套丝、统一安装，而后再复核喷头是否成一直线，如不成一线则及时调整，同时确保施工的质量。对管段进行编号，统一下料、统一套丝、统一安装，而且先施工的最靠近主管的同一编号管段的三通口进行拉线，对有偏差的三通口的管段进行调整，偏差太大者，管道重新下料，以确保每一个喷淋头均在一直线上。然后再进行下一编号的管段及连接件的安装，要求同前。同时管道的支吊架的安装也做到纵向、横向成线。

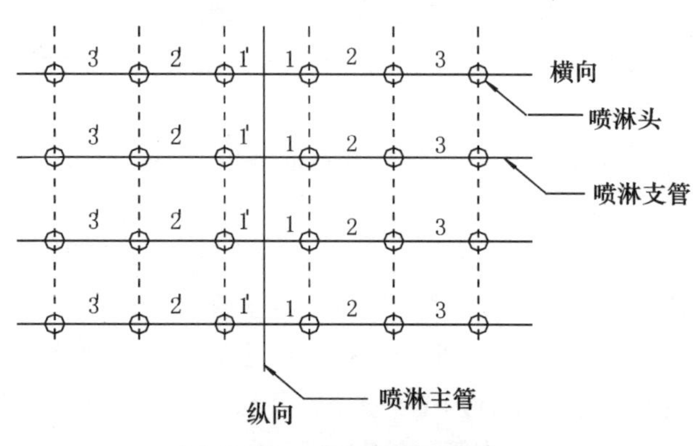

图 8-37　喷头安装示意图

o. 喷头就位管的施工。下喷淋头的安装位置在满足规范要求的同时还应满足装饰的要求，因此为确保喷头最后安装位置的准确性，喷淋就位管的下料应根据喷淋头的平面位置及安装高度确定。喷头的定位准确是施工的关键，喷头的平面位置通过装饰给出的基准线在地面弹出；喷头的安装高度以丝口不露出装饰面为准，因此接下喷头的下降管的变径底部在吊顶完成面上 10 mm 左右。

p. 管道必须按照设计与工艺要求，设置支吊架与固定支架，垂直总(干)管道，必须在管道安装部位的底部楼板处，设置管道的承重固定支架。

q. 消防系统管道打压试验和管道冲洗工作施工完毕后，应按照设计要求，做好管道的色漆和色标，并且做好配合系统调试验收工作。

r. 各材质管道安装详见下面分述。

⑧ 焊接钢管安装

a. 本工程焊接钢管的连接方式采用焊接，采用手工电弧焊连接。

b. 焊条采用 E4303ϕ2.5～ϕ3.2 焊条，烘干温度 100 ℃～150 ℃，恒温 1.5 h。

c. 焊接采用 V 形坡口(见图 8－25)，坡口用机械加工或砂轮机打磨，做到光滑、平整。对坡口两侧 20 mm 范围内将油污、铁锈和水分去除，且露出金属光泽。

d. 焊件组对点固焊时，选用的焊接材料及工艺保证与正式焊接要求相同，焊接中注意引弧和收弧质量，收弧处确保弧坑填满，防止弧坑裂纹，多层焊做到层间接头错开。每条焊缝尽可能做到一次焊完，因故被迫中断时，及时采取防裂措施，确认无裂纹后方可继续施焊。焊接过程中必须做好自检、互检工作。

e. 钢管焊接工艺参数见表 8－12 所示。

表 8－12　钢管焊接工艺参数

壁厚(mm)	焊接方法	焊接层数	焊接材料		电源种类或极性	焊接电流(A)	电弧电压(V)	焊接速度(cm/min)
			型号	规格(mm)				
3～4.5	手工电弧焊	打底层	E4303	2.5	交流或直流正接	60～80	20～22	6～8
		盖面层		2.5		70～90	20～22	6～8
5～7		打底层		2.5		60～80	20～22	6～8
		盖面层		3.2		90～110	21～23	7～10
8～9		打底层		2.5		65～85	20～22	6～8
		填充层		3.2		90～110	21～23	7～10
		盖面层		3.2		90～110	21～23	8～12

f. 焊缝表面的焊渣必须清理干净，先进行外观质量检查，是否有气孔、裂纹、夹杂等焊接缺陷，如有应进行返修，并做好焊缝返修记录，用焊缝检验尺做外形尺寸的检验。

g. 管道对接焊缝与支吊架边缘之间的距离不小于 50 mm，同一直管段上，相邻两焊缝间距如表 8－13 所示。

表 8－13　相邻两焊缝间距标准

管道公称直径 D	≥150 mm	<150 mm
焊缝间距	≥150 mm	≥D

尽量避免在焊缝及其边缘上开孔。当不可避免时，对开孔直径 1.5 倍范围内的焊缝进行无损检验，确认焊缝合格后方可开孔。

h. 参与本工程施工的焊工应为持证焊工，上岗前应进行技能考核，合格后方可上岗。

⑨ 镀锌钢管安装

本工程考虑镀锌管道 DN<100 采用丝扣连接，DN≥100 采用卡箍连接。

a. 镀锌钢管安装时不得过火调直。丝接时其三通、四通、弯头、活接头、补芯等也必须使用镀锌管件。

b. 管道螺纹连接采用电动套丝机进行加工，加工次数为1～3次不等，螺纹的加工做到端正、清晰、完整光滑，不得有毛刺、断丝，缺丝总长度不得超过螺纹长度的10%。

管螺纹长度和扣数要求见表8-14所示。

表8-14　管焊及长度和扣数要求

序号	公称直径		短螺纹		长螺纹	
	mm	寸	长度(mm)	螺纹扣数	长度(mm)	螺纹扣数
1	15	1/2″	14	8	50	28
2	20	3/4″	16	9	55	30
3	25	1″	18	8	60	26
4	32	11/4	20	9	65	28
5	40	11/2	22	10	70	30
6	50	2″	24	11	75	33
7	65	21/2	27	12	85	37
8	80	3″	30	13	100	44
9	100	4″	36	15		

c. 螺纹连接时，填料采用白厚漆麻丝或生料带，一次拧紧，不得回拧，紧后留有螺纹2～3圈。

d. 管道连接后，把挤到螺纹外面的填料清理干净，填料不得挤入管腔，以免阻塞管路，同时对裸露的螺纹进行防腐处理。

e. 沟槽式机械配管。本工程热镀锌管DN≥100的采用卡箍连接施工方法，做法如下：

• 卡箍式配管系统的安装采用专用开槽机，如图8-38所示。

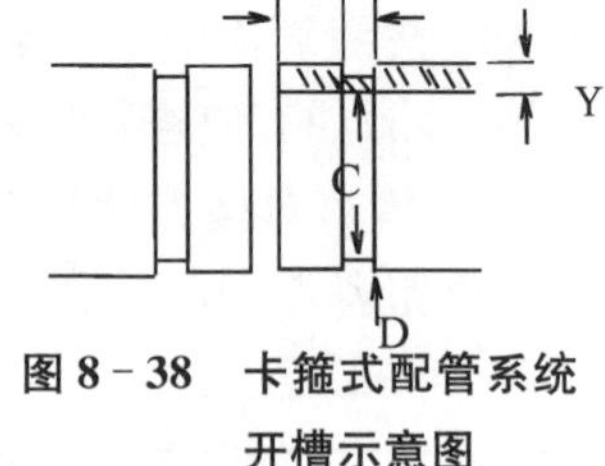

图8-38　卡箍式配管系统开槽示意图

• 卡箍为环管道自动定心式，卡箍环绕并压定垫圈，克服管道内部压力。卡箍内缘嵌入管道端部的环形沟槽之中，从而保证被连接的两根管道在卡箍之中固定。挠性卡箍嵌入管道时有一定间隙，管道连接后产生一定的偏角和位移。钢性卡箍直接锁紧管道无间隙，安装后不产生挠度。

• 垫圈的密封方式为“C”型乙丙橡胶圈，可形成三重密封。密封的原理为垫圈静态时抓住管道末端表面形成初次密封；接着卡箍锁紧时垫圈受到卡箍内空间的限制，被动压制在管道末端表面，形成二次密封；三次密封为管道内流体进入“C”型圈内腔，反作用于垫圈唇边，从而使得垫圈唇边与管壁紧密配合无间隙，及管道内流体压力越大，密封性能越好。

• 螺栓及螺母为卡箍专用，螺栓颈部为方形结构，防止旋紧螺母时打滑，螺母为垫片式，安装无需另加垫片。结构形式如图 8 - 39 所示。

• 本配管技术采用卡箍同时还要有与卡箍配合使用的沟槽式管件，包括弯头、变弯头、正三通、斜三通、Y 型三通、变三通、大小头、十字通、法兰等。

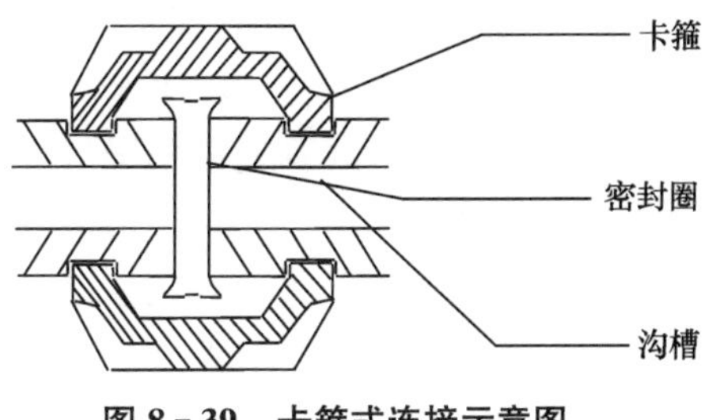

图 8 - 39　卡箍式连接示意图

⑩ 阀门及其他附件安装

a. 安装前按设计要求，检查其种类、规格、型号及质量，阀杆不得弯曲，按规定对阀门进行试压，检验是否泄漏。阀门进场后先随机抽取 10%做阀门打压试验，如全部合格则其余免检，否则应扩大试验面，当不合格率达到 50%以上时，阀门全部退货。

b. 阀门安装的位置除施工图注明尺寸以外，一般就现场情况，做到不妨碍设备的操作和维修，同时也便于阀门自身的拆装和检修。

c. 水平管道上的阀门安装位置尽量保证手轮朝上或者倾斜 45°或者水平安装，不得朝下安装。

d. 选用的法兰盘的厚度、螺栓孔数、水线加工、有关直径等几何尺寸应符合管道工作压力的相应要求。

e. 法兰与管道焊接连接时，插入法兰盘的管子端部距法兰盘内端面为管壁厚度的 1.3～1.5 倍，便于焊接。焊接法兰时，保证管子与法兰端面垂直，用法兰靠尺从相隔 90°两个方向度量，里外施焊。

f. 法兰连接的管道应注意：法兰应垂直于管道中心线，其表面应相互平行。法兰的衬垫不得突入管内，其外圆到法兰螺栓孔为宜。法兰中间不得放置斜面垫或几个衬垫。

g. 连接法兰的螺栓、螺杆突出螺母长度不宜大于螺杆直径的 1/2。螺栓同法兰配套，安装方向一致，扭力对称均匀；法兰平面同管轴线垂直，偏差不得超标，并不得用扭螺栓的方法调整。

h. 法兰阀门、软接头、过滤器等法兰配件，与管道一起安装时，可将一端管道上的法兰焊好，并将法兰紧固好，一起吊装；另一端法兰为活口，待两边管道法兰调整好，再将法兰盘与管道点焊定位，并取下焊好，再将管道法兰与阀门法兰进行连接。

i. 阀门等法兰盘与钢管法兰盘平行，一般误差应小于 2 mm，法兰螺栓应对称上紧，选择适合介质参数的垫片置于两法兰盘的中心密合面上，注意放正，然后沿对角先上紧螺栓，最后全面上紧所有螺栓。

j. 大型阀门吊装时，应将绳索拴在阀体上，不准将绳索系在阀杆、手轮上。安装阀门时注意介质的流向，截止阀及止回阀不允许反装。

k. 螺纹式阀门，要保持螺纹完整，按介质不同涂以密封填料物，拧紧后螺纹应有 3 扣的预留量，以保证阀体不致拧变形或损坏。紧靠阀门的出口端装有活接，以便拆修。

l. 过滤器：安装时要将清扫部位朝下，并要便于拆卸。

m. 管路上的温度计、压力表等仪表取源部件的开孔和焊接在管道试压前进行。温度计、压力表安装要便于观测、操作及维修。

⑪ 消防箱和喷淋系统组件的安装

a. 消火栓箱安装。消火栓箱子的有关要求:金属消火栓箱不得用气焊开孔。暗装于墙内的消火栓箱子要预先留出洞口,待墙面抹底灰前将箱体装好,要找正装平,箱子四周边框要突出墙面 10～20 mm。不带框的消火栓箱子,箱口与墙面平齐,箱门安好后正好突出墙面。为了控制好出墙尺寸,箱子安装前,土建应配合在箱子安装处两边贴饼,安装单位以此为控制基线安装消火栓箱子。全暗装在 240 mm 墙内的箱子背后应加设铅丝网片,以保证抹灰后不空不裂。箱子安装要确保位置准确,四周用水泥砂浆填塞牢固,并经有关人员核对无误后,方可开始抹灰。

b. 消火栓的安装:安装前应对消火栓逐个进行水压试验,试验不合格的不准安装。安装要在管道试压冲洗完成后进行。消火栓安装一般要求栓口朝外,中心距地面高度为 1.10 m,距箱侧为 140 mm,距箱后内表面为 100 mm,箱内水带、喷枪要挂置整齐、无杂物,箱门开启灵活、方便,内外油漆光泽好,表面无碰损、起皮和污染现象。

c. 喷淋立支管安装时,要充分考虑与通风专业风管风口、电气专业灯具和广播设备等统一布局。要密切注意装饰单位的施工进度,做好与装饰单位的协调配合,对立支管安装后的试压工作,考虑两种准备,一是装饰的吊顶与龙骨之间的施工间隙长,我们采取立支管安装完毕,即进行水压试验,试验结束,再配合装饰安装喷头;二是装饰的工序之间间隔时间很短,则采取立支管安装结束,即配合装饰安装喷头,每个区域安装结束,用气压进行试验,试验合格,方可进行系统试验。

d. 喷头安装在系统冲洗、试压合格后进行;喷头安装时,不能对喷头进行拆装、改动,严禁给喷头加任何装饰性涂层。吊顶上的喷洒头须在顶棚安装前安装,并做好隐蔽记录,特别是装修时要做好成品保护。吊顶下喷洒头须等顶棚施工完毕后方可安装,安装时注意型号使用正确,喷头安装使用专用扳手,丝接填料用聚氟乙烯生料带,以防污染吊顶,吊顶下的喷头须配有可调式镀铬黄铜盖板,安装高度低于 2.1 m 时,加保护套。当有的框架、溅水盘产生变形,应采用规格、型号相同的喷头更换。

喷头安装时,溅水盘高于附近梁底,宽度小于 1.2 m 通风管道腹面或短墙、隔壁顶时,喷头与这些障碍物距离及安装方向应符合表 8 - 15 的规定。

表 8 - 15　溅水盘高于梁底的喷头布置要求

喷头向上安装		喷头向下安装	
喷头与梁边的距离 *a*(cm)	溅水盘高于梁底距离 *b*(cm)	喷头与梁边的距离 *a*(cm)	溅水盘高于梁底距离 *b*(cm)
30～60	2.5	20	4.0
60～75	5.0	40	10.0
75～90	7.5	68	20.0
90～105	10	80	30.0
105～120	15	100	41.5
120～135	18	120	46.0
135～150	23	140	46.0
150～168	28	160	46.0
168～183	36	180	46.0

喷头距离墙的水平距离和最小垂直距离如表 8－16 所示。

表 8－16　喷头与墙距离要求

喷头与梁边的距离 a(cm)	15	22.5	30	37.5	45	60	75	≥90
距墙顶最小垂直距离 b(cm)	7.5	10.0	15.0	20.0	23.6	31.3	33.6	45.0

当通风管道宽度大于 1.2 m 时，喷头安装在其腹面以下部位。各种不同规格的喷头均应有一定数量的备用品，其数量不应小于安装总数的 1%，且每种备用喷头不应少于 10 个。

e. 报警阀应逐个进行渗漏试验，试验压力为工作压力的 2 倍，试验时间 5 min，阀瓣处应无渗漏。报警阀组的安装应先安装水源控制阀、报警阀，然后再进行报警阀组辅助管道的连接。水源控制阀、报警阀与配水干管的连接，应使水流方向一致。报警阀组的安装位置应符合设计要求，水力警铃应安装在相对空旷的地方。报警阀、水力警铃的排水应按照设计要求排放到指定地点。

f. 水流指示器的安装应在系统试压、冲洗合格后进行，水流指示器的规格、型号应符合设计要求；水流指示器应安装在水平管道上侧，其动作方向应和水流方向一致；安装后的水流指示器浆片、膜片应动作灵活，不应与管壁发生碰擦。

g. 排气阀的安装应在管网系统试压、冲洗合格后进行，排气阀应安装在配水干管顶部、配水管的末端，且应确保无渗漏。

h. 信号阀应安装在水流指示器前的管道上，与水流指示器之间的距离不应少于 300 mm。末端试水装置安装在系统管网末端或分区管网末端。

⑫ 管道冲洗、压力试验

a. 管道冲洗。由于自动喷淋系统管道分支多，末端截面积小，将分段进行冲洗。消火栓和冷却循环水管道按照系统进行冲洗。冲洗前，将管道系统内的止回阀、水流指示器等拆除，以短管代替，待冲洗合格后重新安上。冲洗时，以系统达到最大压力和流量进行，直至出口处的水色和透明度与入口处目测一致。

b. 管道试压。管道试压前，按图纸进行仔细核对，确认管道安装无误，支、吊架安装正确、紧固可靠。系统的最高点设置放空装置，最低点设置排污装置，对不能参与试压的设备加以隔离。系统试验过程中安排专人仔细检查系统，发现问题及时处理。系统试压合格后，及时排出管内积水，拆除盲板、堵头等，将系统恢复。系统试验压力应严格按照图纸设计要求进行。消火栓系统减压阀后的消防管做 1.0 MPa 水压试验，消火栓系统减压阀前的消防管及自动喷水消防管做 1.4 MPa 水压试验。

⑬ 管道保温

a. 保温的施工程序。保温工序属隐蔽工作，在管路已试压合格，有关书面检测记录完成后才能开始，主要施工程序如图 8－40 所示。

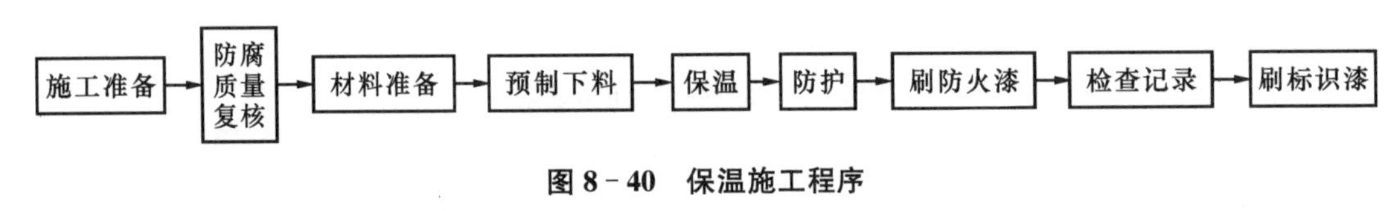

图 8-40 保温施工程序

b. 主要施工方法及技术要求

• 施工准备。熟悉图纸，考察管道及附件的现场安装情况（标高、数量、规格），提出用料计划，准备机具、梯子、预制平台、模板和胎具。

• 为保证保温质量和美观，对弯头、三通、阀门、附件要进行组合件保温，按不同的管径制作模板，材料可选用橡胶板或石棉板，最好能达到预制成型、现场组装，避免现场试做，浪费物料且不能保证质量。

c. 保温施工

• 管件保温时要按展开下料，弯头用虾米弯，缝隙填实，一般组合块不能少于 3 个。

• 对于橡塑材料，如为套管式，将保温管纵向切开，并包在管子上，在切开的两面刷上两用胶水（一般由生产厂家提供），等胶水干后，将切开的两面用力粘牢。注意横缝密实整齐，平整一致，纵向缝错开。若用板材，用锋利的刀下料，在管道上刷胶水，将板裹上并用力粘紧，再在保温两头涂胶水，保温的纵横向缝用厂家提供的专用胶带包扎严密。

• 三通保温要斜削或视实际情况自由切开，用胶水粘紧。阀门除将手柄露在外面外，阀体保温，法兰面之间板材要分体，缝隙粘紧，这样在检修时就不用毁坏大量保温材料（图 8-41）。过滤器向下的滤芯外部要做活体保温，同样以利于拆卸方便为原则。水管穿楼板和外墙处套管内也要保温，而且要保证密实不露。管道与设备的接头处也必须保温良好，严密无缝隙。安装分步完成，要观察外观和用手扯动检查，以粘贴牢固，拼缝错开，填嵌饱满、密实，填缝整齐一致，纵向缝错开为要求。

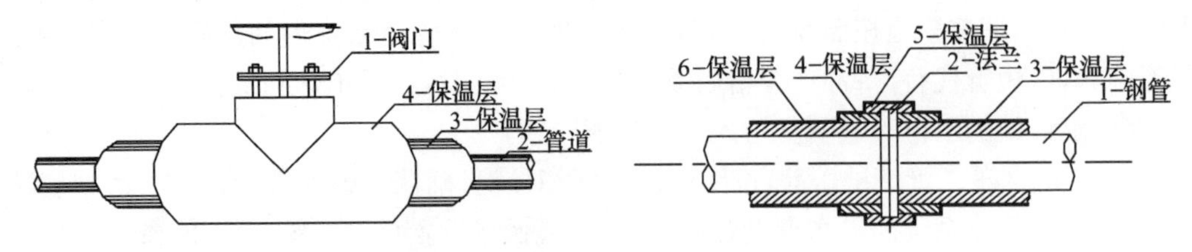

图 8-41 阀门和法兰保温示意图

d. 检验及成品保护。检验保温层厚度时用钢针刺入保温层并用尺量检查，要求偏差范围在 $-0.05\delta \sim 0.10\delta$；表面平整度用塞尺靠尺检查，偏差不超过 5 mm。对因后续施工影响造成局部不合格的要进行补修，做好保温检查、验收记录。操作人员不能站在绝热材料上操作或行走，梯子、操作台的数量要保证使用，同时不能让非专业人员踩踏保温层。

⑭ 管道防腐油漆

本工程管道防腐油漆按设计要求施工。

a. 作业条件

• 一般应在管道试压合格后进行油漆、防腐作业。管道在施工准备时，集中预先进行油漆、防腐作业，涂刷底漆 IPN8710－1 防腐涂料两道，应将管子两端留出接口端。油漆或防腐作业，须前一道干燥后进行后一道，严格按作业程序执行。

• 进行上述作业时，必须在环境温度 5℃以上、相对湿度在 85%以下的自然条件下进行，低于 5℃时应采取防冻措施。露天作业应避开雨、雾天或采取防雨、雾措施。作业时应防止煤烟、灰尘、水汽等影响工程质量。作业场地和库房应有防火设施。

• 在涂刷底漆前，必须清除涂刷表面的灰尘、污垢、锈斑、焊渣等物。管子受霜、露潮湿时，应采取干燥措施。

b. 油漆

• 一般管道在涂刷底漆前，应进行除锈。人工除锈用砂布或钢丝刷除去表面浮锈，再用布擦净。机械除锈用电动旋转的圆钢丝刷刷除管内浮锈或圆环钢丝刷刷除管外浮锈，再用布擦净。

• 管道除锈后应及时刷涂底漆，以防止再次氧化。

• 油漆开桶后必须搅拌均匀，油漆稀释应根据油漆种类和涂刷方式选用不同稀释剂。油漆不用时应将桶盖密封或封盖漆面。漆桶用完后，盛其他油漆时，应将桶壁附着的油漆除净。漆刷不用时应浸于稀释剂中，再使用时甩干。

• 手工涂刷应往复、纵横交叉进行，保持涂层均匀，面漆采用 IPN8710－3C 防腐涂料两道。

• 由于施工周期长，造成管子等设备返锈、起皮的必须重新除锈、刷油。由于施工污染的管道和设备要清除污染后重新刷油。

(4) 给排水管道安装

① 配合结构留洞和套管施工

a. 预留洞配合。留洞根据甲方提供的卫生洁具型号，确定预留位置、尺寸，复核坐标。施工前应认真核对预留洞的位置、坐标和标高尺寸是否正确，结合安装工程管路布置图，发现遗漏，应及时与设计或甲方联系，办好技术核定手续。

b. 套管施工。根据建筑结构图，计算套管长度，明确套管管径，及时加工、制作，分类堆放整齐。在土建扎完钢筋，拦好单面模板后，根据设计要求埋设防水套管，确保套管坐标位置偏差≤20 mm；标高偏差≤10 mm。管道穿越套管，套管内不得有焊缝及螺纹接头配件，管道四周应用麻丝石棉水泥打实，以防渗水。穿越混凝土楼板及墙体内的钢套管，应在土建浇捣前进行配合。同一根立管的楼板套管，上下中心应用线锤吊直，定位准确。

c. 混凝土浇捣前，应复核预留洞的数量、坐标、标高和口径，浇捣时应加以看护，以免框模受损及偏位。

d. 各阶段施工内容及步骤如表 8－17 所示。

表 8-17　套管的施工步骤和技术要求

阶段	施工内容	施工依据	技术或要求
准备工作	计算套管长度,明确套管管径	建筑结构图	加工、制作,分类堆放整齐
施工前期工作	核对预留洞的位置、坐标和标高尺寸是否正确	安装工程管路布置图	与设计或甲方联系,办好技术核定手续
土建绑扎完钢筋,拦好单面模板后	防水套管、管道穿墙套管	管内不得有焊缝及螺纹接头配件	套管坐标位置偏差≤20 mm;标高偏差≤10 mm
结构施工阶段	同一根立管的楼板套管,上下中心应用线锤吊直,定位准确		用直线拉直校正,中心位置保持同心,垂直及水平直线偏差≤10 mm,然后固定牢靠,避免移位
混凝土浇捣前	应复核预留洞的数量		坐标、标高和口径,浇捣时应加以看护,以免框模受损及偏位

② 给水系统

a. 本工程生活给水干管采用镀锌涂塑钢管,支管采用 PPR 管,连接方式分别为丝接、熔接。

b. 在施工中,按照一定顺序,先主管、后支管。样板房施工选有代表性的卫生间设置样板房,确保各类洁具设备的定位,做好与土建单位的配合;样板房施工完毕后,经各方确认后再铺开施工。

c. 立管安装在主体结构达到安装条件后进行,适当穿插进行,每层均应有明确的标高线,并应把管井内的模板及杂物清除干净,并有相应的安全措施。施工中用线锤在墙上弹出管道安装垂直基准线,按照基准线敷设管道。

d. 管道穿越楼板时,应设置钢套管,套管高出地面 50 mm,并有防水措施。穿越屋面时,应采取严格的防水措施,穿越前端应固定支架。

e. 按照管道走向,确定分段预制的管段,量出管段的长度,将管子和管件预制连接,预制连接后的管段要进行调直,准备在支、吊架上定位连接。

f. 支架制作、安装

• 选择管子在各部位支、吊、托架的形式并制作,支架、托架埋入墙体部分必须开脚,支、吊架安装必须牢固,多个支、吊架要保证高度一致,坐标正确。

• 确定支架、吊架位置,横向管道根据不同管材设置按水平管道支架最大间距表敷设。

• 立管暗敷时,支架距地面 1.8 m,每层均应设置,支架做好防锈处理。

g. 涂塑镀锌钢管、PPR 管道施工

• 管道连接步骤

镀锌涂塑钢管:切割管材→套丝→缠绕生料带→连接。

PPR 给水管:切割管材 →除毛边→ 端面清洁→测量连接深度→热熔→无旋转迅速连接。

• 镀锌涂塑钢管施工技术要求。室内给水主管考虑采用内衬塑外镀锌复合钢管，施工要求除按镀锌钢管施工要求外，尚应符合下列要求：

所采购的钢塑复合管必须经上海市权威检测机构检测认可。钢塑复合管进场时应进行严格的质量检验，管道外表面镀锌层均匀致密，管道内表面涂塑层表面光滑，无气孔、剥落、鼓胀、毛刺等缺陷，色泽统一、厚薄均匀、附着力强。管道搬运应小心轻放，严禁抛掷，存放处应干燥通风，避免阳光直射，并远离热源。管道加工严禁使用焊割设备，管道切断可用中齿锯弓，若用套丝机切断则必须采用锋利刀具，并用冷却液边切断边冷却，严禁采用砂轮切割机和氧-乙炔焰切断。螺纹加工采用锋利刀具，边加工边用冷却液冷却，螺纹加工长度，根据管件内螺纹长度而定，以螺纹拧紧后露出 2～3 牙为宜。管道与管件连接的密封采用密封圈端面密封，密封圈安装时不得损坏，必要时在密封圈上涂少量甘油以使其顺利装入管件密封座上。管道安装后应及时用红丹修补破坏的镀锌层。

• PPR 管施工技术要求。根据设计要求，给水支管采用聚丙烯管热熔连接。所使用的 PPR 管必须具有上海市建筑材料及建筑机械产品准用证和产品合格证，材料进场必须进行严格检验，管材及管件表面无气孔、凹陷、毛刺、夹层等缺陷，壁厚均匀，色泽均匀，外表平滑。切断管子，必须使端面垂直于管轴，管子切割一般使用管子剪或管子切割机，必要时可使用锋利的钢锯，但切割后管子断面必须去除毛边。管子与管件连接端面必须清洁、干燥、无油。热熔接施工时，先在管子上划出熔接深度，然后将管子和管件同时旋转地插到加热头上，加热时间和插入深度要满足表 8 - 18 的要求。

表 8 - 18　PPR 管加热时间和插入深度要求

管子外径(mm)	熔接深度(mm)	加热时间(s)	加工时间(s)	冷却时间(min)
20	14	5	4	2
25	15	7	4	2
32	16.5	8	4	4
40	18	12	6	4
50	20	18	6	4

注：若环境温度小于 5℃，加热时间应延长 50%。

达到加热时间后，立即把管子与配件从加热端与热头上同时取下，迅速无旋转地直线均匀用力插入到所标深度，使接头处形成均匀凸缘。在表 8 - 18 规定的加工时间内刚熔接好的接头还可校正，但严禁旋转。聚丙烯给水管与金属配件连接，应采用带金属嵌件的聚丙烯配件为过渡，该配件与塑料管采用热汞承插连接，与金属配件或卫生洁具五金配件须采用丝口连接。

管道嵌墙暗敷时，应配合土建预留槽，其尺寸设计无规定时，嵌墙暗管墙槽深度为 de ＋30 mm，宽度为 de＋60 mm，管子安装好试压合格后，用 1∶2 水泥砂浆填补密实。

管道明装时，必须设置管卡和吊架，采用金属管卡或吊架时，金属与塑料管之间应采用塑料带或橡胶等软物隔垫。在金属管配件与塑料管连接部位，管卡应设在金属配件一端。

塑料给水管道支架的最大间距按表 8－19 确定。

表 8－19　塑料给水管道支架最大间距要求

公称直径	DN15	DN20	DN25	DN32	DN40	DN50
横管(cm)	65	80	95	110	125	140
立管(cm)	100	120	150	170	180	200

管道穿越楼板层面时，必须设金属套管，套管应高出地面 50 mm，或高出屋面 100 mm，并进行防水处理；穿过墙板的采用套管，两面与饰面平齐。

管道试验压力为系统工作压力的 1.5 倍，并不得小于 1.0 MPa，试压前应对管道进行有效固定，但接头必须外露。试压注水时应将系统内的空气排尽，试压用手动泵进行，达到试验压力后，稳压 1 h，观察接头部位是否由漏水现象，如 30 min 内压力下降不超过 0.02 MPa，且接头处无漏水现象，即为试压合格。

③ 排水系统

a. 排水系统包括有雨水、污废水管，采用硬聚氯乙烯排水管。管内外表层均应有光泽、无气泡，管壁厚薄均匀，色泽一致，直管段挠度不大于 0.3%，管件造型规范、光滑、无毛刺，存放应防止污染、变形。

b. 材料进场，材料员和班组材料员对照材料进行数量验收，并按规格分别堆放整齐，不得抛、摔、拖，不得不规则堆放，不得暴晒。

c. 楼层内排水管道的安装，应与结构施工隔开一至二层，且管道穿越结构部位的孔洞等均已预留完毕，室内模板或杂物清除后，室内弹出房间尺寸线及准确的水平线。

d. 硬聚氯乙烯排水管连接：采用黏结连接方式，连接制作前，需对管材、管件外观检查有无破损现象。管材或管件在黏结前应将承口内侧和插口外侧擦拭干净，无尘砂与水迹，当表面沾有油污时，应采用清洁剂擦净。胶粘剂涂刷应迅速、均匀、适量，不得漏涂。黏结后承插口的管段，根据胶粘剂的性能和气候条件，应静置至接口固化为止。承插口黏结后，应将挤出的胶粘剂擦干净。管道黏结后，应按表 8－20 所列时间静置。

表 8－20　管道黏结后静置时间要求

15～40 ℃	静置时间至少 30 min
5～15 ℃	静置时间至少 1 h
－5～15 ℃	静置时间至少 2 h

排水立管在建筑物底层和楼层转弯时应设置检查口，检查口朝向应便于维修。暗装立管，在检查口处应设检修门，检查口中心标高为地坪上 1 m，允许偏差为±20 mm，并应高于该层卫生器具上边缘 150 mm。雨水立管管径等于 110 mm 时，在穿越楼板处设置阻火圈或长度不小于 500 mm 的防火套管，在防火套管周围筑阻水圈。清扫口和检查口设置应符合表 8－21 中规定。

表 8－21　清扫口和检查口设置要求

管径(mm)	50	75	90	110
距离(mm)	10	12	12	15

立管安装，特别是明管，必须保证其垂直度，其质量标准是每米允许偏差为 3 mm；全长（5 m 以上）允许偏差不大于 15 mm。

伸缩节设置应符合下列规定：层高小于或等于 4 m 时，污水管和透气管应每层设一伸缩节。污水横支管、横干管直线管段不大于 2 m 时，设置伸缩节，且伸缩节之间最大间距不得大于 4 m。

伸缩节允许伸缩量应符合表 8－22 中规定。

表 8－22　伸缩节允许伸缩量

管径(mm)	50	75	90	110
最大允许伸缩量(mm)	15	15	20	20

施工过程中，所有管道敞口均应做临时封堵，以防建筑垃圾落入，排水管不得穿越沉降缝、伸缩缝，透气立管不准穿越天沟，透气管最上端戴上管帽，避免异物进入。

明敷排水立管在底部设置阻水圈。排水管在底部出墙时采用两个 45°直弯，以便于排水畅通，立管支架安装高度为 1.5～1.8 m。

立管连接各卫生设备排水支管的顺水三通，须注意连接方向，连接前，清除管口杂质，承插间隙均匀，填口密实、饱满。

排水管道安装完毕后，立管须进行通球灌水试验，符合要求后，做好验收工作记录。

④ 卫生器具安装

a. 卫生器具安装位置的确定。先用吊锤、直尺、水平尺、拉线等工具，根据卫生器具尺寸确定器具安装位置。根据卫生器具安装规范确定器具安装标高。卫生器具与支管连接应紧密、牢固、不漏、不堵。卫生器具支托架安装必须平整牢固，与器具接触应紧密。

b. 坐式大便器要点。器具在搬运和安装时要防止磕碰，器具排水口应用防护用品堵好，镀铬零件用纸包好，以免堵塞或损坏。坐式大便器，污水管口留小头并高出地面 10 mm，管中心距光墙面 80 mm，安装时先预埋好膨胀螺栓，将涂以油灰（或纸筋水泥）的大便器排水口插入污水管口内稳正，并轻轻按实，用水平尺将大便器校平垫实，然后用加上铝垫的螺母拧入瓷眼内的螺栓上，拧时不得太紧，以防损坏瓷器。通水之前，将器具内污物清理干净，不得借通水之便将污物冲入下水管内，以免管道堵塞。

8.3.4　工艺、动力系统安装

1）设备安装

（1）基础验收

根据土建单位移交的交工资料及设备布置图、安装图并依据《钢筋混凝土工程施工及验收规范》对基础进行验收。基础表面应平整，无裂纹、蜂窝、露筋等现象，严禁用水泥砂浆粉面，所有基础表面的模板、地脚螺栓固定架及露出基础外的钢筋等必须撤除，杂物及污水等应清理干净。检查地脚螺栓及地脚螺栓孔和设备基础几何尺寸、定位尺寸中心线等是否符合图纸设计及规范要求。对基础基准线、标高，地脚螺栓孔的位置尺寸，预埋地脚螺栓的间距等进行检查并应符合要求。各部分允许偏差如表8－23所示。

表8－23　设备基础所允许偏差

项次	项目名称		允许偏差(mm)
1	基础坐标位置		±20
2	基础平面的标高		－20～0
3	基础上平面的水平度	mm/m	5
		mm/全长	10
4	预留地脚螺栓孔	中心位置mm	±10
		深度mm	＋20
		孔壁铅垂度(mm/m)	10

(2) 设备开箱验收

开箱前应清除周围的污水及杂物，查明设备箱号，防止开错，采取就近开箱安装，正确合理地开箱。开箱的依据为供应商提供的设备清单及零部件清单，以及设备图纸。开箱后首先检查设备的铭牌、型号、规格及包装情况应与要求相符，检查设备的外观情况，如有缺陷，应做出记录。按照装箱清单仔细清点检查零部件、工具、附件、附属材料、出厂合格证和其他技术文件是否齐全。开箱后我方做出相应的文字记录(记录的主要内容有箱号、箱数、包装的情况以及设备名称、技术文件、资料、专用工具等)请业主及有关参加方签订认可。

(3)设备运输、吊装

① 设备水平运输时，一定要小心谨慎，严防出现颠簸、倾翻现象，设备不得横放、倒置等，防止发生伤人、损伤设备现象。

② 设备吊装时，应由专业起重工负责，采取合理稳妥的吊运技术措施，特别注意防止碰撞，索具必须牢固可靠，钢丝绳与设备接触要放置夹布橡胶、木板或套上橡胶管，以保护设备的本体。

③ 大型设备吊装方案需另编制。

(4) 设备安装

① 施工准备

a. 研读图纸。设备施工人员必须熟悉施工图纸、施工方案、制造厂的安装说明书以及有关的施工技术资料，正确合理地选用有关测量器具。施工技术人员认真编制施工计划及施工技术安全交底文件。

b. 技术准备。设备安装前，厂家应提供设备的安装、维护说明书等技术文件；设备出厂证件(合格证、质保书)、检验试验记录；设备装配图和部件结构图；主要零部件材料的材质性能证明件；随箱图纸资料。施工班组与施工技术人员应仔细审阅图纸及说明书，比较全面地了解和掌握设备的结构、技术性能、安装技术等知识，发现问题应及时通知业主、设计、监理，确定解决方案。施工前应做好技术交底，准备好施工中所用的各种工具、量具、设备和材料，并备齐各种记录表格，以便在施工的同时做好完整的记录。

② 设备安装

a. 基础处理。在设备就位前应铲除基础表面的麻面、铲平表面的粉层，清除油垢等杂物，使安装垫铁处的表面平整，对振动较大的设备应采用双螺母。具体要求如下：

• 在基础表面铲出麻面，麻点的深度及密度符合规定要求。

• 去除基础表面的疏松层。基础表面水平度允许偏差为不大于5mm/m。垫铁放置后与基础接触均匀、稳固。

• 清除基础上的杂物和预留孔中的碎石、泥土、积水、油污。

b. 垫铁布置

• 一般垫铁可经剪切、切割来制造。垫铁应不翘曲、变形，斜度一般为1/20～1/10。

• 斜垫铁应成对使用，与平垫铁组成垫铁组时，宜尽量使垫铁的块数，一般不超过5块，平垫铁放在下面。薄垫铁(不小于2 mm)应放在厚垫铁与斜垫铁之间。

• 垫铁与基础接触应均匀，其接触面积一般不小于50%～70%，垫铁放置应平稳牢固，其相互间应点焊。

• 垫铁布置在地脚螺栓两侧，并应尽量靠近地脚螺栓，每组垫铁间距一般为500 mm左右。平垫铁外端应露出底座10～30 mm，斜垫铁宜露出10～50 mm。

c. 放线、就位、找平找正

• 放线、就位：确定设备中心线应按规范、图纸或设备技术文件要求，找好设备的基准线、面，确定设备安装标高，进行就位。

• 找平、找正：用水准仪、水平尺及钢丝绳确定设备的标高和水平度，配合使用吊线锤、平尺、角尺、千斤顶、手锤等工具进行找平找正。纵向0.1 mm/m，横向0.20 mm/m。

d. 设备找平找正工序

• 在找正和找标高的基础上进行设备初平，确定设备的中心位置和安装标高，同时应考虑设备的最后调整，设备初平后及时灌浆地脚螺栓孔。

• 在设备初平后，待基础螺栓孔混凝土硬化后进行设备的精平，应正确选择测量基面，固定测点位置，消除误差。

• 对风机进行组装时，应首先用测量联轴器的内径和轴的外径，考虑其配合情况，同时应调整好进风口的径向和轴向间隙，安装完毕后手动盘车，有无卡阻现象。

e. 同轴度：对有联轴器装配的设备均应检查联轴器的同轴度。

f. 水泵底座设置避震器时，应按照安装图纸及随机文件要求和型号、规格、位置等安放避震弹簧，不得随意更改。

g. 水泵纵、横向中心线允许偏差为±10 mm，标高允许偏差为+20 mm、−10 mm，纵向水平度为0.1‰，横向水平度为0.2‰，泵体联轴器同度偏差应小于0.1 mm，盘车灵活，多台水泵安装时注意进、出口在一直线上，排列应整齐美观。试运转详见试运转方案。

h. 设备安装完毕后，班组自检合格后，填写安装记录，经施工员、质检员检查合格后，填写转序工作联系单，做好交接手续。

2）不锈钢管道接

(1) 本工程中工艺管线在选用材质上有普通镜面不锈钢和超低碳素不锈钢管。不锈钢管材和附件进场后，下部垫上木板，不与碳钢管和别的金属材料接触或混放。

(2) 工艺管道在施工中严格按规范、施工设计及 GMP 规范要求进行，对不同材质及输送介质采用不同的连接方式、检查验收方式，并按要求设置好减震、伸缩、固定等装置，不锈钢管道与碳钢支架的接触面加以 $\delta=2\sim3$ mm 耐酸橡胶板或聚四氟乙烯板隔垫，不锈钢管法兰间及其与设备连接的法兰间的垫片均采用聚四氟乙烯板。同时要控制好管路的走向、坡度、坐标，净化区尽可能避免横管，立管位置尽可能接近设备接口，以确保施工质量及 GMP 规范要求。管道型钢支架制作使用机械或手锯下料，台钻钻孔，不采用气割。支架必先防腐后安装。管道支架最大间距不超过规范规定。

(3) 管道焊接连接。不锈钢管道的焊接必须由合格焊工担任，管子的切割采用磨割施工法，管口倒角 30°～35°，坡口用锉刀和砂纸将毛刺清除。薄壁管不需开坡口，在进行管口清理后可直接焊接。焊接前，用不锈钢刷或丙酮、酒精将管口内、外表面油渍清理干净。根据 GMP 规范要求，直接与物料接触的管道，要求管内壁光滑，为此管壁在 2 mm 以下的管道不打磨坡口，对口管道不留间隙。

① 工艺管线采用不锈钢机械焊机对其进行焊接，管壁较厚的管路则按规范要求开坡口(坡口宽度控制在 $1.5\delta\sim2\delta$ 之间)，焊接时应注意以下几方面：a. 要保持焊接环境的洁净；b. 人员在焊接前要经过培训，并编制焊接工艺指导书；c. 要保持氮气有一定纯度。

② 压缩空气管普通不锈钢管采用氩弧焊打底，直流电弧焊填充，表面抛光。焊接工艺采用手工氩弧焊直流电源、正极性接法。焊接时焊枪只作前后平行移动，不作横向摆动。第一层电弧长度保持在 1～1.5 mm，第二层电弧长度 2～4 mm，氩气纯度 99.99%。施焊时，避免出现气孔、电弧不稳、飞溅等质量缺陷。氩气流与管子的夹角控制在 40°～50°的范围内。焊接完毕，焊枪不立即移开，继续送出保护气体，待 5 s 后关闭气阀。不在焊口外的金属表面上引弧和熄弧，而在弧坑大约 20～25 mm 处引弧，然后再将电弧返回弧坑。焊接在覆盖在上一层焊缝 10～15 mm 处开始。固定焊口焊接时，采用分段交错法进行，以免产生变形和有害的应力。

(4) 对经常拆卸、更换配件或设备、容器相连处采用法兰连接。施工中严把配件供货质量关，做到材质、管径、压力等级符合设计要求，各种填料按设计要求进行施工，并做到整齐、美观、牢固、合理。

(5) 阀门、附件、配件的安装：阀门、附件、配件在安装前按不同种类、不同要求进行外观检查、清洗，需进行气密性试验、强度试验的逐个、逐只进行试验，合格后方可安装于管路中。安装严格按设计及设备安装说明书和规范要求进行，施工中注意介质、流向、额定压力、安装位置、安装高度，使之符合设计要求。

3) 管道清洗、脱脂、钝化、试压

(1) 不锈钢管道及直接与物料接触的介质输送管道、纯水管道的清洗脱脂方案考虑利用 0.07 MPa/cm^2 生产用蒸汽在系统试压后进行清洗，然后用 0.1 MPa/cm^2 压缩空气进行吹扫、吹干。

(2) 不锈钢管道、配件及直接与物料接触的介质输送管道施工前则增加化学清洗工序，配方为：硝酸、氢氟酸、水。

(3) 不锈钢管道、配件焊接结束后对焊缝进行酸洗、钝化处理。酸洗液:水、盐酸;钝化液:硝酸、重铬酸、水。

(4) 脱脂采用一定比例的四氯化碳进行。

(5) 系统气密性试验:试验压力为设计压力。

(6) 系统强度试验:试验压力为设计压力的1.5倍。

8.4 上海协和氨基酸有限公司青浦工厂质量保证措施

本工程质量必须达到优良等级标准的目标,为确保这一目标的实现,我们对安装工程的质量目标进行了分解,以便有效地对机电设备安装工程的整个质量进行控制。

8.4.1 质量控制目标

机电设备安装工程的施工质量按照国家现行技术标准进行质量评定。

工程质量目标:工程质量等级合格,确保达到优良等级标准质量目标的要求。

8.4.2 质量管理流程

对质量的控制将严格遵循我们制定的质量控制程序对工程质量实施全过程控制,把质量控制过程分为三个阶段:事前、事中、事后。通过这三阶段来对本标段工程各分部分项工程的施工进行有效的阶段性质量控制。

1) 事前控制阶段

事前控制是在正式施工活动开始前进行的质量控制,事前控制是先导。事前控制,主要是建立完善的质量保证体系,质量管理体系,编制《质量保证计划》,制定现场的各种管理制度,完善计量及质量检测技术和手段。对工程项目施工所需的原材料、半成品、构配件进行质量检查和控制,并编制相应的检验计划。

进行设计交底,图纸会审等工作,并根据本标段工程特点确定施工流程、工艺及方法。对本标段工程将要采用的新技术、新结构、新工艺、新材料均要审核其技术审定书及运用范围。

2) 事中控制阶段

事中控制是指在施工过程中进行的质量控制,事中控制是关键。主要有:

(1) 完善工序质量控制,把影响工序质量的因素都纳入管理范围。及时检查和审核质量统计分析资料和质量控制图表,抓住影响质量的关键问题进行处理和解决。

(2) 严格工序间交换检查,做好各项隐蔽验收工作,加强交检制度的落实,对达不到质量要求的前道工序绝不交给下道工序施工,直至质量符合要求为止。

(3) 对完成的分部分项工程,按相应的质量评定标准和办法进行检查、验收。

(4) 审核设计变更和图纸修改。同时,如施工中出现的特殊情况,隐蔽工程未经验收而擅自封闭、掩盖或使用无合格证的工程材料，或擅自变更替换工程材料等，项目技术负责人有权向项目经理建议下达停工令。

3）事后控制阶段

事后控制是指对施工过的产品进行质量控制，事后控制是弥补。按规定的质量评定标准和办法，对完成的单位工程，单项工程进行检查验收。

整理所有的技术资料，并编目、建档。在保修阶段，对本标段工程进行维修。

每个阶段所控制的内容和所需做的工作如图 8－42 所示。

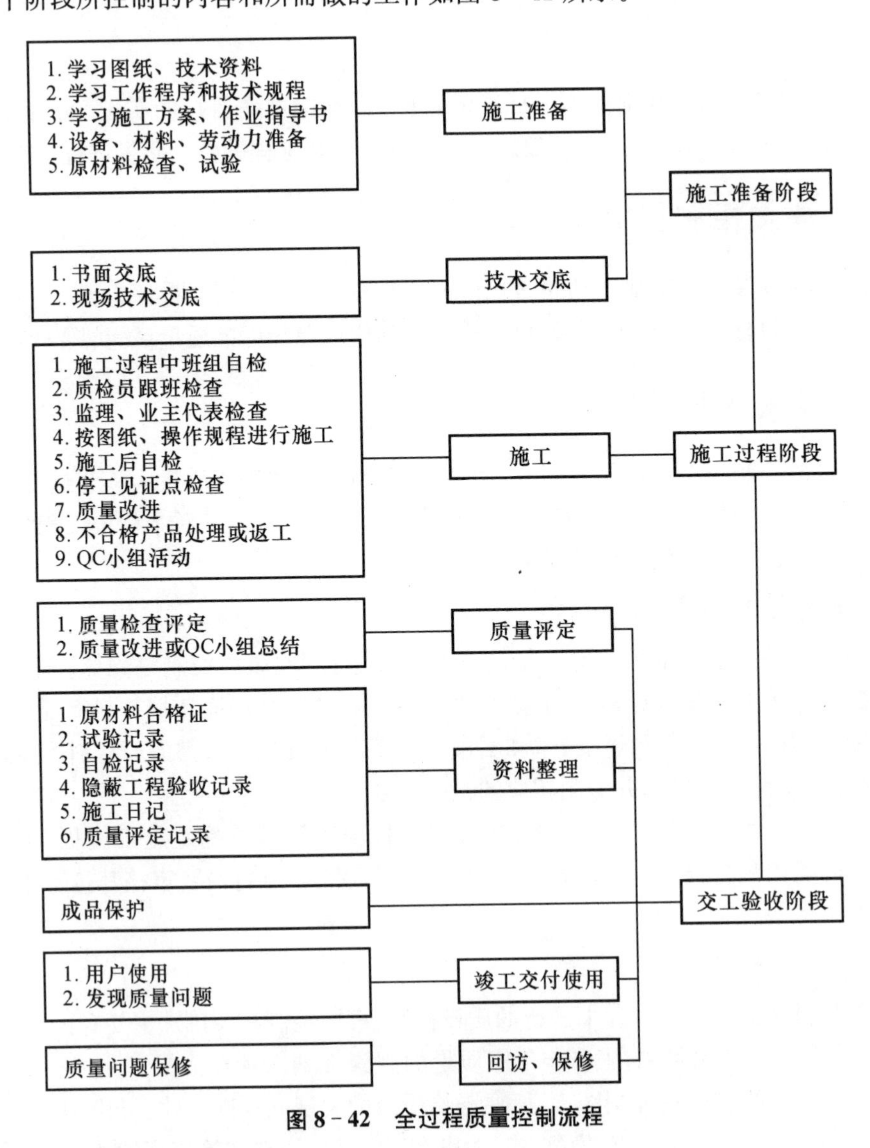

图 8－42　全过程质量控制流程

8.4.3　质量保证体系设置

施工质量保证体系是确保工程施工质量的主要因素。工程质量的优劣直接取决于项目班子质量管理的能力，项目质量体系的设置是否合理、完善，体系能否高效运转，将直接关系到工程质量管理工作能否顺利地展开，最终达到对工程的质量进行有效的控制，确保质量目标的实现，是项目管理的关键。依据本工程的情况，建立质量保证体系，对安装工程质量进行全面管理和控制，同时接受业主、总承包管理，监理单位及青浦区质检站的监督、检查和指导。

8.4.4　质量要素的控制

质量体系建立和完善后，如果没有资源、要素作为保证，体系的运行就无法得到保障，因此必须对施工过程的五大要素的保证措施进行明确和落实。

1）劳动力的保证

施工中人的因素是关键。无论是管理层还是施工作业层，人的素质的好坏直接影响到工程质量目标的实现。根据项目的情况，我们拟采取以下保证措施：做好宣传工作，使全体施工人员牢固树立起“百年大计，质量第一”的质量意识，确保工程质量创优目标的实现；选派优秀的工程管理人员和施工技术人员组成项目管理班子，实施和管理本工程，同时选派技术精良的专业施工班组，配备先进的施工机具和检测设备，进场施工；选派技术精良的专业施工班组，进场施工；建立完善的质量负责制，使每位参与本项目施工的人员都明确自己的质量目标和责任，使工作有的放矢；加强人员的培训和评定工作。

（1）人员培训。在进场前，我们将对所有的施工管理人员及施工劳务人员进行各种必要的培训，关键的岗位必须持有效的上岗证书才能上岗。在管理层积极推广计算机的广泛应用，加强现代信息化的推广；在劳务层，对一些重要岗位，必须进行再培训，以达到更高的要求。

（2）人员评定。在施工中，我们既要加强人员的管理工作，又要加强人员的评定工作，人员的管理及评定工作应是对项目的全体管理层及劳务层，实施层层管理、层层评定的方式进行。进行这两项工作其目的在于使进驻现场的任何人员在任何时候均能保持最佳状态，以确保本标段工程能顺利完成。

2）施工机具、检测设备的保证

现代化的施工，机械设备的装备率越来越高，施工的速度及质量对施工机械的依赖性也越来越高，现场设备的装备情况、设备的先进性及设备的完好性，对工程施工的质量影响越来越大。

（1）建立施工机械管理制度、岗位责任制及各种机械操作规程，对现场的机械做到定人定机的管理，对每个人的职责进行明确，保证现场机械的管理处于受控状态。

（2）按照施工组织设计的要求，组织施工机械进场，对所有进场的机械进行检查，并进行全面的保养，掌握各机械的性能状态，建立现场机械台账。

（3）施工期间，定期对施工机械进行检查，随时掌握现场机械的使用情况及机械的状态情况，确保机械处于最佳运行状态，为施工生产服务，并使现场的机械得到充分的利用。

（4）对出现故障的机械，立即组织专业人员进行维修，如无法短时间内修复，满足不了施工的需要，应立即组织新的机械进场，以满足现场施工的需求。

3）材料的优质保证

材料质量的保证是整个工程质量保证的一个先决条件，因此对材料质量的控制是非常重要和关键的。工程材料选用的优劣将直接影响到工程的内在质量及产品的外观质量，为确保工程所用材料的质量，材料将按照一定的程序进行确定。

(1) 乙供材料、设备在呈报业主、监理审批之前，先对厂家提供的样品由项目专业工程师进行自审，在自审合格的基础上再呈报。编报程序见图 8-43 所示。

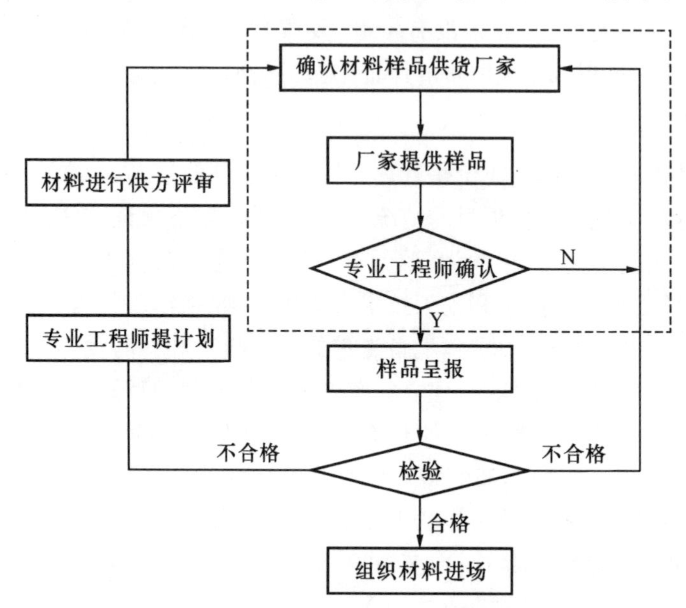

图 8-43　乙供材料、设备编报程序

(2) 甲供材料质量控制措施。甲供材料在安装前进行验收，并对其进行外观、材质、规格等的检验，如不符合要求，应向业主、监理代表提出，在得到处理意见后方可使用。如甲供材料在安装后进行系统试验或进行系统调试时，发现材料不合格或设备运行有异样时，应及时通知业主、监理对材料进行调换或建议通知供货厂家派人对设备重新进行调试至正常。其控制流程见图 8-44 所示。

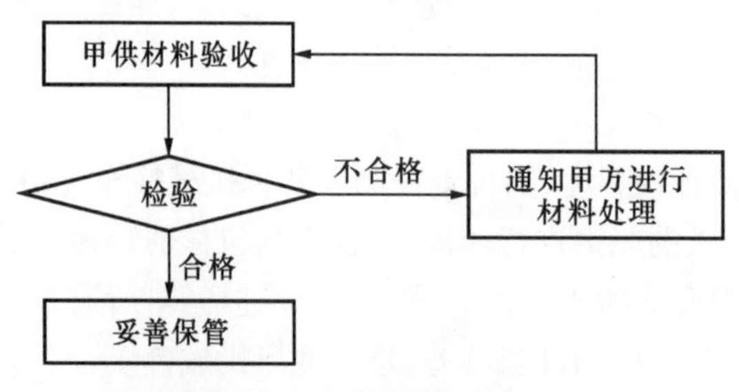

图 8-44　甲供材料控制流程

(3) 材料进场后使用前质量保证措施

① 材料在使用前按设计要求核对其规格、材质、型号，材料必须有制造厂的合格证明书

或质保书，材料的运输、入库、保管过程中，实施严格的控制措施，每道工序均有交接制度。

② 材料入库后实行标化和分类、分规格堆放及管理，同时采取防止变形、受潮霉变等措施，材料出库检验和办理领用手续。

③ 材料出库后，在施工现场妥善保管，存放地点安全可靠，如材料堆放的场地可能产生积水，在下面必须垫上枕木。材料堆放要求整齐，并挂上标识牌。

④ 材料使用前进行严格检查，包括外观检查、附着物的清除。

⑤ 对不合格材料的控制，一旦发现材料不能满足或可能不满足设计要求时，应将其与合格材料相隔离，在自检过程中如发现质量问题及时整改。

⑥ 对发出的材料要进行建档跟踪，重要材料的使用部位要处于可追溯的受控状态。

8.4.5　质量检验措施

1）检测试验组织机构

我公司有符合国家资质要求，并持有正式营业执照的计量检测中心为本工程服务，该中心有完善且健全的检测组织机构。对于洁净度的测试可委托有资质的检验机构进行检测。

2）试验和检测设备

本工程现场所配备的试验和检测设备见劳动力和机械设备检测仪器配置计划中的“施工检测器具配备表”。

3）进货检验和试验

(1) 检验程序见图 8－45。

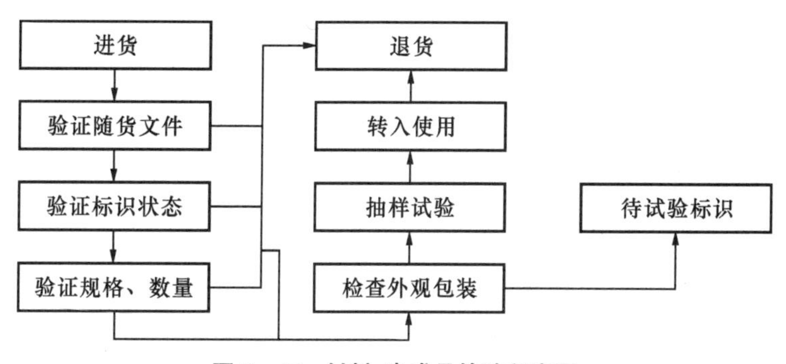

图 8－45　材料、半成品检验程序图

(2) 按有关设计图纸、技术文件、标准规范、合同和技术协议所指定的有关标准确认的检验规程实施检验和验证。

(3) 规定的专检项目，除例外放行的产品外，所有未经检验的产品，投放生产前都须按有关程序验证。未经检验或未验证合格的产品不准投入生产。

(4) 进货检验的数量和性质，根据分供方控制程度及其提供的合格证据加以确定。

4）过程检验和试验

(1) 过程检验

检验标准:按照国家和当地相关标准进行检验。

检验程序:项目工序完成后,操作人员进行“自检、互检”合格后,由项目技术负责人进行检验,关键工序和特殊工序检验应由项目技术负责人先进行检验,合格后,提前 8 h 通知经理部质检工程师检验合格后,再报监理工程师、设计院共同进行检验。在特殊或紧急情况下,可提前 4 h 检验。

在施工过程中设置见证点和停止点检验,见证点必须由施工方质量工程师、业主、监理工程师、设计院四方到场共同检验认可,四方缺一不可;停止点作业前,工序技术负责人应按规定时间提前通知质检工程师、业主、监理工程师、设计院到现场共同检验,并做好签认。

(2) 按图纸工艺文件或形成的文件和程序要求,对工序质量进行检验和试验。

(3) 实施首件“三检”,防止成品成批不合格。

(4) 对直接影响工序质量的过程参数和产品特性进行监控,发现异常立即反馈加以纠正。

(5) 只有在完成规定的检验和试验或必需的报告得到认可后,产品才能转入下一道工序。

5) 检测试验手段

针对本工程的内容和特点,对所需要控制的质量参数采用合适的检测试验手段进行检测,各专业所需要检测的参数及采用的计量器具如表 8-24 所示。

表 8-24 设备安装工程检测及要求

序号	工序名称及位置	测量参数名称	测量频次	选择计量器具名称	配备位置
一	设备安装工程				
1	基础验收	坐标	全检	经纬仪	施工组
2		标高	全检	水准仪	施工组
3		平整度	全检	水准仪	施工组
3	设备清点、验收	装箱清单	全检	检查	
4		特征和性能	全检	检查	
5	设备就位、找正找平	设备与基础中心线	全检	钢卷尺	施工组
6		标高	全检	水准仪	施工组
7		垫铁	全检	目测	
8		水平度	全检	框式水平仪	施工组
9		间隙	全检	塞尺	施工组
10		同轴性	全检	百分表	施工组
11		垂直度	全检	钢板尺、吊线	施工组
12	一次灌浆	地脚螺栓垂直度	全检	目测	
13		砂浆配合比	全检	台秤	施工组
14	精平二次灌浆	精平	全检	框式水平仪	施工组
15		砂浆配合比	全检	台秤	施工组

续表 8－24

序号	工序名称及位置	测量参数名称	测量频次	选择计量器具名称	配备位置
16	试运转	振动	全检	测振仪	施工组
17		转速	全检	转速表	施工组
18		轴承温度	全检	表面温度计	施工组
19		电机温度	全检	表面温度计	施工组
二	管道安装				
1	材料检验	管材壁厚	抽查 10%且大于等于 3 处	游标卡尺	物资供应部
2		椭圆度	抽查 10%	钢板尺、卡钳	物资供应部
3		外观机械挫伤	全检	焊缝检验尺	物资供应部
4		阀门检验	抽检 10%	压力表	施工组
5	管道加工	下料长度	全检	钢卷尺	施工组
6		切口端面	全检	直角尺、钢板尺	施工组
7		坡口角度	全检	焊缝检验尺	施工组
8	管道组对	对口间隙	全检	焊缝检验尺	施工组
9		对口错边量	全检	焊缝检验尺	施工组
10		平直度	全检	条式水平仪	施工组
11		法兰平行度	全检	钢板尺	施工组
12		管道与法兰垂直度	全检	直角尺	施工组
13	管道焊接	焊口平直度	抽检 10%	钢板尺、样板	质检员
14		焊缝加强高度	抽检 10%	焊缝检验尺	质检员
15		咬肉深度	抽检 10%	焊缝检验尺	质检员
16		连续咬肉长度	抽检 10%	焊缝检验尺	质检员
17		无损检测	按设计	X 光探伤仪	检测中心
18	支吊架安装	标高	全检	水准仪	施工组
19		垂直度	全检	吊线、钢板尺	施工组
20		水平度	全检	条式水平尺	施工组
21	阀门安装	与管道中心线垂直度	全检	直角尺	施工组
22		与法兰平行度	全检	直角尺	施工组
23	管道安装	水平管道纵横向弯曲	全检	吊线、钢板尺	施工组
24		立管垂直度	全检	吊线、钢板尺	施工组
25		成排管段间的间距	全检	吊线、钢板尺	施工组
26	管道系统试压	试验压力	全检	压力表	质检员
27	管道防腐涂漆	涂层	抽检	目测	
28		漆膜厚度	抽检	漆膜测厚仪	质检员

续表 8－24

序号	工序名称及位置	测量参数名称	测量频次	选择计量器具名称	配备位置
29	管道绝热	绝热厚度	抽检	钢针、钢板尺	施工组
30		表面平整度	抽检	钢板尺	施工组
三	空调工程				
1	风管制作	风管表面平整度	全检	塞尺	施工组
2		风管外径或边长	全检	钢卷尺	施工组
3		法兰平整度	全检	钢板尺、塞尺	施工组
4		法兰螺栓孔间距	全检	钢卷尺	施工组
5		风管加固	全检	钢卷尺	施工组
6	风管系统安装	法兰垫料厚度	全检	游标卡尺	施工组
7		风管水平度	全检	拉线、直角尺	施工组
8		风管垂直度	全检	拉线、直角尺	施工组
9		支吊架间距	全检	钢卷尺	施工组
10		风口安装水平度	抽检	条式水平仪	施工组
11		风口安装垂直度	抽检	吊线、钢板尺	施工组
12	风管保温	保温厚度	抽检	钢针、钢板尺	施工组
13		表面平整度	抽检	钢板尺	施工组
14	系统调试	风管截面	抽检	钢卷尺	施工组
15		风速	全检	风速表	检测中心
16		风压	全检	风压表	检测中心
17		温度	全检	温度计	检测中心
18		湿度	全检	湿度计	检测中心
四	电气工程				
1	材料设备检验	开箱验收	全检	清点	施工组
2		检查内外部缺陷	全检	目测	施工组
3		绝缘强度	全检	兆欧表	施工组
4	基础型钢	顶面平直度	全检	钢板尺	施工组
5		侧面平直度	全检	拉线、钢板尺	施工组
6	接地系统	接地安装	全检	钢卷尺	施工组
7		接地电阻值	全检	接地电阻测量仪	施工组
8		接地干线间距	全检	钢卷尺	施工组
9	柜(盘)安装	垂直度	全检	吊线	施工组
10		盘顶平直度	全检	钢板尺、塞尺	施工组
11		盘面平整度	全检	钢板尺、塞尺	施工组
12		盘间间隙	全检	塞尺	施工组

在施工生产过程中，专职质检人员须经过培训考试，取得检验资格证书并经监理工

程师认可后方可上岗检验。

8.4.6 技术保证措施

在工程施工过程中，只有利用先进的施工方法、合理的施工流程，才能高质量地完成施工任务。

（1）建立以技术负责人为首的技术管理体系，明确体系中各部门各岗位的职责，严格执行设计文件审核制、质量负责制、定期审查制、工前培训、技术交底制、测量复测制、隐蔽工程检查制、“三检制”、材料成品试验检测制、技术资料归档制、竣工文件编制办法等管理办法，确保施工的全过程始终处于受控状态。

（2）施工之前编制实施性的施工方案，在施工过程中，要不断进行施工方案的优化，以求得施工方案的科学性和先进性，通过不断地优化施工方案，从而提高安装的施工水平。同时，要不断地完善施工工艺，使之更具合理性，加强施工工艺、质量技术数据的测量、监控力度。对现场每一道施工工序进行质量监控，对质量不合格品及时进行整改，杜绝不合格品进入下一道工序。

（3）对本工程采用的“四新”技术及施工技术关键编制专题施工方案。在方案中，详细说明采用的施工方法、施工机具、质量标准、安全措施等。

（4）做好技术交底工作，使施工管理和作业人员了解掌握施工方案、工艺要求、工程内容、技术标准、施工程序、质量标准、工期要求、安全措施等，做到心中有数，施工有序，检查有据。施工技术交底以书面形式进行，包括图表、文字说明。交底的资料必须详细、直观，具有针对性，同时要符合施工规范及设计要求。

（5）做好施工测量工作。本工程的测量工作主要包括设备地脚螺栓的测量、管道及支吊架的安装测量放线等内容。测量的原始记录资料必须真实、完整，并妥善保管。对测量的仪器必须按计量部门的规定，定期进行计量检定，并做好日常的保养工作，保证状态良好。

（6）采用先进的管理手段。积极开展QC小组攻关活动，针对较难控制的质量问题，采用PDCA循环，找出产生问题的主要原因，提出对策，并落实整改。

（7）做好施工技术文件、资料的整理工作。施工技术文件作为今后工程质量评定的一项重要内容，在施工期间就必须注意资料的收集、汇总、整理与保管。施工技术文件包括施工图纸、图纸会审记录、设计变更及工程联络单等资料。

8.4.7 各专业质量控制要点

为了确保工程的创优目标，避免因为质量问题而引起工期的拖延，针对本工程的具体内容和特点，对易发生质量问题的部位在施工前制定质量预控措施。

1）电气工程

（1）电线管安装

使用套丝板时，应先检查丝板牙是否符合规格、标准，套丝时应边套丝边加润滑油；

管子煨弯时，应使用定型煨弯器，操作时，先将管子需要弯曲部位的前段放在弯管器内，管子的焊缝放在弯曲方向的背面或旁边进行煨制。管径大于25 mm的管子，应采用分离式液压弯管器，电动顶管。

配电箱内如果引入管较多时，可在箱内设置一块平挡板，将入箱管口顶在挡板上，待管路用锁母固定后拆去挡板，这样管口入箱仍保持一致高度。

(2) 管内穿线

穿线前应严格戴好护口，管口无螺纹的可戴塑料护口。为了保证相线、零线不混淆，可采用不同颜色的塑料线。

(3) 配电箱的安装

配电箱盘面都要严格安装良好的保护接地(零)线。箱体的保护接地线可以做在盘后，但盘面的保护接地线必须做在盘面的明显处。为了便于检查测试，不得将接地线压在配电盘面的固定螺丝上，要专开一孔，单压螺丝。

(4) 成套配电柜安装

基础型钢安装时，应先将预留的空位清扫干净，按照设计要求进行加工，然后将型钢放入预留的位置进行水平度和垂直度的调整，直至符合设计和规范要求。

成排配电柜安装立柜时，可先把每个柜调整到大致的水平位置，然后再精确地调整第一个柜，再以第一个柜子为标准将其他柜子逐次调整，直至符合设计和规范要求。

(5) 电缆线路的施工

由室外埋地敷设引入室内的电缆，外面的黄麻层应剥除。在同一条电缆沟中敷设很多电缆时，为了做到有条不紊，施放前，应充分熟悉图纸，弄清每根电缆的型号、规格、编号、走向，以及放在电缆支架上的位置和大约的长度等。施放时，可先敷设长的、截面大的电源干线，再敷设截面小且又较短的电缆。每施放完一根电缆，随即把电缆的标志牌挂好，以利于电缆在支架上的合理布置与整齐排列，避免交叉和混乱现象发生。

电缆沿墙垂直安装时，距地面2.5 m高以下一段以及穿过墙壁和楼板的地方，应穿在钢管内，以防机械碰伤。在室内的以及通向室外的电缆保护管，其管口两端应用密封胶密封。

(6) 电缆及末端处理施工时确认及措施

① 电缆敷设时确认外皮损伤情况；② 电缆敷设时确认相别标志；③ 电缆去皮时确认中性线损伤与否；④ 确认中心线防水胶布处理适当与否；⑤ 去除外部半导电层时确认中性线损伤与否；⑥ 去除半导电层后确认余下的半导电体的长度；⑦ 确认使用洗涤布去除电缆表面异物质的情况；⑧ 确认隔离层及半导电性层的去除长度；⑨ 确认用半导电性胶布缠半导电层和传热体的情况；⑩ 确认接头和导体的接触状态(使用六角压钳)；⑪ 设置收缩Tube(PST)时，确认与半导电层的OverLap；⑫ 确认电缆引入时相间间距维持情况；⑬ 确认电缆和支持台的规格适合与否；⑭ 接地确认。

2) 管道工程

(1) 管道坡口、组对

管口组对前必须将坡口及其内外侧表面不小于20 mm范围内的油、漆、垢、锈、毛刺及镀锌层等清除干净，且不得有裂纹、夹层等缺陷。

管道或管件对接焊缝组对时内壁应齐平，按要求，内壁错边量不宜超过管壁厚度的10%，这就要求管道壁厚必须严格满足设计要求，但即使管壁厚度偏差在规范允许的范围之内，在管口预制组对，尤其是弯头的组对过程中，也要多转动几次管道，使管道内、外壁错边量减少到最小，若错边量仍无法满足规范要求，可用坡口器或角向磨光机对管道内壁或外壁进行刮口或打磨，这样可以较好地保证管道内壁错边量满足规范要求，甚至消除。

对于管道安装的最终碰头死口，禁止用强力组对方法来减少错边量、偏心度，也不得用加热法来缩小对口间隙。

(2) 焊材的使用

健全、完善焊条管理制度，焊材储存室必须通风良好，保持干燥，室内温度 10～25 ℃，相对湿度在 65%以下，由专人负责每天测量室内温度和湿度。焊条的使用采用统一发放制度，每个领取焊条的焊工必须对焊条规格、种类、根数、使用部位、领取时间等内容进行登记签名。每天焊接工作结束后，每个施焊焊工必须收集好当天使用过的焊条头，连同未使用的焊条，一起退还给焊条发放人，以核查当天的焊条使用情况，避免发生焊条在规定范围之外的重复烘烤和使用。

(3) 管道焊接

碳素钢管焊接前，一般不需要进行预热，但如果环境温度较低，或管壁上有露水、霜时，可以用火焰加热法进行简单预热，温度为 80～100 ℃，烘烤范围在管口向两侧100 mm区域。

管子焊接时，应将管段两端临时封堵或包扎，防止管内穿堂风。

在进行高空水平管道对口焊接时，为使接口处不塌腰，保证管道坡度，便于对接，一般可采取的措施有：当管径小于 300 mm 时，用弧形承托板在管下托住接口处，将接口用定位焊固定，然后去掉承托板再施焊；当管径大于 300 mm 时，常采用搭接板对口。

除焊接作业指导书有特殊要求的焊缝外，焊缝应在焊完后立即用钢丝刷或角向磨光机去除渣皮、飞溅物，然后进行焊缝外观检查，不允许有裂纹、表面气孔、表面夹渣等缺陷。

工艺管道中不锈钢管的焊接采用专用机械、专门人员、专职操作的方式进行，确保焊接质量。

(4) 管道试压过程质量控制措施

为了保证试压效果，使试验压力指示准确度偏差减少到最小，首先应将待试系统完全隔断，如利用系统阀门隔断，还应在阀门后加插盲板，以避免试验因阀门渗漏而出现偏差。其次，对水压试验的管道系统，选择合适的高点和低点，设置高点放空和低点排凝，优先利用已有的高点放空和低点排凝，必要时，经设计同意可在系统中增加临时放空和排凝点。试压、吹扫合格后，将这些临时点焊死，封闭。第三，应利用系统设计压力表接管，选择合适位置设置压力表，并将不用的接点临时封堵。试验用压力表必须经校验合格。另外，系统中的安全阀、调节阀等不能随系统一同试压的阀门及部件应拆除，用临时法兰短管替代,并将法兰连接处紧固严密;不允许拆除的设备、仪表、安全阀等,应加置盲板隔离,并有明显标志。

水压试验灌水时,排空点开始冒水后,应等待一会儿,确认系统内空气排尽后再关闭放空阀。升压应分级缓慢,每 0.2～0.3 MPa 为一升压等级,当系统达到每一压力等级后停压、检查,逐级升压,形成升压阶梯。达到试验压力后停压 10 min,然后降至设计压力,对试压管道系统进行全面检查,主要针对管道、焊缝、不拆卸法兰连接处等。停压时间以检查时间为准,且不少于 30 min。

(5) 管道丝接口处有渗水或滴水现象的处理

① 原因

a. 丝头管件有裂纹、砂眼等缺陷;

b. 丝扣加工操作不规范,缺丝断丝较多,或丝头过短;

c. 填料不合格,添加不均匀,聚四氟乙烯生料常脱滑,最好使用油麻填料;

d. 管道接头时操作不到位,拧紧程度不合适。

② 防治措施

a. 严格材料的验收入库关,操作工人在安装中还必须对每一个管件进行挑选,不合格的填料禁止使用。

b. 针对工人操作的质量情况进行培训,交底并定期检查评比,做出样板件。

c. 严格进行质量检查,发现不合格丝头,绝不勉强使用。

3) 通风空调净化工程

(1) 系统噪音对舒适度的影响

系统噪音过大,使人产生烦躁不安的情绪。因此在施工中除注意工程施工的质量外,还必须多考虑从噪音的产生及传播途径入手,尽量降低系统的噪音。根据我们以往工程的经验,在本工程中,采取以下措施,对系统噪音进行控制。

① 为保证在末端消声器之后的风管系统不再出现过高的气流噪声,在管道拐弯处应采用曲率半径大的弯头。

② 消声器、消声弯头应单独设置支、吊架,不能使风管承受消声器或消声弯头的重量,且有利于单独检查、拆卸、维修和更换。

③ 为避免噪声和振动沿着管道向围护结构传递,各种传动设备的进出口管均应设柔性连接管,风管的支架、吊架及风道穿过围护结构处,均应有弹性材料垫层,在风管穿过围护结构处,其孔洞四周的缝隙应用不燃纤维材料填充密实。

④ 为便于现场对设备减振基础进行平衡调整,在设备安装时应在减振器上带有可调整的校平螺栓。

⑤ 消声器内的穿孔板孔径和穿孔率应符合设计要求,冲孔后应将孔口的毛刺锉平,因为如有毛刺,当孔板用作松散吸声材料的壁板时,容易将壁板内的玻纤布幕划破;当用作共振腔的隔板时也会因空气流经而产生噪声。

⑥ 对于送至现场的消声设备应严格检查,不合格产品严禁安装,在安装时,要严格注意其方向。

⑦ 对于风管及支、吊架应用相应的防隔振结构与措施。

⑧ 严格风管的密封性措施，杜绝由于风管系统漏风形成噪声。

⑨ 采用先进的风管无法兰连接工艺，以使漏风率控制效果得到提高。

(2) 内弧线或内斜线角弯头导流叶片的设置问题

导流片设置不好会增大阻力损失，噪声变强，影响气流的稳定性(图 8－46)。

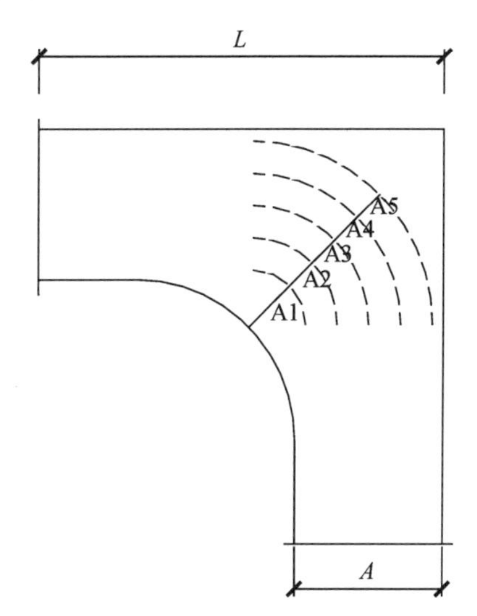

图 8－46　导流片设置示意图

预防措施：

导流片的片距、片数必须根据弯头的宽度 A 尺寸而定，如表 8－25 所示。

表 8－25　导流片数、片距明细表

序号	A	片数	A1	A2	A3	A4	A5	A6	A7	A8	A9	A10	A11	A12
1	500	4	95	120	140	165								
2	630	4	115	145	170	200								
3	800	6	105	125	140	160	175	195						
4	1 000	7	115	130	150	165	180	200	215					
5	1 250	8	125	140	155	170	190	205	220	235				
6	1 600	10	135	150	160	175	190	205	215	230	245	255		
7	2 000	12	145	155	170	180	195	205	215	230	240	255	265	280

(3) 法兰的制作、铆接、连接

法兰制作、铆接、连接的施工对风管系统的外观质量、漏风量影响极大。

预防措施：

① 法兰制作时下料要准确，下料后角钢应找正调直。

② 法兰胎具应确保准确。

③ 法兰冲孔时两片法兰应用夹子夹牢，确保法兰孔的对称性和互换性。

④ 风管制作也应确保尺寸在误差允许范围内，这样才能保证法兰铆接时不偏心、不扭曲。

⑤ 法兰铆接时必须按施工方案中的规定执行，且钻铆钉孔时钻头应与铆钉直径配套，对于铆接不严的必须坚决拆掉重新铆接。

⑥ 法兰连接前要检查密封垫是否粘牢、位置是否准确，四角无缝隙，紧螺栓时，螺栓朝向应一致并做对称操作，用力应适当均匀，应防止用力过猛而导致密封垫挤出或挤入。

参考文献

[1] 住房和城乡建设部. GB 50204—2002 混凝土结构工程施工质量验收规范[S]. 北京:中国建筑工业出版社,2002.

[2] 环境保护部,国家质量监督检验检疫总局. GB 12523—2011 建筑施工场界环境噪声排放标准[S]. 北京:中国环境科学出版社,2011.

[3] 住房和城乡建设部,国家质量监督检验检疫总局. GB 50325—2010 民用建筑工程室内环境污染控制规范[S]. 北京:中国计划出版社,2010.

[4] 环境保护部,国家质量监督检验检疫总局. GB 3095—2012 环境空气质量标准[S]. 北京:中国环境科学出版社,2012.

[5] 苏敏涛. 民用建筑工程室内环境质量的检测及环境污染的防治[J]. 广东科技,2007(7):39 - 44.

[6] 侯铁军. 高强度混凝土材料与施工质量控制[J]. 福建建材,2009(4):22 - 25.

[7] 中国建筑科学研究院. GB 50204—2015 混凝土结构工程施工质量验收规范[S]. 北京：中国建筑工业出版社,2015.

[8] 中铁一局集团有限公司. TB 10413—2003 铁路轨道工程施工质量验收标准[S]. 北京:中国铁道出版社,2004.

[9] 张瑞云,张志民. 地下连续墙施工中泥浆质量控制探讨[J]. 石家庄铁道大学学报(自然科学版),2003,16(4):42 - 46.

[10] 谢勋,王钰. 全套管钻孔咬合桩的施工及质量控制[J]. 探矿工程(岩土钻掘工程),2009,36(8):76 - 79.

[11] 南通四建集团有限公司. 中国医药城会展中心施工创新实践[M]. 北京：中国建筑工业出版社，2012.

[12] 张晓宁，吴旭，盛建忠,等. 绿色施工综合技术及应用[M]. 南京:东南大学出版社，2014.

[13] 沈笑非，陈兆建，邢卫东,等. 现代综合体工程项目管理创新实践[M]. 南京:东南大学出版社，2014.

[14] 肖绪文，罗能镇，蒋亚红，等. 建筑工程绿色施工[M]. 北京：中国建筑工业出版社，2013.

[15] 李继业. 新型混凝土技术与施工工艺[M]. 北京:中国建材工业出版社，2002.

[16] 邢文英. QC 小组活动指南[M]. 北京：中国社会出版社，2003.

[17] 潘金祥. 建筑工程施工组织设计编制手册[M]. 北京：中国建筑工业出版社，1996.

[18] 本手册编写组.建筑施工手册[M].第 4 版. 北京：中国建筑工业出版社，2003.
[19] 毛鹤琴. 土木工程施工[M]. 武汉：武汉工业大学出版社，2000.
[20] 马纪. 机电工程常用规范理解与应用[M]. 北京：中国建筑工业出版社，2016.
[21] 鼓圣浩. 建筑工程质量通病防治手册[M]. 第 4 版. 北京：中国建筑工业出版社，2014.
[22] 杜伟国. 超高层建筑机电工程施工技术与管理[M]. 北京：中国建筑工业出版社，2016.
[23] 王五奇. 机电工程创优策划与指导[M]. 北京：中国建筑工业出版社，2016.